Gustav Schwalbe

Morphologische Arbeiten

Band 8

Gustav Schwalbe

Morphologische Arbeiten
Band 8

ISBN/EAN: 9783743322837

Hergestellt in Europa, USA, Kanada, Australien, Japan

Cover: Foto ©berggeist007 / pixelio.de

Manufactured and distributed by brebook publishing software
(www.brebook.com)

Gustav Schwalbe

Morphologische Arbeiten

Morphologische Arbeiten.

Herausgegeben

von

Dr. Gustav Schwalbe,

Professor der Anatomie und Director des anatomischen Instituts
an der Universität zu Strassburg i. Els.

ACHTER BAND.

Mit 25 Tafeln und 21 Figuren im Text.

Jena,

Verlag von Gustav Fischer.

1898.

Inhaltsübersicht

Verzeichniss der Arbeiten,

welche in Band I—VIII der

Morphologische Arbeiten

enthalten sind.

Friedmann, Emil, Beiträge zur Zahnentwicklung der Knochenfische. VII. S. 546—532.

Fürst, Carl M., Ein Beitrag zur Kenntniss der Scheide der Nervenfasern. VI. S. 529—544.

Garcia, S. Adeodato, Beiträge zur Kenntniss des Haarwechsels bei menschlichen Embryonen und Neugeborenen. I. S. 136—206.

Gaupp, E., Beiträge zur Morphologie des Schädels: 1) Primordial-Cranium und Kieferbogen von Rana fusca. II. S. 275—481. — 2) Das Hyo-Branchial-Skelett der Anuren und seine Umwandlung. III. S. 399—438. — 3) Zur vergleichenden Anatomie der Schläfengegend am knöchernen Wirbelthier-Schädel. IV. S. 77—131.

Gräberg, John, Beiträge zur Genese des Geschmacksorgans des Menschen. VIII. S. 117—134.

Hartmann, Die Sehnenscheiden und Synovialsäcke des Fusses. V. 241—278.

Heidenhain, Martin, Über die Mikrocentren mehrkerniger Riesenzellen, sowie über die Centralkörperfrage im Allgemeinen. VII. S 225—280. — Neue Erläuterungen zum Spannungsgesetz der centrirten Systeme. VII. S. 281—365.

Heidenhain, M. und **Cohn**, Theodor, Über die Mikrocentren in den Geweben des Vogelembryos, insbesondere über die Cylinderzellen und ihr Verhältniss zum Spannungsgesetz. VII. S. 200—224.

Holtzmann, Heinrich, Untersuchungen über Ciliarganglion und Ciliarnerven. VI. S. 114—142.

Hoyer, H., Über den Bau der Milz. III. S. 229—300. — Beitrag zur Anthropologie der Nase. IV. S. 151—177.

Jahn, Paul, Beiträge zur Kenntniss der histologischen Vorgänge bei der Wachsthumsbehinderung der Röhrenknochen durch Verletzungen des Intermediärknorpels. I. S. 241—265.

Keibel, Franz, Studien zur Entwicklungsgeschichte des Schweins. III. S. 1—139. — 2. Theil. V. S. 17—168.

Küppen, M., Beiträge zur vergleichenden Anatomie des Centralnervensystems der Wirbelthiere. Zur Anatomie des Eidechsengehirns. I. 496—515.

Kuznitzky, Martin, Untersuchungen über Richtung und Verlauf der Schleimhautfalten der ruhenden männlichen Urethra nach Plattenmodellen. VI. S. 65—94.

Mehnert, Ernst, Gastrulation und Keimblätterbildung der Emys lutaria taurica. Erster Teil einer Entwicklungsgeschichte der Emys lutaria taurica. I. S. 365—495. — Bericht über die Leichenmessungen am Strassburger anatomischen Institute. IV. S. 1—29. — Über Entwicklung, Bau und Funktion des Amnion und Amnionganges nach Untersuchungen an Emys lutaria taurica. IV. S. 207—274. — Die individuelle Variation des Wirbelthierembryo. V. S. 396—444. — Über Ursprung und Entwicklung des Hämovasalgewebes (Gefässhofsichel). VI. S. 1—48. — Kainogenese, eine gesetzmässige Abänderung der embryonalen Entfaltung in Folge von erblicher Übertragung in der Phylogenese erworbener Eigentümlichkeiten. VII. S. 1—156.

Mettenheimer, H., Beitrag zur topographischen Anatomie der Brust-, Bauch- und Beckenhöhle des neugebornen Kindes. III. S. 301—398.

Moser, E., Beitrag zur Kenntniss der Entwicklung der Knieschleimbeutel beim Menschen. I. S. 266—287. — Über das Ligamentum teres des Hüftgelenks. II. S. 36—92.

Münch, Francis, Die Topographie der Papillen der Zunge des Menschen und der Säugethiere. VI. S. 605—690. — Über die Entwicklung des Knorpels des äusseren Ohres. VII. S. 583—610.

O'Neil, Helen M., Hirn- und Rückenmarkshüllen bei Amphibien. VIII. S. 48—64.

Beitrag zur Kenntniss der Arterienvarietäten des menschlichen Arms.

Von

Dr. Ernst Schwalbe,

II. Assistent am anatomischen Institut zu Strassburg i. E.

(Aus dem anatomischen Institute zu Strassburg.)

Mit Tafel I und vier Figuren im Text.

Einleitung.

In den folgenden Seiten will ich die im Strassburger anatomischen Museum vorhandenen Arterienvarietäten des Arms beschreiben und eine möglichst übersichtliche Anordnung der in Betracht kommenden Formen geben. Ich will versuchen einen einheitlichen Gesichtspunkt für die Beurtheilung dieser Arterienvarietäten zu finden. Ich werde hierbei allein mit der Beschreibung der Strassburger Präparate nicht auskommen; ich werde daher Beschreibungen sowohl menschlicher Varietäten, als auch thierischer Befunde aus der Literatur zur Hülfe nehmen. Es ist nicht meine Absicht, alle einzelnen kasuistischen Fälle, die auf dem erwähnten Gebiet beschrieben sind, anzuführen, ich werde jedoch bei Besprechung der einzelnen Abschnitte die wichtigsten einschlägigen Arbeiten erwähnen, und hoffe, dass ich den Verdiensten der Forscher, die vor mir über dies Gebiet gehandelt haben, gerecht werde.

Ich glaube nicht meine Arbeit begründen zu müssen; ich denke, ein jeder, welcher mit der behandelten Sache vertraut ist, wird es nützlich finden, die Grundsätze, welche bei Betrachtung der Arterienvarietäten schon vielfach zu einem gewissen Ziel geführt haben, einheitlich auf das Gebiet der Armarterien angewendet zu sehen. Dagegen fühle ich selbst, wie viel noch zu schaffen übrig bleibt, wie viel noch durch weitere Untersuchungen gefördert werden kann. Doch glaubte ich, einen gewissen Abschnitt erreicht zu haben, nämlich mit Hülfe des mir vorliegenden Materials für gewisse Armvarietäten einige allgemeine Gesichtspunkte geltend machen zu können, wie es wenigstens

in dieser Zusammenfassung bisher noch nicht geschehen ist. Freilich
sind die einzelnen Beobachtungen, wie aus der Arbeit selbst hervorgehen wird, zum grössten Theil nicht neu, doch die Vereinigung zu
einem Gesammtbild scheint mir immerhin wichtig genug, um die
folgenden Zeilen mit dem gegenwärtigen Zeitpunkte dem Druck zu
übergeben.

Ich möchte gleich an dieser Stelle Herrn Prof. G. Schwalbe für
die liebenswürdige Ueberlassung des Materials zu freier Bearbeitung
meinen herzlichsten Dank sagen. Auch Herrn Geheimrath Gegenbaur bin ich — wie ich an betreffender Stelle noch erwähnen werde —
wegen seines mir bewiesenen Entgegenkommens zu Dank verpflichtet.

Die älteren Schriftsteller wurden zur Veröffentlichung einer neu
gefundenen Arterienvarietät des Arms durch zwei Erwägungen veranlasst: erstens durch das rein kasuistische Interesse, zweitens durch die
chirurgische Wichtigkeit der betreffenden Varietät. Beide Gesichtspunkte sind, nachdem die Chirurgie in neue Bahnen gelenkt ist, und
seitdem die Descendenzlehre unsere Anschauungen umgestaltet hat, natur-
gemäss in den Hintergrund getreten. Gegenwärtig kann man vielmehr
die uns hier beschäftigenden Arterienvarietäten des Arms in zweierlei
Weise betrachten. Erstens: man nimmt die Varietäten, die einzelnen
oder mehrere zu Gruppen vereint, als etwas Gegebenes und sucht ein
Verständniss der abweichenden Formen zu gewinnen. Zweitens kann
man die Varietäten als Mittel zum Zweck benutzen, wenn der Ausdruck erlaubt ist: man kann versuchen, anderen Fragen mit Hülfe des
Studiums der Varietäten näher zu kommen. — Wir wollen in dem
folgenden Aufsatz uns ausschliesslich auf den ersten Standpunkt stellen,
wir wollen die Formen, die sich uns darbieten, beschreiben und auf
später näher zu definirende Weise zu verstehen suchen. — Es sei mir
daher an dieser Stelle gestattet, kurz eine Angelegenheit zu berühren,
die unter die zweite der eben aufgestellten Rubriken fällt. Es handelt
sich um den Gegensatz der Varietätenverwerthung, die Schwalbe und
Pfitzner einerseits, Rosenberg andererseits anstreben.

In die Statistiken der Varietäten, die Schwalbe und Pfitzner
(15, 20, 21, 22) aufstellten, haben sie einige Armvarietäten des Ar-
teriensystems mit aufgenommen. Sie führen an: „Hohe Radialis",
„Hohe Ulnaris", „Arteria mediana". — Rosenberg (16) wendet ein,
dass unter einer Rubrik zuviel zusammengefasst wird. Er wünscht
eine Berücksichtigung der Resultate von Ruge (17) und Bayer (5).
Nach der Ruge'schen Arbeit z. B. muss man mindestens zwei Typen
der „hohen Radialis" unterscheiden.

Rosenberg will die Beobachtungen des Präparirsaals in anderer
Weise verwerthen als Schwalbe und Pfitzner, sicherlich reichen deren
Statistiken für Rosenberg's Zwecke nicht aus. Aber dieselben sind
auch garnicht darauf berechnet, dass sie für alle Zwecke genügen sollen,

sondern ihre Verfasser suchten ganz bestimmte Ziele mit ihnen zu erreichen. — Schwalbe und Pfitzner stellen die absolute Häufigkeit einer Varietät z. B. des Fehlens eines Muskels oder der erwähnten Arterienanomalieen an dem ihnen vorliegenden Material fest. Sie wünschen, dass an möglichst vielen Orten, sowohl Deutschlands als des Auslandes in gleicher Weise vorgegangen wird. Auf diese Weise erhalten sie vergleichbare Werthe. Sie sind der Ansicht, dass die „auffallenden Verschiedenheiten in der Zahl und Art des Auftretens der Varietäten auf Stammesunterschiede zurückzuführen sind, wie sie bei Anwendung grösserer Beobachtungsreihen beispielsweise in der Farbe des Haars, der Schädelform und Körpergrösse zum Ausdruck kommen". [1]) Für einige Varietäten ist der Nachweis eines konstanten Unterschiedes in der Häufigkeit des Vorkommens an verschiedenen Beobachtungsorten bereits gelungen (22). Es ist Anthropologie, vergleichende Anthropologie, die mit dieser Statistik bezweckt wird. Es ist klar, dass es dabei darauf ankommt, vergleichbare Werte zu haben, um Unterschiede konstatiren zu können, weniger darauf, die Varietäten möglichst einzeln — nach vergleichend anatomischen Gesichtspunkten getrennt oder zusammengefasst — zu behandeln. Allerdings werden bei einer weiteren Spezialisirung der einzelnen Kategorieen — z. B. „Hohe Radialis: a) hoher Typus (Brachialis superficialis superior), b) tieferer Typus (Brachialis superficialis inferior) eventuell auch noch neue Unterschiede zwischen einzelnen Volksstämmen sich entdecken lassen, insofern ist vielleicht eine solche Spezialisirung auch im Sinne von Schwalbe und Pfitzner wünschenswerth. Ich musste jedoch betonen, dass auch die bisherige Statistik zu weit erheblicheren Resultaten hätte führen können, wenn andere Orte die Bestrebungen Strassburgs mehr unterstützt hätten.

Ich bin allerdings der Ansicht, dass, wenn an einem Institut die von Rosenberg geübte Art der Durcharbeitung des Leichenmaterials wirklich durchführbar ist, die geeigneten Arbeitskräfte dafür vorhanden sind, in diesem Institut nach Rosenberg's Methode verfahren werden sollte. Ohne Zweifel würden wir dadurch ausser nach anthropologischer auch nach phylogenetischer Richtung wichtige Aufklärungen zu erwarten haben. — Da aber nicht einmal erreicht worden ist, dass die von Pfitzner und Schwalbe vorgeschlagene Methode zu ausgebreiteter Durchführung gelangt ist, so hat die ungleich ausführlichere Arbeitsmethode Rosenberg's wohl noch weniger Aussicht auf umfassende Nachahmung.

Doch wir wollen nach dieser Abschweifung zu unserem Thema zurückkehren. Wir betrachten also die einzelnen Formen als das Gegebene und das Verständniss dieser Formen ist uns Ziel der Forschung.

---

[1]) Anat. Anzeiger IV, S. 705 u. 706.

Allgemeine Principien bei Betrachtung der Arterienvarietäten des Arms.

Beim ersten Ueberblick über die grosse Mannigfaltigkeit, welche die Arterienvarietäten des Arms bieten, glaubt man es mit sehr vielgestaltigen, regellosen Erscheinungen zu thun zu haben. Dies war auch die Ansicht der früheren Forscher. Bei jeder Varietät, die man entdeckte, fragte man sich, ist dieselbe schon beschrieben oder nicht? Wich sie dann von den beschriebenen ähnlichen Formen in irgend einer Weise ab, so wurde der Fall als einzig dastehend in die Literatur gebracht. Wenn z. B. eine „hohe Radialis" aus der Axillaris entsprang, mit der Brachialis am Ellenbogengelenk und mit einer Mediana in der Mitte des Unterarms in Verbindung stand, so war das ein einzig dastehender Fall und wurde als „dreiwurzlige A. radialis" der Literatur einverleibt (8). Oder es war abermals, allerdings eine andere, „dreiwurzlige Radialis", wenn dieselbe „hoch von der Axillaris" entsprang, von der Mediana am Unterarm einen Ast erhielt und endlich dicht vor dem Handgelenk durch einen queren Ast der Interossea int. verstärkt wurde (11). So wurde die Literatur allmälich bedeutend vermehrt, jedoch nur bei verhältnismässig wenig Formen vermochte man eine gewisse Gesetzmässigkeit in der Ausbildung der Varietäten zu erkennen. Gurnim beschrieb im Jahre 1852 eine kleine konstante Arterie in der Ellenbeuge, die A. plicae cubiti superf. und leitete von der anomal stärkeren Ausbildung derselben sowohl die Ulnaris superficialis als die Mediana superficialis ab (9, 10). Die „Ulnaris superficialis" sprach er als „Thierbildung" an, da er einen gleichen Befund beim Seehund erhoben hatte.

Dies war ein bedeutender Schritt vorwärts für die Erkenntniss.

Betreffs der Entwicklung der Arterienvarietäten machte man sich um diese Zeit ganz allgemein die Vorstellung, dass in früher embryonaler Periode nicht nur ein Capillarnetz bestehe, sondern auch ein Venen- und Arteriennetz. Es sollte ein Maschenwerk von Arterien beim Embryo in den Extremitäten zur Anlage kommen, dann sollte bald dieser, bald jener Weg sich überwiegend ausbilden, während die anderen angelegten Arterien, die vom Blutstrom weniger benutzt würden, sich wieder zurückbildeten. Es ist diese Anschauung schon früher, in neuerer Zeit aber hauptsächlich von Baader (2) vertreten worden. Baader glaubte, dass die ursprünglich netzförmige Anlage des Gefässsystems sich noch besser an den Venen, als den Arterien nachweisen liesse, eine Hauptsache war für ihn daher, das „Anklingen an den Venentypus" bei den Varietäten der Arterien nachzuweisen. Er kam zu der bei Annahme eines Netzwerkes durchaus logischen Schlussfolgerung: „die Zahl der möglichen Varietäten ist schrankenlos."

Es musste nun aber jedem, der sich etwas eingehend mit dem vorliegenden Gebiet beschäftigte, auffallen, dass zwar eine grosse Mannigfaltigkeit der Formen existirt, dass jedoch erstens einige Haupttypen von Varietäten ganz besonders häufig sind, zweitens aber so unbeschränkt in Mannigfaltigkeit wie es nach der theoretischen Forderung Baader's sein müsste, die Varietäten durchaus nicht erscheinen.

Allerdings schienen entwicklungsgeschichtliche Forschungen die Annahme zuzulassen, dass im embryonalen Zustand wenigstens eine grössere Anzahl von Arterien vorhanden sei, als im erwachsenen. Duvernoy [1] fand an einem Embryo, dass derselbe ausser der normalen Brachialis noch eine Arterie besass, die am Oberarm vor der Arteria brachialis und dem Nervus medianus herablief. Er stellte nun die Hypothese auf — in der Annahme, sein Befund wäre typisch für einen sechsmonatlichen Embryo — aus diesem zweiten oberflächlichen Stamm bilde sich mitunter eine Brachialis aus, die vor dem Nerven herabliefe, in der Regel jedoch würde der Stamm reducirt und blieben nur noch Reste von ihm übrig. Duvernoy hat nur einen Embryo untersucht und da ist es ihm offenbar passirt — wie auch Zuckerkandl für möglich hält — dass er gerade auf eine Varietät gestossen ist. Er hat einen Embryo mit „hoher Radialis" — Brachialis superficialis vor sich gehabt. Die Schlüsse also, die er zieht, sind in ihrer Allgemeinheit gänzlich unzutreffend.

Einen grossen Fortschritt bildete für die Beurtheilung der Armvarietäten die vergleichend anatomische Betrachtungsweise. Es war Ruge (17), der eine Reihe von Varietäten unter einen gemeinsamen Gesichtspunkt zusammenfasste, anscheinend ganz getrennte Befunde durch ein gemeinsames Band verknüpfte. Er beobachtete, dass die Brachialis beim Bestehen eines Proc. resp. Canalis supracondyloideus in ihrem Laufe beeinflusst wurde, ebenso auch der Nervus medianus und Pronator teres. Ferner fand er, dass bei abweichendem Verlauf der Brachialis bei Bestehen eines Proc. supracondyl. sich ein „Collateralstamm", der oberflächlich verläuft und in der Mitte des Arms entspringt, häufig ausbildet (hohe Radialis der Autoren).

Zugleich wies er nach, dass selbst bei jungen Embryonen von 2,5 cm Scheitelsteisslänge von einem arteriellen „Netz" keine Rede sein kann, dass vielmehr selbst auf diesem frühen Stadium die Brachialis sowohl wie ihre Hauptzweige deutlich ausgebildet sind. Mit Recht sagt er: „Wollte man gegen diese entwicklungsgeschichtlichen Thatsachen dennoch die Annahme eines gleichmässigen Netzwerks der Gefässe in noch früheren Stadien aufrechterhalten, so wird ein direkter Nachweis er

---

[1] Leider konnte ich mir keinen Einblick in die Originalarbeit Duvernoy's verschaffen, ich citire seine Ansichten daher nach den Mittheilungen Zuckerkandl's (Anatom. Hefte. Bd. IV. S. 61—66).

bracht werden müssen." Auch die Untersuchungen ZUCKERKANDL's (23) und LEBOUCQ's [1]) haben kein arterielles Gefässnetz ergeben. Ebensowenig erwähnt A. ASCHOFF (1) ein arterielles Gefässnetz.

RUGE konnte auf Grund seiner Arbeit, obgleich er keine systematischen Thieruntersuchungen angestellt hat, schon die Ueberzeugung aussprechen, dass durch Thierbefunde auf vergleichend anatomischem Wege manche Varietät als atavistisch nachweisbar sein würde. Diese Ueberzeugung wurde durch die folgenden Arbeiten bestätigt. BAYER (5) untersuchte Affen und glaubte den Beweis erbringen zu können, dass die Art. brachialis (radialis) superficialis atavistisch sei. Für die Unterarmarterien haben ZUCKERKANDL (23) und ich (18, 19) die ausgebildete Mediana und einige ihr verwandte Varietätenformen als atavistische Funde deuten können. ZUCKERKANDL (23, 24) wies nach, dass die Interossea die ursprüngliche Fortsetzung der Brachialis darstellte. In einer späteren Veröffentlichung hat dann ZUCKERKANDL die tiefen Hohlhandäste der Ulnaris einer besonderen vergleichend anatomischen Untersuchung unterzogen (25).

Wollen wir uns nun nach dem heutigen Stand unserer Kenntnisse eine Vorstellung über die Prinzipien der Armarterienvarietäten machen, so können wir einen Satz voranstellen. Die Zahl der möglichen Varietäten ist keineswegs unbeschränkt. Es sind vielmehr ganz bestimmte gesetzmässige Schranken, die bei aller Mannigfaltigkeit in diesem Gebiete ebenso gut existiren wie für die sonstigen Variationen der Organe.

Anomale Verbindungen zwischen zwei grossen Arterienstämmen können sich nicht an irgend einem beliebigen Punkte bilden, es giebt vielmehr nur eine Reihe von Wegen, die anomaler Weise benutzt werden können, eine grosse Reihe, aber eine beschränkte.

Entweder kann man in der Norm die Wege, die für anomale Arterien vorgeschrieben sind, schon angedeutet finden in kleinen, oft lange Zeit unbeachtet gebliebenen Aestchen, oder wir erhalten auf vergleichend anatomischem Wege durch Thierbildungen Aufschluss über gewisse Typen. Oft sind auch beide Erklärungsarten zu vereinen: die anomal starke Ausbildung eines in der Norm konstanten Aestchens lässt sich atavistisch deuten. — Für eine Anzahl von Varietäten ist der Nachweis eines normal konstanten Aestchens oder eines bei Thieren[2])

---

[1]) Citirt nach ZUCKERKANDL. S. 81.

[2]) Selbstverständlich müssen die Thierbildungen, welche zur Deutung menschlicher Befunde herangezogen werden, den vergleichend anatomischen Anforderungen entsprechen, dass das betr. Thier der Stammreihe des Menschen für das betr. Organsystem nicht zu fern steht. So würde eine menschliche Varietät, die sich normal an der vorderen Extremität des Pferdes findet, keineswegs ohne weiteres als atavistisch anzusehen sein.

vorhandenen entsprechenden Stammes mit Sicherheit noch nicht erbracht, doch ist die Zahl derselben klein und es ist zu hoffen, dass die
Lücke bald ausgefüllt werden kann.

Einige kurze Beispiele mögen das Gesagte erläutern. Ruge wies
darauf hin, dass sich regelmässig über der Medianusschlinge ein reitendes Arterienästchen befinde, in einigen Fällen ist an Stelle dieses Aestchens der Abgang der Brach. superfic. sup. („Collateralstamm" Ruge)
zu treffen. Die A. plicae cub. wird nach Gruber mitunter zur Mediana
superfic., mitunter — und zwar häufiger — zur Ulnaris superfic. Die
Mediano-radialis oder ein Ast, welcher — wie in dem vorhin citirten
Gruber'schen Fall — von der ausgebildeten Mediana sich zur Radialis
begiebt, ist sicher homolog dem Ramus mediano-radialis, der sich in
weiter Verbreitung bei den Carnivoren, aber auch bei gewissen Beutelthieren findet.

Wir haben durch diese Betrachtungsweise, dadurch, dass wir erklären, dass die Bahnen der abnormen Arterien entweder schon in der
Norm angedeutet oder vergleichend anatomisch zu verstehen sind, den
grossen Vortheil gewonnen, dass wir den Varietäten das Regellose genommen haben, dass das „Spiel der Natur", die „Willkür der Natur"
wieder einmal aus der naturwissenschaftlichen Anschauungsweise eines
wenn auch nur kleinen Gebietes verbannt wird.

Ohne Zweifel haben wir in den Fällen, in denen wir nachweisen
können, dass eine Varietät atavistisch ist, noch einen Schritt weiter
gethan, als wenn wir dieselbe nur auf Ausbildung eines Muskelästchens
zurückführen können. Wir haben damit eine Erscheinung aus einem
speziellen Gebiet auf einen allgemeinen Gesichtspunkt zurückgeführt.
Selbstverständlich bleibt darum das Wesen der Atavismus — warum
gerade bei dem betreffenden Individuum ein solcher Rückschlag stattgefunden hat — ebenso fraglich; aber wir haben uns doch von unserem
engen Gebiet der Armvarietäten auf das grössere Gebiet der Frage
der atavistischen Bildungen begeben, somit einen Schritt weiter gethan.
Wir können eine grössere Menge einzelner Befunde unter diesem einheitlichen Gesichtspunkt besser beschreiben. Leider ist dieser
Schritt noch nicht für alle Armvarietäten möglich. Es ist auch keineswegs anzunehmen, dass alle beim Menschen vorkommenden Varietäten
atavistische Bildungen sein müssen. Vielleicht haben wir in einigen
derselben Zukunftsformen vor uns, Formen, die den Weg weisen, den
das menschliche Geschlecht in seiner Entwicklung wandelt. Dieser
Gedanke, der von Rosenberg (16) ausgesprochen ist, hat viel Ver-
führerisches. Nur muss man in der Anwendung gerade auf unserem
Gebiet sehr vorsichtig sein, da sich für die Gefässvarietäten des Arms
ein allgemeines Bildungsgesetz nicht aufstellen lässt. Wir können
daher kaum von irgend einer Form, die sich atavistisch nicht erklären
lässt, behaupten, hier hätten wir es mit einer Zukunftsbildung zu thun.

Auf eine beliebte Erklärung der Varietätenbildung der Arterien muss ich hier kurz eingehen. Nämlich auf die Erklärung, Varietäten entständen durch „Ausbildung von Anastomosen." Nun ist es ja höchst wahrscheinlich, dass Anastomosenbildung eine gewisse Rolle bei der Varietätenbildung spielt, jedoch wohl in anderer Weise, als man häufig annimmt. Es ist darauf aufmerksam zu machen, dass die normal vorhandenen Anastomosenbildungen zweier Arterien zur Varietätenbildung meines Wissens nie in Betracht kommen. Wir haben z. B. bekanntlich stets eine Anastomose durch das Ellenbogenarteriennetz zwischen Collateralis ulnaris inf. und Recurrens ulnaris. Durch Ausbildung dieser Anastomose müsste ein Zweig, ein „Collateralast" zu Stande kommen, der an der Stelle der Collateralis uln. inf. von der Brachialis abgeht und an der Abgangstelle der Recurrens ulnaris in dieselbe mündet (oder nach alter Beschreibung in die Ulnaris mündet). Ein solcher Stamm ist meines Wissens noch nie beobachtet worden. In dieser Weise spielt also die Anastomosenbildung für die Entstehung der Varietäten keine Rolle. Dagegen ist es, wie wir später an Beispielen sehen werden, eine gute Art der Beschreibung, durch Anastomosenbildung eine Varietät aus der anderen abzuleiten bez. eine Varietätenform mit der anderen in Verbindung zu setzen. Ich verweise auf das Schema der verschiedenen „Radialisursprünge" (Textfigur IV), das ich später geben werde. Ob aber die Annahme von Anastomosenbildung etwas anderes ist als eine Art der Vorstellung, ist wohl zweifelhaft. Das zum Wenigsten scheint mir höchst unwahrscheinlich, dass während des Embryonallebens des Individuums, an dem wir später die Abweichung finden, dieselbe je durch Anastomosenbildung zu Stande kommt. Ich will wieder durch ein kurzes Beispiel das eben Gesagte erläutern. Stellen wir uns die Entstehung der Ulnaris superficialis nach der durch obige Annahme geforderten Weise vor. Eine Arteria plicae cubiti superf. ist — wie normal — angelegt. Während des Embryonallebens kommt eine Anastomose dieser besonders gut ausgebildeten Arterie mit dem distalen Abschnitt der Ulnaris zu Stande. Dadurch ist ausser dem normalen Weg durch die Ulnaris ein neuer Weg für das Blut, das von der Brachialis zur Hand strömt, geschaffen. Durch irgend welche Gründe benutzt nun das Blut mehr den neuen oberflächlichen Weg als den normalen. Der proximale Theil der tiefen Ulnaris bleibt daher schwächer, er wird vielleicht noch durch einen abnormen Druck beeinflusst, schliesslich schwindet er ganz. Er schwindet so vollständig, dass im späteren Leben keine Andeutung von ihm mehr zu finden ist. — Eine solche Entstehungsart ist möglich, aber nicht beweisbar. Wir erhalten durch solche Ueberlegung eine Vorstellung, wir können die ausgebildeten Zustände besser verstehen. Aber ob sich thatsächlich derartige Vorgänge abgespielt haben oder ob nicht vielmehr die Ulnaris profunda im proximalen Theil gar nicht angelegt wurde, lässt sich nicht entscheiden.

Das letztere scheint mir wahrscheinlicher. Dagegen bleibt die allerdings auch nicht sicher zu beweisende Möglichkeit bestehen, dass in ähnlicher Weise durch Anastomosenbildung sich die phylogenetische Entwicklung der betreffenden Varietät abgespielt haben mag.

Ich werde im Folgenden auch die verschiedenen Arten der Varietäten mit einander in Verbindung setzen, eine aus der anderen oder aus der Norm herleiten, Reihen in ähnlicher Weise aufstellen, wie Ruge in seiner Arbeit. Ich betone aber, dass ich es unter dem Gesichtspunkt thue, dass mehrere Formen sich auf diese Weise zusammenfassen lassen, dass wir mit Hülfe der Reihen ein einheitliches Bild erhalten. Keineswegs aber will ich damit über die embryonale oder phylogenetische Entwicklung etwas Sicheres aussagen. —

Da ich über das wirkliche Zustandekommen einer Varietät somit kein Urtheil aussprechen will, kann ich auch der Theorie nicht beistimmen, dass durch den verschiedenen Gebrauch der oberen Extremität in verschiedenen Berufsklassen vererbbare Unterschiede in dem hier behandelten Arteriengebiet des Arms zu Stande kommen. Diese Vermuthung, die Ruge S. 334 ausspricht, scheint mir doch gar zu hypothetisch.

Ein ungeklärtes Kapitel in der Lehre von den Armarterien sind die Wundernetzbildungen. Dieselben sind bei manchen Thieren (z. B. Stenops) sehr ausgebildet. Beim Menschen könnte man die sogenannte „Inselbildung" als eine Andeutung dieser Erscheinung auffassen. Bei einer solchen Inselbildung sind jedoch nur zwei Gefässstämme vorhanden. Ruge beschrieb diese Erscheinung an der Brachialis. Er wies nach, dass hier der tiefe Ast der gewöhnlichen Brachialis, der oberflächliche einem „Collateralstamm" (Brach. superf.) entspräche. Es hat also die Inselbildung wenigstens in diesen Fällen mit der Wundernetzbildung nichts zu thun. Man muss zugeben, dass wir für die „Wundernetzbildung", die Zerfällung eines Arterienstamms in viele parallele kleinere, keine ausreichende Erklärung besitzen.

Es besteht die grosse Schwierigkeit, dass wir, wie ich schon früher hervorhob, an einzelnen Thierformen Wundernetzbildung haben, während die nächsten Verwandten keine Andeutung derselben erkennen lassen. So ist vergleichend anatomisch bis jetzt noch keine weitere Ergründung dieser Vorkommnisse möglich.

Plan der folgenden Beschreibung und Begründung desselben.

Im folgenden will ich, wie schon gesagt, die im Strassburger anatomischen Museum vorhandenen Arterienvarietäten des Arms beschreiben und zwar in der Art, dass ich eine möglichst vollständige Beschreibung der arteriellen Verhältnisse der einzelnen Präparate gebe. Ich werde alle Präparate hintereinander aufführen und erst dann die Typen der Arterienvarietäten an der Hand dieser Befunde zusammenfassend erörtern. Ich werde hierbei eine Eintheilung des Materials in Gruppen vornehmen. Bei jeder Gruppe werde ich erläutern, ob wir durch die vergleichende Anatomie oder durch andere Erwägungen in den Stand gesetzt sind, einen gemeinsamen Standpunkt für die Beurteilung der Varietätenreihe zu gewinnen.

Manchem möchte es wohl überflüssig erscheinen, dass ich eine so genaue Beschreibung der vorhandenen Präparate hierher setze. Dafür sind jedoch zwei Gründe bestimmend, ein allgemeiner und ein specieller. Der allgemeine Grund ist, dass sicher nach mir sich wieder andere mit den Varietäten der Armarterien beschäftigen werden. Vielleicht werden sie ganz andere Principien für eine gemeinsame Beurtheilung der Formen anwenden. Dann hat für sie eine verständliche Beschreibung immerhin den Werth, dass sie dieselbe als Material benutzen können, ohne das Strassburger anatomische Museum von Neuem durchzusehen. So sind jetzt aus den Arbeiten der älteren Forscher HYRTL, BARKOW, MECKEL, GRUBER hauptsächlich die Beschreibungen und Abbildungen von Werth, weniger die daran geknüpften Betrachtungen und Eintheilungen. In diesem Sinne wird Sammeln des Materials immer Werth behalten, wenn natürlich auch eine blosse Anführung der Beobachtungen ohne Verwerthung für bestimmte Anschauungen nicht genügt, wenigstens nicht, wenn mehr als rein kasuistisches Interesse vorliegen soll. Diesen Gedanken hat ja GEGENBAUR in klassischer Weise im Eröffnungsaufsatz des 1. Bandes des morphologischen Jahrbuchs ausgeführt (6).

Der zweite Grund ist insofern ein specieller, als ich glaube, dass gerade für die Arterienvarietäten des Arms eine Beschreibung nach den jetzt vorhandenen neuen Gesichtspunkten gerechtfertigt ist. Ich habe in Uebereinstimmung mit ZUCKERKANDL und meinen eigenen früher geäusserten Ansichten, das bis jetzt als Ulnaris bezeichnete Stück der Armarterie zwischen Abgang der Radialis und Interossea konsequent als Brachialis beschrieben. Ich glaube, dass diese Art besser ist, als für das Stück einen besonderen Namen zu wählen.[1]) Als Ulnaris schlechthin darf es auf keinen Fall bezeichnet werden. — Ich habe

---

[1]) Man hat schon früher das Bedürfniss gefühlt, diese Strecke mit einem besonderen Namen zu benennen. So spricht GRUBER von der Ulnaris communis, BARKOW von einer Interossea-ulnaris. Konsequent ist aber eine besondere Benennung der Strecke noch nicht durchgeführt. Nach meiner Meinung dürfte es sich am meisten empfehlen, den zuerst von ZUCKERKANDL vergleichend anatomisch begründeten Vorschlag zu befolgen und einfach das besagte Stück noch als Brachialis zu bezeichnen.

ferner für den Stamm, der aus der Brachialis über der Medianusschlinge
oder in der Mitte des Oberarms entspringt, mit BAYER den Namen
Brachialis superficialis gewählt. Es ist das für den Menschen meiner
Ansicht nach die rationellste Bezeichnung, da aus dieser Arterie in der
Ellenbeuge sowohl eine Radialis wie Ulnaris superficialis hervorgehen
kann. Von einem Hohlbandbogen spreche ich nur, wenn thatsächlich
zwei Arterien einen solchen bilden, wenn es zu einem „arkadenförmigen
Abschluss" kommt. Dagegen wird die Auflösung einer Arterie in ihre
Fingeräste einfach als Hohlhandtheilung zu bezeichnen sein.

Stets muss auf das genaueste die Lage der Arterie zu den um-
gebenden Theilen beachtet werden (RUGE, BAYER, ZUCKERKANDL,
E. SCHWALBE). Eine ulnare Arterie am Unterarm, die nicht mit dem
Ulnaris verläuft, ist eben keine „Art. ulnaris" schlechthin.

Dieses Princip ist garnicht leicht durchzuführen. Mitunter verbietet
es sich aus praktischen Rücksichten. Nehmen wir z. B. die Art. brachialis, die durch den Canal. supracond. verläuft. Das ist eigentlich
gar keine Brachialis im gewöhnlichen Sinne, das ist eine andere Bahn,
ein Atavismus. Aber wir werden aus praktischen Gründen keinen neuen
Namen für diese Arterie einführen, da ja alles zur Genüge gekennzeichnet ist, wenn es heisst: „die Art. brach. tritt durch den Canal.
supracondyl." — Dass durch die Missachtung der Lagebeziehungen der
Theile zu einander in der Nomenklatur bei den älteren Autoren die
grösste Verwirrung zu Stande gekommen ist, dass dieselbe Arterie bald
als Brachialis, bald als Ulnaris, bald als Interossea bezeichnet wird,
haben RUGE, ZUCKERKANDL und ich schon in früheren Arbeiten dargethan.

Für die folgenden Beschreibungen habe ich zur Bezeichnung der
Präparate das Princip angewandt, dass ich zunächst die volle Etikette,
die sich an dem Präparat befindet, an den Kopf der Beschreibung gestellt habe. 731. Art. med. var. war z. B. die Etikette des Präparates.
Daneben habe ich jedem Präparate eine fortlaufende Ordnungs-
nummer ertheilt. Nach Anführung der Etikette habe ich kurz hinzugefügt, ob ich das Präparat feucht oder trocken untersucht habe, ob
die Nerven erhalten waren oder nicht. — Am Schluss einer jeden Einzel-
beschreibung findet sich eine kurze Zusammenfassung. —
Es mögen nun die Einzelbeschreibungen folgen.

Beschreibung der Präparate.

1) 729. Normales Arterienpräparat.
   Es besteht eine schwache etwa 3 cm lange Mediana.
2) 224. Normales Arterienpräparat.
   Mediana nach 2 cm Länge abgeschnitten.
3) 733. Art. radial var. Eine starke Art. radialis aberrans mündet wieder ein in
   die normale A. radialis. — Nerven erhalten. Trockenpräparat.

Ueber der Medianusschlinge, auf derselben reitend, entspringt eine Arteria
brachialis superficialis von mässiger Dicke. Sie giebt mehrere z. Th. starke Aeste
zum Biceps und auch zum Brachial. int. Ihr Verlauf ist längs des Sulc. bicip. int.
Das Verlaufsverhältniss zum Nerv. median. lässt sich am Präparat nicht erkennen, weil
der getrocknete Nerv. med. bogenförmig nach oben verzogen ist. Gegen Ende des
Oberarms ist die Arterie in Folge Abgabe der erwähnten Aeste ziemlich schwach.
Sie begiebt sich unter den Lacertus fibrosus und mündet in der Ellenbeuge in die
normal starke Art. radialis, etwa 1 cm nach Abgang der Art. radialis von der
Brachialis profunda.

Die Brachialis profunda ist am Oberarm ohne Besonderheiten. Starke collateral.
ulnaris sup. und inf. Normaler Abgang der Art. radialis und recurrens ulnaris,
Dreitheilung der Brachialis in Interossea. Ulnaris und schwachen Mediana-Ast.

Zusammenfassung: Art. brachial. superf. superior mündet in die normale
Art. radialis.

4) Feuchtes Präparat des linken Arms. (War ohne Bezeichnung.)

Auf der Medianusschlinge „reitend", also proximal von derselben entspringt aus
der Axillaris eine ziemlich starke A. brachialis superficialis. Dieselbe verläuft vor
dem Medianus im Sulcus bicipit. internus. Sie giebt mehrere starke Aeste zum
Biceps. Sie tritt unter dem Lacertus fibrosus d. Biceps hindurch und gewinnt am
Unterarm den Verlauf der Radialis.

Am Oberarm sind keine weiteren bemerkenswerthen Abweichungen vorhanden.
An der normalen Abgangsstelle der Radialis von der Brachialis prof. ist kein
Rudiment erhalten. Die Recurrens radialis wird von der Radialis (brachial.) superf.
abgegeben.

Die Brachialis prof. tritt mit dem Nervus medianus unter den Pronator teres.
Sie giebt an normaler Stelle die Recurrens ulnaris ab und theilt sich in Ulnaris und
Interossea. Die letztere zerfällt sofort in Interna und Externa. Von der Interna
wird gleich darauf ein Ast abgegeben, der sich an die benachbarte Muskulatur verzweigt und in Suleus bicipit. internus eine mit dem Medianus bis zur Mitte des Unterarms verfolgbare Mediana darstellt.

Die Arterien der Hand zeigen einige Abweichungen. Der Ramus volar.
superfic. art. radialis ist ein unbedeutender Muskelast für den Daumenballen und
anastomosirt nicht mit der Art. ulnaris. So ist ein normaler Hohlhandbogen nicht
vorhanden, ein arkadenförmiger Abschluss fehlt. Die Ulnaris übernimmt die oberflächliche Fingerversorgung bis zur Ulnarseite des Daumens. Einen kleinen oberflächlichen Ast — gewissermaassen um einen normalen Arc. volaris subl. herzustellen
— entsendet die Ulnaris zu dem radialen Ast der Princeps pollic. und anastomosirt weiterhin mit dem stärkeren ulnaren Ast der Princeps poll.

Der Arcus volaris profund. wird ulnar von zwei Aestchen der Ulnaris geschlossen, dem Ram. prof. sup. und inf. art. ulnaris [ZUCKERKANDL (25)]. Die Zweige
aus dem tiefen Hohlhandbogen sind nicht sehr stark. — Dorsal stammt eine kleine
Arterie im ersten Metacarpalraum aus der Radialis, ebensolche kleine Stämme in
den übrigen Metacarpalräumen aus der Interossea interna.

Zusammenfassung. Art. brachial. superf. super. (in radialis sich fort-
setzend). Mässige Mediana (bis zur Mitte des Unterarms). Unregelmässiger oberflächlicher Hohlhandbogen.

5) (Ohne Bezeichnung.) Feuchtes Präparat des rechten Armes.

Ueber der Medianusschlinge, auf derselben reitend, geht eine starke Art. brach.
superfic. ab, welche den gewöhnlichen Verlauf längs des Sulcus bicipital. intern.
nimmt. Sie gewinnt am Unterarm den Verlauf der Radialis nachdem sie einen
Zweig abgegeben hat, der in seinem Verlauf und Verzweigungsgebiet einer Recurrens
rad. entspricht.

Am Oberarm findet sich weiterhin die Varietät, dass Profunda brachii und Collateralis uln. sup. gemeinsam entspringen. Die Collat. uln. inf. scheint nur durch einen kleinen Muskelast vertreten.

In der Ellenbeuge ist der Verlauf der Art. brach. normal. Ein Aestchen an der gewöhnlichen Abgangsstelle der Radialis scheint nur zum umgebenden Gewebe sich zu begeben. Es folgt der Abgang der Recurrens ulnaris und hierauf die Abgabe eines mässig starken Astes, der radial verläuft. Dieser anastomosirt mit Zweigen der Recurrens radialis aus der Brach. superfic. So wird eine Anastomose zwischen Brachialis superficialis und profunda hergestellt.

Es folgt die Theilung in Interossea und Ulnaris. Von der Interossea int. geht gleich darauf eine Arterie ab, die sich mit dem Nerv. medianus bis zur Mitte des Oberarms verfolgen lässt. Also eine Mediana.

Der Arc. volar. subl. scheint normal gewesen zu sein, wenn jetzt auch der Ram. superf. art. rad. fehlt. Der Arc. prof. wird ulnar sowohl durch den Ramus prof. uln. sup. als auch den inf. abgeschlossen.

Zusammenfassung. Art. brachialis superf. super. — Durch die Recurrens rad. Anastomose mit der Brach. prof. — Collateral. uln. sup. und Profunda brachii entspringen aus gemeinsamem Stamme. — Mässige Mediana.

6) 1974. Feuchtes Präparat des Arms. Rechts. (Zum grössten Theil von mir selbst präparirt.)

In der Achselhöhle auf der Medianusschlinge reitend entspringt eine nicht sehr starke Art. brach. superf., die im Sulc. bicipit. int. zum Unterarm läuft. Hier gewinnt sie den Verlauf der Radialis und mündet noch etwas vor der Mitte des Unterarms in die weiterhin zu beschreibende Mediano-radialis. Man könnte in diesem Falle vielleicht von „Inselbildung" sprechen, allerdings von einer Inselbildung, die über das Gebiet einer Arterie (Brachialis) hinausgeht.

Die Brachialis prof. bietet am Oberarm weiter keine Unregelmässigkeiten. Sie begiebt sich unter das Lacertus fibrosus und giebt, bevor sie unter den Pronator teres gelangt, einen Ast ab, der radialwärts läuft und das Gebiet der Recurrens radialis versorgt. Der proximal recurrirende Zweig dieses Astes ist weit schwächer als die distalwärts sich ausbreitenden Muskeläste. In dieser Recurrens radialis dürfte das Rudiment der normalen Radialis enthalten sein.

Es folgt im Verlauf der Brachialis der Abgang der schwachen Recurrens ulnaris. Dann Theilung in Interosseae und Ulnaris. Von der Interossea int. wird sofort die Mediana, die wohl entwickelt erscheint, abgegeben. Diese verläuft etwa 3 cm mit dem Medianus, giebt dann verschiedene Muskeläste ab, sowie eine feine Arterie, die mit dem Medianus weiter verläuft und bis über die Mitte des Unterarms hinaus sich verfolgen lässt. — Der Hauptstamm aber wendet sich radial schräg distalwärts, nimmt noch, bevor er in die Radialrinne gelangt, die Brach. superf. auf, gewinnt die Radialrinne und verhält sich weiterhin wie eine Radialis. Eine kleine Strecke ist also die Radialrinne frei, da die Brach. superf. sozusagen der Mediano-radialis etwas entgegen kommt. — Es handelt sich also um eine typische Mediano-radialis, combinirt mit e. Brach. superf.

Was die Hohlhandäste betrifft, so war eine Anastomose des Ram. vol. superf. art. rad. mit der Ulnaris nicht zu konstatiren. Es war also auch kein eigentlicher Hohlhandbogen vorhanden.

Der tiefe Hohlhandbogen wird ulnar wieder durch zwei Aeste der Ulnaris, den Ramus sup. und inferior geschlossen. Ein Rete dorsale ist angedeutet, doch sehr schwach.

Zusammenfassung. Mediano-radialis in welche eine Brachialis superfic. sup. mündet.

Zusatz: Mit Hülfe der Textfigur IV kann man sich leicht eine Vorstellung dieses Präparates machen. Wir müssen uns einfach die distale Strecke der Mediana (*m₂*) fortdenken, dazu die beiden „Wurzeln" *rd. bi.* und *rd. u.* sowie die letzte Wurzel der Interossea *rd. i.*

7) 736. Aelt. Präparat 250. Rechts. A. ulnaris var. (entspringt aus der Art. axill., sendet in der Ellenbeuge einen starken Ast zur Art. radialis). Nerven nicht erhalten. Muskeln nur mangelhaft. Trockenpräparat. (s. Tafel I Fig. 1.) [1]

In der Höhe etwa, in der sich die Medianusschlinge normalerweise findet, geht von der Art. brachialis ein starker Ast radialwärts ab, derselbe verläuft oberflächlich zur Seite des Biceps, an den er mehrere Zweige abgiebt, besonders einen stärkeren etwa in der Mitte des Oberarms (*a. bic.*). In der Ellenbeuge über dem unteren Rand des Condylus humeri theilt sich diese Arterie in zwei gleich starke Aeste, einen radialen Ast und einen ulnaren. Der radiale Ast gelangt bald zur radialen Seite des Unterarms und verläuft weiterhin wie eine normale Radialis. Auch an den Handverzweigungen dieser Radialis lassen sich Abnormitäten mit Sicherheit nicht feststellen. In welcher Ausbildung der Ram. volaris superf. rad. vorhanden war, lässt sich nicht mehr entscheiden. Etwa 1,5 cm nach der Theilung — also noch in der Ellenbeuge — nimmt dieser radiale Ast einen starken Zufluss von der Brachialis profunda auf. (*a. r. pr.*)

Der ulnare Ast (*a. u. s.*) zieht von der Theilungsstelle schräg zur Ulnarseite des Vorderarms. Wie seine Lageverhältnisse zum Pronator teres und zu den Flexoren waren, lässt sich an diesem Trockenpräparat nicht ohne weiteres feststellen. Es ist jedoch nach Analogie anderer Befunde sicher, dass der ulnare Ast oberflächlich über den Pronator teres hinwegzog. Im letzten Drittel des Unterarms gewinnt der Ulnaris-Ast, der einer Ulnaris superficialis entspricht, die gewöhnliche Lagerung der Ulnaris prof. und zeigt an der Hand die gewöhnliche Verzweigung. Der tiefe Hohlhandbogen wird durch einen Ast gebildet, der unmittelbar distal vom Os pisiforme sich in die Tiefe begiebt. Soweit es sich beurtheilen lässt, handelt es sich also um einen Ram. volar. prof. superior (*r. p. s.*) nach ZUCKERKANDL. (25). Ein eigentlicher oberflächlicher Hohlhandbogen ist nicht vorhanden, es fehlt die Anastomose des Ram. volar. superf. art. radial. mit der Ulnaris. Jedoch ist, wie erwähnt, es sicher ebenso möglich, dass diese Anastomose bei der Präparation verloren ging, als dass sie überhaupt nicht vorhanden war. —

Die Brachialis profunda (*a. br. pr.*) zeigt in ihrem Verlauf am Oberarm, der dem Verlauf der Brachialis entspricht, keine Abnormitäten. Eine ziemlich bedeutende Collateral. uln. sup. (*a. c. u. s.*), sowie eine Coll. uln. inf. (*a. c. u. i.*) sind nachweisbar. Es scheint, dass Zweige eines Bicepsastes der Brachialis profunda mit einem Bicepsast aus der Art. brachial. superf. anastomosiren (in der Figur nicht dargestellt). An der Stelle, an welcher die Brachialis in der Regel die Art. radialis abgiebt — oder wie der alte Beschreibungsmodus lautet, sich in Art. radial. und ulnaris theilt — giebt in unserem Fall die Brachialis den starken Ast zur oberflächlichen Brachialis (*a. r. pr.*) ab, den ich bereits vorhin erwähnte.

Die Brachialis nimmt nach Abgabe des radialen Astes den gewöhnlichen Verlauf, sie giebt an der gewohnten Stelle eine starke Recurrens radialis ab. Sie setzt sich hierauf als Interossea interna fort.

Den gewöhnlichen Verlauf der Ulnaris bezeichnet ein kleines Aestchen, das ulnarwärts zieht. Es lässt sich an dem Trockenpräparat keine Anastomose mit der oberflächlichen Ulnaris nachweisen, vielmehr scheint das Aestchen sich in der Muskulatur zu verlieren.

---

[1]) Für die Tafel habe ich die Nerven und Muskeln (zum Theil) rekonstruiren müssen.

Die Interossea ext. entspringt an der gewohnten Stelle. Von einer Mediana ist an diesem Präparat nichts nachzuweisen.

Wie soll man diese Varietät auffassen? Auf der Etikette ist bemerkt, dass die „Art. ulnaris hoch aus der Art. axillar. entspringe." Ich hoffe nach der gegebenen genauen Beschreibung, sowie nach der beigefügten Abbildung wird man eine andere Auffassung theilen müssen. Es handelt sich um eine Arterie, die hoch von der Axillaris nicht ulnar, sondern radial entspringt. Sie entspricht also in ihrem Ursprung einer früher sogenannten „hohen Radialis", keiner „hohen Ulnaris". Es ist eine Brachialis superfic. (Bayer). Sie hat den typischen Ursprung der Brachial. superfic. sup. von der Axillaris, sie hat den typischen Verlauf derselben im Sulcus bicipit. intern. Diese Brachialis superficialis theilt sich nun in der Ellenbeuge, sie sendet einen ulnaren Ast ab. Man muss also sagen: anomaler Weise entspringt die Art. ulnaris aus der Brachialis superficialis in der Ellenbeuge. Selbstverständlich ist auch die Art. ulnaris nur in ihrem unteren Theil der gewöhnlichen Ulnaris homolog. Das erste Drittel mindestens liegt oberflächlicher. Sie stellt eine Ulnaris superfic. dar, wie sie Gruber beschrieben hat. Interessant ist auch das Verhalten der Art. brachial. profunda in unserem Fall. Im Wesentlichen ist das ihr zukommende Gebiet am Unterarm ihr entzogen, sie setzt sich als Interossea fort. Aber an der gewöhnlichen Stelle sendet sie einen radialen Ast, der mit der abnormen Radialis der Brach. superfic. communicirt, sie sendet an der gewöhnlichen Stelle des Ulnarisabgangs einen ulnaren Ast, dessen etwaige Kommunikation mit der abnormen Ulnaris allerdings nicht mehr nachweisbar ist. Dieser ulnare Ast ist das Rudiment der normalen Ulnaris.

Dieser Fall ist ferner ein gutes Beweisstück für die zuerst von Zuckerkandl ausgesprochene Ansicht,[1] dass es völlig falsch ist, von einer „Theilung der Brach. in Radialis und Ulnaris" zu reden. Das Stück vom Abgang der Radialis bis zum Abgang der Interossea ist nicht Ulnaris, sondern ist noch als Brachialis zu bezeichnen. Das sehen wir hier. Nach dem Abgang des radialen Verbindungsastes nimmt die Arterie den ganz gewöhnlichen Verlauf nach dem gewöhnlichen Sprachgebrauch also den Verlauf der Art. ulnaris — in ziemlich unverminderter Stärke. Von diesem Theil der Arterie wird die Recurrens ulnaris ganz an der normalen Stelle abgegeben. Dann erst erfolgt, bevor sich die Arterie in die Interossea fortsetzt die Abgabe des rudimentären Ulnaris-Astes.

Zusammenfassung.   Art. brach. et ulnar. var.   Arteria brachialis superficialis sup. geht in Art. radial. über. Starker Trunc. communicans radial. aus der Brachial. profunda. — Art. ulnaris superfic. entspringend aus der Art. brach. superf.

8) 730.   Art. uln. var. — Entspringt aus der Art. axillar. — Arcus volar. sublimis hauptsächlich von der Art. rad. gebildet. Trockenpräp. rechts. Nerven erhalten.

Die Arterie ist mehrfach durchschnitten und einzelne Strecken sind offenbar falsch angetrocknet. Dennoch glaube ich die wirklichen Verhältnisse rekonstruiren zu können. Ich gebe zuerst eine Beschreibung der durch die Antrocknung bewirkten Lageverhältnisse, will aber dann sofort die Berichtigung, die meiner Ansicht nach angebracht werden muss, hinzusetzen. — Ueber der Medianusschlinge, auf derselben reitend, geht eine ziemlich starke Arterie von der Axillaris ab. Dieselbe ist nach etwa 4 cm durchgeschnitten. Der Stumpf ist so getrocknet, dass er in ulnare Richtung weist. In der Mitte des Oberarms finden wir dann ein etwa 10 cm langes Stück Arterie neben der normalen Art. brach. ulnarwärts angetrocknet. Von diesem Stück geht ein Ast zum Biceps vor dem N. medianus, der sich radial und über der Art. brach. angetrocknet befindet. Nach dem Verlauf von ca. 10 cm ist

---

[1] Die Ansicht, dass es falsch sei, von einer Theilung in Ulnaris und Radialis zu reden, wurde schon von Jaxosik (13) ausgesprochen, doch meinte J., die Brachialis theile sich „in Mediana und Radialis."

die Arterie abermals durchschnitten. Doch findet sich unmittelbar distal davon das dazu gehörige Stück, das wieder ulnar vom Nerven angetrocknet ist, mit dem Nerven weiter herabzieht, vor den Lacertus fibrosus tritt, radial vom Ursprung des Pronator teres. Die Arterie zieht dann auf dem Pronator teres schräg herunter und erreicht am letzten Viertel des Unterarms den Nervus ulnaris. Sie hat also von der Ellenbeuge an den typischen Verlauf der Ulnaris superfic. — Auf die Hand werde ich später eingehen. — Ich behaupte nun, dass die Arterie durch die Antrocknung eine völlig falsche Lage erhalten hat. Es hat sich vielmehr, wie auch im vorigen Präparat um eine A r t. b r a c h i a l i s s u p e r f., die vor dem Nervus medianus im S u l c. b i c i p i t a l i s i n t e r n u s herabzog, gehandelt.

B e w e i s : Der Bicepsast, der v o r d e m Medianus zum Biceps zieht, die Kreuzung des Lacertus fibrosus radial vom Pronator. Dann übernimmt diese Art. brachial. superf. das ulnare Gebiet in derselben Weise wie im vorigen Präparat. Es ist das ein sehr interessanter Befund, da die Radialis in diesem Falle mit der Brach. superfic. in gar keinem Zusammenhange steht. —

Die Brachialis profunda zeigt am Oberarm keine Abnormitäten, sie giebt die Collat. uln. sup. an normaler Stelle ab. Die Collat. uln. inf. ist nicht sicher nachweisbar. Die Brachialis giebt in normaler Weise Radialis und Recurrens ulnaris ab und theilt sich in Interossea und Mediana. Ein Rudiment der normalen Ulnaris ist in einem sehr kleinen Aste vielleicht nachzuweisen. Die Mediana ist deutlich, verläuft mit dem Nerven und ist etwa 2 cm weit mit demselben verfolgbar.

Kommen wir jetzt zu den Anomalieen der Handarterien. Die von der Brachialis superficialis gebildete Ulnaris, die, wie erwähnt, im letzten Viertel des Unterarms den normalen Verlauf der Ulnaris gewinnt, ist hier in ihrem Kaliber bereits sehr reducirt. Sie tritt als nur schwaches Aestchen radial vom Erbsenbein zur Hand. Dafür hat der Ramus volaris superf. art. radialis eine abnorm starke Ausbildung gewonnen. So kommt zwar ein normaler oberflächlicher Hohlhandbogen zu Stande, aber die Hauptarterie des Bogens ist die radiale, nicht die ulnare Arterie. Zum tiefen Hohlhandbogen kann die Ulnaris in diesem Falle nicht beitragen, sie ist zu schwach. Daher wird ulnarwärts der tiefe Hohlhandbogen von einem Ast geschlossen, der entspringt aus der Digit. vol. commun. III (also der im Interstitium des 4. u. 5. Metacarp. gelegenen Arterie). Man kann auch sagen, der Bogen wird durch einen aus dem Wurzelstück der Digitalis V entspringenden Ast (ZUCKERKANDL) geschlossen, also durch den Ramus vol. prof. uln. inf. Dieser Ast bezieht aber das Blut in diesem Fall, hauptsächlich von der Radialis, da die Ulnaris sehr schwach ist.

Z u s a m m e n f a s s u n g : A r t. b r a c h. s u p e r f i c. s u p. i n e i n e U l n a r i s s u p e r f. ü b e r g e h e n d. Oberflächlicher Hohlhandbogen erhält Blutzufuhr hauptsächlich aus der Ram. vol. superf. art. rad.

9) 740. Art. brachial. var. Hoher Ursprung, starke Art. mediana. Trockenpräparat des rechten Arms. Nerven theilweise erhalten.

Leider ist die Axillaris gerade oberhalb der Medianusschlinge abgeschnitten. Ein starker Ast entspringt dort und tritt dorsalwärts durch die Medianusschlinge, die etwas mehr distal gelegen scheint, als gewöhnlich. Dieser Ast dient als Stamm für eine Profunda brachii, Collateral. ulnar. inf. Circumflexa hum. Auch subscapulare Arterien scheinen aus diesem gemeinsamen Stamm zu entspringen. — Ueber die Medianusschlinge hinweg und weiterhin v o r dem Nerv. medianus nimmt die Brachialis ihren Weg, entspricht also einer Brachialis superficialis, während die normale B r a c h i a l i s p r o f u n d a fehlt. Am unteren Theil des Oberarms entfernt sie sich radialwärts vom Medianus und tritt von diesem getrennt unter den Lacertus fibrosus. Nachdem sie die Radialis abgegeben hat, gewinnt sie den Verlauf der Brachialis profunda (oder nach alter Beschreibung: der Ulnaris communis).

Sie tritt unter den Pronator teres, giebt die Recurrens ulnaris ab und theilt sich dann in Interossea, Ulnaris und Mediana.

Die Mediana tritt zur Hand. Eine Anastomose mit dem schwachen Ramus superficialis arteriae radialis existirt nicht. Dagegen sendet sie einen schwachen, die Vola querenden Ast zur Ulnaris. Die Mediana versorgt, verstärkt durch weiterhin zu besprechende Anastomosen mit tiefen Radialisästen, Finger I und II radial, während die Ulnaris Finger II ulnar und die übrigen Finger versorgt.

Der tiefe Ast der Radial. tritt in typischer Weise zur Hohlhand. Ein Zweig desselben anastomosirt mit den Daumenarterien der Mediana, ein anderer, stärkerer zieht längs des Metacarpale II, spaltet sich an dessen Köpfchen und anastomosirt radial mit dem Medianaast (radialen Ast) des Zeigefingers, ulnar mit dem Ast aus der Ulnaris, welcher II ulnar und III radial versorgt.

Der tiefe Hohlhandbogen wird ulnarwärts von 2 Rami ulnares prof. geschlossen, der eine stellt einen typischen Ramus sup., der andere einen inferior nach ZUCKER-KANDL dar.

Zusammenfassung. Gemeinsamer Stamm am Oberarm für Profunda brach., Collateral. ulnar. sup., Circumflexa post. — Brachialisverlauf im oberen Theil des Oberarms vor dem Medianus, also Brachialis superfic. Fehlen der Brach. prof. Ausgebildete Mediana zur Hohlhand. Kein normaler Hohlhandbogen.

10) 737. Art. brachial. var. Hoher Ursprung. Trockenpräparat des Oberarms und ersten Drittels des Unterarms. Nerven erhalten, rechts.

Die Medianusschlinge wird von zwei gleich starken Arterienstämmen umfasst. Der eine, oberflächliche, der „auf der Schlinge reitet" stellt die anormale, aber einzige Brachialis dar, der andere einen gemeinsamen Stamm für Schulterarterien und Profunda brachii. Die Brachialis superficialis verläuft vor dem Medianus im Sulcus bicipit. int. zur Ellenbeuge. Sie giebt auf dem Weg zahlreiche Muskeläste und eine Collateralis ulnaris inferior ab. Sie begiebt sich unter den Lacertus fibrosus. Weiter ist nichts mit Sicherheit erkennbar.

Diese Arterie entspricht einer Brachialis superficialis, eine Brach. profunda fehlt.

Der zweite Hauptstamm an der Medianusschlinge ist gemeinsamer Stamm für die Thoracales, Circumflexae, Profunda brachii und Collateral. ulnar. super., die in diesem Falle allerdings wenig ausgebildet ist.

Vom Stamm geht gleich nach Abgang ein Aestchen zum Subscapularis. Nach einem Verlauf von ca. 2 cm erfolgt vor dem Humeruskopf eine dendritenförmige Auftheilung des Hauptstammes. Da geht zunächst, den Nervus radialis begleitend, die Profunda brachialis ab. Von dieser entspringt eine schwache Arterie, die einer Collateral. uln. sup. entsprechen dürfte. Dann zweigt sich sofort die sehr starke Circumflexa hum. post. zusammen mit der schwachen anterior ab. Der Hauptstamm theilt sich sofort weiter in die Subscapulares mit der starken Circumflexa scapulae und die Thoracales, die sich an dem Präparat nicht weiter verfolgen lassen.

Zusammenfassung: Brachial. superfic. superior. Fehlen der Brachialis profunda. Gemeinsamer Stamm für Thoracales, Subscapul, Circumflexa, Profunda brachii.

11) 5092. Feuchtes Präparat des linken Arms.

Es findet sich über der Medianusschlinge die Abgabe eines starken dorsalen Astes gemeinsam für Prof. brachii, Collat. uln. sup., Circumflexae, Subscapulares, Thoracales. Die Arterie lagert sich alsdann vor die Medianusschlinge und verläuft bis zur Ellenbeuge vor dem Nerv. medianus, hat also den Verlauf einer Brachial. superf.

In der Ellenbeuge gewinnt die Brachialis wieder den gewöhnlichen Verlauf; giebt Radialis, Recurrens uln. ab, theilt sich in Ulnaris und Interossea.

Ueber die Hohlhandäste ist zu bemerken, dass die Anastomose des tiefen ulnaren Astes und des tiefen radialen eine sehr geringfügige gewesen zu sein scheint. Beide Aeste sind gleich stark und versorgen selbstständig ihre Hälfte.

Ob der Ram. volar. superf. art. rad. durch die Präparation verloren ging oder in Wahrheit nicht den Hohlhandbogen abschloss, lässt sich nicht mit Sicherheit sagen. Jedenfalls sind die oberflächlichen Hohlhandäste des Ulnaris sehr stark ausgebildet.

Zusammenfassung. Fehlen des Brachialis prof. Brachialis superficialis superior. Gemeinsamer Stamm für Collater. uln. superior., Prof. brachii, Circumflexae, Subscapulares, Thoracales. Unregelmässigkeit der Art. vol. prof.

12) 793. Arterien der oberen Extremität. Rechts. Trocken. Nerven theilweise erhalten.

An den Unterarmarterien nichts besonderes. Am Oberarm gemeinsamer Abgang von Profunda brachii u. Collater. ulnar. sup.

13) 1264. Processus supracondyloideus humeri. N. medianus, A. brach. M. pronator teres. Trockenpräparat links.

Es umfasst das Präparat etwa die untere Hälfte des Oberarms und die obere Hälfte des Unterarms. Es ist ein ausgebildeter Proc. supracondyl. vorhanden, der durch den Ursprung des Pronator teres, der sich an dem Processus findet zu einem Kanal geschlossen wird. Durch diesen Kanal treten Arterie und Nerv. Dann aber trennen sie sich, der Nervus medianus durchsetzt den Pronator teres, die Arterie tritt unter denselben, giebt die Art. radial. ab und theilt sich dann in Ulnaris und Interossea. — Der Lacert. fibros. des Biceps ist nicht erhalten.

Es ist keine Brach. superf. oder „Collateralstamm" (Ruge) nachweisbar.

14) 732. A. radialis var. Entspringt aus dem oberen Drittel der Brachialis, starke Anastomose mit Art. interossea volar., aus der die Endäste hervorgehen. Trockenes Präparat. Ohne Nerv. Rechts.

Im oberen Drittel des Oberarms in derselben Höhe wie ulnar die Profunda brachii entspringt eine Arteria brach. superfic. Sie folgt dem Sulcus bicipital. int., tritt unter dem Lacert. fibr. hindurch und gewinnt dann die Radialisbahn. Eine Anastomose mit der Brachialis prof. in der Ellenbeuge ist nicht nachweisbar. Die Ulnaris ist stark entwickelt. Ein Ramus vol. superf. der Radialis existirt nicht. Es kommt daher kein oberflächlicher Hohlhandbogen zu Stande. — Auffallend ist, dass die aus der Brach. superf. hervorgegangene Radialis, ehe sie sich unter die Sehne des Abductor pollic. long. begiebt, durch einen voluminösen queren Ast der Interossea int., — wie es scheint, dem Endast derselben — verstärkt wird.[1]) Mit voller Sicherheit lassen sich die Endäste der Radialis nicht feststellen. Es scheint, dass nach Abgabe des volaren tiefen Hohlhandastes noch ein Ast abgegeben wird, um mit der Ulnaris zu anastomosiren und die radiale Daumenseite zu versorgen. Ein Endast endlich der Radialis endigt (doch nur durch ungenügende Präparation so frühzeitig) an der Dorsalseite des Metacarpale II.

Sämmtliche volaren Fingeräste bis auf den der radialen Daumenseite werden von der Ulnaris gebildet.

Der tiefe Hohlhandbogen wird von dem erwähnten Radialisast und dem ulnaren

---

[1]) Siehe Textfigur IV (vl. i.). Ferner findet sich eine gute Figur dieser Anomalie in Jössel's Lehrbuch der topographischen Anatomie, S. 77.

Ram. vol. prof. inf. gebildet. Vielleicht ist auch der Ramus superior vorhanden, doch lässt sich das nicht mit Sicherheit feststellen.

Zusammenfassung. Art. brach. superf. inferior, in die Radialis übergehend. Kein eigentlicher Arcus volar. sublimis. Verbindung der Interossea int. mit der Radialis.

Zusatz: Da ich im allgemeinen Theil nicht näher auf diese Interossea-Varietät eingehen will, so sei hier bemerkt, dass ZUCKERKANDL einen solchen Verlauf der Interossea unter der Sehne des Abductor pollic. bei Macropus giganteus beschreibt. Es liegt also auch hier immerhin die Möglichkeit eines Atavismus vor, wenn ich natürlich das auch nicht auf Grund dieser einen Beobachtung behaupten kann.

15) 734. Art. radialis var. Hoher Ursprung. Trockenpräparat. Nerven erhalten. Rechts.

Etwa in der Mitte des Oberarms entspringt aus der Brachialis eine starke Art. brach. superf., die sich vor den Medianus, denselben kreuzend, begiebt. Sie giebt sofort nach ihrem Abgang einen sehr starken Bicepsast ab.

Die Brachialis superficialis begiebt sich unter den Lacertus fibrosus und gewinnt den Verlauf der Radialis. Ob sie in der Ellenbeuge durch einen Ast mit der Brach. prof. verbunden ist, lässt sich nicht entscheiden, da alles fest zusammengetrocknet ist und nicht präparirt wurde. Nach dem Kaliber ist es nicht zu vermuthen, jedenfalls wird es kein bedeutender Ast sein können. Ueber das Verhalten des Abgangs der Ulnaris, Interossea, Mediana lässt sich nichts sagen, weil die Strecke nicht präparirt ist. — Das Kaliber der Brachial. superf. ist an ihrer Abgangsstelle ebenso bedeutend, wie das der Brach. prof. daselbst. — Ein Proc. supracond. ist nicht vorhanden.

Zusammenfassung: Art. brach. superf. Abgang in der Mitte des Oberarmes. Uebergang derselben in der Radialis. (Art. brach. superf. inf.)

16) 735. Art. radialis var. — Hoher Ursprung. Anastomose mit der schwachen normalen A. radialis. Starke A. mediana. Trockenpräparat des rechten Arms ohne Nerven.

An der Grenze des oberen Drittels des Oberarms entspringt aus der Brachialis prof. eine Brachialis superfic. Gleich darauf, wenig abwärts, bemerkt man einen starken Bicepsast, von dem man, da er abgerissen ist, nicht mit Sicherheit entscheiden kann, ob er von der Brachial. prof. oder superfic. abging. — Am Oberarm ist noch der gemeinsame Abgang von Profunda brachii und Circumflexa hum. post. und Collateral. uln. sup. auffällig. Derselbe befindet sich etwa 3 cm oberhalb des Abgangs der Brach. superf.

Die Brachial. superf. nimmt den gewöhnlichen Verlauf im Sulcus bicipitalis intern., tritt unter dem Lacertus fibrosus des Biceps hindurch und gewinnt am Unterarm die Lage der Radialis. In der Ellenbeuge giebt sie einen starken Ast ab, der mit der einer schwächeren Arterie aus der tiefen Brach. anastomosirt und wesentlich das Gebiet der Recurrens radial. durch die starke Blutzufuhr versorgen hilft. Der Ast aus der tiefen Brachialis entspricht wohl der Anfangsstrecke der Radialis.

Ein schwacher Ramus vol. superf. wird vor dem Handgelenk zum Daumenballen von der Radialis abgegeben, er geht jedoch keine Anastomose ein.

Die Brachial. prof. tritt unter den Pronator teres. Ein Proc. supracond. existirt nicht. An der normalen Abgangsstelle der Radialis ist der schon erwähnte Ast vorhanden, darauf geht die Recurrens ulnar. ab. Es folgt die Dreitheilung in Interossea, Ulnaris u. Mediana. Die Mediana ist ziemlich stark und erreicht die Hand. Hier theilt sie sich in zwei Aeste. Der radiale versorgt Radialseite des Daumens und vermittelst eines mit einem tiefen Radialisast anastomosirenden Zweiges die Ulnarseite des Daumens. Die Radialseite des Fingers II scheint ganz von einem tiefen Radialisast versorgt zu werden. — Der ulnare Ast der Mediana anastomosirt mit einem tiefen Radialisast und versorgt die Ulnarseite des Zeigefingers und Radialseite des Fingers III.

Die Ulnaris versorgt Finger V, IV und dazu III ulnar. Eine oberflächliche Anastomose besteht weder zwischen Ulnaris und Mediana, noch zwischen Mediana und Radialis. Ein oberflächlicher Hohlhandbogen ist also nicht vorhanden.

Der tiefe Hohlhandbogen ist anscheinend ohne Besonderheiten, jedoch nicht sicher in Einzelheiten erkennbar.

Zusammenfassung. Art. brachial. superf. inferior anastomosirt durch Recurrens rad. mit der der Brach. prof. — Mediana ausgebildet bis zur Vola. Kein Hohlhandbogen. Oberflächliche Hohlhandäste von Mediana und Ulnaris.

Zusatz. Ich will gleich hier bemerken, dass diese Form durch Kombination der Mediana mit der Brachialis superficialis in hohem Grade atavistisch erscheint.

17) 738. A. radial. var. Eine hoch entspringende A. radial. aberrans mündet in die normale Art. radialis. — Trockenpräparat rechts. Ohne Nerven und ohne Muskeln.

Wo die Brachialis superficialis entsprang, lässt sich nicht mehr entscheiden, da das Stück bis zum Condylus humeri fehlt. Doch scheint es, als ob der tiefere Typus vorgelegen hat, da sich etwa in der Mitte des Oberarms noch ein abgeschnittener starker Ast an der Brachialis findet. Nur 2 cm vor Einmündung in die Radialis ist sie vorhanden. Es macht den Eindruck, als ob sie sich direkt in die Radialis fortsetzt. Ein starker Verbindungsast kommt allerdings von der Brach. prof., er geht aber mehr quer, hat nicht die Richtung der normalen Radialis. Ich führe dies schlecht behandelte und erhaltene Exemplar nur der Vollständigkeit wegen an, muss dann aber erwähnen, dass auch der Hohlhandbogen nicht normal erscheint. Freilich ist nicht mit absoluter Sicherheit festzustellen, ob der Ram. vol. superf. rad. natura oder arte fehlt, jedenfalls fehlt er, und der Arc. vol. subl. wird durch eine Verbindung der Ulnaris mit der Vol. indic. propr. hergestellt. Natürlich lege ich bei dem schlechten Zustand keinen Werth auf diese Thatsache.

Zusammenfassung. Art. brach. superf. in Radialis übergehend. Starker Truncus commun. der Brach. profunda und der Radialis.

18) 797. Obere Extremität. Rechte Hand. Injicirte Arterien, Venen, Lymphgefässe.

Es lässt sich nur mit Sicherheit konstatiren, dass eine Brachialis superfic. am oberen Drittel des Oberarms aus der Brach. prof. entspringt.

19) 794. Obere Extremität. Arterien und Venen. Hoher Ursprung der Art. ulnaris. Trockenpräparat des rechten Arms.

Am Oberarm ist zu konstatiren, dass die A. collater. uln. sup. schwach, aber deutlich, die Collater. uln. inf. gut ausgebildet ist. — Etwa in der Mitte des Oberarms entspringt eine starke Arterie aus der Brachialis, nachdem dieselbe schon vorher einen starken Bicepsast abgegeben hat. Die Arterie zieht vor der Brachialis anscheinend im Sulc. bicip. int. zur Ellenbeuge, dann am Unterarm über die Flexoren hinweg, also oberflächlich. Erst kurz vor dem Handgelenk tritt sie in die Bahn der Ulnaris. Der Musc. palm. long. ist an dem Präparat nicht vorhanden. Offenbar ist die Strecke bis zur Ellenbeuge einer Brachial. superf. homolog, von da einer Ulnaris superficialis. — Die näheren Verhältnisse der Brachialis profunda sind nicht festzustellen. — In der Hohlhand ist noch eine abnorme Arterienvertheilung. Der Ramus vol. superfic. a. rad. ist sehr stark, mindestens so stark wie der ulnare oberflächliche Hohlhandast. Er versorgt die volle radiale Hälfte der Finger, bis III radial. Ein kurzer Verbindungsstamm über dem dritten Metacapale verbindet Ulnaris und Radialis und stellt den Hohlhandbogen her.

Zusammenfassung. Brachial. superfic. inf. in Ulnaris superfic. übergehend. Starker Ram. vol. superf. art. rad.

20) 1408. A. ulnaris var. Hoher Ursprung. 41 Jahre. ♀ 1895 96. Rechts. Trockenpräparat des Unterarms und der Hälfte des Oberarms. Nerven nur theilweise erhalten.

Die Collateral. uln. sind vorhanden. Ehe die Brachialis unter den Lacertus fibrosus tritt, giebt sie schräg distal und ulnarwärts eine starke Arterie ab. Diese zieht an dem Lacertus fibrosus entlang, dann über den Pronator teres und die Flexoren hinweg, allein auf kurze Zeit bedeckt vom Palmaris long. Dieser kreuzt die Arterie. Im unteren Drittel des Unterarms gelangt die Arterie an die Ulnarseite des Flexor carpi ulnaris und tritt über die Flexorensehne des IV. und V. Fingers hinweg zur Hand. Hier verhält sie sich wie eine gewöhnliche Ulnaris.

Die Brachialis verläuft nach Abgang dieser Ulnaris normal, giebt Radialis und Recurrens ulnaris ab, sowie an der gewöhnlichen Abgangsstelle der Ulnaris einen starken Doppelzweig für die Flexorenmasse. Dann spaltet sie sich in Interossea ext. und int. Die Radialis verhält sich normal, sie sendet einen ziemlich starken Ram. vol. superf. ab, so dass der oberflächliche Hohlhandbogen wohl nur durch die Präparation verdorben ist.

Bemerkenswerth ist, dass die Radialis am Handgelenk auf der dorsalen Seite einen direkt quer verlaufenden ulnaren Ast absendet, von welchem eine dorsale Arterie für das II. Interstitium metacarp. entspringt. — Ferner zieht zwar ein tiefer Hohlhandast unter dem Inteross. I zur Volarseite, ein anderer aber zieht über den Interosseus hinweg. erst dann volar und bildet dort mit einer Anastomose der Ulnaris die Arterie für Radialseite des II. Fingers und Ulnarseite des I., während die radiale Seite des I. von dem tiefen Ast, der unter dem Interosseus durchtrat, versorgt wird.

Zusammenfassung. A. ulnaris superfic. im Ellenbogengelenk entspringend.

21) 4492. Feuchtes, schlecht erhaltenes Präparat des rechten Unterarms.

Mit Sicherheit lässt sich konstatiren, dass es sich um eine oberflächliche Ulnaris gehandelt hat, die in der Ellenbeuge etwa 1.5 cm vor der Radialis abging. Leider ist sie durchschnitten. Sie scheint schon im unteren Drittel des Unterarms den normalen Verlauf der Ulnaris gewonnen zu haben. Ueber Unregelmässigkeit der Handarterien lässt sich nichts Sicheres sagen.

Zusammenfassung: Ulnaris superfic.

22) 1961. Präparat des rechten Unterarms und unteren Drittels des Oberarms. Feucht. — (S. Tafel I, Fig. 2.)

Am Oberarm ist das Vorhandensein einer gut ausgebildeten Collateral. uln. inf. zu konstatiren.

Direkt vor dem Abgang der Radialis, welcher an normaler Stelle stattfindet, etwa 0,5 cm höher, entsendet die Brachialis einen oberflächlichen Ast ulnarwärts (a. u. s. 1). Diese starke Ulnaris superfic. liegt auf der Flexorenmasse, bedeckt oder besser gesagt — gekreuzt vom Palmaris longus und gewinnt kurz vor dem Erbsenbein (3—4 cm) den normalen Verlauf der Ulnaris (a. u. s. 2). Da ich das Präparat nicht frisch sah, lässt sich jetzt nach der Präparation die genaue Lage nicht mehr mit absoluter Sicherheit, aber doch mit höchster Wahrscheinlichkeit rekonstruiren. Die Arterie zieht anfangs etwa in der Medianlinie des Arms und trifft auf den Nervus medianus an der Stelle, an der er oberflächlich wird und scheint eine kurze Strecke (etwa 1,5 cm) mit ihm zu verlaufen (s. Fig.). Dann giebt sie einen Ast ab, welcher den Medianus bis zur Hohlhand begleitet, also dem distalen Stück einer Mediana entspricht (a. m.). Der Hauptstamm zieht dagegen, wie schon gesagt, wie eine gewöhnliche Ulnaris superf. ulnar (a. u. s. 2).

Wir haben hier eine Kombination von Mediana superficialis und Ulnaris superf., worauf ich noch bei der allgemeinen Besprechung zurückkommen werde.

Die Brachialis giebt nach Abgang der beschriebenen Ulnaris superfic. Radialis und Recurrens ulnaris ab und theilt sich dann in Interosseae und einen kleinen ulnaren Muskelast, der zum Nervus ulnaris gelangt und diesem kurze Zeit folgt, ehe er sich vertheilt. Dies ist offenbar ein Rudiment der normalen Ulnaris. Ein Rudiment der Mediana wird durch ein Muskelästchen der Interossea int. gleich nach der Theilung dargestellt. Dieses Aestchen erreicht den Medianus, ist aber sehr schwach.

Die Vertheilung der oberflächlichen Handäste geschieht in der Weise, dass der Medianaast der Ulnaris superficialis den radialen Theil der Finger bis IV radial, der Ulnarisast IV ulnar und V versorgt. Eine Anastomose mit dem Ram. vol. superfic. art. rad. scheint nicht zu existiren, dagegen anastomosiren die entsprechenden Aeste mit der Princeps pollic. Die oberflächlichen Hohlhandarterien sind sämmtlich sehr schwach.

Der tiefe Hohlhandbogen, der sehr stark ausgebildet ist, wird ulnar von den zwei sehr starken typischen Aesten geschlossen (Ram. vol. prof. superior et inf. ZUCKERKANDL). Im Uebrigen keine Besonderheiten desselben. Die Ulnaris (aus der Ulnaris superf.) zieht nach Abgabe der tiefen Hohlhandäste zur Ulnarseite des kleinen Fingers. Der Ast zur Radialseite V und IV ulnar geht nicht oberflächlich, sondern ist bedeckt von der Flexorensehne.

Zusammenfassung. Ulnaris superf. Medianaast der Ulnaris superf. (Kombination von Mediana superf. und Ulnaris superf.) Anomalie der Handäste.

23) 741. A. ulnaris var. Entspringt hoch, verläuft oberflächlich. Starke Anastomosen mit A. radialis, aus denen die Endäste hervorgehen. Trockenpräparat. Nerven erhalten. Rechts.

Leider ist der Präparations- und Erhaltungszustand dieses höchst interessanten Präparates nicht so gut wie wünschenswerth. Daher bleiben einige Einzelheiten unklar. Im grossen Ganzen lässt sich aber mit Sicherheit folgendes Bild entwerfen.

Verlauf der Brachialis bis zur Ellenbeuge normal. Die Collaterales ulnares sind vorhanden. In der Ellenbeuge etwa an der Stelle der unteren Epiphyse des Humerus giebt die Brachialis einen schwachen ulnaren Ast, (a. u. s. I.). Dieser gelangt, radial am Epicondylus uln. vorbeiziehend über den Pronat. teres (pr. t.) hinweg auf den Flexor digg. subl. Er gelangt dann unter den Flexor carpi rad. (wenigstens muss ich den betreffenden Muskel für den Flexor carpi rad. halten), verläuft von diesem bedeckt noch eine Strecke und begiebt sich, ehe er den Medianus ganz erreicht hat, bogenförmig zu einem Stamm, der aus der Radialis entspringt. So kommt eine Verbindung mit der Radialis zu Stande. Der von der Radialis abgehende Stamm begiebt sich zum Nervus medianus, verläuft eine Strecke mit demselben (entspricht also hier — etwa 3,5 cm — einer Art. mediana) (a. m.), theilt sich dann in einen schwachen radialen und starken ulnaren Ast. Der schwache radiale zieht noch eine kurze Strecke mit dem Medianus, wendet sich dann radialwärts zum Daumen und anastomosirt mit dem Ramus vol. superf. rad. Er entspricht also auf der distalen Strecke einer Mediana. Der ulnare Ast zieht, ziemlich scharf nach unten ulnar abbiegend, zum Os pisiforme (a. u. s. II.) und tritt an der ulnaren Seite desselben, wie die gewöhnliche Art. uln., mit dem Nerven zur Hohlhand. Ehe wir die Hohlhandäste betrachten, müssen wir zu der Ellenbeuge zurück.

An der gewöhnlichen Stelle wird die hier auffallend starke Radialis abgegeben. Dieselbe ist weit stärker als die sich fortsetzende Brachialis, so dass beim ersten Anblick die Radialis als die Fortsetzung der Brachialis erscheint. Wie die Theilung der Brachialis vor sich geht, lässt sich nicht ganz sicher sagen. Der Hauptstamm setzt sich jedenfalls als Interossea fort, eine Recurrens ulnar. wird vorher abgegeben. An der Stelle der Ulnaris findet sich ein kleiner rudimentärer Ast, ebenso ist die Mediana sehr rudimentär.

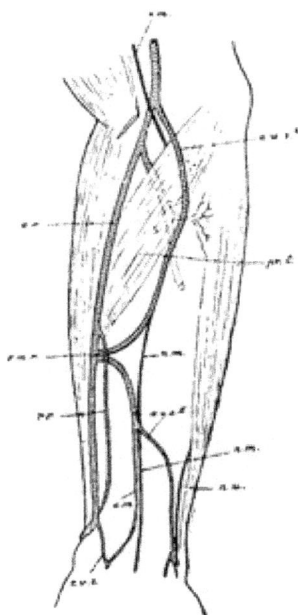

Figur 1.

n. m.	= Nervus medianus.
n. u.	= „ ulnaris.
pr. t.	= Musc. pronator teres.
a. r.	= Art. radialis.
r. r.	= Anomaler Schenkel der Inselbildung der Art. rad.
a. m.	= Art. mediana.
a. u. s. I.	= Art. ulnaris superf., erste Strecke bis zur Theilung.
a. u. s. II.	= Art. uln. superf., distale Strecke.
r. m. r.	= Ramus mediano-radialis.
r. v. s.	= Ram. vol. superficialis art. radialis.

Der Hauptstamm für die Blutversorgung des Unterarms ist also die A. radialis. Nach Abgabe eines ziemlich bedeutenden Astes, der sowohl Recurrens rad. als auch Muskelast, zum Theil sogar für die Streckseite, zu sein scheint, und einiger kleineren Aeste (auf der Figur fortgelassen) giebt die Radialis den erwähnten Stamm im 2. Drittel des Unterarms ab. Unmittelbar vorher aber lässt sie ein kleines Aestchen hervorgehen, das die Hauptarterie in ihrem Längsverlauf bis zum Handgelenk begleitet und sich dann in diese unmittelbar vor Abgang des Ram. vol. superf. wieder einsenkt (*r. r.*). Hier haben wir es also mit den Anfängen einer Wundernetzbildung, wie solche z. B. Stenops in ausgezeichnetem Grade zeigt, zu thun. Der Ramus vol. superf. rad. (*r. v. s.*) erreicht die Ulnaris nicht, es existirt kein Hohlhandbogen, doch mag es sein, dass das an der Präparation liegt.

Da die Handarterien sehr mangelhaft dargestellt sind, verzichte ich auf eine Beschreibung.

Zusammenfassung. Kombination von Mediana superficialis und Ulnaris superf. Verbindung der Mediana superf. mit der Radialis.

Zusatz. Bei dieser Varietät ist die Möglichkeit der pathologischen Bildung zu erwägen. Doch nur bei oberflächlicher Betrachtung kann eine derartige Annahme statt haben. Die Wege, welche für das Blut hier zu Stande gekommen sind, sind in der Norm gar nicht präformirt, was ich wohl nicht näher auszuführen brauche. Auch bliebe stets noch die Wundernetzbildung der Rad. zu erklären, die doch sicher nicht durch eine Unterbindung der Ulnaris bewirkt werden kann! So nehme ich für alle beschriebenen Abnormitäten des Falles an, dass sie angeboren sind, dass sie eine Variation darstellen. Dies ist desto sicherer, weil, wie wir sehen werden, diese Varietät sich anderen Typen sehr gut anreiht.

24) 1409. A. mediana var. — E. P., 21 Jahre. 1892/93. — Trockenpräparat des Unterarms. Nerven nur theilweise erhalten. Links.

Nachdem die Brachialis unter dem Lacertus fibrosus herausgetreten ist, giebt sie typisch die etwas an Kaliber reducirte Radialis, dann die Recurrens ulnaris ab. Es folgt die Dreitheilung in Interossea, Ulnaris und Mediana. Die Interossea zerfällt alsbald in externa und interna. — Das stärkste Gefäss ist die Ulnaris. Die

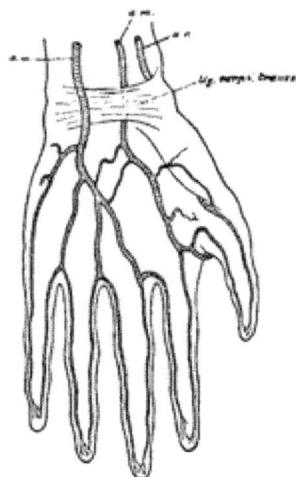

Figur II.

A. mediana.

a r. = Art. radialis.
a. u. = „ ulnaris.
a m. = „ mediana.

Mediana verläuft typisch mit dem (hier noch erhaltenen) Nervus medianus zur Hohlhand und tritt unter dem Ligam. carpi volar. transv. zu derselben. Zwei kleine Aestchen entsendet sie dort zur Verbindung mit der Ulnaris und versorgt alsdann die beiden Seiten des Daumens und die Radialseite des Zeigefingers. Die übrigen Finger werden von der Ulnaris versorgt. Der ulnare Daumenzweig der Mediana anastomosirt mit der Radialis. — Die Mediana hat also das Volargebiet der Radialis übernommen, ein eigentlicher Arcus vol. sublimis existirt nicht. Höchstens könnte man von einem Mediana-Ulnaris-Bogen sprechen. Die Radialis sendet nur einen sehr schwachen Ram. vol. superf. ab, der sich bald an der Muskulatur des Daumenballens verliert, mit der Mediana nicht anastomosirt.

Der dorsale Ast der Art. radial. giebt einen Ram. vol. prof. wie gewöhnlich ab und tritt dann über den Interosseus prim. zu der bereits erwähnten Anastomose mit der ulnaren Daumenarterie der Mediana (s. Figur).

Die dorsalen Metacarpalinterstitien II—IV zeigen kleine Arterien, die aus der Interossea int. kommen. Diese ziehen zwischen den Köpfchen der entsprechenden Grundphalangen volarwärts, ob sie mit den Digitales anastomosiren, konnte nicht sicher nachgewiesen werden, doch ist es sehr wahrscheinlich.

Der tiefe Hohlhandbogen, der keine Abnormitäten zeigt und schwach entwickelt ist, wird radial von dem schon erwähnten Ast der Radialis, ulnar von einem
Ramus vol. uln. profundus inf. (Zuckerkandl) gebildet. Dieser letztere Ast entspringt aus dem „Wurzelstück der Digitalis V", ein Verhalten, das nach Zuckerkandl
typisch ist.

Zusammenfassung. Ausgebildete Art. mediana. Reduktion des Gebietes der Art. radialis in der Vola manus durch Hohlhandäste der Mediana.

25) 731. A. mediana var. Trockenpräparat des rechten Arms. Nerven präparirt.

Am Oberarm entspringen A. profunda brachii und Collateralis ulnar. sup. gemeinsam.

Abgang der Radialis, Recurrens ulnar. normal. Dreitheilung der Brachialis in
Interossea, Ulnaris, Mediana. Die Mediana mässig entwickelt, erreicht die Hand,
versorgt Daumen und Zeigefinger radial, ohne mit dem Ram. vol. superf. art. rad.
zu anastomosiren. Dagegen anastomosirt der Ast für Daumen ulnar mit einem
tiefen Radialisast. — Die starke Ulnaris versorgt alle Finger von II. ulnar an. Es
besteht keine Anastomose zwischen Mediana und Ulnaris. — Ein Hohlhandbogen,
ein „arkadenförmiger Abschluss" ist also nicht vorhanden.

Die tiefen Aeste der Hohlhand sind nicht sicher festzustellen.

Zusammenfassung: A. mediana zur Hohlhand, versorgt Daumen
und Zeigefinger ulnar. Gemeinsamer Ursprung der A. prof. brachii und Collat.
uln. sup.

26) 739. A. radial. var. Sehr schwach, wird durch die starke A. mediana ersetzt.
Trockenpräparat des Unterarms, rechts. Ohne Nerven.

Die Radialis wird an gewöhnlicher Stelle, aber sehr reducirt abgegeben. Nach
Entsendung der Recurrens rad. ist die Radialis noch weiter reducirt. Sie erscheint
im Trockenpräparat von der Dicke dünnen Bindfadens. Dennoch erreicht sie das
Handgelenk. Hier erhält sie einen queren Verstärkungsast von der Interossea
int.[1] Ein Arc. vol. superf. existirt nicht. Doch scheinen der dorsale Verlauf und
der tiefe Hohlhandast der Radialis normal.

Die Brachialis giebt nach der Radialis die Recurrens uln., dann die Interossea
externa, dann die starke Ulnaris ab und theilt sich unmittelbar darauf in die wohl
ausgebildete Mediana und Interossea int. Die Mediana versorgt in der Hohlhand
die radiale Seite bis zum dritten Finger radial, die Ulnaris die ulnare Seite bis III,
ulnar. Eine Verbindung von Ulnaris und Mediana ist oberflächlich nicht vorhanden.
Die Mediana anastomosirt mit einem tiefen Ast der durch die Interossea verstärkten
Radialis und bildet mit ihr gemeinsam die Princeps poll. Der tiefe Hohlhandbogen erscheint schwach (die Verhältnisse desselben sind nicht ganz sicher festzustellen.)

Zusammenfassung. Ausgebildete Art. mediana. Reduktion der Art.
rad. Anastomose der Interossea int. und Radialis am Handgelenk.

27) 2492. Feuchtes Präparat des rechten Arms.

An den Oberarmarterien ist nichts Besonderes. Die Radialis wird an normaler Stelle abgegeben, es folgt die Recurrens ulnaris und alsdann die Dreitheilung
der Brachialis in Interossea, Ulnaris und Mediana. Die Interossea theilt sich sofort in interna und externa.

Die Mediana ist sehr stark, verläuft unter dem Ligam. carpi vol. zur Hand
und versorgt die Finger I, II und dazu III radial. Eine Anastomose mit dem Ram.
volar. superfic. art. rad. existirt nicht, ebensowenig eine Anastomose mit der Ulnaris,

---

[1] S. Zusatz zu Nr. 14 der Präparate.

welche die ulnare Hälfte der Finger versorgt. Ein oberflächlicher Hohlhandbogen ist also nicht vorhanden.

Die Ulnaris bildet ihrerseits den tiefen Hohlhandbogen durch den Ram. vol. prof. inf., welcher von der Digitalis V entspringt. Ein Ramus super. am Erbsenbein ist vorhanden, anastomosirt aber nicht mit dem tiefen Hohlhandbogen, sondern verliert sich im Gewebe. Er dürfte also ein Rudiment darstellen.

Der dorsale Endverlauf der Radialis an der Hand scheint normal. Bemerkenswerth ist eine quere starke Anastomose mit der Interossea int. an den dorsalen Basen der Metacarpalia. Von diesem Bogen gehen Arterien zum Intermetacarpalraum II, während die Interossea die übrigen Intermetacarpalräume versorgt. Die Princeps pollic. anastomosirt mit den Daumenästen der Mediana.

Zusammenfassung. Starke Art. mediana versorgt die radiale Hälfte der Finger. Kein Arc. vol. sublim.

28) Ohne Bezeichnung. Feuchtes Präparat des rechten Unterarms und mittleren Drittels des Oberarms.

Bemerkenswerth ist hier die Verästelung der Radialis. Die Radialis geht an normaler Stelle ab. Die Brachialis nimmt danach den typischen Verlauf, giebt die Recurrens uln. ab und theilt sich in Ulnaris und Interossea. Die Interossea int. giebt sofort eine ziemlich gut ausgebildete, bis über die Mitte des Unterarms verfolgbare Mediana ab.

Die Radialis, auf die es in diesem Präparat vorzüglich ankommt, giebt sogleich nach Abgang von der Brachialis die stärkere Recurrens radialis ab. Nach kurzem (etwa 1 cm) weiteren Verlauf theilt sich die Radialis in zwei Aeste. Der stärkere volare Ast behält den normalen Verlauf der Radialis, der schwächere dorsale verlief anscheinend zunächst in engster Nachbarschaft des volaren etwas radial und dorsal von ihm. Er tritt auf die Sehne des Brachioradialis, kreuzt dieselbe im unteren Drittel des Unterarms, zieht zur dorsalen Seite, verläuft etwa der Sehne des Extensor carp. rad. long. parallel, nur oberflächlicher gelegen, gelangt so über das Ligam. carp. dorsale unter Kreuzung der Sehnen des Abductor poll. long. und Extensor pollic. brevis zum Dorsum der Hand an die Basis des ersten Metacarpalraumes. Hier wird ein dorsal ulnarer Ast abgegeben, während der Hauptstamm sich in derselben Weise, wie der normale dorsale Radialisast unter dem Interosseus prim. zur Vola begiebt.

Der dorsal ulnare Ast giebt einen kleinen Ast zum ersten Interstit. metacarp., zwei Anastomosen mit dem später zu beschreibenden queren Ast der normalen Radialis und endet als starker Ast für das Interstit. metacarp. II. Als solcher anastomosirt er an der Basis der Grundphalanx des Fingers II mit dem ulnaren Volarast des zweiten Fingers.

Der Hauptstamm der Radialis, der, wie schon erwähnt, normalen Verlauf nimmt, giebt am Handgelenk einen starken Ram. vol. superf. art. rad. ab, so dass dieser und nicht der dorsale Ast, in den er sich weiter fortsetzt, die Fortsetzung der Rad. zu sein scheint. Doch betrachten wir erst den dorsalen Ast dieses Hauptstammes. Er tritt, wie normal, unter dem Abductor poll. long. zur Dorsalseite der Hand. Er sendet einen Ast zur Mitte des Metacarpale I, der sich dort vertheilt und mit einem Zweig auch mit dem volaren Ast, der unter dem Interosseus hindurch tritt, gerade vor diesem Durchtritt anastomosirt. Dann setzt er sich quer über das Handgelenk fort, anastomosirt wie schon erwähnt mit zwei Aesten der dorsalen Radialis und weiterhin mit der Interossea int. Aus dieser letzten Anastomose gehen mässig starke Aeste zu den dorsalen Interstitien der Metacarpalien III u. IV und vereinigen sich an der Basis der Grundphalangen mit den volaren Fingerästen. Der Ast für Interstitium IV wird durch einen direkten Ast der Interossea namhaft verstärkt. So kann man in diesem Falle von einem ausgesprochenen Rete carpi arteriosum dorsale reden.

Der Ram. volar, superf. art. rad. ist, wie erwähnt, sehr stark. Da auch die Ulnaris gut ausgebildet ist, so kommt ein exquisiter Arc. volar. sublim. zu Stande, an dessen Bildung Ulnaris und Radialis gleichmässig betheiligt sind. Der radiale Fingerast des Daumens geht von diesem oberflächlichen Bogen ausschliesslich aus, während der ulnare mit dem tiefen Radialisast (aus der dorsalen Radialis) anastomosirt.

Der tiefe Hohlhandbogen wird ulnar nur durch einen starken Ramus prof. superior abgeschlossen.

Zusammenfassung. Sehr starker Arc. vol. subl. Unregelmässige (hohe) Radialisäste zum Dorsum der Hand.

Zusatz. Ueber den hoch entspringenden dorsalen Ast der Radialis möge gleich hier eine kurze Bemerkung folgen. Derselbe ist mit der Radialis superficialis einiger Thiere wahrscheinlich in Zusammenhang zu bringen. So haben eine dorsale Radialis superf. z. B. Phalangista unter den Beutlern, Katze unter den Carnivoren. Der distalen Strecke etwa einer solchen Radialis superfic. dürfte der oben beschriebene dorsale Radialisast entsprechen.

29) 725. Arcus vol. sublimis var. Nur von der Art. metacarp. vol. subl. ulnaris gebildet. Starke Art. metacarp. dors. I. Trockenpräparat der rechten Hand, ohne Nerven.

Eine schwache Mediana scheint am Handgelenk zu endigen. Die Ulnaris giebt einen sehr starken Ram. volar. prof. ab, der sich zwischen Abductor und Flexor digiti. V in die Tiefe senkt. Die Ulnarseite des Fingers V wird ausschliesslich vom tiefen Hohlhandbogen versorgt. Die oberflächliche Arterie für radial V und ulnar. IV ist sehr schwach, anastomosirt mit einer sehr starken Arterie aus dem tiefen Hohlhandbogen, wodurch sie genügend Blut erhält. Der Hauptstamm der Ulnaris giebt eine mit dem tiefen Radialast anastomosirende kleine Arterie für I u. II (radial), sowie gleich darauf eine sehr schwache Arterie für II uln. und III radial. Diese anastomosirt mit einer starken dorsalen von der Radialis gesandten Arterie am Anfang des Interphalangealraums II. — Der Stamm der Ulnaris setzt sich zu einer Arterie fort, die III ulnar und IV radial ohne weitere Anastomosen versorgt.

Die Radialis giebt einen Ram. vol. superfic. ab, der jedoch bald in der Muskulatur des Daumenballens verschwindet. Unter der Sehne des Abduct. longus tritt dann die Radialis auf die Dorsalseite. Hier giebt sie zunächst einen starken dorsalen Ast ab, der sich zum Interstitium metacarp. II bogenfömig hinzieht und an der Basis des interphalangealen Interstitium II die erwähnte Anastomose eingeht. Ausserdem geht von diesem starken Zweig an der Basis des Metacarpale ein querer Ast ab, der wiederum für das Interst. metacarp. III einen Längsast abschickt, weiterhin sich am Carpus verzweigt.

Das Verhalten des Ram. vol. prof. radial. ist typisch. Bevor er unter dem Interosseus I hindurchtritt, sendet er noch einen kleinen Ast an die Radialseite des Metacarpale II.

Zusammenfassung. Arc. vol. subl. var. Kein eigentlicher Arcus. Versorgung der oberflächlichen Fingeräste durch den Ram. vol. superf. ulnar., verstärkt durch tiefe Hohlhandäste oder dorsalen Radialisast.

30) 727. Arcus volar. sublimis var. Nur von der Metacarpea vol. subl. ulnar. gebildet. Trockenpräparat der linken Hand. Ohne Nerv.

Die Ulnaris ist stärker als die Radialis. Ein Arcus volar. subl. kommt nicht zu Stande, da der Ramus volar. superf. art. rad. in der Muskulatur des Daumenballens endigt. Die Verhältnisse des Arcus vol. prof. und des Ram. vol. prof. der

Art. rad. lassen sich nicht mit voller Sicherheit feststellen. Es scheint, dass von der Ulnaris zwei Hohlhandäste abgegeben werden (typischer Ramus superior et inferior ZUCKERKANDL). Deutlich ist auf der dorsalen Seite eine Anastomose der Art. radialis mit der Interossea und die Versorgung der dorsalen Metacarpalinterstitien durch Aeste dieses Arterienbogens. Der Ramus volar. prof. rad. tritt normal unter dem Interosseus zur Hand und bildet vor allem eine starke Arterie für II radial. Die Anastomosen mit der Ulnaris sind, wie gesagt, unsicher. Ein anderer Ast (Endast) der Rad. tritt ü b e r dem Interosseus zur Vola, anastomosirt mit der Uln. und versorgt den Daumen.

Zusammenfassung. Arc. vol. subl. var. Kein eigentlicher Arcus. Oberflächliche Hohlhandäste von der Ulnaris.

31) 728. Starke Art. metacarp. vol. subl. radialis. — A. princeps pollicis aus dem Arc. sublimis. Linke Hand. Trockenpräparat. Ohne Nerv.

Der Ramus volaris superficialis arteriae radialis ist ausserordentlich stark. Der Verbindungsast zur Ulnaris verläuft quer über das zweite Metacarpalinterstitium. Die Verhältnisse des tiefen Bogens lassen sich nicht feststellen.

Allgemeine Besprechung der beschriebenen Formen.

Zunächst will ich die Brachialis superficialis besprechen. Offenbar sind in dieser Rubrik mindestens zwei Gruppen enthalten, die wohl unterscheidbar sind.

Zu der e r s t e n G r u p p e (Präparat 3 bis 11) rechne ich die Brachialis superficialis superior, den Typus, welchen RUGE (16) im Abschnitt VII seiner Arbeit dargestellt hat. Diese Form ist dadurch charakterisirt, dass auf der normalen Medianusschlinge reitend eine v o r dem Nervus medianus herablaufende Arterie von der Axillaris abgeht. RUGE stellte bereits eine Reihe auf, als deren Anfangsglied er ein kleines auf der Medianusschlinge reitendes Muskelästchen beschrieb, als deren Endglied er den Zustand ansah, welcher unter unseren Präparaten z. B. durch Nr. 10 und 11 dargestellt wird. RUGE glaubte, dass diese Varietät eine rein menschliche Bildung sei, dass sie nicht atavistisch gedeutet werden könnte. In Bezug auf die Literatur über diese Varietät kann ich auf RUGE's Arbeit verweisen. Ich will besonders hervorheben, dass RUGE bei dieser Gelegenheit gegen die Ansichten BAADER's Front macht. BAADER sieht in dieser Varietät ein Anklingen an den Venentypus. Er vergleicht die Brachialis superficialis in ihrem Verlauf mit der Cephalica. Da BAADER meist an Trockenpräparaten, an denen nicht einmal die Vene erhalten war, gearbeitet hat, so spricht er allerdings nur davon, „dass gewiss die grosse Aehnlichkeit auffällt" (des anormalen Arterien- und normalen Venenverlaufs). Wie oberflächlich diese Aehnlichkeit ist, wird sofort klar, wenn man sich den Verlauf der Vena cephalica einerseits, den der Brachialis superficialis andrerseits vergegenwärtigt.

RUGE hat mit Recht diese Anschauung zurückgewiesen. Er selbst kommt für diese Varietät aber nicht über die Vorstellung hinaus, dass ein Eintreten der Collateralbahn, die sich aus Verstärkung eines Muskelastes bildete, für die Art. brach. stattfände. — Bayer (5) hat sodann nachgewiesen, dass diese hohe Brachialis superficialis bei vielen Affen die Regel ist. Er sieht daher die Ausbildung der Brachialis superficialis superior — ein Name, der ebenfalls von Bayer vorgeschlagen ist — als einen Atavismus an. Zweifellos sind uns durch Bayer's Untersuchungen neue Gesichtspunkte eröffnet. Ich möchte jedoch einen Einwurf erheben. Wie mich eigene, vor Jahren in Heidelberg angestellte Untersuchungen lehrten, ist der Typus der A. brach. superf. sup. weder unter Halbaffen, noch unter Carnivoren und Marsupialiern verbreitet. Es ist mir auch aus der Literatur nicht bekannt, dass in irgend welchen anderen Thierklassen diese Arterie als Regel gefunden wurde. — Es ist nun immerhin denkbar — ich betone, dass es denkbar ist, keineswegs besteht die Notwendigkeit, es anzunehmen — dass wir bei diesem gleichen Befund der Neuweltsaffen und Menschen es mit einer Art Konvergenzerscheinung und nicht mit einem Atavismus zu thun haben. Es könnte ein Zustand, der beim Menschen in der Ausbildung begriffen ist, bei diesen Affen schon konstant geworden sein. Es ist ja durchaus nicht gesagt, dass die Neuweltsaffen in jeder Beziehung primitiver sein müssen als der Mensch. Es soll dieser Einwand nur zeigen, dass — wenigstens meiner Meinung nach — es noch nicht sicher bewiesen ist, dass in dieser menschlichen Varietät ein Atavismus vorliegt. Ein wichtiger Umstand, der für Bayer's Ansichten spricht, wird späterhin erläutert werden. Ich will daher auch nicht das Gegentheil behaupten, sondern die Frage offen lassen. Jedenfalls scheinen mir die theoretischen Spekulationen Bayer's über das Zustandekommen des Zustandes bei Neuweltsaffen zu weit gehend. Ich kann nicht einsehen, warum die „Aufgabe der fixirten Pronationsstellung" und die „Drehung des Humerus" eine „hohe Radialis", einen Arterienverlauf am Oberarm vor dem Nervus medianus, begünstigen sollen. Das „Abwärtsrücken" soll dann wieder durch den Schwund des Foramen supracondyloideum bedingt sein. Dann müssten wir als typischen Befund ein Stadium haben, in welchem Foramen supracondyloid, und die hohe Form der Brachialis superfic. (über der Medianusschlinge entspringend) gemeinsam vorkämen. Diesen Befund hat Bayer bei Cebus hypoleucos erhoben, bei menschlichen Varietäten ist er jedoch, wie Ruge betont, zum mindesten sehr selten.

Wir wollen also die Frage, ob atavistisch oder nicht, für diese Form noch unentschieden lassen und jetzt an der Hand der Beispiele, die unsere Sammlung bietet, eine Reihe der Varietäten aufstellen. Schon Ruge hat in seiner Arbeit diese verschiedenen Varietäten in Zusammenhang gebracht. Ich möchte jedoch die von ihm aufgestellte Reihe noch etwas erweitern. Für die Aufstellung einer solchen Reihe ist es jeden-

falls bequemer, mit dem Zustand der geringsten Ausbildung anzufangen,
ich werde daher so verfahren. Ich gebe aber ausdrücklich noch einmal die Möglichkeit zu, dass man, wie Bayer thut, den Zustand der
Neuweltsaffen zum Ausgangspunkt wählt. Dann hätte man die Reihe
nach zwei divergenten Richtungen aufzustellen: nach der Richtung der
Rückbildung einerseits, der Ausbildung andererseits. Nehmen wir den
Zustand geringster Ausbildung zum Ausgangspunkt, so haben wir
folgende Reihe:

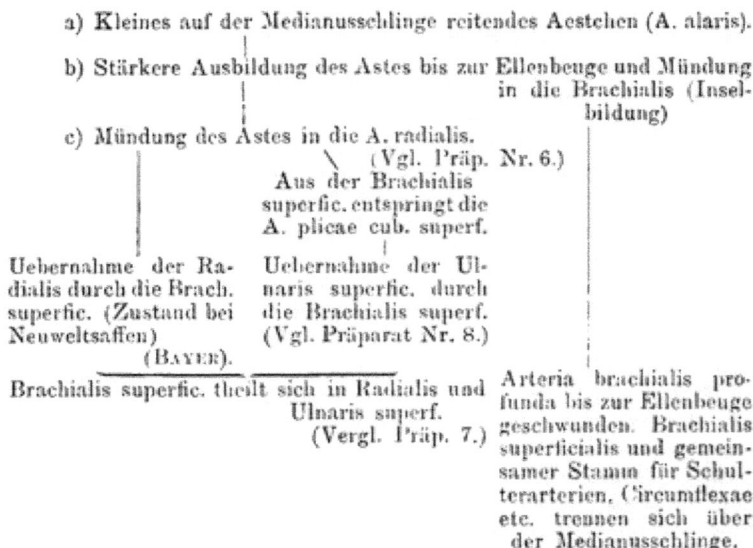

a) Kleines auf der Medianusschlinge reitendes Aestchen (A. alaris).

b) Stärkere Ausbildung des Astes bis zur Ellenbeuge und Mündung
   in die Brachialis (Insel-
   bildung)

c) Mündung des Astes in die A. radialis.
                    (Vgl. Präp. Nr. 6.)
              Aus der Brachialis
              superfic. entspringt die
              A. plicae cub. superf.

Uebernahme der Ra-	Uebernahme der Ul-	Arteria brachialis pro-
dialis durch die Brach.	naris superfic. durch	funda bis zur Ellenbeuge
superfic. (Zustand bei	die Brachialis superf.	geschwunden. Brachialis
Neuweltsaffen)	(Vgl. Präparat Nr. 8.)	superficialis und gemein-
(Bayer).		samer Stamm für Schul-
Brachialis superfic. theilt sich in Radialis und		terarterien, Circumflexae
Ulnaris superf.		etc. trennen sich über
(Vergl. Präp. 7.)		der Medianusschlinge.

   Gehen wir dieser Reihe entsprechend unsere einzelnen Fälle durch.
Von den 31 beschriebenen Präparaten boten 9 den Typus dieser
Brachialis superficialis in verschiedenen Stadien (3—11). In der aufgestellten Reihe gehen wir von einem normal vorhandenen Arterien-
zweig aus und zwar ist derselbe beim Menschen vorhanden. Wir haben
hier also die Erscheinung, die in der Auseinandersetzung der allgemeinen Principien betont wurde, dass nämlich die Arterienvarietäten
Bahnen benutzen, die normaler Weise angedeutet sind. — Für das
Stadium einer stärkeren Ausbildung dieses auf der Medianusschlinge
reitenden Astes, jedoch ohne dass derselbe die Ellenbeuge erreicht,
bieten unsere Präparate kein Beispiel, ich verweise dafür auf Ruge's
Arbeit. Für c (Mündung der Brachialis superficialis in die Art. radialis)
finden wir in Präparat 3 ein gutes Beispiel.
   Die Brachialis superfic. kann nun in zweierlei Weise die Arterien-
gebiete des Unterarms übernehmen, entweder das Radialisgebiet oder

das der Ulnaris, das letztere allerdings nur durch die Ulnaris superficialis.

Für die Uebernahme der Radialis durch die Brachialis superficialis
finden wir unter unseren Präparaten Beispiele: Nr. 5. Hier findet eine
Anastomose mit der Brachialis profunda durch die Recurrens radialis
statt. — Nr. 4. Hier war keine Anastomose mit der Brachialis prof.
nachweisbar. — Diese Präparate haben grosse Aehnlichkeit mit den
BAYER'schen Befunden bei Neuweltsaffen.

Der Fall. dass die Brachialis superfic. in die Ulnaris superfic. übergeht, findet sich einmal unter den Präparaten in Nr. 8. Zum besseren
Verständniss dieser Varietät werden wir gelangen, wenn wir uns erst
den extremeren Fall ansehen, dass sowohl Radialis wie Ulnaris
superf. aus der Brach. superf. entstehen. Dieś ist der Fall bei Präparat Nr. 7. Ich werde den Zusammenhang dieser Formen ausführlich unter „Ulnaris superficialis" darlegen, kann mich also hier wohl
mit vorstehenden Andeutungen begnügen.

Ich wende mich jetzt zu der zweiten Reihe von Umbildungen, die
sich aus der Brachialis superfic. ableiten lassen.

Denkt man sich den „Collateralstamm" die Brach. superf. nicht
in die Radialis mündend, sondern noch vor der Ellenbeuge in die
Brachialis, so haben wir eine Inselbildung im Sinne RUGE's vor uns.
Denken wir uns nun den Schenkel der Insel, der der Brach. prof. entspricht, zurückgebildet, die Aeste, die sonst aus der Brachialis entspringen, zu einem Stamm vereint, der jetzt aus der anormalen Brachialis
rechtwinklig über der Medianusschlinge abgeht, so haben wir einen
Zustand, wie wir ihn in den Präparaten 9, 10, 11 antreffen.

RUGE hält den grossen Stamm. welcher den gemeinsamen Ursprung
der Subscapulares, Circumflexae etc. darstellt, für „die in ihren Aesten
erhaltene normale Brachialis". Ich will eine solche Auffassung nicht
bestreiten, es mag in dem allerersten Abschnitt ein Rudiment der
Brachialis zu suchen sein, im Ganzen aber entspricht die Arterie in
ihrer dorsalen Richtung doch mehr der Richtung der Subscapularis.
Ein solcher gemeinsamer Stamm für die erwähnten Arterien oder
wenigstens einen Theil derselben ist meiner Ansicht nach vergleichend
anatomisch zu verstehen. Ich verweise in dieser Beziehung auf BAYER,
der solche Zustände bei Neuweltsaffen fand und sie daher beim Menschen
auch für atavistisch hält. Zur Unterstützung der BAYER'schen Ansicht
führe ich an, dass auch bei Carnivoren und Beutelthieren (Perameles)
sich dieselben Zustände finden, wie schon BARKOW (3) beschrieben hat.
Ferner kommen auch bei normal verlaufender Brachialis Fälle beim
Menschen vor, in denen z. B. die Profunda brach. und Collaterales uln.
gemeinsam entstehen (4 S. 135). In den vorliegenden Präparaten finden
sich Beispiele für diese Behauptung in Nr. 12, 25, 16.

Ich möchte also diesen Zustand als atavistisch deuten, und ich glaube, dass gerade durch das gemeinsame Vorkommen der A. brach. superf. und dieses grossen axillaren Stammes die Annahme Bayer's, dass auch die Brach. superf. sup. als Atavismus zu deuten sei. an Wahrscheinlichkeit gewinnt.

Eine besondere Erwähnung verdient noch das Präparat Nr. 6. Wir finden hier am Unterarm die weiterhin noch näher zu besprechende Mediano-radialis. Die Brachialis superficialis nimmt nun am Unterarm zuerst den Verlauf eines Radialis, das proximale Stück der Radialis wird von ihr gebildet, dann aber mündet sie in die bedeutend stärkere Mediano-radialis, welche das dorsale Stück der Radialis bildet. Durch diesen Befund haben wir eine Verknüpfung der Mediano-radialis mit den anderen Typen der irregulären Radialis, der mir nicht unwichtig zu sein scheint.

Ein zweiter Typus der Brachialis superficialis wird dargestellt durch die in Präparat 14—19 beschriebene Form. Die Brachialis superficialis entspringt in diesen Fällen aus der Brachialis und zwar nicht allzu weit von der Mitte des Oberarms. Im Einzelnen schwankt der Ursprung etwas. Doch darf man sagen, dass er sich in der Regel im mittleren Drittel der Arteria brachialis befindet. Diese Form wollen wir als Brachialis superficialis inf. bezeichnen. In der Norm ist diese Varietät angedeutet durch einen sehr konstanten, vor dem Medianus zum Biceps tretenden Muskelast. Typisch ist der Uebergang der Art. brach. superf. inf. in A. radialis, der sich ja auch in den meisten oben beschriebenen Fällen findet. In einem Präparat (Nr. 19) sah ich die Ulnaris superficialis als Fortsetzung dieser Brach. sup. Wir müssen hier denselben Zusammenhang annehmen, wie ich für die Brachialis superf. superior erwähnt habe und weiterhin erörtern werde. Ueberhaupt lassen sich die Betrachtungen, die ich für die Brach. superf. sup. angestellt habe, mutatis mutandis auch auf die inferior übertragen, und ich darf daher schneller über diesen Abschnitt hinweggehen. — So sind Einmündung in die Radialis oder Brachialis, Anastomose mit der Brachialis prof. durch die Recurrens radialis und die daraus sich ableitenden Zustände hier ebenso beobachtet, wie für die erste Reihe. Ich verweise für diese Form auf Ruge. Ruge ist der Ansicht, dass man zwei ganz verschiedene Typen bei Existenz dieser Brachialis vor sich habe, je nachdem ein Canalis (resp. Processus) supracondyloideus vorhanden ist oder nicht. Ich kann dieser Ansicht nicht beistimmen und zwar aus vergleichend-anatomischen Gründen. Wie ein flüchtiger Blick auf Zuckerkandl's und meine in einer früheren Arbeit gegebenen Tafeln zeigt, handelt es sich bei dieser Form mit Sicherheit um eine atavistische Erscheinung. Sowohl bei Beutelthieren als bei Carnivoren und Halbaffen, sowie bei einigen Affen (Bayer) findet sich die Brachialis superfic. inf. mit typischem Uebergang in die Radialis des Unterarms. Wir finden nun nahe verwandte Thiere, von denen die

einen ein Foramen suprac. besitzen, durch das Nervus medianus und
A. brach. hindurchziehen, die anderen eine solche Einrichtung entbehren. Bei beiden Formen aber besteht eine Brachialis superfic. inf.,
in derselben Höhe entspringend, welche am Unterarm den Verlauf der
Radialis gewinnt.

So verhalten sich, um nur einige Beispiele aufzuführen, unter den
Beutelthieren Dasyurus, Phalangista, unter Carnivoren Hund und Katze.
Nehmen wir nun auch selbst an, dass die untersuchten Exemplare von
Dasyurus nicht die Regel darstellten, dass ich zufällig auf eine Varietät
gestossen sei, so würde jedenfalls bewiesen, dass auch unter den
Beutelthieren ein Vorkommen der Brachialis superf. einmal mit, einmal
ohne Proc. suprac. existirt. Bei Hund und Katze ist die Anzahl der
Untersuchungen gross genug, um zu sagen, dass der Hund kein Foram.
suprac. hat, wohl aber die Katze. Beide besitzen eine Brach. superf.
mit Uebergang in die Radialis.[1]) Auch ist inzwischen RUGE's Annahme
widerlegt worden, die er S. 370 seiner Arbeit ausspricht: Es scheine,
als ob der Collateralstamm mit Abgang aus der Axillaris (ebenso wie
zwei weitere Typen) bei Säugethieren nicht vorkämen und „dementsprechend scheine auch der Proc. suprac. niemals mit den drei zu
schildernden Formen des Collateralstammes aufzutreten". Vielleicht
meint RUGE mit dem letzteren Satze nur menschliche Varietäten; wichtig
aber bleibt auch dann, dass, wie in anderem Zusammenhange schon
erwähnt wurde, BAYER bei Cebus hypoleucus einen Canalis suprac.
fand, durch den A. brach. und Nerv verliefen, dazu aber eine hoch
aus der Achselarterie über der Medianusschlinge entspringende Brach.
superf. Er erläutert diesen Befund durch Abbildung. — Ich muss aus
diesen Gründen gestehen, dass mir RUGE dem Proc. supracond. für die
Arterienverlagerung eine wichtigere Rolle zuzuschreiben scheint, als
demselben in Wahrheit zukommt.

In den von mir hier aufgeführten Präparaten habe ich leider kein
Exemplar gefunden, in denen Proc. suprac. und Brach. superf. gleichzeitig vorhanden waren. Ich fand überhaupt nur ein Exemplar, das
den Proc. supracond. zeigt, Nr. 13. Leider ist nur der untere Theil
des Oberarms und obere des Unterarms dargestellt. Ich will daher
auf die von diesem Kanal bedingten Lagerungsverhältnisse der Brachialis
nicht eingehen, was ich um so eher kann, als ja RUGE's Arbeit sich
hauptsächlich mit diesen Verhältnissen beschäftigt und auch GRUBER
früher eine zusammenfassende Darstellung über diesen Kanal bei Säugethieren gab.

---

[1]) Ich will keine neuen Namen einführen, behalte daher Brach. superf. bei,
während vielleicht der schon von BARKOW gebrauchte Name „Brachioradialis" mit
dem Zusatz „superficialis" noch besser sein würde. Man könnte dann für die Formen,
in denen die Brach. superfic. in die Ulnaris übergeht, von einer „Brachioulnaris
superficialis" sprechen.

Ulnaris superficialis.

Wir wollen nun die Reihe unserer Präparate betrachten, in denen sich ein „hoher Ursprung der Ulnaris", besser gesagt, eine Ulnaris superficialis findet. W. Gruber hat schon im Jahre 1852 gerade über die hierhergehörigen Varietäten ausführliche Untersuchungen angestellt und hat den Zusammenhang mehrerer bisher als ganz verschiedene aufgefassten Varietäten erkannt. Er leitete zwei Typen, die Mediana superficialis und die Ulnaris superfic. von einer bis dahin nicht beachteten kleinen Arterie her, die er A. plicae cubiti superficialis nannte, und deren konstantes Vorkommen er nachwies. Der Titel dieser wichtigen Arbeit bildet schon eine kleine Inhaltsangabe: „Ueber die neue und konstante oberflächliche Ellenbogenbugschlagader des Menschen (Arteria plicae cubiti superfic.) nebst deren beiden Anomalieen, der A. mediana antebrachii superficialis und Ulnaris superficialis" (9). In einer späteren Abhandlung hat dann Gruber einige neue merkwürdige Fälle, die unter diese Rubrik gehören, beschrieben (10). Diesen Beschreibungen ist durch spätere Autoren meines Wissens nichts Wesentliches hinzugefügt worden. Gegenbaur hat in seinem Lehrbuch — nach Anführung der Ruge'schen Arbeit — erwähnt, dass ein „collateraler Ast" in der Ellenbeuge mit der A. plicae cubiti in Verbindung treten kann, und so eine oberflächliche und hoch entspringende Ulnaris zu Stande kommt.

Ich will ganz kurz den Verlauf der normalen A. plicae cubiti superf. in Erinnerung bringen. Sie entspringt — nach Gruber — etwa $1^1/_2$ cm vor Abgang der Radialis aus der Brachialis, bedeckt von dem Lacertus fibrosus des Biceps. Kleine Variationen in der Ursprungshöhe kommen vor. Sie setzt sich nun in schräger Richtung ulnar- und distalwärts fort, kreuzt den Nervus medianus von vorn — bedeckt vom Lacertus fibrosus —, tritt auf den Pronator teres und gelangt zur Furche zwischen Radialis internus und Palmaris long. und endet hier in der Regel. — Eine stärkere Ausbildung kann nun nach zwei Richtungen erfolgen. — Die Arterie erreicht den Nervus medianus an der Stelle, wo er oberflächlich wird, d. b. von keinen Muskeln mehr bedeckt ist, verläuft dann mit dem Medianus zur Hand. Oder sie wendet sich ulnar zum Nervus ulnaris und gewinnt früher oder später den Verlauf der Ulnaris profunda am Nervus ulnaris. Im ersten Falle haben wir eine Mediana superfic., im zweiten eine Ulnaris superfic. Ich will jedoch gleich hier bemerken, dass das distale Stück der Mediana superfic., wie sie Gruber beschreibt, nämlich von der Stelle an, an welcher die Arterie am Unterarm sich dem Nervus medianus anlegt, vollkommen homolog ist dem entsprechenden Stück der Mediana prof. Ebenso ist das distale Stück der Ulnar. superfic., sobald sie den Nerv erreicht hat, der gewöhnlichen Ulnaris homolog. Es ist hier vielleicht ein geeigneter Ort hervorzuheben, dass eine Arterie, die sich als Varietät beim Menschen, oder in der Regel beim Thier findet, in verschiedenen Abschnitten sehr wohl verschiedenen Strecken z w e i e r normalen menschlichen Arterien homolog sein kann. So z. B. die Mediano-radialis in distaler Strecke der Radialis. in proximaler der Mediana. — Die Beispiele unserer Präparate werden das über die Ulnaris superficialis Gesagte noch besser erläutern.

In Präparat Nr. 20 haben wir ein Beispiel einer Ulnaris superficialis, die typisch aus der Brachialis entspringt, jedoch erst sehr weit distalwärts den Verlauf der gewöhnlichen Ulnaris gewinnt. Jedenfalls verhält sie sich aber in der Hand wie eine solche. Auch Nr. 21 zeigt eine einfache Uln. superf. Präparat Nr. 7 dürfte uns dann das Verständniss für zwei weitere Fälle eröffnen. Wir haben hier, wie schon weiter oben gesagt wurde, das Verhältniss einer Brachialis superficialis superior, die sich in die Radialis fortsetzt. Aus dieser Brach. superf. entspringt die Ulnaris (superf.) und verhält sich im Uebrigen typisch. Man könnte hier nach alter Weise von einer Theilung der Brach. superf. in Radialis und Ulnaris superfic. reden. Den Ursprung der A. plicae cub. sup. aus der Brach. superf. oder, wie man dazumal sagte, „hohen Radialis", hat bereits Gruber als öfter vorkommend beschrieben. Machen wir uns die Verhältnisse des Präparats Nr. 7 klar, so gelangen wir leicht zu einer Ableitung eines Zustandes, wie ihn Nr. 8 zeigt. Wir brauchen uns nur die Fortsetzung der Brach. superf. in die Radialis fortzudenken, dabei aber anzunehmen. dass der Ursprung der Ulnaris superf. bestehen bleibt, so haben wir eine solche „hohe Ulnaris", eine B r a c h i a l i s s u p e r f i c i a l i s, d i e s i c h i n e i n e U l n a r i s s u p e r f. f o r t s e t z t. Ebenso ist Nr. 19 aufzufassen, nur handelt es sich hier um den tieferen Typus der Brach. superf. Ich glaube, dass dieses Präparat (Nr. 19) der Abbildung Fig. 24 in Jössel's (14) topograph. Anatomie zu Grunde gelegen hat. Es ist nach meiner Ansicht hier die Strecke der Arterie bis zur Ellenbeuge falsch gezeichnet, die Arterie muss in dem Sulc. bicipitalis int. gelagert sein. Zur Begründung dieser Ansicht mache ich besonders darauf aufmerksam, dass, wie auch die betreffende Figur zeigt, an dem Präparat die Collaterales ulnares vorhanden sind. Wenn aber noch ein anderer Typus für die „hohe Ulnaris", als der, welcher aus der A. plic. cub. herzuleiten ist, existirt, dann kann derselbe nur von einer Collateral. uln. inf. oder sup. herzuleiten sein. Dass irgendwo im Verlauf der Brachialis eine Ulnaris entspringt, ist mit unseren jetzigen Anschauungen nicht vereinbar. Ob eine solche „hohe Ulnaris", die aus der Collateral. uln. sup. oder inf. herzuleiten ist, vorkommt, vermag ich nicht sicher zu sagen. In der Strassburger Sammlung findet sich s i c h e r kein solcher Fall. Ich möchte mich der bereits von Gruber implicite ausgesprochenen Ansicht anschliessen, dass — jedenfalls die meisten — vielleicht alle Fälle einer hoch aus der Brachialis entspringenden Ulnaris auf eine Verbindung von Brach.

3*

superf. und Ausbildung einer A. plicae cubiti zu einer Ulnaris superficialis zurückzuführen sind.

Dies war die Ansicht, die ich mir nach den Befunden der Strassburger Sammlung gebildet hatte.

Ich selbst aber hatte in der Beschreibung der Präparate der
Heidelberger Sammlung in meiner Dissertation (18) vielfach den Ausdruck „hohe Ulnaris" gebraucht. Ich schrieb „eine hohe Ulnaris entspringt aus der Axillaris oder unterhalb der Mitte des Oberarms aus
der Brachialis" etc. Um meine Ueberzeugung, die ich an den Präparaten der Strassburger Sammlung erlangt hatte, zu prüfen, war es
wünschenswerth, noch einmal die Heidelberger Präparate zu sehen.
Durch die Güte des Herrn Geheimrath GEGENBAUR wurde ich hierzu
in Stand gesetzt. Ich prüfte sämmtliche Präparate der Heidelberger
Sammlung, sowohl trockene wie feuchte, die überhaupt eine Abweichung
der Ulnaris darboten. Ich konnte mit Sicherheit konstatiren, dass in
allen Fällen, in denen eine „hohe Ulnaris aus der Axillaris oder
aus der Brachialis in ihrem Oberarmverlauf" entsprang, der Stamm
dieser „hohen Ulnaris" bis zur Ellenbeuge einer Brachialis superficialis (sup. oder infer.) und von da ab einer Ulnaris superfic. (aus der Art. plicae cub. hervorgegangen) entsprach. Ich will als Beispiel die auf S. 21 und 22 meiner Dissertation angeführten feuchten Präparate 2 und 3 wählen. Ich schrieb:
2. 1887. 40. Links. „Es besteht eine Ulnaris superficialis, welche etwas
unterhalb der Mitte des Oberarms entspringt." Ich konnte nun bei
meiner jetzigen Revision mich überzeugen, dass 1., wenn ich die betreffende Arterie in die Lage der Brach. superfic. brachte, sie sich
dieser Lage sehr gut anpasste und dass man sie in keine andere Lage
ungezwungen bringen konnte, 2. dass sie die typischen Biceps-
äste der Brach. superfic. abgab, 3. dass Collateral. uln. sup.
und inf. normal waren.

Fast noch deutlicher waren diese Verhältnisse in 3. 1887. 40.
rechts, also an der rechten Seite des betreffenden Individuums.

Ich glaube daher berechtigt zu sein, zu sagen, dass eine hohe Ulnaris
aus der Axillaris oder Brach. stets so aufzufassen ist, dass die
Strecke bis zur Ellenbeuge einer Brach. superf. homolog
ist. Es gilt für diese Strecke also dasselbe Schema wie für die Radialis,
das ich später (Textfigur IV) gebe.

Dieser Gedanke ist — wie erwähnt — bereits von GRUBER ausgesprochen. Er sagt in seiner Abhandlung „über die neue und konstante Ellenbogenbugschlagader" etc. auf S. 500: Er glaube, „dass die
A. uln. superf. und Uln. propria bei dem Menschen zwei verschiedene
Arterien sind, die sich gegenseitig allerdings ersetzen können, ohne deshalb
die A. uln. superf. als eine anomale Versetzung der A. uln. propria
selbst annehmen zu müssen." Er führt dann fort: „Ja ich bin jetzt

der Ansicht, dass höchstwahrscheinlich alle die Anomalien, welche andere und auch ich noch unlängst als solche der A. uln. propria mit hohem Ursprung aus der A. axillaris, brachialis angegeben haben, nichts anderes seien als Modifikationen der Anomalien der A. ulnaris superfic." —

Freilich konnte Gruber damals noch nicht angeben, in welcher Weise er sich diese „Modifikationen" dachte. Jetzt erscheint es klar, und ich stehe nicht an zu behaupten, dass alle Abbildungen, in denen der Verlauf der „hohen Ulnaris" am Oberarm anders gezeichnet ist, als der der Brach. superf., nämlich im Sulc. bicip. int., falsch sind (s. z. B. die Abbildung Jüssel's).

Ein sehr wichtiges und schönes Präparat ist Nr. 22 (s. Tafel). Durch dasselbe wird der von Gruber behauptete Zusammenhang einer Mediana superficialis und Ulnaris superfic. ad oculos demonstrirt. Wie soll man diese Arterie, wenn man der Gruber'schen Nomenklatur folgt, benennen? Ulnaris oder Mediana superficialis? Wir haben eine A. plicae cubiti superfic., die sich verlängert, bis zu der Stelle, wo der Medianus oberflächlich wird. Hier findet Theilung statt. Ein Ast läuft mit dem Medianus zur Hohlhand, entspricht also der distalen Strecke der Mediana, der ulnare Ast verhält sich ganz wie eine Ulnaris superficialis. Wir können uns mit Hülfe dieses Präparates auch auf das deutlichste klar machen, dass, wie ich vorhin sagte, der distale Theil der Mediana superfic. eben der Mediana profunda homolog ist. Wir können uns die Entstehung der Mediana superfic. so vorstellen: Eine stark ausgebildete Mediana profunda ist vorhanden, dazu eine starke Ausbildung der A. plicae cub. Diese mündet an der Stelle, an der der Medianus oberflächlich wird, in die Mediana profunda. Nun denken wir uns das proximale Stück der Med. prof. zwischen Abgang derselben und Vereinigung mit der A. plic. cub. zurückgebildet. Dann haben wir die Mediana superficialis Gruber's! Unser Präparat zeigt diese Entwicklung deutlich und demonstrirt auf's schönste den Zusammenhang der Mediana und Ulnaris superficialis.

Hier muss auch die Besprechung des Präparates 23 angeschlossen werden. Auch hier ist der Zusammenhang von Mediana superf. und Uln. superf. sehr schön klar. Die Arterie hat bis tief zum Unterarm den Verlauf einer Mediana superfic., dann, nachdem sie schon den Medianus eine Strecke begleitet hat, wendet sie sich ulnar und ist eine Ulnaris superficialis, um dann den Verlauf der Ulnaris prof. zu gewinnen. — Den Verbindungsast in der Mitte des Unterarms mit der Radialis glaube ich auf einen Ramus mediano-radialis zurückführen zu können.

Dieser Befund, dass eine Ulnaris aus der Mediana superfic. hervorgeht, lässt uns wiederum den Befund einer Mediano-ulnaris verstehen. Ich habe kein Beispiel dafür in der Strassburger Sammlung gefunden, jedoch solche Fälle in meiner Dissertation beschrieben. Denken wir uns, ausgehend von dem letzten erwähnten Fall (23), dass die proximale Strecke der Mediana profunda erhalten sei, die distale Strecke dagegen geschwunden, und denken wir uns die proximale Strecke der A. plicae cubiti fort, so haben wir eine Mediano-ulnaris. Ich führe also die Mediano-ulnaris auf eine Kombination der ausgebildeten A. plicae cub. mit der Mediana zurück.

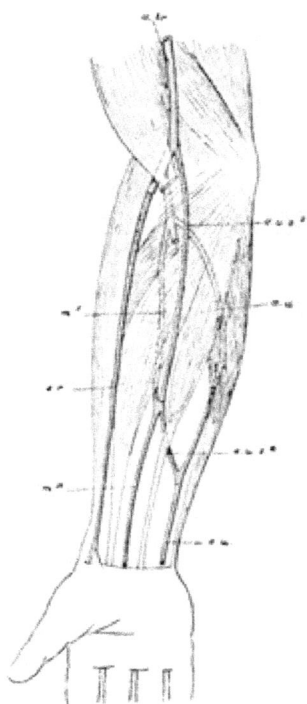

Figur III.

Schema zum Verständniss der von der A. ulnaris superficialis ableitbaren Varietätenformen.
(Erklärung siehe Text.)

Um den Zusammenhang der einzelnen Varietätenformen, die sich auf die A. plicae cubiti zurückführen lassen, noch klarer zu stellen, habe ich beifolgendes Schema entworfen. Es wird aus diesem erstens der schon geschilderte Zusammenhang der Mediana superficialis und Ulnaris superfic., zweitens aber auch die Mediano-ulnaris aufs einfachste klar. aus I $+$ m II bilden die Arteria mediana superf., aus I $+$ aus II die typische Uln. superfic.; m I $+$ aus II die Arteria mediano-ulnaris. Dieser zweite Punkt, die Ableitung der Mediano-ulnaris auf die angegebene Weise, erscheint hoffentlich ungezwungen, wenn man sich in das Studium des Schemas vertieft. Wir haben uns eben nur vorzustellen, dass die A. uln. superfic. in voller Ausdehnung vorhanden war, dass jedoch die proximale Strecke derselben, ebenso wie die distale der A. mediana schwand, so haben wir die Mediano-ulnaris.

Wie steht es nun mit der Frage nach dem Atavismus dieser Formen? Ist eine Ulnaris superfic. atavistisch? Wenn diese Frage bejaht werden kann, dann bietet die Mediana superfic. keine Schwierigkeit. Ihr proximaler Theil ist ja derselbe wie bei der Ulnaris superfic., der distale Theil derselbe wie eine Mediana profunda.

GRUBER giebt in seinem Werk an, die A. ulnaris superfic. sei eine „Thierbildung", er hat dieselbe bei Phoca vitulina nachgewiesen. Wir können nun nicht ohne weiteres anerkennen, dass, wenn ein Thier und dazu ein Thier mit solch abgeänderter Extremität wie der Seehund einen gewissen Arterienbefund aufweist, dieser deshalb, wenn er bei einer

menschlichen Varietät auftritt, atavistisch wäre.   Aber wir haben noch
andere Formen, bei denen eine ausgesprochene Ulnaris superficialis
existirt.   So möchte ich besonders unter den Carnivoren Crossarchus
fasciatus nennen.   Ferner möchte ich auf den oberflächlichen ulnaren
Ast hinweisen, den HYRTL für Halmaturus parii, ich für eine andere
Art von Halmaturus beschrieben habe.   Durch diese Befunde gewinnt die
Annahme, dass die Ulnaris superfic. auch atavistisch zu deuten sei, jedenfalls eine bedeutende Stütze.   Ich möchte diese Annahme als wahrscheinlich, wenn auch noch nicht ganz sicher hinstellen.   Jedenfalls
lohnte es sich, eigens darauf gerichtete vergleichend-anatomische Untersuchungen anzustellen.

A. mediana.

GRUBER weist auf S. 130 seiner Abhandlung aus der menschlichen
und vergleichenden Anatomie (8) darauf hin, und führt dieselben Thatsachen mit genauen Belägen in einer anderen Abhandlung (9) an, dass die
Art. mediana zuerst von den Franzosen als konstanter Ast erkannt
sei.   CLOQUET nimmt an, dass ein solcher den Nervus medianus be-
gleitender Ast die Regel sei, CRUVEILHIER und BLANDIN behaupten, er
sei konstant.   H. MEYER hat im Jahre 1849 die Art. mediana dann
von neuem entdeckt, jedoch fand er dieselbe weniger konstant und
vermuthet nationale Verschiedenheiten in der Ausbildung dieser Arterie.
GRUBER tritt dieser Annahme entgegen und glaubt, dass nur das geringe Material MEYER zu der Annahme einer geringeren Konstanz der
A. mediana verführt hätte.   Ich glaube, dass wir auch heute noch
nicht in der Lage sind, mit Sicherheit die Vermuthung MEYER's zu
verneinen.   Ebensowenig können wir sie bestätigen.   Es könnte über
diese Frage allein die Statistik Auskunft geben.   Wenn sich mehr
Universitäten an der von SCHWALBE und PFITZNER angeregten Sammel-
forschung betheiligten, über die ich ja schon oben Einiges gesagt habe,
so würde sich die von MEYER angeregte Frage bald entscheiden lassen.
Freilich müsste dann die Rubrik der SCHWALBE-PFITZNER'schen Zählkarten, die einfach heisst: A. mediana stark entwickelt — — noch
etwas genauer eingerichtet werden.

Folgende Fragen wären da zu beantworten:

A. mediana fehlt gänzlich,

„   „   als kleiner Muskelast resp. Nervenast vorhanden,

„   „   als feine Arterie, die sich bis zur Mitte des Unterarms
            verlängert, vorhanden,

„   „   erreicht das Handgelenk, aber nicht die Vola,

„   „   vertheilt sich in der Vola.

In welcher Weise?

Ich kann in Betreff der Literatur für die Arteria mediana auf meine beiden früheren Arbeiten [1]) verweisen. (18. 19.)

Dort sind auch die verschiedenen Arten des Hohlhandtheilung und die Anastomosen der Mediana beschrieben, die häufig in der Vola mit der Ulnaris einerseits und dem Ramus vol. superfic. art. radialis andererseits beobachtet werden. Die Verlängerung der Mediana zur Hohlhand ist verhältnissmässig nicht selten, wir haben hierher von den oben beschriebenen Präparaten zu rechnen: 24—27, 16, 9.

Präparate 4, 5, 28 zeigen eine mässige Mediana bis zur Mitte des Unterarms. [2])

Die A. mediana ist bei den meisten Säugethierklassen typisch. Die Versorgung der Vola manus in den oberflächlichen Schichten durch die Mediana ist als eine alte Einrichtung, als atavistische Erscheinung sicher nachgewiesen (ZUCKERKANDL, E. SCHWALBE).

Ebenso ist die Mediano-radialis, von der wir in den vorliegenden Präparaten wieder ein Beispiel (Nr. 6) haben, als atavistisch mit Sicherheit anzusprechen. Ein Ramus mediano-radialis ist bei Beutelthieren und Carnivoren verbreitet, eine ausgebildete Mediano-radialis besitzen die Felidae, auch fand ich sie bei Arctitis binturong. Da sich die Medianoradialis leicht von dem Ramus mediano-radialis ableiten lässt, so ist ihre atavistische Bedeutung nicht zweifelhaft, wenn sie in ausgebildeter Form auch nur bei den erwähnten Thieren gefunden ist.

In dem oben beschriebenen Falle (Nr. 6) ist auch das Rudiment der fortgesetzten Mediana, nachdem der Hauptstamm sich radial gewandt hat, wohl nachweisbar, worauf ich noch einiges Gewicht legen möchte.

---

[1]) Ich will die Gelegenheit nicht vorübergehen lassen, einen Fehler meiner Dissertation zu berichtigen. Ich habe dort auf S. 26 GRUBER citirt, als ob er selbst einen Fall beschrieben habe, in welchem die Mediana die ausschliessliche Versorgung der Hohlhand hat, das ist unrichtig. In dem Fall, welchen GRUBER an dieser Stelle beschreibt, ist die Ulnaris noch vorhanden. Dagegen erwähnt GRUBER (Ueber eine neue und konstante Ellenbogenbugschlagader etc. S. 501) einen Fall von CRUVEILHIER, der eine excessive Ausbildung der Mediana unter Reduktion von Radialis und Ulnaris darstellt. Die Stelle lautet bei CRUVEILHIER (citirt nach GRUBER): J'ai vu cette artère (A. mediana) se continuer avec l'humérale et remplacer les artères radiale et cubitale, qui étaient rudimentaires.

[2]) In neuester Zeit hat G. GÉRARD einen Aufsatz veröffentlicht: L'artère du nerf médian à la paume de la main (3 Observations). Bibliographie anatomique. Mars-avril 1897. Seine Beobachtungen sind nach seiner eigenen Ansicht interessant, weil sie zeigen, dass „das Fehlen der Radialis und Ulnaris nicht konstant bei den Anomalien d. Volumens u. d. Vertheilung d. Mediana ist" (!!). Hätte GÉRARD sich nur im geringsten um die Literatur gekümmert, so hätte er gesehen, dass dies Verhalten die Regel ist, dass die von BLANDIN und DURCKEIL beschriebene Form, dass die A. med. die alleinige Hohlhandversorgung hat, zu den grössten Seltenheiten gehört. Was GÉRARD beschreibt, ist ganz altbekannt und, da er ausschliesslich die Fälle von kasuistischem Standpunkt betrachtet, so ist seine Arbeit höchstens als eine geringe Vermehrung des Materials anzusehen.

Der Vollständigkeit halber habe ich in den vorstehenden Beschreibungen auch die Handpräparate mit Anomalien der Hohlhandbogen angeführt. Sie sind aus der blossen Beschreibung verständlich, und es ist nicht nöthig darüber noch besondere Auseinandersetzungen zu geben. Ich möchte mich auch nicht getrauen aus getrockneten oder überhaupt von anderer Hand hergestellten Präparaten der Handarterien irgend welche allgemein gültigen Schlüsse zu ziehen. Die Verhältnisse sind hier bereits zu fein, zu leicht können einzelne Aeste durch die Präparation verloren gegangen sein. Ich weise nur auf die Häufigkeit des Fehlens des Ram. volar. superf. art. rad. hier. Es erscheint mir daher gerathener, für das vorliegende Material von einer vergleichenden Betrachtung der Variationen der Handarterien abzustehen.

Die verschiedenen „Wurzeln" der A. radialis (und ulnaris), „Hoher Ursprung" der A. radialis (und ulnaris).

Nachdem ich die verschiedenen Typen der Arterienvarietäten besprochen habe, will ich noch einmal auf die oft diskutirte Frage des „hohen Ursprungs" der Radialis eingehen. Wie ich schon in den vorhergehenden Zeilen erwähnt habe und wie bereits verschiedene Forscher betont haben, ist es nicht richtig. von einem „hohen Ursprung" der A. radialis zu reden. Wir haben vielmehr eine Brachialis superfic., die in die Radialis, mitunter aber auch in die Uln. superf. übergehen kann. Wenn man aber von der Handvertheilung der Arterien ausgeht, so ist es klar, dass die Arterie, welche hier das Verbreitungsgebiet der normalen Radialis hat. von verschiedenen Stellen der Oberarm- oder Unterarmhauptarterien ihren Ursprung nehmen kann. Die proximale Strecke dieser Hand-Radialis kann verschiedenen Arterienstrecken entsprechen. Wenn wir uns der Sprachweise der alten Autoren bedienen. so können wir sagen, die Radialis kann aus der Axillaris (Fig. IV rd. ax.), der Brachialis (rd. bi. und rd. n.), der Mediana (rd. m.), der Interossea (rd. i.) entspringen. Oder wir sagen nach den von uns aufgestellten Anschauungen: die Radialis kann als Fortsetzung der Brach. superf. sup. oder der Brach. superf. inf. erscheinen, sie kann normal von der Brachialis abgegeben werden oder durch eine Mediano-radialis. oder eine Interossea-radialis ersetzt werden. Auf diese 4 Stämme lassen sich die Haupt-Varietäten der Radialis zurückführen.

Für den letzten Typus Interossea-radialis finden sich unter unseren Präparaten 2 Beispiele (Nr. 14 und 26). Ich habe den Typus schon kurz S. 19 besprochen, auch erwähnt, dass er Befunden bei Macropus entspricht. —

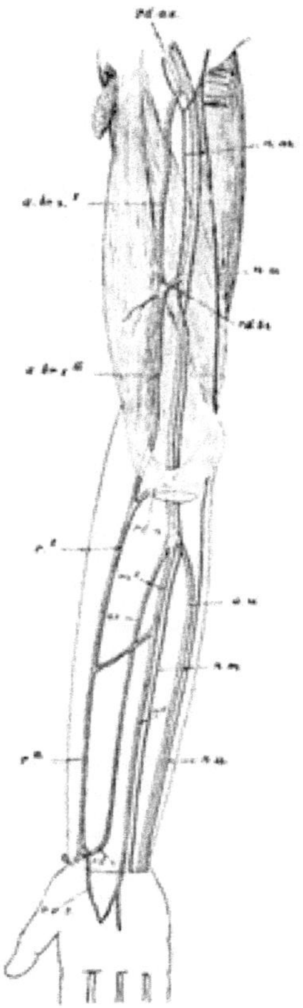

Figur IV.
Schema der verschiedenen
„Radialiswurzeln".
(Erklärung siehe Text.)

Das nebenstehende Schema erlaubt uns eine einfache Darstellung der Radialisvarietäten. Wir können uns, z. B. um die Mediano-radialis uns vorzustellen, den Schwund der Brachialis superficialis, sowie des proximalen Stücks der normalen Radialis denken (a. br. s. I + a. br. s. II + r I,), end- ich des distalen Stücks der Mediana (m II) und der Wurzel rd. n. Dann haben wir die Mediano-radialis. Selbstverständlich soll nicht im mindesten gesagt sein — wie ich noch einmal hervorheben will — dass die Mediano-radialis, die wir als Atavismus kennen lernten, auf die eben ausgeführte schematische Weise entstanden ist. Wollen wir die Entstehung, erforschen, so müssen wir jeden Varietätentypus natürlich in anderem Zusammenhang betrachten, als wenn wir nach einem möglichst einfachen Schema für eine gute Beschreibung suchen.

In wieweit das eben erläuterte Schema auch auf den „hohen Ursprung der Ulnaris" anwendbar ist, geht zur Genüge aus dem Abschnitt über Ulnaris superficialis hervor.

Ein kurzes Schema für Zählkarten (zwecks einer Statistik), welches die Verschiedenheiten der „hohen Ursprünge" der Radialis und Ulnaris berücksichtigt, ist sehr schwer aufzustellen. Am geeignetsten dürfte noch erscheinen, drei Rubriken zubilden; 1. Brach. superficialis sup. 2. Brach. superf. inf. 3. Ulnaris superf. und stets in ausführlicherer Notiz zu beschreiben, welche weiteren Kombinationen diese Varietätentypen eingegangen sind.

Zusammenfassung.

Wir haben in der vorliegenden Arbeit an der Hand der in Strassburg aufbewahrten Präparate die hauptsächlichsten Formen der Arterienvarietäten des Arms kennen gelernt. Was an Hauptformen in der Sammlung fehlte, ist durch Erwähnung von Fällen aus der Literatur ergänzt worden. Wir haben folgende Gruppen gebildet: 1. Gruppe: Arteria brachialis superfic. sup. (BAYER) und die daraus herzuleitenden Zustände. Wir sehen, dass in der Regel diese Arterienform durch ein kleines auf der Medianusschlinge reitendes Aestchen vertreten ist. Es ist möglich aber nicht gewiss, dass diese Varietätenform atavistisch ist. Mit der 1. Gruppe besprachen wir den gemeinsamen Abgang verschiedener in der Norm getrennt entspringender Oberarmäste der Brachialis (Collateralis ulnaris sup., Profunda brach., Thoracales, Circumflexae, Subscapularis). Dieser Befund ist atavistisch zu deuten.

2. Gruppe: Arteria brach. superf. inf. und daraus abgeleitete Formen. In der Regel durch einen Bicepsast repräsentirt. Es ist dies sicher eine atavistische Form.

3. Gruppe. Ulnaris superfic. und verwandte Varietäten (Mediana superf. — Mediano-ulnaris), die sich aus der Ausbildung der A. plicae cubiti superf. herleiten lassen. Wir haben hierbei als sicheres Ergebnis den Satz aufstellen können, dass sämtliche sogen. hohen Ursprünge der A. ulnaris aus der Axillaris bez. Brachialis auf eine Kombination von A. brachialis superf. und ulnaris superf. zurückzuführen sind. — Die Mediano-ulnaris ist wahrscheinlich durch eine Kombination von A. plicae cubiti und Mediana zu erklären. — Atavistische Zustände sind für die Formen dieser Gruppe wahrscheinlich.

4. Gruppe. Art. mediana. In den meisten Fällen stellt dieselbe eine unbedeutende Arterie dar, eine stärkere Ausbildung bedeutet einen atavistischen Rückschlag. —

Endlich wurden einige Abnormitäten der Hohlhandäste kurz besprochen.

Wir haben gesehen, dass stets die Varietäten sich aus einer stärkeren Ausbildung schon normal vorhandener Aeste herleiten, dass in den meisten Fällen atavistische Zustände vorliegen. Was ist damit gewonnen? — Ich glaube, dass in zusammenfassender Weise gezeigt wurde, dass es auch auf dem Gebiete der Arterienvarietäten des Arms keine Zufälligkeiten giebt, dass nur bestimmte Formen möglich sind. Nach festen Gesetzen regeln sich auch die Varietäten, so gesetzlos sie scheinen. In den meisten Fällen können wir einen Schritt weiter gehen und zeigen, dass auch hier das Gesetz der Wiederholung von Ahnenformen gilt.

Für einzelne Gebiete der Varietäten der Armarterien waren die mich leitenden Grundsätze schon von anderer Seite zur Anwendung gekommen. Ich glaube jedoch, dass durch diese Arbeit einmal das ganze Gebiet der Armarterien zusammenfassend unter diesen Gesichtspunkten betrachtet wird, und dass daher dieselbe einen Platz in einer Fachzeitschrift beanspruchen darf.

Verzeichniss der citirten Literatur.[1]

1. Aschoff, A., Beitrag zur Entwicklungsgeschichte der Arterien beim menschlichen Embryo. Morpholog. Arbeiten II. Band 1. Heft S. 1—36.

2. Baader, Ueber die Varietäten der Armarterien des Menschen und ihre morpholog. Bedeutung. Inauguraldissertation. Bern 1866.

3. Barkow, J. C. L., Disquisitiones circa originem et decensum art. mammal. Leipzig 1829.

4. Derselbe, Die angiologische Sammlung im anatom. Museum d. Universität Breslau. 1869.

5. Bayer, L., Beitrag zur vergleichenden Anatomie der Oberarmarterien. Morpholog. Jahrb. XIX, 1893.

6. Gegenbaur, C., Die Stellung und Bedeutung der Morphologie. Morphol. Jahrb. I.

7. Derselbe, Lehrbuch der Anatomie d. Menschen. 6. Aufl.

8. Gruber, W., Abhandlungen aus der menschl. u. vergleichenden Anatomie. St. Petersburg 1852.

9. Derselbe, Ueber die neue und konstante oberflächliche Ellenbogenbugschlagader des Menschen (Art. plicae cubiti superf.) nebst deren beiden Anomalieen, der A. mediana antebrachii superficialis u. ulnaris superficialis. — Zeitschrift d. k. k. Gesellschaft der Aerzte zu Wien, redigirt von Hebra. VIII. Jahrgang. Zweiter Band. Wien 1852.

10. Derselbe, Ueber d. Art. mediana antebrachii superficialis u. Duplicität d. A. ulnaris (mit Tafel). Arch. für Anatomie, Physiologie u. wissenschaftliche Medicin herausgegeben von Reichert u. Du Bois-Reymond. 1867.

11. Derselbe, Dreiwurzlige Art. radialis. Arch. f. Anat. u. Physiol. (Tafel Va.) 1870.

12. Hyrtl, J., Neue Wundernetze u. Gefässe etc., in: Denkschriften d. kaiserl. Akademie Bd. XXII. Wien 1864.

---

[1]) Da das Literaturverzeichniss keineswegs alle oder auch nur den grössten Theil der in unser Gebiet gehörenden Arbeiten umfasst, sondern nur die citirten Werke anführt, so ziehe ich eine alphabetische Ordnung der Ordnung nach Jahreszahlen vor.

13. Janosik, Sur les vaisseaux sanguines et les nerfs des membres
    supérieures chez l'homme et chez quelques autres animaux.
    (Citirt nach dem Referat von E. Mehnert in den Jahres-
    berichten d. Anat. u. Physiol. 1892.)

14. Jössel, G., Lehrbuch d. topograph.-chirurg. Anatomie. Erster
    Theil Extremitäten. 1884.

15. Pfitzner, W., Ueber die Ursprungsverhältnisse d. Art. obturatoria.
    Anat. Anzeiger IV. 1889.

16. Rosenberg, Ueber wissenschaftliche Verwerthung der Arbeit im
    Präparirsaal. Morphol. Jahrb. XXII Heft 4.

17. Ruge, G., Beitrag zur Gefässlehre d. Menschen. Morph. Jahrb. IX.
    1884.

18. Schwalbe, E., Ueber die Varietäten d. menschl. Art. mediana in
    ihrer atavistischen Bedeutung. Inauguraldissert. Heidelberg
    1895.

19. Derselbe, Zur vergleichenden Anatomie der Unterarmarterien,
    speciell d. Arcus volar. sublimis. Morpholog. Jahrb. XXIII.
    Heft 3. 1895.

20. Schwalbe, G., u. Pfitzner, W., Varietäten-Statistik und Anthro-
    pologie. Anat. Anzeiger IV. 1889.

21. Dieselben, Varietäten-Statistik u. Anthropologie. 2. Mittheilung.
    Anatom. Anzeiger VI. 1891.

22. Dieselben, Dasselbe. 3. Mittheilung. Morpholog. Arbeiten III.
    1894.

23. Zuckerkandl, E., Zur Anatomie u. Entwicklungsgeschichte der
    Arterien des Vorderarms. I. Theil. Anatomische Hefte (von
    Merkel u. Bonnet) IV. Band. 1894.

24. Derselbe, Dasselbe II. Theil. Anatom. Hefte. V. Band. 1895.

25. Derselbe, Ueber die tiefen Hohlhandäste d. A. ulnaris. Anat.
    Hefte. VI. Band. 1896.

Fig. 1

Fig. 2

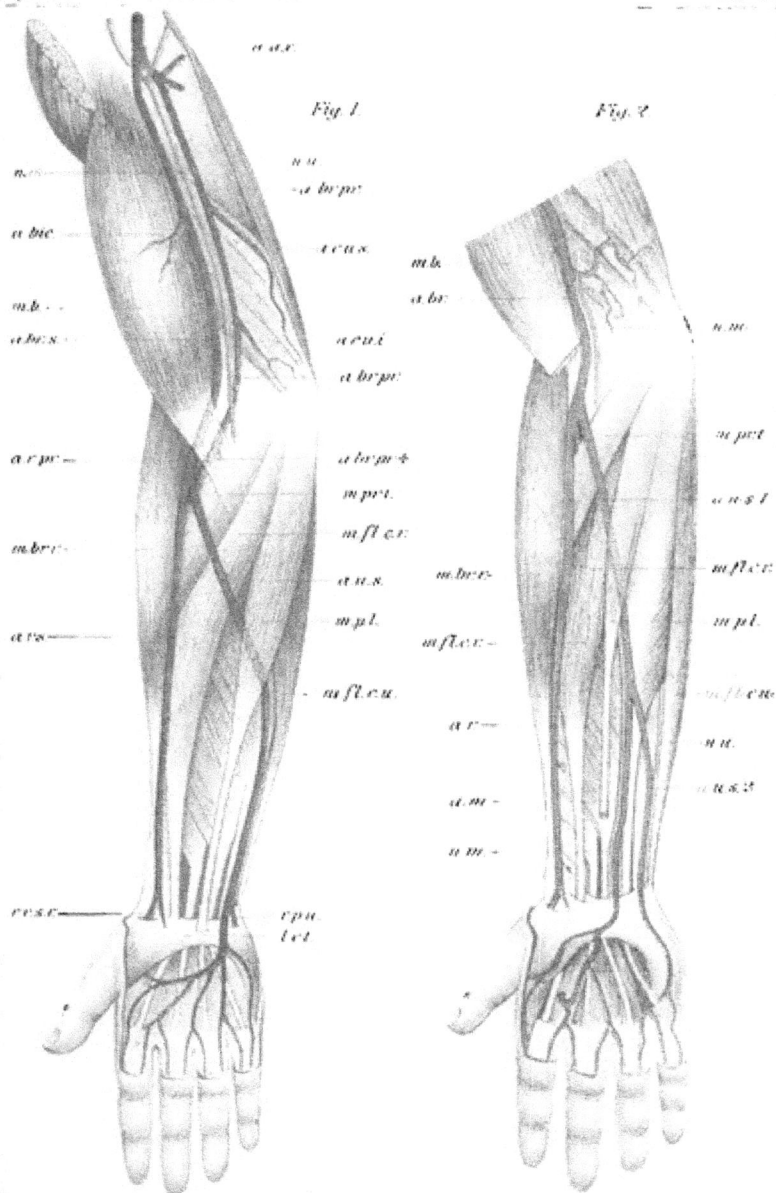

Erklärung der Abbildungen auf Tafel I.

Figur 1.

Präparat 736. Nr. 7. Brachialis superficialis sup. mit Teilung in
Radialis und Ulnaris superfic.

$a.\,ax.$ = Art. axillaris.
$a.\,bic.$ = „ bicipitalis.
$a.\,br.\,s.$ = „ brachialis superficialis.
$a.\,br.\,pr.$ = „ brachialis profunda.
$a.\,c.\,u.\,s.$ = „ collateralis ulnaris superior.
$a.\,c.\,u.\,i.$ = „ collateralis ulnaris inferior.
$a.\,r.\,pr.$ = normaler Radialisast, durch den Brachialis profunda und
Brachialis superfic. anastomosiren.
$a.\,br.\,pr.+$ = A. brach. prof. nach Abgabe d. Radialisastes.
$a.\,u.\,s.$ = A. ulnaris superficialis.
$a.\,r.\,s.$ = Arteria radialis aus d. Brach. superficialis.
$r.\,v.\,s.\,r.$ = Ramus volaris superficialis arteriae rad.
$r.\,p.\,u.$ = Ramus volaris profundus d. A. ulnaris.
$n.\,m.$ = Nervus medianus.
$n.\,u.$ = „ ulnaris.
$m.\,b.$ = Musculus biceps.
$m.\,br.\,r.$ = „ brachio-radialis.
$m.\,pr.\,t.$ = „ pronator teres.
$m.\,fl.\,c.\,r.$ = „ flexor carpi radialis.
$m.\,p.\,l.$ = „ palmaris longus.
$m.\,fl.\,c.\,u.$ = „ flexor carpi ulnaris.
$l.\,c.\,t.$ = Ligamentum carpi transversum.

Figur 2.

1961. Nr. 22. Ulnaris superficialis mit Mediana superficialis kombinirt.
Bezeichnungen wie 1. Dazu:
$a.\,u.\,s.\,1$ = Art. ulnaris superficialis, Strecke bis zur Theilung in:
$a.\,m.$ = Mediana ⎫
und $a.\,u.\,s.\,2$ = Ulnaris ⎭ superficialis (vergl. Text).

Hirn- und Rückenmarks-Hüllen bei Amphibien.

Von

Helen M. O'Neil.

(Aus dem anatomischen Institut zu Freiburg i. Br.)

Hierzu Tafel II.

Die nachfolgenden Mittheilungen sollen einen bescheidenen Beitrag zu der vergleichenden Anatomie der Hüllen des Centralnervensystems bei den Wirbeltieren bieten, einem Capitel, das bisher wenig bearbeitet ist, und über welches jedenfalls eine einheitliche Ansicht noch durchaus nicht existirt. Die Arbeit wurde im anatomischen Institut zu Freiburg im Br. angefertigt, dessen Direktor, Herrn Hofrath WIEDERSHEIM, ich für die freundliche Ueberlassung eines Arbeitsplatzes und vielfache Förderung zu grossem Danke verpflichtet bin. Die Anregung zu den Untersuchungen verdanke ich Herrn Professor GAUPP, dem ich hiermit auch für die grosse Freundlichkeit, mit der er mich stets unermüdlich unterstützt hat, meinen ganz besonderen Dank ausspreche.

Meine Angaben beschränken sich zunächst nur auf Amphibien, und sind basirt auf die Befunde bei Salamandra und Rana. Ich habe zwar auch von Teleostiern, Reptilien und Säugern Schnittserien angefertigt, indessen bisher noch keine genügenden Resultate gehabt. Trotzdem möchte ich mir erlauben, die Befunde bei Salamandra und Rana bereits jetzt zu veröffentlichen, da die einschlägigen Verhältnisse bisher, soweit ich die Literatur kenne, auch in den Thatsachen noch nicht exakt dargestellt sind.

In Bezug auf Rana ergänzen und vervollkommnen sie die Angaben, die GAUPP[1]) unlängst im II. Teil der „Anatomie des Frosches"

---

[1]) A. ECKER's und R. WIEDERSHEIM's Anatomie des Frosches. Auf Grund eigener Untersuchungen durchaus neu bearbeitet von E. GAUPP. II. Abtheilung, 1. Hälfte, Nervensystem. Braunschweig 1897.

gemacht hat, in mehreren Punkten, schliessen sich diesen Angaben aber in den Hauptsachen an. In gleichem Maasse rechtfertigen sie den Widerspruch, in den Gaupp, hinsichtlich der Auffassung der Hirnhüllen, zu Rex[1]) tritt. Inwieweit die Hypothese, die Sagemehl.[2]) über die Gehirnhäute bei den Knochenfischen, und die Beziehung dieser zu den Hüllen bei den Säugern geäussert, zu Recht besteht, darüber kann ich mir vorläufig noch kein Urtheil erlauben; die Untersuchung einiger Schnittserien von Cobitis barbatula boten mir keine genügend sichere Grundlage für ein solches.

Methoden.

Ueber diese habe ich kaum mehr zu sagen, als dass ich sowohl mit der Lupe präparirt als auch Schnittserien angefertigt habe. Für letztere wurde Fixirung in Sublimat oder Formalin gewählt. Die besten Resultate gab Sublimat. Das Material wurde in Phloroglucin-Salpetersäure entkalkt, und in Celloidin eingebettet. In den meisten Fällen hat Pikrokarmin sich als ein gut differenzirendes Färbungsmittel erwiesen. Die Anwendung von Hämatoxylin-Eosin ergab auch gute Resultate. Indessen möchte ich doch noch besonders bemerken, dass ich über die Fehlerquellen, die auch bei vorsichtiger Behandlung der Objekte nicht ganz zu vermeiden sind, völlig klar bin. Eine gewisse Schrumpfung des Rückenmarkes und Gehirns tritt wohl immer ein, und muss sich natürlich wieder indirekt auf die weichen, zwischen dem Centralnervensystem und den harten Wandungen gelegenen Theile (lockeres Gewebe, Hüllen) äussern; so können Ablösungen, Trennungen, Räume künstlich entstehen. Ich habe gesucht diesen Faktoren überall Rechnung zu tragen.

Literatur, Nomenklatur.

Die Literatur über unser Gebiet ist spärlich; einige Arbeiten wurden oben schon erwähnt (Sagemehl, Rex, Gaupp), dazu kommen noch vereinzelte Angaben, die sich in den Arbeiten finden, welche sich mit der Anatomie des Centralnervensystems beschäftigen. Besonders hervorheben will ich die Arbeiten von Hasse[3]), Retzius[4]), und Coggi[5]),

---

[1]) Rex, Hugo, Beiträge zur Morphologie der Hirnvenen der Amphibien. Morph. Jahrb. Bd. XIX, Heft 2. Leipzig 1892.

[2]) Sagemehl, M., Beiträge zur vergleichenden Anatomie der Fische. II. Einige Bemerkungen über die Gehirnhäute der Knochenfische. Morph. Jahrb. Bd. IX, 1884.

[3]) Hasse, Die Lymphbahnen des inneren Ohres der Wirbelthiere. Anat. Studien. I. Bd. Leipzig 1873.

[4]) Retzius, G., Das Gehörorgan der Wirbelthiere. I. Stockholm 1881.

[5]) Coggi, A., I saccheti calcari ganglionari e l'acquedotto del vestibulo nelle Rane. Atti della Reale Accademia dei Lincei. Memorie della Classe di scienze fisiche, mathematiche e naturali. Vol. VI. Roma 1890.

die zwar in erster Linie die mit dem Ohr zusammenhängenden Räume,
Saccus endolymphaticus und Saccus perilymphaticus, betreffen, dabei
aber auch Angaben über das Verhalten dieser Gebilde zu den Hüllen
des Centralnervensystems machen.

Die grösste Schwierigkeit, die sich wohl mehr oder weniger bei
jeder vergleichend-anatomischen Arbeit ergiebt, wenn ein Kapitel noch
nicht ganz vollständig durchgearbeitet ist, ist die der Nomenklatur. Denn
diese soll ja doch so gewählt sein, dass mit gleichen Namen auch bereits gleiche, homologe Gebilde bezeichnet werden. Dazu ist aber eben
eine völlige Kenntniss des ganzen Gebietes nöthig. Da wir diese auf
unserem Gebiete noch garnicht besitzen, so muss ich mir leider sagen,
dass die von mir gebrauchten Namen einen provisorischen Charakter
tragen. Einer später zu schaffenden, definitiven Namengebung werden
zweifellos die Benennungen zu Grunde gelegt werden müssen, die
A. KEY und G. RETZIUS[1]) in ihren fundamentalen Untersuchungen über
die Hüllen des Centralnervensystems bei dem Menschen und den
Säugern gebraucht haben.

Die Hauptschwierigkeit ist vorläufig noch die Frage, wie und wo
die Verdichtung der „Arachnoidea" im Laufe der Phylogenese
auftritt. Denn offenbar kann man auch erst dann, wenn eine solche
„Arachnoidea" vorhanden ist, von einem Subduralraum und
Subarachnoidalraum im KEY-RETZIUS'schen Sinne sprechen
(Subduralraum-Raum zwischen Dura und Arachnoidea, Subarachnoidal-
raum-Raum zwischen Arachnoidea und Pia, also innerhalb der weichen
Haut); wo aber, wie bei den Amphibien, nur zwei Hüllen deutlich
sind, eine Dura (die aber gespalten sein kann), und eine Gefässhaut,
da ist für den zwischen beiden gelegenen Raum keiner der beiden
genannten Namen ganz zutreffend. Ich werde, um trotzdem nicht ganz
neue Namen zu schaffen, folgende Ausdrücke gebrauchen:

I. Dura mater; an der, stellenweise, eine Spaltung in ein
periostales und neurales Blatt besteht, welche zur Bildung von
Interduralräumen führt;

II. Primärer Subduralraum, resp. primäres Subdural-
gewebe.

III. Primäre Gefässhaut (dieser Name ist zuerst von SAGE-
MEHL eingeführt).

---

[1]) KEY, A. und RETZIUS, L., Studien in der Anatomie des Nervensystems und
des Bindegewebes I. Hälfte. Stockholm, 1875.

Salamandra maculata.

A. Rückenmark.

Querschnitte durch die Wirbelsäule von Salamandra maculata (Fig. 1) zeigen stets ein ziemlich beträchtliches Missverhältniss zwischen dem Umfang des Rückenmarkes und der Weite des Wirbelkanals. Dieses Missverhältniss wird gewiss durch die bei der Vorbehandlung der Präparate eintretende Schrumpfung des Rückenmarkes vergrössert, entspricht aber sicher auch bis zu einem gewissen Grade dem normalen Verhalten. Das Rückenmark liegt nicht genau in der Mitte des Wirbelkanals, sondern excentrisch, dem Boden des Wirbelkanals genähert. Doch zeigen sich hierin Verschiedenheiten an den einzelnen Regionen der Wirbelsäule. Ich komme auf diese später zurück. Von Hüllen finden sich: 1. eine den Wandungen des Wirbelkanals anliegende Dura mater; 2. eine dem Rückenmark anliegende primäre Gefässhaut. Zwischen beiden Hüllen befindet sich ein weiter Raum, mit einem eigentümlichen lockeren Gewebe erfüllt, primärer Subduralraum.

1. Dura mater.

Die Dura mater stellt eine einheitliche derbe Hülle dar, welche die Knochen als inneres Periost bekleidet,. Sie besteht aus Bindegewebsfasern, zwischen denen sich abgeplattete, zellige Elemente finden. Eine ausgedehntere Spaltung der Dura in zwei Blätter ist nicht vorhanden; wohl aber sieht man, besonders auf vorderen Querschnitten am Uebergang des Bodens des Wirbelkanals in die Seitenwand, jederseits ein venöses Gefäss in der Dura eingelagert, das nach aussen hin, durch die Foramina intervertebralia, Queräste abgiebt, Verbindungen dieses Gefässes mit Blutbahnen der primären Gefässhaut habe ich im Gebiet des vorderen Theiles des Rückenmarkes sicher gesehen.

2. Primäre Gefässhaut (Pia der Autoren).

Diese Haut umgiebt das Rückenmark unmittelbar und liegt diesem in der Regel eng an. Freilich findet man sie häufig genug auf den Präparaten von der Oberfläche des Rückenmarkes abgehoben und gefaltet, doch ist dies offenbar nur Folge der Schrumpfung des Rückenmarkes, dessen Oberfläche in diesen Fällen die herausragenden Enden der von der Gefässhaut abgerissenen Ependymfasern erkennen lässt. Mit starken Vergrösserungen untersucht, lässt die Gefässhaut zwei Schichten, eine innere und eine äussere, unterscheiden. Die innere, dicke Hauptschicht ist derb, fest, und bietet ein mehr homogenes Aussehen. Zellige Elemente sind sehr spärlich vorhanden. Die Gefässe liegen aussen von

4*

ihr, in einer sehr dünnen, lockeren äusseren Schicht eingelagert. Dies gilt
jedoch nicht von der Arteria spinalis ventralis. Die Arteria spinalis
ventralis liegt im Sulcus longitudinalis ventralis des Rückenmarkes, und
zwar in der innersten Schicht der Gefässhaut. Diese selbst verhält sich
ventral von der Arteria verschieden, je nach den Regionen der Wirbelsäule. Im vordersten Abschnitte dicht hinter dem Schädel ist das
Verhalten noch dasselbe wie an der Medulla oblongata, d. h. die Gefässhaut bildet ventral von der Arteria eine stark verdickte, schmale
Platte, die von der Dura am Boden des Wirbelkanals getrennt ist,
und mit ihr nur durch spärliche, dünne Fasern verbunden wird. Je
weiter nach hinten, um so mehr nähert sich das Rückenmark dem
Boden des Kanals, und damit auch die erwähnte verdickte Gefäss-
haut-Partie der Dura. Die Verbindung zwischen beiden wird fester,
schliesslich findet man — und dies gilt auch für den grössten Teil des
Rumpfes — die Verdickung ventral von der Arteria eng mit der Dura
verbunden. Man könnte jene Verdickung der Gefässhaut geradezu als
ein besonderes Ligamentum bezeichnen (z. B. Ligamentum piae
ventrale), dasselbe entspricht, seinem Wesen nach, den gleich zu
schildernden Ligamenta denticulata.

Auf die Venen des Rückenmarkes habe ich ein specielles Augenmerk nicht gerichtet. Doch möchte ich bemerken, dass das haupt-
sächlichste venöse Gefäss eine Vena spinalis dorsalis ist, welche
dorsal vom Rückenmark in der Gefässhaut nach vorn verläuft.
Wegen ihrer Lage in der Gefässhaut will ich sie, auf Vorschlag von
Herrn Prof. Gaupp, als Vena spinalis dorsalis propria bezeichnen. Sie geht vorn in die Venen der Plexusplatte des vierten
Ventrikels über. Eine durale Venenbahn ist dorsal nicht vorhanden,
wohl aber wurde oben bereits eine solche lateral gelegene erwähnt,
doch habe ich dieses nicht weiter verfolgt.

Das sogenannte Ligamentum denticulatum ist zuerst von
Berger[1] bei zahlreichen Reptilien beschrieben worden: von Sala-
mandra, Triton und Siredon giebt Berger an, dass das Band rudi-
mentär sei, und schildert es nicht ganz genau. Nach Berger haben
Jolyet und Blanchard[2] das Band bei Schlangen, Burckhardt[3] bei
Protopterus annectens, und Pierre A. Fish[4] bei Desmognathus fusca

---

[1] Berger, Ueber ein eigenthümliches Rückenmarksband einiger Reptilien und
Amphibien. Sitzungsberichte der kaiserl. Akademie der Wissenschaften. Math.-
Naturw. Klasse. Bd. LXXVII. Zweite Abthlg. 1878.

[2] Jolyet und Blanchard, Ueber das Vorkommen eigenthümlicher Bänder am
Rückenmark der Schlangen. Zool. Anz. II. Jahrg. 1879.

[3] Burckhardt, Das Centralnervensystem von Protopterus annectens. Berlin
1892.

[4] Pierre A. Fish, Central nervous system of Desmognathus fusca. Boston
1895. Journ. of Morph. Vol. X, Nr. 1.

beschrieben. Ich finde das Band bei Salamandra maculata gut entwickelt; es beginnt vorn an der Dorsalfläche des zweiten Wirbelkörpers,
der hier jederzeits einen kleinen Fortsatz zeigt, von hier zieht es durch
den primären Subduralraum nach der Gefässhaut, und ist in dieser
zwischen den dorsalen und ventralen Nervenwurzeln durch den ganzen
Rumpf zu verfolgen.

3. Primärer Subduralraum.

Wie schon bemerkt, sind die Dura mater und die primäre Gefässhaut im grössten Abschnitte des Rumpfes durch einen weiten Abstand
von einander getrennt, ventral dagegen eng an einander gelagert. Nahe
dem Schädel löst sich aber auch ventral die Gefässhaut von der Dura
los, und der primäre Subduralraum dehnt sich auch ventral aus. Dieser
primäre Subduralraum stellt nun aber nicht einen grossen einheitlichen
Raum dar, sondern ist zum grössten Theil mit einem eigenthümlichen
Gewebe erfüllt, das gleich zu schildern sein wird. Dieses Gewebe ist
am reichlichsten lateral vom Rückenmark angesammelt; fehlt dagegen
in den meisten meiner Präparate dorsal vom Rückenmark, so dass hier
ein grösserer Raum besteht; doch muss ich es dahin gestellt sein
lassen, ob dies ein normaler Zustand oder Kunstprodukt ist; das letztere
ist mir sogar wahrscheinlicher, da ja das Rückenmark bei Schrumpfung
sich nach dem Boden des Wirbelkanals zurückzieht, an dem es theils
durch die Nervenwurzeln, theils durch die schon erwähnte Verbindung
der Gefässhaut und Dura festgehalten wird. Eine Zerreissung des sehr
zarten subduralen Gewebes dorsal vom Rückenmark wäre somit ganz
natürlich. Thatsächlich sieht man auch am Dach des Wirbelkanals
ventral von der Dura eine dünne Schicht grosser, lockerstehender Kerne.
die fast wie ein Endothel aussehen, aber doch mit den sie verbindenden
Fasern mehr den Eindruck erwecken, dass sie zerrissenen und dorsalwärts zusammengeschnurrten Partien des Subduralgewebes angehören.

Der geschilderte dünne Gewebsüberzug am Dach des Wirbelkanals
geht auch seitswärts in das subdurale Gewebe über, das sich in dem
lateralen Winkel des Wirbelkanals findet, und das ebenfalls in seiner,
den hypothetischen Raum begrenzenden Partie wie zusammengeschnurrt
aussieht. Ich möchte also glauben, dass am lebenden Thiere ein
grösserer Subduralraum nicht besteht, sondern die Gefässhaut allseitig von der Dura durch lockeres Gewebe getrennt ist.

Was die Struktur des subduralen Gewebes selbst anlangt, so zeigt
es viele Aehnlichkeit mit embryonalen „Schleimgewebe". Man sieht
feine, mit einander anastomosirende Bälkchen, in den Knotenpunkten
der Maschen häufig grosse Kerne eingelagert. Ein Protoplasma ist um
dieselben hin und wieder in sehr geringer Menge zu erkennen.

Aussen legt sich dieses Gewebe mit einer wenig verdickten Schicht
an die Dura an, innen an die Gefässhaut. Es besteht demnach beim

Salamander im Bereich dieses Gewebes kein zusammenhängender, subduraler Raum, sondern eine ganze Anzahl einzelner kleiner Räume. Wie oben auseinandergesetzt, glaube ich, dass dies im ganzen Umfang des Rückenmarkes der Fall ist, muss indessen als möglich zugeben, dass normaler Weise ein grösserer Raum besteht, der durch Zusammenfluss einer Anzahl kleinerer Räume entstanden ist. Immerhin bleibt das Vorhandensein eines reichlichen Gewebes zwischen Dura und Gefässhaut im Bereiche des Rückenmarkes beim Salamander konstant, und darin prägt sich ein primitiver Zustand aus, der, wie wir sehen werden, beim Frosch entschieden weiter gebildet ist.

B. Gehirn.

1. Dura mater.

Das Verhalten der Hüllen am Gehirn ist im Wesentlichen dasselbe wie am Rückenmark, doch kommt hier im Bereich des Schädels ein wichtiges, neues Moment zur Beobachtung, nämlich die Spaltung der Dura mater in zwei Blätter, ein periostales oder äusseres und ein neurales oder inneres. Eine solche Spaltung findet an mehreren räumlich von einander getrennten Stellen statt, und die dadurch entstehenden Interduralspalten haben so nichts mit einander zu thun.

Gebilde, die eine solche Spaltung bedingen, sind: 1. der Saccus endolymphaticus, 2. der Saccus perilymphaticus, 3. die Hypophysis cerebri, 4. die Paraphysis.

I. Spatium interdurale endolymphaticum.

Die durch den Saccus endolymphaticus bedingte Spaltung der Dura ist die ausgedehnteste. Ueber die Lage des Saccus endolymphaticus bei Amphibien lauteten die Angaben der früheren Autoren verschieden. Hasse, dem wir bekanntlich die genauesten und ausgedehntesten vergleichend-anatomischen Untersuchungen über den Saccus endolymphaticus verdanken, giebt an, dass er in den Raum zwischen Dura und eigentlicher Gehirnhülle eintrete. Es ist wohl hier anzunehmen, dass mit der Bezeichnung „eigentlicher Gehirnhülle" die Gefässhaut gemeint ist, eine Auffassung, die auch von Rex getheilt wird. Rex selbst schliesst sich dieser Ansicht Hasse's an, und hebt sogar die subdurale Lage des Saccus endolymphaticus ganz besonders hervor; mit ausdrücklicher Zurückweisung der Angabe von Cogoi, dass der Sack beim Frosch interdural liege. In Bezug auf den Frosch hat Gaupp neuerdings die interdurale Lage des Saccus endolymphaticus vertreten.

Auch beim Salamander ist das nach meinen Präparaten zweifellos der Fall, man erkennt auf Schnitten (Fig. 2) deutlich, wie im ganzen

Umfange des Saccus endolymphaticus die Durá sich in zwei Blätter spaltet, und mit ihrem inneren Blatte den Saccus überzieht. Sie liegt dabei der dem Gehirn zugekehrten Wandung des Saccus eng an; wo sie von demselben abgehoben ist, muss ich dies für Kunstprodukt erklären.

Zwischen den einzelnen kleinen Säckchen, die sich als Ausbuchtungen des Saccus endolymphaticus bilden, verlaufen zahlreiche Venen, die von REX speciell geschildert worden sind. Da der Saccus endolymphaticus mit seinem von HASSE als Pars media bezeichneten Abschnitte dem vorderen Theil der Plexusplatte des vierten Ventrikels eng anliegt, so kommt es hier zu einer innigen Verwachsung des neuralen Durablattes, welches die Ventralfläche des Saccus überzieht, mit der Plexusplatte, d. h. mit der Gefässhaut, so dass es nicht möglich ist, das neurale Blatt der Dura über die Plexusplatte selbstständig zu verfolgen. Noch sei bemerkt, dass, da die Pars media des Saccus endolymphaticus sich als einheitliches Gebilde von rechts nach links erstreckt, die interduralen Räume beider Seiten hier auch zusammenfliessen. Dagegen schliesst ventralwärts neben der Hypophysis cerebri ein jeder der beiderseitigen Interduralräume für sich ab. Im Uebrigen ist die Ausdehnung des Spatium interdurale endolymphaticum nach vorn, hinten, oben, unten durch die Ausdehnung des Saccus endolymphaticus selbst bedingt. In Betreff seiner Lage zu dem gleich zu schildernden Spatium interdurale perilymphaticum sei nur noch erwähnt, dass das Spatium interdurale endolymphaticum im Allgemeinen dorsal von dem letztgenannten liegt, sich aber sowohl nach hinten wie nach vorn erheblich weiter erstreckt, und hier ventralwärts tiefer herabreicht.

In dem bisher geschilderten Interduralraume liegen ausser den Theilen des Saccus endolymphaticus und den Venen aber auch noch andere Gebilde. Zunächst findet sich in spärlicher Menge, namentlich im hinteren Abschnitte des Raumes, ein Gewebe, das dem bereits geschilderten subduralen Gewebe ähnlich ist; ausserdem ziehen durch ihn hindurch einige N e r v e n , nämlich die hintersten Wurzeln des Vagus und der Trigeminus, der auch in diesem Raum zu seinem Ganglion anschwillt. Die vorderste Wurzel des Vagus, sowie der Acusticus und der Facialis verlassen den Schädelraum auf der Grenze zwischen dem endolymphatischen und perilymphatischen Interduralraum.

II. Spatium interdurale perilymphaticum.

Auch in Betreff der Saccus und Ductus perilymphaticus hat HASSE zuerst genaue Angaben gemacht, die im Wesentlichen von RETZIUS (im „Gehörorgan der Wirbelthiere") bestätigt sind. Danach tritt bei Salamandra der Ductus perilymphaticus durch die Apertura ductus perilymphatici („Foramen rotundum", HASSE), die sich nahe an der Basis befindet, aus der Ohrkapsel in die Schädelhöhle. Nach HASSE ver-

bindet sich hier der Ductus, ausgeweitet, mit der eigentlichen Gehirnhülle, so dass also die Perilymphe in das Cavum epicerebrale zwischen
dem Gehirn und der Gehirnhülle abfliesst. Diesen Angaben kann ich
mich nicht ganz anschliessen, ich finde vielmehr, dass auch der Saccus
perilymphaticus interdural bleibt. Er bildet durch Spaltung der
Dura das Spatium interdurale perilymphaticum, das ventral von dem
Spatium interdurale endolymphaticum gelegen ist. Dort treten die
beiden Räume in nahe Beziehung zu einander, ja, es scheint auch stellenweise (vorn) zu einer Kommunikation der beiden zu kommen. Ueber
das Lageverhältniss im Speciellen orientirt am besten ein Schema; dasselbe zeigt, dass die durch den Saccus perilymphaticus herbeigeführte
Spaltung der Dura gewissermaassen in einer mehr medialgelegenen
Schicht statt hat; im Uebrigen verweise ich auf die Figur 3.

Auf der Grenze zwischen den beiden Räumen tritt die vorderste
Vaguswurzel, sowie der Facialis und Acusticus hindurch. Der Abducens zieht am Boden des Spatium interdurale perilymphaticum in
dem innersten Winkel desselben subendothelial nach vorn. Entsprechend der Ausdehnung des Saccus perilymphaticus ist auch die
des Spatium interdurale perilymphaticum erheblich beschränkter, als die
des Spatium endolymphaticum.

Von den Gebilden, welche eine Spaltung der Dura bedingen, sind
noch zu erwähnen: 1. die Hypophysis; 2. die Paraphysis (der Nodus
vasculosus, Adergeflechtsknoten). Die beiden durch sie erzeugten
Räume bilden im Gegensatz zu den bisher genannten nicht vollständig
abgeschlossene Spalten, sondern sind gewissermaassen als cerebralwärts
offen zu betrachten.

III. Das Spatium interdurale hypophyseos.

Dieses Spatium ist durch die Hypophysis bedingt. Letztere
schiebt sich von der Ventralseite her in den Schädelraum vor und
könnte somit einen geschlossenen Interduralraum bewirken. Doch tritt
sie bekanntlich in so enge Beziehung zum Infundibularteil des
Zwischenhirns, dass im Bereiche der Anlagerungsstelle beider Gebilde
eine Dura nicht zur Ausbildung kommt, und das Spatium interdurale
hypophyseos somit eine Nische darstellt, deren Eingang sich im Um-
kreis des hinteren Theiles des Lobus infundibularis befindet. Im Sagittalschnitt besitzt die Hypophyse eine dreieckige Gestalt, die ventrale
Seite liegt dem Parasphenoid auf, die dorsal-hintere sieht frei gegen die
Basis des Mittelhirns, die dorsal-vordere liegt der Hinterwand des
Lobus infundibularis an. Dicht hinter der Hypophyse zieht quer von
der einen Seite auf die andere eine knorplige Spange, ein Rest des
reducirten Knorpel-Craniums. Von dieser Spange aus nach vorn geht
eine Fortsetzung der Dura aus, die sich über die dorsal-hintere Fläche

der Hypophyse und auch über die ganze dorsale Wand des Lobus infundibularis, die bloss epithelialer Natur ist, erstreckt. Auch von der vorderen ventralen Kante der Hypophyse aus schiebt sich eine Fortsetzung der Dura auf die dorsal-vordere Fläche der Hypophyse herauf, ist aber nicht weit zu verfolgen, wegen der Anlagerung dieser Fläche am Infundibulum.

IV. Spatium interdurale paraphyseos.

Die Paraphyse im Gegentheil nimmt ihren Ursprung im Dache des Zwischenhirns und wächst nach dem Schädeldache zu, wo sie in enge Beziehung zur Dura mater tritt. Sie schaltet sich gewissermaassen in die Dura ein, d. h. sie erhält von der Dura in ihrem oberen Abschnitte einen allseitigen Ueberzug, der innig mit dem Gefäss führenden Zwischengewebe der Paraphyse verwächst. Denkt man sich die Paraphyse fort, so würde also das Spatium interdurale paraphyseos, nach dem Gehirn zu, offen sein.

2. Gefässhaut.

Das ganze Gehirn wird allseitig von der primären Gefässhaut umhüllt, die dem Centralnervensystem innig anliegt. Ihr Antheil an der Bildung der Plexusplatte des vierten Ventrikels, des Plexus chorioideus medius und inferior, sowie der Paraphyse ist bekannt. Die Arteria spinalis ventralis ist, in der Gefässhaut eingelagert, nach vorn bis auf die Basis des Mittelhirns als einheitliches Gefäss zu verfolgen. Hier entsteht sie durch den Zusammenfluss der hinteren Aeste der cerebralen Carotiden.

3. Primärer Subduralraum.

Wie im Bereiche des Wirbelkanals, so findet sich auch hier im Schädel das lockere, subdurale Gewebe, nur über dem vorderen Theil der Plexusplatte des vierten Ventrikels ist dieses unterbrochen, indem hier die Tela chorioidea mit dem neuralen Durablatt verwächst.

Um nunmehr das Verhalten bei Salamandra maculata kurz zusammenzufassen, finden wir am Rückenmark wie am Gehirn zwei deutlich unterschiedene Membranen: die Gefässhaut und die Dura mater. Die Gefässhaut liegt dem Gehirn und Rückenmark eng an. Die ganze Schädel- und Wirbelsäulenhöhle wird von einer derben Dura mater periostal bekleidet. An vier Stellen des Schädels besteht eine Spaltung der Dura und führt zur Bildung von Interduralräumen. (Spatium interdurale endolymphaticum, perilymphaticum, hypophyseos und paraphyseos.) Keines dieser Spatia setzt sich in die Rückenmarkshöhle fort, in Folge dessen ist kein Interduralraum im Bereiche des Rückenmarkes vorhanden. Der primäre Subduralraum ist zum grossen Theil (vielleicht normaler Weise durchweg) von einem lockeren Gewebe erfüllt. Das Ligamentum denticulatum läuft ganz in der Gefässhaut des Rückenmarkes.

Rana esculenta.

A. Rückenmark. (Fig. 4.)

1. Dura mater. In Folge der mächtigen Entwicklung des Saccus endolymphaticus und seiner Fortsetzung in die Rückenmarkshöhle ist das Verhalten der Dura hier ganz anders als wie bei den Urodelen. Im ganzen Bereiche der vorderen neun Wirbel, und zwar dorsal und lateral, ist eine Spaltung der Dura vorhanden; d. h. es findet sich hier ein grosses Spatium interdurale, das zum grössten Theil von den Partes spinales der Ductus endolymphatici eingenommen wird. Die Ausdehnung derselben hat Coggi bekanntlich festgestellt. (s. Fig. 1, bei Coggi). In der dorsalen Mittellinie zwischen beiden Partes spinales verläuft eine Vena spinalis dorsalis, die im Gegensatz zu der bei Salamandra beschriebenen als Vena spinalis dorsalis duralis bezeichnet werden kann. Ausserdem treten die Nervenwurzeln durch das Spatium hindurch, die meisten in längerem Verlaufe. Dies lässt sich in der Hauptsache durch die Präparation feststellen.

Oeffnet man die Wirbelsäule von der Dorsalseite, was wegen der hier befindlichen Kalksäcke sehr vorsichtig zu geschehen hat, so sieht man in der Mittellinie die Vena spinalis dorsalis duralis verlaufen, seitwärts von ihr die beiden Partes spinales der Ductus endolymphatici. Präparirt man nun sehr vorsichtig auf der einen Seite den Längstheil des Saccus endolymphaticus weg und ebenso die Vena spinalis dorsalis, so sieht man, dass diese beiden Gebilde ventralwärts von einer Haut bedeckt werden, die kontinuirlich unter ihnen von einer Seite auf die andere verläuft. Sie ist in der Mittellinie, da wo die Vena spinalis dorsalis duralis gelegen hat, pigmentfrei, seitwärts dagegen, pigmentirt. Die dorsalen Nervenwurzeln, die man durch diese Hülle nach aussen hervortreten sieht, heben sich dadurch sehr scharf von ihr ab, dass auf ihnen keine Spur von Pigment vorhanden ist. Von grösster Wichtigkeit ist aber folgendes Verhalten: wenn man unter Kontrolle der Lupe, unter Wasser mit einer Nadel vorsichtig diese Haut hin und her bewegt, so kann man mit vollkommener Deutlichkeit eine zweite Haut hindurchschimmern sehen, die dem Rückenmark unmittelbar aufliegt und an der Verschiebung des oberflächlichen Blattes nicht Theil nimmt.

Es gelingt nun garnicht schwer, die bisher geschilderte, leicht verschiebbare Hülle anzuschneiden, und der Länge nach zu spalten.

Schlägt man die beiden Hälften nach der Seite zurück, so sieht man die das Rückenmark unmittelbar umgebende, zweite, innere Hülle, die vorher schon durchschimmerte. Man erkennt ferner, dass die Hüllen durch einen Raum getrennt sind, der von Nervenwurzeln durchsetzt wird. Diese (die Nervenwurzeln nämlich) durchsetzen also erst die innere Hülle, dann den zwischen beiden befindlichen Raum, alsdann die äussere Hülle, und darauf dann den Raum, worin die Kalksäcke liegen.

Querschnitte bestätigen und ergänzen diese Beobachtungen. Es zeigt sich zunächst, dass die beiden Partes spinales der Saccus endolymphatici in der dorsalen Mittellinie durch die Vena spinalis dorsalis duralis getrennt werden. Nach innen, d. h. ventral, von ihnen, sowie von der Vena, zieht eine feste fibröse Haut von einer Seite auf die andere, und geht ventral, am Boden des Wirbelkanals, in die Dura über. Mit anderen Worten: die Dura ist dorsal und lateral in zwei Blätter gespalten, von denen das äussere (periostale) die Wandungen des Wirbelkanals bekleidet, das innere (neurale) die vorher genannten Gebilde innen überzieht. Zwischen beiden liegt das Spatium interdurale, während zwischen dem neuralen Durablatt und der Gefässhaut ein grösserer, primärer Subduralraum besteht. Die Pigmentirung beider duraler Blätter ist überall auffallend stärker als wie bei Salamandra.

2. **Primäre Gefässhaut.** Wie überall, so liegt auch beim Frosch die Gefässhaut dem Rückenmark eng an. Sie besteht in der Hauptsache aus einer ziemlich kräftigen, homogen aussehenden Membran, die aussen von einem Endothel bedeckt ist. Die Gefässe liegen auch hier zwischen jener Membran und dem Endothel; in ihrer Nachbarschaft finden sich Pigmentzellen, so dass die Andeutung einer äusseren, dünnen Schicht zu Stande kommt. In dem Reichthum des Pigmentes zeigen sich Verschiedenheiten in den einzelnen Regionen.

Die Arteria spinalis ventralis ist mächtig entwickelt, die Gefässhaut in ihrer Umgebung stark verdickt; eine dem Ligamentum piae ventrale entsprechende Bildung findet sich auch beim Frosch, doch besteht hier das Band aus einem mehr lockeren, fibrösen Gewebe. Eine enge Aneinanderlagerung der Gefässhaut an die Dura, am Boden des Wirbelkanals, ist beim Frosch nur auf eine kurze Strecke weit zu konstatiren, wie gleich zu schildern sein wird.

Es ist noch der Vena spinalis dorsalis propria Erwähnung zu thun, die beim Salamander in die Gefässhaut eingeschlossen verläuft. Auch beim Frosch finde ich eine entsprechende Vena in der Gefässhaut. Doch ist dieselbe auf meinen Präparaten nur im hinteren Abschnitte des Rückenmarkes deutlich. Indessen kann ich, da ich keine Injektionspräparate angefertigt habe, Specielleres darüber nicht angeben. In welchem Umfang die stark entwickelte durale Vena spinalis dorsalis des Frosches Zuflüsse vom Rückenmark selbst erhält, vermag ich auch nicht genau zu sagen; dass aber solche Zuflüsse vorhanden sind, ist ganz zweifellos.

Schliesslich wäre noch des Ligamentum denticulatum zu gedenken. Dieses verläuft beim Frosch (Fig. 4) sehr merkwürdig, und ganz abweichend von dem Verhalten beim Salamander. Es entspringt, wie beim Salamander, vom zweiten Wirbel, da, wo der Boden des Wirbelkanals in die Seitenwand übergeht. Von hier zieht es durch das Spatium interdurale endolymphaticum, über die ventrale Wurzel des dritten Spinalnerven, nach innen und kaudalwärts, durchsetzt das neurale Blatt der Dura, und ist nun an dessen Innenfläche, d. h. seiner innersten Schicht, eingelagert, und gegen den Subduralraum von dem Endothel überzogen, sehr weit nach hinten zu verfolgen. Im Bereiche des achten Wirbels verlässt es die Dura und tritt durch den primären Subduralraum in die Gefässhaut ein, in welcher es, nach kurzem Verlauf, endet. Verglichen mit dem Verhalten beim Salamander, wo das Band nur durchweg der Gefässhaut eingelagert ist, ist der Zustand beim Frosch ausserordentlich interessant. Das Verhalten beim Salamander muss als das ursprüngliche aufgefasst werden, die Einwanderung des Bandes in das neurale Durablatt, als ein sekundärer Zustand; auch hierfür ist wohl wieder die starke Entwicklung der Kalksäcke verantwortlich zu machen. Es wäre von Wichtigkeit, an primitiveren Anurenformen nach Uebergangsstufen der beiden Extreme, wie sie Salamandra und Rana zeigen, zu suchen.

3. Primärer Subduralraum. Wie beim Salamander liegt das Rückenmark auch beim Frosch excentrisch, d. h. dem Boden des Wirbelkanals genähert, am meisten ist dies der Fall, wie meine Serien ergeben, hinter dem Abgang des dritten Spinalnerven, und hier kommt es geradezu zu einer engen Verbindung der Dura und der Gefässhaut. Vor und hinter dieser Stelle aber sind die beiden Häute von einander getrennt, und nur stellenweise durch ein bindegewebiges Septum ventrale mit einander verbunden. Im übrigen besteht zwischen der Dura und der Gefässhaut ein weiter, primärer Subduralraum, und zwar hier beim Frosch ein wirklicher Raum, in dem sich keine Spur von dem subduralen Gewebe findet, das wir beim Salamander kennen lernten, und der sowohl gegen die Gefässhaut wie gegen die Dura durch ein Endothel ausgekleidet wird. Es ist das offenbar als eine Weiterbildung des beim Salamander beobachteten Zustandes zu betrachten.

B. Gehirn.

1. Dura mater. In allen wesentlichen Punkten ist das Verhalten der Dura am Schädel beim Frosch dasselbe wie bei Salamandra.

Es liegt also auch beim Frosch der Saccus endolymphaticus nicht subdural (HASSE, REX), sondern interdural (COGGI, GAUPP). Fig. 5 zeigt dies bezüglich des oberen Abschnittes des „Stammtheiles" des Saccus, und lässt erkennen, wie dessen Innenfläche von einem Binde-gewebsblatt überzogen ist, das vor und hinter dem Saccus in die periostale Dura übergeht, also ein neurales Durablatt repräsentirt. Doch besitzt das Spatium interdurale endolymphaticum eine grössere Ausdehnung als beim Salamander, und wegen der Ent-wicklung der Kalksäcke bis dicht an die Hypophyse, kommt es hier ventral zu einer Vereinigung des Spatium endolymphaticum und des Spatium hypophyseos. Das Spatium interdurale endolymphaticum des Schädels hängt mit dem der Wirbelsäule zusammen. Das neurale Durablatt verschmilzt mit der Plexusplatte des vierten Ventrikels in dem Gebiet, wo die Kalksäcke der Plexusplatte anliegen. Querschnitte durch die Gegend der Hypophyse zeigen die Kalksäcke von beiden Seiten her ventralwärts bis an die Hypophyse vordringen, und hinter derselben zur Vereinigung kommen, (wie HASSE schon richtig an-gegeben hat). Hier sieht man nun, wie das neurale Durablatt jederseits den Stammtheil des Saccus endolymphaticus innen überzieht, dann dem inneren Umfang des zur Hypophyse absteigenden ventralen Fortsatzes des Saccus endolymphaticus folgt und, dorsal von der Hypophyse, kontinuirlich von der einen Seite auf die andere hinübertritt. Das neurale Durablatt liegt dabei der Wandung der Kalksäcke eng an; Ablösungen sind offenbar als Kunstprodukte aufzufassen, und zeigen, dass die Verbindung des neuralen Durablattes mit den Wandungen der Kalksäcke keine sehr feste ist.

Am ganzen Hinterrand des ventralen Fortsatzes des Saccus endolymphaticus geht das neurale Blatt in das periostale Blatt der Dura über, nicht so aber am Vorderrand. Denn hier besteht ja in der Mitte die innige Aneinanderlagerung der Hypophyse und der Hinter-wand des Lobus infundibularis, auf dessen epitheliale Decke sich auch beim Frosch wie bei Salamandra, das neurale Durablatt etwas vor-schiebt. So würde also hier in der Mitte das Spatium interdurale, wenn man sich die Hypophyse fortdenkt, cerebralwärts offen sein. Seit-wärts von der Hypophyse dagegen geht auch am Vorderrand des Pro-cessus ventralis des Saccus endolymphaticus das neurale Durablatt in das periostale über.

Auch das Spatium interdurale perilymphaticum ist beim Frosch ausgedehnter als beim Salamander. Auch hier bleibt aber der Saccus perilymphaticus auf die Dura beschränkt, und ich kann die An-gaben von HASSE, dass er zwischen Dura und eigentliche Gehirnhülle dringe, nicht bestätigen. Die Spatia interduralia perilymphaticum und endolymphaticum sind in grösster Ausdehnung von einander getrennt, vor dem Foramen acusticum ist aber das trennende Durablatt locker

und wohl auch durchbrochen. Was die Nerven betrifft, so treten die
Vaguswurzeln durch den hinteren Theil des Spatium perilymphaticum,
ebenso treten durch dieses Spatium die beiden Acusticus-Wurzeln, sowie der Trigeminus und Facialis. Die letzteren beiden ziehen aber
am inneren Umfang des Prooticum eine längere Strecke weit nach
vorn, und gelangen damit aus dem Spatium interdurale perilymphaticum
in das Spatium interdurale endolymphaticum, wo sie zwischen den
Theilen des Saccus endolymphaticus liegen. Der Nervus abducens verläuft am Boden der Schädelhöhle im innersten Theile des Spatium
interdurale perilymphaticum, subendothelial; lateral von ihm verläuft
der Sympathicus, zwar auch am Boden des Spatium perilymphaticum
hinziehend, aber in die periostale Dura eingeschlossen. Der N. trochle-
aris dringt nicht in das Spatium interdurale endolymphaticum ein,
sondern zieht nur in dem neuralen Durablatt medial vom Stammtheil
des Saccus endolymphaticus nach vorn. Auch der N. oculomotorius
betritt nicht das Spatium interdurale endolymphaticum, sondern zieht
von seiner Ursprungsstelle aus durch das Cavum subdurale zur Dura
ventral von jenem Spatium und gelangt hier zu seinem Foramen.

Die Paraphyse verhält sich im Princip ebenso wie beim Salamander. Die obere Kuppe drängt sich in die Dura ein und erhält
von ihr einen allseitigen, röhrenförmigen Ueberzug.

2. Gefässhaut. Diese verhält sich beim Frosch wie beim Salamander; nur ist bemerkenswerth der gänzliche Mangel an Pigment
über dem Vorderhirn, im Gegensatz zu der starken Pigmentirung über
den übrigen Abschnitten, namentlich dem Mittelhirn. Im Gebiet der
Medulla oblongata, des Metencephalon, und im hinteren Abschnitte des
Mesencephalon spannt sich von der Arteria spinalis ventralis aus ein
lockeres faseriges Septum ventrale zur Dura.

3. Primärer Subduralraum. Ein primärer Subduralraum,
wie er am Wirbelkanal besteht, findet sich im Bereiche des Schädels
nur in dessen hinterem Abschnitte. In dem grösseren, vorderen Abschnitte befindet sich zwischen der primären Gefässhaut und der Dura
eine grosse Menge des früheren schon beim Salamander geschilderten
subduralen Gewebes (Figur 6). Die Grenze der beiden Abschnitte liegt
dorsal und ventral nicht im gleichen Querschnittsniveau, — dorsal
findet der vom Rückenmark her sich fortsetzende Subduralraum durch
die Verwachsung der Dura und Gefässhaut im Bereich der Plexusplatte
des vierten Ventrikels eine Unterbrechung, und von der dorsalen Kante
des Cerebellum an nach vorn ist das genannte, lockere Gewebe vorhanden, das somit auch in die Spalte zwischen Cerebellum und den
Lobi optici eindringt. Hier vor dem Cerebellum wird es von reichlichen Pigmentzellen durchsetzt. Im vorderen Zwischenhirngebiet wird
es durchbrochen durch die Paraphyse. Ventral beginnt es erst am

vorderen Umfang des Lobus infundibularis, d. h. dicht vor der Hypophyse. Seitwärts nimmt das Gewebe in der Umgebung der Nerven (Trigeminus, Acusticus, Facialis) seinen Anfang. Ganz besonders stark entwickelt ist es in der Umgebung des Riechhirns, und zwar nicht nur dorsal, ventral und lateral von den Lobi olfactorii, sondern auch vor denselben, zwischen den Nn. olfactorii.

So zeigt also der Frosch in der allgemeinen Anordnung der Hüllen dasselbe Verhalten wie der Salamander. Gegenüber dem Verhalten bei dem letzteren finden sich aber beim Frosch folgende Besonderheiten: 1. Statt des zwischen Dura und Gefässhaut befindlichen subduralen Gewebes besitzt der Frosch im ganzen Bereich der Wirbelsäule und dem der hinteren Schädelhälfte einen wirklichen primären Subduralraum; nur im Bereich der vorderen Schädelhälfte ist das ursprüngliche Verhalten (subdurales, lockeres Gewebe) erhalten. 2. Die Dura zeigt auch im Wirbelkanal eine weitgehende Spaltung in zwei Blätter, die durch die starke Entwicklung des Saccus endolymphaticus bedingt ist. Die letztere modificirt auch das Verhalten der Interduralräume am Schädel ein wenig. 3. Mit der starken spinalen Entwicklung des Saccus endolymphaticus hängt die Ausbildung einer Vena spinalis dorsalis duralis zusammen, die beim Salamander nicht existirt. 4. Das sogenannte Ligamentum denticulatum verläuft beim Frosch nur mit seinem letzten Ende in der Gefässhaut, zum grössten Theil aber im neuralen Durablatt.

Erklärung der Abbildungen auf Tafel II.

Fig. 1. Querschnitt durch den zweiten (II.) Wirbel von Salamandra maculata, dicht hinter der Ursprungsstelle des Ligamentum denticulatum. Dasselbe ist rechterseits auf seinem Durchtritt durch den primären Subduralraum, linkerseits am Eintritt in die Gefässhaut getroffen. Vergrösserung 50 ×.

Fig. 2. Querschnitt durch den Schädel von Salamandra maculata im Bereich des Mittelhirns. Der Stammtheil des Saccus endolymphaticus ist getroffen. 26 × vergr.

Fig. 3. Querschnitt durch den Schädel von Salamandra maculata. Die Spatia interduralia endolymphaticum und perilymphaticum sind getroffen (halb schematisch). 20 × vergr.

Fig. 4. Querschnitt des Wirbelkanals im Bereich des dritten Wirbels von Rana esculenta. Das neurale Blatt der Dura ist stellenweise von den Wandungen der Kalksäcke weit abgehoben (künstlich producirt). 26 × vergr.

Fig. 5. Horizontaler Längsschnitt durch den hinteren Theil des Schädels von Rana esculenta. 7½ × vergr.

Fig. 6. Sagittalschnitt durch den Schädel von Rana esculenta. 7½ × vergr.

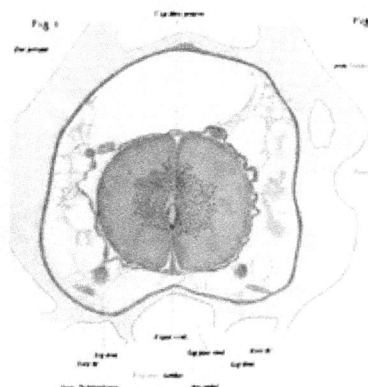

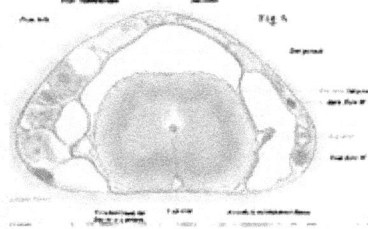

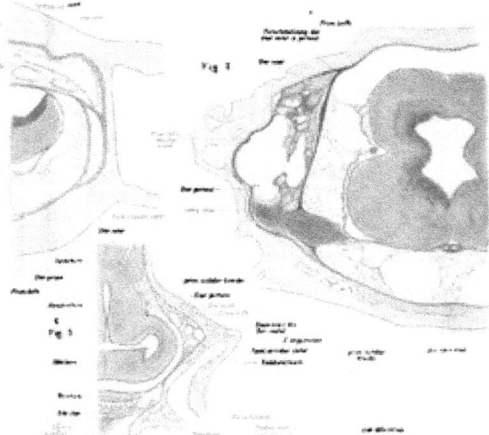

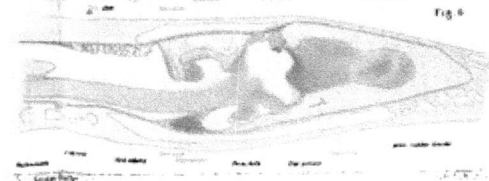

Untersuchungen über Richtung und Verlauf der Schleimhautfalten der ruhenden männlichen Urethra nach Plattenmodellen.

Von

Dr. Martin Kuznitzky, Köln a. Rh.

Arzt für Hautkranke.

Hierzu eine Textfigur und Tafel III—VIII.

Ueber die Länge der Urethra und die Grenzen ihrer Dehnbarkeit besitzen wir von Alters her bis in die neueste Zeit Untersuchungen und Angaben. Auch die physiologische Kapacität der Urethra ist verschiedentlich bestimmt worden, und trotzdem die Angaben hierüber theilweise noch nicht völlig übereinstimmen, haben wir heute doch eine im Ganzen ziemlich genaue Anschauung dieser Verhältnisse.

Anders steht es mit unseren Kenntnissen von der Konfiguration der Schleimhautfalten einer ruhenden Urethra.

Klinischerseits ist dieser Frage erst seit der Benutzung des Urethroskops, besonders seit der Ausübung der Elektroendoskopie der Urethra ein erhöhtes Interesse entgegengebracht worden. Die anatomischen Lehrbücher aber beschränkten und beschränken sich bei dem Kapitel Mucosa urethrae darauf, eine Anzahl von Querschnitten der einzelnen Urethralpartien abzubilden und an denselben das Lumen des Kanals zu beschreiben. Aus diesen, im Vergleich zur Gesammtlänge der Urethra verschwindend spärlichen Querschnittsbildern des Lumens sich ein zuverlässiges Bild der Urethralfaltung zu machen, ist schlechterdings unmöglich. Das geht unter Anderem deutlich aus den einschlägigen specielleren Arbeiten selbst hervor.

So macht z. B. Oberdieck in seiner Preisschrift[1]) darauf aufmerksam, dass auf Querschnitten gelegentlich Ausstülpungen der Urethral-

---

[1]) Oberdieck, Ueber Epithel und Drüsen der Harnblase und weiblichen und männlichen Urethra. — Gekrönte Preisschrift. — Göttingen 1884.

schleimhaut, die nach seiner Ansicht auf die normale Längsfaltung
zurückzuführen sind, von anderen Autoren für Lakunen gehalten und
als solche beschrieben worden sind.

Dass trotz der augenfälligen Ungenauigkeit und Unvollständigkeit
unserer Kenntnisse in dieser Frage bisher darüber noch keine Untersuchungen angestellt wurden, beruht wohl zum grössten Theil auf der
Schwierigkeit hierbei zu exakten Untersuchungsresultaten zu gelangen.
Die gewöhnlichen Methoden nämlich, Aufschneiden der Urethra in
ihrer Längsachse, oder Injektion von grösseren oder kleineren Mengen
erstarrender Lösungen setzen so viel künstliche Formveränderungen
der Urethralwand, dass sie für unseren Zweck unbrauchbar sind. Die
einzige Methode, die zuverlässige Resultate verbürgt, besteht darin, die
Urethra in ihrer ganzen Länge in Serienquerschnitte zu zerlegen, dann
aus den Serien die sämmtlichen Urethralquerschnitte in ihrer Reihenfolge in vergrössertem Maassstabe auf Wachsplatten zu zeichnen (nach
der Plattenmodellirmethode) und daraus das Ganze zu rekonstruiren.

Meine ersten diesbezüglichen Untersuchungen stellte ich 1895 im
Laboratorium des Herrn Professor Dr. Schwalbe in Strassburg an.
Es drängt mich, ihm auch an dieser Stelle meinen aufrichtigen Dank
auszusprechen für das lebhafte Interesse, das er an meiner Arbeit
nahm und für die weitgehende Unterstützung, die er mir dabei in jeder
Weise angedeihen liess.

Herr Professor Schwalbe stellte mir zunächst eine durch Herrn
Professor Hoyer jun. bereits früher in Serienschnitte von 30 μ zerlegte, lebenswarm fixirte Prostata zur Verfügung, welche von einem
Hingerichteten stammte. Die Tafel III zeigt in den Stereophotogrammen 1—4 den aus dieser Serie rekonstruirten Urethralabschnitt.

Sowohl bei diesem, als bei allen folgenden Modellen habe ich
übrigens nicht das Lumen allein, also die von den Falten der Schleimhaut begrenzte Luftfigur modellirt, sondern die Schleimhaut selbst mit
dazu genommen, und zwar aus folgenden Gründen: Erstens gehen über
den Begriff „Lumen der Urethra" und seine Berechtigung die Meinungen bekanntlich auseinander. Zweitens ist die auf den Querschnitten der Präparate vorhandene Luftfigur der Urethra an vielen
Stellen, speciell den Umbiegungsstellen der Falten, so schmal, fast spaltförmig, dass ihrer Rekonstruktion bei der Weichheit und geringen
Dicke des Modellirmaterials technische Hindernisse entgegenstehen.
Dieser letztere Grund ist der wichtigere und entscheidende, denn wenn
man auch bezüglich des ersten es zu Recht bestehend annimmt, dass die
ruhende Urethra überhaupt nur ein virtuelles (kapillares) Lumen besitzt
und dass die Luftfiguren der Querschnitte lediglich dem schrumpfenden
Einfluss der Konservirungsflüssigkeiten zu danken sind, so bliebe doch
selbst dieses „arteficielle Lumen" bei der Gleichmässigkeit der Einwirkung
der fixirenden Medien das getreue, wenn auch etwas verdickte Abbild der

normalen Urethralfaltung, so wie etwa im galvanischen Bade der zu galvanisirende Gegenstand an Umfang zwar schichtenweise allmählich zunimmt, dabei aber die ursprüngliche Form genau beibehält.

Was nun die Frage anbetrifft, ob die ruhende Urethra überhaupt in ihrem ganzen Verlauf oder stellenweise ein wirkliches Lumen hat oder nicht, so ist allerdings auf allen meinen, im Ganzen gegen achttausend Serienquerschnitten (die nicht rekonstruirte Urethra eines Neugeborenen inbegriffen) ein bald mehr, bald minder, aber überall deutlich klaffendes Lumen vorhanden. Und zwar ist dies der Fall sowohl bei dem in Alkohol als auch bei dem in MÜLLER'scher Flüssigkeit konservierten Material. Das gleiche Verhalten zeigte die Pars prostatica urethrae des bereits erwähnten Hingerichteten. Allein die Schleimhaut zeigt nicht überall eine gleichmässige, schwach gewölbte Oberfläche, sondern die Falten sind deutlich durch gegenseitigen Druck etwas abgeplattet, namentlich tritt dies da hervor, wo sie in grösserer Ausdehnung einander annähernd parallel gegenüberliegen. Es ist das also ein Beweis dafür, dass die Falten einander im Moment der Fixirung dicht anlagen, und dass der auf den Präparaten sichtbare Zwischenraum erst später entstand. Das Verhalten, wie man es am Orificium externum einer normalen Urethra ohne weiteres konstatiren kann, hat also für die ganze Länge der Urethra Gültigkeit: Im Ruhezustand liegen die Falten der Schleimhaut einander überall dicht an und lassen nur einen kapillaren Raum zwischen sich.

Ueber das Verhalten des Lumens bei Füllung der Corpora cavernosa urethrae, sowie bei pathologischen Vorgängen wird noch weiter unten die Rede sein.

Ich stand davon ab, die Urethralfaltung weiterhin an Material von Erwachsenen zu untersuchen, weil es wegen der vorangehenden Sektionen etc. nicht leicht ist, früh genug post mortem das Material in Konservirungsflüssigkeiten einzulegen, und weil erfahrungsgemäss in einer nicht unbeträchtlichen Anzahl der durch Krankenhaus und Sektionstisch zugänglichen Fälle das Urogenitalsystem, speciell die Urethra, irgendwelche, meist durch Gonorrhoe bedingte pathologische Veränderungen aufweist. Ein vorheriges Fahnden auf diese pathologischen Processe (etwa durch Sondiren oder durch Elektrourethroskopie) ist natürlich nicht statthaft, da es für das einwandfreie Gelingen der Modelle eine wichtige Vorbedingung ist, dass die Urethra absolut unberührt und in situ bleibt. Man befindet sich also hier immer, wenn man (wie ja meistens) die speciellen anamnestischen Daten des einzelnen Falles nicht kennt, dem Risiko gegenüber, nach so und soviel Hundert Serienschnitten eventuell auf die unliebsame Entdeckung zu stossen, dass die ganze Serie zum Modelliren unbrauchbar ist, weil eine nicht ganz normale Urethralschleimhaut vorlag. Herr Professor

Schwalbe hatte deshalb die Güte, mir aus der Embryonen-Sammlung seines Instituts geeignete Exemplare zur Verfügung zu stellen. — Die

Technik

bei meinen Untersuchungen war folgende: Ungefähr in der Mammillar-linie der fötalen Körper wurde jederseits ein sagittaler Schnitt in einem Zuge durch Haut, Weichtheile und das Beckengerüst gemacht, soweit es noch knorplig war. Mit einer starken Scheere wurden die bereits verknöcherten Beckenpartien vollends durchtrennt, und dann die Schnitte in der ursprünglichen sagittalen Richtung ungefähr bis auf den Psoas durchgeführt, darauf oberhalb des Nabels durch einen horizontalen, und vor der Wirbelsäule durch einen frontalen Schnitt verbunden. Man erhält so einen länglichen Würfel, an dem sich Penis, Scrotum, Damm, Bauchhaut und Blase zusammen in situ befinden. Es werden nun vorsichtig mit kleinen kurzen Messer- oder Scheerenschnitten die verknöcherten Theile des Schambeins bis zur Symphyse hin ent-fernt, und dann trägt man parallel den durch die ersten sagittalen Schnitte geschaffenen lateralen Ebenen eine Scheibe nach der anderen in scharfem schneidendem Zuge mit dem Rasirmesser ab, bis der ganze längliche Würfel an Dicke um so viel vermindert worden ist, dass er den Umfang des Penis nur noch wenig übertrifft. In dieser La-melle befindet sich jetzt die ganze Urethra vom Orificium externum bis zur Blase in situ. Behufs Einbettung in Celloidin wird die Lamelle jetzt durch horizontale Schnitte in kleine Stücke abgeteilt, und zwar legte ich die je nach der Gesammtlänge der be-treffenden Urethra nöthigen 2—4 Schnitte so an, dass auf den vordersten Abschnitt die Pars pendula entfiel (bis zur Symphyse), auf den hintersten der Uebergang der Urethra in die Blase, sowie der prostatische Theil. Das übrigbleibende Stück wurde dann, wenn es nicht zu lang war, im Ganzen gelassen, sonst noch einmal in der Mitte getheilt; dasselbe geschah auch eventuell mit der Pars pendula. Zur Tinktion benutzte ich zuerst Stückfärbung, entschloss mich aber in der Folge, da die Resultate nicht gleichmässig genug wurden, zur Serienfärbung auf dem Objektträger. Dazu ist es nöthig, die einzelnen Celloidin-Serienschnitte auf dem Objektträger in eine einzige Celloidinplatte zu verwandeln, was am besten folgendermaassen geschieht: Die Schnitte, die möglichst gleichmässig gross sein müssen (Beschneiden des Blockes), werden ganz dicht an einander gereiht. Ist der Objektträger vollständig belegt, so wird der überschüssige Spiritus mit Filtrirpapier unter gelindem Druck sorgfältig abgetupft. Durch Anblasen lässt man den Spiritus nun weiter abdunsten, darf das aber nicht zu weit treiben, da sonst die Schnitte schrumpfen, sich abheben und rollen, und so die ganze Serie verloren sein kann. In dem geeigneten Moment, wenn der Spiritus also fast völlig abgedampft ist, tropft man aus einer Pipette einige

Tropfen des Alkoholäther-Gemisches auf die Schnitte, wodurch das in ihnen befindliche Celloidin gelöst wird und, da die Schnitte sich berühren, eine einzige Celloidinschicht bildet, in der die Schnitte jetzt unverrückbar ihren Platz behalten.

Es werden nun die Präparate s o f o r t weiter behandelt: Die Objektträger mit den Serien-Celloidinplatten kommen zunächst in Wasser, dann in die Farblösung (Alaun-Karmin), deren Einwirkung von Zeit zu Zeit unter dem Mikroskop bei schwacher Vergrösserung kontrolirt wird. Die weitere Behandlung der Präparate ist die gewöhnliche, bloss wird die Aufhellung durch Origanumöl bewirkt, da man Nelkenöl oder eine andere Celloidin lösende Substanz natürlich vermeiden muss.

Zum Modelliren wählte ich, um auch die feinsten Gänge und Ausbuchtungen übertragen zu können, Wachsplatten von nur 0,5 mm Dicke (GRÜBLER-Leipzig). Da die Schnitte 30 μ messen, ergab sich daraus eine ca. 17 malige Vergrösserung. Ich erzielte dieselbe bei dem Modell der Pars prostatica der Urethra vom E r w a c h s e n e n durch direkte, horizontale Projektion auf die Wachsplatten. Bei allen übrigen Modellen aber übertrug ich die Querschnittsbilder mit dem ZEISS'schen Zeichenapparat. Das ist zwar bedeutend umständlicher, aber bei der Kleinheit der Dimensionen für exakte Resultate erforderlich. Hier sei übrigens erwähnt, dass das Modell der Urethra Nr. 123 eine zwanzigfache Vergrösserung ist; die Schnitte dieser Serie machte ich nämlich zu 25 μ und behielt dabei die Dicke 0.5 mm der Modellirplatten bei.

Zum Ausschneiden der Urethralquerschnittsbilder aus den Wachstafeln bediente ich mich eines geraden Thränenfistelmesserchens mit leicht abgerundeter Spitze. Die untere Papierschicht wird zuerst von der Wachplatte abgezogen, die Wachsplatte dann auf ein Stück Glas gelegt, sanft angedrückt und, nachdem man in lothrechten säbelnden Schnitten den Umrisslinien nachgefahren ist, wird auch die obere Papierschicht, soweit sie umschnitten ist, abgezogen. Darauf entfernt man mit dem Messerchen vorsichtig die Abfalltheile der Wachsplatte von der Glasscheibe, so dass auf dieser der Wachsquerschnitt u n b e r ü h r t zurückbleibt. Es ist das von Wichtigkeit, da bei der geringen Dicke der Wachsplatten die Erwärmung bei öfterem Anfassen allein schon genügt, um Deformirungen herbeizuführen. Ich erwähne alle diese scheinbar kleinlichen Einzelheiten der Technik im Interesse etwaiger Nachuntersuchungen, weil erst nach zahlreichen, zeitraubenden Vorversuchen dies Verfahren sich als das in diesem besonderen Falle (Modelle, bei denen der Querdurchmesser vollkommen zurücktritt im Vergleich zur Gesammt-Längsausdehnung) zweckmässigste herausgestellt hat.

Die Wachsquerschnitte werden zunächst durch ganz gelinden Druck mittelst der schmalen, abgerundeten Kuppe des Messerheftes einfach über einander geschichtet. Von Bindemitteln irgendwelcher Art nahm ich Abstand, [1]) weil trotz der jedesmal dünnen Zwischenschicht sich doch bei der grossen Anzahl der Querschnitte (das Modell der Urethra Nr. 146 besteht beispielsweise aus 1631 Querschnitten) eine merkbare, fehlerhafte Verlängerung zusammensummirt haben würde.

Das einfache Uebereinanderschichten gewährt andrerseits aber zu wenig Halt, und so befestigte ich, wenn der Modelltheil auf der Glastafel eine Höhe von $1\frac{1}{2}$—2 cm erreicht hatte, also aus ungefähr 30 bis 40 Querschnitten bestand, die Wachsplättchen unter einander, indem ich feinste Nähnadeln (MILWARD & SONS Nr. 13) hindurchstiess. Auf dieselbe Weise bewirkte ich die Vereinigung mit dem vorhergehenden Modellabschnitt.

Bei dem letzten Modell aber wandte ich ein anderes Verfahren an, das ich wegen seiner Einfachheit und Brauchbarkeit besonders empfehle: Es wird jedes der Wachsplättchen, nachdem es dem vorhergehenden richtig aufgelegt und sanft angedrückt ist, mit einem in der Spiritusflamme bis zur Rothgluth erhitzten dünnen Eisendraht (ich wählte eine Häkelnadel mit abgekniffener Spitze) durchstochen. Das schmelzende Wachs breitet sich in der Nähe des Stichkanals in kapillarer Schicht zwischen den beiden Plättchen aus. Und dadurch, dass man 3—4 oder bei grösseren Querschnitten nach Bedarf auch noch mehr Stiche macht und bei den folgenden Wachsplättchen immer wieder andere Stellen dafür aussucht, wird das Ganze ein recht festes Gefüge, ohne dass man die fehlerhaften Zwischenschichten bekommt und ohne dass man genöthigt ist, die Konturen der Querschnitte zu berühren. — Ich gehe nunmehr zur

Beschreibung der Modelle

über. — Das erste Modell (Stereophotogramm 1, 2, 3 u. 4) stellt, wie bereits erwähnt, die Pars prostatica urethrae eines Erwachsenen dar. Die Prostata wurde seiner Zeit unmittelbar nach der Hinrichtung des betreffenden Individuums in MÜLLER'scher Flüssigkeit fixirt, später von Herrn Prof. HOYER jun. in Paraffin eingebettet und in Serienschnitte von 30 μ zerlegt.

Beim Eintritt in die Prostata (vom Orific. ext. aus gerechnet) hat hier die Urethra auf dem Querschnitt eine annähernd hufeisenförmige Gestalt mit dorsal gerichteter Konvexität. Sie bildet somit eine ventralwärts offene Rinne. Diese einfache Rinnenform behält sie im ersten Drittel der Prostata bei (vergl. Stereophotogramm Nr. 1). Von hier ab beginnen die Seitenwände auseinanderzuweichen, und gleichzeitig wölbt sich der mittlere Theil entsprechend dem Colliculus seminalis empor (Stereophotogramm Nr. 1, 2 u. 3). Es wird dadurch eine ovale Vertiefung gebildet, die annähernd die Form einer Phiole hat, deren

---

[1]) Zuerst versuchte ich unter Anderem auch flüssiges Wachs zu diesem Zwecke.

Hals nach dem Orific. ext. gerichtet ist, und deren abgestumpfter Boden bis zu dem der Blase anliegenden Theil der Prostata reicht. Bis hierher ist die ganze ventrale Wand, also die Schleimhautbekleidung des Colliculus seminalis und des von diesem in der Richtung nach dem Orific. ext. hin ausgehenden axialen Wulstes, glatt und faltenlos. Im distalen Viertel der Prostata allerdings beginnen bereits 3, zunächst noch seichte Falten sich zu erheben, eine in der Mitte der ventralen Wandung und eine an jeder Seite.

Ein ganz anderes Bild bietet die ventrale Urethralwand in dem proximalen, der Blase angrenzenden Abschnitt der Prostata: die durch den Colliculus seminalis bedingte Ausbuchtung flacht ab, die Seiten nähern sich einander wieder etwas, und die bis hierher glatte Schleimhaut legt sich in eine beträchtliche Anzahl schmaler Fältchen (im Ganzen 17). Sie liegen nicht regellos über die ganze Fläche vertheilt, sondern gruppiren sich in 4 Hauptzüge: zwei auf jeder Seite. Die beiden mittleren Faltenzüge lassen eine Rinne zwischen sich, die nach der Blase zu die Fortsetzung der durch den Colliculus seminalis bedingten Ausbuchtung bildet, aber im Vergleich zu dieser bedeutend schmaler und flacher ist (Stereophotogramm 1).

Die dorsale Urethralwand ist in der distalen Hälfte der Prostata in 9—10 grobe, tiefe Falten gelegt (Stereophotogramm 2, 3. 4). Zwischen ihrem medialen und den beiden seitlichen Theilen besteht keine scharfe Abgrenzung; sie bilden eben alle drei zusammen den konvexen Theil der prostatischen Urethral-„Rinne", und die Falten sind, wie auf Stereophotogramm 2, 3 und 4 ersichtlich, ziemlich gleichmässig über ihre Oberfläche verteilt.

Ungefähr von der Mitte der Prostata ab konvergiren sie aber nach der Medianlinie zu (Stereophotogramm 3) und werden flacher und schmäler. Hier wölbt sich, entsprechend dem Beginn des Colliculus seminalis der mediale Theil der dorsalen Wand in hohem, steil ansteigendem, schmalem Wulst, hahnenkammähnlich, empor (Stereophotogramm 2, 3, 4) und über First und Seiten dieses Wulstes verlaufen die erwähnten schmalen, flachen Fältchen, 14—15 an Zahl (Stereophotogramm 2 u. 4), einander nunmehr annähernd parallel, nach der Blase zu. Die seitlichen Theile der dorsalen Wand behalten namentlich in ihren abhängigen, untersten Partien die durch den Colliculus seminalis bedingte rinnenförmig gespreizte Gestalt bei (Stereophotogramm 3). Der Verlauf der Falten ist an diesen Stellen bei dem vorliegenden Modell durch pathologische Processe modificirt. Es befinden sich hier nämlich auf der linken Seite (Stereophotogramm 2) zwei grössere und drei kleinere, auf der rechten Seite (Stereophotogramm 4) drei kleinere Infiltrate der Schleimhaut, wahrscheinlich gonorrhoischen Ursprungs. Bei stereoskopischer Betrachtung der Figg. 2, 3 und 4 treten Sitz und Grösse dieser rundlichen Infiltrate als entsprechende Vertiefungen zur

Evidenz hervor. Behufs Nachweises ihrer gonorrhoischen Natur hätten natürlich ein oder mehrere Serienschnitte dieser Gegend demontirt und auf Gonokokken gefärbt werden müssen. Es wäre aber dadurch die Vollständigkeit dieser werthvollen Prostata-Serie in Frage gestellt worden, und es unterblieb deshalb der Nachweis.

Interessant in klinischer Beziehung ist, dass, wie durch das Modell bewiesen wird, kein einziges dieser Infiltrate von einem Urethralgang ausgeht, sondern dass sie sämmtlich an solchen Stellen der Schleimhaut sitzen, die durch ihre sonstige Oberflächengestaltung in keiner Weise irgend ein die Bildung der Infiltrate begünstigendes Moment zu bieten scheinen.

Es erübrigt die Besprechung der prostatischen Gänge. Zunächst sei erwähnt, dass in diesem Falle der Sinus prostaticus ein vielfach verzweigtes, acinöses, in die Substanz des Colliculus seminalis eingebettetes und allseitig abgeschlossenes Gebilde darstellte. Ich hatte es in seiner vollen Ausdehnung mitmodellirt, da sich aber nirgends eine Verbindung mit dem Lumen der Urethra herausstellte, und andrerseits die zahlreichen „Brücken“, welche nöthig waren, um den Sinus in seiner richtigen Lage zum Modell zu erhalten, den Ueberblick störten, so entfernte ich nachträglich mit Zustimmung von Herrn Prof. Schwalbe den Sinus sammt den Brücken.

Die Stereophotogramme 1—4 zeigen, dass der grössere Theil der Gänge (nämlich 12) zu beiden Seiten des distalen Abhanges des Colliculus seminalis mündet. Diese Gänge gehen senkrecht zur Urethralachse ab und bilden frontale Bogenlinien, welche die Ränder der Urethralrinne nach aussen hin umgreifen (Stereophotogramm 1).

Von den übrigen 6 Gängen münden 3 auf dem distalen Theil des Colliculus seminalis selbst. Sie zeigen, soweit ich sie modelliren konnte, einen mehr gestreckten Verlauf. Zwei liegen einander symmetrisch rechts und links gegenüber: die Ductus ejaculatorii. — In die ventrale Wand mündet ferner noch in den hintersten, proximalen Theil beiderseits je ein Gang. Und ein einziger Gang nur mündet endlich in die dorsale Urethralwand, und zwar im vordersten, distalen Drittel.

Fötus Nr. 146; 8 Monate alt; ganze Länge 385 mm; Hinterhaupt-Steissbein 247 mm; Hinterhaupt-Nasenwurzel 146 mm. — In Alkohol konservirt; die Urethra in Celloidin eingebettet; Serienfärbung mit Alaun-Karmin.

Auf die Glans penis hat vom Dorsum her offenbar ein Druck eingewirkt. Es äussert sich das an dem Modell in einer Abbiegung der oberen Hälfte des Orificium extern. und des Anfangstheils der Urethra nach links von der Medianebene (Stereophotogramm 5). Die Umrisslinie des Querschnittes am Orif. ext. ist sonst ein sagittal gestelltes Oval. Der untere Pol ist der breitere und zeigt an der untersten Stelle einen Vorsprung: den Beginn einer Falte. welche als solche am Boden der Urethra im ganzen Verlauf der Glans deutlich ausgeprägt bleibt, obschon sie sich in zwei und bald in drei Kämme theilt. Erst hinter der Glans werden diese Kämme etwas breiter. Die ursprünglich scharf abgesetzte Falte flacht dementsprechend immer mehr ab und löst sich dann bald, schon im Bereich des Anfangstheils der beiden Corpora cavernosa penis fächerförmig in eine ganze Anzahl (7—9) von niedrigen, longitudinal weiterverlaufenden Fältchen auf.

Vollständig abweichend und sehr charakteristisch ist die obere (dorsale) Urethralwand der Glans gestaltet. Zunächst fällt auf, dass sie, während der untere Pol annähernd in der gleichen Ebene mit dem weiteren Verlauf der Urethra liegt, in einer Falte mit im Ganzen ziemlich gleichmässig geneigtem Verlauf zum Niveau der unteren (ventralen) Wand der Urethra abfällt. Dabei zeigen die ursprünglich glatten, einander annähernd parallelen Seitenwände unter bauchigem Auseinanderweichen (Stereophotogramm 5) eine allmählich immer stärker ausgeprägte Längsfaltung. Hinter der Mitte der Glans tritt dann links und rechts je eine der seitlichen Falten stärker hervor. Sie verbreitern sich, je niedriger die dorsale Falte wird, immer mehr und gehen endlich bald nach Beginn der beiden Corpora cavernosa penis unmittelbar in einander über, so dass von hier ab das Lumen auf dem Querschnitt einen horizontalen Spalt zeigt.

Aber nur eine kurze Strecke lang bleibt der Spalt ganz horizontal. Bald bildet die Schleimhaut der Urethra eine nach oben konkave, zunächst allerdings noch schwach konkave Rinne (Stereoph. 6).

Zwei Gänge unterbrechen den sonst gleichmässig zum Niveau der unteren Urethralwand absteigenden Verlauf der dorso-sagittalen Schleimhautfalte. Der eine zweigt sich hinter der Mitte der Glans ab, der andere erst im Beginn der Pars cavernosa. Sie erstrecken sich je ein kurzes Stück weit parallel der Urethralachse nach hinten; ihr proximales Ende ist blind. An dem Modell konnte ich sie nur bis zu ungefähr $^{3}/_{4}$ ihrer ganzen Länge sichtbar machen (Stereoph. 5 u. 6), weil von da ab das Lumen zu eng wird, um bei der nur 17 maligen Vergrösserung, in Wachs noch modellirbar zu sein.

Bis in die Nähe der Symphyse bleibt die Gestalt der Urethra eine nach oben konkave Rinne. Dieser ganze Theil ist ausserdem noch gekennzeichnet durch eine grosse Anzahl (im Ganzen 44) von senkrecht zur Urethralachse abgehenden Gängen (Stereoph. 6 u. 7). Dieselben finden sich zum Theil an der unteren Wand, zum Theil an den seitlichen Partien, in ihrer weitaus überwiegenden Mehrzahl aber gehen sie von der dorsalen Urethralwand ab; und zwar sind sie hier hauptsächlich in einer Linie angeordnet, die ungefähr mit der Medianlinie dieser Wand zusammenfällt (Stereoph. 7). Ein Theil dieser letzteren Gänge geht nicht unmittelbar von glatter, ebener Urethralwandung aus, sondern das Modell zeigt hier Erhöhungen, die axial gelegen sind, und deren Länge ihre Höhe theilweise um das Doppelte bis Dreifache übertrifft. Sie entsprechen also schlitzförmigen, länglichen und dabei seichten Vertiefungen, die sich in der Mittellinie der oberen Urethralwand befinden. Das Modell weist ihrer 6 auf.

Die lateralen Ränder des Urethralquerschnittes sind in der Nähe der Glans nur schwach emporgewölbt; die für den Abschnitt bis in die Nähe der Symphyse bereits als charakteristisch bezeichnete Rinnengestalt der Urethra ist hier am flachsten. Bald ändert sich das aber. Die lateralen Partien biegen sich immer stärker nach oben, und ungefähr in der Mitte der Pars pendula zeigt die Urethral-„Rinne" bereits eine so starke (dorsalwärts gerichtete) Konkavität, dass sie auf dem Querschnitt fast einen Halbkreis bildet.

Die Längsfaltung, die sich hinter der Glans zunächst fächerförmig ausbreitet, und dann aus im Ganzen 19 parallelen, gleichmässig über den ganzen Querschnitt verteilten, feinen Fältchen besteht, zeigt auf der ventralen Wand bis hierher keine Besonderheiten; es entfallen auf ihren Theil 8—10 dieser Fältchen; sie verlaufen vollkommen gleichmässig in axialer Richtung. Auf der dorsalen Seite aber fangen bereits in einiger Entfernung von der Glans die Fältchen an, sich auszugleichen; der Theil der Urethralschleimhaut, der durch die zahlreich abgehenden Gänge sich auszeichnet, ist dorsal bereits vollkommen faltenlos. Und dies Verhalten bleibt das gleiche ungefähr so weit, als die Urethra die rinnenförmige Gestalt beibehält, also fast im ganzen weiteren Verlauf der Pars pendula. Gegen das proximale Ende derselben aber erhebt sich dorso-medial ziemlich unvermittelt eine zunächst noch einfache Falte (Stereoph. 7), die sich dann weiterhin in mehrere Kämme theilt.

Auch in der Mitte der ventralen Wand tritt von dieser Stelle ab eines der, wie erwähnt, daselbst axial verlaufenden Fältchen stärker und immer stärker hervor. Diese dorsale und ventrale Richtungsfalte werden in der Sagittalebene, die eine nach oben, die andere nach unten immer höher, während gleichzeitig die Ränder der Urethralrinne sich so weit nähern, dass sie gegen das Ende der Pars pendula vollständig in den Seitenwänden der Urethra aufgehen, die dadurch allmählich die Form eines sagittal gestellten Spaltes bekommt (Stereoph. 8). So tritt sie zwischen den beiden Schambeinästen im Bogen unter der Symphyse durch. Die ventrale „Richtungsfalte" entwickelt sich dabei zu immer grösserer Ausdehnung. Das Maximum erreicht sie im Bulbus urethrae, wo auch die Faltung der Seitenwände eine intensivere, gröbere wird. Dabei bleibt aber doch die Gesammtform eines sagittalen Spaltes gewahrt, und bleibt es noch bis in den Anfangstheil der Pars membranacea hinein (Stereoph. 9). Hier zeigt sich dann in umgekehrter Reihenfolge der gleiche Modus der Faltungsumwandlung, wie beim Uebergang aus der Pars pendula zum Bulbus: Die dorsale und ventrale Haupt- oder Richtungsfalte wird niedriger, während die seitlichen Falten in gleichem Maasse wieder anfangen sich stärker zu entwickeln und endlich das Uebergewicht erhalten (Stereoph. 9).

Die Seitenränder der Urethra biegen hier, im Gegensatz zu ihrem Verhalten in der Pars cavernosa, ventralwärts um, so dass die Urethra zum zweiten Mal die Gestalt einer Rinne bekommt, deren Konkavität aber diesmal ventral gerichtet ist. Die Höhlung der Rinne nimmt mit Beginn des prostatischen Theiles allmählich zu und hat ihren grössten Durchmesser an der Stelle des Colliculus seminalis. (Stereoph. 10). Dieser ist distal nicht scharf abgesetzt, sondern geht in einen Ausläufer über, der unmerklich gegen die Pars membranacea hin abflacht. Sein Schleimhautüberzug, wie überhaupt die ventrale Urethralwand von der Pars membranacea ab bis zum proximalen Ende des Colliculus ist faltenlos (Stereoph. 9 u. 10).

Anders die dorsale Urethralwand: die grobe Faltung des bulbösen Theils flacht zunächst zwar analog dem Verhalten der ventralen Wand an dieser Stelle ebenfalls allmählich ab, verschwindet dann aber nicht vollständig, sondern strahlt fächerförmig auf den prostatischen Theil über. Hier verlaufen die 8—10 Fältchen einander annähernd parallel weiter und nur die 5—6 mittleren verschwinden auf eine kurze Strecke entsprechend der Stelle des grössten Umfangs des Colliculus seminalis (Stereoph. 12). Unmittelbar dahinter aber treten sie wieder auf, und zwar in vermehrter Anzahl (14). Und hier erhebt sich dann ziemlich schroff die mittelste dieser dorsalen Falten. Schmal und hoch, verläuft sie in der Medianebene weiter und fällt in gleichmässiger Bogenlinie erst nach der Blase zu ab. In dieser eigenthümlichen kammartigen Konfiguration lässt sie sich wohl am treffendsten mit der Gestalt der Rückenflosse eines Wassermolches vergleichen (Stereophotogramm 11).

Der letzte Theil der Urethra, vom Colliculus seminalis an bis zur Blase, ist durch allseitig starke Faltenbildung ausgezeichnet, die aber besonders ventral durch den Kontrast mit der glatten Schleimhautoberfläche des vorhergehenden Abschnittes auffällt (Stereophotogramm 10). Hier erheben sich in der Mitte zunächst 5 schmale niedrige Fältchen, die sich unter gleichmässiger Zunahme ihrer Höhe auf zwei Mittelfalten reduciren. Zusammen mit den beiden sich nähernden Seitenrändern bilden sie dann im Ganzen 4 durchwegs schmale, scharf einschneidende Falten, die unter fortwährendem Anwachsen ihrer Höhe allmählich in die Blase übergehen.

Dorsal treten neben der schon erwähnten charakteristischen Medianfalte die übrigen 5—7 daselbst axial verlaufenden Fältchen vollständig zurück: sie sind ganz flach und zeigen keine Besonderheit

in ihrer Anordnung. Beim Uebergang in die Blase sinkt die Medianfalte wieder mehr zum Niveau der übrigen dorsalen Urethralwand und
theilt sich in der Blase selbst bald in zwei Kämme, während zu beiden
Seiten aus der Verschmelzung der erwähnten flachen Fältchen daselbst
je eine scharf ausgeprägte Falte entsteht. Es weist also die dorsale
Wand beim Uebergang in die Blase bloss eine Falte auf, während in
der Blase selbst die Falten sich schnell vermehren.

Es erübrigt die Besprechung der Gänge vom proximalen Theil
der Pars cavernosa an. Das Modell zeigt hier bis zum Beginn des
prostatischen Theiles eine nur sehr geringe Anzahl (6) von feinen
Gängen, die theils dorsal, theils ventral abgehen. Welche von den
ventralen den Cowper'schen Gängen entsprechen, lässt sich mit Be-
stimmtheit nicht angeben, da sie sich nicht weit genug verfolgen
liessen. — Mit Beginn des prostatischen Theils nimmt die Anzahl der
Gänge wieder rapid zu. Das Modell weist hier im Ganzen 72 gröbere
und feinere Gänge auf. Die Mehrzahl mündet auf der ventralen
Wand. Die dorsal gelegenen Gänge zeigen keine bestimmte Anordnung; nur darin stimmen sie überein, dass sie fast sämmtlich von den
Längsfalten ihren Ausgang nehmen. Die ventralen gruppiren sich
hauptsächlich distal und zu beiden Seiten vom Colliculus seminalis
(Stereoph. 10). Allein es münden auch einige auf dem distalen Abhang des Colliculus seminalis, darunter zwei fast genau symmetrisch:
die Ductus ejaculatorii.

Etwas proximal von ihnen liegt, ziemlich genau in der Medianlinie, die Mündung des Sinus prostaticus. Das Mitmodelliren des
Sinus verbot sich aus technischen Gründen. Er erstreckt sich nämlich in diesem Falle über 138 Serienschnitte und nimmt kurz hinter
seiner relativ engen Mündung ganz bedeutend an Lumen zu unter
gleichzeitiger beträchtlicher Entfernung von der Urethra, so dass es
trotz zahlreicher „Brücken" (die ihrerseits, namentlich auf Abbildungen,
stets die Uebersichtlichkeit eines Modells beeinträchtigen) nicht möglich gewesen wäre, ihn im Zusammenhang mit seiner urethralen Mündung zu erhalten. Der Sinus prostaticus hat in diesem Falle eine
wirkliche Länge von $138 \times 30 \mu = 4{,}14$ mm bei 1,2 mm grösster
Breite. Er stellt, namentlich in seinem proximalen Theil, ein sackartig
geblähtes Gebilde[1] dar. Nach der Urethra zu wird der Sinus
schmäler, faltet sich etwas und nimmt auf dem Durchschnitt annähernd T-Form an. Er mündet schliesslich mit relativ enger Oeffnung, wie bereits erwähnt, ziemlich genau medial auf dem distalen
Abhang des Colliculus seminalis. — Der proximale Abhang des Colliculus weist im Ganzen 11 Gänge auf; kein einziger aber befindet sich

---

[1] Der Inhalt besteht bei dem vorliegenden Präparat aus Zelldetritus und einer
schwach und diffus gefärbten Masse, die hauptsächlich aus Mucin zu bestehen scheint.

auf seinem eigentlichen Gipfel. — Der Uebergangstheil zur Blase ist frei von Gängen.

Fötus Nr. 123. — 6 Monate alt. Ganze Länge 318 mm; Hinterhaupt-Steissbein 192 mm; Hinterhaupt-Nasenwurzel 130 mm. Konservirt in MÜLLER'scher Flüssigkeit; Urethra in Celloidin eingebettet; Serienfärbung mit Alaun-Karmin. Die Schnitte haben bei dieser Serie eine Dicke von nur 25 μ; da die Wachsplatten 0,5 mm messen, war eine zwanzigmalige Vergrösserung erforderlich.

Am Orificium externum ist der Querschnitt ein sagittal gestelltes schmales Oval. Die Wände sind glatt und faltenlos (Stereoph. 13). Erst ungefähr in der Mitte der Glans beginnt ventral eine Längsfalte, welche sich als solche, dem Kiel eines Schiffes vergleichbar, bis zur Pars prostatica urethrae verfolgen lässt, wenn auch nicht überall mit gleicher Deutlichkeit. Im proximalen Drittel der Glans erhebt sich beiderseits symmetrisch neben und etwas über dieser ventralen Falte noch je eine seitliche (Stereoph. 13). Die lateralen Falten stehen senkrecht zur Medianebene und nehmen an Ausdehnung genau in dem gleichen Verhältnisse zu, in dem der mediane Durchmesser der Urethra abnimmt. Es senkt sich nämlich die aus der dorsalen Vereinigung der beiden Seitenwände der Urethra am Orif. ext. entstehende Falte in allmählich absteigendem Verlaufe zum Niveau der ventralen Urethralwand. Das Abfallen geschieht so allmählich, dass an der Stelle des Beginns der beiden Corpora cavernosa penis diese dorso-mediale Falte noch die Hälfte der Höhe des Orif. ext. besitzt. Sie ist schmal, ebenso wie die beiden ventro-lateralen Falten, so dass der Querschnitt am proximalen Ende der Glans die Gestalt eines auf dem Kopf stehenden grossen lateinischen T hat (⊥). Der ventrale Querbalken also wird immer breiter, während sich der dorsale Längsbalken entsprechend verkürzt, bis er in einer Entfernung vom Orif. ext., die ungefähr der doppelten Länge der Glans gleich ist, vollständig zum Niveau des Querbalkens herabgesunken, in ihm aufgegangen ist.

Hier an ihrem Ende bildet die dorso-mediale Falte einen d e r Urethralachse parallelen Gang, der sich noch eine kurze Strecke weit in proximaler Richtung fortsetzt und blind endigt (Stereoph. 13). Ein ebensolcher proximal gerichteter, kurzer, d e r Urethralachse paralleler und blind endigender Gang zweigt sich auch schon vorher, ungefähr in der Mitte der Glans, von der dorso-medialen Falte ab; er zeigt ein etwas feineres Lumen als der andere. — Mit dem Verschwinden der dorso-medialen Falte haben die an dieser Stelle unmittelbar in einander übergehenden lateralen Falten ihre grösste Ausdehnung in frontaler Richtung erreicht. Hier bildet also die Urethra auf dem Querschnitt einen horizontalen Spalt. D. h. der Spalt ist nicht vollständig horizontal, sondern seine beiden seitlichen

Hälften nehmen eine wenn auch nur unter ganz geringem Winkel der Medianebene dorsal etwas zugeneigte Lage ein. Dabei zeigt die ventrale Wand einen kleinen Vorsprung, entsprechend der bereits erwähnten kielförmigen medialen Falte; die dorsale Wand dagegen weist medial eine seichte Furche auf. Dadurch wird der Eindruck der an und für sich ziemlich geringen Knickung etwas verstärkt.

Die dorsale Furche gleicht sich bald aus. Gleichzeitig biegen sich die bisherigen Seitenränder dorsal und etwas einwärts nach der Medianebene zu, werden dabei aber flacher und verschwinden bald in der dorsalen Wand, während an ihre Stelle zwei kurz vorher ventral sich abhebende Längsfalten treten. Diese bilden also nach allmählicher Spiraldrehung von ventro-medial nach dorso-lateral die seitliche Begrenzung der Urethra, wölben sich dann immer stärker dorsalwärts empor und formen so die Urethra zu einer dorsal konkaven Rinne um, welche Gestalt sie bis in die Nähe der Symphyse behält.

Diese ganze Strecke von der Glans ab bis in die Nähe der Symphyse ist durch eine grosse Anzahl von Gängen ausgezeichnet, die sämmtlich senkrecht zur Urethralachse abgehen. Das Modell weist 72 solcher Gänge auf. Sie entspringen theils dorsal, theils lateral, theils ventral, zeigen aber doch im Ganzen eine ziemlich regelmässige Anordnung: die ventralen Gänge gehen nämlich fast alle von der medialen kielförmigen Falte aus, die lateralen ziemlich genau von den Seitenrändern der Urethra, und die dorsalen hauptsächlich in medialer Linie hinter einander vom Boden der Urethralrinne.

Von letzteren, aber auch von den lateralen Gängen, nehmen einige (im Ganzen 15) statt von ebener Urethralwand, von kurzen und niedrigen Vorwölbungen derselben ihren Ursprung, wie auf Tafel VI, Stereophotogr. 14 ersichtlich.

Gegen das Ende der Pars pendula erhebt sich in der Mitte der dorsalen Wand eine kontinuirliche Längsfalte, gleichsam als Fortsetzung der eben beschriebenen, den glatten Verlauf der Urethralwand unterbrechenden Vorwölbungen. Ungefähr in der gleichen Höhe beginnt auch die ventrale Mittelfalte sich stärker zu entwickeln. In gleichem Maasse verkürzen sich die Seitenfalten. Je weiter nach der Symphyse zu, um so ausgesprochener wird durch Zunahme der beiden medialen Falten die Umwandlung der dorso-konkaven Urethralrinne in einen sagittalen Spalt.

Im Bulbus urethrae erreichen beide Sagittalfalten, speciell die ventrale, ihre grösste Ausdehnung. Bald darauf nehmen sie wieder beträchtlich ab, doch herrscht die Form eines sagittalen Spaltes auch weiterhin vor: In der gleichen Gestalt noch tritt die Urethra im Bogen unter der Symphyse durch.

Die Seitenfalten, die an dieser Stelle zu relativ unbedeutender Ausdehnung zusammengeschrumpft sind, beginnen von hier ab wieder zuzunehmen und zwar im gleichen Verhältnis. in dem die Sagittalfalten niedriger werden.   In der Pars membranacea sind die seitlichen und die ventrale Falte einander an Grösse annähernd gleich.   Die dorsale Sagittalfalte hat aber rascher abgenommen, und löst sich in der Höhe der Pars membranacea in 2 und bald in 3 und 4 seichte Fältchen auf.   Die Ränder der Seitenfalten biegen allmählich ventralwärts um, die ventrale Falte verschwindet, und dorsal haben sich inzwischen aus den erwähnten 4 seichten Fältchen deren 9 gebildet, so dass die Urethra beim Eintritt in die Prostata eine ventralwärts konkave Rinne darstellt, deren ventrale Wand völlig glatt ist, während ihre Dorsalwand eine feine Längsfältelung aufweist.

Entsprechend dem Colliculus seminalis vertieft und verbreitert sich die Rinne beträchtlich.   Dabei verschwindet die Längsfaltung der Dorsalwand, so dass hier die Gesammtoberfläche der Urethralschleimhaut glatt ist.

Was die Urethralgänge betrifft. so sind es von der Pars pendula an bis zur Prostata im Ganzen nur zwei.   Sie münden annähernd symmetrisch in die ventrale Wand zwischen dem Bulbus und der Pars membranacea ein und entsprechen offenbar den Ausführungsgängen der Cowper'schen Drüsen.   Die nächsten Gänge befinden sich erst wieder in der Pars prostatica.   Das Modell weist hier ca. 45 auf.   Sie münden zum kleineren Theil in die dorsale, zum grösseren Theil in die ventrale Wand , und zwar hier hauptsächlich an der Basis des vorderen und der seitlichen Abhänge des Colliculus seminalis. — Auf dem Colliculus seminalis selbst, und zwar auf seinem vorderen Abhange, münden nur 4 Gänge.   Sie haben longitudinal gestellte, etwas schlitzförmige Oeffnungen.   Die beiden seitlichen, symmetrisch angeordnet, entsprechen den Ductus ejaculatorii.   Die beiden anderen liegen zwischen ihnen, asymmetrisch, der eine etwas distal, der andere proximal.   Sie vereinigen sich bald zum Sinus prostaticus.

Es gelang mir bei diesem Modell, den Sinus in ganzer Ausdehnung mit zu modelliren.   Er stellt sich in diesem Falle als ein einfach tubulöses Gebilde dar, ein schmaler, ziemlich langer und frontal abgeplatteter Blindsack, dessen Durchmesser fast überall gleich bleibt, und dessen Schleimhautauskleidung vollkommen glatt ist.   Eine kurze Strecke weit oberhalb des gegabelten Ausführungsganges macht sich ebenfalls eine Zweitheilung, wenigstens der Beginn zu einer solchen, bemerkbar.   Das Modell des Sinus zeigt hier ein in der Mittellinie und sagittal verlaufendes längliches Loch.   Es besteht hier also statt des einfachen Lumens ein doppeltes: Der Sinus zeigt hier noch seine Entstehung aus zwei parallel neben einander herziehenden Gängen, die sich allerdings nach ganz kurzem Verlaufe wieder vereinigen.[1])   Der

---

[1]) Auf dem Stereophotogramm 16, Tafel VI sind diese minutiösen Verhältnisse nicht sichtbar, weil die urethrale Mündungsstelle selbst und auch der letzte Ab-

Sinus selbst liegt in seiner ganzen Ausdehnung medial und zeigt eine
schwach S-förmige Krümmung. Die Ductus ejaculatorii habe ich in
der ganzen Länge des Sinus prostaticus ebenfalls mitmodelliren können.
Sie verlaufen ventral in geringem Abstand und etwas seitlich vom
Sinus prostaticus, und bleiben ihm überall parallel. Ihre Gestalt ist
platt, fast bandförmig; auf dem Querschnitt ein ganz flaches Oval.

Proximal vom Colliculus seminalis beginnt sofort wieder reichliche
Faltenbildung, und zwar sowohl auf der ventralen, als auch der dorsalen Seite. Es bestehen im Ganzen hier 9, mit einer einzigen Ausnahme, noch seichte Fältchen, die zunächst keine bestimmte
Gruppirung erkennen lassen. Sie reduciren sich bald auf 7, von denen
4 ventral und 3 dorsal verlaufen. Eine unter ihnen, die dorsale Mittelfalte, überragt die übrigen beträchtlich an Höhe und Breite. Sie ist
auch die einzige, die nicht erst hinter dem Colliculus auftritt, wie alle
anderen, sondern sie entsteht noch im Bereiche des proximalen Abhanges des Colliculus selbst aus 3 ganz kurzen Fältchen in der Medianlinie der Dorsalwand. Unmittelbar hinter dem Colliculus erreicht sie
ihre grösste Höhe, wird dann beim Uebergang in die Blase sichtlich
niedriger, bleibt aber auch hier noch die am stärksten ausgeprägte der
Falten. Rechts und links von ihr ist je eine der beiden anderen ihr
an Grösse bedeutend nachstehenden Dorsalfalten gelegen.

Von den ventralen 4 Falten gruppiren sich je 2 auf beiden Seiten.
Dazwischen bleibt eine ziemlich breite Einsenkung (Stereophotogr. 17),
die sich beim Uebergang in die Blase stark vertieft. In der Blase
selbst divergiren die eben beschriebenen Falten und nehmen an Höhe
zu. Zwischen ihnen treten dann entsprechend dem Grade der Divergenz mehr oder weniger zahlreiche und hohe neue Falten auf, wie das
die Stereophotogramme 17 und 18 deutlich zeigen.

Fötus Nr. 170. Kopfumfang 250 mm; Nasenwurzel bis kleine
Fontanelle 125 mm; kleine Fontanelle bis Steissspitze 250 mm; Trochanter major bis Knie 72 mm; Knie bis Ferse 78 mm.

Von dem Urethralmodell dieses Fötus werde ich nur den der
Glans entsprechenden Abschnitt, sowie den Theil vom Bulbus bis zur
Blase genauer besprechen. Der Rest der Urethra ist nämlich hier
durch eine streckenweise, starke Blutstauung in ihrem Corpus cavernosum,[1] sowie in den Corpora cavernosa penis in einen Zustand theil-
weiser Erektion versetzt. Die in der ruhenden Urethra bestehenden

---

schnitt der Gänge zu tief im Schatten der prostatischen Urethralrinne liegt. Die
Gesammt-Anordnung der beschriebenen Theile tritt aber bei stereoskopischer Betrachtung in vollkommener plastischer Deutlichkeit hervor. In Betreff der Einzelheiten verweise ich auf die plastischen Nachbildungen dieses Modells, die demnächst
aus dem Atelier von Herrn Ziegler-Freiburg hervorgehen werden.

[1] Deren Ursache wohl in einem vor der Fixirung wirksam gewesenen, zu-
fälligen Drucke zu suchen ist.

Falten haben sich hier ausgeglichen: die Urethra weist in dem erigirten Theil ein wirkliches, klaffendes Lumen von annähernd querovalem Querschnitt auf. So interessant diese Thatsache in anatomischer und physiologischer [1] Beziehung auch ist, so muss ich mich hier doch auf deren einfache Konstatirung beschränken, und es mir versagen, näher darauf einzugehen, weil das den Rahmen dieser Arbeit überschreiten würde, und weil dieser zufällige Befund ausserdem erst noch durch Untersuchungen an solchen Urethren ergänzt werden muss, die nach maximaler Injektion der betreffenden Arterien in Fixirungsflüssigkeit eingelegt wurden.

Die Konfiguration des der Glans entsprechenden Theiles der Urethra (Stereophotogramm 19) ist dem beim Fötus 123 und 146 beschriebenen Verhalten durchaus analog, nämlich: Am Orific. ext. sagittal gestelltes Oval mit einer am ventralen Pol beginnenden Längsfalte. Hinter der Mitte der Glans Bildung zweier symmetrischer Seitenfalten, die senkrecht zur Medianebene stehen und in demselben Maasse breiter werden, als die dorso-mediale Falte nach der ventralen Urethralwand zu abfällt. Auch die beiden blind endigenden, der Urethralachse parallelen Gänge sind vorhanden. Der distale ist hier der grössere. Bereits gegen das Ende der dorso-medialen Falte beginnt die Füllung des Corpus cavernos. urethrae sich bemerkbar zu machen: die dorsale und ventrale Wand liegen einander nicht mehr an, und die Falten, die auf der dorsalen Seite hier noch deutlich ausgeprägt sind (Stereophotogramm 19), verschwinden zusehends.

Von hier ab bleibt das Lumen klaffend bis in die Nähe des Bulbus. An dieser Stelle nimmt die Blutstauung in allen 3 Corpora cavernosa ziemlich plötzlich ab.

Sofort beginnt wieder die Faltenbildung der Urethralschleimhaut, und zwar tritt gerade hier (Stereophotogramm 20) die für den Bulbus äusserst charakteristische, starke ventrale Falte sehr scharf hervor. Zusammen mit der bedeutend niedrigeren dorsalen Mittelfalte giebt sie der Urethra die Gestalt eines sagittalen Spaltes. Die seitlichen Falten, hier zunächst noch klein und unbedeutend, nehmen beim Uebergang in

---

[1] So nimmt z. B. Landois an, dass die Harnröhre auch während der Erektion nur ein virtuelles Lumen besitzt. Er schreibt nämlich (Lehrbuch der Physiologie des Menschen S. 1000) „Sobald . . . der Samen in die Harnröhre tritt, erfolgt durch die als mechanischer Reiz wirkende Dehnung der Harnröhre eine rhythmische Kontraktion des M. bulbocavernosus . . .". — Dass übrigens (die „Dehnung" der Harnröhre durch das Sperma als Thatsache angenommen) der mechanische Reiz der Harnröhrendehnung an und für sich es nicht sein kann, der die rhythmischen Kontraktionen des Bulbocavernosus auslöst, geht ohne weiteres daraus hervor, dass bei Urinentleerung zwar unzweifelhaft eine Dehnung der Harnröhre eintritt, dass aber dabei Kontraktionen des Bulbocavernosus bekanntlich nicht stattfinden. Auch künstliche Urethraldehnungen (explorative oder therapeutische) lösen die rhythmischen Kontraktionen nicht aus.

die Pars membranacea ganz analog, wie wir das beim Fötus 123 und
146 sehen, in dem gleichen Maasse zu, in dem die ventrale und dorsale
Sagittalfalte niedriger werden, bis sie (noch innerhalb der Pars membranacea) an der Stelle, an welcher die sagittalen Falten ganz in die
ventrale, resp. dorsale Wand aufgegangen sind, ihre grösste horizontale
Ausdehnung erreichen, so dass die Urethra hier die Gestalt eines
horizontalen Spaltes hat. Die Ränder biegen nun beiderseits ventralwärts um, so dass im Beginn des prostatischen Theiles eine zunächst
noch schwach konkave Rinne entsteht.

Die Höhlung und Breite dieser Rinne nimmt zu und erreicht ihr
Maximum an der Stelle des Colliculus seminalis (Stereophotogramm 22).
Die Schleimhaut ist im ganzen Bereich des Collic. semin. glatt. Erst
am proximalen Abhang derselben setzt die Faltenbildung wieder ein.

Es erheben sich hier an der dorsalen Wand zunächst 3 kleine
Fältchen, die bald verschmelzen und eine stark ausgeprägte, hohe Mittelfalte bilden (Stereophotogramm 22), die als solche in die Blase übergeht und sich dann in mehrere divergirende Kämme theilt.

An der ventralen Wand legt sich die Schleimhaut proximal vom
Colliculus seminalis in zwei schmale, niedrige Längsfalten. Sie nehmen
im weiteren Verlauf noch an Höhe zu, während gleichzeitig die Seitenwände, die entsprechend dem Colliculus seminalis auseinandergerückt
waren, sich einander wieder nähern und dabei auch wieder stärker
ventralwärts umbiegen. Es bestehen also an der ventralen Wand beim
Uebergang in die Blase im Ganzen 4 ziemlich gleich hohe, schmale
Falten, die in annähernd gleichem Abstand von einander stehen
(Stereophotogramm 21).

Gänge besitzt der prostatische Theil auf der dorsalen Urethrawand
nur in vereinzelter Anzahl. Eine bestimmte Gruppirung lassen sie
hier nicht erkennen. Die ventralen Gänge dagegen (im Ganzen 22)
münden sämmtlich an der Basis des Colliculus seminalis. Die meisten
zu seinen beiden Seiten, kein einziger proximal, und nur einige wenige
distal von ihm. Fünf von den Gängen münden nicht an der Basis des
Colliculus, sondern auf ihm selbst, und zwar auf seinem distalen Abhange. Der Sinus prostaticus mündet mit relativ breiter Oeffnung und
nicht in der Mittellinie des Colliculus, sondern mehr auf der rechten
Seite seines distalen Abhanges. Noch etwas weiter distal und lateral
von dieser Stelle befindet sich der rechte Ductus ejaculatorius, während
der linke, nicht ganz symmetrisch, ca. 10—12 Schnitte proximal vom
Sinus prostaticus mündet.

Fötus Nr. 211. Ganze Länge 310 mm. Hinterhaupt-Steissbein
185 mm; Hinterhaupt-Nasenwurzel 145 mm; Gewicht 543 gr. — Alter
ca. 6 Monate. — Serienschnitt zu 30 μ.

Das Modell lässt die Einzelheiten der Urethralfaltung in der Pars
prostatica und dem Uebergangstheil zur Blase sehr deutlich erkennen.

Die nur 17 malige Vergrösserung genügt aber, wie sich herausstellte (es war dies das erste der vollständigen Modelle), bei Föten von 6 Monaten und bei noch jüngeren nicht, um auch den übrigen Theil der Urethra, dessen Querschnitt (im Ruhezustande) dem prostatischen Theil an Dimension beträchtlich nachsteht, in allen Einzelheiten der feineren Schleimhautfaltung zum Ausdruck zu bringen. Es wird aus diesem Grunde im Folgenden nur der (in den beiden Stereophotogrammen 23 u. 24) wiedergegebene) prostatische Theil dieses Urethralmodelles beschrieben werden.

Die typische ventrokonkave Rinne, die schon in der Pars membranacea beginnt, verbreitert und vertieft sich an der Stelle des Colliculus seminalis ganz beträchtlich (Stereophotogramm 23). Weiter proximalwärts wird diese Rinne wieder flacher, während sich, entsprechend dieser Höhe, in der Mitte der dorsalen Wand aus zwei niedrigen Fältchen eine stark ausgeprägte Längsfalte bildet (Stereophotogramm 24), die als solche in die Blase übergeht.

Die ventrale Urethralwand weist beim Uebergang in die Blase im Ganzen 4 symmetrisch angeordnete Längsfalten auf, von denen die 2 mittleren ihren Ursprung unmittelbar proximal hinter dem Colliculus seminalis nehmen, während die beiden seitlichen Falten durch die allmälich verkürzten und abgeflachten Seitenränder gebildet werden (Stereophotogramm 23).

In der Blase selbst nehmen die 4 ventralen und die dorsale Falte schnell an Mächtigkeit zu, zeigen beginnende Divergenz (Stereophotogramm 23 u. 24), und es treten entsprechend dem Grade dieser Divergenz neue Falten hinzu (Stereophotogramm 24).

Achtundvierzig Gänge münden theils in die ventrale, theils in die dorsale Wand. Sämmtlich befinden sie sich im Bereich des Colliculus seminalis. Dorsal (es sind ihrer hier 11) ist die Anordnung unregelmässig. Die ventralen, bedeutend zahlreicheren Gänge (im Ganzen 37) bilden einen geschlossenen Kranz um den Colliculus seminalis herum. Seiner längsovalen Gestalt entsprechend befinden sich die meisten zu beiden Seiten, aber nicht sämmtlich am Umbiegungsrand der ventralen in die dorsale Wand, sondern eine ziemliche Anzahl mündet in einer zweiten, annähernd dieser Linie parallelen und nur wenig über ihr gelegenen Reihe (Stereophotogramm 23) noch auf dem Colliculus seminalis selbst. Zwei ungefähr in der Mitte des Colliculus symmetrisch zu beiden Seiten angeordnete Gänge entsprechen den Ductus ejaculatorii. Ein Mündungsgang des Sinus prostaticus ist nicht vorhanden.

Der Sinus selbst stellt in diesem Falle eine allseitig geschlossene, in die Substanz des Colliculus seminalis eingelagerte fast kuglige Blase dar, die glatte Wände hat und ad maximum ausgedehnt ist durch Zelldetritus und eine (wie beim Fötus 146) schwach und diffus gefärbte von Vacuolen und stärker gefärbten Bälkchen durchsetzte Masse, die

6*

der Hauptsache nach aus Mucin zu bestehen scheint. Der Sinus ist
nicht ganz so lang wie der Colliculus seminalis, sondern erstreckt sich
nur über 62 der Serienschnitte dieser Region misst also in Wirklichkeit 62 × 30 μ = 1,86 mm in der Länge bei ca. 1,3 mm Durchmesser an der Stelle seiner grössten Breite. Hier tritt er in ziemlicher
Ausdehnung bis dicht unter die Oberfläche des Colliculus seminalis,
dessen epitheliale Bekleidung dadurch eine ziemlich starke Dehnung
und Verdünnung erfährt.

Die im Vorhergehenden beschriebenen Plattenmodelle zeigen trotz
mancher Differenzen im Einzelnen, die theils in dem Altersunterschied
der Individuen, theils, bei ungefähr gleichaltrigen, in der individuellen
Variation begründet sein mögen, eine so auffallende Uebereinstimmung
im Allgemeinen, dass dies Gemeinsame in einer

Zusammmenfassung

hervorgehoben sein möge.

Zunächst steht fest, dass die ruhende Urethra in ihrem ganzen
Verlauf nur ein virtuelles Lumen hat: die Schleimhautflächen liegen
in vivo einander überall unmittelbar an.

Die gröberen Schleimhautfalten (Richtungsfalten) ergeben in ihrem
Gesammtverlauf folgendes Gestaltsschema der ruhenden Urethra: Vom
Orificium ext. an ein vertikaler Spalt bis kurz hinter die Glans. Von
da ab bis in die Nähe der Symphyse eine dorsalwärts konkave Rinne.
In der Perinealkrümmung (beim Durchtritt zwischen den Schambeinästen) wieder ein vertikaler Spalt, der dann in der Pars membranacea
anfängt sich wieder in eine Rinne umzuwandeln, deren Konkavität aber
(im Gegensatz zur Pars pendula) ventralwärts gerichtet ist. Diese
ventro-konkave Rinnenform erhält sich bis zum Orificium internum.
Im prostatischen Theil erreicht sie entsprechend der Stelle des Colliculus seminalis ihre grösste Breite und Tiefe.

Bei der Anordnung der feineren Schleimhautfalten scheint die
individuelle Variation einen etwas grösseren Spielraum zu beanspruchen.
Trotzdem lässt sich Gemeinsames auch hier abstrahiren.

Vorerst etwas Negatives: Querfalten der Urethra muss ich, auf
Grund der vorliegenden Modelle, speciell für die embryonale männliche
Urethra in Abrede stellen.

Das Vorkommen von Querfalten der Urethralschleimhaut wird für
den Erwachsenen zwar behauptet, es finden sich aber nirgends genauere
Angaben über Zahl und Lage derselben (mit einziger Annahme der
sogenannten Guérin'schen Falte, von der noch weiter unten die Rede
sein wird). Dagegen macht der Zusatz, dass diese „klappenartigen,
queren Duplikaturen erst mit der Ausdehnung der Urethra scharf
hervortreten" (Henle), es sehr wahrscheinlich, dass es sich hierbei um

künstliche Deformirungen handelt, die event. auf Spannungsdifferenzen der der Länge nach aufgeschnittenen Urethra beruhen.

Uebereinstimmung zeigen ferner meine Modelle in der Art und Weise, wie sich die feinere Faltung bei Richtungsänderungen der Hauptfalten verhält, also bei dem Uebergang eines vertikalen Spaltes in eine dorsal oder ventral konkave Rinne — nur diese 3 Formen kommen überhaupt in Betracht — und umgekehrt.

Es stellt sich die Uebergangsmechanik der Urethra glandis in die Pars cavernosa beispielsweise so dar, dass der vertikale Spalt (Stereophotogramm 5, 13, 19) an einer bestimmten Stelle seines Verlaufes zwei feine laterale Längsfältchen aufweist, die sich in horizontaler Richtung immer mehr ausdehnen, während in dem gleichen Maasse die beiden „Richtungsfalten" des vertikalen Spaltes niedriger werden. Die Ränder der beiden Horizontalfalten biegen dabei dorsalwärts etwas um, noch ehe die Vertikalfalten gänzlich verschwunden sind. Der Beginn der Rinnenform ist somit gegeben. — Dies ist das Schema. Es hat auch Geltung für den Uebergang des ventralen Spaltes der Pars bulbosa urethrae in die Pars membranacea (Stereophotogramm 8, 9, 20) und anschliessend prostatica, nur dass die Seitenränder der horizontalen Falten hier ventralwärts umbiegen (Stereophotogr. 1, 9, 16, 21, 23).

Die Umwandlung der dorso-konkaven Rinnenform in einen vertikalen Spalt (kurz vor dem Durchtritt der Urethra zwischen den Schambeinästen) wird in entsprechender Weise durch zwei Fältchen vermittelt, die sich in der Medianebene der Rinne, sowohl auf ihrer konkaven, als ihrer konvexen Fläche erheben (Stereophotogramm 7 u. 8). Auf der konvexen Fläche tritt einfach eine der dort bestehenden Längsfalten stärker hervor, während auf der konkaven Fläche, die, wie wir gesehen haben, faltenlos ist, eine vertikale Medianfalte sich neu bildet. Der weitere Vorgang entspricht völlig dem oben gegebenen Schema: Die beiden vertikalen Falten werden von hier ab zu „Richtungsfalten", sie nehmen entsprechend ihrer wachsenden Höhe die beiden Horizontalfalten allmälich völlig in ihre Seitenwände auf.

In der Pars prostatica, ist die Uebereinstimmung der embryonalen Urethralmodelle sowohl unter einander, als auch mit der Pars prostatica des Erwachsenen eine ganz auffallende (Stereophotogramm 1—4, 10—12, 15, 16, 21—24). Ueberall sehen wir hier zunächst den Gesammtumfang der ruhenden Urethra ganz beträchtlich zunehmen. Ja, die embryonale Urethra erreicht in der Pars prostatica überhaupt das Maximum ihres Umfanges. Auch für die ruhende Urethra des Erwachsenen ist das — bei der sonstigen Uebereinstimmung — sehr wahrscheinlich.

Deutlich zeigt sich ferner an allen Modellen, wie der Colliculus seminalis die ventrokonkave Urethralrinne der Prostata vertieft und verbreitert, und zwar in ganz bestimmter, typischer Weise: Ihre grösste Ausdehnung hat die Rinne ungefähr beim Uebergang von der Mitte

der Prostata zu ihrem proximalen Drittel. Hier, also nach der Blase
zu, tritt dann die Verjüngung ziemlich rasch ein, während distal, also
nach der Pars membranacea zu, der Ausgleich ganz allmählich von
Statten geht. Die Vertiefung hat demnach, wie schon weiter oben
gelegentlich erwähnt, annähernd Phiolenform (Stereophotogramm 1.
10, 16, 21, 23).

Unmittelbar proximal vom Colliculus legt sich bei der schnellen
Reducirung des Urethralquerschnittes die Schleimhaut wieder in eine
Anzahl von Falten, die an allen Modellen in äusserst charakteristischer
Weise mit nur geringen Variationen ausgeprägt sind. Die erste der
Falten, gleichzeitig die beträchtlichste von allen, erhebt sich von der
dorsalen Wand, noch im Bereich des proximalen Abhangs des Colliculus
seminalis. Im Ganzen schmal und hoch (Stereophotogramm 2—4, 11, 12, 22,
24), wird sie beim Uebergang in die Blase durchschnittlich etwas niedriger.

Auf der ventralen Wand sehen wir proximal vom Colliculus seminalis konstant zwei Längsfalten entstehen, die durch eine ziemlich
breite Furche getrennt sind (Stereophotogramm 1, 10, 17, 21, 23).
Zu beiden Seiten kommen dann, wieder durch je eine Furche getrennt,
die Seitenränder der Urethralrinne, so dass die ventrale Wand der
Urethra beim Uebergang in die Blase im Ganzen 4 Falten aufweist,
die durch 3 Furchen getrennt sind. Bei dem einen der älteren Embryonen (Stereophotogramm 17) und beim Erwachsenen (Stereophotogramm 1) ist die Faltenbildung etwas abweichend, insofern als statt
der 4 ventralen Falten eine ganze Anzahl von feineren Fältchen besteht
(beim Modell vom Erwachsenen im Ganzen sogar 17). Diese gruppiren
sich aber deutlich zu 4, durch tiefere Einschnitte scharf von einander
getrennten Faltenzügen. Der eben erwähnte ältere Embryo (8 Monate)
weist dorsal neben der einen Mittelfalte ebenfalls accessorische Fältchen
auf: je eins zu beiden Seiten (Stereophotogramm 18). Sie treten aber
vollkommen zurück neben der stark ausgeprägten dorsalen Mittelfalte.
Nach meinen Modellen hat also das Orificium internum der ruhenden
Urethra, sowohl beim Embryo, als beim Erwachsenen die Form eines
ventrokonkaven Bogens, der ventral noch zwei kurze,
dorsal eine längere abzweigende Spalte aufweist. Die
schematische Form des Orificium internum der ruhenden Urethra sieht
demnach (im vergrösserten Querschnitt) folgendermaassen aus:

Die zwischen den Falten liegenden Furchen der Modelle entsprechen
in Wirklichkeit natürlich Wülsten. Es giebt deren hier also im Ganzen
fünf: zwei dorsale und drei ventrale. Durch diese Befunde werden

somit die Angaben Barkow's über das Ostium urethrale vesicae vollkommen bestätigt.

In seiner Monographie über die Harnblase des Menschen [1] spricht
Barkow nämlich von 5 Wülsten des Ostium urethrale vesicae, und
führt fort (S. 74): „Ich glaube, dass es wohl am passendsten ist, sie
Eminentiae Ostii urethralis Vesicae zu nennen und sie näher als Eminentiae posteriores et anteriores, jene als Eminentia posterior media und
Eminentiae posteriores laterales zu bezeichnen. Die Eminentia posterior
media wird seitlich, rechts und links, von der E. posterior lateralis
dextra und sinistra durch eine Längsfurche, die Eminentiae anteriores
werden vorne in der Mittellinie durch eine einfache Längsfurche von
einander getrennt. Die Eminentiae anteriores und die Eminentiae
posteriores laterales werden durch die Enden der Querspalte geschieden ....“ Dass es Ausnahmen von dieser Regel giebt, hat schon
Barkow selbst hervorgehoben: „Es fehlen in einzelnen Fällen alle
Eminentiae, in anderen die Eminentiae posteriores oder anteriores.
Bald sind die einen, bald die anderen die stärkeren, obgleich die
Eminentia posterior media gewöhnlich die Eminentiae posteriores laterales an Stärke übertrifft, so steht sie gegen diese doch auch zuweilen
zurück.“

Neuerdings aber hat Waldeyer in einer Publikation über das Trigonum vesicae [2] die Regelmässigkeit des Vorkommens dieser 5
Wülste am Orificium internum urethrae bestritten (S. 739): „Mitunter,
namentlich bei den Blasen älterer Leute, habe ich solche Wülste gleichfalls gesehen; sie sind aber selten und keineswegs als reguläre Bildungen anzusprechen.“ Dem gegenüber sei nochmals hervorgehoben,
dass meine Modelle sämmtlich das Vorhandensein dieser 5 Wülste
zeigen, und zwar gerade am ausgesprochensten bei den embryonalen
Urethren. Von den der Waldeyer'schen Publikation beigegebenen
Zeichnungen hat übrigens die Fig. 1 auf Taf. IX, welche die in Betracht kommenden Verhältnisse (in stark verkleinertem Maassstabe)
wiedergiebt, bei o ein Orificium urethrae internum, das nicht einen
ganz einfachen „halbmondförmigen Schlitz“ darstellt, sondern bei dem der
konvexe Rand in seiner Mitte deutlich eine (dorsale) Ausbuchtung zeigt.

Auch die Urethralgänge lassen, trotzdem gerade hierin die individuelle Variationsbreite nicht unbeträchtlich ist, doch eine gewisse
Gesetzmässigkeit in ihrer Zahl, namentlich aber in Lage und Richtung
erkennen.

Die zahlreichsten Gänge finden sich in der Pars pendula (mit
Ausnahme der Urethra glandis) und in der Pars prostatica. Ganz

[1] Barkow, Anatomische Untersuchungen über die Harnblase des Menschen
nebst Bemerkungen über die männliche und weibliche Harnröhre. — Breslau 1858.
[2] Waldeyer, Das Trigonum vesicae. Sitzungsberichte d. k. pr. Akademie der
Wissenschaften zu Berlin. XXXIV. 1897.

ohne Gänge sind die beiden lateralen und die ventrale Wand der
Urethra glandis, sowie meistens auch die Pars membranacea. — In
der Pars prostatica sind die Gänge (mit verschwindenden Ausnahmen)
so angeordnet, dass sie sämmtlich an der Basis des Colliculus seminalis
münden. Zu seinen beiden Seiten finden sie sich hier immer
(Stereophotogr. 1, 10, 16, 21, 23), aber auch distal (Stereophotogr. 10, 16)
und proximal von ihm (Stereophotogr. 21) und endlich auch rings um
ihn herum (Stereophotogr. 23). — In der Pars pendula gehen die
Gänge hauptsächlich von der Mittellinie der dorsalen Wand aus
(Stereophotogr. 6, 7, 14), woselbst auch, schmal und schlitzförmig die
Lakunen liegen. Nicht selten bilden die Lakunen den Ausgangspunkt
der Gänge.

Die Cowper'schen Gänge konnte ich bei keinem der Modelle bis
zur Substanz der Drüse selbst zurückverfolgen. Ihre symmetrischen
Mündungsstellen liegen in der Nähe des Bulbus urethrae.

Nicht stets symmetrisch, aber immer auf dem vorderen Abhang
des Colliculus seminalis münden die Ductus ejaculatorii, meistens mit
einer etwas schlitzförmigen, sagittal gestellten Oeffnung.

Der Sinus prostaticus zeigt bei dem diesen Untersuchungen zu
Grunde liegenden Material Uebereinstimmung nur in der Regellosig-
keit seines Verhaltens: Bald stellt er ein allseitig abgeschlossenes Gebilde dar, bald hat er eine, oder sogar zwei urethrale Oeffnungen.
Hier zeigt er acinösen Bau (Erwachsener), dort ist er von glatt-
wandiger, annähernd eiförmiger Gestalt; wieder ein ander Mal wird er
durch einen Inhalt von Zelldetritus und einer mucinähnlichen Substanz kugelig ausgedehnt.

Das vom entwicklungsgeschichtlichen Standpunkte aus inter-
essanteste Verhalten zeigt er beim Fötus 123. Hier stellt er nämlich, wie bereits weiter oben beschrieben, einen ziemlich langen,
S-förmig gebogenen, in frontaler Richtung abgeplatteten Blindsack
dar, der in einiger Entfernung von seiner Einmündung in die Urethra
(aber bereits in der Substanz des Colliculus seminalis) sich in 2 frontal
neben einander herziehende Gänge theilt, die nach einer kurzen
Strecke wieder verschmelzen, um sich gleich darauf abermals zu
trennen und dann getrennt auf dem Colliculus seminalis zu münden,
und zwar — nicht ganz symmetrisch — zwischen den Ductus ejaculatorii.

Rudimentäre Organe neigen ja bekanntlich zu Entwicklungs-
hemmung oder -Beschleunigung, wodurch dann oft ganz beträchtliche
Verschiedenheiten der bleibenden Form herbeigeführt werden. Im
vorliegenden Falle haben wir es wohl mit einer Entwicklungs-
beschleunigung zu thun. Dem scheint zwar zu widersprechen,
dass bei männlichen Embryonen die distalen Enden der Müller'schen
Gänge (aus denen bekanntlich der Sinus prostaticus besteht) sich nach

v. Mihálkovics [1]) bereits in der neunten bis zehnten Woche, also bei Embryonen von 35—40 mm Länge vereinigen. Für unseren 318 mm langen, also ca. 6 Monate alten Fötus könnte das auf den ersten Blick eine ganz enorme Verzögerung zu sein scheinen. Allein da die A n l a g e des Genitaltractus im sechsten Monat abgeschlossen zu sein pflegt, eine Weiterentwicklung hierin also ausgeschlossen ist, wird die andere Annahme viel wahrscheinlicher, dass nämlich die Müller'schen Gänge die eine gewisse Zeit lang, bevor sie durchbrechen, in dem Müller'schen Hügel (Colliculus seminalis) blind enden (v. Mihálkovics), in diesem Falle bereits v o r der Vereinigung ihrer distalen Enden, jeder für sich, durchbrachen.

Dass übrigens die Verschmelzung der Müller'schen Gänge nicht immer vom proximalen zum distalen Ende gleichmässig weiter schreitet, geht auch aus der Beschreibung hervor, die Keibel an dem 8½—9 Wochen alten Embryo LO der His'schen Sammlung hierüber giebt: [2]) „In dem Abschnitt des Geschlechtsstrangs, der nun weiter kaudal (sc. von der Excavatio recto-uterina) folgt, s i n d d i e M ü l l e r ' s c h e n G ä n g e z u e i n e m G a n g m i t u n p a a r e m L u m e n v e r s c h m o l z e n, an dem man die Art der Betheiligung beider Gänge nicht mehr er- kennen kann . . . . N o c h w e i t e r k a u d a l s i n d d a n n d i e M ü l l e r ' s c h e n G ä n g e a u f e i n p a a r S c h n i t t e g e t r e n n t um von Neuem zu verschmelzen. Hier liegen sie durchaus symmetrisch. Die Textfiguren 99 und 100 zeigen dann die g e t r e n n t e n E n d e n d e r M ü l l e r ' s c h e n G ä n g e, ihre Beziehung zum Sinus urogeni- talis, die Bildung des Müller'schen Hügels und die Einmündungsstelle der Wolff'schen Gänge . . . ."

Es erübrigt noch die Besprechung eines bei allen Modellen über- einstimmend wiederkehrenden Befundes: Die dorsale Urethralwand zeigt im proximalen Drittel der Glans und kurz nach Beginn der Corpora cavernosa je einen blind endigenden Gang (Stereophotogramm 5, 6, 13, 19). D i e s e b e i d e n G ä n g e v e r l a u f e n — i m G e g e n s a t z z u s ä m m t l i c h e n a n d e r e n — v o n i h r e r u r e t h r a l e n M ü n d u n g b i s z u i h r e m b l i n d e n E n d e p a r a l l e l z u r U r e t h r a l a c h s e. Der distale von diesen beiden Gängen ist es, der bei stärkerer Ausbildung und entsprechend weiterem urethralem Ostium gelegentlich die Spitze von Instrumenten, welche zum Sondiren oder Katheterisiren eingeführt werden, abfängt, wenn sie an der dorsalen Wand entlang geführt werden. — Dieser Umstand ist es wohl, der zur Annahme einer Querfalte, der sogenannten Guérin'schen Querfalte geführt hat, die man nach

---

[1]) v. Mihálkovics, Untersuchungen über die Entwicklung des Harn- und Ge- schlechtsapparates der Amnioten. — Internation. Monatsschr. f. Anatomie u. Histol. 1885.

[2]) Keibel, F., Zur Entwicklungsgeschichte des menschlichen Urogenitalapparates. Arch. f. Anat. u. Physiol. (Anatom. Abtheilg.) 1896. Taf. III—VII.

Aufschneiden der Urethra längs der ventralen Wand auch demonstriren
d. h. bilden kann. die nämlich. wie HENLE in dem bereits weiter
oben angeführten Citate sagt. [1] „erst mit der Ausdehnung der Urethra"
scharf hervortritt. Der hier beginnende Gang ist seit Alters bekannt,
wird aber als von der „Querfalte" bedeckt geschildert und völlig auf
eine Stufe gestellt mit den. wie wir gesehen haben. meist in der
Medianlinie der Dorsalwand gelegenen. folgenden Gängen der Pars
cavernosa. Die auffallende Besonderheit der beiden distalsten Urethralgänge. die in ihrer von sämmtlichen übrigen Gängen abweichenden
Verlaufsrichtung besteht. war. wie es scheint. bisher völlig unbekannt.

Der Befund fordert natürlich zu einem Erklärungsversuch heraus.
und ich glaube. dass wir hierzu auf den Vorgang zurückgreifen müssen,
der sich bei der Entwicklung dieses Theils der männlichen Urethra auf
dem Genitalhöcker abspielt.

In seinem klaren, übersichtlichen Referat der Arbeiten über „die
Entwicklung der Ableitungswege des Urogenitalapparates und des
Dammes bei den Säugethieren" sagt BORN [2] S. 503: „Beim männlichen
Geschlecht gehen die Verwachsungsprocesse. die beim Weibe mit der
Bildung des Dammes ihren Abschluss finden, viel weiter. Die Seitenränder des Urogenitalschlitzes. der. wie oben beschrieben. durch die
Entfaltung der Urogenitalplatte entstand und der nach oben in den
entodermalen Urogenitalsinus führt, legen sich im Anschluss an den
Vorderrand des (primären) Dammes aneinander und verschmelzen mit
einander. So verlängert sich der Damm beim Manne sekundär nach
vorn auf Kosten des Urogenitalschlitzes (Urogenitalrinne der Autoren).
der damit gleichzeitig zu einem Kanal. dem ektodermalen Sinus urogenitalis. geschlossen wird. Während aber kaudalwärts ein Theil des
Urogenitalschlitzes unter Verlängerung des Dammes zum Kanal geschlossen wird. öffnet sich kopfwärts am Genitalhöcker (Penis) immer
wieder ein neuer Theil der Urogenitalplatte zu einer schlitzförmigen
Spalte und es rückt die Mündung des ektodermalen Sinus
urogenitalis vom primären Damme an die Wurzel des
Genitalhöckers. dann an dessen Unterseite. bis sie
schliesslich die Spitze des Penis erreicht."

Ich glaube. dass bei diesem Vorrücken des Epithels an der Unterseite des Genitalhöckers die fraglichen beiden Gänge gebildet. von dem
weiterwachsenden Epithel gleichsam zurückgelassen werden. Und
zwar wäre meines Erachtens hierfür wohl die Konfiguration der Corpora cavernosa verantwortlich zu machen, nämlich einerseits das allmähliche Aufhören der beiden Corpora cavernosa penis (dazwischen
der proximale Gang) und andrerseits die darauf folgende Emporwölbung
des Corpus cavernosum urethrae in der Glans (distaler Gang).

---

[1] HENLE, Grundriss der Anatomie. S. 186.
[2] Ergebnisse der Anatomie und Entwicklungsgeschichte. III. Band. 1893.

Wir hätten demnach unter den Urethralgängen drei genetisch verschiedene Arten zu unterscheiden:

1. Gänge, die, ausserhalb der Urethra angelegt, in dieselbe durchbrechen: die beiden Ductus ejaculatorii (WOLFF'sche Gänge) und der Sinus prostaticus (MÜLLER'sche Gänge).

2. Gänge, die durch sekundäre Knospung von dem Epithel der Urogenitalplatte (Urethralepithel) ausgehen und theilweise Drüsen bilden: die prostatischen, COWPER'schen und sämmtliche anderen Gänge, mit Ausnahme der beiden distalsten.

3. Gänge, die gemäss obiger Annahme gebildet werden durch ungleichmässiges Wachsthum des Epithels der Urogenitalplatte bei ihrem Vorrücken auf der Unterseite des Genitalhöckers.

Köln a. Rh. im November 1897.

Erklärung der Stereophotogramme auf Tafel III—VIII.

Allgemeines.

Auf sämmtlichen Tafeln [1]) sind die Modelltheile so orientirt, dass nach rechts vom Beschauer das Orificium internum (vesicale), nach links das Orificium externum der Urethra zu liegen kommt.

Um auf den Tafeln die Modelle in ihrer vollen Plastik, gleichsam handgreiflich vor sich zu haben, ist es unerlässlich, die Stereophotogramme auch wirklich unter Benutzung eines Stereoskops zu durchmustern. Nur dann treten alle Einzelheiten, die ohne Stereoskop der Beobachtung zum Theil überhaupt entgehen, hervor und wirken dabei manchmal völlig überraschend. (Ich verweise z. B. auf Stereophotogramm Nr. 12.)

Um bei diesen eingehefteten Tafeln die Benutzung eines gewöhnlichen Stereoskops zu ermöglichen (von der Herstellung der Stereophotogramme auf einzelnen, losen, einstreckbaren Kartons, musste aus verschiedenen Gründen Abstand genommen werden), ist es nur nöthig, die matte Glasscheibe am Boden des Stereoskops herauszunehmen und dann das Stereoskop mit geöffneter Reflektorklappe einfach auf das betreffende Stereophotogramm zu stellen. Am besten ist es natürlich, sich eines der sogenannten offnen oder amerikanischen Stereoskope zu bedienen, die bekanntlich der Hauptsache nach nur aus dem Objektivbrett mit den beiden prismatischen Vergrösserungsgläsern und 4 Füssen bestehen. Sollte aber ein solches nicht zur Hand sein und die Mattscheibe des gewöhnlichen Stereoskops sich auch nicht herausnehmen lassen, so genügt das im Scharnier abgenommene oder auch nur aufgeklappte

---

[1]) Die Aufnahmen habe ich auf Trockenplatten „mit abziehbarer Schicht" gemacht. Dazu benutzte ich theils Platten von WESTENDORP u. WEHNER, theils von SCHLEUSSNER. Die SCHLEUSSNER'schen kann ich wegen ihres tadellos gleichmässigen, dem der gewöhnlichen Trockenplatten ähnlichen Emulsionsgusses und ihrer relativ hohen Empfindlichkeit sehr empfehlen, während ich von den Anfangs benutzten WESTENDORP u. WEHNER-Platten „mit abziehbarer Schicht" durchaus abrathen muss: ungleicher Guss, Flecken in der Emulsion, und selbst Blasen von Linsen- bis Erbsengrösse kamen auf ungefähr vier Fünftel des Materials vor, so dass von 3 Dutzend Platten dieses Fabrikats nur circa 7 Stück als brauchbar sich erwiesen. Dabei waren die Platten von sehr geringer Empfindlichkeit. — Wie mir Herr OBERNETTER nachträglich mittheilte, genügen übrigens Aufnahmen mit gewöhnlichen Trockenplatten für das von ihm angewandte Reproduktionsverfahren.

Linsenbrett eines ganz einfachen Stereoskops. Man hat dann aber darauf zu achten, dass die Augen und Gläser sich mit den beiden Bildern je eines Stereophotogramms genau auf gleicher Höhe befinden und auch genau mitten über ihnen stehen, weil sonst die beiden Bilder nicht zur optischen Deckung gebracht werden können und die Augen dann bei dem vergeblichen Versuch leicht ermüden.

Im Einzelnen stellen die Tafeln dar:

Pars prostatica vom Erwachsenen.

Tafel III. Stereophotogramm 1: Ansicht von unten (ventrale Wand).

„ 2: „ der linken Seite.

Stereophotogramm 3: Ansicht von oben (dorsale Wand).

„ 4: „ der rechten Seite.

Fötus 146: 8 Monate alt; ganze Länge 385 mm; Hinterhaupt-Steissbein 247 mm; Hinterhaupt-Nasenwurzel 146 mm.

Tafel IV, Stereophotogramm 5: Vorderster Abschnitt der Urethra, vom Orificium externum bis zum Anfang der Corpora cavernosa penis (Ansicht der linken Seite). Das untergelegte Stückchen Papier bezeichnet den zweiten der beiden distalsten Urethralgänge. Ebenso bei

„ Stereophotogramm 6: Fortsetzung der Pars cavernosa urethrae. Beginn der dorsokonkaven Rinne. Ansicht von oben (dorsale Wand).

Stereophotogramm 7: Ende der dorsokonkaven Rinne. Nach rechts zu: Uebergang in den vertikalen Spalt des Bulbus. Ansicht von oben (dorsale Wand).

„ Stereophotogramm 8: Derselbe Modelltheil. Ansicht von der Seite.

Tafel V, Stereophotogramm 9: Bulbus, Perinealkrümmung, Pars membranacea und Beginn der Pars prostatica. Ansicht von unten (ventrale Wand).

„ Stereophotogramm 10: Rest der Pars prostatica und Uebergang in die Blase. Ansicht von unten (ventrale Wand).

Stereophotogramm 11: Derselbe Modelltheil; Ansicht der linken Seite.

„ Stereophotogramm 12: Derselbe Modelltheil; Ansicht von oben und etwas rechts (dorsale Wand).

Fötus 123: 6 Monate alt; ganze Länge 318 mm; Hinterhaupt-Steissbein 192 mm; Hinterhaupt-Nasenwurzel 130 mm.

Tafel VI, Stereophotogramm 13: Urethra vom Orificium externum bis über den Beginn der Corpora cavernosa penis hinaus. Durch das Stückchen Papier wird wieder der zweite der distalen Gänge bezeichnet. Ansicht der linken Seite.

„ Stereophotogramm 14: Anschliessend an 13 die dorso-konkave Urethralrinne der Pars cavernosa. Ansicht von oben und etwas links (dorsale Wand).

„ Stereophotogramm 15: Pars prostatica mit dem Sinus prostaticus und den Ductus ejaculatorii. Die schmalen, kantigen Verbindungsstreifen sind die wegzudenkenden „Brücken". — Beginn des Uebergangs in die Blase. Ansicht von links und etwas unten.

Stereophotogramm 16: Derselbe Modelltheil. Ansicht von unten (ventrale Wand).

Tafel VII. Stereophotogramm 17: Uebergang in die Blase, und der distalste Blasentheil selbst. Ansicht von unten (ventrale Wand).

„ Stereophotogramm 18: Derselbe Modelltheil. Ansicht von oben (dorsale Wand).

Fötus 170: Kopfumfang 250 mm; Nasenwurzel bis kleine Fontanelle 125 mm; kleine Fontanelle bis Steissbeinspitze 250 mm; Trochanter major bis Knie 72 mm; Knie bis Ferse 78 mm.

„ Stereophotogramm 19: Urethra vom Orificium externum bis über den Beginn der Corpora cavernosa penis hinaus. Ansicht von links und oben.

„ Stereophotogramm 20: Pars bulbosa mit dem Uebergang zur Pars membranacea. Ansicht von links und unten.

Tafel VIII. Stereophotogramm 21: An 20 anschliessender Theil der Pars membranacea sowie die ganze Pars prostatica, Uebergang in die Blase und distalster Blasenabschnitt. Ansicht von unten (ventrale Wand).

Stereophotogramm 22: Derselbe Modelltheil. Ansicht von oben (dorsale Wand).

Fötus 211: Ganze Länge 310 mm; Hinterhaupt-Steissbein 185 mm; Hirnhaupt-Nasenwurzel 145 mm. Alter ca. 6 Monate.

„ Stereophotogramm 23: Pars membranacea, prostatica, Uebergang in die Blase u. distalster Blasenabschnitt. Ansicht von unten und links.

„ Stereophotogramm 24: Derselbe Modelltheil. Ansicht von oben und links.

Die Einzelheiten der Beschreibung im Text.

— — —

Morph. Arb. herausg. v. G. Schwalbe. Bd. VIII.

Taf. III.

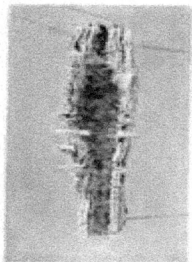
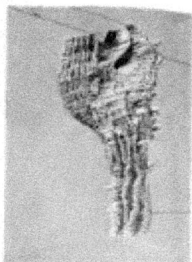

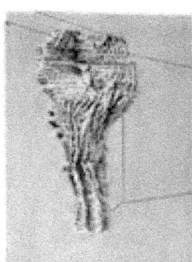

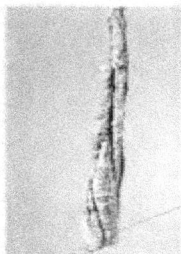

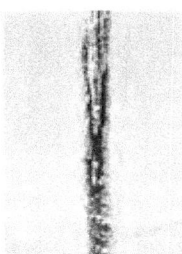
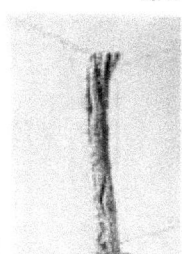

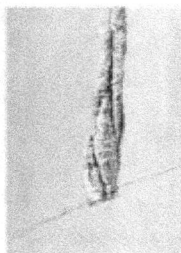
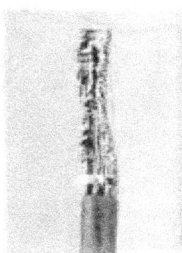
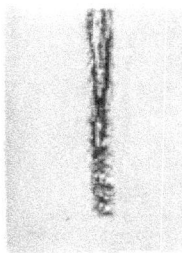
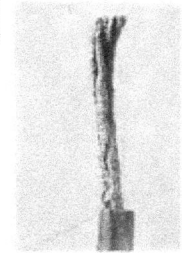

Kusnezky phot.   Reproduktion v. J. B. Obernetter München.

Verlag v. Gustav Fischer, Jena.

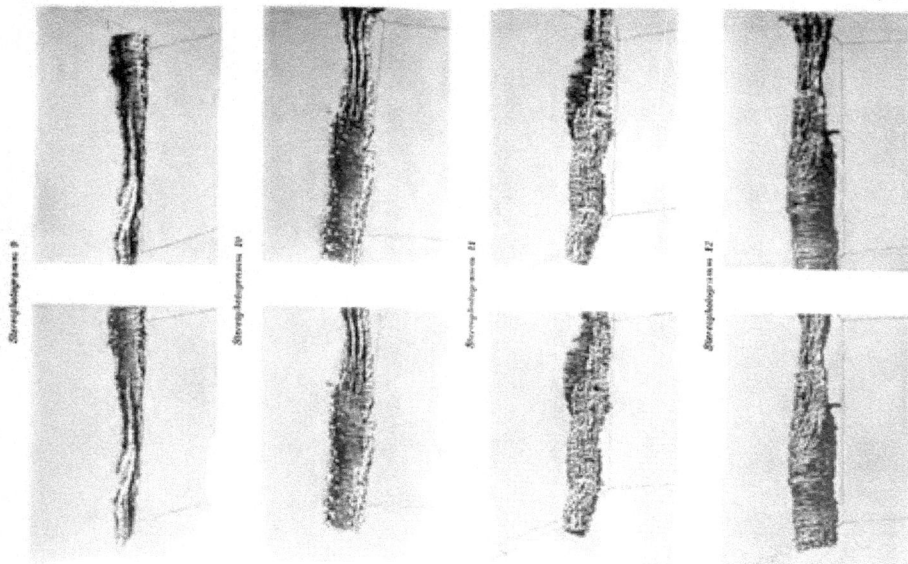

Stereophotogramm 9

Stereophotogramm 10

Stereophotogramm 11

Stereophotogramm 12

Kwietsky phot.

Reproduktion v. J. B. Obernetter, München.

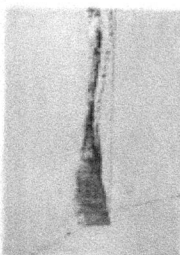

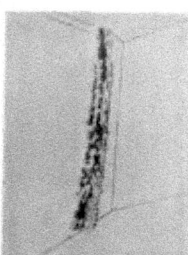

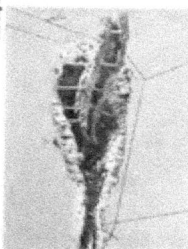

Stereophotogramm 13

Stereophotogramm 14

Stereophotogramm 15

Stereophotogramm 16

Reproduktion v. J. B. Obernetter, München

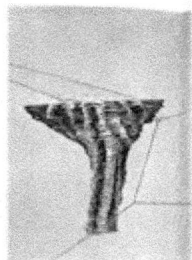
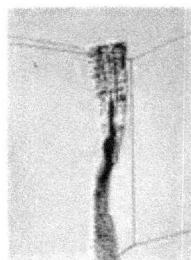
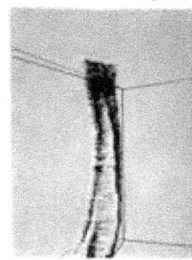

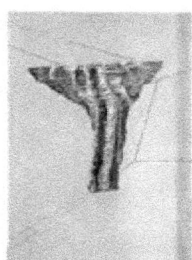
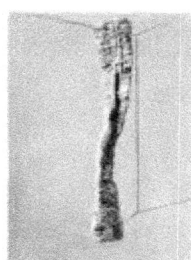

Kuznitzky phot.

Reproduktion v. J. B. Obernetter, München.

Verlag v. Gustav Fischer, Jena.

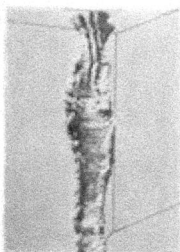 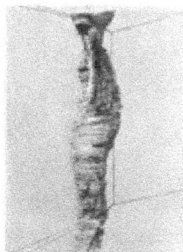  

Ueber die Primitivfibrillen in den Ganglienzellen vom Menschen und anderen Wirbelthieren.

Von

Albrecht Bethe.

(Aus dem physiologischen Institut der Universität Strassburg.)

Hierzu Tafel IX und X.

In einer Zeit, in der die Verfolgung der Ganglienzellausläufer im Vordergrund des Interesses der Neurohistologen steht, in der die Beschreibung einer Methode zur Hervorbringung von Silberniederschlägen auf diesen Gebilden das erste Kapitel in einem Buch über den feineren Bau des Nervensystems bildet (1), war jede Bearbeitung der nervösen Substanz selbst mit Freuden zu begrüssen. Das Verdienst, unser Augenmerk von den schwarzen Zellsilhouetten ab und dem eigentlichen Nervengewebe wieder zugewandt zu haben, gebührt in erster Linie zwei Männern: Nissl und Apáthy. Beide Forscher gelangten auf ganz verschiedenen Wegen zu einem ähnlichen Resultat. Nissl (2) zeigte, dass im Körper einer jeden gesunden Ganglienzelle eine mit basischen Anilinfarbstoffen färbbare Substanz vorhanden sei, welche für jede Zellart in typischer Weise angeordnet ist. Er zeigte weiter, dass diese färbbare Substanz der Ganglienzellen typische Veränderungen erfährt nach Unterbrechung des Weges von der Ganglienzelle zu ihrem peripheren Ausbreitungsgebiet und nach Vergiftungen. So schuf er uns eine Methode ersten Ranges zum Studium pathologischer Vorgänge im Bereich der Nervenzellen. Nissl beobachtete nun, dass die färbbare Substanz des Ganglienzellleibes zwischen sich ungefärbte Bahnen frei liesse, Bahnen, die oft durch die ganze Zelle hindurch zu verfolgen sind, und er postulirte, dass diese ungefärbten Bahnen das eigentlich leitende Element einschlössen. Was Nissl auf diesem indirekten Wege erschlossen, die Existenz fibrillärer Elemente in der nervösen Substanz, das zeigte Apáthy direkt in einer überraschend schönen Weise bei wirbellosen Thieren (3, 1897). Zwar liegen seine ersten Publikationen über die Fibrillen in der Nervensubstanz schon weiter zurück (1894), aber sie verhallten unberücksichtigt in dem

damals grade in höchster Blüthe stehenden GOLGI-Enthusiasmus. [1])
APÁTHY wies in unzweidentigster Weise nach, dass bei Würmern in
jeder Nervenfaser Fibrillen von ausgezeichneter Schärfe darstellbar sind,
welche differenzirt von aller umgebenden Substanz einen durchaus
individuellen Verlauf zeigen. Er konstatirte, dass die Nervenfasern,
welche von den peripheren Receptionszellen (Sinneszellen) kommen,
immer eine grosse Anzahl sehr dünner Fibrillen enthalten, welche sich
im Neuropil der Ganglien nach verschiedenen Stellen begeben und
sich hier in ausserordentlich feine Zweige auflösen, während die starken
Fibrillen, welche in den motorischen Nervenfasern (meist in der Einzahl) verlaufen, direkt in Ganglienzellen zu verfolgen sind. Hier splittern
sie sich zu einem Korb auf, welcher den Kern umgiebt und mit einem
zweiten mehr an der Peripherie der Zellen gelegenen Korbe anastomosirt. Dieser äussere Korb, der aus feineren Fibrillen besteht,
bildet sich aus Fasern, die sich aus den Aufsplitterungen der erwähnten
receptorischen (sensiblen) Primitivfibrillen sammeln. So stellte er nicht
nur die Existenz von Primitivfibrillen fest, sondern zeigte auch, dass ein
direkter Kontinuitätszusammenhang der receptorischen und motorischen
Bahnen auf dem Wege der Primitivfibrillen besteht. (Von der Existenz
der von APÁTHY beschriebenen Verhältnisse habe ich mich an seinen
eigenen Präparaten und an Präparaten, die ich nach meiner Methode
bei Hirudo hergestellt habe, durchaus überzeugen können, und ich
konnte ganz ähnliche Fibrillen bei einem Arthropoden — Carcinus
Maenas — darstellen). Wie nun APÁTHY in seiner Arbeit mittheilt,
ist es ihm auch bei Wirbelthieren (nämlich bei Lophius, Triton und
beim Kalb) gelungen, die Primitivfibrillen in vollkommener Klarheit,
wenn auch nicht so scharf wie bei Hirudineen, sowohl im Axencylinder wie in den Ganglienzellen nachzuweisen. Die Beschreibung
der diesbezüglichen Resultate ist aber noch nicht erfolgt.

Die Annahme von der Existenz eines fibrillären Aufbaues der
nervösen Substanz ist nun durchaus nichts Neues. Die ersten Anfänge
finden sich in den Arbeiten von REMAK, aber erst MAX SCHULTZE (4)
sprach sich mit Entschiedenheit für den fibrillären Bau der Ganglienzellen und ihrer Ausläufer aus und führte den Begriff „Primitivfibrillen" ein. Eine ganze Reihe von Forschern schloss sich seinen

[1]) Ich verkenne durchaus nicht, dass unsere Kenntnisse vom Nervensystem ausserordentlich durch die Resultate der GOLGI'schen Methode bereichert worden sind, ich
behaupte nur, dass sie bei ihrer Einseitigkeit, vor Allem bei der Einseitigkeit, mit
der sie von vielen Neurohistologen an die Spitze der Methodik gestellt wird, nicht
im Stande ist auf eine Menge von Fragen eine Antwort zu geben, deren Lösung
gerade ausserordentlich wichtig ist. Es ist dies ein Vorwurf der die EHRLICH'sche
Methylenblaufärbung nie treffen kann, weil sie einmal gar nicht einseitig ist, und
dann, weil sie niemals in einem übermässigen, nicht einmal in dem ihr gebührenden
Ansehen gestanden hat, sondern vielmehr von der Mehrzahl der Neurohistologen
immer als ein Stiefkind behandelt worden ist.

Ausführungen an; so sah SCHWALBE (5) fibrilläre Strukturen in Spinalganglienzellen und am Austritt der Faser multipolarer Sympathicuszellen.
HANS SCHULTZE (6) in Vorderhornzellen, KUPFER (7) und BOVERI in
Axencylindern, FLEMMING (8) in Spinalganglienzellen und Vorderhornzellen, DOGIEL (9) in Spinalganglienzellen und Retinazellen, v. KÖL-
LIKER (10) in Axencylindern und Protoplasmafortsätzen. KRONTHAL (11)
und BECKER (2) in Vorderhornzellen.[1])   Trotz all dieser positiven Befunde ist bis auf den heutigen Tag die Existenz der Primitivfibrillen
auf's heftigste bestritten worden, weil es all diesen Untersuchern nicht
gelang, die Fibrillen derartig zu differenziren, dass an ihrer Individualität
nicht mehr gezweifelt werden kann.   BÜTSCHLI (12) erklärte die von ihnen
gesehenen Fibrillen für die Längswände von wabenartigen Protoplasma-
strukturen und HELD (13) schloss sich dem an, nur mit dem Unterschied, dass er die Möglichkeit anerkannte, dass dieser wabenartige,
vakuolisirte Bau nichts Primäres sei, sondern in Folge der Reagentien-
behandlung entstände, während ihn BÜTSCHLI für den normalen Bau
des Nervenprotoplasmas erklärte.   LENHOSSÉK (14) versuchte sogar glaub-
haft zu machen, dass die feinen Fäserchen, welche ein so vortrefflicher
Beobachter wie MAX SCHULTZE abbildete, auf einer Verwechslung mit
den groben färbbaren Schollen des Zellleibes basirten.

Apáthy war es vorbehalten, diese negativen Befunde zu entkräften
und die Existenz der Primitivfibrillen zur Gewissheit zu erheben.   Er
verstand es zuerst, Methoden ausfindig zu machen, durch welche diese
Primitivfibrillen von allen möglicher Weise mit ihnen zu verwechselnden
Strukturen different und in einer derartigen Schärfe dargestellt werden,
wie sie bisher bei keinen Gewebselementen möglich gewesen ist.

Es ist mir nun gelungen, auf Grund theoretischer Erwägungen, zu
denen ich durch die APÁTHY'schen Methoden angeregt wurde, eine
Methode zur Darstellung der Primitivfibrillen zu finden, welche diese
Elemente bei Wirbellosen und Wirbelthieren in gleicher Schärfe zu
Gesicht bringt.   Eine kurze Beschreibung der Principien dieser Methode
habe ich bereits im zweiten Theil meiner Arbeit über „das Centralnervensystem von Carcinus Maenas" (15) gegeben.   An einer ausführ-
lichen Mittheilung der Methode werde ich vorläufig noch verhindert,
weil die Methode noch nicht mit der mathematischen Sicherheit gelingt,
welche besonders für pathologische Zwecke wünschenswerth ist, und
weil die färbetheoretischen Versuche, welche ihre Grundlage bilden,
noch nicht ganz beendet sind.   Ich hoffe aber im Laufe des Sommers 1898
soweit fertig zu sein, dass ich die Methode dem allgemeinen Gebrauch
übergeben kann.   Hier will ich mich darauf beschränken, einige Re-

---

[1]) Anmerkung: Die diesbezüglichen Arbeiten von MANN, LEVY und LUGARO
standen mir nicht zur Verfügung.

sultate mitzutheilen, die ich an Wirbelthieren, speziell an Säugethieren,
erzielen konnte.

Primitivfibrillen in Axencylindern.

Bei schwachen Vergrösserungen zeigen sich die Axencylinder in
meinen Präparaten auf dem Längsschnitt als dunkelviolette, scharf kon-
tourirte Striche, auf dem Querschnitt als dunkle Punkte. Bei Anwendung starker Immersionssysteme gelingt es im peripheren Nerven
vom Frosch, Hund und Kaninchen gewöhnlich leicht, die bei schwacher
Vergrösserung einheitlich erscheinenden Axencylinder (bei Längs-
schnitten) in eine grössere Anzahl feiner, dunkelvioletter und glatt-
kontourirter Fibrillen aufzulösen, welche mehr oder weniger gradlinig,
meist aber etwas gewellt neben einander herlaufen. Bei ihrer grossen
Anzahl und dem nicht ganz parallelen Verlauf ist es nur selten möglich, das einzelne Individuum auf längere Strecken (auf mehr als 50 μ)
zu verfolgen. Zwischen den einzelnen Fibrillen bleibt eine ungefärbte,
meist aber schwach violett gefärbte und dann fast immer homogen erscheinende Substanz frei, eine Substanz, die die Zwischenräume zwischen
den Fibrillen und dem meist geschrumpften Markmantel ausfüllt. Sie
entspricht dem Anschein nach der „Perifibrillärsubstanz" (Apáthy), in
den Nervenfasern der wirbellosen Thiere. Irgendwelche quere Brücken
zwischen den einzelnen Fibrillen werden nicht sichtbar, so dass man
durchaus den Eindruck wirklicher Fibrillen, nicht den eines wabigen
Aufbaus im Sinne Bütschli's (12) und Held's (13) bekommt. Wären
Querbrücken von gleicher chemischer Beschaffenheit wie die Substanz
der Fibrillen vorhanden, so würden sie auf den Präparaten hervortreten müssen, da die Tinktion der Fibrillen so sehr viel dunkler ist,
als sie Held und Bütschli jemals bekommen haben. Beide Forscher
haben es nicht verstanden, die Präparate derartig zu behandeln, dass
die vom Grundplasma differente chemische Beschaffenheit der Fibrillen
zur Darstellung kam, und in dem grossen Irrthum begriffen, dass alles,
was sich bei gewissen nicht differenzirten Färbungen gleich färbt, auch
gleiche Beschaffenheit haben müsse, leugneten sie die Existenz von
Fibrillen, weil sie gleich gefärbte, wenn auch dünnere Querbrücken
zwischen den Längsstreifen sahen. Mag nun der vakuolisirte oder wabenartige Aufbau des Axencylinders und anderer Elemente des nervösen
Apparates primär sein, d. h. dem lebenden Zustand entsprechen, oder
sekundär in Folge der Fixirung entstehen — ich glaube, dass das
letztere angenommen werden darf —, so kann bei einer diffusen Färbung,
wie sie von Bütschli und Held angewandt wurde, immer nur der
Eindruck eines Wabenwerks entstehen. Sowie aber gezeigt werden
kann, dass bei einer die Gewebselemente differenzirenden Färbung nur
eine fibrilläre Struktur ohne jede Querwände in hervorragender Schärfe
zu Tage tritt, so muss zuerkannt werden, dass diese Struktur etwas

ganz anderes und für sich bestehendes ist. Wären nun die Fibrillen wirklich nicht vorhanden, sondern nur der optische Ausdruck der Längswände von wabigen Strukturen, so müsste dies auf Querschnitten erkennbar sein; da sich aber auf Querschnitten durch Axencylinder nur durchaus runde Punkte ohne jegliche wahrnehmbare Verbindung unter einander in meinen Präparaten zeigen, so muss die Leugnung der Primitivfibrillen durchaus zurückgewiesen werden.

In den Axencylindern, soweit sie in den Nervenwurzeln und im Centralorgan (Gehirn und Rückenmark) verlaufen, liegen die Primitivfibrillen sehr viel dichter an einander als in peripheren Nerven (APÁTHY, sodass es schwer ist, sie in Fibrillen aufzulösen. Bei gut gefärbten Präparaten gelingt es aber sehr häufig, auch hier eine deutlich fibrilläre Struktur festzustellen, nur ist es viel schwieriger wie in peripheren Nerven, sie auf längere Strecken zu verfolgen. Die Auflösung in Fibrillen ist mir gelungen an Axencylindern der vorderen und hinteren Wurzeln (Frosch und Hund), der Vorder-, Hinter- und Seitenstränge (Frosch und Hund), des Pedunculus (Hund) und des Grosshirns (Hund, Mensch). In Figur 10 (Tafel IX) bilde ich einen Längsschnitt durch die Bifurkation zweier hinterer Wurzelfasern in den Hintersträngen des Rückenmarks (Brustmark) vom jungen Hund ab. Die in den beiden hinteren Wurzelfasern eintretenden Primitivfibrillen vertheilen sich auf den absteigenden und aufsteigenden Ast. Fibrillen, welche von einem Längsast in den anderen übergehen, habe ich nicht beobachten können, was mit der zum Centrum hinleitenden Funktion der hinteren Wurzelfasern sehr wohl im Einklang steht. (Es ist gerade dieser Befund für mich ein wichtiger Beweis für die leitende Funktion der Primitivfibrillen. Wären sie nur eine fibrilläre Stützsubstanz, eine Substanz, die das Zerreissen des zarten Nervenprotoplasmas verhindern sollte — ein Einwand, der leicht von einem übereifrigen Gegner der Theorie von den leitenden Primitivfibrillen gemacht werden könnte —, so wäre sicher zu erwarten, dass es an der Gabelungsstelle derartige von Längsast zu Längsast verlaufende Fibrillen gäbe.) An beiden Nervenfasern sieht man eine etwas dunkler als die übrigen gefärbte Primitivfibrille den Hauptstamm verlassen, um der grauen Substanz zuzustreben. Es ist diese Fibrille jedenfalls als eine Collaterale anzusehen, wie sie in GOLGI-Präparaten häufig zu sehen sind. Auch im Verlauf der in den Hintersträngen auf- und absteigenden Längsäste ist nicht selten der Abgang derartiger Collateralen zu beobachten (Tafel IX Fig. 7). Es ist hierbei immer zu konstatiren, dass die Collateralfibrillen dunkler und auch etwas dicker hervortreten als die Fibrillen der Hinterstrangfaser selbst, so dass sie auch ein Stück weit in der Faser deutlicher zu verfolgen ist. Es spricht dies dafür, dass diese Fibrillen nicht einheitlich sind, sondern sich aus mehreren dicht an einander gelegten Fibrillen zusammensetzen. Wenn mehrere Collateralfibrillen an ver-

7*

schiedenen Stellen aus einer Hinterstrangfaser austreten, so ist ihr in
der Faser verlaufender Theil immer gleich gerichtet, indem er von der
Bifurkationsstelle herkommt.   Es kann dies also als diagnostisches
Merkmal gelten, um in einem Primitivfibrillen-Präparat zu erkennen,
ob eine Hinterstrangfaser aufsteigend oder absteigend ist.   An der Aus-
trittsstelle einer Collateralfibrille findet sich immer eine kleine An-
schwellung der Perifibrillärsubstanz.

Die Primitivfibrillen in den Ganglienzellen.

Je kleiner eine Ganglienzelle ist, desto schwieriger ist es bei meiner
Methode, die Primitivfibrillen in ihr darzustellen. Es ist dies ein Uebelstand, der seine Ursache darin hat, dass die Kerne mit grosser Energie
den zugeführten Farbstoff an sich reissen und so die Färbung der in
der Nähe liegenden Theilchen verhindern. Gelegentlich färben sich
aber auch die allerkleinsten, protoplasmaärmsten Zellen und in fast
allen Fällen, wo die Fibrillen in der Mitte des Zellleibes, also in der
Gegend des Kerns, ungefärbt bleiben, lässt sich nachweisen, dass die
ferner gelegenen Theile, vor Allem die Fortsätze der Zellen, deutliche
Fibrillen enthalten. Die Anzahl der in einer Zelle und ihren Aus-
läufern vorhandenen Primitivfibrillen steht in einem unzweifelhaften
Verhältniss zur Masse der Zelle und zur Menge und Dicke ihrer Fortsätze. Am einfachsten ist der Fibrillenverlauf in denjenigen Zellen,
welche auf dem Nissl-Präparat ein einfaches Gepräge zeigen, nämlich
nur einige wenige Schollen färbbarer Substanz, die zwischen sich
deutliche und direkt von Fortsatz zu Fortsatz zu verfolgende ungefärbte Bahnen aufweisen. Die Fibrillen verlaufen hier an den Stellen,
welche im Nissl-Präparat ungefärbt bleiben, so dass meine Präparate
ein genaues Negativ eines solchen darstellen. Was dort gefärbt ist,
ist hier ungefärbt oder wenigstens blass, was dort ausgespart ist, ist
hier dunkel tingirt. Es ist dies eine glänzende Bestätigung des Nissl-
schen Postulats, dass das leitende Element in den ungefärbten Bahnen
der nach seiner Methode hergestellten Ganglienzellbilder verlaufen
müsse. Bei allen Zellen, welche nun auf Nissl-Präparaten ein einfaches
Gepräge zeigen, sind die Primitivfibrillen in mehr oder weniger dichten
Zügen kontinuirlich von Fortsatz zu Fortsatz durch den Zellleib hindurch zu verfolgen. Derartige glatt durchgehende Fibrillenzüge finden
sich in allen Zellarten in grosser Anzahl. In denjenigen Zellen aber,
welche auf dem Nissl-Präparat ein komplicirteres Bild zeigen, das sind
vor Allem die motorischen Vorderhornzellen der Säugethiere, existiren
neben den leicht durch die ganze Zelle zu verfolgenden Fibrillen-
bündeln, andere, bei denen eine Vertheilung der einzelnen Fibrillen im
Zellleib stattfindet, so dass ihr weiterer Verlauf nicht leicht klargestellt
werden kann. Ich beschreibe daher die einzelnen Zellen nicht nach
ihrer topographischen Lage und nicht nach der Eintheilung, welche

von den Golgi-Forschern gegeben ist, sondern nach der mehr oder weniger grossen Komplizirtheit ihres Fibrillenverlaufs.

Zellen mit nur zwei Fortsätzen finde ich im Rückenmarke des jungen Hundes ziemlich häufig in den Hinterhörnern (Taf. IX. Fig. 1). Leider ist der Zellleib sehr schmal, so dass neben dem Kern auf beiden Seiten nur eine geringe Menge Protoplasma liegt. In Folge der schon erwähnten starken Anziehungskraft, welche der Kern auf den angewandten Farbstoff ausübt, bleiben bei diesen wie bei den meisten kleinen Zellen die Fibrillen in der Nähe des Kerns häufig ungefärbt, so dass man nur die Fibrillen von beiden Seiten in die Zelle einströmen sieht, sie aber in einiger Entfernung vom Kern aus dem Auge verliert. In einigen Präparaten habe ich aber die Fibrillen gut in der ganzen Zelle darstellen können, und hier zeigte es sich, dass sie ohne irgend welche Verzweigungen glatt durch die Zelle hindurchlaufen (Taf. IX. Fig. 1). Die Fibrillen liegen in einiger Entfernung von der Zelle dicht an einander; bei der Annäherung an die Zelle gruppiren sie sich zu einzelnen Bündeln, zwischen denen ungefärbte Substanz freibleibt. Diese Bündel laufen nun über und neben dem Kern fort zu dem gegenüberliegenden Fortsatz, um hier die Zelle zu einem unbestimmten Ziele zu verlassen. Einzelne Fibrillen lösen sich beim Eintritt in die Zelle vom Bündel los und begeben sich einzeln oder vereinigt mit einer Fibrille eines anderen Bündels ebenfalls in ununterbrochenem, glattem Verlauf zum gegenüberliegenden Zellfortsatz. In irgend eine Beziehung zum Kern treten die Fibrillen dabei nicht. In einiger Entfernung von der Zelle theilt sich jeder Fortsatz meist in zwei Aeste, die dann nicht weiter verfolgt werden können. In jeden Ast tritt ein Theil der im Fortsatz verlaufenden Fibrillen ein, ohne dass eine Theilung der einzelnen Fibrillen stattfindet.

Die nächste Stufe nehmen kleine Zellen in den Hinterhörnern von Säugethieren (Kaninchen, junger und erwachsener Hund) ein. Diese Zellen zeigen meist einen spindelförmigen Körper, der am einen Ende zwei, am anderen Ende einen Fortsatz trägt. Gelegentlich sind auch mehr Fortsätze zu sehen, aber selten mehr als vier. (Tafel IX Fig. 8.) Der Anblick, den diese Zellen auf dem Nissl-Präparat bieten, ist sehr einfach. Ein oder mehrere Längsstreifen färbarer Substanz in jedem Fortsatz und einige, meist dreieckige Klümpchen an der Kurvatur der Bifurcation. So zeigt sich denn auch der Fibrillenverlauf dieser Zellen, — soweit sie gut zur Darstellung kommen — sehr einfach; es tritt aber schon bei ihnen eine Erscheinung im Fibrillenverlauf auf, welche bei anderen Zellen in sehr viel ausgiebigerem Maass anzutreffen ist, und die die Verfolgung der Fibrillen oft recht erschwert, nämlich ein spiraliger Verlauf. Dieser spiralige Verlauf der Fibrillen wurde bereits von Nissl aus seinen das Negativ der meinigen zeigenden Präparaten herausgelesen.

Auch an diesen Zellen sind alle durch die Fortsätze eintretenden
Fibrillen, soweit sie nicht in der Nähe des Kerns ungefärbt bleiben,
mit Sicherheit durch den Zellleib zu einem anderen Fortsatz durch
zu verfolgen. Die Fibrillen des Hauptfortsatzes (wie auch der beiden
dünneren Fortsätze) sind in der Nähe der Zellen zu einzelnen Bündeln
angeordnet, zwischen denen ungefärbte Streifen freibleiben, die im
Nissl-Präparat allein und dunkelgefärbt hervortreten. Von jedem dieser
Bündel ziehen Fibrillen gradlinig oder in spiraliger Windung in einen
der beiden gegenüber liegenden Fortsätze. Hierbei entsteht in der
Nähe der Bifurkation ein kreuztörmiges Bild. (Tafel IX Fig. 8).
Ausserdem sieht man regelmässig eine oder zwei Fibrillen aus einem
der beiden dünneren Fortsätze meist ziemlich hart am Rande der
Zellgrenze in den anderen hinüber ziehen. Es lassen sich also nicht
nur sämmtliche mögliche Kombinationen der Fibrillenverbindung
zwischen den einzelnen Fortsätzen der Zellen, sondern auch der einzelnen in jedem Fortsatz verlaufenden Fibrillenbündel auffinden.

Hieran hätten sich die grossen motorischen Vorderhornzellen vom Frosch anzuschliessen, die ich hier nur kurz abhandeln
will. Die Gestalt dieser Zellen variirt recht stark. Bald sind sie
bipolar und die beiden Fortsätze theilen sich erst in einiger Entfernung
vom dem kerntragenden Theil der Zelle, bald sind sie tripolar oder
multipolar wie die in Fig. 12 (Tafel X) abgebildete Zelle. Immer aber
lässt sich feststellen, dass der Körper langgestreckt ist, und dass die
beiden weithin zu verfolgenden Hauptfortsätze mehr oder weniger an die
Grenze der grauen Substanz hinlaufend das Vorderhorn umgreifen. Der
Axenfortsatz geht von der Zelle selbst ab, häufiger aber und zwar immer
bei den rein bipolaren Zellen von dem nach vorne ziehenden Hauptfortsatz. In meinen Präparaten sind nun die Fibrillen immer, soweit sie
vollständig gefärbt sind, kontinuirlich in leicht gewelltem Verlauf durch
die ganze Zelle zu verfolgen. Die Hauptmasse der Fibrillen (Tafel
X Fig. 12) verbindet die beiden Hauptfortsätze mit einander, von
denen der eine in der abgebildeten Zelle bereits in ziemlicher Nähe
der Zelle einen dicken und einen dünnen Ast abgiebt. (In den
bipolaren Zellen laufen alle Fibrillen von Hauptfortsatz zu Hauptfortsatz, so dass der Kern wie ein zufällig dorthin gelangtes Gebilde in
der Mitte oder sehr häufig auch ausserhalb der Fibrillen liegt.) Von
den Seitenfortsätzen ziehen Fibrillen meist in beide (Tafel X Fig. 12 a),
öfter aber auch nur in einen der Hauptäste (Fig. 12 b). Der Axenfortsatz (Fig. 12 Axc.) empfängt wohl immer von beiden Hauptfort-
sätzen Fibrillen, welche an Zahl nicht sehr bedeutend sind. Dieselben
legen sich gleich nach dem Austritt aus der Zelle dicht aneinander, so
dass sie nur schwer von einander zu trennen sind. An der abgebildeten Zelle ist der Axenzylinder kurz abgeschnitten, so dass dies
Verhalten nicht sichtbar wird. Ein Einströmen von Fibrillen von den

kleineren Protoplasmafortsätzen, soweit solche vorhanden sind, habe
ich nur in wenigen Fällen konstatiren können (Tafel X Fig. 12).

Die PURKINJE'schen Zellen und die Zellen der Grosshirnrinde, speciell die Pyramidenzellen, stehen in Bezug auf das Verhalten der Primitivfibrillen etwa auf gleicher Höhe. Zuerst will ich die PURKINJE'schen
Zellen besprechen. Ich habe dieselben bisher nur beim Hunde dargestellt und zwar im Oberwurm. Die Form dieser Zellen ist genügend
bekannt, sodass ich hierauf nicht näher einzugehen brauche. Bei
diesen Zellen werden die in der Kleinhirnrinde sich verzweigenden
Protoplasmafortsätze mit meiner Methode in einer ziemlichen Vollkommenheit dargestellt, sodass man den Verlauf der Fibrillen von
kleineren Seitenzweigen aus bis in die Zelle und den Axencylinder
verfolgen kann. Alle Fibrillen, welche durch die Dendriten oder den
Hauptdendriten (Tafel IX Fig. 6) in die Zelle eintreten, laufen, sich
meist an der Peripherie der Zelle haltend, dem Axenfortsatz zu. Das
war an allen Zellen, die zur Darstellung gelangten, zu konstatiren. In
der Nähe des Kerns werden die Fibrillen in den meisten Präparaten
undeutlich, oder sie sind hier ganz ungefärbt. An einzelnen Präparaten
treten sie auch hier scharf hervor und sind dann ausnahmslos in den
Axenfortsatz hinein zu verfolgen, wo sie sich schnell dicht aneinander-
legen, sodass er in seinem weiteren Verlauf als ein sehr dunkelvioletter, einheitlicher, dünner Faden erscheint. Es nehmen nun aber
durchaus nicht alle Fibrillen, welche in einem PURKINJE'schen Neuron
enthalten sind, ihren Weg in die Zelle hinein, sondern ein nicht unbe-
trächtlicher Theil bleibt ganz im Gebiet der Protoplasmafortsätze.
Am deutlichsten ist dies an den Zellen zu sehen, bei denen die Haupt-
protoplasmafortsätze nicht von dem Zellkörper selbst abgehen, wie
dies nicht selten der Fall ist, sondern von einem mächtig entwickelten
Fortsatz, der dem Axenfortsatz mehr oder weniger grade gegenüber
liegt, wie dies in der beigegebenen Fig. 6 abgebildet ist. Hier sieht man
regelmässig neben den Fibrillen, welche in stattlicher Anzahl von den
grösseren Zweigen der Zelle und von da aus dem Axenfortsatz in Bündeln
geordnet zuziehen, andere, welche die grossen Zweige unter einander
verbinden. Auch in den Fällen, wo der dicke Fortsatz fehlt, und die
grossen Zweige direkt vom Zellkörper abgehen, ist regelmässig zu
konstatiren, das sie alle unter einander durch reichliche Fibrillen in
Verbindung stehen. Ich schildere nun das genauere Verhalten der
Fibrillen in einem PURKINJE'schen Element, an der Hand der beigegebenen Zeichnung (Tafel IX Fig. 6), welche als typisch gelten darf.
In der Abbildung sind ausser dem Dendritenkomplex einer PURKINJE'-
schen Zelle zwei kleine parallel zur Rinde gelagerte Zellen (Kz_1 u.
Kz_2), wie sie häufig auch in GOLGI-Präparaten zu sehen sind,
ein abgeschnittener Protoplasmafortsatz (F_4) einer benachbarten
PURKINJE'schen Zelle und einige Kerne der **Körnerschicht** (k) zur

Darstellung gelangt. Der Körnerschicht zugewandt geht von der Zelle
der kurz abgeschnittene Axenfortsatz (*Axf.*) ab. Ihm gegenüber strebt
ein einziger, sehr dicker Protoplasmafortsatz (*II. f.*) der Rinden-
peripherie zu und theilt sich in drei grosse Zweige F_1, F_2 und F_3,
die sich wiederum in kleinere Zweige auflösen. (Nur der Fortsatz F_2
ist ganz zur Darstellung gebracht. Die beiden anderen F_1 und F_3
sind im zu Grunde liegenden Präparat noch weithin zu verfolgen;
ihre weiteren Verzweigungen konnten aber nicht auf der Zeichnung
mit vermerkt werden, da sie ausserhalb des Gesichtsfeldes lagen.) Von
allen drei Zweigen F_1, F_2 und F_3, laufen zahlreiche Fibrillen dem
Hauptfortsatz zu. Hier gruppiren sie sich zu mehreren Bündeln, von
denen nur drei zur Darstellung gelangten, welche bei gleicher Einstellung
der Mikrometerschraube sichtbar waren. Diese Bündel, die unter einander scheinbare Anastomosen bilden, indem Fibrillen von einem Bündel
die in den Präparaten ungefärbte Substanz überbrücken und sich einem
der anderen Bündel zugesellen, laufen ziemlich dicht an der Peripherie
der Zelle dem Axenfortsatz zu. Das linke Bündel kann hierbei kontinuirlich in den Axenfortsatz hinein verfolgt werden, die anderen sind
theilweise in der Nähe des Kerns ungefärbt geblieben, theilweise nur
bei grossen Exkursionen der Mikrometerschraube mit den auf der
Abbildung anscheinend frei im Zellplasma endigenden Fibrillen des
Axenfortsatzes in Verbindung zu bringen. Alle diese Fibrillen gelangen
in die Fortsätze F_1, F_2 und F_3 durch ihre kleineren und grösseren
Seitenzweige. Wie sie dorthin gelangen, woher sie kommen, weiss ich
zur Zeit noch nicht anzugeben. Es besteht nun eine reichliche
Fibrillenkommissur zwischen dem Fortsatz F_3 einerseits und dem
Fortsatz F_2 und F_1 andrerseits, von denen die erstere hart am Saum
der protoplasmatischen Verbindung verläuft, die andere in zart-
geschwungenem, doppelten Bogen das intermediäre Zwischenstück über-
kreuzt. Die Fortsätze F_1 und F_2 sind nur durch eine einzige auf dem
kürzesten Wege verlaufende Fibrille verbunden. Es giebt nun aber
auch im peripheren Theil aller Protoplasmafortsätze Fibrillen, welche
keinen centralen d. h. der Zelle zugewandten, sondern einen peripheren
Verlauf nehmen. So verbindet eine recht starke Fibrille den Nebenfortsatz nf_1 mit dem Fortsatz nf_4, eine dünnere den Fortsatz nf_2 mit
Fortsatz nf_3 und nf_3 mit nf_4. Nicht aus jedem Nebenfortsatz sind
peripher verlaufende Fibrillen in den Hauptstamm zu verfolgen und
ich glaube sicher, dass dies nicht nur auf einer Unvollkommenheit der
Färbung beruht, sondern dass sie thatsächlich nur in vereinzelten
Fällen vorhanden sind. (Siehe auch F_4.)

Ueber die kleinen parallel der Rinde gelagerten Zellen der Kleinhirnrinde ist wenig zu sagen, da ich sie noch nie in einiger Vollständigkeit zur Darstellung gebracht habe. Die Fibrillen verbinden immer
die beiden Hauptpole der Zelle mit einander. In einem parallel zur

Rinde verlaufenden Fortsatz (Kz_1, d_1) legen sich gewöhnlich die eintretenden Fibrillen dicht aneinander, so dass eine starke, dunkle Fibrille entsteht. Derartige Fasern finde ich häufig in den Präparaten auch weit ab von der zugehörigen Zelle (d_2 und d_3), und hin und wieder kann man an ihnen seitlich von der stärkeren Fibrille sich abzweigende und den Purkinje'schen Zellen sich zuwendende Fibrillen wahrnehmen (d_3). Ich will aber aus der Thatsache der dichten Vereinigung der Fibrillen noch nicht den Schluss ziehen, dass wir es hier mit den Axenfortsätzen der kleineren Zellen zu thun haben. Das wäre zu voreilig.

In sehr typischer Weise verhalten sich die Primitivfibrillen in den Pyramidenzellen des Grosshirns. Das, günstigste Objekt sind natürlich hier wieder die grossen Pyramidenzellen, aber auch an den kleineren Zellen, von denen hin und wieder einige gut in Erscheinung treten, lässt sich das typische Verhalten nachweisen. Ich untersuchte Pyramidenzellen bis jetzt beim Menschen (Mann von 43 Jahren) und zwar im Gyrus centralis, Gyrus frontalis superior, Gyrus temporalis superior und Gyrus angularis, und beim Hund (junger Hund von 2 Wochen und ausgewachsener Hund) im Gyrus centralis und im Hinterhauptslappen. Ich beschreibe hier an der Hand von zwei Abbildungen (Tafel IX Fig. 3 und Tafel X Fig. 13) das Verhalten der Primitivfibrillen in Pyramidenzellen aus dem Gyrus centralis des Menschen, bemerke aber dabei, dass ich irgendwelche nennenswerthe Unterschiede zwischen den Pyramidenzellen des Menschen und des Hundes bisher nicht entdecken konnte. (Beim jungen Hund liess sich feststellen, dass in den Pyramidenzellen weniger Primitivfibrillen verlaufen als beim erwachsenen; doch will ich diesen Fund noch nicht als allgemeines Faktum hinstellen.) Ueberall wo eine vollkommene Tinktion der Primitivfibrillen erreicht wurde, lässt sich feststellen, dass alle Fibrillen, soweit sie überhaupt den Zellleib selbst passiren, kontinuirlich von einem Fortsatz zu einem anderen ziehen. Gelegentlich sieht man eine Fibrille sich in der Zelle T-förmig theilen; beide Aeste schlagen dann immer die Richtung zu verschiedenen Zellfortsätzen ein, durch die sie die Zelle wieder verlassen. Eine Netzbildung der Fibrillen kommt aber nie in den Zellen zur Beobachtung.

Die meisten Fibrillen verlaufen in der Längsrichtung der Pyramidenzellen, also von der Spitze nach der Basis oder umgekehrt, sodass der Principaldendrit von allen Fortsätzen bei weitem die meisten Fibrillen in sich schliesst. Diese Fibrillen vertheilen sich ziemlich gleichmässig auf die Fortsätze der Basis, zu denen auch der Axenfortsatz gehört. Er empfängt also nur einen Theil der Fibrillen, welche von der Spitze der Pyramidenzelle herkommen, wenn er auch häufig die anderen Basisfortsätze an Zahl der Fibrillen etwas übertrifft. Nur eine geringe Anzahl von Fibrillen läuft an der Basis in querer Richtung durch die Zelle hindurch, indem die Fibrillen einerseits die Protoplasmafortsätze der Basis

unter einander und andrerseits mit dem Axenfortsatz verbinden (Tafel IX
Fig 3 und Tafel X Fig. 13). Die Fibrillen, welche einem Protoplasma-
fortsatz entstammen, bilden in der Zelle gemeiniglich ein isolirtes Bündel,
und vertheilen sich dann später auf andere Bündel, mit denen sie die
Zelle wieder verlassen. Diese Bündel zeigen häufig besonders in den
grösseren Pyramidenzellen einen exquisit spiraligen Verlauf (Tafel X
Fig. 13). Wenn es bereits in den Protoplasmafortsätzen zur Bildung von
Fibrillen-Bündeln kommt, so entspricht jedes Bündel in der Regel einem
Ast des Protoplasmafortsatzes. (Tafel X Fig. 13 Fortsatz f_1, Tafel IX
Fig. 3 Fortsatz f_3). Hierdurch wird die Verfolgung der Fibrillen,
welche einem Ast eines Protoplasmafortsatzes angehören, ausserordentlich erleichtert. — Der Principaldendrit ist bei günstiger Schnittrichtung
oft sehr weit (1000 μ und weiter) zu verfolgen, ebenso der Axenfortsatz.
Der Axenfortsatz zeigt durchgehends ein sonderbares Verhalten. Gleich
nach Ablösung von der Zelle, legen sich die Fibrillen sehr dicht aneinander, so dass sie das Bild eines soliden Stranges darbieten, und
der Axenfortsatz sehr dünn erscheint. In einiger Entfernung von der
Zelle schwillt er dann wieder an (Tafel IX Fig. 3 Axf. 2), und hier
wird bisweilen wieder eine fibrilläre Structur deutlich.

In der grösseren von den beiden auf Fig. 3 abgebildeten Pyramidenzellen verläuft im Principaldendriten eine grosse Anzahl von Fibrillen in
einem bald dichteren, bald weniger dichten Bündel. Diese Fibrillen
sammeln sich aus seinen verschiedenen Seitenästen. Dort, wo sich
dieser Dendrit zur Zelle kegelförmig verbreitet, theilt sich das Fibrillenbündel in drei Theile, von denen der am meisten links gelegene seine
Richtung auf den Basisfortsatz f_1 und den Axenfortsatz Axf. 1 nimmt,
der mittlere auf den Basisfortsatz f_2 und f_3 und der rechte auf den
Basisfortsatz f_3. An verschiedenen Stellen spalten sich die Bündel,
um durch einen der Basisfortsätze die Zelle zu verlassen. Von dem
Fortsatz f_1 läuft eine Fibrille dem Principaldendriten zu, die übrigen
treten zunächst gemeinsam in schräger Richtung in den Zellkörper ein
und vertheilen sich dann auf die Basisfortsätze f_1 und f_2 und auf den
Axenfortsatz. Von dem Fortsatz f_5 tritt keine Fibrille (wenigstens
nicht sichtbar) in den Principaldendriten. Alle Fibrillen wenden sich
der Basis zu, mischen sich unter das mittlere und rechte Längsbündel,
wo sie nicht weiter mit Sicherheit verfolgt werden können, jedenfalls
zieht aber ein Theil in den Axenfortsatz und den Fortsatz f_3. Der
Basisfortsatz f_1 ist mit f_2 und f_3 und dem Axenfortsatz durch je eine
Fibrille verbunden. Von f_3 zieht ausserdem eine Fibrille in den Axenfortsatz; eine fibrilläre Verbindung des Axenfortsatzes mit dem Fortsatz f_2 und dieses mit dem Fortsatz f_3 ist nicht auffindbar. Es ist dies
Verhalten, dass nicht alle Protoplasmafortsätze unter einander und
mit dem Axenfortsatz in eine Fibrillenverbindung treten, so häufig und
zwar auch in den best gefärbten Zellen zu konstatiren, dass ich wohl

annehmen darf, dass nicht alle erdenklichen Fibrillenkombinationen in jeder Zelle bestehen. Einer genaueren, besonders topographischen Untersuchung der einzelnen Pyramidenzellen bleibt es vorbehalten, ob es vielleicht bestimmte Fortsätze sind, welche keine gemeinsame Fibrille haben.

Ich bilde in Fig. 13 (Tafel X) den basalen Theil einer grossen Pyramidenzelle ab. Der Fortsatz f_3 entspringt etwas höher als die übrigen und liegt unter dem Axenfortsatz (Ax.). Die Zahl der Primitivfibrillen, welche einen queren Verlauf nehmen, ist hier grösser als in kleineren Pyramidenzellen; sie treten im Präparat sehr deutlich hervor, ich habe sie aber in der Abbildung noch etwas deutlicher hervorgehoben, als sie eigentlich sind, um die Aufmerksamkeit auf sie zu lenken. Hier finden wir alle Kombinationen der Basisfortsätze, welche möglich sind, auch vorhanden. Der Axenfortsatz empfängt Fibrillen vom Fortsatz f_1 (und zwar von jedem seiner beiden Hauptäste) und vom Fortsatz f_2 und f_3. Andrerseits sind die Fortsätze f_1, f_2 und f_3 unter einander fibrillär verbunden.

Ich möchte hier schon darauf aufmerksam machen, dass gerade bei den Pyramidenzellen das Primitivfibrillenpräparat ein genaues Abbild des Nissl-Präparats giebt, sodass das eine als das Negativ des anderen vollauf gelten kann.

Bei allen bisher beschriebenen Ganglienzellen laufen, soweit ich das an meinen Präparaten konstatiren kann, alle Primitvfibrillen kontinuirlich, ohne auch nur den Anschein einer Netzbildung zu zeigen, durch die Zelle durch. Nicht mit voller Sicherheit kann ich dasselbe von einer Anzahl anderer Zellarten behaupten. Es sind dies alle die Zellen, welche einen grossen Zellkörper und viele Fortsätze besitzen und im Nissl-Präparat eine komplicirte Configuration zeigen. Von den bis jetzt untersuchten Zellarten sind dies vor Allem die motorischen Vorderhornzellen, die Zellen der Clark'schen Säulen, die grossen solitären Hinterhornzellen und gewisse Zellen der Medulla oblongata und der Vierhügelregion bei Säugethieren (Kaninchen, Hund, Mensch). Diese Zellen haben auf dem Nissl-Präparat das gemeinsame Charakteristicum, dass sie ausser von langgestreckten färbbaren Schollen, welche sich in die Protoplasmafortsätze erstrecken, von einer grossen Anzahl in mehr oder weniger koncentrischen Kreisen um den Kern geschichteten Brocken erfüllt sind, sodass die ungefärbten Bahnen zwischen ihnen ein förmliches Netz bilden. In all diesen Zellen existiren starke Fibrillenbündel, welche, an der Peripherie der Zellen verlaufend, wie bei den bisher betrachteten leicht durch den Zellleib hindurch verfolgt werden können (Tafel IX Fig. 9 u. Tafel X Fig. 11). Daneben treten aber von den Fortsätzen andere Fibrillenbündel in das Zellinnere hinein und lösen sich hier in ihre einzelnen Fibrillen auf, welche verschiedene Wege einschlagen, sich bisweilen theilen, und deren schliessliches Schick

sal nur in vereinzelten Fällen aufgeklärt werden kann (Tafel IX Fig. 4
und Fig. 5).

Ich will hier nur das Verhalten der Fibrillen bei den solitären
Hinterhornzellen und den motorischen Vorderhornzellen genauer beschreiben: Bei der für die Fibrillenfärbung vortheilhaftesten Schnitt-
dicke von 10 μ kommen in den motorischen Vorderhornzellen die oberflächlich verlaufenden Bündel nicht allzu häufig in Vollkommenheit zur
Darstellung, da jede Zelle immer auf mehrere Schnitte fällt. Man
sieht im Präparat viele Mittelstücke von Zellen, denen die obere und
untere Zellfläche fehlt. In diesen sieht man daher die durchlaufen-
den Fibrillenbündel nur am Rande Tafel IX Fig. 4 und Fig. 5. Da
bei den ganz oberflächlich getroffenen Zellen meist nur ein geringer
Theil der Protoplasmafortsätze mit getroffen ist, so eignen sie sich nur
selten dazu, auf einmal einen Ueberblick über den Aufbau der ganzen
Zelle zu gewinnen. Man ist gezwungen, aus mehreren Schnitten durch
eine oder mehrere Zellen sich ein vollkommenes Bild von der Vertheilung der Fibrillen zu machen. Günstiger liegen in dieser Beziehung
die Verhältnisse bei den solitären Hinterhornzellen und den motorischen
Vorderhornzellen von jungen Thieren (Hund), da hier die Zellen kleiner
sind, so dass man in jedem Schnitt durch eine solche entweder die ganze
untere oder obere Aussenfläche der Zelle zu sehen bekommt.

In Fig. 11 (Tafel X) habe ich die dem Beschauer zugewandte
Seite einer solitären Hinterhornzelle vom erwachsenen Hunde
abgebildet und bemerke dazu, dass sich ganz ähnliche Bilder auch bei
den entsprechenden Zellen vom Menschen, Kaninchen und jungen Hund
zeigen. Der Fortsatz f_3 scheint mir der Axenfortsatz zu sein; mit
Sicherheit kann ich dies nicht behaupten, weil ich überhaupt an den
Primitivfibrillenpräparaten noch kein sicheres diagnostisches Merkmal
des Axencylinders herausgefunden habe. (Die dichte Aneinander-
Lagerung der Primitivfibrillen findet man gelegentlich auch bei Protoplasmafortsätzen, glatt sind die einen wie die anderen und Verzweigungen
finden sich gelegentlich auch an Axencylindern [Collateralen]. Bei
Pyramidenzellen und Purkinje'schen Zellen ist es ja leicht den Axenfortsatz an Lage und Richtung zu erkennen, bei motorischen Vorderhornzellen, dadurch, dass man den Fortsatz in eine vordere Wurzel
verfolgen kann und auch durch die Art und Weise wie er sich von der
Zelle ablöst. Bei den Hinterhornzellen ist es aber höchst schwierig zu
sagen, dies ist der Axenfortsatz, dies nicht, besonders wenn die Fortsätze
nicht auf weite Strecken verfolgt werden können). Die in der Figur
am dunkelsten gezeichneten Fibrillen bilden die oberflächlichste Lage.
In der That treten sie auch im Präparat schärfer als die übrigen
hervor. Vor Allem fällt ein spiralig gewundenes breites Bündel von
Fibrillen auf, welches an der hinteren Kante des Fortsatzes f_1 zuerst
sichtbar wird, der Mitte dieses Fortsatzes in schräg spiraliger Linie

zuläuft und dann die Zelle durchquerend am vorderen Rand des Fortsatzes f_5 wieder in die Tiefe taucht. Unter diesem Bündel hin zieht eine zweite Schicht von Fibrillen, welche sich demselben Fortsatz (f_5), aber in gerader Richtung, zuwendet. Eine einzelne Fibrille zieht vom Fortsatz f_1 in den kleinen Fortsatz f_6, ein starkes oberflächliches Bündel in den Axenfortsatz (?) f_5. Mehr in der Tiefe zieht ein Faserbündel in den Fortsatz f_2 und f_4, und ausserdem wenden sich zwei einzeln laufende Fibrillen in grossem Bogen dem Fortsatz f_1 zu, so dass also der Fortsatz f_1 mit allen anderen sichtbaren Fortsätzen in fibrillärer Verbindung steht. Der Fortsatz f_2 sendet ein starkes Bündel in den Fortsatz f_3 und zwei Fibrillen in den Axenfortsatz (?) f_3. Der Fortsatz f_4 entsendet Fibrillen in den Axenfortsatz, in den Fortsatz f_5 und eine einzelne in den Fortsatz f_6. Schliesslich steht der Fortsatz f_5 durch ein starkes oberflächliches Bündel mit dem Axenfortsatz und durch zwei einzelne Fibrillen mit dem Fortsatz f_6 in Verbindung. Es liessen sich also von allen möglichen Kombinationen alle auffinden mit Ausnahme der Kombination $f_6 - f_3$ und $f_2 - f_4$. Ausser diesen in dichten und mehr oder weniger gradlinigen Bündeln durch den Zellleib verlaufenden Fibrillen existiren andere in jeder derartigen Zelle, welche in der Figur nicht zur Darstellung gelangten, die sich in später zu betrachtender Weise in vielfacher Schlängelung einzeln durch das innere des Zellleibes zwischen den koncentrisch gelagerten Schollen des Nissl-Präparats hindurchwinden. Sie treten in diesen Zellen und auch in den motorischen Vorderhornzellen des jungen, unentwickelten Hundes gegen die Zahl der zu Bündeln vereinigten zurück; beim erwachsenen Thier scheinen sie aber in den Vorderhornzellen die direkt verlaufenden Bündelfibrillen an Zahl zu übertreffen.

In der Vorderhornzelle vom jungen Hund, die ich in Fig. 9 (Tafel IX) abbilde, ist der mit Axf. bezeichnete Fortsatz der Axenfortsatz. Von den 4 übrigen Fortsätzen wendet sich der Fortsatz f_4 am Ende nach oben (dem Beschauer zu), sodass er auf dem Querschnitt zu sehen ist. In den Fortsätzen f_2, f_3 und f_1 sieht man die Fibrillen deutlich zu einzelnen mächtigen Bündeln angeordnet. Dies ist bei allen Vorderhornzellen besonders von erwachsenen Thieren fast immer in den Protoplasmafortsätzen zu konstatiren, während der Axenfortsatz, wenn alle Fibrillen gefärbt sind, auch schon in aller nächster Nähe der Zelle eine gleichmässige Vertheilung der Primitivfibrillen zeigt. Dies stimmt damit überein, dass in Nissl-Präparaten (Nissl) der Axenfortsatz sich frei von färbbarer Substanz zeigt, während sich in den Protoplasmafortsätzen langgezogene Streifen zeigen, die den ungefärbten Streifen in Primitivfibrillenpräparaten entsprechen. Besonders deutlich wird das Lageverhältniss zwischen Primitivfibrillenbündeln und Nissl-Substanz auf Querschnitten durch Protoplasmafortsätze (Fig. 9 f_4 und Fig. 2). Denkt man sich hier die ungefärbten Höfe zwischen

den Fibrillen dunkel und die Fibrillen selbst unsichtbar, so hat man
das entsprechende Bild, das ein solcher Fortsatzquerschnitt im NISSL-
Präparat bietet. — Der Axenfortsatz (Ax, Fig. 9) empfängt von allen
Protoplasmafortsätzen einen Zuschuss von Primitivfibrillen. Ich habe
dies nicht nur an der der Fig. 9 zu Grunde liegenden Zelle, sondern
an vielen anderen Vorderhornzellen konstatiren können, und wo ich es
bisher nicht bestätigt fand, war immer die Färbung deutlich nur eine
particelle, d. h. es waren Fibrillen in manchen Theilen der Zelle ungefärbt geblieben. Die Zahl der Primitivfibrillen, welche von jedem
Protoplasmafortsatz dem Axencylinder zuziehen, schwankt ausserordentlich und zwar durchaus nicht immer im Verhältniss zur Dicke und zum
Fibrillenreichthum des Fortsatzes. Oft senden sehr dicke Fortsätze
nur wenig Fibrillen in den Axenfortsatz, während ein dünner fast alles,
was er an Fibrillen mit sich führt, an den Axenfortsatz abgiebt. So
ist z. B. in der Figur die Fibrillenverbindung zwischen Axenfortsatz
und dem Fortsatz f_3 ziemlich schwach, dagegen mit dem dünneren,
allerdings sehr fibrillenreichen Fortsatz f_4 ausserordentlich kräftig. —
Noch grössere Variationen finden sich bei der Fibrillenkombination
zwischen den einzelnen Protoplasmafortsätzen. Selten fehlt eine Kombination ganz, und in der abgebildeten Zelle sind alle Möglichkeiten
vertreten; die Anzahl der Fibrillen, welche zwei Fortsätze verbinden,
unterliegt aber grossen Schwankungen, Schwankungen zwischen 1 und
ungefähr 30—50. So sind z. B. in der abgebildeten Zelle der Fortsatz
f_1 und f_4 durch sehr zahlreiche Fibrillen verbunden, während der Fortsatz f_2 und f_3 nur 4 gemeinsame Fibrillen haben.

Ausser diesen Fibrillen und den gleich zu beschreibenden, welche
alle durch das Innere des Zellkörpers gehen, findet man sehr häufig
Fibrillen, welche in grosser Entfernung von der Zelle an einer Theilungsstelle eines Protoplasmafortsatzes nicht der Zelle zulaufen, sondern von
dem einen Seitenzweig in den anderen Seitenzweig umbiegen. Sowohl
beim Hund wie beim Menschen finde ich dies Verhalten sehr häufig in
abgeschnittenen oder mit der Zelle in sichtbarer Verbindung stehenden
Protoplasmafortsätzen motorischer Vorderhornzellen. Sicher existiren
nicht an jeder Stelle, wo ein Protoplasmafortsatz sich theilt, eine oder
mehrere derartige nicht der Zelle zulaufende, sondern von Ast zu
Ast gehende Fibrillen; es sind ganz bestimmte Protoplasmafortsatztheilungen, welche bereits bei schwächerer Vergrösserung kenntlich sind,
an denen dies Verhalten stattfindet. Derartige Gabelungsstellen sind
nämlich immer verbreitert und nehmen einen grösseren Raum ein, als
zur Aufnahme der Fibrillen nothwendig ist, so dass ein ungefärbtes
Dreieck zwischen den zum Hauptstamm führenden Fibrillen der Seiten-
äste und den von Ast zu Ast verlaufenden Fibrillen frei bleibt. Diese
Stellen zeichnen sich im NISSL-Präparat dadurch aus, dass an Stelle
des ungefärbten Dreiecks des Fibrillenpräparats ein dunkelblauer Brocken

färbbarer Substanz liegt. Bei allen Protoplasmafortsatztheilungen, an
denen dies Verhalten nicht zu konstatiren ist — und die sind an Zahl
überlegen, — geht auch keine Fibrille von Ast zu Ast.

Ich komme nun zu den Fibrillen, welche im inneren Zellleib der
motorischen Vorderhornzellen verlaufen. Beim jungen Hund finde ich,
wie schon erwähnt, dass diese inneren Fibrillen nicht so zahlreich sind
wie die mehr an der Peripherie hinziehenden. Ich finde an den Vorderhornzellen ein und desselben Rückenmarksschnittes die verschiedensten
Proportionen zwischen Centralfibrillen und Peripheriefibrillen, wie ich
sie der Kürze wegen bezeichnen will. Bei einigen Zellen, z. B. der
in Fig. 9 (Tafel IX) abgebildeten, sind fast nur Peripheriefibrillen
vorhanden, und die wenigen Centralfibrillen (Fibrille *x* und *y* Fig. 9)
sind nur schwach geschlängelt. Bei anderen Zellen sind mehr und
stärker geschlängelte Centralfibrillen vorhanden, doch sind sie noch
gut wie die Peripheriefibrillen und die Centralfibrillen *x* und *y* der
Fig 9 von Fortsatz zu Fortsatz zu verfolgen. Schliesslich existiren
schon hier Zellen, bei denen die Innenfibrillen ein ziemlich dichtes
Gewirre bilden, das nur schwer aufzuklären ist. Dies legt den Gedanken nahe, den ich aber noch nicht als meine unveränderliche Ansicht ausgeben will, dass auch die Innenfibrillen glatt durch die Zellen
hindurch ziehen, d. h. dass sie kein wirkliches Netz im Zellinnern
bilden, wie Apáthy (3) beobachtet zu haben scheint, sondern nur ein
für unsere Hülfsmittel noch schwer analysirbares Filzwerk. Dafür
spricht vor allem, dass es auch noch bei erwachsenen Thieren gelegentlich in sehr klaren Präparaten möglich ist, wenigtens einzelne
Centralfibrillen durch die ganze Zelle hindurch zu verfolgen
(Tafel IX Fig. 5, *x*, *y* und *z*). Es wird dadurch ja nicht ausgeschlossen,
dass andere Fibrillen doch ein Netz bilden, wie man es in den Ganglienzellen von wirbellosen Thieren (Hirudo [Apáthy, ich] Pontobdella
u. s. w. [Apáthy], Carcinus [ich]) findet, aber ich meine, es ist unwahrscheinlich. Ich erwähnte schon, dass man gelegentlich an den
Centralfibrillen-Theilungen wahrzunehmen im Stande ist (Fig. 4 und 5,
die Stellen wo ein Kreuz eingezeichnet ist); wenn nun wirklich ein
Netzwerk bestände, so müssten diese Theilstellen häufiger in Erscheinung treten, sie sind aber in meinen Präparaten recht spärlich zu
finden. — Bei genauerer Prüfung kann ich fast immer anscheinende
Netze in sich überschneidende Fibrillen auflösen, so dass ich zwar
noch nicht im Stande bin, mit Sicherheit zu verneinen, dass Netze in
den Vorderhornzellen existiren, aber ihr Vorkommen in diesen Zellen,
wie überhaupt bei Wirbelthieren, als sehr fraglich bezeichnen muss. —
Es ist sehr schwierig, derartige Zellen genau darzustellen; ich habe
aber versucht, das, was sich bei unveränderter Einstellung der Mikrometerschraube dem Auge darbietet, in der Abbildung Fig. 5 von einer
Vorderhornzelle des Menschen und in Fig. 4 von einer Vorderhornzelle

des erwachsenen Hundes wiederzugeben. Am Rande sieht man zwischen den einzelnen Fortsätzen Peripheriefibrillen zu Bündeln vereinigt von Fortsatz zu Fortsatz ziehen. Die Centralfibrillen treten in Bündeln in den Zellleib ein und schlagen dann einzeln verschiedene Wege ein, indem sie sich vielfach schlängeln. Häufig laufen mehrere von verschiedenen Seiten kommende Fibrillen neben einander her, schlagen dann wieder andere Wege ein und gesellen sich anderen Fibrillen zu. Sie benutzen dabei die Bahnen, welche auf Nissl.-Präparaten ungefärbt bleiben, sodass auch hier deutlich das umgekehrte Bild des Nissl.-Präparats in Erscheinung tritt. In Fig. 4 sind auch die Querschnitte der Fibrillen als Punkte eingezeichnet, in Fig. 5 sind sie fortgelassen. In irgend eine Beziehung zum Kern treten die Centralfibrillen nicht (Fig. 4). Sie laufen immer in einiger Entfernung an ihm vorüber.

Zwar habe ich die Primitivfibrillen noch nicht in allen Arten von Ganglienzellen der Wirbelthiere dargestellt, trotzdem glaube ich, dass die hier kurz mitgetheilten Befunde bereits den Schluss zulassen, dass die Primitivfibrillen ein allgemeiner Formbestandtheil aller Ganglienzellen der Wirbelthiere sind. Dass es sich hier um etwas wirklich Vorgebildetes und nicht erst bei den Fixirungsprocessen Entstehendes handelt, erscheint mir vorläufig unnöthig auszuführen. Die vielen Gründe, die dies beweisen, werde ich nur für den Fall näher erörtern, dass Jemand nach dem Mitgetheilten noch die Meinung aufrecht erhalten sollte, dass die von Apáthy und mir dargestellten Primitivfibrillen ein Kunstprodukt, zu Längsseiten angeordnete (primär) färbbare Substanz (Tigroid) oder der optische Ausdruck eines Wabenbaus seien. Ich hoffe, dass dies nicht geschehen wird, und dass endlich die Lehre Max Schultze's vom fibrillären Aufbau der nervösen Substanz volle Anerkennung findet.

Wenn wir mit Max Schultze und Apáthy annehmen, dass die Primitivfibrillen wirklich das leitende Element im Nervensystem sind, so sind wir gezwungen, unsere recht unklaren Anschauungen vom Zustandekommen nervöser Vorgänge ganz umzuwandeln. Wir müssen, wie ich an anderem Orte (15) ausführlicher auseinandersetzte, aufhören, das Neuron als eine anatomische und physiologische Einheit anzusehen, wir müssen zugeben, dass die Ansichten, die wir uns bisher von der Leitung in den einzelnen Theilen eines Neurons gemacht haben, verfrüht und einseitig waren.

Ein durchgreifender Unterschied zwischen Protoplasmafortsätzen und Axenfortsätzen existirt nicht; beide sind zusammengesetzt aus Primitivfibrillen, die von den einen kontinuirlich zu den anderen hinüber verlaufen. Es fällt damit — zugestanden, dass die Primitivfibrillen das Leitende sind — die noch immer von einigen aufrecht erhaltene Lehre Golgi's, dass die Protoplasmafortsätze nicht nervöser sondern nutritiver Natur seien. Da viele Primitivfibrillen von Protoplasmafortsatz zu Protoplasmafortsatz gehen, so erweist sich die Lehre, dass die Protoplasmafortsätze cellulipetal leiten als falsch. Wir müssen — die

Prämisse von der leitenden Funktion der Fibrillen zugestanden — annehmen, dass sie sowohl cellulipetal wie cellulifugal leiten, je nach dem Fibrillen, die von ihnen zum Axenfortsatz verlaufen, oder solche, die von anderen Dendriten kommen, in Funktion treten. So lange die Primitivfibrillen der Axencylinder und ihrer Collateralen nicht näher untersucht sind, muss es noch fraglich erscheinen, ob die allgemeine Annahme, dass der Axenfortsatz rein cellulifugal leitet, richtig ist.

Ferner: Bei Betrachtung des Fibrillenverlaufs in den Ganglienzellen und ihren Fortsätzen müssen einem Zweifel über die centrale Funktion der Ganglienzellen aufstossen, Zweifel, die durch meinen Nachweis, dass bei Carcinus Maenas (16) noch geordnete Reflexe ohne Ganglienzellen zu Stande kommen können, sehr bekräftigt werden. Auf die Fibrillen, welche von einem Seitenast eines Protoplasmafortsatzes zu einem andern gehen (wie sie in PURKINJE'schen und motorischen Neuronen so vielfach zu Tage treten), könnte die Zelle selbst, d. h. der kerntragende Theil des Neurons, höchstens eine Fernwirkung ausüben, wenn man nicht annehmen will, dass diese Fibrillen späterhin durch die Zellleiber anderer Ganglienzellen gehen. Eine derartige Fernwirkung wäre aber erst zu zeigen, und dass sie, wenn vorhanden, nicht nothwendig ist, erweist das eben erwähnte Experiment an Carcinus. Nach allem, was ich sehe, scheinen die Beziehungen zwischen Zelle, speciell Zellkern und Fibrillen, sehr locker zu sein. Möglicher Weise sind diese Beziehungen rein nutritiver und nicht funktioneller Natur. Dagegen sind die lokalen Beziehungen zwischen der färbbaren NISSL-substanz und den Fibrillen so auffallend, dass es wohl nahe liegt, hier an einen kausalen und funktionellen Zusammenhang zu denken.

Das Resultat dieser Untersuchung kann ich in einigen Worten MAX SCHULTZE's (4) zusammenfassen, die er vor sechsundzwanzig Jahren aussprach, ohne dass sie bis heute zur Anerkennung gelangt wären: „Hiernach besitzt eine solche Ganglienzelle, aus welcher ein Axencylinder für eine peripherisch verlaufende Nervenfaser entspringt, die Bedeutung eines Anfangsorganes für diesen Axencylinder möglicher Weise nur in dem Sinne, als die Fibrillen, welche den Axencylinder zusammensetzen, ihm auf dem Wege der verästelten Fortsätze der Ganglienzelle zugeführt werden, die Fibrillen also, welche man die Ganglienzellsubstanz durchziehen sieht, in der Zelle nicht ihren Ursprung nehmen, sondern in derselben nur eine Umlagerung erfahren behufs Formirung des Axencylinderfortsatzes und Ueberleitung in andere verästelte Fortsätze."

Herrn Professor von RECKLINGHAUSEN spreche ich an dieser Stelle meinen besten Dank aus für die gütige Ueberlassung menschlichen Materials, Herrn Professor SCHWALBE für die Erlaubniss, die Bibliothek des anatomischen Instituts benützen zu dürfen.

Erklärung der Abbildungen auf Tafel IX u. X.

Alle Figuren stammen von Präparaten meiner Primitivfibrillenmethode. Fig. 3 und 11 sind mit Leitz Ocular I. Objectiv VII (wirkliche Vergrösserung 660 mal) entworfen und bei Immersionsvergrösserung ausgeführt. Alle übrigen Figuren sind bei Oelimmersion $\frac{1}{16}$ und Ocular I von Leitz gezeichnet (wirkliche Vergrösserung 1200 mal). Zur Aufzeichnung diente überall der Abbé'sche Zeichenapparat. Die stärkeren Fibrillenzüge wurden mit dem Zeichenapparat angegeben und nachträglich ausgeführt, da wegen der Verschiedenheiten im Niveau ein vollkommenes Eintragen aller Fibrillen mit dem Zeichenapparat unmöglich ist. Bei Fig. 4 und 5 wurde jede Fibrille mit dem Zeichenapparat eingetragen bei unveränderter Einstellung der Mikrometerschraube, so dass hier nur die Fibrillen dargestellt sind, die bei einer Einstellung zu sehen waren; nur für die Verfolgung einiger Fibrillen innerhalb der Fortsätze wurde nachträglich die Mikrometerschraube angewandt. Fig. 1. 2. 7. 8. 9 und 10 stammen von einem jungen Hunde, welcher 2 Wochen nach der Geburt getödtet wurde. Fig. 3 und 13 von einem erwachsenen Mann (43 Jahre alt), Fig. 5 von einem anderen Mann (18 Jahre alt), Fig. 4, 6 und 11 von einem erwachsenen männlichen Hund.

Fig. 1. Bipolare Zelle aus dem Hinterhorn des Lendenmarks vom Hund.

Fig. 2. Querschnitt eines Protoplasmafortsatzes einer motorischen Vorderhornzelle vom Hund.

Fig. 3. Zwei mittelgrosse Pyramidenzellen vom Menschen aus dem Gyrus centralis.

Fig. 4. Theil einer motorischen Vorderhornzelle vom Hund (Lendenmark).

Fig. 5. Motorische Vorderhornzelle vom Menschen aus dem Lendenmark.

Fig. 6. Purkinje'sche Zelle aus dem Oberwurm vom Hund.

Der Reproduction meiner Zeichnungen (Tafel IX u. X) boten sich dadurch Schwierigkeiten, dass ich die Fibrillen möglichst scharf wiedergegeben haben wollte, dies aber nur dadurch möglich war, dass sie in der Lithographie alle gleich dunkel gehalten wurden. In Folge dessen sind auf den Tafeln die Schattierungen der einzelnen Fibrillen nicht wiedergegeben worden. Die Figuren entsprechen also nicht vollkommen den Präparaten und meinen Zeichnungen. In Fig. 1, 4, 6 und 12 sind die Fibrillen dunkler als auf den zu Grunde liegenden Präparaten. In Fig. 7 und 10 sind weniger Fibrillen dargestellt, als im Präparat bei gleicher Einstellung zu sehen und in meinen Zeichnungen dargestellt sind. In Folge dessen sind sie auf zu lange Strecken in diesen Figuren isolirt verfolgbar.

À. Bethe.

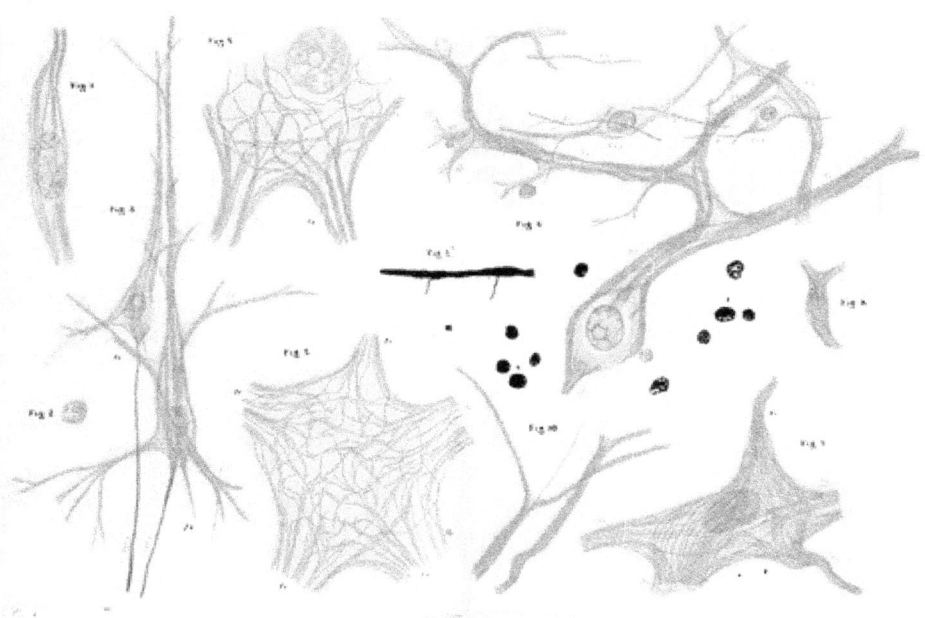

Fig. 2.

Fig. 3.

Fig. 8.

Fig. 1.

Fig. 4.

Fig. 6.

Fig. 5.

Fig. 7.

Fig. 9.

Fig. 10.

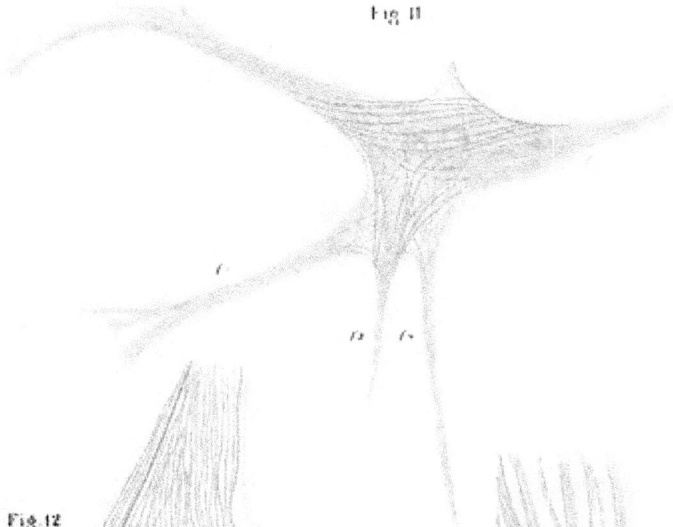

Fig. 11

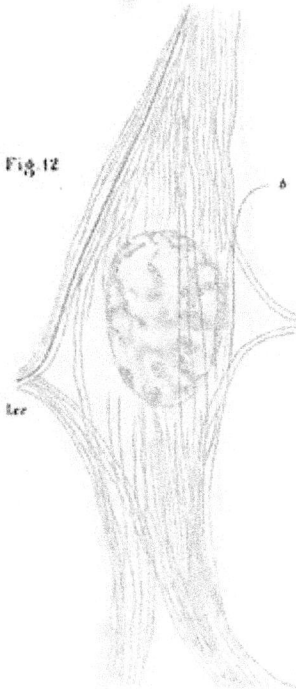

Fig. 12

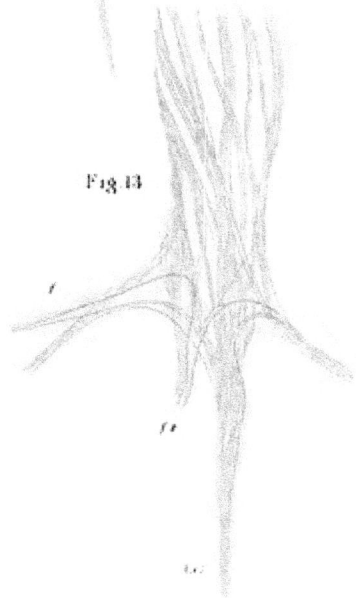

Fig. 13

Fig. 7.   Faser aus den Hintersträngen des Brustmarks vom Hund.
Fig. 8.   Tripolare Zelle aus dem Hinterhorn vom Hund (Lenden-
mark).
Fig. 9.   Motorische Vorderhornzelle vom Hund (unteres Brustmark).
Fig. 10.   Zwei hintere Wurzelfasern an der Bifurkationsstelle vom
Hund (Brustmark).

Tafel X.

Fig. 11.   Solitäre Hinterhornzelle vom Hund (Lendenmark).
Fig. 12.   Motorische Vordernhornzelle vom Frosch (Rana esculenta).
Fig. 13.   Basaler Theil einer grossen Pyramidenzelle vom Menschen aus
dem Gyrus centralis.

Literatur.

1. LENHOSSÉK: Der feinere Bau des Nervensystems. Berlin. 1895.
2. NISSL: Neurolog. Centralblatt 1885 u. 1894.
   — Internationale klin. Rundschau. 1888.
   — Zeitschr. f. Psychiatrie. 1894.
   — Zeitschrift f. Psychiatrie. 1897.
3. APÁTHY: Mittheilung. d. Zoolog. Station zu Neapel. 1894.
   — Mittheilung. d. Zool. Station zu Neapel. 1897.
4. MAX SCHULTZE: Bonner Universitätsprogramm. 1868.
   — Strickers Handbuch. 1871.
5. SCHWALBE: Arch. f. mikrosk. Anat. 1868.
6. HANS SCHULTZE: Arch. f. Anat. u. Entwicklungsgesch. 1878.
7. KUPFFER: Sitzungsber. d. math. naturw. Klasse d. k. bayer. Akad.
   d. Wiss. 1883.
8. FLEMMING: Arch. f. mikrosk. Anat. 1895.
   — Anatomische Hefte. 1896.
9. DOGIEL: Arch. f. mikrosk. Anat. 1895.
   — Anatom. Anzeiger. 1895.
10. v. KÖLLIKER: Handbuch d. Gewebelehre des Menschen II. 1896.
11. KRONTHAL: Neurolog. Centralblatt. 1890.
12. BÜTSCHLI: Unters. über mikrosk. Stämme und das Protoplasma.
    1892.
13. HELD: Archiv f. Anat. und Entwicklungsgeschichte. 1897.
14. LENHOSSÉK: Verhandl. d. anatom. Gesellschaft auf d. 10. Versamml.
    zu Berlin. 1896.
15. BETHE: Arch. f. mikrosk. Anat. Bd. 51.
16. — Arch. f. mikrosk. Anat. Bd. 50.

Beiträge zur Genese des Geschmacksorgans des Menschen.

Von

John Gråberg,

Assistent am histologischen Institut zu Lund.

(Aus dem histologischen Institut zu Lund.)

Hierzu Tafel XI u. XII und 4 Abbildungen im Text.

I. Geschichtlicher Rückblick.

Von eingehenderen Untersuchungen über die Entwicklung der von G. SCHWALBE und CHR. LOVÉN in den Papillae circumvallatae entdeckten und als percipirende Endorgane der Geschmacksempfindung gedeuteten bulbären Epithelbildungen giebt es eigentlich nur die von LUSTIG [1]. HERMANN [2]) und TUCKERMAN [3]), welche Autoren sich hauptsächlich mit der Genese der Papillen selbst und mit der Zeit der Entstehung der Geschmacksknospen und wenig mit der eigentlichen histologischen Differenzirung der Zellkomponenten derselben beschäftigt haben.

LUSTIG und TUCKERMAN haben ihre Untersuchungen auch auf den Menschen ausgedehnt, während HERMANN nur das Kaninchen als Untersuchungsobjekt benutzte.

HERMANN findet bei einem Kaninchenfötus von 54 mm Länge die erste Andeutung der Papillae circumvallatae „als zwei neben der Mittellinie gelegene flache Höckerchen", die dadurch zu Stande gekommen sind, dass „das Epithel in die Schleimhaut in Form einfacher Einstülpungen hineinwuchert, die nach unten etwas convergiren und so

[1]) LUSTIG, Beiträge zur Kenntniss der Entwicklung der Geschmacksknospen. Sitzungsb. d. Kaiserl. Akad. d. Wissensch. Math. naturw. Kl. LXXXIX 3 Abth. S. 308.

[2]) HERMANN, Beitrag zur Entwicklungsgesch. des Geschmacksorgans beim Kaninchen. Arch. f. mikr. Anat. Bd. XXIV S. 216.

[3]) TUCKERMAN, On the development of the taste organs of man. Journ. anat. phys. XXIII S. 559. — Further observations on the development of the taste organs of man. Journ. anat. phys. XXIV S. 130. — On the gustatory organs of the Mammalia. Proc. Bost. soc. nat. hist. XXIV S. 470.

der Papille schon in diesem Stadium die knopfförmige Gestalt geben, die ihr im erwachsenen Zustande eigen ist."

Dadurch dass die oben genannten Epitheleinstülpungen, „die primären Einstülpungen", an einer circumscripten, in ihrer halben Höhe gelegenen Stelle zu wuchern beginnen und „sekundäre Epitheleinstülpungen" in Form kleiner Höckerchen, in welche das Stratum proprium spitz hineinwächst, lateral abgeben, entstehen die Wälle, die sich später durch kleine, in den primären Einstülpungen entstandene Fissuren — die Vorstufe der Gräben — von den Papillen sondern.

Durch weiteres Hervorwachsen der Enden der primären Epitheleinstülpungen entstehen die Anlagen der EBNER'schen Drüsen, die anfänglich solide Zellstränge sind; durch Atrophie der centralgelegenen Zellen derselben erhalten sie ein Lumen.

Auf der Zunge eines vierzehnwöchentlichen Embryo hat TUCKERMAN eine Andeutung der Papillae circumvallatae gesehen; die Zunge eines viermonatlichen Fötus zeigte nach demselben Autor fünf Papillae circumvallatae; die eines fünfmonatlichen sechs und die eines sechs- und siebenmonatlichen sieben Papillen vom Typus der Papillae vallatae.

LUSTIG fand auf der Zunge eines fünfmonatlichen Fötus fünf und auf der eines siebenmonatlichen sieben Papillae circumvallatae.

In Betreff der Zeit, in welcher die Anlagen der Geschmacksknospen auftreten, gehen die Angaben der Autoren weit auseinander. Während LUSTIG erst in den Papillen der Zunge eines siebenmonatlichen menschlichen Fötus Geschmacksknospenanlagen gesehen hat, behauptet TUCKERMAN, dass er schon bei einem vierzehnwöchentlichen Fötus Geschmacksknospen von embryonalem Charakter erkennen könne und vermuthet, dass es sogar in den Papillen eines dreimonatlichen Embryo Geschmacksknospenanlagen giebt.

Auf der Zunge des Kaninchens hat LUSTIG erst bei den Neugeborenen „mit voller Sicherheit die beginnende Entwickelung der Geschmacksorgane" entdeckt, im Gegensatz zu HERMANN der die ersten Studien sich bildender Knospen sehr früh, schon bei Föten von 50 mm gefunden hat.

Die ersten Vorläufer der Geschmacksknospen werden als Gruppen spindelförmig modificirter Basalzellen beschrieben (HERMANN, TUCKERMAN.) Die erst entstandenen Knospen haben ihren Sitz auf den horizontalen Papillenflächen (LUSTIG, HERMANN, TUCKERMAN) und sind nicht gegen das nachbarliche Epithel abgegrenzt. Sehr spät treten Geschmacksknospenanlagen an denjenigen Stellen auf, wo sie sich beim erwachsenen Thiere vorfinden. Betreffs der Entwicklungszeit und des Entwicklungsgrades giebt es beim Kaninchen grosse individuelle Verschiedenheiten (LUSTIG). Am frühesten entstehen die Geschmackszellen, die erst später — bei dem Eindringen der Geschmacksnerven (TUCKER-

MAN? — von den ebenfalls aus den Basalzellen sich entwickelnden Deckzellen eine Hülle erhalten (LUSTIG). Die auf den horizontalen Papillenflächen sitzenden Knospen gehen nach längerem oder kürzerem Bestehen zu Grunde und werden von Knospen ersetzt, die auf den seitlichen Papillenflächen entstehen (HERMANN, TUCKERMAN).

II. Eigene Untersuchungen.

Ich habe besonders die Papillae circumvallatae — als hauptsächlichen Sitz der Geschmacksknospen beim Menschen — untersucht, ohne dass ich jedoch die Papillae fungiformes und die Fimbriae ausser aller Beobachtung gelassen habe.

Die von mir untersuchten Föten waren vorher in Alkohol und in 4 °/₀ Formollösung fixirt.

Die herausgeschnittenen Papillen wurden im Stück mit Hämatein, Hämatoxylin nach FRIEDLÄNDER und mit Hämatein-Eosin gefärbt, in Paraffin eingebettet und in Schnittserien zerlegt.

Bei einem Embryo von 11 cm Gesammtlänge — vom Scheitel bis zur Sohle gerechnet — und demgemäss nach ECKER[1]) umgefähr drei Monate alt, konnte ich makroskopisch keine Andeutung der Papillae circumvallatae beobachten. Dagegen sah ich auf dem hinteren Theil des Zungenkörpers zwei niedrige schräg gestellte Schleimhautleistchen, die in der Medianebene zusammentrafen und so einen nach vorn offenen Winkel bildeten.[2]) Diese Leistchen liefern, wie uns das mikroskopische Bild von einem Schnitt durch dieselben lehrt, den Mutterboden, aus welchem sich die Papillae circumvallatae herausdifferenziren. Dieser Differenzirungsprozess geht, wie HERMANN berichtet und ich in Allem bestätigen kann, in der Weise vor sich, dass das die Leistchen bekleidende Epithel in Form einfacher Einstülpungen, die nach unten etwas konvergiren, hie und da in das Stratum proprium hinabwuchert und so die Entstehung kleiner Bildungen veranlasst, die seitlich von den erwähnten Epitheleinstülpungen begrenzt sind. Dadurch dass diese Epitheleinstülpungen, wie gesagt, nach unten etwas konvergiren, wie auch dadurch, dass das von denselben umfasste Bindegewebsstroma eine kräftigere Ausbildung erfährt, erhalten die erwähnten Bildungen eine knopfförmige Gestalt und bilden von jetzt an die primitiven Anlagen der Papillae circumvallatae.

Wie gesagt, konnte ich auf dieser Zunge — vom 11 cm langen Embryo — diese primitiven Anlagen der Papillae circumvallatae nicht makroskopisch beobachten; bei mikroskopischer Betrachtung von

---

[1]) SCHULTZE, Grundr. d. Entwicklungsgesch. d. Menschen und d. Säugethiere. S. 137.

[2]) Die Zunge eines 9 cm langen Embryo zeigte auch dieselben Leistchen; leider verlor ich diese Zunge, bevor ich eine mikroskopische Untersuchung derselben vorgenommen hatte.

Schnitten dagegen bemerkte ich, wie seichte Eptheleinstülpungen sich in das unterliegende Stratum proprium herabzusenken angefangen und die Leistchen in eine Anzahl von Abschnitten zu zerlegen begonnen hatten, die schon eine Andeutung der definitiven knopfförmigen Gestalt der Papillae circumvallatae zeigten.

Das die Papillen bekleidende Epithel, das noch in einer Flucht über die Papillen hinwegzieht, besteht aus einer gegen das unterliegende Stratum proprium im Allgemeinen wohl begrenzten Lage von niedrig-cylindrischen Zellen, welchen zwei bis drei Schichten sehr unregelmässiger Zellen folgen, die ihrerseits von einer Lage abgeplatteter Zellen überdeckt werden.

An den horizontalen Flächen einiger jungen Papillae circumvallatae dieser Zunge konnte ich in der basalen Epithelschicht specifische Strukturveränderungen sehen, die gewiss zur Genese der Geschmacksknospen in Beziehung standen. An der Uebergangsstelle zwischen der oberen horizontalen Fläche und der seitlichen Fläche einer anderen Papillenanlage derselben Zunge sah ich eine Geschmacksknospenanlage, die eine Andeutung einer konischen Form hatte.

Die Vermuthung TUCKERMAN'S, dass die Anlage der Geschmacksknospen schon auf diesem Stadium (drei Monate) des Embryonallebens begonnen hat, kann ich somit betreffs dieses speciellen Falles bestätigen.

Die Fig. 1 giebt ein Bild von dem erwähnten Stadium bei diesem jungen Embryo und zeigt, wie die Basalzellen an einigen Stellen (Fig. 1a) ihren gewöhnlichen niedrig-cylindrischen Charakter völlig verloren und eine den übrigen Basalzellen gegenüber dominirende Grösse erhalten haben. Rechts hat diese Grössenzunahme soeben begonnen, während links der Process beträchtlich vorgeschritten ist. Hier sieht man einen Komplex von Zellen, die sich, indem sie gleichzeitig zugespitzt werden, gegen die freie Papillenfläche zu strecken beginnen. Dabei wird theils eine Auflockerung des überliegenden Epithels bewirkt, dessen Elemente von den heranwachsenden Basalzellen zur Seite und nach oben gedrängt werden, theils eine kleine Herabsenkung in das Stratum proprium verursacht. Gleichzeitig mit dieser Herabsenkung beginnt die untere Begrenzung des Epithels an dieser Stelle nach und nach undeutlicher zu werden (Fig. 1a links), bis sie schliesslich ganz verschwindet, wodurch eine intimere Verbindung zwischen den Bestandtheilen des Epithels und denen des Stratum proprium bewirkt wird.

Weiter sehen wir, wie in dem Stratum proprium zwei Reihen langgestreckter, stark tingirter Kerne, die den Charakter von Bindegewebskernen besitzen, (Fig. 1b) genau nach den Stellen des Epithels ziehen, wo die Geschmacksknospenanlagen sich befinden, und hier endigen. Solche Zellstränge habe ich an einigen anderen Stellen, wo die Entwicklung der Becher begonnen hatte, beobachtet. Gewiss stehen sie,

wie auch Hermann vermuthet, der dieselben gesehen und abgebildet
hat, in Beziehung zur Bildung der Scheiden der Nerven.

Es scheint somit der Geschmacksnerv sehr früh —
schon bei Beginn der Geschmacksknospenentwicklung —
mit den Stellen des Epithels, wo die Entwicklung beginnt,
in Verbindung und vielleicht auch in direkter Beziehung
zu diesem Process zu stehen. Es ist mir leider nicht gelungen,
ein passendes Material zu erhalten, um specielle Untersuchungen in
Betreff der Nerven anzuführen.

Sehr deutlich traten die Anlagen der Papillae circumvallatae auf
der Zunge einer 16.7 cm langen Fötus hervor (ca. vier Monate alt).
Hier erscheinen sie als sechs makroskopisch gut wahrnehmbare Höckerchen, die jedoch noch keinen Wall besassen.

Bei mikroskopischer Untersuchung bemerkte ich, wie die auf der
vorigen Zunge nur als seichte Epitheleinstülpungen angedeuteten lateralen Papillenbegrenzungen sich hier beträchtlich verlängert und mit
ihren unteren Enden stärker gegen einander zu neigen begonnen hatten.
Lateral von diesen Epitheleinstülpungen — „den primären" — und
von denselben ausgehend, sah ich, wie das Epithel zu proliferiren
begonnen hatte und zäpfchenförmig in das Stratum proprium hinein-
gewuchert war. Diese „secundären" von den „primären" Epitheleinstülpungen ausgehenden Einstülpungen, in welche später das Stratum
proprium spitz hineinwächst, bilden die ersten Anlagen der Wälle. Auch
in diesem Falle finden somit die Angaben Hermann's ihre Bestätigung.

Hie und da war ich auch in der Lage, tiefere, laterale Einstülpungen, die von den unteren Enden der „primären"
Epitheleinstülpungen ausgingen, zu beobachten und
mich zu überzeugen, dass von diesen die Ebner'schen
Drüsen ihren Ursprung nehmen; sie bilden anfänglich solide
Zellstränge, die erst sehr spät, wahrscheinlich erst nach der Geburt,
durch Zerfallen der centralgelegenen Zellen ein kontinuirliches Lumen
erhalten und ihre histologische Differenzirung beendigen.

Feine Spalten in den „primären" Epitheleinstülpungen wie auch
seichte Einkerbungen des Epithels in Bereich der „primären" Einstülpungen geben an, dass die Herausdifferenzirung der Wallgräben begonnen hatte.

Zur Erklärung der Entwicklung der Papillae circumvallatae und
ihrer Adnexa dienen beistehende vier schematische Figuren. in welchen

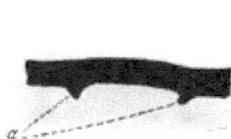

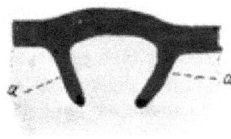

Figur 1.   Figur 2.

die Buchstaben folgende Bedeutung haben: *a* „primäre", *b* „sekundäre" Epitheleinstülpungen. *c* Ebner'sche Drüsenanlage. *d* Wallgräben,
e Wälle.

 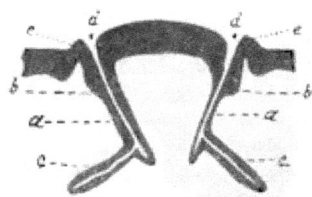

Figur 3.　　　　　　　　　　　　　　Figur 4.

Was die Geschmacksknospenanlagen dieser Zunge anbelangt, so
ist zu bemerken, dass ich hier Bilder gesehen habe, die sich auf die
der oben erwähnten Zunge eines 11 cm langen Embryo zurückführen
lassen und in einigen Fällen als einigermaassen mehr vorgerückte Stadien
derselben gedeutet werden können.

Die Basalzellen hatten sich noch mehr verlängert, an einigen
Stellen sogar bis zu der obersten Lage des Epithels, unter völliger
Durchbrechung des Stratum proprium und unter fortgesetzter Verdrängung der angrenzenden Zellen, die in dichter Anordnung den Seiten
der Geschmacksknospenanlagen anliegen.　Mit ihren äusseren zuge-
spitzten Enden hatten sie gegeneinander zu konvergiren begonnen, wodurch somit die Knospenanlagen, von denen ich auf dieser Zunge nur
einige mit voller Sicherheit konstatiren konnte, eine konische Form
erhalten hatten.

Bemerkungswerth ist, dass eine der von mir beobachteten Knospenanlagen auf der Seite einer jungen Papilla circumvallata sich befand,
deren Grab noch nicht angedeutet war.　Dieser Bulbus hatte eine
deutliche konische Form; einige andere Knospenanlagen sassen an
der oberen Fläche und an der Uebergangsstelle zwischen dieser und der
seitlichen Fläche einiger Papillae circumvallatae.

Aus dem Studium dieser Knospenanlagen so wie auch eines quergetroffenen Geschmacksbulbus dieses Stadium (Fig. 3a und b) ergiebt sich, dass die dieselben zusammensetzenden Zellen
Nichts specifisches unter sich darbieten; sie haben noch
alle ein gleiches Ansehen: ein reichliches helles Protoplasma und grosse gleichtingirte Kerne.

Repräsentiren diese ersten in ihrem Charakter noch indifferenten
Zellen der primitiven Geschmacksknospen die Anlagen sowohl der Sinneszellen als auch der deckenden und stützenden Elemente oder nur der
ersteren?　Haben wir es zunächst nur mit den Vorstufen der Sinneszellen oder nebst diesen auch mit denen der übrigen Zellkomponenten

der Geschmacksbulben zu thun? Ich muss die Antwort schuldig bleiben. A priori möchte ich doch glauben, dass wenigstens einige, wenn auch nicht alle, wie Lustig und Tuckerman behaupteten, von diesen Zellen der primitiven Knospen junge Sinneszellen sind, die noch einen völlig indifferenten Charakter besitzen.

In der letzten Hälfte des intrauterinen Lebens erhalten die verschiedenen Zellen der Geschmacksknospen ihren definitiven Charakter und sind von einander mit voller Sicherheit zu unterscheiden. Dieser Differenzirungsprocess wird wahrscheinlich durch das Eintreten des Geschmacksnerven in die Geschmacksknospen und durch seine Verzweigung innerhalb derselben beeinflusst.

Eine ähnliche die Zelldifferenzirung der Geschmacksknospen beeinflussende Einwirkung des Geschmacksnerven glaubt Tuckerman, der, wie erwähnt, den sämmtlichen Zellen der primitiven Geschmacksbulben den Werth von Sinneszellen (Geschmackszellen) vindicirt, gesehen zu haben: dieser Autor berichtet nämlich, dass das Eintreten des Geschmacksnerven in die Geschmacksknospen grosse Veränderungen in den basalen Zellen des Epithels mit sich bringe, indem diese an Länge und Grösse zunehmen, sich zu den Deckzellen differenziren und die primitiven Geschmacksknospen einhüllen. Es ist mir leider nicht geglückt, diese Angabe Tuckerman's bestätigen zu können.

In Betreff dieser primitiven Geschmacksknospen ist weiter zu bemerken, dass sie einer ganz bestimmten peripheren Begrenzung noch entbehren und nur aus Gruppen von Zellen bestehen, die durch ihre Grösse und ihr lichteres Protoplasma von der Umgebung sich unterscheiden (Fig. 3 b).

Die Zunge eines 18,5 cm langen Fötus, die also am Ende des vierten Monats sich befand, zeigte die Anlagen der Papillae circumvallatae als sechs Knötchen, um welche noch keine Spur von Wällen makroskopisch zu erkennen war.

Auf einem Schnitt durch diese Zunge findet man, dass die Herausdifferenzirung der Papillae circumvallatae beträchtlich vorgeschritten ist. Die Papillen hatten eine deutliche, knopfförmige Gestalt angenommen, die Wälle waren etwas mehr markirt und die kapillären Spalten, die Vorläufer der Wallgräben, waren deutlich zu sehen.

Auch die Anlagen der Ebner'schen Drüsen waren hier bedeutend in Entwicklung vorgeschritten; sie erstreckten sich als lange solide Zellstränge tief in das unterliegende Gewebe hinab und trugen hie und da seitliche Zweige. In einigen Fällen zeigten sie auch ein gut markirtes Lumen, das aber noch nicht ein kontinuirliches war.

In Betreff der Geschmacksknospenentwicklung war es auffallend, dass ich bei dieser guten Entwicklung der Papillae circumvallatae im Allgemeinen gar keine Spuren von Geschmacksknospen entdecken

konnte. Nur an einigen Stellen habe ich die oben erwähnten Strukturveränderungen des Basalepithels gesehen, die auf die ersten Anfänge
der Geschmacksbulbenentwicklung sich beziehen.

Bemerken wir somit bei dieser Zunge Verhältnisse, die auf eine
individuelle Verschiedenheit in der Geschmacksknospenentwicklung hinweisen, so zeigen uns die Zungen von 19 cm, 25,8 cm und 27 cm langen
Föten, dass es solche individuelle Verschiedenheiten in der Knospenentwicklung wirklich giebt und dass sie bisweilen erstaunlich gross sind.

Die Zunge eines 19 cm langen Fötus (ca. fünf Monate alt) zeigt
anstatt einer höheren Entwicklung, wie man ja hätte erwarten können,
ungefähr denselben Entwicklungsgrad der Geschmacksorganes wie die
des 11 cm langen Fötus, ja sie steht in einer Hinsicht sogar dieser
nach, indem sie jeder Spur von Anlagen der Geschmacksknospen entbehrt. Die Sonderung in Papillen ist kaum begonnen, das Epithel ist
gegen das unterliegende Stratum proprium gut begrenzt und besteht
nur aus drei bis vier Lagen von Zellen, die alle ihr gewöhnliches Aussehen darbieten.

Die Zungen von 25,8 cm (ca. sechs Monate alt) und 27 cm (ca.
sieben Monate alt) langen Föten hatten zwar sechs deutliche, makroskopisch gut wahrnehmbare Papillae circumvallatae, zeigten aber etwa
konforme Entwicklungsstufen der Geschmacksknospen, wie ich sie beim
11 cm langen Embryo, wie auch beim 18,5 cm langen Fötus gefunden
und als Komplexe modificirter Basalzellen erkannt habe.

Die Zunge von einem 20 cm langen Fötus (ca. fünf Monate alt)
hatte neun Papillae circumvallatae, von denen keine einzige einen
makroskopisch wahrnehmbaren Wall zeigt.

Auch hier konnte ich auf den oberen wie auf den seitlichen
Flächen einige junge Geschmacksknospenanlagen sehen, die eine Andeutung der konischen Gestalt besassen.

Wie wir gesehen haben, kommen somit die Knospen in der
ersten Hälfte des intrauterinen Lebens nur in geringer
Anzahl vor und treten einzeln hie und da an den verschiedenen Stellen der Papillae auf, ohne einen besonderen Lokalisationsort zu zeigen.

Die Herausdifferenzirung der Ebner'schen Drüsen war hier etwa
dieselbe, wie die derselben Drüsen eines 18,5 cm langen Fötus.

Die Zunge eines 21,3 cm langen Fötus (ca. fünf Monate alt) hatte
sieben Papillae circumvallatae, von denen einige von seichten circum-
skripten Erhabenheiten umgeben waren; hier konnte ich somit makroskopisch den Beginn der Entwicklung der Wälle erkennen.

Auf dieser Zunge fand ich zahlreiche Geschmacksknospenanlagen
auf ganz verschiedenen Stadien ihrer Entwicklung. Sie sassen auf
den oberen und auf den seitlichen Flächen der Papillen; auch
habe ich dieselben zum ersten Mal auf den, den Papillen zugewandten

Flächen der Wälle beobachtet. Ihre Anzahl war auf der oberen Fläche vergrössert.

Hier konnte ich mich auch überzeugen, wie ungleichmässig die Entwicklung der Geschmacksknospen ist. An einigen Stellen bildeten die Knospenanlagen nur erst Zellenkomplexe, an anderen hatten sie eine konische Form angenommen und an noch anderen hatten sie sich ihrem reifen Habitus ganz beträchtlich genähert. wie man sich bei Betrachtung der Figur 5 überzeugen kann. Hier sieht man nämlich eine Geschmacksknospe, die der ovoiden Form sich genähert hat und einen sog. Geschmacksporus besitzt, überdies eine Differenzirung in die verschiedenen Zellelemente erkennen lässt.

Wie entsteht nun der sog. Geschmacksporus? Soweit ich ermitteln konnte, ist die einzige Angabe über den Bildungsmodus desselben diejenige von Ranvier.[1]) Dieser Autor glaubt, dass die beinahe konstant im Innern der Geschmacksknospen sich befindenden Leukocyten bei ihrer Durchwanderung nach aussen eine wichtige Rolle für die Bildung des Geschmacksporus spielen. Ich kann eben so wenig wie Hermann[2]) diese Annahme Ranvier's für begründet erklären.

Bei Durchmusterung meiner diesbezüglichen Präparate bin ich zu einer Auffassung betreffs der Entwicklung des Geschmacksporus gekommen. die, wie ich glaube, auch die richtige ist. Die Figuren 2, 8, 9 und 10 erläutern uns den Verlauf dieses Entwicklungsprocesses. Bevor ich indessen zu einer Beschreibung desselben übergehe, will ich hervorheben, dass man nach der Annahme Hermann's, welcher ich mich anschliesse, an dem sog. Geschmacksporus drei Abschnitte zu unterscheiden hat, nämlich 1. den äusseren Geschmacksporus 2. den inneren Geschmacksporus und 3. den diese beiden Pori verbindenden Poruskanal. Die in dieser Hinsicht soeben erschienenen Untersuchungen von Ebner's,[3]) nach welchem Autor ein grubenförmiger Hohlraum sich an der Spitze des Geschmacksbulbus unter dem Geschmacksporus befinden soll. habe ich nicht bestätigen können. Nun zur Sache! Die Figur 2 zeigt uns dasjenige Stadium der Knospenentwickelung, in welchem die Basalzellen bis zur freien Fläche des Epithels emporgerückt sind; sie sind nun ca. 70 μ lang und haben somit beinahe ihre definitive Länge erreicht, die zwischen 70 μ und 80 μ wechselt. Von einem Geschmacksporus giebt es auf diesem Stadium so gut wie gar nichts; nur durch eine winzig kleine Vertiefung des Epithels im Bereiche der Geschmacksknospenspitzen wird derselbe

---

[1]) Ranvier, Technisches Lehrbuch der Histologie. Lief. 6.

[2]) Hermann, Studien über den feineren Bau des Geschmacksorgans. Sitzungsb. d. math. phys. Kl. d. Akad. der Wissenschaften zu München. Bd. XVIII S. 277.

[3]) V. v. Ebner, Ueber die Spitzen der Geschmacksknospen: aus d. Sitzungsb. d. kaiserl. Akad. der Wissenschaften in Wien. Mathem.-naturw. Klasse; Bd. CVI. Abth. III. S. 73.

angedeutet. In den Figg. 8 und 9 hat diese kleine Vertiefung sich beträchtlich vergrössert; dies geschieht dadurch, dass das zur Seite des Geschmacksbulbus gelegene Epithel fortwährend an Dicke zunimmt, während die Zellen des Geschmacksbulbus ihr Wachsthum in die Länge fast abgeschlossen haben. Dieses ungleiche Wachsthum der Bulbuszellen und des angrenzenden Epithels hat das Entstehen einer trichterförmigen Bildung (Fig. 10) zur Folge, die wir von nun an als den sog. Geschmacksporus zu bezeichnen haben und an welcher wir einen grösseren äusseren Porus (Fig. 10 a), einen Poruskanal (Fig. 10 b) und einen kleineren, von den Spitzen der Pfeilerzellen begrenzten inneren Porus (Fig. 10 c) unschwer unterscheiden können.

In phylogenetischer Hinsicht beansprucht dieser Entwicklungs-process, wie es mir scheint, ein besonderes Interesse, indem er uns zeigt, dass der sog. Geschmacksporus der höheren Wirbelthiere sich von einer einfacheren Bauform der Knospenspitzen ableiten lässt, der wir an den „Sinnesknospen“ niederer Wirbelthiere begegnen. Es giebt nämlich, wie F. Leydig[1]) und F. Maurer[2]) berichten, an den „Sinnes-knospen“, den sog. Becherorganen der Fische, gar keinen Geschmacks-porus im gewöhnlichen Sinne; dagegen haben die erwähnten Autoren an den Spitzen der „Becherorgane“ eine kleine Vertiefung des Epithels häufig gesehen, die derjenigen homolog ist, die wir an den Spitzen der zuerst entstandenen Geschmacksknospen des Menschen beobachtet haben; bei jenen persistirt dieses Grübchen, bei diesem wandelt es sich durch Wucherung des umgebenden Epithels in den sog. Geschmacks-porus um.

Die die Geschmacksknospen zusammensetzenden Zellen zeigen in mehreren Fällen noch denselben Charakter und haben ein reichliches lichtes Protoplasma und grosse langgestreckte Kerne. In etwas mehr entwickelten Knospen dieser Zunge (vom 21,3 cm langen Fötus) habe ich eine Differenzirung in verschiedenen Zellarten beobachtet. Ich sah nämlich ausser den oben erwähnten in ihrem Charakter völlig indifferenten Zellen, theils 1) mehr schlanke und mit stärker gefärbten, stäbchenförmigen Kernen versehene Zellen, die noch in geringer Anzahl auftreten; sie sind zweifelsohne als Sinneszellen. (Neuroepithelzellen, Geschmackszellen, Stiftzellen, Schmeckzellen) zu deuten (Fig. 5 b); theils, 2) protoplasmareichere grosse Zellen, die einen grossen, runden Kern hatten und die muthmasslich mit denjenigen Zellen der voll-gereiften Geschmacksknospen homolog waren, die Hermann als „Pfeilerzellen“ bezeichnet hat (Figg. 4 und 5 p); sie lagen theils im Centrum der Knospen, theils mehr peripher; theils, 3) einige basal-

---

[1]) F. Leydig, Ueber das Integument und die Hautsinnesorgane der Fische in Zoolog. Jahrbüch. Abth. für Anatomie etc. Bd. VIII. Jena 1895.

[2]) F. Maurer. Die Epidermis und ihre Abkömmlinge. Leipzig 1895.

wärts von den Geschmacksknospen gelegene Zellen, die mehrere Protoplasmafortsätze hatten, durch welche sie sich mit den angrenzenden Basalzellen wie auch mit den darüberliegenden Zellen zu verbinden schienen; es ist wohl gar kein Zweifel, dass diese Zellen den „Basalzellen" HERMANN's entsprechen (Fig. 5 d). Ob es auf diesem Stadium auch die „Stabzellen" HERMANN's giebt, davon habe ich mich nicht überzeugen können.

An der Peripherie der Geschmacksknospen bemerkte ich schliesslich einige flachgedrückte Epithelzellen mit stark tingirten Kernen (Figg. 4 und 5 c). Diese extrabulbären Zellen — ich möchte sie so nennen, — die in späteren Stadien der Knospenentwicklung in grösserer Menge vorkommen, haben vielleicht eine stützende Funktion für die Geschmacksknospen selbst.

Bemerkenswerth ist, dass wir schon auf diesem Stadium des intrauterinen Lebens (im fünften Monate) Geschmacksknospen finden, die in Betreff ihres Baues dem der vollgereiften Geschmacksknospen sehr nahe stehen.

Die EBNER'schen Drüsenanlagen hatten sich reichlich verzweigt und waren tief in das Muskelgewebe gedrungen; ihr Lumen war hie und da gut entwickelt.

Die Zunge eines 24,5 cm langen Fötus (am Ende des fünften Monats) hatte sieben Papillae circumvallatae, die dieselbe Entwickelungsstufe zeigten, wie die der vorigen Zunge; dasselbe gilt auch in Betreff der Geschmacksknospen, die hier auf den Seitenflächen der Papillae circumvallatae in grösserer Menge als auf denselben Stellen der vorigen Zunge vorkamen, ohne dass man doch eine Reducirung in der Knospenzahl auf den oberen Flächen bemerken konnte.

Auf den Papillae circumvallatae (in diesem Falle sieben) eines 39,5 cm (am Ende des siebenten Monats) langen Fötus fand ich viele Geschmacksknospen auf verschiedenen Stadien der Entwicklung (Figg. 2 und 7); die am meisten entwickelten Knospen zeigten uns sehr deutlich die vorher erwähnten Zellarten. Die „Stabzellen" HERMANN's habe ich aber nicht entdecken können. Die ovoide Form trat uns hier mehr markirt entgegen. Die Knospen kamen in etwa gleicher Anzahl auf den seitlichen wie auf den oberen Flächen der Papillen vor. Die EBNER'schen Drüsen waren noch nicht ganz entwickelt.

Die Zunge eines 46,3 cm langen Fötus (ca. neun Monate alt) hatte sieben, die eines 48 cm langen neugeborenen Kindes neun Papillae circumvallatae. Die Wälle waren gut makroskopisch wahrnehmbar; auch seichte Gräben konnte ich beobachten. Bei mikroskopischer Betrachtung erkannte ich jedoch, dass die Herausdifferenzirung derselben nicht ganz beendigt war.

Die Knospenanlagen dieser beiden Zungen boten im Allgemeinen dasselbe Aussehen dar, wie die der vorigen Zungen von den 21,3 cm,

24,5 cm und 39,5 cm langen Föten. Ihre Anzahl war aber hier auf
den oberen Papillenflächen beträchtlich reducirt. In mehreren Geschmacksknospen konnte ich regressive Veränderungen beobachten, die
hauptsächlich die Knospen der oberen Papillenflächen zu betreffen
schienen. Ich bemerkte nämlich, wie die periphere Begrenzung mehrerer
Knospen theilweise verschwunden war, wie die Grenzen der Knospenzellen gegen einander hie und da verwischt waren, indem das Protoplasma derselben körnig zu zerfallen begonnen hatte. Ausserdem waren
die Zellkerne in grösserer oder minderer Anzahl ein wenig geschrumpft
und boten ein zackiges Aussehen dar, mitunter auch ein vermindertes
Tinktionsvermögen (Figg. 15—17). In einigen Fällen konnte ich um
die verschrumpften Kerne eine stärkere Körnchenansammlung wahrnehmen, die an diejenige erinnert, die HERMANN in degenerirenden
Knospenzellen beschrieben und abgebildet hat (Fig. 17).

Zuweilen erhielt ich den Eindruck, als wären zahlreiche Leukocyten in die Geschmacksknospen eingedrungen und hätten das Zerfallen derselben veranlasst (Fig. 16). Nicht so selten bemerkte ich,
wie grosse Mengen von Leukocyten sich unter einem Geschmacksbulbus
angesammelt hatten und in Begriff zu sein schienen, in denselben ein-
zudringen (Figg. 6 und 7).

Die zerfallenen Geschmacksknospen werden durch die Wucherung
des Epithels nach der oberen Epithelfläche geführt und hier abge-
stossen.

Die Figur 17 beansprucht ein besonderes Interesse. Wir sehen
hier einen Geschmacksbulbus, der zu der freien Fläche des Epithels
emporgerückt ist. Er zeigt die oben erwähnten regressiven Veränderungen seiner Elemente und ist wohl ohne Zweifel als ein sich zurück-
bildender Geschmacksbulbus zu deuten. Nach unten von diesem Bulbus
sehen wir weiter eine grosse Herabsenkung des Epithels in das Stratum
proprium und in dieser Herabsenkung einige lange, spindelförmige
Zellen, die wir als Vorstufe der Geschmacksknospenentwicklung zu betrachten gelernt haben. Ob diese Neubildung der Geschmacksknospen
basalwärts vom zurückgebildeten Bulbus eine normale Erscheinung ist
oder nicht, ist noch zu entscheiden; ich habe dieselbe nur in dem oben
erwähnten Falle mit voller Sicherheit konstatiren können, glaube aber
doch dieselbe auch in einigen anderen Fällen gesehen zu haben.

Die Herausdifferenzirung der EBNER'schen Drüsen war noch nicht
ganz beendigt.

Auf der Zunge eines 56 cm langen Kindes sah ich sieben gut entwickelte Papillae circumvallatae. Ganz abgeschlossen war aber die
Entwicklung der Papillae circumvallatae und die ihrer Adnexa noch
nicht, was aus der mikroskopischen Betrachtung eines Schnittes dieser
Zunge hervorgeht. Die sekundären Papillen waren nur angedeutet,

einzelne Gräben waren theilweise mit Epithelzellen gefüllt; und hie und da schienen die ERNER'schen Drüsen nicht völlig entwickelt zu sein.

Die Anzahl von Geschmacksknospen war auf den oberen Papillen-flächen bedeutend reducirt; nur einzelne Geschmacksknospen fand ich an diesen Stellen und diese Knospen waren im Allgemeinen in Rück-bildung begriffen. Dagegen waren die auf den seitlichen Flächen der Papillen wie auch die auf den den Papillen zugewandten Seiten der Wälle sitzenden Geschmacksknospen überhaupt gut entwickelt. Be-sonders an Querschnitten erkannte ich unschwer die verschiedenen Zell-arten: „Neuroepithelzellen", „Pfeilerzellen", „Basalzellen" und die extrabulbären Zellen; nur die „Stabzellen" HERMANN's konnte ich nicht entdecken (Figg. 11—14). Auch den gestrichelten Rand des inneren Geschmacksporus, den Härchenkranz SCHWALBE's, sowie die in den inneren Geschmacksporus hineinragenden Stiftchen glaube ich hier gesehen zu haben.

Folgende Tabelle zeigt uns die Wachsthumsverhältnisse der Ge-schmacksknospen:

	Breite der Knospen	Länge der Knospen
Menschlicher Fötus von 16,7 cm Gesammtlänge	20—32 μ	40 μ
„ „ 20 „ „	30 μ	40 μ
„ „ 21,3 „ „	36—64 μ	50—70 μ
„ „ 24,5 „ „	30—42 μ	70—80 μ
„ „ 39,5 „ „	40·50 μ	60—80 μ
„ „ 46,3 „ „	50 μ	80 μ
„ „ 48 „ „	50 μ	70—80 μ
Neugeborenes Kind „ 56 „ „	40 μ	70—80 μ

Bemerkenswerth ist, dass die grössten Knospen nicht immer die am meisten entwickelten sind.

III. Zusammenfassung.

1. Der Mutterboden, aus welchem sich die Papillae circum-vallatae herausdifferenziren, wird von zwei schräg gestellten Schleim-hautleistchen gebildet, die sich auf dem hinteren Theile des Zungen-körpers befinden und die, in der Medianebene zusammentreffend, einen nach vorn offenen Winkel bilden. Dadurch, dass das diese Leistchen bekleidende Epithel zu proliferiren und in Form einfacher Einstülpungen in das Stratum proprium hineinzuwachsen beginnt, werden die Leist-chen in eine Anzahl von Abschnitten zerlegt, von welchen einige, die von nach unten etwas konvergirenden Epithelflächen begrenzt sind, die primitiven Papillae circumvallatae darstellen.

2. Die Wälle entstehen aus seitlichen cirkumskripten Einstülpungen, die von den erwähnten Epitheleinstülpungen ausgehen und die lateral-wärts von diesen in das Stratum proprium hineinwachsen; in diese Ein-

stülpungen dringt dann das Stratum proprium spitz ein, das Epithel
vor sich treibend, und bewirkt dadurch auf der freien Schleimhautfläche
eine kleine, die Papille umgebende Erhabenheit, die sich bei makro-
und mikroskopischer Betrachtung als der sog. Wall dokumentirt.

3. Die Wallgräben gehen aus feinen, in den erst entstandenen
Epitheleinstülpungen sich entwickelnden und später mit einander kon-
fluirenden Spalten hervor.

4. Die Ebner'schen Drüsen werden als solide Epitheleinstülpungen angelegt, die von den unteren Enden der erst entstandenen Einstülpungen lateralwärts von diesen abgeben. Später erhalten sie durch
Zerfallen ihrer centralgelegenen Zellen ein Lumen.

5. Die Entwicklung der Geschmacksknospen variirt in betreff der
Zeit, in welcher diese Entwicklung beginnt, beträchlich bei den verschiedenen Individuen; sie ist eine sehr ungleichmässige und scheint
nicht zu derjenigen der Papillen in strenger Relation zu stehen; wenig
entwickelte Papillen können bisweilen mehr differenzirte Knospen zeigen,
als mehr entwickelte Papillen.

Der Geschmacksnerv scheint sehr früh — schon bei Beginn der
Geschmacksknospenentwicklung — mit den Stellen des Epithels in
Verbindung zu stehen, an welchen diese Entwicklung beginnt; wahr-
scheinlich steht er auch in direkter Beziehung zu derselben.

Die Geschmacksknospenanlagen treten anfangs einzeln hie und da
auf und zeigen keinen besonderen Lokalisationsort; auch auf den seitlichen Flächen der Papillen scheinen sie früh angelegt zu werden.
Später begegnen wir den Geschmacksknospen in grösserer Menge auf
den oberen Papillenflächen, um noch später in ihrer Anzahl an diesen
Stellen reducirt und auf den seitlichen Flächen wie auch auf den
den Papillen zugewandten Flächen der Wälle vergrössert zu werden.

Die erste Anlage der Geschmacksknospen wird von spindelförmig
modificirten Basalzellen gebildet; diese wachsen unter zunehmender
gegenseitiger Konvergenz ihrer äusseren Spitzen gegen die freie Epithelfläche empor; sie bewirken dadurch einerseits eine Auflockerung des
überliegenden Epithels, dessen Elemente zur Seite und nach oben gedrängt werden, andrerseits eine kleine Herabsenkung der unteren
Epithelfläche gegen das Stratum proprium. An dieser Stelle beginnt
die Begrenzung zwischen Epithel und Stratum proprium nach und
nach undeutlicher zu werden, bis sie schliesslich ganz verschwindet.

Die Knospenzellen, die anfangs von gleichem Aussehen sind und
nichts Specifisches unter sich darbieten, nehmen an Anzahl zu und
schliessen sich inniger zusammen. Die ursprünglich nur einen Zell-
komplex bildenden Knospenanlagen beginnen eine konische Form zu
erhalten, die konische Form wandelt sich in eine ovoide um; gleichzeitig mit diesen Formveränderungen der Geschmacksknospen erfolgt
eine Differenzirung in die verschiedenen Zellarten der Knospen. Man

kann nun 1. die „Neuroepithelzellen", 2. die in dem Centrum und in der Peripherie der Geschmacksknospen sich befindenden „Pfeilerzellen" sowie auch 3. die basalwärts von den Knospen gelegenen, verzweigten „Basalzellen" von einander unschwer unterscheiden. Dieser Differenzirungsprocess wird wahrscheinlich von dem Eintreten des Geschmacksnerven in die Knospen und von seiner Verzweigung innerhalb derselben beeinflusst.

Um die Geschmacksknospen legen sich stark abgeplattete Epithelzellen, die ich extrabulbäre nennen möchte; vielleicht haben sie eine stützende Funktion für die Geschmacksknospen selbst (?).

6. Der Geschmacksporus wird in folgender Weise gebildet. Da die Bulbuszellen bis zur freien Fläche des Epithels emporgewachsen sind, haben sie auch ihre definitive Länge fast erreicht; das angrenzende Epithel dagegen wächst fortwährend in die Dicke; dies hat zur Folge, dass ein kleines Grübchen entsteht, welches sich durch fortgesetzte Wucherung des umgebenden Epithels immer mehr vertieft und schliesslich in eine kanalförmige Bildung übergeht, die wir als den sog. Geschmacksporus erkennen. Die Entstehungsweise des sog. Geschmacksporus hat ihr besonderes Interesse, indem sie uns zeigt, wie der Geschmacksporus der höheren Wirbelthiere sich aus einem einfacheren Bau der Geschmacksbulbusspitzen ausbildet, der den „Sinnesknospen" einiger niederer Wirbelthiere eigen ist; hier fehlt nämlich ein Geschmacksporus im gewöhnlichen Sinne, dagegen giebt es im Bereiche der Sinnesknospenspitzen eine kleine Vertiefung des Epithels, die derjenigen völlig gleicht, aus welcher der Geschmacksporus der höheren Wirbelthiere hervorgeht.

7. Viele Geschmacksknospen gehen während der letzten Zeit des intrauterinen Lebens durch eine regressive Metamorphose zu Grunde, und zwar trifft dieser Process die auf den oberen freien Papillenflächen sitzenden Geschmacksknospen, dagegen nicht oder sehr wenig die der seitlichen Flächen.

8. Eine Neubildung von Geschmacksknospen nach unten von zurückgebildeten glaube ich in einigen Fällen gesehen zu haben.

Erklärung der Abbildungen auf Tafel XI u. XII.

Sämmtliche Figuren sind, wo nichts Anderes angegeben wird, vermittelst der Abbe'schen Camera bei folgender Linsenkombination gezeichnet: Leitz Oc. 1. Obj. 6.

Fig. 1. Frontalschnitt durch eine Pap. circumvallata eines 11 cm langen menschlichen Embryo.
  a. Stelle, an welcher die Bildung der Geschmacksknospen beginnt.
  b. Bindegewebszellen.

Fig. 2. Frontalschnitt durch eine Pap. circumvallata eines 39,5 cm langen menschlichen Fötus.
  a. Die Zellen einer sehr jungen Geschmacksknospenanlage.
  b. Bindegewebszellen.

Fig. 3a. Frontalschnitt durch eine Papilla circumvallata eines 16,7 cm langen menschlichen Fötus.
  a. Geschmacksbulbusanlage an der lateralen Seite der Papille sitzend.

Fig. 3b. Quergetroffener Geschmacksbulbus eines 16,7 cm langen menschlichen Fötus.
  a. Geschmacksbulbuszellen.
  b. Zellen des angrenzenden Epithels.

Fig. 4. Frontalschnitt durch eine Papilla circumvallata eines 21,3 cm menschlichen Fötus. Der abgebildete Geschmacksporus sass auf der lateralen Seite der Papille.
  a. Zellen indifferenter Natur.
  c. Extrabulbäre Zellen.
  d. Basalzellen.
  e. Geschmacksporus.
  f. Pfeilerzellen.

Fig. 5. Frontalschnitt durch eine Papilla circumvallata eines 21,3 cm langen menschlichen Fötus. Der abgebildete Bulbus sass auf der oberen Seite der Papille. Leitz Oc. 3. Obj. hom. Imm. $\frac{1}{12}$.
  b. Neuroepithelzelle.

c. Extrabulbäre Zellen.

d. Basalzellen.

e. Geschmacksporus mit den in denselben hineinragenden Stiftchen.

p. Pfeilerzellen.

Fig. 6. Frontalschnitt durch eine Papilla circumvallata eines 48 cm langen menschlichen Fötus.

a. Zellen indifferenter Natur.

b. Neuroepithelzellen.

c. Extrabulbäre Zellen.

d. Basalzellen.

l. Leukocyten.

p. Pfeilerzellen.

Fig. 7. Frontalschnitt durch eine Papilla circumvallata eines 39,5 cm langen menschlichen Fötus; der abgebildete Bulbus sass auf der seitlichen Fläche der Papille.

a. Zelle indifferenter Natur.

b. Neuroepithelzellen.

c. Extrabulbäre Zellen.

d. Basalzellen.

e. Geschmacksporus.

l. Leukocyten.

p. Pfeilerzellen.

Fig. 8. Die Spitze eines Geschmacksbulbus eines 21,3 cm langen menschlichen Fötus. Leitz Oc. 3. Obj. hom. Imm. $\frac{1}{12}$.

a. Die grübchenförmige Andeutung des Geschmacksporus.

Fig. 9. Die Spitze eines Geschmacksbulbus eines 21,3 cm langen menschlichen Fötus. Leitz Oc. 3. Obj. hom. Imm. $\frac{1}{12}$.

a. Geschmacksporusanlage.

Fig. 10. Die Spitze eines Geschmacksbulbus eines 21,3 cm langen menschlichen Fötus. Leitz Oc. 3. Obj. hom. Imm. $\frac{1}{12}$.

a. Aeusserer Geschmacksporus.

b. Poruskanal.

c. Innerer Geschmacksporus.

Fig. 11—14. Querschnitte durch die Geschmacksknospen eines 56 cm langen Kindes. Die Schnitte haben die Geschmacksknospen in verschiedener Höhe getroffen. In der Fig. 11 ist die Bulbusspitze, in der Fig. 12 das obere Drittel, in den Figg. 13 und 14 das mittlere Drittel eines Geschmacksbulbus getroffen. Leitz Oc. 3. Obj. hom. Imm. $\frac{1}{12}$.

b. Neuroepithelzellen.

c. Extrabulbäre Zellen.

h. Innerer Geschmacksporus mit dem Härchenkranz Schwalbe's.

p. Pfeilerzellen.

s. Stiftchen.

Fig. 15. Frontalschnitt durch eine Papilla circumvallata eines 48 cm langen menschlichen Fötus. Der abgebildete Geschmacksbulbus sass auf der oberen Fläche der Papille. Leitz Oc. 3. Obj. hom. Imm. $\frac{1}{12}$

a. Regressive Metamorphose der Pfeilerzellen.

b. „ „ „ Neuroepithelzellen.

d. „ „ „ Basalzellen.

Fig. 16. Frontalschnitt durch eine Papilla circumvallata eines 48 cm langen menschlichen Fötus. Der abgebildete Bulbus sass auf der oberen Fläche der Papille.

v. Zurückgebildete Bulbuszellen.

l. Leukocyten.

Fig. 17. Frontalschnitt durch eine Papilla circumvallata eines 46,3 cm langen menschlichen Fötus; die seitliche Fläche der Papille ist abgebildet. Feinere Verhältnisse sind bei folgender Linsenkombination gezeichnet: Leitz Oc. 3. Obj. hom. Imm. $\frac{1}{12}$.

a. Zurückgebildeter Geschmacksbulbus.

k. Eine Körnchenansammlung um einen verschrumpften Kern.

u. Neubildung eines Geschmacksbulbus.

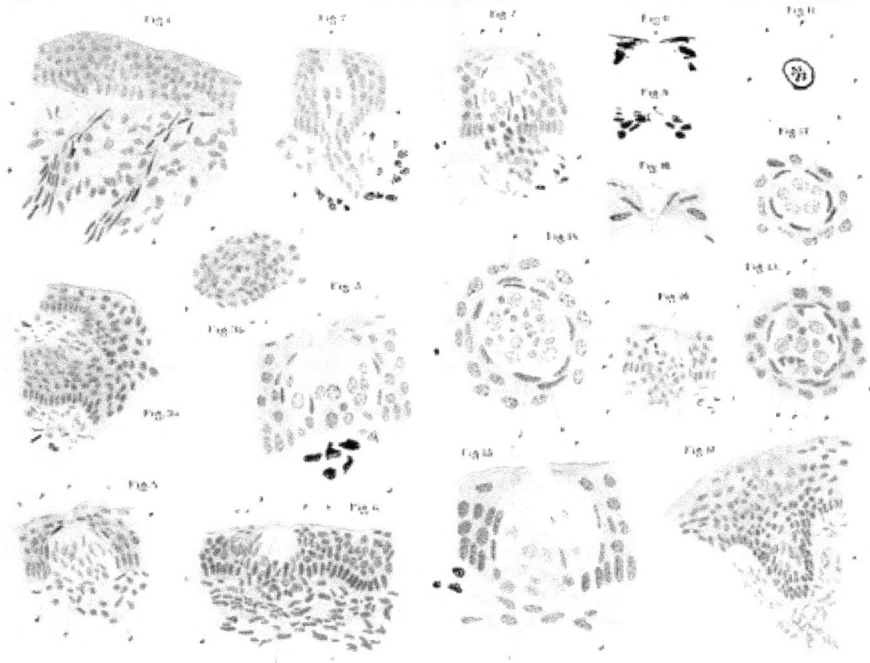

Fig. 4.   Fig. 7.   Fig. 7.   Fig. 9.   Fig. 11.

Fig. 8.

Fig. 10.

Fig. 12.

Fig. 5.

Fig. 3a.

Fig. 14.   Fig. 16.   Fig. 13.

Fig. 3b.

Fig. 5.   Fig. 6.   Fig. 15.   Fig. 17.

Ueber einen Fall von linksseitigem angeborenen Zwerchfellsdefekt

(Hernia diaphragmatica congenita spuria sinistra)

mit besonderer Berücksichtigung der Bauchfellanomalieen.

(Aus dem anatomischen Institut der Universität Strassburg i. Els.)

Von

Dr. Ernst Schwalbe,

II. Assistent am anatomischen Institut zu Strassburg i. Els.

Hierzu Tafel XIII und XIV.

Die Entwicklung des muskulösen Zwerchfells der Säugethiere ist noch nicht in wünschenswerther Weise klar, ebenso wenig ist man über die Bildung der Mesenterien und Netze zu einem abschliessenden Ergebniss gelangt. Die Forscher, welche sich mit diesen Aufgaben beschäftigt haben, betonen übereinstimmend die Wichtigkeit der genauen Beschreibung menschlicher abnormer Bildungen, der kongenitalen Defecte beziehentlich Lageänderungen des Zwerchfells und der Mesenterien. Ich nenne beispielsweise Uskow, [1] der die Entwicklung des Zwerchfells untersuchte, Toldt [2] und Klaatsch, [3] die in neuerer Zeit von verschiedenen Gesichtspunkten ausgehend die Morphologie der Mesenterien und Netze studirten, von älteren Autoren vor Allem den ausgezeichneten Wenzel Gruber [4]), dessen Fleiss uns auch auf diesem Gebiete mit mehreren vortrefflichen kasuistischen Darstellungen bedacht hat. So wird auch der Fall, den ich weiterhin beschreiben werde, nicht nur dem pathologischen Anatomen, sondern auch demjenigen, der sich mit Entwicklungsgeschichte oder vergleichender Anatomie beschäftigt, ein hinreichendes Interesse gewähren. Wenn über Mesenterialbildungen so

---

[1]) Literaturverzeichniss 1883.
[2]) 1888.
[3]) 1895.
[4]) 1869.

verschiedene Meinungen der Autoren bestehen, wie thatsächlich vorhanden sind — ein kurzer Hinweis auf die sich gegenüber stehenden Anschauungen von Toldt und Klaatsch genüge — wenn wir so viel Lücken unseres Wissens uns eingestehen müssen, wie vor Allem bei der Lehre von der Entwicklung des Zwerchfells, dann kann bei Veröffentlichung eines, wenn auch eigenartigen, Falles füglich nicht verlangt werden, dass alle die Abnormitäten desselben sich mit bekannten Erscheinungen werden in Zusammenhang bringen lassen. Ebenso kann die Beschreibung eines einzelnen Befundes nur in sehr beschränkter Weise zur Stütze einer bestimmten Theorie dienen. Dennoch glaube ich, dass durch solche Erwägungen das Interesse des einzelnen Falles nicht beeinträchtigt wird und dass man die Veröffentlichung auch ohne selbstständige Studien zur Entwicklungsgeschichte und vergleichenden Anatomie der betreffenden Organe billigen wird. Ein rein kasuistisches Interesse wird schon durch die Seltenheit bedingt.

Das mir vorliegende Präparat ist schon über 2 Jahr alt. Herr Prof. G. Schwalbe fand die Abnormität, als er einen normalen Kindersitus fixiren wollte. Er liess den Körper vor der Eröffnung mit Chromsäure injiciren. Für die Ueberlassung des Materials sowie für die Anregung zur Veröffentlichung sage ich Herrn Prof. G. Schwalbe meinen herzlichsten Dank.

Ich wende mich sofort zur Beschreibung. Es handelt sich um ein neugeborenes, männliches Kind. Irgend welche klinischen Notizen konnte ich nicht mehr erlangen, ausser der etwas unbestimmten Angabe, dass das Kind sofort nach der Geburt gestorben sei, vielleicht auch schon tot zur Welt kam.

Das mir vorliegende Präparat stellt nur den bereits eröffneten Rumpf des Kindes dar.

Die Länge beträgt vom Damm bis zum Körper des durchtrennten Halswirbels (3. Halswirbels) 26,1 cm an der Vorderseite gemessen. Vom Steiss bis zum Halswirbel, an der Rückenfläche gemessen 24,6 cm. Der Abstand der Spinae iliac. von einander beträgt 8,0 cm, derselbe zwischen den Acromia 12,5 cm. Ich gebe diese Maasse, um eine ungefähre Vorstellung der Grössenverhältnisse zu ermöglichen. Wenn ich hinzufüge, dass die Körpermuskulatur, wie man an den Stumpfen der oberen und unteren Extremitäten erkennen kann, eine sehr starke war, so wird man zugeben, dass das Kind für ein Neugeborenes sehr wohl entwickelt ist.

Betrachten wir nun die Fig. 1 der Tafel. Das Sternum (St.) ist, nachdem die Sternoclaviculargelenke durchschnitten waren, nach oben umgelegt, die Brustwand möglichst weit auseinandergezogen. Auf den ersten Blick fällt der völlig abnorme Situs auf. Wir wollen auch in diesem Falle als Brusthöhle die Höhle über der rechten Zwerchfellshälfte und den entsprechend grossen Raum auf der linken Seite bezeichnen, einen Raum, der hier links allerdings nicht durch Zwerchfell kaudalwärts abgeschlossen ist. Dann sehen wir, dass in der Brusthöhle am weitesten nach rechts und nach hinten die rechte Lunge (r. L.) liegt, weiter nach vorn und links folgt ein häutiger Sack, der deutlich vom Zwerchfell gesondert ist, offenbar festen Inhalt hat und sich etwas schräg von links oben nach rechts unten bis zum Diaphragma erstreckt (Th + Peric.). Derselbe enthält in seinem oberen Theil Thymus, in seinem unteren vom oberen gänzlich getrennten Theil das Herz. Oben lagert sich nach links an diesen Sack die linke Lunge (l. L.), weiter nach unten ein grosser Leberlappen (H_2). Dieser Leberlappen füllt den grössten Theil der linken Brusthöhle aus. Am meisten nach links in der Brusthöhle liegen Darmschlingen, ob Colon oder Jejunum, wollen wir vorläufig unentschieden lassen.

Gehen wir nun weiter kaudalwärts auf unserer Abbildung. An der rechten Seite ist wohl ausgebildetes muskulöses Zwerchfell vorhanden; fast auf der ganzen linken Seite dagegen fehlt das Diaphragma. Nur ein halbmondförmig ausgezogener Zipfel (h. D.) erstreckt sich nach der linken Seite hinüber, der jedenfalls an den Rippen des linken Brustkorbs inserirte.

In der Bauchhöhle sehen wir den grössten Theil der ausserordentlich voluminösen Leber (H_1) mit der Gallenblase (G. B.) und einem schräg von oben rechts nach unten links verlaufenden Band (L. s.). An der lateralen Begrenzung des Bandes findet sich ein weitklaffendes Gefässlumen (bei x_1). Das Gefäss zieht an der lateralen, linken Begrenzung des Bandes an die linke Leberkante (nach f) und setzt sich auf die Unterseite der Leber fort. Ohne Zweifel entspricht das geschilderte Band, das sicher zum Nabel zog, auf der Strecke zwischen x und x_1 dem Ligam. suspensorium, während die lateralen Grenzzüge mit dem weiten Gefässe das künftige Ligam. teres darstellen.

Wie wir weiterhin auf der Figur erkennen, liegt in der Bauchhöhle noch Darm, an welchem besonders unmittelbar hinter der Blasengegend (die Blase ist nicht dargestellt) zwei grosse Dickdarmschlingen (C und C_1) auffallen. Ohne irgend welche Verschiebung ist der Processus vermiformis sichtbar (P. v.) und zwar an einer sehr ungewöhnlichen Stelle, in der linken Unterbauchgegend.

Hervorzuheben ist noch der tiefe Einschnitt, welcher Brusttheil und Bauchtheil der Leber von einander scheidet. In diesen passt die linke halbmondförmige Sichel des Zwerchfells, wie aus der Figur leicht klar wird.

Das sind die Verhältnisse, wie sie ohne weiteres aus dem ersten Bilde erhellen.

Auf dem Bilde konnten zwei Thatsachen nicht angedeutet werden, die am Präparate nachweisbar sind. Spannt man die linke Lunge ein klein wenig an, so sieht man an ihrem kaudalwärts und nach links ge-

richteten vorderen Rand (bei ⊃ *E*) eine anomale Einkerbung, eine Andeutung einer abnormen Lappenbildung. Brust und Bauchwand sind
kontinuirlich mit Serosa ausgekleidet, um den halbmondförmigen Zipfel
des Zwerchfells schlägt sich die Serosa der Bauchwand zur Serosa des
Pericards um. Auf der vorderen Fläche des Pericards nun (*Peric.*)
findet sich eine deutliche, wohl abzupräparirende Membran aufgelagert.
Diese erstreckt sich auch noch auf den häutigen Sack, in welchem die
Thymus liegt. Die Membran ist vorwiegend bindegewebig, doch lassen
sich, zumal im unteren Theil auf dem Pericard auf's Deutlichste
Muskelzüge unterscheiden, die sich kontinuirlich von dem Zwerchfell
auf die Membran fortsetzen. Kranialwärts werden diese Muskelzüge
schwächer, sind jedoch auch noch in dem der Thymus aufgelagerten
Theil der Membran nachweisbar.

Einer besonderen Erwähnung bedarf noch das Verhalten der Nervi
phrenici. Beide sind in vollkommen ausgebildetem Zustande vorhanden. Der Abgang des rechten Nervus phrenicus war nicht mehr
zu präpariren, da er bei der Injection der Chromsäure in die A. subclavia
durchschnitten worden war, dagegen war der linke Nervus phrenicus
völlig darstellbar. Der rechte Nervus phrenicus bietet in seinem Verlauf
keine Besonderheiten. Er ist auf der rechten Seite des Pericardiums
sichtbar, durch die Verschiebung des Herzens auch nach rechts und
etwas nach hinten verschoben. — Er begiebt sich in gewöhnlicher
Weise zur rechten Hälfte des Zwerchfells. — Der linke Nervus phrenicus ist in seinem pericardialen Verlauf sehr deutlich zu sehen. Er
liegt an der linken Seite des Pericardiums ziemlich nahe dem vorderen
linken Rand desselben. Er verläuft also erst zwischen Pericardium und
linker Lunge dann zwischen Pericardium und Brustleberlappen. Er begiebt sich zu der beschriebenen Umschlagsfalte des Zwerchfells.

Betrachten wir nun Fig. 2. Um das Bild der Fig. 2 zu erhalten,
haben wir die Leber abgehoben und nach rechts hinüber gezogen. So
sehen wir die von der Leber bedeckten Eingeweide. Der Magen (*M.*)
liegt ganz in der Brusthöhle. Das sich anschliessende Duodenum (Dd.)
zieht etwa der Mittellinie entsprechend senkrecht zur Bauchhöhle hinab
und reicht bis in die Gegend der Gallenblase. Hier biegt es um und
geht in das Jejunum über, wie wir weiterhin sehen werden. — Parallel mit dem Magen und Duodenum zieht ein Stück des Dickdarms,
das dem Colon transversum (*C. t.*) entspricht, obgleich der Name in
diesem Falle nicht passt.

Der Fundustheil des Magens ist sehr gross und nach rechts vorgewölbt. Hebt man die rechte Lunge etwas in die Höhe, so trifft
man hinter derselben, also ganz im rechten Pleuraraum auf einen
serösen Sack, der in den rechten Pleuraraum kugelförmig vorgewölbt
ist. Dieser seröse Sack enthält den Fundus des Magens und einen
Theil der Milz.

Zu der Milz gelangt man, wenn man den Magen in die Höhe hebt. Sie liegt ganz in der Brusthöhle. zum kleineren Theil auf der linken. zum grösseren auf der rechten Seite und hier in dem eben erwähnten Serosasack. Sie ist auf Fig. 2 natürlich vom Magen verdeckt. Zum Theil schiebt sie sich auch noch unter die Leber. Wenn man an der Stelle. welche von der kleinen Curvatur des Magens und dem Anfangstheil des Duodenums eingeschlossen wird (auf der Figur bei *F. F.*). die Serosa abhebt. so gelangt man zum Lobulus Spigelii der Leber. Spaltet man die hinter diesem Lebertheil gelegene Serosa. so gelangt man zum unteren Theil der Milz. — Eine kleine, kaum linsengrosse Nebenmilz findet sich ventral von der Hauptmilz zwischen dieser und Magen etwas nach links vom Ligam. gastrolienale. Sie liegt in einem serösen Blatt. das unmittelbar in die hintere Lamelle des Netzes übergeht.

Das Pancreas liegt rechts neben dem Lobulus Spigelii, so dass dieser sich zwischen Duodenum und Pancreas einschiebt.

Die Nieren sind ziemlich gross und liegen daher mit den unteren Polen etwas tiefer als in der Norm. Sie sind deutlich durch Palpation abzugrenzen. Eine genauere Präparation fand nicht statt. um das Präparat nicht zu zerstören.

Haben wir die L a g e der Eingeweide zunächst erörtert, so kommen wir nun zu den A n o m a l i e n d e r F o r m. Da interessirt uns zunächst das Zwerchfell selbst. Dadurch dass fast die ganze linke Seite des Zwerchfells fehlt, wird auch die Vertheilung der grossen Oeffnungen eine andere.

Es lässt sich feststellen. dass ein Hiatus aorticus überhaupt fehlt. Die Aorta trifft an der Stelle, an welcher sie von der Brust- in die Bauchhöhle übergeht, garnicht mehr auf Zwerchfell. sie liegt in der Brusthöhle nahe der Wirbelsäule hinter der Serosa. Hebt man die Baucheingeweide aus der Brusthöhle. so sieht man den Verlauf der Aorta. Es ist somit ein eigentlicher hinterer Mediastinalraum nicht vorhanden. — Die Lage des Foramen quadrilaterum ist eine normale, das Foramen ist gut ausgebildet. — Am interessantesten war die Frage nach dem Hiatus oesophagus. Dieser ist an der Grenze des Zwerchfells. aber noch von ihm eingeschlossen vorhanden. Es ist die Lage desselben entschieden nach rechts verschoben. Wir haben gesehen, dass der Magen sich ganz in der Brusthöhle befindet. Der Hiatus oesophagus liegt also mehr kaudalwärts als die Cardia. Der Oesophagus muss also nach Durchtritt durch das Zwerchfell sich nach oben umbiegen und mündet von unten, von der Schwanzseite her in den Magen. Ein ohne Zweifel seltsamer Befund! — Es fehlen vom Zwerchfell also der grösste Theil der linken Portio costalis, ein grosser Theil des Centrum tendineum. etwa die Hälfte der Pars lumbalis. —

Eigenthümlich an der Form des Zwerchfells ist noch. dass dasselbe am linken Rande stark verdickt erscheint. dass es den Anschein ge-

winut, als sei hier eine Falte des Zwerchfells zu Stande gekommen,
so dass auf kurze Strecke die beiden ursprünglich thoracalen Flächen
an einander liegen, die ursprünglich linke ventrale Fläche kranialwärts
gerichtet ist.

Die Brustorgane bieten auch hinsichtlich der Form Veränderungen.
Von Herz und Thymus will ich absehen, da ich die genaueren Verhältnisse nicht prüfen konnte. Die rechte Lunge ist entschieden verkleinert, ihre Form ist sowohl dem verdrängenden Herzen als auch dem
„Nebensack der linken Pleura" angeschmiegt. Gegenüber der linken
Lunge erscheint sie jedoch wohl entwickelt. Die linke Lunge ist sehr
klein, scheinbar von links unten nach rechts oben zusammengedrückt,
so dass ihre grösste Achse schräg von links oben nach rechts unten
in einem Winkel von annähernd 45° zur Körperachse verläuft. In
dieser grössten Achse beträgt der Durchmesser 5,9 cm, in der darauf
senkrechten Achse von rechts oben nach links unten 1,5 cm. In ihrer
Form hat die linke Lunge sich den von unten her sie bedrängenden
Baucheingeweiden angeschmiegt.

Sehr auffalend ist die Leber. Wie ein Blick auf die erste Tafel
lehrt, ist dieselbe sehr bedeutend vergrössert. Sie misst in der grössten
(schrägen) Achse 13,9 cm in der grössten Breite 7,6 cm. Auch für
ein neugeborenes Kind ist die Leber meiner Ansicht nach auffallend gross.

Auf die schon erwähnte tiefe Furche, welche Brust und Bauchlappen scheidet, sei noch einmal hingewiesen. Diese Scheidung in
Brust und Bauchlappen entspricht keineswegs derjenigen in rechten
und linken Leberlappen, wie ja die Lage des Ligam. suspensorium
beweist.

Auch die Gestaltung der Unterfläche der Leber ist etwas von der
Norm abweichend. Der Lobulus quadratus setzt sich über das Ligam.
teres in einer Brücke fort, die einem kleinen dreieckigen Leberlappen
als Basis dient. Die Spitze des Dreiecks ist also nach dem vorderen
Rand der Leber gerichtet. — Einige anormale Furchen zur Seite der
Gallenblase haben kein besonderes Interesse.

Die Form des Magens ist ebenfalls sehr auffallend. Ich erwähnte
bereits die grosse Aussackung am Fundus, welche sich in dem „Pleuranebensack" befindet. Dieser Theil des Fundus ist von dem übrigen
Magen durch eine tiefe Einschnürung an der konvexen Seite des
Magens abgesetzt. Es kommt so eine Art Sanduhrform zu Stande.

Die hinter dem Magen liegende Milz zeigt am oberen Rand vielfache Einkerbungen (Margo crenatus). Eine grosse tiefe Furche findet
sich an der Hinterseite, der Wirbelsäule, welcher das Organ aufliegt,
entsprechend. Im Ganzen erscheint die Milz von vorn nach hinten zusammengedrückt, so dass eine platte kuchenförmige Gestalt zu Stande
kommt.

Die Form des Darms ist durch seine Volumverhältnisse eine abweichende. Selbstverständlich kann man diesen Verhältnissen keinen
grossen Werth beilegen, doch sind sie so auffallend, dass sie eine
flüchtige Erwähnung verdienen.

Der erste Theil des Dickdarms ist kaum voluminöser als der
Dünndarm. Dagegen sind die letzten Schlingen des Dickdarms ausserordentlich voluminös gerade dort, wo sie hinter der Blasengegend sich
doppelt S-förmig lagern, so dass man von einem doppelten S-Romanum
reden könnte (Fig. 1. C und C₁).

Die genauere Form der Niere habe ich aus schon erwähnten
Gründen nicht festgestellt, doch scheinen sie keine wesentliche Formveränderungen zu bieten.

Ich will jetzt wegen der Wichtigkeit dieser Thatsachen die
Bauchfell- und Netzverhältnisse, sowie die Befestigung der
einzelnen Organe besonders schildern. Einige Lücken wird die Schilderung aufweisen, weil ich in Rücksicht auf Schonung des Präparates
einige weniger wichtige Thatsachen nicht genau feststellen konnte.

Vergegenwärtigen wir uns erst kurz den Verlauf des Darms. Das
Duodenum geht in der Höhe des oberen Theils der Gallenblase in das
Jejunum über. Das Convolut der Dünndarmschlingen liegt oberhalb
des unteren Pols des Duodenums, also in einem Raum, der zum grössten
Theil der linken Brusthöhle entspricht. Nur in den tiefsten Theilen
liegen die Schlingen in der oberen linken Bauchgegend. Die Stelle
des Uebergangs von Dünndarm in Dickdarm wird aus der Fig. 1 klar.
Von dem Coecum an zieht der Dickdarm etwas nach rechts, bis er in
die Nähe des Duodenums gelangt ist, und verläuft dann, wie schon erwähnt, parallel zum Duodenum aufwärts bis etwas über den höchsten
Magenpol hinaus. Dort in der Brusthöhle biegt er nach hinten um und
verläuft auf der linken Seite wieder zur Bauchhöhle. Auf dieser
Strecke liegt er also hinter den Dünndarmschlingen und man muss
dieselben emporheben, um zu dem Dickdarm zu gelangen. Es begiebt
sich der Dickdarm zum oberen Pol der linken Niere, lagert derselben
auf und zieht dann in die linke Fossa iliaca, bildet darauf das doppelte
S-Romanum (Fig. 1) und setzt sich in das Rectum fort.

In der Brusthöhle bildet so der Dickdarm einen Kranz um die
Dünndarmschlingen, so dass der vordere Kreisbogen nach vorn und
rechts, der hintere nach hinten links von den Dünndarmschlingen gelegen ist.

Es besteht ein Mesenterium commune. Der Anfangstheil
des Dickdarms und zwar bis zum Wiedereintritt desselben in die
Bauchhöhle, also der ganze in der Brusthöhle gelegene Theil des Colon
hat dasselbe Mesenterium wie der Dünndarm.

Vielleicht sagt man noch besser, das dieser Strecke entsprechende
Mesocolon setzt sich an das Mesenterium des Dünndarms an und ge-

winnt dadurch den gleichen Ansatz an die Rumpfwand, wie das Mesenterium. Der Dickdarm umgiebt in der Brusthöhle kranzförmig das Jejuno-Ileum. So umgiebt das Mesocolon dieses Dickdarms kranzförmig die Radix mesenterii und setzt sich in diese fort. Sobald der Dickdarm die Bauchhöhle wieder erreicht, gewinnt er selbstständige Anheftung und ist auf der Strecke, auf der er über der Niere liegt, aufs engste mit der hinteren Rumpfwand verbunden. — Den genauen Ansatz des Mesenterium commune an der Wirbelsäule habe ich nicht ermittelt. Am 12. Brustwirbel fand sich eine starke Verwachsung des Mesenterium commune mit dem Peritoneum parietale am oberen Pol der linken Niere. Zur Schonung des Präparates ging ich nicht weiter. Jedenfalls — und das ist das Wichtigste — fand sich keine Verklebung des Mesenteriums mit der Brustwirbelsäule. Man konnte daher sämmtliche in der Brusthöhle gelegenen Bauchorgane frei aus derselben herausnehmen.

Der Dickdarm ist, soweit er dem Duodenum bez. Magen parallel läuft, mit diesen durch ein Ligament verbunden (Fig. 2). Von der oberen Curvatur des Dickdarms an bis zu seinem Wiedereintritt in die Bauchhöhle am oberen Nierenpol befindet sich an seinem konvexen Rande ein seröses Blatt, das keine Befestigung an der Rumpfwand hat und als Fortsetzung des Netzes erscheint.

Der Processus vermiformis hat ein kleines Mesenteriolum, das ihn mit dem Mesocolon commune verbindet. Das „doppelte S-Romanum" hat ein längeres Mesocolon, als die vorhergehende Strecke des Dickdarms und lässt sich daher leicht nach unten umklappen.

Von den Recessus des Bauchfells will ich nur zwei erwähnen. Ein sehr schöner Recessus findet sich in der Coecalgegend. Die Begrenzung wird einerseits durch ein vom Ileum ausgehendes seröses Band gegeben, andrerseits vom Mesenteriolum des Proc. vermiformis. Es ist also ein schön ausgebildeter Recessus ileo-coecalis inferior.

Einen zweiten Recessus findet man an der linken Seite. Schlägt man die Darmschlingen nach rechts zurück, so sieht man oberhalb des Coecums eine Grube, erkennt aber wohl, dass das Coecum von dieser Grube durch ein seröses Band geschieden ist. Links von der Grube findet sich in einer Falte eine Vene, rechts ein Dünndarmabschnitt. Ich überzeugte mich, dass es sich um den Dünndarmabschnitt handelte, der unmittelbar auf das Duodenum folgt. Das Duodenum zeigt ja in derselben Höhe seine Umbiegung (Fig. 2). Ich machte nun einen kleinen Einschnitt in das Duodenum und führte eine Sonde ein. So sah ich, dass es sich hier um den Anfang des Dünndarms handelte. Der beschriebene Recessus dürfte also einem Recessus duodeno-jejunalis entsprechen.

Omentum majus. Das grosse Netz fand sich an dem oberen Pol des Magens zusammen gerollt und setzte sich nach rechts am

oberen Rand des Magens bis in den Pleuranebensack, nach links auf
den Dickdarm in der schon erwähnten Weise fort.

Auf's Deutlichste sind die beiden Blätter zu trennen, es ist eine
ausgesprochene Bursa omentalis im eigentlichsten Sinne vorhanden. Zu
dieser Bursa omentalis ist jedoch nirgends ein Zugang präformirt.
Durch das Foramen Winslowii, das ich weiterhin noch beschreiben
werde, gelangt man in einen Raum, welcher den Lobulus Spigelii enthält und rechts von der Leber, links von dem Duodenum und Anfangstheil des Magens, hinten von einer serösen Membran begrenzt wird,
die über die Milz hinwegzieht. Dies ist ohne Zweifel der Raum, der
normal mit der Bursa omentalis in Zusammenhang steht, deshalb ist
auch die Bezeichnung Foramen Winslowii gerechtfertigt. Will man
aber in den eigentlichen Netzbeutel, so muss man die Membran, welche
die Vorderfläche der Milz in dem Magenbogen bedeckt, einschneiden.
Dann gelangt man leicht in den Netzbeutel. Man könnte daher auch
das eben erwähnte Foramen Winslowii mit dem indifferenteren Namen
Foramen hepato-entericum bezeichnen, den KLAATSCH bei den Durch-
brechungen des Lig. hepato-entericum der Amphibien angewandt hat.

Mit dem grossen Netz steht in Zusammenhang die Milz. Ein
seröses Blatt von der Mitte der vorderen Fläche der Milz geht direkt
in die hintere Lamelle des grossen Netzes über. In diesem Bande
liegt die kleine Nebenmilz.

Zu demselben senkrecht steht ein sagittal verlaufendes Band (Lig.
gastro-lienale), das von der rechten oberen Ecke der Milz sich an ihrer
Vorderseite erstreckt, bis es zu dem querverlaufenden Band gelangt.
So gewinnt dasselbe ebenfalls Beziehungen zum grossen Netze. Hebt
man die Milz auf, so sieht man, dass an der Stelle, wo dieselbe dem
Colon am nächsten liegt, ein kurzes Band zum Colon herüber zieht,
das ich als Lig. colico-lienale bezeichnen will, ohne damit die Homologie desselben mit dem normalen Ligam. colico-lienale behaupten zu
wollen. —

Wie die Verbindungen am unteren Theil der Milz liegen, kann ich
nicht sagen, da ich dort nicht präparirt habe. Wesentliche Thatsachen
dürften aber die dortigen Verhältnisse kaum ergeben.

Ich komme nun zu dem Bandapparat der Leber. Auf der Fig. 2
sehen wir ein Band zwischen Leber und Duodenum ausgespannt.
Dieses Ligamentum hepato-duodenale (L. h. d.) begrenzt von oben eine
Oeffnung, die dem Foramen Winslowii entspricht (F. W.). Unten wird
das Foramen durch ein Band begrenzt, das von der Leber unterhalb
der Gallenblase seinen Ursprung nimmt und sich zur Bauchwand begiebt. Dasselbe stellt keineswegs ein Ligam. hepato-renale dar, da die
Niere tiefer und weiter nach rechts liegt. Beim Anspannen scheint
es, als ob das Band (L. h. r.) mit den Befestigungsbändern der rechten
grossen Colonschlinge (C'_1) in Verbindung steht. —

Nachdem ich zur weiteren Präparation das Foramen Winslowii zerstört hatte, indem ich den oberen begrenzenden Schenkel zerschnitt, konnte man erkennen, dass der untere Schenkel der Begrenzung zu der Umbiegungsstelle des Duodenums zog, wenigstens in seinen oberen Partien. Es würde derselbe also auch noch, zum mindesten theilweise, zum Lig. hepato-duodenale zu rechnen sein.

Es lässt sich ferner nach erfolgter Präparation konstatiren, dass dieses Band dem hinteren Aufhängeband der Vena cava direkt angeschlossen ist.

Ich will noch erwähnen, dass das untere Band, das eben beschrieben wurde, eine stecknadelkopfgrosse verdünnte Stelle gleich unterhalb der auf der Zeichnung wiedergegebenen Ansatzstelle an der Leber besass. Jedoch war die Membran nicht völlig durchbrochen.

Von den übrigen Bändern der Leber sei hervorgehoben, dass das Lig. coronarium im Wesentlichen normal war. Das Lig. hepato-renale ist vorhanden, bildet aber nicht die Begrenzung des Foramen Winslowii. Lig. suspensorium und Lig. teres sind eingangs erwähnt.

Fassen wir das Vorstehende kurz zusammen, so haben wir einen grossen linksseitigen Zwerchfellsdefect und eine sehr auffallende Verlagerung und Formveränderung der Brust- und Bauchorgane. Wir werden uns nun fragen müssen, welche Veränderungen die primären, welche sekundäre sind, in welchem Abhängigkeitsverhältniss die verschiedenen Organe in ihrer Lage und Form zu einander stehen. Ich dürfte wohl kaum auf Widerspruch stossen, wenn ich den Zwerchfellsdefect als wichtigste Anomalie in den Vordergrund stelle und annehme, dass die Lageveränderungen der Eingeweide sich nur verstehen lassen, nachdem wir über den Zwerchfellsdefect in's Klare gekommen sind.

Man hat solche Fälle, wie den beschriebenen, wegen der Vordrängung der Baucheingeweide in die Brusthöhle als „Zwerchfellshernien" bezeichnet. Thoma [1]), der in der Eintheilung der Herniae diaphragmaticae im Wesentlichen der Eintheilung Cruveilhier's folgt, hat in der Zusammenstellung der bis 1882 bekannten Fälle der Herniae diaphragmaticae drei Hauptabtheilungen unterschieden: 1. Hernia diaphragmatica vera; 2. Eventratio diaphragmatica; 3. Hernia diaphragmatica spuria. Die Hernia diaphragmatica spuria definirt er folgendermaassen: „Bruchsack fehlt. Bruchpforte gebildet durch eine grössere oder kleinere Lücke im Diaphragma, durch welche ein Theil der Baucheingeweide in den Pleuraraum gelangt ist." Hierzu gehören also die grösseren und kleineren „Zwerchfellsdefecte". Zu der Hernia diaphragmatica spuria zählen von den 291 Thoma'schen Fällen von Hernia diaphragmatica 257. Unter diesen 257 sind 217 linksseitige, 36 rechtsseitige, es überwiegen also die linksseitigen Hernien bedeutend. In dieser Zahl sind sehr verschiedenartige Herniae diaphragmaticae enthalten. Folgen wir CRUVEILHIER und theilen ein in congenitale und traumatische Hernien, so kommen für unsere Betrachtung nur die congenitalen Hernien in Betracht. Wir wollen ausserdem die bei Erwachsenen beobachteten Fälle ausschliessen, ebenso diejenigen, in denen nur eine unbedeutende Lücke im Zwerchfell vorhanden war. Nehmen wir nur die Fälle, in denen sich bei Neugeborenen entweder völliger Mangel der linken Zwerchfellshälfte oder doch ein grösserer Defekt fand, so bleiben aus der THOMA'schen Zusammenstellung nur noch 16 Fälle übrig. Angeborener linksseitiger Defekt fast der ganzen Zwerchfellshälfte ist also keineswegs häufig, wenn auch häufiger als der gleiche Befund rechts. Eine tabellarische Zusammenstellung der bis 1880 bekannten Zwerchfellshernien mit Notizen über jeden einzelnen Fall hat LACHER [1]) gegeben, auf dessen Arbeit ich hiermit ausdrücklich hinweisen möchte, da es nicht in meiner Absicht liegt, hier eine umfassende Literaturübersicht zu geben.

Wenn wir so unseren Fall von Zwerchfellsdefekt den bereits beschriebenen ähnlichen angereiht haben, so erwächst jetzt die Aufgabe, auf die Besonderheiten desselben hinzuweisen. — Zunächst muss hervorgehoben werden, dass, wenn auch ein sehr grosser Defekt des Zwerchfells vorhanden war, keineswegs die ganze linke Hälfte gefehlt hat. Vorn fand sich an der linken Seite ein halbmondförmiger Rest des Zwerchfells, der ohne Zweifel der linken Portio costalis angehörte. Dieser Befund einer halbmondförmigen Sichel bei linksseitigem Zwerchfellsdefekt scheint eine gewisse Bedeutung zu besitzen, in ähnlichen Fällen, wie der vorliegende, häufiger vorzukommen. Wenigstens habe ich in den Fällen, die den unsrigen am meisten ähneln, eine solche Sichel erwähnt gefunden, so vor Allem in dem Fall von WENZEL GRUBER [2]) und dem dritten von LACHER's [1]) eigenen Fällen. Ob sich dieser Befund entwicklungsgeschichtlich erklären lässt, müssen weitere Untersuchungen lehren. Bis jetzt ist meines Wissens noch kein Versuch zu einer Erklärung gemacht worden.

Ist so der linksseitige Defekt kein vollkommener, so werden wir noch mehr an einem völligen Mangel der Anlage der linken Zwerchfellshälfte zweifeln, wenn wir erwägen, dass der linke Nervus phrenicus in normaler Weise vorhanden ist. Von seinem Abgang vom vierten Cervicalnerven bis zu seinem Uebergang auf das Zwerchfell lässt er sich nachweisen. Es ist bei der Beschreibung erwähnt worden, dass die Serosa von der Unterfläche der rechten Zwerchfellseite sich continuirlich um den Theil des Zwerchfells, der den Defekt rechts begrenzt,

---

[1]) 1880.
[2]) 1869.

herumschlägt, und in die Serosa des Herzbeutels fortsetzt. Es ist ferner hervorzuheben, dass nach dem Verlauf der Muskelfasern auch der muskulöse Theil des Zwerchfells den Eindruck macht, als sei er von links nach rechts zurückgeschlagen, als bilde das Zwerchfell an der Begrenzung des Defekts eine zusammengelegte Falte. Die Auffassung, dass in dem oberen Theil dieser Falte ein Theil des linken Zwerchfells enthalten ist, der nach rechts zurückgeschlagen wurde, gewinnt durch die Innervation eine bedeutende Stütze. Gerade zu dem oberen Theil dieser Falte begiebt sich der Nervus phrenicus sinister.

Aufmerksamkeit verdient vor Allem auch noch der Umstand, dass an der vorderen Seite des Pericardiums bis hoch hinauf Muskelfasern deutlich zu erkennen sind.

Wir wissen aus der Entwicklungsgeschichte und der vergleichenden Anatomie, dass die Entwicklung des Zwerchfells eng mit der Entwicklung des Pericardiums zusammenhängt. Pericard und Herz entstehen aber viel weiter kranialwärts, als ihrer definitiven Lage im Körper des Menschen entspricht. Es ist daher die Entstehung des Zwerchfells auch an einer viel weiter cranialwärts gelegenen Stelle zu suchen, als an der, welche es im fertigen Zustande einnimmt. Es findet eine kaudalwärts gerichtete Wanderung des Zwerchfells, sowohl in der Ontogenese als der Phylogenese statt. Von diesem Gesichtspunkt aus ist wohl die Umschlagsfalte des Zwerchfells in unserem Fall zu verstehen. Es ist die linke Hälfte, soweit sie vorhanden war, bei dem Herabsteigen des Diaphragmas gegen die rechte zurückgeblieben. — Man könnte ja auch daran denken, dass dieser Umschlag sekundär zu Stande gekommen sei, dadurch dass die Bauchorgane in die Brusthöhle eindrangen. Sie trafen hier auf die Reste der linken Zwerchfellshälfte, die keinen Ansatz gewonnen hatten und — wie sie die Brustorgane nach rechts verdrängten — schlugen sie auch das Zwerchfell nach der rechten Seite um. Man kann gegen die letze Auffassung kaum einwenden, dass ja die Serosa der Bauchhöhle continuirlich in die des Pericards übergeht. Dieser Uebergang könnte möglicher Weise sekundär zu Stande gekommen sein. Auch die Art der Innervation scheint keine sichere Entscheidung zu ermöglichen. Dennoch glaube ich an der ersten Annahme festhalten zu können. Wir müssten sonst uns vorstellen, dass beide Lungen schon ausgebildet gewesen seien, dass das Herz normal gelagert gewesen wäre, dass dann erst in einer sehr späten embryonalen Periode alle die Aenderungen zu Stande kamen, die wir jetzt sehen. Nun finden wir aber in der Lagerung der Eingeweide z. B. in der des Magens und Duodenums noch Zustände, die auf frühere embryonale Perioden hinweisen.

So werden wir, glaube ich, zu der Ansicht geleitet, dass die Entwicklung der linken Seite des Zwerchfells eine Hemmung erfuhr, dass theilweise die linke Hälfte garnicht zur Anlage kam, theilweise die

Entwicklung auf einem früheren Stadium stehen blieb, dass das Hinabwandern des Zwerchfells auf der linken Seite gehemmt wurde. Wir
müssen auch die Möglichkeit in Betracht ziehen, dass nur das Hinabwandern gehemmt wurde, dass dann vielleicht sekundär an dem hinauf-
geschlagenen Zwerchfell wieder durch Druck Theile zu Grunde gegangen wären. Doch muss man diesen Gedanken wohl von sich weisen,
da eine zur Herbeiführung von Druckatrophie ausreichende Pressung
des Zwerchfells sicher nicht vorhanden war. Wenigstens lässt sich die
Annahme einer solchen in keiner Weise begründen. Es ist wohl wahrscheinlich, dass das primäre, seröse Diaphragma — als dessen Rest
nach Uskow das Lig. suspensorium anzusehen ist — zur Anlage kam,
dass dagegen das muskulöse Zwerchfell nur in der jetzt vorhandenen
Ausbildung angelegt wurde. — Wie dem aber auch sei, der Zwerchfellsdefekt ist das Primäre gewesen, die Veranlassung, dass die weiteren
Verlagerungen und Verschiebungen und dementsprechend die Form-
abweichungen der Organe zu Stande kamen.

Interessant ist es nun zu sehen, wie die Organe den ungewöhnlichen Lagebedingungen sich angepasst haben. Einige Organe sind
hypertrophisch, andere entschieden verkleinert, fast alle haben in Lage
und Form eine Veränderung aufzuweisen. Wir dürfen uns — wie erwähnt — nicht vorstellen, dass etwa die Ausfüllung der Brusthöhle
durch Baucheingeweide erst in später embryonaler Periode erfolgt sei,
dass lange Zeit in der Brusthöhle ein leerer, von keinen Organen aus-
gefüllter Raum existirte, oder dass erst ein vollkommen normaler Brust-
situs vorhanden war und dann die Brustorgane von den Bauchorganen
verdrängt wurden. Ich glaube vielmehr, dass z. B. die linke Lunge nie
nennenswerth (stets im Verhältniss zum ganzen Körper) grösser gewesen
ist. Da das Zwerchfell auf der linken Seite nicht zu Stande kam, ist
wohl gleich das Hinabwandern des Herzens ein abnormes gewesen und
Brust- und Bauchorgane sind, so zu sagen in der freien Brusthöhle
einander entgegen gewachsen und haben die gegenseitige Lage und
Gestaltung bedingt. Nur so, glaube ich, ist es zu erklären, dass in
der Lagerung der Bauchorgane zum Theil ganz frühembryonale Zustände gewahrt sind, während andrerseits ganz ungewohnte durch die
mechanischen Verhältnisse bedingte Veränderungen auftreten. Die
Lage des Duodenums in der Mittellinie des Körpers, ebenso wie die
des Pylorus weisen auf sehr frühembryonale bez. phylogenetisch sehr
frühe Stadien hin, es ist hier die Drehung des Magens zum Theil, die
Drehung des Duodenums ganz ausgeblieben. Dagegen sind die abnorme
Form des Magens, die Aufwärtskrümmung des Oesophagus Erscheinungen, die normaler Weise natürlich weder in der Ontogenese noch
der Phylogenese vorkommen. Wie sehr sich die Organe der veränderten Umgebung anpassen, dafür ist ein ausgezeichnetes Beispiel die
Milz, welche auf ihrer Dorsalseite eine tiefe Furche für die Wirbel-

säule enthält. Es ist das genau dasselbe Verhalten, wie man es bei den congenital vor die Wirbelsäule verlagerten Nieren trifft.

Fast alle Organe haben nicht nur in ihrer Lage, sondern auch in ihrer Form Veränderungen erlitten. Sehr bemerkenswerth ist vor Allem die Leber. Sie zeigt eine auch für ein neugeborenes Kind ganz ungewöhnliche Grösse. Sie ist in zwei Lappen getheilt, von denen der eine der Brusthöhle, der andere der Bauchhöhle angehört, beide sind durch eine tiefe Furche von einander getrennt. In dieser Furche findet sich der linksseitige Zwerchfelltheil. Doch entspricht — wie bereits erwähnt — keineswegs der Brustlappen genau dem linken Leberlappen, vielmehr gehört ein Theil des Bauchlappens noch zum linken Leberlappen, da das Ligam. suspensorium keineswegs der Furche folgt, die Brust- und Bauchlappen scheidet, sondern sich unterhalb der Furche über die Convexität der Leber hinzieht.

Die abnorme Grösse der Leber hat gestaltend auf die umgebenden Organe gewirkt, so vor Allem auf die linke Lunge, deren abnorme Kleinheit durch den Druck des oberen Leberlappens bewirkt sein dürfte. Ebenso ist die Verlagerung des Herzens und der rechten Lunge wohl hauptsächlich auf die starke Vergrösserung der Leber zurückzuführen. — Es ist an der Leber auch noch die abnorme Gestaltung ihrer Hinterfläche hervorzuheben, die sonderbar gezackte Brücke über dem Lig. teres, sei hier noch einmal erwähnt.

Merkwürdig bleibt der Sack, der sich von links her hernienartig in die rechte Brusthöhle vorstülpt und Fundus des Magens und Milz enthält. Ein solcher „Nebensack" ist in dem Falle von WENZEL GRUBER erwähnt, der überhaupt dem meinigen wohl am ähnlichsten war.

Durch die Einschnürung des Magens kommt eine Form zu Stande, die man wohl als „Sanduhrform" bezeichnen kann. Der Pförtner ist im Wesentlichen an der Stelle seiner Anlage geblieben, der Oesophagus wurde durch das Zwerchfell kaudalwärts mitgenommen, so musste eine Schlinge des primitiven Darmrohrs entstehen, und es konnte kommen, dass der Oesophagus von unten in den Magen mündete.

Die Bauchfellverhältnisse habe ich genügend besprochen. Es wird in einem Falle, wie dem vorliegenden, nicht leicht sein, aus den Bauchfellverhältnissen bestimmte Schlüsse zu ziehen. Dieselben sind zu abnorm. Auch empfinde ich wohl die Lücke, dass ich eine Präparation der Blutgefässe nicht vornehmen konnte. Dennoch dürfen vielleicht einige Hinweise am Platze sein. Es liegt mir dabei fern, auf den Streit einzugehen, der in neuer Zeit zwischen TOLDT und KLAATSCH ausgefochten wurde.

Da scheint mir zunächst die Thatsache interessant, dass in der Brusthöhle gar keine Festheftung der Bauchorgane stattgefunden hat. Man wird das kaum darauf zurückführen können, dass — so zu sagen —

den Bauchorganen die Zeit gefehlt habe, Verklebungen mit der Brustwand einzugehen. Wie ich vorhin erwähnte, müssen wir, wenn wir
eine Hemmungsbildung als Ursache des Zwerchfellsdefekts annehmen,
auch zugeben, dass die Bauchorgane sich schon lange in der Brusthöhle befunden haben, dass sie also jedenfalls genügend Zeit gehabt
hätten, Verklebungen mit der Rückwand der Brusthöhle zu bilden.
Die „mechanischen Momente", die in der Norm z. B. Verklebungen
des Mesocolon mit der Bauchwand zu Stande bringen, müssen ebenso
in der individuellen Entwicklung wirken, gleichgültig, ob sich die Organe
in der Brusthöhle oder der Bauchhöhle befanden. Warum ist das
Colon in der Brusthöhle nicht verklebt? —

Ich vermag keine ausreichende Erklärung für die Thatsache zu
geben, aber sie scheint mir doch gegen die Anschauung zu sprechen,
dass die Bauchfellverhältnisse, die Organbefestigung nur durch mechanische Momente im Laufe der individuellen Entwicklung bedingt sind.

Ich glaube ferner auf die Beziehungen der Milz zum Omentum
majus hinweisen zu sollen, die ich in diesem Falle konstatiren musste.
Ohne diesem Befund eine weittragende Bedeutung etwa in KLAATSCH'
Sinne beizulegen, ist es immerhin wichtig, diese Beziehung hervorzuheben.

Endlich scheint mir von Bedeutung das Verhältnis der Bursa omentalis. Der Raum, den man gewöhnlich schlechthin Bursa omentalis
nennt, dessen Eingang durch das Foramen Winslowii gegeben wird, ist
in unserem Falle in zwei gänzlich von einander geschiedene Abtheilungen zerlegt, in die eigentliche Bursa omentalis und eine Bursa
hepato-enterica. Nur die letztere hat einen Zugang durch das Foramen
Winslowii. Auch auf die Begrenzung des Foramen Winslowii möchte
ich hinweisen. Es macht in unserem Falle den Eindruck, als ob es
durch eine Defektbildung im Ligam. hepato-duodenale zu Stande gekommen sei. Es erhellt daraus jedenfalls soviel, dass das Foramen
Winslowii beim Menschen auch einmal abnorm sein kann. Kaum wird
man diese Abnormität in unserem Fall allein aus einer sekundären
Lageverschiebung erklären wollen, es scheinen vielmehr die Stellung
des Duodenums und so auch seine Beziehungen zur Leber Theile der
Hemmungsbildungen zu sein.

Aus diesen kurzen Andeutungen geht wohl schon hervor, wie
wichtig es bei einer jeden abnormen Verlagerung der Eingeweide ist,
die Peritonealverhältnisse zu studiren. — Vielleicht können die Patho-
logen so beitragen, einige der vielen Fragen der Anatomie des Bauchfells ihrer Lösung näher zu bringen.

Ich will jetzt noch ganz kurz die klinische Seite des vorliegenden
Falles erörtern. Das klinische Interesse kann, da es sich um ein
Neugeborenes handelt, nur gering sein. Die beiden Fragen, die noch
einiges Interesse haben, sind: Hat das Kind geathmet und war es über-

haupt lebensfähig? Die erste Frage kann ich aus schon angeführten
Gründen nicht sicher beantworten, sie wird auch unwichtig, wenn wir
nur die zweite beantworten können. Wenn man die kolossale Verlagerung der Bauch- und Brustorgane ansieht, wenn man die starke
Kompression der linken Lunge in Betracht zieht, möchte man geneigt
sein, einem solchen Individuum die Lebensfähigkeit ganz abzusprechen.
Dennoch ist das nicht ohne Weiteres statthaft. Für die vorliegende
Frage ist besonders der vierte der von Thoma mitgetheilten Fälle
hochinteressant. Es handelte sich um einen 50 jährigen Zimmermann,
der an rechtsseitiger Pleuropneumonie starb. Es bestand nahezu
völliger Mangel der linken Zwerchfellshälfte. In der linken Brusthöhle
fand sich der Fundus des Magens, die Hälfte der Dünndarmschlingen,
Netz und Milz, sowie Colon transversum. Dadurch war die linke Lunge
stark komprimirt und das Herz nach rechts verlagert.

Ohne Zweifel handelte es sich um einen congenitalen Defekt.
Wenn nun bei solch ausgedehntem Defekt ohne Beschwerden das
Alter von 50 Jahren erreicht werden konnte, dann ist auch in unserem
Falle, der ja allerdings eine noch grössere Verlagerung der Organe
aufweist, die Möglichkeit, dass das Kind einige Zeit hätte leben können,
nicht zu läugnen.

Zum Schlusse fasse ich noch einmal zusammen. Wir haben einen
ausgedehnten congenitalen linksseitigen Zwerchfellsdefekt. Damit verbunden sind ausser der Verlagerung und Formänderung der Brust-
und Bauchorgane Anomalieen des Bauchfells. Wir kamen zu dem
Schluss, dass die Zwerchfellsverhältnisse zum Theil durch eine Hemmungsbildung bedingt seien, dass die anderen Zustände zum Theil von
dem Zwerchfellsdefekt abhängen, zum Theil durch Hemmungsbildung
erklärbar sind. Einige Besonderheiten entziehen sich einer abschliessenden Beurtheilung.

Literaturverzeichniss.

1869. GRUBER, W., Abhandlung eines Falles mit Mesenterium commune für das Jejuno-Ileum und das Colon ascendens bei Vorkommen einer Hernia diaphragm. congenita spuria sinistra mit Besonderheiten. 2 Tafeln. VIRCHOW's Archiv, Bd. 47.

1892. KLAATSCH, H., Zur Morphologie der Mesenterialbildungen am Darmkanal der Wirbelthiere. Morpholog. Jahrbuch, Bd. 18, 2 Theile.

1895. KLAATSCH, H., Ueber die Persistenz des Ligam. hepatocavo-duodenale beim erwachsenen Menschen in Fällen von Hemmungsbildungen des Situs peritonei. 1 Taf., 1 Fig. im Text. Morpholog. Jahrb., Bd. 23.

1880. LACHER, L., Ueber Zwerchfellshernien. Deutsches Archiv für klin. Medicin (herausgeg. von ZIEMSSEN und ZENKER), Bd. 27.

1882. THOMA, R., Vier Fälle von Hernia diaphragmatica 1 Tafel. VIRCHOW's Arch., Bd. 88.

1879. TOLDT, C., Bau- und Wachsthumsänderungen der Gekröse des menschlichen Darmkanals. Denkschr. d. K. K. Akademie der Wissenschaften. Mathem.-naturw. Klasse. XLI. Bd. 1879.

1889. TOLDT, C., Die Darmgekröse im gesetzmässigen und gesetzwidrigen Zustand. Denkschr. d K. K. Akademie d. Wissensch. Wien 1889.

1893. TOLDT, C., Ueber die maassgebenden Gesichtspunkte in der Anatomie des Bauchfells und der Gekröse. Denkschr. der Kaiserl. Akad. der Wissensch. Math.-naturw. Klasse. 60. Bd. 1893.

1883. USKOW, Ueber die Entwicklung des Zwerchfells, des Pericardiums und des Coeloms. Archiv für mikrosk. Anatomie, Bd. XXII. 1883.

Erklärung der Abbildungen auf Tafel XIII u. XIV.

Tafel XIII. Situs nach Eröffnung der Brust- und Bauchhöhle.

St = Sternum.

Th = Sack, in welchem Thymus enthalten ist.

Peric. = Pericardium.

r. L. = rechte Lunge.

l. L. = linke Lunge.

D = Diaphragma.

h. D. = halbmondförmige linke Sichel des Diaphragmas.

L. s. = Lig. suspensorium.

t. = Lig. teres.

H₁ = Bauchleberlappen.

H₂ = Brustleberlappen.

G. B. = Gallenblase.

P. v. = Processus vermiformis.

C. und C₁ = Colonschlingen (doppeltes S-Romanum).

Tafel XIV. Leber nach rechts umgeklappt, ohne Zerstörung irgend welcher Gebilde.

L. = Leber.

M. = Magen.

Dd. = Duodenum.

L.h.d. = Lig. hepato-duodenale.

F.W. = Foramen Winslowii.

L.h.c. = Ligament, das die untere Begrenzung des Foramen Winslowii bildet (s. Text).

G. B. = Gallenblase.

C.t. = Colon transv.

C₁ und C = Colonschlinge nach unten umgelegt.

P. v. = Proc. vermiformis.

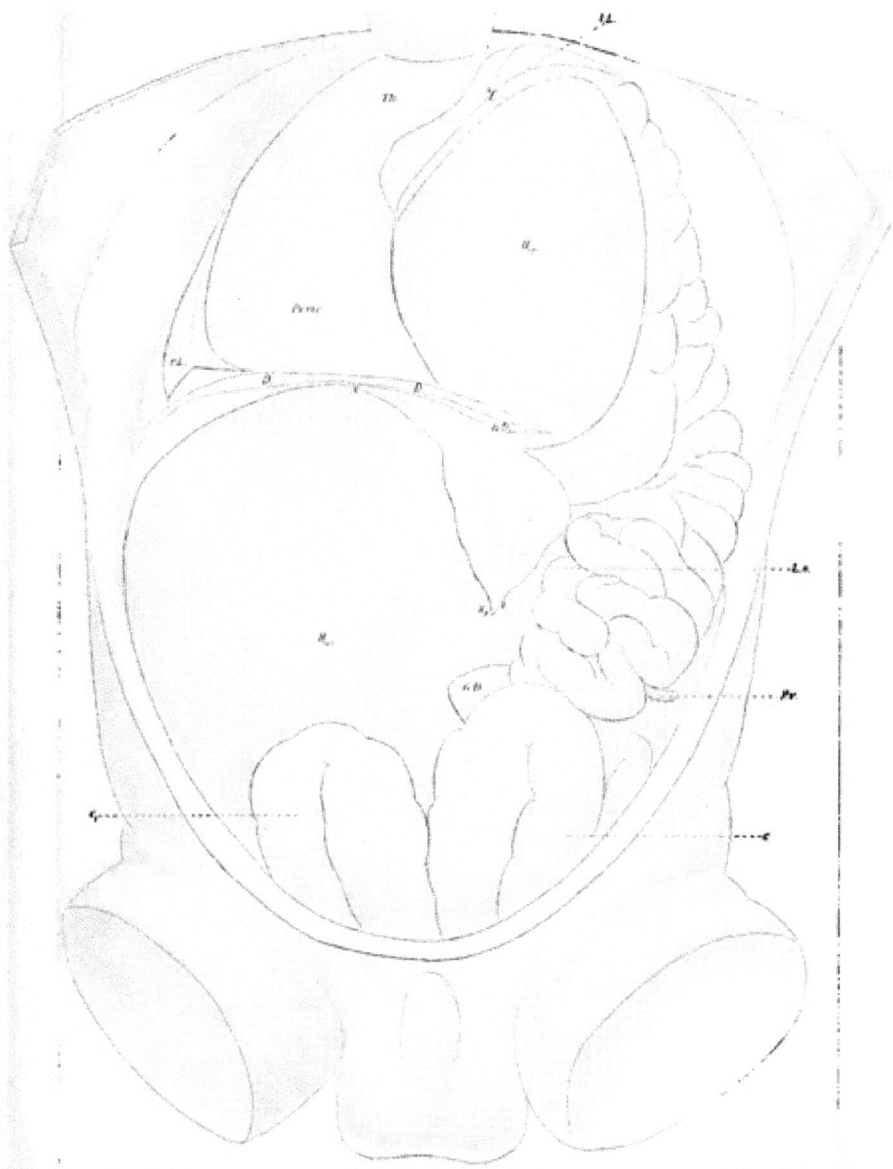

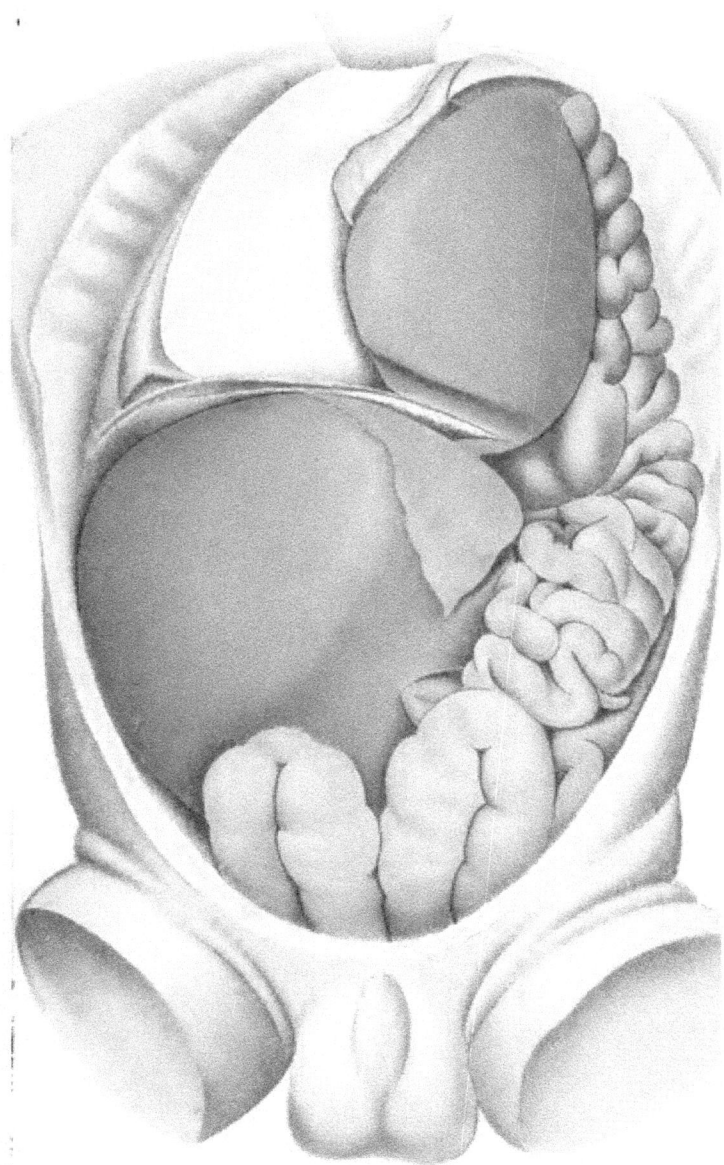

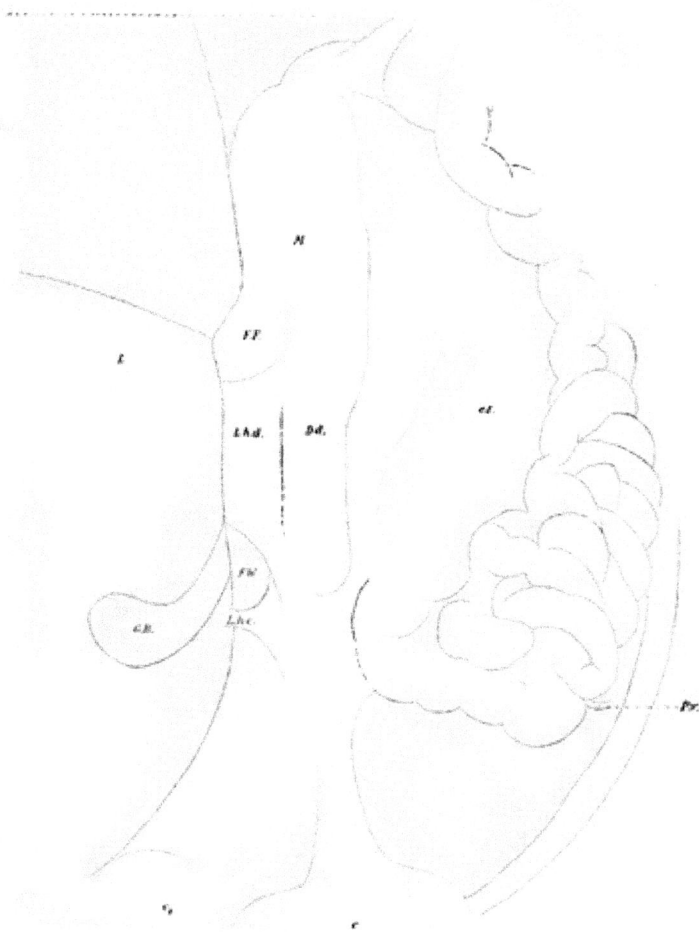

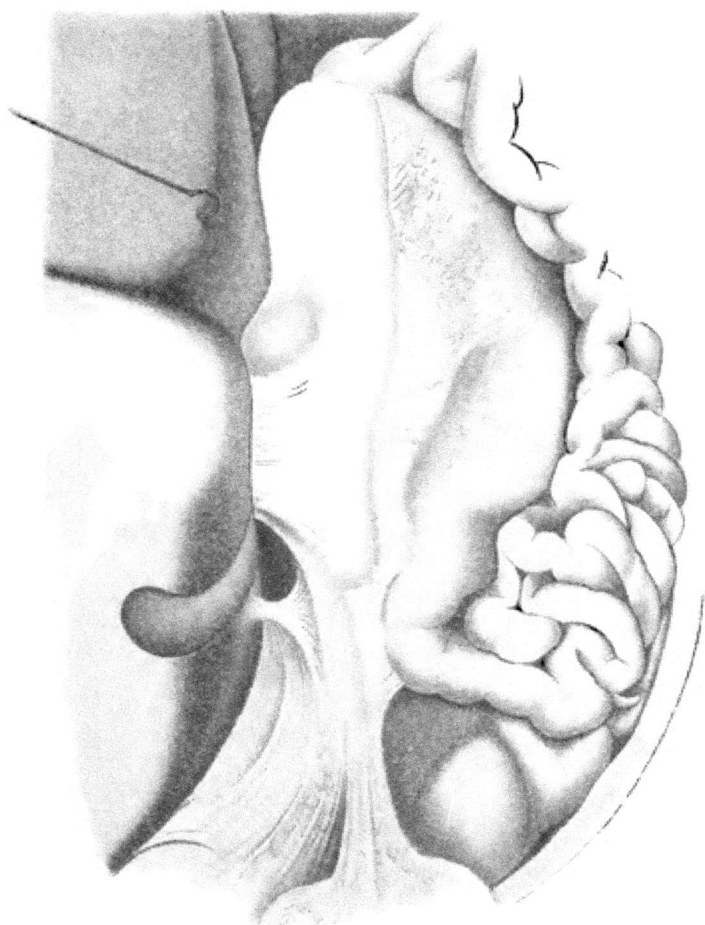

Beiträge zur Anatomie der weiblichen Urogenitalorgane des Orang-Utan.

Von

Eugen Fischer,
cand. med.

Aus dem anatomischen Institut der Universität Freiburg i. Br.

Hierzu Tafel XV—XVII.

Trotzdem es in den letzten Jahren an ausgedehnten und gründlichen Arbeiten auf dem Gebiete der Anthropoiden-Anatomie nicht gefehlt hat, so ist doch ein Kapitel, nämlich dasjenige der Beckenorgane, ziemlich stiefmütterlich behandelt worden. Dies gilt namentlich für die weiblichen Geschlechtsorgane des Orang Utan, und so dürften einige Beiträge zur Ausfüllung dieser Lücke nicht unwillkommen erscheinen.

Das Material,[1] welches sich in frischestem Zustande befand (ca. 10 Stunden post exitum) wurde mir von Herrn Prof. WIEDERSHEIM gütigst überlassen. Hierfür, wie besonders für das freundliche Interesse und die thätige Förderung und Unterstützung, die mir mein verehrter Lehrer im Laufe meiner Arbeit angedeihen liess, sei ihm auch an dieser Stelle mein herzlichster Dank ausgesprochen.

I. Allgemeines.

Bei meinem Untersuchungsobjekt handelt es sich um ein kräftiges, gutgenährtes, jugendliches Exemplar von Pithecus satyrus (Orang Utan) weiblichen Geschlechtes. Welcher Rasse dieser Species das Tier angehört, kann ich leider nicht bestimmen: SELENKA (79) unter-

[1] Das Thier wurde von H. A. NILL, Besitzer des Stuttgarter Zoologischen Gartens, in dankenswerth guter Erhaltung eingesandt.

scheidet, hauptsächlich nach Haarfarbe, Schädel- und Kieferform, sechs,
durch getrennte Verbreitungsgebiete ausgezeichnete „Rassen- oder Lokal-
varietäten des borneanischen" Orang-Utan [1]) und zwei des sumatrani-
schen. Da nun bei der Jugend meines Individuums alle drei Merkmale
absolut unzuverlässig sind (— der Schädel ist noch völlig im Wachsthum begriffen, und die Haarfarbe variirt mit dem Alter, wie gleich
gezeigt werden soll —) so ist es, wie gesagt, nicht möglich, die genaue Herkunft des Thieres festzustellen.

Die Körpergrösse ist nicht bedeutend; das Tier misst 48—50 cm
Kopf-Steisslänge und ca. 80 cm Kopf-Fersenlänge. (Eine ganz genaue
Messung der Länge ist wegen der Beugestellung von Ober- und Unter-
schenkel nicht möglich.) Der Brustumfang (am Processus xiphoideus
gemessen) ist 50—51 cm. Die starke Behaarung zeigt lebhaft roth-
braunes Kolorit, die Haut ist nicht sehr dunkel, um Auge und Mund
sogar hell, blass weisslichgrau. Die Zähne sind stark abgenützt, braun
gefärbt. Die Formel für die bis jetzt vorhandenen Zähne ist $\frac{2.1.2.1.}{2.1.2.1.}$
es fehlen also noch je zwei Molares, eine Lücke zwischen Praemolares
und Molares besteht nicht. Nach dem von SELENKA (79) mittelst
reichsten Materials festgestellten Modus des Durchbruchs der Dauer-
zähne kommt in der Regel — abweichend vom Menschen — der
Molaris II. vor den Prämolaris und Canini, doch nimmt „kein einziger Zahn des Dauergebisses . . . in der Zeitfolge des Erscheinens
eine ganz konstante Stelle ein". Wahrscheinlich trat im vorliegenden
Falle also eine Abweichung von der Regel ein, ein Modus, der dem
menschlichen entspricht, doch kann ich die Möglichkeit, dass einige
der vorhandenen Zähne noch Milchzähne sind (wodurch sich die Abweichung erklären würde) nicht mit Sicherheit in Abrede stellen. Die
oberen, inneren Incisivi sind auffallend gross, fast so breit, wie die
beiden unteren zusammen. Ich lasse dahingestellt, ob man bei diesem,
von WALDEYER für die Anthropoiden überhaupt konstatirten Befund
an die bedeutende Grösse derselben Zähne denken darf, welche als
charakteristisch für das weibliche Geschlecht beim Menschen gilt, und
welche sich z. B. bei den Weibern mancher niederen Völker (PLOSS 67)
sehr konstant findet. Der Schädel ist relativ nicht klein zu nennen;
seine Nähte sind noch sehr deutlich (die Stirnnaht ist nicht mehr
sichtbar), die Dura lässt sich nicht ganz glatt loslösen.

Eine genaue Altersbestimmung des Individuums ist nicht leicht.
Sein früherer Besitzer hält es für 3½ jährig, indem er „die Grösse
des Thieres für maassgebend" erachtet. Damit würde auch die Haut-
färbung stimmen, indem bei jugendlichen Orangs „die Augen und der
Mund ganz hell „fleischfarben unrändert" sind (FICK 21), und MILNE
EDWARD's Angabe, dass jüngere Orangs „röther" wie ältere seien,

---

[1]) Eine ausführliche Arbeit steht noch aus.

stimmt hiermit ebenfalls. Auch die fehlende Verknöcherung der meisten Schädelnähte und, wie wir sehen werden, der Befund an den Genitalien sprechen für ein jugendliches Exemplar. Nach HARTMANN (29) ist es zwar „noch nicht sichergestellt, in welchem Alter der Orang fortpflanzungsfähig wird", doch dürfen wir aus dem Verhältniss der Grösse unseres Thieres zu der des Erwachsenen (alte ♀ bis 1.40, FICK 21) und aus den erwähnten Merkmalen sicher schliessen, dass es seine Kinderjahre noch nicht hinter sich hat.

Von sonstigen allgemeinen Angaben dürften folgende noch Interesse haben: Die Brustdrüsen liegen sehr hoch und sehr weit lateralwärts (cf. später). Die Behaarung zeigt an den verschiedenen Körperstellen folgende Verschiedenheiten: Die längsten Haare sind am Rücken (bis 14,6 cm). Die vordere Seite des Körpers hat dagegen ein spärliches Haarkleid. Das Gesicht, besonders die Mundgegend, hat nur Flaumhaare. Die mässig langen Oberschenkelhaare ziehen auf deren Extensorenseite abwärts, auf der Adductorenseite dorsalwärts, auf der Beugeseite nach oben, analwärts, so dass die sehr schwach behaarte Anal- und Genitalgegend von einem konvergirenden Kranz von Haaren umgeben ist (absteigende Rücken- und Bauch-, aufsteigende Schenkelhaare). Da die Wadenhaare sich abwärts wenden, so bilden sie in der Kniekehle mit den Oberschenkelhaaren einen Wirbel. Eine Zusammenstellung mit den menschlichen „Haarströmen", wie sie ESCHRICHT (19) und dann besonders ausführlich VOIGT (82) beschreiben, ergiebt keine principiellen Unterschiede. Die Haarfarbe ist auf der Hinterseite des Oberschenkels heller, gelber, als der sonst vorherrschende rothbraune Ton. Gegen die ziemlich starke Behaarung der Schenkel und des Bauches fällt die Gegend des Mons pubis[1]) (Mons Veneris) durch äusserst schwache Haarentwicklung auf; gegen die Vulva hin stehen nur wenige zarte, blasse, glänzend graugelbe Haare, fast Wollhaaren gleich. Derberen Haaren begegnet man zwar, aber auch diese sind kurz und spärlich, um die Analgegend; sie konvergiren nach der Afteröffnung zu; auch auf dem Damm finden sich solche in geringer Zahl. Die stärkere Behaarung beginnt erst ungefähr 5—6 cm kopfwärts (bei der Fovea coccygea) und etwa 3—4 cm seitlich vom Anus, letztere Grenzen sind durch eine tiefe Hautfalte markirt.

Wenn man das Thier von vorn betrachtet, sieht man zwischen den Oberschenkeln, durch tiefe Furchen von ihnen getrennt, einen ca. 5 cm breiten Wulst nach abwärts ragen. Er entspricht dem Mons pubis des Menschen, ist aber im Vergleich zu diesem mehr von der Vorderseite des Leibes weg, nach unten gerückt, so dass sein Haupttheil auf

---

[1]) Ich gebrauche durchweg die von der Kommission der anat. Gesellschaft festgestellte neue „Anatomische Nomenclatur" [His (33)], führe jedoch bei Abweichung vom alten Namen diesen jeweils in Klammern nebenbei auf.

die Dammgegend zu liegen kommt und er von hier aus sich am deutlichsten zeigt. Da nun das Ende des Rückens auffallend abgeplattet
ist und sich nach abwärts stark verschmälert, andrerseits von der
Bauchseite her der genannte Wulst herunterkommt, so bildet die
Dammgegend einen niederen, vierseitigen Pyramidenstumpf, dessen
ventrale Seite die Vorderfläche des Mons pubis, dessen dorsale der
Rücken darstellen, während seine rechte und linke Seite durch den
Absturz in die erwähnten Furchen gegen die Schenkel hin zu Stande
kommen. Die Endfläche des Pyramidenstumpfes sieht bei aufrechter
Stellung des Affen genau nach unten. In ihrem Centrum liegt die
Vulva, indes die Analöffnung auf ihre dorsale Kante gerückt ist. Die
Geschlechtstheile sind demnach, wenn der Affe steht oder sitzt (in
aufrechter Haltung) nicht zu sehen. (Näheres im IV. Abschn.)

Man muss also sehr wohl eine „kaudale Fläche" unterscheiden,
und auf Grund deren kann ich den Befund Eggeling's (16), dass die
dorsale und ventrale Fläche des Körpers kaudalwärts konvergiren und
„in spitzem Winkel zusammenzutreffen scheinen", nicht bestätigen.
Nach genanntem Autor liegt die Analöffnung auf einer Verbindungslinie der beiden Tubera ossis ischii, was ich ebenfalls fand; dann soll
aber die Vulva „kaudal vom Anus" liegen, während nach meinen Beobachtungen an jener Linie die Rückenfläche aufhört, und
sich fast rechtwinkelig zu ihr die „kaudale Fläche" an-
fügt und nach vorn zieht; auf diese kommt dann die
Vulva zu liegen. Allerdings ist diese Konfiguration nur durch die
Weichtheile, und vor Allem durch stark entwickeltes Fett bedingt,
womit sich vielleicht die Unterschiede in den Befunden zum Theil erklären. Nach Hartmann (29) soll die „Steissbeingegend" hervorstehen
und an den „abgesetzten Steiss eines Vogels" erinnern. Hartmann
muss demnach ein sehr mageres Individuum vorgelegen haben. Während
ich bei Fick (21) über diese Verhältnisse keine Angabe finde, stimmt
mit meinem Resultat die Angabe Bischoff's (7), dass die Vulva 2½ cm
vor dem After liege; dasselbe gilt zum Theil wenigstens für Lartschneider (51), wenn er sagt: „Von diesem „Steisshöcker" (= Ende
der Wirbelsäule) führt eine sanft abfallende Ebene zur Afteröffnung,
so dass der After kaudal und etwas ventral von demselben liegt."

Was nun die Lagebeziehungen der Anal- und Urogenitalöffnung zum Becken betrifft, so fallen diese beide nach
Eggeling in die Conjugata des Beckenausgangs und „diese bildet mit
der Längsachse des Thierkörpers einen sehr spitzen Winkel". Auch hier
muss ich andere Angaben machen. Bezeichneten Winkel fand ich von
ca. 120°, und die genannten Oeffnungen ragen weiter zum Becken
heraus, liegen kaudal von der Conjugata; zudem könnte bei meinem
Thier die Analöffnung unmöglich zugleich in der Conjugata und in
der Verbindungslinie der Tubera ischii liegen, was sie nach Eggeling

thun sollte, da sich diese beiden Linien nicht schneiden. Mein Befund würde sich an die von EGGELING bei den Platyrrhinen beobachteten Verhältnisse theilweise anschliessen, wenn auch gegen diese gewisse Unterschiede bestehen, so die der Bauchfläche genäherte Lage der Vulva. (Die Katarrhinen weichen durch die Bildung von Gesässschwielen ab.) Die Anklänge und Verschiedenheiten, welche der menschliche Bau zu diesem bietet, sollen im Zusammenhang mit dem Becken und besonders mit den äusseren Genitalien geschildert werden.

Hier will ich dagegen noch beiläufig den Befund einer Foveola coccygea erwähnen:

Der letzte Steisswirbel ist durch die Haut deutlich zu fühlen. Hier, 4.3 cm von der Analöffnung entfernt, findet sich eine haarlose, dreieckige Stelle, wo die Haut hart, unnachgiebig und nicht in Falten zu erheben ist. Die Lupe zeigt starke hornige Epidermisschuppen und einige ganz dünne Flaumhaare. Die Stelle liegt etwas tiefer wie die übrige Haut und stellt ein annähernd gleichseitiges Dreieck dar von 0,8--1 cm Seitenlänge, mit der einen Spitze direkt kranial gerichtet. Deutliche Furchen bilden die Grenzen. Kaudal von der unteren Furche, zugleich der tiefsten, ziehen ihr parallel zwei ungefähr ebensotiefe Querfurchen, welche die Zone der radiären Analfurchen nach oben abgrenzen, 3,6 cm vom Anus entfernt. Die Bildung ist ohne Zweifel der Foveola coccygea (ECKER) des Menschen identisch. ECKER (15) selbst giebt schon eine Abbildung WIEDERSHEIM's, die eine Foveola coccygea bei einem Orangfötus darstellt; er nennt die Stelle nach WIEDERSHEIM's Bericht „kein Grübchen", sondern „nackte, gänzlich haarlose" Haut, ganz wie ich sie auch fand; doch war sie dort etwas „buckelig vorgetrieben". Mein Befund bestätigt also GEGENBAUR's (26) Angabe, dass dieses Steissbeingrübchen den Anthropoiden im Allgemeinen zukomme. Nach Entfernung der Haut zeigt sich die Stelle der Foveola als fettfreie Delle, wo der Knochen direkt unter der Haut liegt.

Der Anus ist von „zahlreichen, sternförmigen Falten" umgeben, wie sich BISCHOFF (7) ausdrückt, und durch einen 1,5 cm langen Damm von der Vulva getrennt. An dieser fällt sofort der grosse Präputialsack der Clitoris auf, der einen rundlichen, starken Höcker darstellt. (cf. Abschnitt IV.)

Nach diesen mehr allgemeinen Angaben möge nun die Beschreibung des Beckens und der Beckenmuskeln folgen, denen sich die Schilderung der von ihnen eingeschlossenen Gebilde, der Beckeneingeweide, angliedern soll; den Schluss wird dann die Untersuchung der äusseren Geschlechtsorgane bilden.

II. Becken und Beckenmuskeln.

Insbesondere die Beckenmuskulatur, dann aber auch das Becken
der Anthropoiden wurden in den letzten Jahren von einer ganzen Reihe
von Autoren vom morphologischen, vergleichenden und genetischen
Standpunkte aus bearbeitet. Ich kann mich daher kurz fassen, zumal
ich hierüber im Wesentlichen nur die Angaben früherer Autoren zu
bestätigen vermag. Ganz besonders verweise ich auf die ausführliche
Schilderung Eggeling's (16), wo auch alle anderen Arbeiten angeführt
sind. Auch die Vergleichung mit den menschlichen Befunden kann
ich umgehen, indem Eggeling eine ausführliche Zusammenstellung
aller neueren Ansichten über dieses Thema bringt. Was speciell den
Orang betrifft, so will ich die betr. Verhältnisse näher berücksichtigen
und neben den hierüber von Anderen gewonnenen Resultaten auch
meine eigenen zum Theil abweichenden Erfahrungen mittheilen.

Das Anthropoidenbecken und speciell das Orangbecken
berücksichtigten in jüngster Zeit besonders Lartschneider (50) und
Eggeling (16). Ueber die Zahl der Lenden-, Kreuz- und Steisswirbel
herrscht in den Angaben der einzelnen Autoren grosse Verschiedenheit
— sie scheint individuell stärker zu schwanken als beim Menschen.
So fand Lartschneider an 4 Orangs: 4 Lumbal-, 5 Sacral- und 2—3
Kaudalwirbel, Fick (21) [4 Exemplare] 4—5 Lumbal-, 5 Sacral-, 2—4
Kaudalwirbel, Rosenberg (76) erwähnt Fälle von 4 und 5 Lumbal-,
4 und 5 Sakral-, 4, 3, 2, ja selbst 1 Kaudalwirbel nach eigenen Beobachtungen und nach Blainville, Trinchese, Vrolik und Owen.
Kollmann (46) spricht nach seinen und Cunningham's Erfahrungen
von 3 Sacralwirbeln bei Anthropoiden überhaupt. (cf. Kohlbrugge
(44) sehr ausführlich über Hylobates).

Meine Untersuchung ergab 5 Lenden-, 5 Kreuz- und
3 Steisswirbel. Die Kreuzbeinwirbel zeigen noch deutliche, knorpe-
lige Zwischenwirbelscheiben. Der letzte ist sogar gegen den vorigen
beweglich. Die Steisswirbel, ebenfalls gegen das Sacrum und unter
sich beweglich, sind einfache Knochenstückchen ohne Fortsätze.

Das Promontorium steht sehr hoch und ist sehr schlecht entwickelt. Es springt fast gar nicht vor, so dass man zuerst im Zweifel
sein kann, ob man es einen Wirbel höher oder tiefer annehmen soll.
Der 4. Lumbalwirbel ist nämlich mit seinem unteren Rand schon etwas
nach rückwärts gebogen, und noch mehr der 5., so dass das nun
folgende Promontorium, zumal wenn man die geringe Ausbiegung des
Sacrum nach hinten bedenkt, fast nur eine Fortsetzung dieser Krümmung ist. Damit übereinstimmend kommt es auch beim Menschen
vor, dass — wenn ich Rosenberg's (76) Worte gebrauche — „die
Grenze zwischen der Sacral- und Lumbalregion häufig durch einen

Uebergangswirbel eingenommen wird", so dass man in gewissen Fällen
von zwei Promontorien sprechen könne. Diese Verhältnisse, die nach
vorn konvexe Krümmung des unteren Theiles der Lumbal- und die
schwache Ausbildung der nach vorn konkaven Sacralwirbelsäule und
endlich in Verbindung damit der sehr stumpfe Winkel [1] zwischen den
vorderen Flächen dieser beiden Theile sind der Grund für das Fehlen
eines wirklichen „Pro"montorium. Ganz unhaltbar ist daher Hoffmann's (34) Auseinandersetzung, wonach als Grund geltend gemacht
wird, dass „eine Lendenkrümmung, wie wir sie beim Menschen antreffen, . . . überhaupt bei keinem Thiere, namentlich aber auch nicht
bei den anthropomorphen Affen" vorkommt. Er steht mit dieser Behauptung in vollem Einklang mit der landläufigen Ansicht, die sich
auch bei fast allen übrigen Autoren findet. Cunningham (12) dagegen
weist nicht nur bei den Anthropoiden, sondern auch bei den niederen
Affen (insbesondere bei Macacus und Cercocebus) die Lendenlordose
nach; und nicht genug damit! Er findet eine solche auch bei Vier-
füsslern, beim Hund! Für den Orang speciell ist das Ergebniss
Cunningham's: „The lumbar curve is feeble and involves the lower
three lumbar vertebrae. It resembles that of man in being cut off
from sacrum and differs from that the chimpanze in not including the
first sacral vertebrae." Soweit es ohne Sagittalschnitte an der ge-
frorenen, frischen Leiche, wie sie Cunningham anwandte, möglich ist,
kann ich diese Angabe bestätigen.

Das Becken selbst ist sehr stark aufgerichtet; wenn man das
Thier in aufrechter Stellung hält, ist die Beckeneingangsebene fast
senkrecht, sie bildet mit dem Horizont einen Winkel von ca. 80"
(gegen 55" beim Menschen). Das hängt neben der aufrechten Becken-
stellung vom Hochstand des Promontorium ab; das Sacrum ist nur
wenig tief in den Beckenring eingelassen. Da das Sacrum vom Promontorium aus nicht stark nach hinten ausspringt, so ist der Winkel
zwischen seiner Vorderfläche und der Conjugata vera (Beckeneingangsebene) ein sehr spitzer, ca. 45" (gegen 105" beim Menschen). Ganz
ähnliche Verhältnisse ergeben sich beim kindlichen Becken, wie jüngst
Symington (80) erörterte. (cf. Hand- und Lehrbücher der Geburts-
hülfe.) Die übrigen Beckenmaasse sind: Conjugata vera 7,9 cm, dia-
gonalis 11,0 cm. Der relativ grosse Unterschied dieser beiden Masse
ist bedingt durch die Höhe der Schoossfuge (3,8 cm), den grossen
Winkel zwischen hinterer Symphysenwand und Conjugata vera (130"
gegen 100" menschlich) und den Hochstand des Promontorium. Der
Diameter transvers. (Conj. transv.) misst nur 5.1 cm. Der Scham-
winkel ist ca. 100° weit, die Höhe des Schambogens beträgt 2,5 cm,
die Distantia tuberum ischii 4,3 cm.

---

[1] Ich fand den Winkel ca. 150° Cunningham (12) 158° gross.

Die Darmbeine sind sehr schmal, sehr flach und hoch; die Distantia spinarum ist 14,1 cm (eine Distantia crist. max. existirt nicht, da die Cristae von den Spinae aus direkt medianwärts ziehen). Ganz interessant ist, dass Müller (58) in Uebereinstimmung mit Vrolik bei Buschmänninen eine „auffallend vertikale Richtung" der Darmbeine fand.

Aus den Beckenmassen ersieht man sofort das starke Ueberwiegen der sagittalen über die queren Dimensionen. Der Beckeneingang ist daher oval, oder besser gesagt: eiförmig mit grossem Unterschied der beiden Achsen des Ovals; „eiförmig" deshalb, weil der vordere Beckenhalbring, wie das stumpfe Ende des Eies, das grössere Stück eines kleineren Kreises darstellt, während die Konturen des hinteren Halbringes gestreckter verlaufen, dem spitzen Eipol entsprechend.

Auf diesem Knochengerüste zeigt sich nun folgende Anordnung der Beckenmuskulatur, bei deren Beschreibung ich mich an Eggeling's (16) Nomenclatur und Eintheilung halten werde.

Unmittelbar unter der Haut zieht um den Anus ein ganz dünner Muskelring, dessen mit einander verflochtene Fasern überall Bündel in die Haut und in das den Darm umgebende Bindegewebe entsenden; es ist Eggeling's M. sphincter cloacae subcutaneus. Von ihm fast gar nicht zu scheiden ist der nun folgende M. sphincter cloacae externus. Die Trennung ist nicht sowohl durch eine Lücke zwischen den Zügen der beiden Muskeln möglich (cf. Fig. 2), als vielmehr dadurch, dass sich dieser als mächtiger Ring um Anal- und Urogenitalöffnung herumlegt, während jener als dünneres, schwächeres Ringband nur den Anus umgiebt, die Vulva aber frei lässt. Eggeling lässt auch ihn die Vulva mitumschliessen, weshalb er den Namen sphincter „cloacae" anwendet, „um damit zum Ausdruck zu bringen, dass die Fasern des Muskels Geschlechts- und Analöffnung gemeinsam umgeben". Ich fand den Muskel (sph. subcut.) äusserst schwach entwickelt und konnte in dem Fett und Bindegewebe, wie gesagt, keine Bündel auch zur Vulva verfolgen. Auch Eggeling erhielt ihn nicht ganz bilateral symmetrisch, so dass seine Ausdehnung wohl individuell verschieden ist. Kohlbrugge (44) lässt ihn (portio a, wie er ihn nennt) ebenfalls nur den Anus umkreisen. Dagegen kann ich Eggeling in seiner Beschreibung des M. sphincter cloacae externus wörtlich beipflichten: ich fand den Muskelring, wie er, „besonders breit auf der Dorsalseite des Rectum; . . . auf dem Wege von hier aus über die beiden lateralen Flächen von Enddarm und Urogenitalsinus ventralwärts verschmälern sich die beiden Muskelbänder etwas und gehen dann auf beiden Seiten in eine Aponeurose über, die auf der Ventralfläche des stark hervortretenden Corpus cavernosum clitoridis liegt. Diese aponeurotische Bedeckung des Schwellkörpers der Clitoris erscheint als Zwischensehne in die Muskelmasse eingeschoben und schliesst derart den Ring. Einzelne der am weitesten kranial, nach der Beckenhöhle zu, gelegenen Fasern befestigen sich auch am Knochen in der Gegend der Symphyse. Auf der Dorsalseite dieses Ringmuskels ist keine Raphe nachweisbar. Die Muskelfasern gehen ohne sichtbare Trennung direkt in einander über". Dazu habe ich noch einige Worte beizufügen. Das „stark hervortretende Corpus cavernosum clitoridis" erwies sich bei weiterer Präparation als eine ganz eigenthümliche Bildung, insofern es sich um eine kranialwärts aufsteigende Fortsetzung des genannten Schwellkörpers handelt (vergl. IV. Abschn. und Fig. 2). Das ventral in die Aponeurose übergehende Muskelende des M. sphincter ext. wird sehr dünn, kammartig und setzt sich als dünnes, ziemlich breites Sehnenband an der Albuginea des cavernösen Gebildes fest. Jederseits biegen vom Muskelring ein oder zwei Bündelchen ab und verlieren sich im Bindegewebe oder in der Haut. „Einzelne Bündel vereinigen sich bereits nach Umgreifung je eines der beiden Ausführungswege" (EGGELING), und zwar fand ich den Querzug zwischen Anus und Vulva, der eben dadurch zu Stande kommt, in ganz beträchtlicher Ausbildung. Durch die Ringtouren um die beiden einzelnen Oeffnungen (Anus und Vulva) wird im Verein mit der gemeinsamen Ringtour jederseits ein kleines, von Fett erfülltes Dreieck ausgespart, wie es das Schema (Fig. 1) zeigt, das sich von EGGELING's Textfigur 6 nur durch die ventrale Zwischensehne unterscheidet.

Enger, als nach EGGELING's Darstellung zu erwarten war, scheint mir die Verbindung des Sphincter mit dem Levator ani. Dorsal vom Rectum sind seine Fasern von den sich hier kranial anschliessenden und jenen parallel verlaufenden Zügen des Levator gar nicht zu trennen. Ein dünnes Bündel spaltet sich sogar auf der linken Seite etwa in der Mitte des Sphincterringes ab und zieht schief nach oben, um sich etwas rechts von der Mittellinie in die Levatormasse einzusenken (Fig. 2). Auch KOHLBRUGGE (44) lässt die zum Rectum tretenden Fasern des „Diaphragmaticus" (i. e. Levator ani) an ihm „zwischen den Fasern des Sphincter" endigen.

Eine Prominenz am Sphincter, wie sie EGGELING, bedingt durch die Vorhofszwiebeln fand, konnte ich nicht bemerken, doch vermochte ich letztgenannte Organe selbst an der von ihm bezeichneten Stelle nachzuweisen: es handelt sich, wohl in Folge der Jugend des von mir untersuchten Individuums, um sehr kleine Gebilde.

Von transversalen Muskeln unterscheidet EGGELING bei Anthropoiden einen M. transversus perinei und einen M. ischiourethralis; jener tritt „dorsal vom Urogenitalkanal an die Mittellinie heran", dieser vereinigt sich „auf der Ventralseite des Urogenitalkanals mit dem entsprechenden Muskel der anderen Seite".

EGGELING fand auch beim Orang einen M. transversus perinei, der also „zwischen Enddarm und Sinus urogenitalis in den M. sphincter cloacae ext. sich einsenkt". Von einem solchen Muskel habe ich trotz

vorsichtiger Präparation nur Spuren bemerkt, ganz dünne Bündel in
das Fett eingesprengt. Die stärkeren, oben erwähnten Züge, die jederseits aus der Masse des M. sphincter cloacae ext. nach aussen ab-
zweigen (wie ich es auffassen muss), endigen im Bindegewebe, und erreichen den Knochen sicher nicht, sind also Sphincter-Theile.

Dagegen fand ich ein Muskelbündelchen, das nach der citirten
Definition als M. ischio-urethralis anzusprechen wäre und das
genannter Autor nicht beschreibt. An der Innenseite der Symphyse,
ganz nahe deren unterem Rande, zieht ein kleiner, bandartiger Muskel-
bauch quer vorüber, sich beiderseits auf dem M. ischio-cavernosus
gegen die Sitzbeinäste verlierend. Eine mediane Trennung ist nicht
sicher zu konstatiren. Zwischen ihm und dem Schambogen ziehen die
Gefässe zur Clitoris durch. An seiner Hinterseite zeigt sich der
Muskel mit den tieferen Lagen des M. sphincter cloacae ext. bezw.
sphincter urogenitalis ext. (cf. unten) in ziemlich festem Zusammenhang. KOHLRAUSCH (44) beschreibt einen Muskel, der „an den einander zugekehrten Flächen des Os pubis" entspringt, seine Faserbündel
umschliessen dann die Harnröhre, „ein grosser Theil gelangt zur ventralen Fläche der Urethra, und es heften sich die meisten an die
Symphyse in der Medianlinie des Körpers". KOHLRAUSCH hält ihn
für den Repräsentanten des menschlichen M. transversus perinei profundus. Ich bin nicht ganz sicher, ob damit derselbe Muskel gemeint
ist, bin aber (trotz einiger Abweichungen) besonders durch die Bemerkung „ventral von der Urethra" sehr geneigt, es anzunehmen.

Als M. sphincter uro-genitalis externus bezeichnet EGGE-
LING einen Muskel mit folgendem Verlauf: „Spärliche, dünne Muskelzüge umgreifen als schmales Band einen Theil der Scheide und die
kurze Harnröhre gemeinsam. Dieselben stellen keinen völligen Ring
dar, da auf der dorsalen, dem Rectum zugewandten Seite die muskulösen Theile fehlen." Bei meinem Exemplar ist die Entfaltung dieses
Muskelhalbringes gar keine so geringe, er bildet vielmehr einen kräftigen, ca. 12 mm breiten und 4—5 mm dicken Wulst, der auf der
Urethra fast bis zur Blase reicht. Von den Zügen des M. sphincter
cloacae ext. setzt er sich ziemlich gut ab, weniger gegen den M. ischio-
urethralis. Da wo er auf die Vagina übergreift, wird er sehnig und
verliert sich im Bindegewebe an ihr und dem Mastdarm.

Der M. ischio-cavernosus hat die gleiche Lage wie beim
Menschen. (Fig. 2). Wo das Tuber ischii nach vorn schmäler wird,
entspringt der Muskel als dünner, runder Strang, zieht, rasch dicker
werdend, auf der Kante des Schambeinastes, eher etwas in's Becken
hineingewälzt, nach vorn gegen den Scheitel des Schambogens; hier
endigt er mit kurzer, straff sehniger Ausstrahlung an der Albuginea
der Clitoris; ein kleiner Theil der ventral gelegenen Bündel zieht etwas
vor die Symphyse und inserirt hier an dem „aufsteigenden" Abschnitt

der corpora cavernosa clitoridis (cfr. diese). Eggeling stellt (mit Ausnahme der letztgenannten Züge) den ischio-cavernosus ebenso dar und fügt ganz richtig bei: „Die Muskelkapsel und damit auch die crura (sc. clitoridis) sind in ausgedehnter Weise am Sitzbein fixirt, und nur die nächste Umgebung der Symphyse bleibt frei."

Die bis jetzt behandelten Muskeln sind nach Eggeling (ich selbst habe die Nerven nicht präparirt) „von aussen her aus dem N. pudendus innervirt", während die nun folgende Gruppe von innen, vom Plexus ischiadicus, ihren Nerven erhält. Es handelt sich hauptsächlich um den M. levator ani. (=Eggeling's M. pubo- und ilio-caudalis und Lartschneider's pubo- und ilio-coccygeus.)

Nach der interessanten Arbeit Lartschneider's (51) über die Phylogenese der beiden Theile dieses Muskels, Portio iliaca und Portio pubica, wonach jener Abschnitt zu „der an der ventralen Fläche des Schwanztheiles der Wirbelsäule gelegenen Wirbelsäulenmuskulatur gehört, dieser dagegen „auf den grossen Hautmuskel (M. cutaneus max.) zurückzuführen" ist, muss jeder einzelne Beitrag, zumal bei der kleinen Zahl der untersuchten Individuen aus jeder Species, von einigem Werth sein.

Zur Lage des Muskels übergehend, kann ich Eggeling's (16) treffende Schilderung hier anführen: „Auf beiden seitlichen Flächen sehen wir den Enddarm überdeckt von einer Muskelplatte, die aus dem Becken herauszieht und dorsal vom Rectum in der Mittellinie mit der entsprechenden Bildung der anderen Seite zusammentritt. Die Fasern dieses paarigen Muskels gehen aus von einer breiten, sehr dünnen Ursprungsaponeurose, die an der Innenseite des Beckens längs der Linea innominata befestigt ist. Dieselbe beginnt in der Gegend der Articulatio sacro-iliaca, erstreckt sich längs der Linea arcuata interna des Os ilium, dann weiter entlang am horizontalen und absteigenden Schambeinast bis zum kaudalen Ende der Schambeinsymphyse."

Dazu muss ich eine Abweichung konstatiren. Bei meinem Orang-Exemplar ist der ganze vom Os ilei kommende Theil sehnig, wie es Eggeling vom Schimpanze (♀) und Hylobates (♂) beschreibt; nur spärliche, dünne Muskelfasern finden sich eingelagert, dem Verlauf kleiner Gefässe folgend, während Eggeling diesen ganzen Abschnitt auch beim Orang muskulös gefunden zu haben scheint. Gegen den Ansatz am Steissbein hin traf auch ich wieder eine Muskelschicht statt der straffen Züge und zwar links in grösserer Ausdehnung als rechts.

Hören wir Eggeling weiter: „Sämtliche Muskelfasern von diesem ziemlich ausgedehnten Ursprungsgebiet konvergiren nach dem Steissbein hin. An dessen seitliche Theile gelangen aber nur die vom Os ilium und der Spina ischiadica entspringenden Muskelfasern . . . Derjenige Theil des Muskels, der vom horizontalen Schambeinast ausgeht, bildet bei Pithecus satyrus eine Schlinge um den Mastdarm und vereinigt sich

in der Mittellinie mit den entsprechenden Partien der anderen Seite
(Fig. 2). Die Muskelfasern gehen direkt in einander über, und es findet
sich hier keine Andeutung einer früher bestandenen Trennung. Die am
weitesten medial gelegene Portion des Muskels, also ein grosser Theil
der längs der Symphyse entspringenden Bündel, gelangt beim Orang
nicht bis zur Dorsalseite des Enddarms, sondern verbindet sich auf
beiden Seiten mit den Wandungen des Rectum und verschmilzt hier
auch mit dem M. sphincter cloacae exsternus . . . Nach den beiden
Knochentheilen, die diesem anscheinend einheitlichen Muskel zum Ursprung dienen, unterscheiden wir an demselben zwei Portionen, die wir
gesondert, und zwar als Pubo-caudalis und Ilio-caudalis benennen."

Der Ansatztheil des M. ilio-caudalis wird von einer dreieckigen,
sehnigen Bindegewebsschicht von oben her überlagert, die „vom dorsal
aufsteigenden Sitzbeinast in der Gegend der Spina ischiadica entspringt
und unter fächerförmiger Ausbreitung an den seitlichen Partien der
Steisswirbel sich anheftet." EGGELING findet allerdings, dass die
musknlösen Elemente „gegenüber den straff-sehnigen bedeutend zurück-
treten", dagegen gelang es mir überhaupt nicht, jene zu konstatiren, die
Bildung ist völlig sehnig geworden — es ist das Ligamentum sacrospinosum (Lig. spinoso-sacrum). Die „fächerförmige Ausbreitung"
sehe ich auch noch auf den letzten Sacralwirbel übergreifen.

Mit vorstehender Schilderung des M. levator ani befindet sich auch
LARTSCHNEIDER's (51) Untersuchungsergebniss im Einklang, wonach die
betr. Fasern „grösstentheils ohne sehnige Unterbrechung" den Mastdarm
wie eine „breite Schlinge umfassen" sollen. Abweichend ist nur seine
Ansicht über das Verhältniss dieser Fasern zur Mastdarmwand selbst:
ich möchte mich EGGELING anschliessen, der eine innige Verbindung
zwischen beiden betont, welche LARTSCHNEIDER leugnet.

Aehnlich, wenn auch lange nicht so ausführlich, sprechen sich die
meisten anderen Autoren über unseren Muskel aus. FICK (22) findet
„namentlich auch die hinteren Bündel" wohl ausgebildet, und auch nach
KOHLBRÜGGE (44) ist der „M. diaphragmaticus", wie er die Mm. pubo-
und ilio-caudales zusammen benennt, gut entwickelt.

Einen Unterschied finde ich also nur bezüglich der Portio pubica,
was die Natur dieses Theiles anlangt: ich traf sie der Hauptmasse nach
sehnig, genannte Autoren muskulös. HOLL (36) dagegen sagt sogar
„der ilio-coccygeus fehlt vollständig". Man wird demnach kaum fehl
gehen, wenn man hinsichtlich der Ausbildung des Muskels individuelle
Schwankungen annimmt, was auch mit der grossen Variabilität des
ganzen „Schwanzgebietes" beim Menschen im allgemeinen (cfr. WIEDERS-
HEIM 88) und wohl auch bei den Anthropoiden stimmen würde. Doch
scheint beim Orang die Regel zu sein, dass beide Portionen fleischig, beim Schimpanze, dass sie z. Th. sehnig

sind. (cfr. die cit. Autoren, dagegen fand BLUM (9) die hinteren Partien
des M. ilio-coccygeus beim Schimpanze muskulös.)

Eine befriedigende Erklärung für die allmäliche
Ausbildung eines richtigen „Diaphragma pelvis“ eines
Becken„bodens“ liegt nach LARTSCHNEIDER (50 u. 51) in
der bei den Anthropoiden proportional mit der zu-
nehmenden Länge der vorderen Extremität allmälich
erlangten Fähigkeit, eine „aufrechte Körperhaltung“
anzunehmen, bei der nur ein muskulöser Verschluss des
Beckens der Belastung durch die Eingeweide gewachsen
sein konnte.

Schliesslich sei noch Einiges über die eigentliche Schwanzmuskulatur bemerkt, deren grosser Wechsel nach Vorkommen und Ausbildung
ebenfalls eine möglichst zahlreiche Reihe von Einzeluntersuchungen
erheischt.

Ein M. sacro-coccygeus anterior entspringt nach LART-
SCHNEIDER'S, an 2 Orangs und 1 Schimpanzen angestellten Beobachtungen (50.), paarig auf der Ventralseite der Wirbelsäule neben der
Mitte des 4. Kreuzbeinwirbels und inserirt. „leicht konvergirend mit
dem der andern Seite“ und kaudal ziehend, „in der Gegend des 2. und
3. Steisswirbels an das Ligam. sacro-coccygeum anterius“, was ich, weil
auch für mein Thier gültig, wörtlich anführen kann, doch sind hier die
Bündel nicht ganz so stark, wie sie LARTSCHNEIDER abbildet, und
einzelne sehnige Züge mischen sich unter sie. Auch EGGELING erhielt
bei einem Orang das gleiche Bild (sein M. sacro-caudalis), bei einem
zweiten dagegen keine Spur des Muskels; bei einem Schimpanze fand
er ihn einseitig, während ihn BLUM (9) bei einem solchen vermisste;
dann sah ihn EGGELING beim Gorilla „relativ kräftig entwickelt“,
bei Hylobates gar nicht.

Die allgemeine Annahme (BRONN 10. GEGENBAUR 26. TESTUT,
WIEDERSHEIM 87). dass der Muskel den Anthropoiden „gänzlich fehlen“
soll, wurde schon von LARTSCHNEIDER entschieden zurückgewiesen, ich
füge der Reihe seines Materials einen weiteren Fall hinzu.

Mm. sacro-coccygei posteriores unterscheidet LARTSCHNEIDER
auf Grund seiner vergleichend-anatomischen Studien beim Menschen
drei: M. extensor coccygis medialis, M. ext. cocc. lateralis
und M. abductor coccygis dorsalis. Beim Orang vermochte
er wenig scharf differenzirte Spuren von Muskel- und Sehnenzügen
nachzuweisen. BLUM (9) suchte beim Schimpanze erfolglos danach, und
auch sonst finde ich keine Angaben. An meinem Objekte konnte ich
beiderseits auf der dorsalen Seite des Kreuz-Steissbeines nahe dem
Seitenrand mit Sehnenfäden durchsetzte schwache Muskelbündelchen
wahrnehmen, die vom letzten Sacralwirbel entspringend, sich zur Steissbeinspitze verfolgen liessen, allerdings im letzten Theil nur fibrös-sehnig.

Da nach LARTSCHNEIDER's Untersuchungen nur der M. extensor coccygis lateralis die Spitze des Steissbeins erreicht. die beiden andern schon weiter oben inseriren, so darf ich diese Züge wohl als Rudiment des M. extensor-coccygis lateralis deuten. Von einem M. extensor cocc. med. und einem M. abductor cocc. dors. konnte ich nichts nachweisen. (Die Rückenmuskulatur reicht bis in die Mitte des letzten Sacralwirbels.)

Der M. coccygeus endlich, oder der M. abductor caudae ventralis s. ischio-coccygeus, wie er bei den Thieren heisst, ist, wie schon KRAUSE und nach ihm die meisten Autoren annehmen, z. Th. in das Lig. sacrospinosum umgewandelt. Wie innerhalb der ganzen Anthropoidenreihe in der Ausbildung des Muskels wie des Bandes sich bedeutende Schwankungen geltend machen, so ist auch beim Orang der Befund nicht ganz constant. Die Lage des Ge-bildes, wie ich sie in Übereinstimmung mit EGGELING fand, wurde vor-hin schon angegeben; ebenso die nicht immer ganz gleich weit fortge-schrittene Umwandlung der muskulösen Elemente in sehnige. In gleichem Sinne äussern sich KOHLBRUGGE (44) und LARTSCHNEIDER (50); auch nach HOLL (36) ist ein „abductor caudae" vorhanden (keine näheren Angaben), und nach FICK (21) ist der „M. ischio-coccygeus wohl ausgebildet, aber im Wesentlichen nicht vom Menschen ver-schieden".

Beiläufig sei hier bemerkt, dass bei meinem Exemplare, ebenso wie es FICK (21 u. 22) und KOHLBRUGGE von den ihrigen angeben, das Lig. sacrotuberosum (Lig. tuberoso-sacrum) fehlt. Dagegen findet sich nach LARTSCHNEIDER beim Schimpanze und Orang-Utan „das ligamentum sacro-tuberosum beiderseits als ein straff gespannter Strang durch die Haut tastbar". Sollte das nicht eine Verwechslung mit dem lig. sacrospinosum sein? —

Was nun die glatte Muskulatur betrifft, so finde ich in der Damm-gegend nichts davon und ebensowenig konnte EGGELING etwas nach-weisen, während HOLL (36) „einen organischen, symmetrischen THERTZ-schen Muskel (M. rectococcygeus)" erwähnt.

Von einer Vergleichung dieser Ergebnisse mit dem Befunde am Menschen und andrerseits mit der Thierreihe abwärts sehe ich aus den oben angeführten Gründen ab, und auch die Berücksichtigung älterer Forschungen und Beschreibungen konnte ich umgehen, nachdem sie bereits bei LARTSCHNEIDER (cfr. dessen Literaturverzeichniss) eingehend gewürdigt wurden.

III. Beckeneingeweide.

Ich wende mich nun zur Beschreibung der Beckeneingeweide und will mit der Betrachtung der inneren Genitalorgane beginnen. Zuerst soll deren Situs, und dann der ohne präparatorischen Eingriff an den herausgenommenen Organen zu erhebende Befund geschildert werden. Dann soll sich weiterhin eine Vergleichung mit den Litteraturangaben bezüglich der Beobachtungen an anderen Anthropoiden und am Menschen anschliessen, und zum Schluss werden die Resultate einer detaillirten makro- und mikroskopischen Untersuchung der einzelnen Abschnitte der Genitalwege zur Sprache kommen. Einen ähnlichen Gang soll dann der IV. Theil, die Beschreibung der äusseren Genitalien einhalten.

Das Thier wurde frisch (ca. 10 Stunden nach dem Tode) eröffnet, und die Lage der inneren Theile konstatirt. Darauf wurde es in toto in Formollösung gehärtet und bald darnach in Arbeit genommen. Da ergab sich denn das erfreuliche Resultat, dass sich in Lage und Form der Organe absolut nichts geändert hatte, und ich kann das erfahrene Urtheil des H. Professor WIEDERSHEIM als Bestätigung anführen. Die Eingeweide des Bauches wurden vorsichtig entfernt, das Rectum etwa im Beckeneingang abgeschnitten und dann das Thier über dem 3. Lendenwirbel quer halbirt. Nun übersah man schön und klar die Lage der gesammten Beckenorgane, und das Fehlen von allen Verwachsungen, von entzündlichen Strängen und Residuen liessen sicher erkennen, dass es sich um völlig gesunde und normale Verhältnisse handelte.

Zuerst fällt der Fettreichthum des Thieres auf. Ueber der Symphyse liegen auf der Innenseite der Bauchwand drüsenlappenartig angeordnete Fettpackete, zwischen vorderer Beckenwand und Blase in die Tiefe sich einschiebend. Als Fortsetzungen des stark entwickelten, perirenalen Fettes (besonders mächtig unter dem unteren Nierenpol) lagern sich derbe Massen auf die Darmbeingruben. Eine ebenfalls gut entwickelte Fetthülle umgiebt den Mastdarm von hinten und beiden Seiten, so dass nur an seiner Vorderseite die Höhlung des kleinen Beckens offen daliegt. Schaut man von oben her in den Beckenraum hinein, so sieht man das Rectum von der Mitte der Beckentiefe her gegen die rechte Artic. sacro-iliaca heraufziehen, wobei es durch die erwähnten Fettablagerungen gehindert wird, der Beckenwand sich völlig anzulegen. Im vorderen Theil, hinter der Symphyse, liegt die Blase, mit ihrem Scheitel die Höhe des oberen Symphysenrandes gerade erreichend. Sie zeigt eine eiförmige Form, ist in sagittaler Richtung etwas abgeplattet, und besitzt eine stark gerunzelte Oberfläche.

Zwischen Blase und Rectum finden sich nun die Genitalorgane in folgenden Lageverhältnissen (cfr. Fig. 3. [*]). Von der seitlichen Beckenwand löst sich links eine Bauchfellfalte ab, zieht erst nach vorn und biegt dann nach innen und etwas nach hinten um; sie kommt dabei

---

[*] Die Figur giebt nur ein unvollkommenes Bild von den Tiefenverhältnissen. Es konnte nicht der Tiefe entsprechend schattirt werden, sollte die Deutlichkeit der Details nicht leiden. Man bekommt eine bessere Anschauung, wenn man eine Kante der Tafel stark erhebt.

bis in die Medianebene des Beckens und repräsentirt den oberen Theil des Lig. latum. Die Fläche dieser Falte steht also zuerst annähernd sagittal (parallel der seitlichen Beckenwand), dann frontal und zuletzt wieder ein ganz kurzes Stück fast sagittal. Die ganze Falte hat etwa die Gestalt eines über die Fläche zweimal geknickten, gleichseitigen Dreiecks. Eine Seite davon ist die Anheftungslinie am Becken, die zweite der scharfe, freie, obere, horizontal ziehende Rand und die dritte endlich der innere freie Rand, der von innen nach aussen in die Tiefe des Beckens hinabzieht; die zweite und besonders die dritte Strecke weisen zahlreiche Einkerbungen und Unregelmässigkeiten auf.

Die erste Seite, der Ursprung am Becken, zieht von hinten oben nach vorn unten, ist aber lateralwärts, wo sie in die Beckenwand verstreicht, nur ungenau abzugrenzen. Der obere freie Rand, im Ganzen (incl. Fimbrie) 24 mm lang, ist sehr scharf, und theilt sich nahe seinem medialen Ende in zwei Konturen; diese Theilungsstelle ist zugleich der höchste Punkt der ganzen Falte und bildet einen kleinen Vorsprung. Die eine Kante zieht von ihm aus nach hinten und abwärts (auf Fig. 3. nicht zu sehen, dagegen auf Fig. 4.) und ist als niedrige Runzel bis gegen die Spitze des hier hängenden Ovariums zu verfolgen. Die vordere Kante, erst etwas verbreitert, wird sehr scharf und dünn und biegt schliesslich scharfwinklig um, womit die freie Ecke des Dreiecks gegeben ist. An dieser dünnen Ecke ragen eine Anzahl kleiner Zacken und Läppchen hervor, die Fimbrien der Tube. Sie zeigten sich im frischen Zustande im intensivsten Roth, und auch jetzt bildet ihre satt braune Farbe noch einen scharfen Gegensatz gegen die Umgebung. Ein Läppchen steht gerade in die Höhe (= Ecke des Dreiecks) ein längeres zieht nach unten, ein- und vorwärts und verbreitert sich zu einem dünnen Fältchen (Fig. 3. +), das nach hinten zu in ein weiteres Läppchen übergeht; diese Läppchen umfassen zusammen die Spitze des Ovariums von oben her wie eine hohle Hand. Von dieser Fimbrie aus zieht die dritte Dreieckseite wieder nach unten, und etwas nach aussen. Sie ist die unregelmässigste. An ihr und unten innen neben ihr, an der Hinterfläche des Dreiecks, ist das Ovarium festgeheftet. Die Kante zieht nun von der Fimbrie aus zuerst in einem nach innen konkaven Bogen abwärts, so dass hier (in diesem Bogen) ein länglichrundes Feld des Ovariums (Fig. 3.: l. Or.) sichtbar ist. Das Ende dieses Bogens biegt scharf um und geht in Form eines nach innen konvexen Bogens in mehr horizontaler Richtung weiter. Sein Ende wird von einer hier in die Fläche des Lig. latum einspringenden Falte bedeckt, deren Rand (Fig. 3. ✕) nun die Fortsetzung des Dreieckkonturs übernimmt und nach der Tiefe führt. (Auf Fig. 3. hinter der Blase verschwindend.) Statt sich aber hier mit dem Ende der Anheftungslinie am Becken zu verbinden und so die Dreieckfigur zu schliessen, biegt die Falte ganz kurz, ehe dies geschehen würde, medianwärts ab; die untere Ecke des

Dreiecks ist also nur angedeutet. Die Falte selbst zieht als frontal gestellte, dünne, membranartige Erhebung, der hinteren unteren Blasenwand angelegt, quer durch's Becken, um in die entsprechende Bildung rechts überzugehen; diese frontale, faltenartige Erhebung ist der untere Theil des Lig. latum und der zwischen seine Blätter eingelassene sehr dünne Uteruskörper. Nun bedürfen (nach den Seiten) noch die Flächen des „Dreiecks" einer kurzen Besprechung.

Die vordere, zugleich obere Fläche, ist zweimal gebrochen, wie gleich anfangs erwähnt; ihr Querschnitt ist darnach: ⌣. Sie ist völlig glatt, ohne weitere Eigenthümlichkeiten und geht nach unten ohne Grenze in die Masse des Lig. latum über. Sie steht beinahe senkrecht, etwas nach hinten oben geneigt. Die hintere (untere) Fläche, welche man in situ nicht deutlich sehen kann, ist mehr gleichmässig gekrümmt (Querschnitt ⌣). Dies ist dadurch bedingt, dass an der medialen Seite das Ovar, dessen Grenze eine enge Spalte bezeichnet, lateral dagegen eingelagertes Fett diese Stellen vorwölben und runden. Auf den oberen Theil dieser Fläche greift die beim „oberen freien Rand" (zweite Dreieckseite) erwähnte, nach hinten ziehende Runzel über; sie grenzt von derselben oben ein kleines Dreieckchen ab, die Hinterfläche der handförmigen Fimbrienausbreitung. (cfr. Fig. 4. *l. Ibr. or.*). Das Ovarium ist in situ nicht genau zu sehen, es kommt zu sehr nach der Tiefe des Beckens zu liegen. Es ist cylinder- oder walzenförmig, nicht ganz glatt, sondern mit leichten Erhebungen und Einkerbungen auf der Oberfläche. Seine Längsachse verläuft ziemlich genau senkrecht, d. h. parallel der Medianebene des Rumpfes, etwas von hinten unten aussen nach vorn oben innen.

Seitlich, wenig vor der Anheftungsstelle des Lig. latum kommt das Lig. rotundum zum Vorschein (Fig. 3.). Es steigt aus der Tiefe, aus dem Winkel zwischen Blase, Beckenwand und Lig. latum empor und zieht nach aussen, unmittelbar oberhalb der Linea terminalis in die seitliche Bauchwand sich einsenkend. Demgegenüber zeigen sich an den entsprechenden Theilen r e c h t s beträchtliche Unterschiede:

Von einer Dreieckform der Falte kann man hier kaum sprechen: die obere Kante zeigt sich verkürzt und verbogen, die innere verläuft mit der Anheftungslinie fast parallel, so dass die links doch wenigstens angedeutete untere Dreieckspitze rechts durch eine vierte Seite ersetzt wird; das Ganze stellt ungefähr ein Rechteck dar. Dabei ist dieses lange nicht so stark über die Fläche gekrümmt oder geknickt wie links, steht vielmehr, ziemlich plan, im schrägen Beckendurchmesser. Die ganze Falte ist viel dicker wie die linke, was sich später als Fetteinlagerung herausstellte; das Ovarium hängt loser und freier an ihr, ihr oberer Rand steht höher (im Becken), der mediale, bezw. vordere Rand, bleibt von der Medianebene des Beckens ein Stück weit entfernt.

Die Anheftungslinie zieht wie links, eingelagertes Fett macht sie

12*

aber noch undeutlicher wie jene. Die obere Kante, links scharf und
erst gegen ihr Ende sich spaltend, geht hier gleich anfangs auseinander, und es entsteht an ihrer Stelle eine fast horizontalliegende
längliche Fläche; diese lässt die durch die Fetteinlagerung bedingte
Dicke der ganzen Falte (Fig. 3.) erkennen; bis zu 7 mm schwillt die
Breite dieser Fläche an, dabei ist sie 13 mm lang, hat eine etwas aus-
geschweifte längsovale Form mit einem spitzeren und einem abgerundeten
Ende, jenes lateral, dieses medial und nach vorn gelegen. Hier erhebt
sich eine erst ganz feine, bald aber sich verbreiternde Falte, (Fig. 3. + +),
zieht über dies Ende weg und biegt sich nach abwärts und etwas nach
hinten bogenförmig um. Vom Rande dieser Erhebung lösen sich
Läppchen ab, die ihrerseits wieder mit zierlichsten Blättchen besetzt
sind, die Fimbrien der rechten Tube. Ihr Bau ist feiner und komplicirter.
das ganze Organ grösser als links (8—10 mm lang). Das Ende geht
nach hinten zu als feines sich verbreiterndes Fältchen auf's Ovar über
(Fimbr. ovarica. Fig. 4. *Lig. inf.-pelv.*) Die innere Kante des Vier-
eckes zieht glatt nach unten und biegt in der Tiefe rechtwinklig nach
innen um, in den oberen Uterus- bez. Lig. latum-Rand übergehend.
Eine vierte (untere) Seite des Rechtecks ist also nur ideell, seine
Fläche geht hier breit und kontinuirlich als Lig. latum längs der
Seite des Uterus in die Tiefe. Von den beiden Flächen unseres Recht-
eckes ist die vordere (äussere) durch die Fetteinlagerung etwas ge-
wulstet; auf der hinteren zieht (in situ allerdings nicht ganz leicht zu
sehen) eine tiefe, enge Spalte längs des inneren Randes, 2 mm von
ihm entfernt, über ihre ganze Ausdehnung hinunter, es ist die Einsenkung zwischen Tube und Ovarium (Fig. 4.). Letzteres selbst hängt
von hier aus, nach hinten, aussen und unten umgeschlagen, herab. Seine
Befestigung (Mesovarium) ist eine ziemlich lange schlaffe Falte (3—4 mm).
Die Länge des Eierstockes selbst ist ca. 19 mm, dabei ist er 5—8 mm
breit und 3—4 mm dick; sein oberer Pol ist ziemlich frei, wird nicht
umgriffen von der Fimbrie wie links, und das ganze Organ hängt in
Folge der Länge des Mesovars loser und freier an seiner Unterlage.
Die Längsachse zieht beinahe senkrecht, die Hilusachse sagittal.
Das rechte Lig. rotundum ist im Fett der Beckenwand nur schwer zu
unterscheiden.

Plicae recto-uterinae (Plicae Douglasi) sind nicht wahrnehmbar.

Nach Herausnahme der Organe kann man ihre relative Lage noch
recht gut erkennen, die Details aber werden jetzt erst deutlich und
zwar am besten, wenn man nach Entfernung des Mastdarms das Lig.
latum etwas ausbreitet und das Ganze von der Excavatio rectouterina
(Cavum Douglasi) aus betrachtet. (cfr. Fig. 4.)

Von der tiefsten Stelle erhebt sich der Fundus uteri 25 mm hoch.
Am Grund der grossen Douglashöhle ist eine kleine, frontalgestellte,

6 mm breite und 5 mm tiefe, enge Tasche (Fig. 4.) die auch beim Ausziehen der hinteren Douglaswand noch deutlich sichtbar bleibt. Der Uterus liegt etwas nach rechts, erscheint auffallend platt und flach, hinten jedoch etwas stärker gewölbt als auf der Vorderfläche. Seine Dicke von nur 3 mm erklärt diesen Mangel an Wölbung. Ohne präparatorischen Eingriff sind seine Seitenkanten nicht zu erkennen. Der Fundus ist messerscharf; diese Kante geht nach oben kontinuirlich in die ebenso scharfkantige Tube über, so dass auch die Fundusbreite nicht ohne weiteres bestimmbar ist (besonders links. cfr. Fig. 4.) Die Strecke bis dahin, wo jederseits muthmaasslich die Tube beginnt, misst 7 mm. Eine Grenze von Corpus und Cervix uteri ist nicht zu sehen, die gemeinsame Achse beider verläuft ohne Winkel-krümmung, es besteht weder eine Flexio, noch eine Version uteri. Bei der Betrachtung von Ovarien und Tuben fallen nun be-trächtliche Unterschiede zwischen rechts und links auf, so dass die Verhältnisse jeder Seite eine gesonderte Besprechung erheischen.

Rechts steigt die Tube vom Uterus aus fast ganz senkrecht in die Höhe und ist in einer Länge von 12 mm als glattes, nach oben sich etwas verschmälerndes Band sichtbar, seitlich durch eine tiefe Spalte vom Ovarium (bez. Mesovarium) getrennt, medial mit scharfem freiem Rand. Oben schlägt sich die Fimbrie über die Tube weg, deren weiterer Verlauf von da an nur schwer verfolgbar ist. Eine ansehnliche Fettmasse (dieselbe, die man beim „Situs" von oben her sah, Fig. 3) verbreitert und verdickt hier das Lig. latum; auf der vorhin be-schriebenen Oberfläche dieses Körpers zieht am Rand offenbar die Tube weiter (jene faltige Erhebung Fig. 3. + +), erst schmal, schlägt sie sich dann, zu der Fimbrie verbreitert, in lateralwärts konkavem Bogen von der Ventral- zur Dorsalseite um und reicht schliesslich als sehr dünne Falte [Lig. infundibulo-pelvicum (Fig. 4.)] bis zum Rand der Keimdrüse. Hebt man die Fimbrie vom Mesovarium ab, so erhält man eine mondsichelförmige Falte; der konkave Rand der Sichel ist angewachsen und nach aussen gewandt, der konvexe ist frei, (ist auf Fig. 4, wo die Sichel zusammengefaltet liegt, gegen den Beschauer ge-richtet); an ihm hängen die Fransen und Läppchen auf beide Flächen der Sichel herab; deren Breite ist 5 mm. Unter der Fimbrie, zwischen ihr und dem aufsteigenden Tubenabschnitt, wo diese beiden sich kreuzen, drängt sich (beim Erheben der Fimbrie) ein mit der Tube und nach unten mit dem Ovar verwachsener Körper vor, der annähernd 6 mm lang, 2 mm breit und dick ist. Eine spätere mikroskopische Unter-suchung ergab, dass es sich nur um eine durch Fett bedingte Ver-dickung oder Hervorragung am Lig. latum handelte. Von dem Ei-leiter aus nach der Seite liegt das Ovarium, doch ist von hinten her nur wenig von dessen Oberfläche zu sehen, das Mesovarium bedeckt den grössten Theil und lässt nur einen ungefähr 2—3 mm breiten Saum frei. An dieser Grenze (Fig. 4. *F. W. L.*), die dem Rand des Organes parallel zieht, setzt sich das helle theilweise silberglänzende Bauchfell scharf ab gegen das gesättigt gelb (falb erscheinende Ovarialgewebe. Die FARRE-WALDEYER'sche Linie, welche HOBRECHT (39) am Schimpanze-Ovar „mit blossem Auge nicht zu ermitteln" vermochte, ist also hier sehr deutlich.

Die Längsachse des rechten Ovars zieht, wie schon erwähnt, von oben nach unten, in situ war ihr oberes Ende etwas nach aussen und hinten abgewichen; sie misst 19—20 mm. Die Hilusachse, 8 mm lang, bildet mit der Sagittalebene einen nach vorn geschlossenen, sehr spitzen Winkel; die Dicke des Organs beträgt 4 mm. Die hintere und innere Fläche (‚innere", wenn ich die Hilusachse sagittal annehme) ist eben, die vordere, äussere (auf Fig. 4 nicht sichtbare) ist dagegen schwach gewölbt. Der hintere, (laterale) Rand hat oben drei kleinere, nach unten zu zwei grössere und mehrere ganz schwache Einkerbungen, eine unterste, tiefste schneidet fast ein kleines Läppchen ab. Der vordere (mediale) nur durch Umklappen des Organs um seine Insertionslinie am Mesovar sichtbare Rand weist ebenfalls kleine, z. Th. nur angedeutete Einkerbungen auf. Die Gestalt der ganzen Drüse ist die eines flachen, d. h. 4 mm hohen, Brodlaibes. Die sonstige Oberfläche ist völlig glatt, von Narben oder vorgewölbten Follikeln ist nirgend etwas zu finden. Die Fovea ovarica, im Sinne WALDEYER's (85), ist deutlich zu erkennen und im Verhältniss zur Dicke des aufzunehmenden Organes ziemlich tief. Unter dem Ovarium kommt man in die ansehnlich tiefe Bursa ovarii (HIS 33). Das Lig. ovarii proprium lässt sich vom übrigen Mesovarium kaum abgrenzen, dagegen ist das Lig. suspensorium ovarii (WALDEYER 85) als scharfer Rand deutlich sichtbar (Fig. 4). Präparatorische Eingriffe wurden hier nicht vorgenommen, sondern die ganze Seite zu Schnittserien verwendet.

Anders liegen die Verhältnisse links: Hier zieht die Tube vom Uterus ab zuerst annähernd horizontal, so dass absolut keine Grenze zwischen beiden erkennbar ist; dabei ist sie nur auf eine Strecke von vielleicht 3—4 mm sichtbar und verschwindet dann, indem sich das untere Ende des Eierstockes davorlegt (alles vom Douglas aus betrachtet). Das Ovarium zeigt gegen rechts Unterschiede nach Form und Lage. Seine Länge erreicht 15 mm, die Breite 7 und die Dicke 6 mm. Das obere Ende des Organes ist wegen der Fimbrien nicht zu sehen. Die Längsachse steht ebenfalls ziemlich genau vertikal, die Hilusachse aber frontal, die Breitenachse dann in der Sagittalen. Das Mesovarium greift hier auf der Hinterseite (also vom Douglas aus zu sehen) nicht von der medialen Seite her wie rechts, sondern von aussen her auf das Ovarium über; eine von hinten aussen offene Tasche, die Bursa ovarica, so wie sie rechterseits zu konstatiren war, existirt auf dieser Seite nicht.

Die Bauchfellgrenze ist nur in ihrem oberen Theil scharf, weiss gegen gelb, ausgeprägt, unten ziemlich verwaschen.

Da der linke Eierstock im Allgemeinen die Form eines Cylinders mit abgerundeten Endflächen hat, kann man nicht von einem „Rand" nach aussen und innen sprechen. Die Oberfläche ist durch mehrere flache Leisten und, wo solche zusammenstossen, durch Buckel, sowie auch längsziehende niedrige Kanten ausgezeichnet; nahe am oberen Pol springt eine stärkere Kerbe ein, abwärts davon liegen mehrere schwächere Einkerbungen. Der obere Pol wird der Art von den Fimbrien bedeckt, dass sich die Fimbrienblättchen am Grunde faltenartig verbreitern, miteinander verbinden und, wie erwähnt, in ihrer Gesammtheit dann den Eierstockspol wie eine Hand mit geschlossenen Fingern von oben und aussen her umfassen.

Dreht man das linke Ovar um seine Längsachse nach aussen um etwa 180° um, so liegt es ungefähr in gleicher Lage wie das rechte und zeigt weiter folgende Details, wie sie Fig. 5 darstellt. Den vorhin verdeckten Theil des Eileiters sieht man, in leichte Windungen gelegt, schief aufwärts ziehen; er scheint auf der Vorderseite des Mesovars als allmählich verstreichende Falte zu endigen (Fig. 5 +); präparatorisch lässt er sich aber noch weiter verfolgen, wie er im Bogen nach aussen und hinten über das Ovar wegzieht und über dessen oberem Pol endigt. Das Ovarium und seine Bauchfellbefestigung sind durch eine tiefe Rinne gegen die Tube abgesetzt. Aus dieser Rinne erhebt sich, kurz ehe die Tube zu verstreichen scheint, ein etwa 2 mm dicker Körper von Dreiecksform. (Fig. 5°.) Die etwas abgerundete freie Spitze des Dreiecks sieht in situ direkt medianwärts (Fig. 3°; in Fig. 5 gegen den Beschauer). Die Basis des Dreiecks ist festgewachsen, sie steht in situ senkrecht, parallel mit und neben der Ursprungslinie des Mesovariums. (Durch das Umschlagen des Ovars erscheint diese Basis etwas gebogen.) Nach oben reicht die Bildung bis zu den Fimbrien, die ohne Grenze aus der Fläche des Dreiecks kontinuirlich hervorgehen. Der ganze Körper ragt ca. 5 mm von seiner Grundlage hervor und zeigt in der Mitte eine leichte Rinne. Eine tiefe, enge Spalte springt zwischen dem Körper und dem Ovarium ein, beide vollständig trennend. (Den feineren Bau des Körpers s. u.) Die Fovea ovarica WALDEYER's ist auf dieser Seite nur schwach angedeutet, dis Bursa ovarica fehlt.

Die beiden Foveae praeovaricae (WALDEYER 85) sind dadurch sehr deutlich, dass die Plica vesicalis transversa stark vorspringt. Im Grund des vorderen Douglas-Raumes erhebt sich eine querziehende Falte, die aber beim Auseinanderdrängen von Uterus und Harnblase völlig verstreicht, dann misst die Entfernung Fundus uteri — Douglasgrund — 18 mm. Parallel dieser Falte verlaufen mehrere kleine Falten, welche bald auf längere, bald auf kürzere Strecken verfolgbar sind: alle diese Erhebungen scheinen eine beträchtliche Anzahl glatter Muskelbündel zu bergen.

Die Ureteren sieht man etwas dorsal von der Anheftungslinie des Lig. latum deutlich durch das Peritoneum hindurch herabziehen. Die Blase überragt den Fundus uteri bedeutend (Fig. 4).

Im Vorstehenden habe ich die Beobachtungen niedergelegt, welche sich theils an den in situ befindlichen, theils an den herausgenommenen Beckenorganen ohne Benützung von Messer und Pincette anstellen lassen. Ergeben sich nun dazu Parallelen bzw. Vergleichungsmöglichkeiten mit den beim Menschen obwaltenden Verhältnissen? —

Die Lage des Uterus beim Orang Utan hat nichts Menschliches, er ist vollständig gerade gerichtet, auch die Achsen von Scheide und Uterus bilden keinen Winkel mit einander. Diese Thatsache ist umso auffallender, als sie auch nicht einmal mit dem Verhalten menschlicher Embryonen übereinstimmt! Allerdings fand WALDEYER (84) an der Gebärmutter von Kindern „die Beugung nicht so stark wie beim geschlechtsreifen Weibe", aber NAGEL (59) kommt nach ausgedehnten Untersuchungen an menschlichen Embryonen, von der Zeit an, wo sich überhaupt der Geschlechtskanal bildet, bis zur Geburt, in Uebereinstimmung mit den meisten anderen Autoren zu dem Schluss, „dass die von anderen Forschern für ältere Föten, Neugeborene und Erwachsene als regelmässig angesehene („typische" nach WALDEYER) Lage der inneren weiblichen Genitalien mit nach vorn geneigter und mehr oder weniger über die vordere Fläche gebeugter Gebärmutter die ursprüngliche ist: sie ist, wie meine Untersuchungen dargethan haben, eine naturgemässe Folge der Entwicklung des Geschlechtsstranges. Unter meinen sämmtlichen Präparaten habe ich niemals einen gestreckten Verlauf, geschweige denn eine Rückwärtsneigung des Geschlechtsstranges gefunden. Dass aber eine derartige Lage ausnahmsweise vorkommen kann, beweisen die Beobachtungen von C. RUGE, KÜSTNER, KÖLLIKER und TSCHAUSSOW." Hier besteht also ein einschneidender Unterschied zwischen der „typischen" Lage beim Menschen und meinem Befund am Orang, wenn man auch nicht sicher ausschliessen kann, dass sich mit zunehmendem Alter noch eine Beugung des Uterus eingestellt hätte. Bei den verschiedenen, dies Gebiet bearbeitenden Autoren finde ich bezügl. der Lage des Uterus überall nur etwaige „extramediane" Abweichungen erwähnt, nirgends aber das Vorhandensein oder Fehlen einer Anteflexion besonders angeführt. Um zu sagen, wie das procentuale Verhältniss von Rechts- und Linkslage des Organes ist, dürfte das Material noch zu gering und lückenhaft sein.

Die relative Dünnheit der Gebärmutter ist mit Rücksicht auf menschliche Verhältnisse nicht befremdend, da noch beim Neugeborenen „die schwache Entwicklung der Muskelwand . . . den Körper sehr abgeplattet erscheinen lässt" (GEGENBAUR 26). Dies ist bei niederen

Völkern wohl noch mehr der Fall, fand doch Bischoff (6) bei einer
erwachsenen Indianerin aus Surinam einen Uterus von 6 mm Dicke!
Auch die stärkere Wölbung der hinteren Uteruswand im Vergleich zur
vorderen, schon mehrfach bei Anthropoiden konstatirt, kommt Anthropoiden und Menschen gemeinsam zu.

Frappante Anklänge an die von der menschlichen Anatomie gewohnten Formen bieten die Verhältnisse von Tuben und Ovarien, wenn
auch allerdings einige Abweichungen unverkennbar sind. Wenn His
(31 u. 32) die seitdem von anatomischer wie gynaekologischer Seite
allgemein anerkannte Lage der Ovarien mit den Worten wiedergiebt,
man finde sie „an der seitlichen Beckenwand derart anliegen, dass die
Längsachse vorwiegend vertikal, die Halbirungsebene der Organe
sagittal steht" und Waldeyer (85) dazufügt: „der gerade oder Hilusrand wendet sich nach vorn, der konvexe Rand nach hinten und ein
wenig zum Rectum, d. h. also zur Medianlinie hin", so könnte ich diese
Sätze grossentheils auf meinen Befund direkt übertragen; rechts wenigstens
stimmen alle Verhältnisse damit überein (andeutungsweise auf Fig. 3
zu sehen). Links dagegen erscheint das Ovar um seine mesovariale
Fixationslinie als Achse nach innen gedreht und erhält die „typische"
Lage erst durch künstliche Auswärtsdrehung (Fig. 5). Dafür zeigt
sich links stärker wie rechts ein „menschlicher" Tubenverlauf. Nach
Waldeyer (85) ziehen „das zunächst dem Uterus gelegene Stück der
Tube, sowie das Lig. ovarii . . . bei aufrechter Stellung fast horizontal".
(Fig. 4 u. 5.) „An der Stelle, wo die Tube den unteren Pol des
Ovariums erreicht (entsprechend der Insertion des Lig. ovarii) ändert
dieselbe ihre bisherige horizontale Richtung in eine vertikale und zwar
ziemlich plötzlich. Sie bleibt dann in dieser Richtung, der ganzen
Länge des Hilus ovarii folgend, bis sie an dessen oberem Pol mit dem
Lig. suspensorium ovarii zusammentrifft. Hier erfolgt eine abermalige
und zwar spitzwinklige Knickung der Tube, indem sie sich nunmehr
nach hinten und unten umschlägt, zum Beckenboden hin." Davon
weicht die Tube des Orang nur in wenigen Punkten ab. Wie schon
angedeutet, ist Waldeyer's erster Abschnitt, der horizontalziehende
Theil rechts nicht vorhanden, vom Uterus aus steigt hier der Eileiter
gleich in die Höhe. Doch scheint auch beim Menschen dieses Stück
wechselnd ausgebildet zu sein; so sagt His (32). „Die Tube bildet
eine zweischenklige Schleife: ihr uteriner Schenkel steigt steil an",
während er in einer weiteren Abhandlung (31) einen wenn auch kurzen
horizontalen Tubenabschnitt darstellt. Die zweite Knickung ferner, die
Umbiegung am oberen Ovarialpol, ist nach meinen Beobachtungen beim
Orang mehr ein Bogen, ein Stück eines kleinen Kreises und nicht eine
„spitzwinklige Knickung". Der absteigende (dritte) Theil endlich ist
sehr kurz und deckt besonders rechts nur ein ganz kleines Stück des
Eierstockes.

Auch in der ganzen mir zu Gebot stehenden Literatur über die
weiblichen Geschlechtsorgane der Anthropoiden finde ich nirgends Abweichungen oder principielle Unterschiede mit diesem Befund angegeben,
allerdings handelt es sich für mich bei der Spärlichkeit und den oft
mangelhaften Notizen auch nur um theilweise Bestätigung. So sagt
Hoffmann (34) bei der Beschreibung der weiblichen Genitalien eines
Schimpanze: „In Bezug auf den situs genitalium ist zu erwähnen, dass
der Uterus, dessen Grund $2^1/_2$ cm über dem oberen Rand der Symphyse
steht, eine derartig schräge Lage hat, dass der Fundus von der Mittellinie $1^1/_2$ cm nach links abweicht, während die Gegend der Portio vaginalis nahezu in der Medianebene steht ... Die Abdominalenden der geschlängelt verlaufenden Tuben liegen nach der Rückseite gewendet neben
dem Mastdarm der Beckenwand an ... Die rundlich gestalteten, hasel-
nussgrossen Ovarien liegen dorsalwärts von den Tuben neben dem
Mastdarm, sie sind von vornher nicht sichtbar, da sie vom Lig. latum
vollständig bedeckt werden.“ Wie schade, dass hier nicht konstatirt
wurde, ob der für den Menschen festgestellte Zusammenhang von
Extramedianstellung des Uterus und Lageveränderung von Ovar und
Tube (cfr. His und Waldeyer) auch für die Anthropoiden gilt! Auch
Hartmann (39) findet beim gleichen Thiere die Eileiter „parallel mit dem
oberen Rande des Ovariums“ und dann umbiegend „steil nach unten“
ziehen, wobei dieser Autor „oben“ und „unten“, da die Organe heraus-
genommen waren, für „Hilusrand“ bezw. „freier Rand“ setzt. Mac
Leod (55) berücksichtigt den situs kaum, er bemerkt nur kurz: „il
(l'ovaire de l'Orang Utan) est comprimé d'avant en arrière; sa ligne
d'insertion sur le mesovarium est un peu concave, le bord opposé est
convexe, l'extrémité interne de l'ovaire est libre sur une petite distance.
Sa surface est entièrement lisse.“ Dann dass die Tube „peut être
considérée comme formée de trois parties, à peu près égales en
longueur: une première, dirigée en dehors; une seconde, moyenne,
dirigée en arrière et un peu en haut; une troisième, externe, dirigée
en dehors.“ Weitere Bestätigung finde ich bei Bischoff (7) nach
welchem beim Orang Utan die Eileiter „mit ihren Abdominalenden
ziemlich stark im Bogen nach hinten und innen gegen das laterale
Ende der Eierstöcke hin“ umgebogen sind. Leider konnte auch
Ehlers (17), dessen Angaben wichtig gewesen wären, da es sich um ein
geschlechtsreifes Exemplar von Schimpanze handelte, über die Lage
und Stellung des Uterus gar nichts, über Ovar und Tube nur folgendes
konstatiren: „Die 9,5 cm langen Ovidukte waren mit ihren Abdominalenden einfach nach rückwärts gekrümmt, ganz vom Lig. latum gehalten;
die Fimbrien des Ostium abdominale waren alle frei. Die Ovarien sind
durch die kurzen Ligamenta ovarii, welche an den Seitentheilen der
hinteren Fläche des Uterus, 2,5 cm unterhalb des Fundus und also
tiefer als im menschlichen Körper sich anheften, nahe an den Uterus

gerückt. Durch dieses weite Herabrücken der Ovarien entsteht zwischen ihnen und der davor gelegenen Fläche des Lig. latum, in dessen freiem Rand die Eileiter liegen, eine ansehnliche Bauchfelltasche, in welche hinein das Ostium der Tube sieht."

Man sieht, über die Lage der Organe im Becken lagen bis jetzt fast gar keine genaueren Angaben vor, der Verlauf der Tuben wird meist übereinstimmend angegeben. Inwieweit sich nun auch im gröberen und feineren anatomischen Bau der Einzelabschnitte des Genitaltractus Uebereinstimmung und Gleichheit oder Unterschiede mit den menschlichen Verhältnissen vorfinden, sollen die nun folgenden Kapitel darthun.

1. Ovarien.

Da die Eierstöcke in allen ihren äusseren Verhältnissen ohne Präparation gut zu sehen und daher oben schon beschrieben worden sind, so ist nur noch die innere Struktur zu untersuchen, zu welchem Zwecke ich die Organe in etwa 15 μ dicke Längs- und Querschnitte zerlegte.

Auf den ersten Blick glaubt man sehr grosse Aehnlichkeiten mit dem Bau der menschlichen Keimdrüse konstatiren zu können, ein eingehenderes Studium jedoch lehrt schwerwiegende Unterschiede: Ein Keimepithel existirt nicht. Auf der ganzen Schnittreihe durch das Organ fand ich nirgends auf der Oberfläche eine epitheliale Bekleidung, überall trat der glatte, scharfkonturirte Rand der quergeschnittenen Albuginea deutlich hervor. In der Hilusgegend hört der Serosaüberzug an der medialen Seite des Ovars etwas später, aussen etwas früher auf, d. h. er verschwindet im Stroma. Dass „das Tubenepithel kontinuirlich in das Eierstocksepithel übergeht", wie es Waldeyer für viele Thierarten angiebt, ist hier sicher auszuschliessen; das Epithel der Fimbria ovarica verliert sich eine kurze Strecke ehe sich diese mittelst eines schmalen, bindegewebigen Blattes an das Ovarium anheftet. Auch auf dem Ovarium des Schimpanze sah Honucni (39) kein Epithel; er meint zwar, dies auf schlechte Konservirung zurückführen zu müssen, wie aber aus seinen Abbildungen von Follikeln etc. hervorgeht, war die Konservirung immerhin noch ganz annehmbar. Mac Leod (55) untersuchte eine ganze Reihe Primaten: Pithecus satyrus, Semnopithecus entellus, Cercopithecus ruber, Macacus rhesus, Cynocephalus leucofea und Lemur (nigrifrons?), und fand nur bei Macacus ein Eierstockepithel! Bei allen anderen Species „il n'y avait plus de trace d'un epithelium ovarique proprement dit à la surface de la glande génitale," was ich als werthvolle Stütze und Bestätigung meiner eigenen Beobachtung anführe. Auch möchte ich hier ausdrücklich bemerken, dass mein Präparat, wie aus den mikroskopischen Bildern der oberflächlichsten wie der centralen

Follikel, Zellen und Zellkerne hervorgeht in tadellosestem Zustand
sich befand und dass auch Konservirung, Härtung, Färbbarkeit etc.
absolut nichts zu wünschen übrig liessen.

Nur an drei oder vier Stellen — in der Hilusgegend auf einigen
Schnitten — möchte ich das vollkommene Fehlen des Keimepithels
nicht mit absoluter Sicherheit behaupten. Man sieht nämlich hier zu
äusserst am Rande des Schnittes eine kurze Reihe Kerne, die für
Stroma-Kerne, für Kerne des Thecagewebes etwas eng und regelmässig
stehen; auch die Färbung zeigt hier einen etwas satteren Ton, der sich
nur auf diesen (sehr kurzen) Saum erstreckt. Für richtiges, typisches
Epithel die Bildung anzusprechen, dürfte aber etwas gewagt erscheinen,
doch liegt der Gedanke nahe, an Reste von embryonalem Keimepithel
zu denken, die sich hier erhielten, weiss man ja doch nicht, zu welcher
Zeit sich das Keimepithel der Norm nach beim Orang-Utan verliert!
Diese Thatsache selbst, das spätere Fehlen des Keimepithels, scheint mir
für eine ganze Anzahl von Species festzustehen: es giebt eine Reihe
von Thieren, welche im erwachsenen Zustande das den
anderen Säugern (incl. Mensch) zukommende Keimepithel
nicht besitzen. Für diese ist dann natürlich PALLADINO's (65) Behauptung einer während des Lebens dauernden Neubildung von Eiern
nicht geltend. Wenn genannter Autor fand: „La rigenerazione parallela-
mente alla distruzione commincia già nel periodo fetale e continua per
tutta la vita estrauterina, o più propriamente della nascità sino all'
epoca della sterilità." so hat dies eben für diese Species zweifellos
keine Geltung, ohne Keimepithel ist natürlich keine Eibildung möglich.
Nach PALLADINO's Ansicht und bei den von ihm untersuchten Thieren
(sus, equus, bos, ovis, capra, lepus, cavia und homo) „in modo graduale
e successivo il detto movimento (Zerstörung und Neubildung) si reduce
sempre più come dalla nascità si va alla pubertà, in cui il grado raggi-
unto si conserva approsimativamente per tutto o per gran parte del
periodo della fecondità". Bei den genannten Primaten nun wird dieser
Zustand sicher viel früher erreicht, wird schon frühe (embryonal?) die
der Species zukommende Zahl von Eiern gebildet und das Keimepithel
geht zu Grunde. Hier einzugehen auf die Frage, ob wirklich in
postuteriner Zeit, und wie lange im Leben, bei der Mehrzahl der Thiere,
welche ihr Eierstockepithel behalten, die Eibildung stattfindet, würde
mich hier weit über die Grenze meiner Aufgabe hinausführen.

Der übrige Bau des Ovariums bietet nun wenig Auffallendes.
Eine Mark- und Rindenschicht, oder, um die von WALDEYER (83) vorgeschlagene Bezeichnung zu gebrauchen, eine „Parenchymzone, zona
parenchymatosa und eine Gefässzone, zona vasculosa", lassen sich
ziemlich gut unterscheiden. Die Albuginea ist sehr wenig ausgeprägt,
ihr Bau zeigt keine andere Anordnung des Bindegewebes wie das unter
ihr liegende Stroma, und Eifollikel finden sich fast schon direkt unter

der Oberfläche des Ovariums — WALDEYER meint (83), dass auch beim Menschen die Albuginea „mehr durch das Recht des Alters" denn durch ihren besonderen Bau als solche anerkannt wird. Die periphere Zone des Eierstockparenchyms bietet (Fig. 6) ein Gerüste von derbem kurzfaserigem Bindegewebe, dessen Bündel einander kreuz und quer durchflechten, grossentheils auch eine mehr ringförmige Anordnung um die Follikel herum erkennen lassen. Glatte Muskeln konnte ich nicht nachweisen, wohl aber zahlreiche, allenthalben eingesprengte elastische Fasern. In diesem Stroma lagern die jüngeren und jüngsten Eifollikel. Sie liegen ohne jede typische Anordnung, excessiv reich an Zahl, zwischen den Bindegewebszügen; von „traubigen Gruppen" wie sie SCHRÖN und HIS beim Kaninchen und bei der Katze nachgewiesen haben (cf. WALDEYER 83), und wie sie auch beim Hunde vorkommen sollen, ist keine Rede, man findet sie vielmehr, wie gesagt, regellos zerstreut, also wie im menschlichen Ovarium. Diesem gegenüber fehlen aber im Zusammenhang mit dem Mangel des Keimepithels die in das Stroma einwuchernden Ovarialschläuche völlig; „schlauchförmige Einsenkungen des Keimepithels" (WALDEYER), „d'incisure crateriformi della superficie ovarica" (PALLADINO) giebt es hier nicht. Dagegen sieht man die Degenerationserscheinungen an zahlreichen Follikeln auch hier (Fig. 6 b): mangelnde Färbbarkeit der Kerne, krümmelige oder schollige Beschaffenheit des Protoplasmas etc., wie es WALDEYER nach eigenen und PFLÜGER's Erfahrungen, und wie es ebenso PALLADINO beschrieben. Nach innen von dieser Schicht mit den Primärfollikeln folgen grössere, ältere solche, und im Centrum annähernd reife Follikel.

Wie bei der Frau zeichnet sich auch beim Orang das Stroma der centraleren Zone durch grossen Zellreichthum aus. Wie auch weiter aussen sieht man etwas längere Bindegewebszüge, welche wegen der Grösse und engen Lage der Follikel noch mehr eine Anordnung in Ringtouren erkennen lassen; dazwischen finden sich aber grosse Mengen rundlicher bis länglicher Zellen in Zügen und Haufen angeordnet (Fig. 6 Str. Z.).

Die Follikel zeigen hier die der Reife mehr oder weniger nahen Stadien. Man trifft übrigens stellenweise grosse, fast reife Follikel auch noch in der äusseren Zone, den Primordialfollikeln beigesellt. Der Bau dieser Gebilde in ihrer verschieden weit fortgeschrittenen Entwicklung ist folgender:

Die Folliculi oophori primarii (Fig. 6), von WALDEYER mit HIS als Primordialeier bezeichnet, sind grosse, längliche Zellen mit hellem, rundem Kern. Bei vielen kann man in der Peripherie der betr. Zelle, stellenweise, oft nur an einem Pol, eine Ansammlung kleinerer, runder Zellen wahrnehmen, die Anlage des späteren Follikelepithels.

Auch die Folliculi oophori vesiculosi (GRAAF'sche Follikel) weisen denselben Bau auf, wie er für die menschlichen Eierstocksfollikel

beschrieben wird. Die jüngeren Formen (Fig. 6 a) bergen noch keine
eigentliche Follikelhöhle, haben keinen Liquor folliculi, der Kern sitzt
ohne Bildung eines Cumulus oophorus in der Mitte. Die reifen Follikel
bieten dann alle das typische Bild dar: Die Theca folliculi, die bekannte Anordnung des Bindegewebes, umschliesst das Ganze; die von
WALDEYER für den Menschen in Abrede gestellte Basalmembran
KÖLLIKER's konnte ich auch bei meinem Objekte nicht nachweisen.
Nach innen schliesst sich daran das Stratum granulosum (Membrana
granulosa, Follikelepithel) mit seiner zwei- bis dreifachen Lage von
Cylinderzellen an. (Fast überall hat sich diese Schicht von der Theca
durch die Behandlung bei der Härtung und Färbung etwas abgelöst
cf. Fig. 6.) Die Zellansammlung, welche den Cumulus oophorus (Cumulus
s. Discus proligerus, ovigerus) darstellt, ist meist recht beträchtlich; das
Ei liegt in ihm fast immer nahe gegen den der Follikelhöhle zugekehrten
Rand. Ein „kontinuirlicher Kranz von Cylinderzellen um das Ei", WAL-
DEYER's Eiepithel, ist meist mehr oder weniger deutlich vorhanden
(Fig. 6, 6 a). Das Ei selbst ist auf geeigneten Schnitten sehr deutlich,
man sieht Vesicula und Macula germinativa und um den Dotter herum
die homogene Membran, welche die Zona pellucida vorstellt. Die von
WALDEYER, VAN BENEDEN, BALFOUR u. A. für einige Thiere nach-
gewiesene Schichtung derselben, konnte ich mit Sicherheit nicht nachweisen. MAC LEOD (55) konstatirt ihr Vorhandensein bei den von ihm
untersuchten (obengenannten) Primaten.

WALDEYER's Angabe, wonach die Lage des Cumulus mit dem Ei
„keine konstante zu sein scheint" kann ich bestätigen, es besteht nicht
die geringste Prädilectionsstelle. Die Follikelhöhle enthält eine geringe
Menge fadiger Massen, die Reste des geronnenen Liquor folliculi.

Gegen den Hilus zu macht die Parenchymzone der Gefässzone
Platz. Der „ausserordentliche Reichthum des Eierstocksstroma an
Gefässen" fällt bekanntlich auch am Menschen auf, er ist hier ebenfalls
vorhanden. Die grossen Follikel sind vom Gefässbezirk nicht scharf
getrennt, man findet deren auch einzelne bis ziemlich nahe an den
Hilus heran. Glatte Muskeln scheinen mit den Gefässen bis in die
Hilusgegend zu dringen. Die Kanälchen des Nebeneierstockes dagegen
reichen nicht so weit, wie sie es bei vielen Thierspecies thun (Hund,
Katze, Rind etc.); beim Orang finden sie, wie beim Menschen, schon
vorher ihr Ende.

Von dieser Schilderung eines Orangeierstockes weichen die überaus
spärlichen Angaben, die sich in der Literatur über dieses Organ bei
Primaten finden, nicht wesentlich ab. BISCHOFF (6) giebt einige Grössenverhältnisse der Drüse und ihrer Eier an; HORWITH (39) beschreibt
die betreffenden Bildungen für den Schimpanze, für den Orang ebenso
MAC LEOD (55). Beide Autoren wurden im Wesentlichen schon berücksichtigt. MAC LEOD's Angabe, dass „l'ovaire de tous les primates que

nous avons examinés (darunter auch Orang!) présente la même structure générale que la glande génitale de la femme", weist also als grossen Differenzpunkt das verschiedene Verhalten des Keimepithels auf: beim Menschen Keimepithel bis ins Alter, beim Orang schon in jungen Jahren keine Spur davon! Embryologische Untersuchungen müssen hier noch eine Lücke ausfüllen, müssen das Vorhandensein des Keimepithels beim Orangfötus nachweisen und die Zeit seines Unterganges bestimmen. —

Das Vorkommen nun von nahezu oder völlig reifen Follikeln, andrerseits aber das völlige Fehlen von Corpora lutea und die noch fast überall zu konstatirende centrale Lage der reifen Follikel scheinen eine ziemlich genaue Bestimmung der Lebensphase unseres Thieres zuzulassen, vorausgesetzt dass man die menschlichen Verhältnisse hierin direkt übertragen darf. Das Thier würde sich darnach der Pubertät nähern, die geschlechtliche Reife wäre aber noch nicht ganz erreicht: die Funktion des geschlechtsreifen Thieres, noch nicht ausgeübt, hätte ihre Vorbereitung, ihr organisches Substrat erlangt. Dem steht aber die ganz auffallend geringe Grösse des Uterus gegenüber, so dass ich eine sichere Entscheidung über das genauere Alter nicht treffen möchte.

2. Tuba uterina.

Die Eileiter, in der beschriebenen Richtung vom Uterus abgehend, sind platte Stränge, nur ½—1 mm dick, 3 mm breit; ausgestreckt ist ihre Länge vom Uterusrand bis zum Ansatz der Fimbrien 30 mm. Sie ziehen im freien Rand des Lig. latum selbst, wie bei Mensch, Katze, Tiger und noch andern Säugern, während sie bei der Mehrzahl der Thiere „usually a little dorsal to its free edge" verlaufen (ROMKSON 72). Von einer Ampulla tubae uterinae kann man kaum sprechen, die Auftreibung des abdominalen Theiles ist ausserordentlich gering; auch eine Schlängelung ist nur angedeutet. Kurz vor dem Ostium abdominale besteht an der Tube (abgesehen von der schon beschriebenen Krümmung) noch eine scharfe Abknickung des allerletzten Endes, wodurch die Oeffnung selbst gegen die Oberfläche des Ovar gewendet wird. Das Ostium abdominale ist von einer Anzahl grösserer und kleinerer Läppchen umgeben, welche links den Pol des Eierstocks zwischen sich fassen, rechts nur gegen diesen hin gerichtet sind, eng beieinander liegend. Hebt man die Läppchen auf, so sieht man die schlitzförmige Tubenöffnung (Fig. 7). Das eine Läppchen, grösser als die anderen, setzt sich bis auf die Masse des Ovars fort, was besonders rechts stark ausgeprägt ist, und verwächst bindegewebig mit diesem (Fimbria ovarica). BISCHOFF (6) lässt beim Orang Eierstock und Eileiter „nicht durch eine rinnenartige Fimbria ovarii sondern nur durch eine feine Peritonealfalte in Verbindung stehen." Wie mich die mikroskopischen Beobach-

tungen lehren, kann man wohl von einer richtigen Fimbria ovarica
reden. dieselbe hat einen kontinuirlich ins Tubenepithel übergehenden
Epithelüberzug, zeigt am Rand kleinere Fältchen und Läppchen und
zieht schmäler werdend bis nahe an das Ovarium; die völlige Verbindung mit diesem wird dann allerdings durch eine kurze, epithellose
Membran bewirkt. Auch Mac Leod (55) meint: „la fimbria ovarica
n'est pas en continuité avec l'ovaire d'une manière constante." Die
übrigen Fimbrien zeigen viel zierlicheren Bau, d. h. sie bestehen aus
feineren Läppchen, als sie Hartog (39) vom Schimpanze beschreibt
und abbildet; sie ähneln mehr dem menschlichen Typus. Auch beim
Gorilla scheinen sie schwach zu sein, während Hylobates wieder
„ein stark befranstes Infundibulum" hat (Bischoff). Bei diesen Befunden spielen allerdings bei der geringen Zahl der untersuchten Individuen immer zufällige Variationen mit. So ist offenbar auch beim
Orang die Ausbildung des Organes nur annähernd konstant; Mayer (56)
nennt „die Fimbriae klein, ohne Bursa, das Ostium fein" und Mac
Leod fand, dass „le pavillon a la forme générale d'un triangle; il va
en se retrécissant peu à peu vers le bas, et une fimbria ovarica peu
étendue se dirige vers l'ovaire", das, wie erwähnt, aber nicht völlig erreicht werde.

Auf den Fimbrien sieht man (bei starker Lupenvergrösserung)
feinste, nach dem Ostium konvergirende Furchen. Sie setzen sich ins
Innere der Tube fort, wo sie sich stark vertiefen; sie stellen hier die
tiefen Buchten dar, welche die Schleimhaut zwischen ihren hohen Falten
entstehen lässt und welche der Länge nach die Tube durchziehen. Ein
Querschnitt ergiebt nämlich fast dasselbe Bild wie die menschliche
Tube: Die Schleimhaut ist in die bekannten Falten gelegt, welche auf
dem Schnitt eine sternförmige Figur bilden. Einfacher im uterinen
Theil zeigt die Mucosa gegen das abdominale Ende immer mehr Aus-
buchtungen und Nebenfalten (Fig. 8), so dass zuletzt eine sehr feine und
komplicirte, fast baumartig verzweigte Anordnung von Falten und
Fältchen erreicht wird. (Fig. 8, aus dem mittleren Abschnitt der
Tube entnommen, giebt dieses Verhalten in mässigstarker Ausbildung
wieder.) Hartog machte dieselbe Beobachtung am Schimpanze. Der
Flimmerbesatz auf den Cylinderzellen ist nur sehr undeutlich zu sehen.
Die Muskelschicht unter der Schleimhaut zeigt hauptsächlich circuläre
Anordnung, die Bündel einer Längsmuskulatur, die sich hie und da
finden, kann man nicht als kontinuirliche Längsschicht bezeichnen.
Die Falten in der Ampulle gehen, wie angedeutet, in die Fransen und
Läppchen der Fimbrie kontinuirlich über; diese zeigen denselben Bau
wie die Tubenwand, welcher bis dahin reicht, wo die Fimbria ovarica
in die beschriebene Bindegewebsmembran übergeht. Nasse (61) findet
in Uebereinstimmung mit Bowman und Hennig wie bei den meisten
Säugern, so auch in der menschlichen Tube, Drüsen, die aber nur

durch komplicirtes Verfahren (Eisenchloridbehandlung etc.) sichtbar gemacht werden können; ich lasse die Frage für die Tube des Orang offen.

3. Rudimentäre Organe im Bereich des Sexualapparates.

HOFFMANN (34) machte folgende Angabe für den Schimpanzen: „Rechterseits ist am Abdominalende der Tube ein eigenthümlich stielartiger, stopfnadeldicker und relativ fester Fortsatz, an dessen Ende eine etwa linsengrosse Hydatis Morgagni sitzt, die ihrerseits wieder durch einen dünnen, bindegewebigen Strang an die Beckenwand befestigt wird." Bei den übrigen Autoren sind über die beim Weibe regelmässig vorhandenen Rudimente der Urniere (Epoophoron, Paroophoron) wechselnde Ansichten vertreten. BISCHOFF (6) sagt: „Von einem Parovarium konnte ich wegen des vielen Fettes auch zwischen den Blättern der Ala Verpertilionis nur bei einem der jüngeren Exemplare (Orang) eine Spur wahrnehmen"; worin aber diese bestand, verlautet nirgends. Bei Gorilla, Schimpanze und Hylobates erwähnt er gar nichts, ebensowenig thut dies EHLERS (17). HORRUCH (39) hat über die schlechte Beschaffenheit seines (Schimpanzen-)Präparates (Verletzung) an der betreffenden Stelle zu klagen, konnte aber durch Serienschnitte den „GARTNER'schen Gang und einige Kanälchen des Parovariums nachweisen". Genauer beschreibt MAC LEOD die Organe: „Chez l'Orangoutang, nous avons trouvé un parovarium analogue à celui de la femme, ayant les mêmes dimensions par rapport aux organes reproducteurs. Le tube horizontal comme les tubes verticaux, est ondulé. Le nombre de ceux-ci est de huit environ. Il n'y avait, chez l'individu examiné aucun autre reste du corps de Wolff, ni aucune trace d'hydatides." Letzteres kann ich auch nach meinen Untersuchungen am Orang bestätigen: Von Appendices vesiculosi (Hydates Morgagni) fand ich keine Spur.

Das Epoophoron (Parovarium) habe ich links makroskopisch, rechts an der Hand der Schnitte kennen zu lernen versucht. Links schien mir erst der in seiner äusseren Gestalt schon beschriebene dreieckige Körper in Betracht zu kommen (cf. Fig. 5, wo er mit * bezeichnet ist). Bei der Präparation zeigte er sich von Bauchfell überzogen, nach dessen Entfernung sich ein aus einzelnen Läppchen zusammengesetztes Gebilde darbietet, so dass es auf den ersten Anblick etwa an die Glandula parotis erinnert. Es handelt sich um eng zusammenliegende Fettträubchen. Das ganze Organ, das dem Ovar unten fest angefügt ist, wird sehr stark durchblutet. Die einzelnen, von ausserordentlich reichlichen Blutgefässen durchzogenen Läppchen sind überaus zähe mit einander verbunden und liessen sich nur schwer isoliren. Ist dies geschehen, so kann man die ganze Fettmasse derart auseinanderbreiten, dass sie jetzt ihr früheres Volum um das zwei- bis dreifache übertrifft. Trotz starker Lupe (mit durchfallendem Licht betrachtet) konnte ich indes nichts anderes finden als Fett und Blutgefässe. Reste der Urniere, wie sie beim Menschen vorkommen, Gänge und Kanälchen sind sicher nicht in der Bildung vorhanden, und doch drängt sich der Gedanke auf, dass es sich um Reste einer Urniere handelt. Darf man etwa an eine Verfettung denken, an analoge Vorgänge, wie sie bei der Vorniere mancher Fische (Ganoiden) stattfinden? Dass sich auch sonst zwischen den Blättern des Lig. latum keine Reste finden liessen, und dass sie Bischoff ebenso vermisste, scheint dafür zu sprechen, doch zeigte nachher die mikroskopische Untersuchung auf der rechten Seite die Unhaltbarkeit dieser Anschauung. Hier sollten die Verhältnisse durch Präparation nicht gestört werden, weshalb Ovar, Tube und Lig. latum in toto vom Uterus getrennt, gefärbt und geschnitten wurden.

Aus den einzelnen Schnitten ergab sich nun, dass in der That noch Reste der Urniere vorhanden sind, wenn auch schwach entwickelt. Sie stimmen im Wesentlichen mit den menschlichen überein. Im Innern jenes Fettkörpers allerdings sah man auch durch das Mikroskop nichts anderes als ausserordentlich stark vascularisirte Fettträubchen, es ist also nur ein ausgebuchteter, verdickter Theil des zwischen den Blättern der Ala vespertilionis liegenden Fettgewebes. An der Stelle dagegen, wo auch beim menschlichen Weibe die Reste des Wolff'schen Körpers liegen, „im oberen Theile des breiten Mutterbandes, und zwar in dem Raume zwischen Hilus ovarii und Oviduct" (Gegenbaur) findet man auch beim Orang eine geringe Anzahl von Schläuchen, welche die gleiche Bildung darstellen. Auf eine Strecke von 1.5 mm findet man mehrere, neben einander liegende und gewunden verlaufende Kanälchen, die von der Anheftungsstelle des Mesovariums am Lig. latum in jenes eingelagert bis zum Hilus ovarii ziehen (Fig. 9). Etwas dicker sind die Schläuche im Lig. latum selbst, dünner im Mesovarium. Ihre Innenseite zeigt Cylinderepithel mit einem ins Lumen ragenden hellen Saum, der wohl als Flimmerbelag anzusehen ist (Fig. 10). Das Bindegewebe ordnet sich in stark entwickelten, ringförmigen Touren um die einzelnen Schläuche herum; es sind feinfaserige, langgestreckte Bündel, wahrscheinlich mit zahlreichen elastischen Elementen untermischt. Ein Sammelgang (Gartner'scher Kanal) zwischen den einzelnen kleinen Kanälchen fehlt völlig, auch die von Waldeyer bei menschlichen Embryonen weiblichen Geschlechts gefundenen Reste des Urnierentheils des Wolff'schen Körpers, median vom Epoophoron gelegen, sind wie beim erwachsenen Weibe, so auch beim Orang nicht vorhanden und, wie schon erwähnt, auch keine Appendices vesiculosi (Hydatiden).

Beim Orang scheint nach all' dem die Rückbildung jener Organe in ungleich früheren Altersstufen einzusetzen als beim Menschen, was nicht gerade auffällig erscheint, indem sich homologe Vorgänge auch an anderen Organsystemen nachweisen lassen. Ich erinnere z. B. an die stärkere Reduktion am Ende des Achsenskeletes, an die zum Theile ausgedehntere Rückbildung der Schwanzmuskeln, sowie an das frühe Schwinden des Keimepithels. Alle diese Thatsachen fallen unter den Gesichtspunkt einer abgekürzten Entwicklung, sozusagen einer Ueberholung der beim Menschen sich langsamer abspielenden Bildungsprocesse.

4. Uterus.

Nach Entfernung des hinteren Bauchfellüberzuges, der bis in die Höhe der Portio vaginalis reicht und der sich ebensowenig wie beim Menschen ohne Verletzung der Uteruswand abpräpariren lässt, erkennt man am Uterus folgende Einzelheiten: Eine Scheidung in Corpus und Cervix lässt sich nicht machen, das ganze Organ hat etwa die gleiche Breite von der Portio bis zum Fundus, nur allmälich gegen letzteren sich etwas verbreiternd. Ein scharfer Seitenrand fehlt, die Muskelfasern der Uteruswand strahlen in mehr oder weniger kontinuirlicher Schicht längs der ganzen Uteruskante ins Lig. latum ein, in den Lücken zwischen diesen Bündeln treten die Gefässe unter mächtiger Anastomosirung (Fig. 11) heran. Auch von der Längsmuskelschicht der vorderen Mastdarmwand gehen Muskelfasern ins Bauchfell über und verbreiten sich vom Grund des Douglas aus auch noch im Bereich der hinteren Vaginalwand, bis hinauf gegen den Uterus.

Von der seitlichen Beckenwand her kommt, im unteren Theil des Lig. latum verlaufend, ein kräftiges Gefässbündel quer herüber gerade auf den Uterus zu. Einzelne Gefässe wenden sich nach vorn zur Blase, der Haupttheil senkt sich in die Uteruswand ein (Fig. 11). Kurz vorher bilden sich hier Anastomosen mit einem zweiten, ebenfalls gut entwickelten Gefässstrang, der nahe dem oberen Rand des Lig. latum von der Beckenwand gegen das Ovarium zieht. Von diesen oberen Gefässen spalten sich eine Menge kleiner Zweigchen ab und versorgen das Fett, das in reicher Entwicklung zwischen den Blättern des Bandes liegt. Ferner gehen überall Verbindungsbahnen zum unteren Gefässstrang, während das Ende dieser Gefässe sich weit ausbreitet: ein Theil senkt sich mit dicken, stark gewundenen Stämmchen ins Ovarium ein, die Grundlage zu dessen Lig. suspensorium und zum Mesovarium bildend, ein anderer Theil zieht an der Uteruskante abwärts, durchsetzt die Uterusmuskulatur, und die Endäste bilden schliesslich die erwähnte Anastomose mit den Endverzweigungen des unteren Gefässbündels. Zu erwähnen ist noch das eigenthümliche Verhalten, welches der Ureter zu letzteren einnimmt. Dieser tritt nämlich dorsal über die Blutgefässe weg und biegt dann hart unter ihnen um die Uteruskante nach vorn um; diese Umschlagstelle sieht etwa aus wie die Kreuzung des Ductus deferens (Vas deferens) mit dem Ureter beim Manne.

Rechts zieht ein kleineres Gefäss auch ventral vom Ureter zur
Uteruskante, so dass eine gewisse Aehnlichkeit besteht mit dem von
WALDEYER (85) nach FREUND, JOSEPH, LUSCHKA, HOLL u. A. für das
menschliche Weib angegebenen Verlauf des Ureters „zwischen zwei
Venenplexus", nämlich „lateralwärts gedeckt von der aus dem Plexus
vesicalis sich sammelnden handförmigen Vene, medianwärts von dem
Plexus venosus uterovaginalis und der Arteria uterina". (Weitere
Angaben über den Ureter finden sich unten, cf. „Blase").

Das Lig. teres uteri verläuft wie beim Menschen, und auch vom Lig.
latum ist nicht mehr viel beizufügen. Sein Fettreichthum wurde schon
mehrfach erwähnt. Auf den Schnitten bieten die neben der Insertion
des Mesovarium herabziehenden, vorhin beschriebenen Gefässe ein
eigenthümliches Bild insofern, als eine Art Kapsel aus Muskelzügen und
elastischen Fasern dieselben zusammenhält bezw. in einzelne Bündel
theilt. Auch mit den Gefässen im Rand des Lig. latum ziehen Muskelfasern, ferner finden sich solche, wie oben erwähnt, auch an anderen
Orten da und dort eingesprengt, wie z. B. im freien Rand selbst.

Legt man durch den Uterus einen Sagittalschnitt, so sieht man
vom Lumen fast gar nichts, so eng liegen sich Vorder- und Hinterwand an. (Fig. 12 zeigt dieselben auseinander gezogen.) Auf diesem
Schnitt beträgt die Länge des Cavum uteri, vom äusseren Muttermund
bis zum Fundus gemessen, 22 mm. Die Uteruswand ist vorn und
hinten etwa gleich dick, dagegen jederseits wechselnd auf der Strecke
vom Fundus bis zur Portio vaginalis. Wenig über dem Muttermund
ist die dickwandigste Parthie (bis zu 5 mm): dann tritt eine bedeutende
Abnahme in der Masse der Wand ein, in der Mitte des Organes bis
auf 1,3 ja 1 mm; wieder zunehmend misst der Fundus (d. h. nach
oben) 3 mm. Die untere Partie, wo die Muskularis am stärksten ist,
entspricht dem Cervix, was auch der Befund auf der Innenfläche des
Uterus einigermaassen bestätigt. Hier, auf der Vorder- wie auf der
Hinterwand, sieht man in schönster Ausbildung die Plicae palmatae.
Hinten reichen sie vom äusseren Muttermund bis gegen das obere
Drittel des ganzen Organes, von oben nach unten gröber werdend;
auf der Vorderfläche dagegen lassen sie sich, wenn auch nach oben
undeutlicher und unregelmässiger werdend, fast bis zum Fundus selbst
verfolgen. Durchgehends sind sie auf der Vorderwand stärker und
deutlicher als auf der hinteren. Die Falten und ebenso die Rinnen
zwischen diesen ziehen von den Kanten her nach innen, dabei ziemlich
steil abfallend. In der Mittellinie treffen sich aber die Enden von
rechts und links nicht, sondern lassen einen der Länge nach den
Uterus durchziehenden Streifen — ca. 1 mm breit — frei (in Fig. 12
auf der Vorderwand zu sehen). In der Seitenkante des Uterus
treffen sich die betr. Bildungen der Vorder- und Hinterwand
ebenfalls nicht, vielmehr zieht hier eine frontal gestellte Falte von

ca. 1 mm Höhe in der Kante durch die Länge des Uterus (Fig. 12). Sie ist nach vorn und hinten gegen die Wandflächen mit deren Plicae durch je eine tiefe, ihr parallel ziehende Furche abgesetzt. Nach oben endigt sie, sowie die beiden Furchen, etwa in der Mitte des Uterus; hier haben dann die Plicae keine feste Grenze mehr, vielmehr laufen die der Vorderwand [— die hinteren haben in der Höhe schon ihr Ende erreicht —] noch über die Kante weg oder verschwinden auf ihr in einer Anzahl hier unregelmässig zerstreuter Grübchen, Einkerbungen und Fältchen.

Das obere Ende der Plicae palmatae der Hinterwand liegt in gleicher Höhe mit dem Dünnerwerden der Muskularis. Hier ist wohl die Stelle des inneren Muttermundes im Sinne der menschlichen Anatomie, von dem aber sonst keine Andeutung sichtbar ist. Ganz oben in der Fundusgegend ist die Vorderwand von feinsten (z. Th. nur mit der Lupe sichtbaren) Furchen durchzogen, von welchen viele noch die Richtung und Anordnung der Plicae palmatae haben, während andere regellos durcheinander laufen. Dazwischen sieht man punktförmige feinste Löcher (offenbar Drüsenmündungen) in geringer Zahl. Die entsprechende Fläche der Hinterwand ist ohne Furchen, besitzt aber dafür jene Löcher in grösserer Menge. Die Form des Cavum uteri ist ungefähr ein Rechteck, dessen Länge schon oben zu 22 mm angegeben wurde; seine Breite ist 4 mm, allerdings nicht überall genau gleich: Im unteren Abschnitt, wenig über dem äusseren Muttermund verbreitet sich die Höhle, jedoch nur sehr wenig, nach beiden Seiten. Die beiden oberen Ecken sind nicht nennenswerth nach aussen verzogen, so dass sich die Tubenlumina hier scharf gegen die Uterushöhle abgrenzen bezw. mittelst eines engen Spaltes ausmünden.

Während man, wie wir sahen, von einer deutlichen Grenze zwischen Körper und Hals des Uterus nicht sprechen kann, ist das vaginale Ende der Gebärmutter in der typischen Weise entwickelt.

Die Portio vaginalis ist ein konischer Zapfen, der in sagittaler Richtung etwas abgeplattet ist. Die vordere Lippe tritt, wie beim Menschen, tiefer herunter, dafür ist aber das vordere Scheidengewölbe seichter als das hintere (cf. Fig. 12). Die Länge der Portio, vom hinteren Scheidengewölbe zur vorderen Lippe gemessen, beträgt 5 mm, die Breite an der Basis 7 mm und der Sagittaldurchmesser 3—4 mm. Der Muttermund ist eine frontalziehende, nicht klaffende Spalte von ungefähr 2½ mm Länge; ein genaues Maass lässt sich nicht angeben, da sich die Spalte nach links als Furche auf die seitliche Portiowand fortsetzt. Sie ist bis ins linke Scheidengewölbe als feine Linie verfolgbar. Bei Lupenvergrösserung erkennt man auf den Lippen zahlreiche, radiär verlaufende, feine Furchen und Kerbchen, weniger auf der hinteren, mehr auf der vorderen Lippe.

Der histologische Bau der Uteruswand bietet eine ziemlich genaue

Wiederholung der menschlichen Verhältnisse. Entsprechend dem
makroskopischen Befunde sieht man eine sehr schwach entwickelte
Muskularis. Die Schleimhautoberfläche zeigt hohes, pallisadenförmiges,
einschichtiges Cylinderepithel. Von Resten einer Wimperbekleidung,
wie sie Hoxit cht beim Chimpanzen erwähnt, sah ich nichts, wohl aber
finden sich, wie beim Menschen, die zahlreichen, schlauchförmigen
Drüsen von einer einfachen Lage sehr hoher, cylindrischer Wimper-
zellen ausgekleidet. Den gewundenen Verlauf, der diese Drüsen oft
im menschlichen Uterus auszeichnet, Buchten sowie Spaltungen und
Gabelungen derselben, kann man auch hier unschwer beobachten; auffallend erscheint die grosse Tiefe, bis zu welcher die Drüsen in der
Wand vordringen. Alle diese Verhältnisse, für den oberen, den
Körperabschnitt geltend, ändern sich beim Uebergang in den Cervicaltheil des Uterus. Die Drüsen schwinden allmählich, dafür erhält die
Wand unregelmässige Buchten, kurze Einstülpungen und Erhebungen.
Das Cylinderepithel, nicht flimmernd, ist etwas niedriger, nicht so
vollkommen ebenmässig ausgebreitet; Gefäss- und Muskelschicht sind
bedeutender und stärker entwickelt als im Körper. Die schon beim
Uterus der geschwänzten Affen im Verhältniss zu niederen Formen
nach Wiedersheim (87) erheblich schwächere Entwicklung der Längsmuskulatur gleicht beim Orang der des menschlichen Uterus, d. h. sie
tritt noch stärker zurück.

Eingehende Beschreibungen des Orang-Uterus scheinen bis jetzt
nicht vorgelegen zu haben; die Angaben der einzelnen Hauptmerkmale,
die sich finden, stimmen mit meinen eigenen Beobachtungen überein.
So fand Bischoff (6) einen Uterus von 1,6 cm Länge, der Körper
war „wenig entwickelt, stärker in seinem collum", die Portio „schwach
entwickelt, fast noch häutig". Das betr. Thier war wohl noch jünger,
als das von mir untersuchte. Ganz ebensolche Verhältnisse zeigte ein
jüngerer, solche, wie mein Orang, ein älterer Gorilla, ähnliche auch
Hylobates. Bedeutendere Unterschiede ergeben sich dagegen, wenn
man einen Chimpanzen-Uterus zum Vergleiche herbeizieht. Hier konstatirte Hoxit cht (39), dass Corpus und Cervix äusserlich durch eine
„leichte Einschnürung abgesetzt" sind, und dass sich dementsprechend
innen „im Bereich des inneren Muttermundes" ein hier aus den Plicae
palmatae hervorgegangener, unregelmässiger „Faltenkomplex pfropfen-
artig in das Uteruslumen einschiebt". Während letzteres in dem sehr
dickwandigen Cervicaltheil eine enge Spalte darstellt, umschliesst die
„sehr dünne Muskelwand" des Körpers „einen verhältnissmässig weiten,
blasenförmigen Hohlraum". Die Anordnung der Plicae palmatae „erinnert" an die des Menschen, was aber, der Zeichnung nach zu urtheilen, nur in sehr schwachem Maasse der Fall ist. Schon aus diesen
kurzen Angaben ist leicht zu ersehen, dass der Chimpanze nach dem
Bau seines Uterus dem Menschen lange nicht so nahe kommt wie der

Orang. Wenn auch bei letzterem manche Abweichungen von der für den Menschen charakteristischen Form sich nicht verkennen lassen, so sind doch andere wichtige Punkte typisch menschlich; ich erinnere an die Portio und an die Form der Plicae palmatae. Weiterhin werden diese Unterschiede grossentheils durch die Beobachtungen an niederen Menschenrassen ausgeglichen (man denke an den oben erwähnten Uterus einer Indianerin mit 0,6 cm Dicke!), noch mehr aber durch die Formen, wie sie dem menschlichen Embryo zukommen, und wie sie sich sogar z. Th. bis zur Pubertät oder gar bis zur Schwangerschaft erhalten. Erst zur Zeit der zweiten Dentition nimmt die Schleimhautoberfläche der Uteruswand ihre spätere Beschaffenheit an, während vorher nach SYMINGTON (80) „the arbor vitae is seen to extend along the whole length of the body of the uterus as well as along the cervix", ein Befund, den auch andere Autoren bestätigen. Allerdings ist beim Menschen in der Wachsthumsperiode die Grenze von Cervix und Corpus, wie sich GEGENBAUR (26) ausdrückt, mittelst „einer bei jugendlichen Formen des Uterus deutlichen äusseren Einschnürung" sichtbar, aber in Uebereinstimmung mit der von KÖLLIKER u. A. hervorgehobenen starken Variabilität des kindlichen Uterus, giebt SYMINGTON an, dass „in reality it is not easy to distinguish precisely the boundary between these two portions, since there is no internal os, and the arbor vitae reaches to the top of the uterus."

Bei dem geringen Alter meines Orangs möchte ich nun das Vorkommen von Plicae palmatae im obersten Theil des Uterus nicht als etwas für den erwachsenen Orang-Uterus Specifisches betrachten, es vielmehr für ein vorübergehendes Jugendstadium des Thieres halten, gerade wie es der Mensch — früher als der Affe, aber relativ doch ziemlich spät — ebenfalls durchzumachen hat. Eine Bestätigung dieser Ansicht sehe ich in der Thatsache, dass sich die Falten im Körperabschnitt auf e i n e Wand beschränken, dass sie auch hier schon schwächer und unregelmässiger sind, wie im Cervix, dass endlich ganz oben im Fundus [— und von hier aus beginnt auch beim Menschen der Schwund! —] die Erhebungen und Furchen schon völlig fehlen. Kämen sie konstant auch dem erwachsenen Thier im ganzen Uterus zu, so würde doch wohl einer der schon mehrfach genannten Autoren, die z. Th. auch ältere Orangs untersuchten, dieses immerhin auffälligen Befundes Erwähnung gethan haben.

Bei der Berücksichtigung aller dieser Verhältnisse ist die Aehnlichkeit des Orang-Uterus mit dem menschlichen, speciell menschlichkindlichen Uterus, eine sehr grosse.

Unterhalb der Portio geht die Wand des Uterus, zuerst ein kleines Stück weit in gleicher Dicke, über in die Wandung der Scheide, deren Beschreibung nun folgen soll. Die Verhältnisse des Scheideneinganges

jedoch, des Hymens und der Urethralmündung möchte ich erst bei den
„äusseren Genitalien" berücksichtigen. (IV. Abschn.).

5. Vagina.

Die Scheide ist vom Scheideneingang bis ins hintere Scheidengewölbe 30 mm lang; die vordere Wand, von der Spitze des Urethral-
lappens (s. u.) bis ins vordere Scheidengewölbe misst 24 mm. Beide
Wände liegen einander dicht an, so dass das Lumen eine enge frontalgestellte, 5 mm breite Spalte ist. Die Wand besteht aus sehr derbem
Gewebe und schneidet sich fast wie Knorpel. Die Oberflächen der
beiden Wände zeigen feine Längslinien, die sich bei Lupenvergrösserung
als dünne, längsziehende Fältchen erweisen. Letztere reichen vom Eingang bis etwas über die Mitte der Scheide, weiterhin erscheint die
Wand glatt. An der Uebergangsstelle von vorderer und hinterer
Wand, an der Kante der Scheide, wenn man so sagen darf, verläuft
in ihrem Inneren jederseits, links sich stärker erhebend als rechts, eine
auch mit blossem Auge gut sichtbare Längsfalte. An ihrem oberen
Ende, etwas über der Mitte der Scheide, zeigt sich rechts eine kleine,
etwa stecknadelkopfgrosse Grube, links ist dieselbe nur angedeutet.
Gegen die Portio zu entstehen auf der glatten Wand von neuem Falten
und Runzeln, dieselben haben aber cirkulären Verlauf. Sie sind besonders auf der vorderen Scheidenwand stark ausgebildet, an vielen
Stellen von kleinen Grübchen und Vertiefungen unterbrochen. Bezüglich ihrer feineren Struktur besteht die Vaginalwand aus einer in
Längs- und Querzügen angeordneten Muskularis, auf welcher, durch
lockeres, gefässreiches Bindegewebe angeheftet, eine mehrschichtige Bekleidung von Pflasterepithel liegt. Drüsen scheinen zu fehlen. Wie
makroskopisch die Columnae rugarum, so erscheinen auch im mikroskopischen Bilde die papillären Erhebungen und Faltungen der Schleimhaut viel schwächer als beim Weibe, stellenweise ist sogar, wie oben
erwähnt, die Scheidenwand völlig glatt.

Wie beim Uterus, so handelt es sich auch bei der Vagina einerseits um Uebereinstimmungen mit den menschlichen Verhältnissen,
andrerseits um Abweichungen davon bezw. um Anklänge an niedere
Formen. Eine eigentliche Columna rugarum scheint bei den Anthropoiden nirgends vorzukommen, entweder ist die Scheide ganz glatt,
wie beim Gorilla (BISCHOFF) oder in feine Längsfältchen gelegt, wie
beim Orang (BISCHOFF, Verf.) und beim Chimpanze (BISCHOFF, EHLERS,
HOSSMANN), nur in der Gegend der Portio kommen auch Querfalten
vor (Orang, Chimpanze). GRATIOLET (25) fand beim Chimpanze
allerdings „une colonne antérieure et une colonne postérieure et des
plis transversaux" und HOFFMANN (34) konstatirte auch schrägen
Faserverlauf. Wie sich EHLERS (17) ausdrückt, ist eben „die beim
Menschen vorhandene Bildung nur eine Steigerung dessen, was hier

als einfache, längslaufende Falten auftritt". Dies erscheint um so wahrscheinlicher, als nach Bischoff's eigenen und ihm von anderen mitgetheilten Beobachtungen bei Negerinnen, Indianerinnen und Japanerinnen die Scheide ebenfalls „fast glatt" ist, wenn auch andrerseits nicht verschwiegen werden darf, dass bei anderen niederen Völkern, z. B. bei den Buschmannweibern, die „Columnae rugarum noch deutlich zu erkennen sind".

Neben der Betrachtung der Genitalorgane dürften noch einige Notizen über die Beschaffenheit von Blase und Mastdarm von Interesse sein.

6. Blase.

Der Scheitel der Blase erreicht, wie schon beim „Situs" hervorgehoben wurde, die Höhe des oberen Symphysenrandes. Sie ist eiförmig, die hintere Wand dabei flacher, etwas abgeplattet. Der Fundus ist gleichmässig gerundet, eine spitze Ausziehung oder dergleichen als Erinnerung an gewisse kindliche Formen besteht nicht. Die dickste Stelle ist etwa die Mitte, wo der quere Durchmesser 25 mm. der sagittale 17 mm beträgt, während die Höhe 35 mm ist. Von vorn, etwas unterhalb der Mitte, tritt jederseits wenig neben der Medianebene ein Blutgefäss in die Blasenwand ein. Von den Lig. vesicalia lateralia konnte an der gewöhnlichen Stelle nichts entdeckt werden. Stärkere Gefässe erreichen die Blase unten an der Rückwand, vom Uterinplexus kommend. Auf den Eintritt des Ureters will ich nachher noch kurz zurückkommen. Ein Sagittalschnitt durch die kontrahirte Blase zeigt deren Wand von einer Dicke bis zu 8—10 mm. Die Schleimhaut ist in zahlreiche dicke Wülste, in feine und feinste Falten gelegt, zwischen denen tiefe und flache Furchen ziehen; eine bevorzugte Verlaufsrichtung ist nicht zu bemerken, das Ganze sieht aus wie eine Gehirnoberfläche mit ihren Gyri und Sulci. Hornten machte an der Blase des Chimpanze eine ähnliche Beobachtung. An der vorderen Blasenwand reicht jene Beschaffenheit bis zur Harnröhrenmündung. als unterste Wülste drei parallele, quer ziehende Erhebungen aufweisend; an der hinteren Wand dagegen hört die Faltenbildung mit einer tiefen, quer verlaufenden Spalte oder Rinne auf. etwa 10—11 mm oberhalb der inneren Harnröhrenmündung. An den beiden Enden dieser Rinne, 12 mm von einander entfernt, bemerkt man die Ureterenmündungen als quer gestellte, auf einer leichten, durch den Konflux mehrerer Gyri entstandenen Erhebung liegende Spalten von 1,5 mm Länge. Von diesen aus nach der inneren Harnröhrenmündung Linien gezogen, ergiebt das Trigonum vesicae (Trigonum Lieutaudi), das von tieferen Furchen frei, nur kleinere Runzeln trägt; es ist dadurch gegen die übrige Blasenwand ziemlich deutlich abgesetzt. Der als Uvula bezeichnete höhere Schleimhautwulst ist nicht besonders auffallend.

Die Blasenwand wird von unregelmässig angeordneten, sich vielfach durchflechtenden Muskelzügen gebildet.   Sie werden von der
Epithelschicht durch eine ziemlich dicke Submucosa aus lockerem,
stark durchblutetem und zellreichem Bindegewebe getrennt.   Das Oberflächenepithel zeigt Form und Anordnung eines mehrschichtigen Platten-
epithels.   Die Schichten besitzen in der Tiefe der Krypten und Falten
eine ganz bedeutende Dicke; hier zeigen sich ganze Lager von theils
noch wucherndem, theils abgeschilfertem Epithel, theilweise auch Uebergangsformen von kubischen und cylindrischer Zellen.   Drüsen finden sich,
nur wenig in die Tiefe greifend, hier und da eingesprengt, sie sind im
Allgemeinen selten und klein.   Der Bau der Blasenwand dürfte demnach
von dem des menschlichen Organs nicht abweichen.   Die Beschreibung
der Harnblase anderer Anthropoiden (ausser Chimpanze z. Th.) kam
mir nirgends zu Gesicht.   Die Urethra misst 21 mm an Länge.
Ihre Wandungen sind derb und dick, die Schleimhaut besitzt Längsfalten.   Die Vorderwand geht nach aussen kontinuirlich in die Clitoris
über, wie bei deren Beschreibung erörtert werden wird.   Die Hinterwand ist mit der Scheide sehr fest verlöthet.   Die Muskulatur wurde
schon beschrieben.   Der Epithelbelag gleicht dem der Blase; unter
ihm finden sich in lockerem Bindegewebe zahlreiche Blutgefässe, zu
Geflechten und Netzen angeordnet.   Schliesslich folgt eine sehr stark
entwickelte Muskularis, deren Ringschicht vor der Längsschicht bedeutend überwiegt.

Der Ureter verläuft wie beim Menschen.   An der Stelle, wo
er sich in die Blase einsenkt, beschreibt WALDEYER (85) eine eigenartige Bildung, nämlich eine 1 cm lange, von der Blase aus auf den
Harnleiter übergehende „starke, röhrenförmige Scheide", die z. Th.
aus Muskelzügen besteht und sich von jenem „glattwandig abpräpariren"
lässt.   Dadurch aufmerksam gemacht, fand ich die gleichen Verhältnisse auch an meinem Objekte, die „Scheide" ist hier sogar 1½ cm
lang, sehr dünn, führt neben Bindegewebe auch Muskelelemente, und
„proximalwärts verliert sie sich allmählich in die Adventitia des Harn-
leiters."   Auch sonst zeigt der Bau des Ureters die vom Menschen her
gewohnten Verhältnisse: Er ist ein etwas abgeplattetes Rohr.   Die
Schleimhaut liegt in grossen Längsfalten, so dass der Querschnitt die
bekannte Sternfigur ergiebt.   Ein mehrschichtiges Plattenepithel kleidet
das Innere aus, die tieferen Zelllagen zeigen mehr kubische Form.
Eine sehr lockere und relativ breite Submucosa verbindet damit die
Muscularis.   In dieser vermisst man die Sonderung einer Längs- und
Ringschicht, vielmehr scheinen beiderlei Faserzüge gemischt zu sein
und sich zu durchflechten, wobei im Allgemeinen die Längsrichtung
überwiegt.   Lockeres Bindegewebe bildet den Abschluss nach aussen.

7. Rectum.

Der Mastdarm besitzt nicht den geraden Verlauf, wie er bei Thieren die Regel ist, sondern kommt dem menschlichen näher, er beschreibt die Flexura perinealis (HYRTL's zweite Krümmung) d. h. das letzte Stück des Rectum bildet einen nach hinten konkaven Bogen. Dieser ist zwar kürzer als beim Menschen, aber immerhin deutlich vorhanden. Die Flexura sacralis dagegen fehlt. EGGELING (16) leugnet allerdings auch jene, „Enddarm wie Urogenitalsinus sind weder dorsal noch ventral umgeschlagen", wie er sagt; mein Thier wies die Krümmung deutlich auf. Leider finde ich in der Literatur hierüber nur äusserst spärliche Notizen. CUNNINGHAM (12) beobachtete beim Chimpanze einen geraden Verlauf des Mastdarms; seine Untersuchungen an Kindern ergaben ähnliche Verhältnisse; die Krümmungen des Rectums Erwachsener sind hier noch nicht derartig ausgebildet, es ist „much straighter than it is later in life, and the terminal portion proceeds almost vertically downwards;" genauer, und bezüglich der letzten Worte wohl richtiger (oder an älteren Kindern?) beschreibt SYMINGTON (80) die Verhältnisse, wonach der erste Theil des Rectum, da das Sakrum gerade abwärts zieht, „nearly vertical", also gerade ist, d. h. die Flexura sacralis fehlt; im letzten Abschnitt dagegen „in its direction, which is downwards and somewhat backwards, it closely agrees with that of the adult", d. h. die Flexura perinealis besteht auch bei Kindern. Es ergiebt sich daraus eine geschlossene Reihe: Niedere Formen bis Chimpanze (und manche Orangs? EGGELING): gerader Verlauf — menschliches Kind und Orang: eine Krümmung — erwachsener Mensch: zwei Krümmungen!

Das letzte, ca. 2 cm lange, nach hinten ziehende Stück des Mastdarms erscheint verdünnt, es wird vom M. sphincter externus umschlossen. Die Rectalschleimhaut liegt in zahlreichen Falten, doch scheinen im Verhältniss zum menschlichen Enddarm die Längsfalten nicht so stark zu prävaliren; die hier ziemlich konstante, grössere Querfalte, wenig über dem After, ist auch beim Orang deutlich, dagegen sind die Columnae rectales (Columna Morgagni) unbedeutend. Der allerletzte Abschnitt zeigt nicht mehr die Schleimhautfarbe, sondern ist (wie die äussere Haut) grau pigmentirt. Eine den M. sphincter ani internus darstellende Verdickung der Ringfaserschicht ist nur angedeutet.

Hinter dem Rectum zieht auf der Vorderfläche des Kreuzbeins die Arteria und Vena sacralis media hinunter, von denen ich als merkwürdige Anomalie bemerken möchte, dass sie sich vor der Mitte des II. Sacralwirbels ohne Beibehaltung eines Hauptstammes in zwei Aeste theilen. Diese ziehen dann annähernd parallel an beiden Seiten des Kreuz-Steissbeines abwärts, die gewöhnlichen kleinen lateralen

Zweigchen abgebend. Krause (in Henle's Handb. 30) führt verschiedene andere Anomalien der Sacralis media an, ein derartiger Befund scheint aber noch nicht gemacht zu sein.

IV. Aeussere Genitalien.

Bedeutend ausführlicher und zahlreicher sind in der einschlägigen Literatur die Beschreibungen der äusseren, als die der inneren Genitalorgane. Vielfach handelt es sich übrigens dabei nur um gelegentliche Bemerkungen über die Form und Beschaffenheit der betreffenden Gebilde bei Affen und bei niederen Menschenrassen, welche theils in naturwissenschaftlichen Werken, theils in Reisebeschreibungen oder in ethnologischen und kulturgeschichtlichen Schriften zerstreut sind. Gar häufig lassen Kritik und Genauigkeit Vieles zu wünschen übrig. Ich kann in dem engen Rahmen meiner Arbeit diese Daten natürlich nur zum Theil benützen und zum Vergleich heranziehen und werde mich der Hauptsache nach auf die Berücksichtigung der anatomischen und vergleichend-anatomischen Angaben beschränken.

„Die Geburtsglieder des Weibleins sind äusserlich der Weibspersonen ihren sehr ähnlich", sagt Buffon in seiner grossen „Allgemeinen Historie der Natur"[1] über die äusseren Geschlechtstheile des Orang-Utan. Wie weit diese Aehnlichkeit geht, möge die folgende Untersuchung beleuchten.

Die Lage der Geschlechtsöffnung auf der Mitte der „Caudalfläche" wurde bereits erörtert. Die Oeffnung selbst ist sehr unscheinbar, fast nicht zu sehen, da von vorn und oben her ein starker, häutiger Höcker über den engen Scheideneingang herüberragt; es ist das **Praeputium clitoridis**. Demgegenüber erscheinen alle anderen Bildungen um den Introitus herum schwach entwickelt.

Von vorn her sieht man den schwach behaarten und nur wenig prominirenden Mons pubis vom Bauche herabkommen (Fig. 13). Er setzt sich seitlich durch die schon oben beschriebenen, tiefen Furchen gegen die Inguinal- und Schenkelgegend ab. **Ein Mons pubis ist also, wenn auch nicht stark entwickelt, so doch deutlich vorhanden und abzugrenzen.** Er geht nach unten (bezw. hinten) kontinuirlich in zwei flache, rechts und links neben dem Praeputium clitoridis vorbeiziehende Wülste über, die den **Labia majora** entsprechen. Sie verstreichen etwa in halber Höhe des Dammes in der Haut. Ebenso wie der Mons pubis bestehen sie nach Abzug der im Verhältniss zu anderen Körperstellen dünnen Haut der Hauptsache nach aus Fettmassen. Bischoff (6 und 7), von dem die ausführlichste Arbeit über dieses Thema herrührt, erschienen wohl Mons pubis wie

---

[1] Citirt nach Bischoff (6).

Labia maiora nicht genügend prominent, um sie als solche anzuerkennen. Beim Chimpanze erwähnt HOFFMANN (34) „magere und flache grosse Labien" und GRATIOLET (25) spricht von „deux gros plis à peine saillants qui, loin de circonscrire les petits lèvres, sont seulement appliqués de chaque côte à leure partie antérieure."

Zwischen den die grossen Labien nach innen begrenzenden, tiefen Furchen erhebt sich das Praeputium clitoridis als 6 mm hoher Vorsprung. Seine Dicke zeigt 7 mm, während seine Länge sich nicht wohl angeben lässt, da es nach vorn ganz allmählich verstreicht. Vorn, erst einheitlich beginnend, weicht es kurz vor Erreichung der Geschlechtsöffnung in zwei Schenkel auseinander, welche zwischen sich die Clitoris erscheinen lassen (Fig. 13 und 14). Das Ende dieser Schenkel zeigt nun ein eigenthümliches Verhalten: jeder theilt sich in zwei Blätter, wovon das innere nach innen zieht, zur Clitoris, als deren Frenulum endigend; das äussere biegt scharf nach aussen um und bildet eine zweite faltenartige Erhebung (Fig. 13 und 14 Qu. F.).

Aus den Beziehungen dieser „Schenkel", speciell ihres inneren Blattes, zur Clitoris geht hervor, dass sie — und damit die Masse dessen, was ich Präputium nannte — die Labia minora darstellen, als deren Charakteristicum ja das Uebergehen in Frenulum und Praeputium clitoridis gilt (BISCHOFF). Als Besonderheit ist hier noch zu bemerken, dass links der Uebergang des Labiumendes ins Frenulum sehr deutlich ist, rechts dagegen die betr. Bildung z. Th. allmählich in der hinteren Scheidenwand verstreicht, so dass das Frenulum nicht ganz median steht.

Ebenso zeigt sich Asymmetrie in der Configuration der erwähnten Falten: Sie ziehen also vom Scheideneingang aus im Allgemeinen lateralwärts, die linke aber zugleich im Bogen etwas nach vorn (Fig. 14) und gehen nach und nach in die äusseren Theile der Labia maiora über. Hinter der Genitalöffnung vereinigen sich ihre medialen Enden und lassen so — jedes nach Aufnahme des Präputialschenkels — zusammen eine ziemlich stark prominirende Querkommissur entstehen. Von deren Mitte entspringend, streicht eine sagittale, mediane Falte afterwärts; sie verschwindet auf halber Höhe des Dammes, und eine stärker ausgebildete Furche aus der Zahl der sternförmig angeordneten Analfurchen nimmt ihre Fortsetzung auf. Jederseits neben der Sagittalfalte, unmittelbar hinter der Querkommissur, liegt eine kleine Grube, die beim Auseinanderziehen und Spannen der Theile recht deutlich wird. Eine solche Grube kommt nach BERGH (3) auch beim Menschen bisweilen vor, er nennt sie „Navicula inferior".

Die Deutung der beiden beschriebenen „Falten" ist nicht so ganz leicht. Einen Anhalt könnte die Bildung der Kommissur geben, aber auch über deren Bedeutung weichen die Angaben der Autoren von einander ab. Viele lassen ein Frenulum labiorum als quere Verbindung der kleinen Lippen entstehen, andere schreiben eine „zu einem förmlichen Frenulum“ sich erhebende Commissura posterior den grossen Labien zu. Nach BENGE (3, 4, 5), dessen Erfahrungen an einer grossen Zahl Lebender (Prostituirter) gesammelt sind, kommt ein „wirkliches Frenulum“ der grossen Lippen sehr selten vor, meist entsteht nur eine „niedere Falte vom unteren Theile der Innenseite der einen oder meistens beider Lippen und setzt sich nach unten und innen gegen die Mittellinie des Dammes fort, um mit der gegenseitigen oft zu verschmelzen“; dagegen sind „bei nicht wenigen Individuen diese Falten Fortsetzungen der Nymphen“. Auch kommt es vor, „dass sich unterhalb dieses Frenulums (sc. lab. min.) noch ein wirkliches Frenulum labiorum (commissura labb. post.) befindet, also ein wahres Querband zwischen den grossen Lippen.“

Die Form des fraglichen Organs bei unserem Orang ist nun jedenfalls stark abweichend von der gewöhnlichen menschlichen Beschaffenheit. Wir haben ja eigentlich die Stelle der grossen wie der kleinen Labien schon vergeben, es handelt sich also sozusagen um einen überzähligen Bestandtheil. Ich möchte die Falten als quer nach innen ziehende Theile, als Fortsätze der grossen Labien ansehen, in die sie ja nach aussen zweifellos verstreichen. Auf den grossen Labien sitzen sie breit und fest auf, mit den kleinen Labien sind sie nur durch eine dünne Verwachsungsstelle verbunden. Es würde sich also um ähnliche Bildungen handeln, wie sie BENGE in sehr seltenen Fällen fand, und die er mit folgenden Worten beschreibt: „Bei 4 Individuen fand sich gleichsam eine Querfalte, viel seltener (2) zwei solcher, sich von der rechten Nymphe an die grosse Lippe erstreckend, bei 8 kam eine ähnliche Bildung an der linken und bei 25 an beiden Nymphen vor“. Interessant ist, dass BISCHOFF (6) ein ähnliches Vorkommen bei 3 Orangs feststellte; nach ihm verliefen aber die Falten nicht ganz so quer, sondern mehr schief nach oben. Da nun genannter Forscher die flachen grossen Labien nicht als solche ansieht, so lässt er es dahingestellt, ob diese Falten als Rudimente grosser Labien zu betrachten seien und hält sie nur „für eigenthümliche nach oben tretende Ausbuchtungen der kleinen Schamlippen bei gänzlichem Mangel der grossen“. Also handelt es sich um eine eigenartige Bildung bei 4 Exemplaren einer Species! Es wäre nicht unwichtig, zu erfahren, ob diese Falten wirklich eine konstante Eigenthümlichkeit des Orang-Utan sind, so dass man bei dem von BENGE berichteten Erscheinen derselben beim Menschen vielleicht nicht an zufällige Variationen, sondern an atavistische Bildungen zu denken hätte.

Von vorn und von den Seiten durch den Rand des Präputialsackes, von hinten durch die Querkommissur begrenzt, zeigt sich die Clitoris. Sie ragt über das höchste Niveau der Präputialfalte nicht empor, kommt ihm aber gleich. Ihre Länge bis in die Tiefe des

Präputialsackes, der sich übrigens nur mit Mühe soweit zurückstreifen lässt, beträgt 6 mm; ihr Durchmesser in sagittaler Richtung misst 5, in frontaler 3 mm, sie ist also seitlich zusammengedrückt. Die Unterfläche der Clitoris geht in die vordere Wand des Urogenitalkanales über, ihre Seiten am Grund des Vorhautsackes in dessen parietales Blatt. Die betreffende Höhlung enthält ziemlich viel schmieriges Smegma. Der sichtbare Theil der Clitoris ist dicker als der untere, eine Furche setzt beide gegeneinander ab, wodurch eine deutliche „Glans clitoridis" zu Stande kommt. Schon fast am Rande des Präputiums beginnt auf der Glans eine feine Furche anzutreten, die tiefer werdend, als Rinne über die ganze Vorderseite der Eichel wegzieht und auf der Unterseite der Clitoris (Fig. 15), nach und nach immer stärker klaffend, in die Urethralmündung hineinreicht; es besteht also gewissermaassen eine richtige Hypospadie.

Beiderseits neben der Spalte bekundet die Haut starke Neigung zur Verhornung; man sieht bei Lupenvergrösserung, besonders rechts, hornige Massen in Form von zierlichen Falten und Blättchen, die, gegen die Basis der Clitoris gröber werdend, sich hier verlieren (Fig. 15 *).

Zieht man die Querkommissur nach hinten und drängt die Clitoris nach vorne, so sieht man in die Urogenitalöffnung hinein; irgend welcher Verschluss oder eine Faltenbildung ist hier nicht zu bemerken, d. h. von einem Hymen ist keine Spur vorhanden.

Die Trennung des Harnweges vom Geschlechtskanal ist kaum zu erkennen, da einerseits der Eingang eng, und die Theile etwas rigide sind, andrerseits die Mündung der Urethra ziemlich hoch liegt, und der Scheidenvorhof verhältnissmässig tief ist.

Wie verhalten sich nun diese, ohne weitere Eingriffe sich darbietenden Merkmale zum Bau des Pudendum muliebre humanum? — Buffon's oben angeführter Ausspruch ist wohl in dieser Form unhaltbar, aber auch Bischoff's (7) Ansicht, „dass diese Geschlechtstheile bei dem menschlichen Weibe nach einem ganz anderen Typus als bei den Affen, und insbesondere den Anthropoiden, gebildet sind" möchte ich mich nicht anschliessen. Bischoff (6 und 7) bringt selbst bei der Beschreibung der äusseren Genitalien von verschiedenen Menschenrassen, von ungeschwänzten und geschwänzten Affen, neben den grossen und nicht zu leugnenden Unterschieden zwischen diesen, doch auch zahlreiche Uebergänge und Mittelstufen, die sich leicht noch vermehren lassen.

Die Vulva der Anthropoiden liegt nicht nach Menschenart „vorn", was mit dem „modus coeundi a posteriori" zusammenhängt, wie schon Blumenbach und Cuvier bemerkten. Es scheint mir aber auch ein Kausalkonnex dieser Lage mit der Aufrichtung des Beckens zu bestehen. Auf Grund derselben nähert sich die vordere Symphysenfläche

der Horizontalen und der Arcus pubis kommt ganz nach unten und
hinten, so dass die Vulva mit nach hinten genommen werden
muss.

Mit der Lage der Vulva erklärt sich aber auch die schwache Behaarung und Ausbildung des Mons pubis beim Affen, oder vielmehr
deren starke Entwicklung beim Menschen: „Das Puberale muss (nach
Bergh. 3) eine Irritation der Genitalien durch herabrieselnden Schweiss
verhindern können, sowie die Haut selbst vor direkter Reibung
während des Konnubiums schützen können". Letzteren Zweck nimmt
auch Exner (20) an und er sucht die Verringerung der Reibung durch
das Dazwischenliegen der „Haarwalzen" anschaulich zu machen. Ich
halte die Bergh'sche Erklärung für richtig, sicher für besser als die
Theorie Robinson's (73, 74, 75), welcher meint, die Scham- und Achsel-
haare würden bei den Affen den Jungen zum Festhalten dienen und
hätten sich daher in besonders starker Entwicklung vererbt. Ich
verweise deshalb auf den schwachen Haarwuchs unseres Orang und
auf denjenigen bei manchen niederen Menschenrassen. Alles dies
stimmt mit der eben citirten Auffassung nicht überein.

Die Lage der Vulva „nach vorn" ist nun aber auch beim Menschen
nicht ganz konstant. Wie es in dieser Beziehung bei Europäerinnen
„nicht ganz geringe individuelle Verschiedenheiten" giebt (Bergh), so
nimmt „die Rima bei den niedriger stehenden Völkern
und Stämmen eine mehr nach hinten strebende Lage"
ein. So ist z. B. nach Bischoff „bei den Koi-Koin (Südafrika)...
bei starker Beckenneigung der vortretende Unterleib scharf gegen den
Mons pubis abgesetzt, unter welchem die Rima pudendi stark nach
hinten sinkt", was auch von den javanischen Frauen gilt. Darin liegt
eine Bestätigung für Bergh: Zurückliegen der Vulva, schwache Entwicklung von Mons pubis und Puberale, so z. B. bei Loangonegern,
Feuerländern etc. (Ploss 67).

Im Gegensatz dazu liegt, wie schon erwähnt wurde, bei den katarrhinen Affen die Genitalöffnung nach Eggeling auffallender Weise
„zum Theil schon an der Unterbauchgegend".

Soviel von Mons pubis und Vulva im Allgemeinen. Betrachten
wir nun die übrigen Theile, so muss vor Allem betont werden, dass
Bischoff's Behauptung, „nur allein der Orang-Utan hat vielleicht eine
schwache Andeutung grosser Schamlippen" unhaltbar ist. Während
nämlich z. B. auch nach Wiedersheim (87) bei Halbaffen und Affen
Labia maiora nur „andeutungsweise" vorkommen, findet Klaatsch (42)
diese nicht nur bei Hapale albicollis, iachus und rosalia,
bei Cebus hypoleucus und einem jungen Orang, sondern
schon bei Lemur varius und Lemur catta „in ganz vor-
züglicher Ausbildung"!

Andrerseits kommt auch beim Menschen ein Mangel oder wenigstens

eine minimale Ausbildung der grossen Schamlippen bisweilen zur Beobachtung. So berichtet Bischoff sogar von einer Europäerin
(21jährigen Jungfrau) „dass die grossen Schamlippen sehr schwach
entwickelt sind und ebenso wie der Schamberg kaum einige Spuren
von Haaren zeigen", was wohl als infantiler Zustand zu deuten ist.
Bei Kindern sind ja die grossen Schamlippen „so wenig entwickelt,
dass die Vorhautpartie und die Nymphen meistens ganz entblösst
liegen". Für den Erwachsenen gilt dieses Verhalten auch hinsichtlich
vieler Negerstämme (Japanerinnen und Javanerinnen); theilweise sind
hier neben ganz schwacher Entwicklung des Schambergs die Labia
majora so klein, das (z. B. bei den Weibern von Hottentotten und
Buschmännern) „der Verschluss der rima pudendi in der Regel auch
bei jüngeren Personen nicht erreicht" wird (Bischoff, Bergh). Zahlreiche Variationen von Labien, Clitoris etc. bei Europäerinnen stellt
Parmentier (66) zusammen, und bei Ploss (67) finden sich ausführliche Beschreibungen dieser Theile bei den verschiedensten Völkern
(hauptsächlich vom ethnolog. Standpunkte aus geschildert). Es mag
genügen, hiermit auf diese Autoren hingewiesen zu haben.

Für die kleinen Labien lassen sich wenig Vergleichspunkte aufstellen. Auch beim Menschen bekommen die Nymphen eine trockene,
fast ganz der äusseren Haut entsprechende Oberfläche, sogar mit Neigung
zur Verhornung, in allen den Fällen, wo sie frei und unbedeckt her-
vorragen. Ein gleiches Verhalten zeigen sie bei den Affen. Haare
auf ihnen finden sich nur sehr selten (Bergh).

Die Grösse des Präputium hängt mit der Ausbildung der Clitoris
zusammen und findet sich in dieser Weise beim Menschen nicht. Auf
eine andere, eigenartige Vergrösserung der Labia minora, ich meine
die vielbeschriebene „Hottentottenschürze", brauche ich nicht
einzugehen; sie kommt bei Anthropoiden nicht vor, zeigt auch im Allgemeinen eine Art der Bildung, die mit derjenigen der Anthropoiden
nichts zu thun hat. (Ueber diese Verhältnisse cfr. Bischoff (6), Blanchard (8), Cuvier (13), Fugger [Schürze bei Ateles] (24), Joh. Müller
(58), Otto (63) und Andere.)

Die Ausbildung und Grösse der Clitoris ist wohl noch einer der
am meisten durchgreifenden Unterschiede, denn „ungewöhnliche Grösse
oder gar Furchung der Clitoris bei dem menschlichen Weibe kommt
nur als individuelle Abweichung und Hemmungsbildung vor", worin
ich Bischoff Recht gebe. Bei den Negerinnen allerdings sind nach
Otto (63a) „die abweichenden Gestalten der Scham nicht bloss häufiger, sondern auch stärker ausgeprägt"; so fand genannter Autor bei
einer Negerin eine grosse Clitoris, welche „keine Spur von Eichel und
Vorhaut zeigt und an ihrer unteren Seite auf ähnliche Weise, wie man
es oft bei Epi- und Hypospadiaeis sieht, einen von der Mündung der
Harnröhre fortlaufenden Halbkanal zeigt." Die Bildung soll keine

krankhafte gewesen sein, was von anderer Seite aber bestritten wurde, und soll nach Sonini auch bei Egypterinnen vorkommen.

Nicht ganz so durchgreifend ist das Fehlen oder Vorhandensein eines Hymens. Weitaus die meisten, ja fast alle Fälle lassen ein Hymen bei Anthropoiden vermissen. Nach Gratiolet (25) „il n'y a d'ailleurs aucune trace d'hymen ni de fourchette" beim Chimpanze; Bischoff bemerkte am Orang an Stelle des Hymens kleinere Schleimhautfalten, und bei dem von Ehlers (17) untersuchten Chimpanze war in der betr. Gegend „ein ganz niedriger Hautsaum, vielleicht ein schwacher Ansatz einer Hymenbildung, von der sonst, wie Bischoff mit Recht hervorgehoben hat, keine Spur zu finden ist". Wenn Hoffmann (34) bei seinem Chimpanze ein ausgebildetes Hymen fand mit „zwei gleichgrossen, nebeneinander liegenden Oeffnungen, welche etwa eine Erbse durchlassen würden", so ist das nach dem Befund von 7 anderen weiblichen Chimpanzen (Bischoff und Ehlers) als individuell oder noch wahrscheinlicher als pathologisch anzusehen, wie auch Bischoff annimmt. Sicher scheint mir aus diesen Angaben hervorzugehen, dass sozusagen ein Versuch, ein schwacher Anfang einer Hymenbildung in der Anthropoidenreihe nicht zu verkennen ist.

Ob die auf der vorderen Hälfte des Dammes vorspringende, sagittale Erhebung der auf der Ontogenese des Dammes (Reichel, 71) beruhenden Raphe perinei entspricht, welche beim Weibe „immer viel weniger ausgeprägt und oft gar nicht sichtbar ist" (Bergh), möchte ich nicht behaupten: das Aufhören derselben auf halbem Wege wäre auffallend! Interessant ist aber, dass auch diese Bildung unter den zahlreichen Variationen der menschlichen Scham bisweilen auftritt. Bei einer nicht ganz kleinen Zahl von Individuen geht (Bergh 4) „vom gebildeten Frenulum nympharum eine meistens mediane, einfache oder am Ursprunge kurz gabelige, meistens nicht recht starke Falte aus, die eine nur wenig vortretende Rhaphe interfeminei bildet".

So zeigen sich bald bei kindlichen Befunden, bald bei dem an niederen Rassen, bald in der Reihe der Anthropoiden, sowie endlich bei atypischen menschlichen Hemmungs- und Missbildungen überall Anklänge und Aehnlichkeiten der Form, so dass sich die Befunde am Orang-Pudendum nur als Glied in deren Kette wohl einfügen.

Um das Orificium urethrae externum genauer zu besichtigen, musste ich, wie bereits erwähnt, den Eingang des Urogenitalcanals erweitern. Wenn man (nach Entfernung des Mastdarms) die hintere Scheidenwand ein Stück weit einschneidet und die Lappen zurückschlägt, so zeigt sich die gewünschte Stelle sehr deutlich. Eine genauere Untersuchung dieses Abschnittes giebt interessante Anknüpfungspunkte an Bergh's Arbeit über die „Urethralpapille" beim Weibe (5).

Das untere Ende der vorderen Scheidenwand geht in einen dreieckigen Lappen aus (Fig. 15 UrLp.), welcher die Urethralmündung nach Art einer Klappe völlig bedeckt; die Rinne in der Unterseite der Clitoris sieht man hinter[1]) jenem Lappen verschwinden. Die Basis des Dreiecks ist natürlich ideell, da ja seine Fläche in die vordere Vaginalwand übergeht. Rechts und links laufen die Kanten des Dreiecks als dünnste, allmählich verstreichende Falten an der seitlichen Scheidenwand ganz fein aus, bis gegen die hintere Wand hinstrahlend. Der Rand des Lappens zeigt (bei Lupenvergrösserung) eine feine Kerbung. Etwas links von der ein klein wenig abgerundeten Spitze des Läppchens lässt sich am Rand eine etwas stärkere Einziehung erkennen. Deckt man das Gebilde auf, d. h. schlägt man es gegen die hintere Scheidenwand zu um, so sieht man direkt in die Harnröhre hinein. Die Rinne der Clitoris verbreitert sich hier, ihre beiden Ränder laufen wie zwei Schenkel auseinander und senken sich als rechte und linke Urethra-Wand in die Tiefe. Die Urethra erscheint einfach als die etwas verbreiterte und vertiefte Rinne, die erst durch die anstossende Vaginalwand zur Röhre geschlossen wird. Die Mündung selbst ist eine Längsspalte, deutliche Längsfalten ziehen in der Urethra in die Tiefe (Int.Ur.).

Rechts von der Urethralmündung, dicht ausserhalb des von der Clitoris herabkommenden Schenkels klafft eine sagittalgestellte, schlitzartige Oeffnung, die in einen auf 5 mm sondirbaren Kanal führt; nach aussen von ihr liegt eine gleichgeformte, kleinere, seichtere, nur 1 mm tiefe Grube. Jenen genau entsprechend zeigt sich die Bildung links, doch nur ca. 2—3 mm sondirbar, die flachere Grube ist hier nur eben sichtbar angedeutet (Fig. 15 † und ††).

Unter den vielerlei Formen der Crista urethralis (Urethralpapille), welche Bergh (5) an Lebenden fand, zeigen sich z. Th. recht hübsche Uebereinstimmungen mit dem mir vorliegenden Objecte.

Eine wirkliche Urethral-„Papille" ist nach dieser Darstellung beim Orang nicht vorhanden, und auch bei vier menschlichen Individuen (von 3230) fand sich „eigentlich keine Urethralpapille, nur eine urethrale Spalte". Eine eigentliche Papille scheint jedoch der Chimpanze zu besitzen, bei welchem Bischoff von einer „meist vorspringenden Mündung der Harnröhre" spricht.

Neben dem Orificium urethrae findet Bergh „sehr häufig . . . theils spaltenartige, seltener taschenartige Oeffnungen" vor, (bei fast ½ aller Indiv.), in bald symmetrischer Lage, bald unregelmässig, wechselnd nach Zahl und Grösse. Es sind theils nur Gruben in der Haut, theils Mündungen parurethraler Gänge, was im einzelnen oft nur schwer zu entscheiden ist; um die gleichen Gebilde scheint es sich auch bei

---

[1]) Hinter, d. h. ventral von ihm, eine Betrachtung von hinten vorausgesetzt.

14*

unserem Orang zu handeln. Ebensolche erwähnt EHLERS (17) beim
Gorilla, während BISCHOFF „Sinus mucosi" beschreibt (Gorilla), die
nichts mit Drüsenbildungen zu thun haben sollen, also wohl ebenfalls
derartige Crypten sind. Verschieden dagegen nach Lage und Ausdehnung
beobachtete GRATIOLET (25) derartige Gänge und Drüsenbildungen bei
einer Chimpanzenart (Troglodytes Aubry); er sagt darüber:
„Immédiatement en avant de ce sphincter, de chaque côté de l'angle
postérieur du vagin, à l'opposé de l'orifice uréthral, se trouvent deux
culs-de-sac bien manifestes, au fond desquelles s'ouvrent des canaux
glandulaires assez larges pour que l'on puisse y introduire facilement
un stylet de trousse ordinaire. Chacun de ces canaux parcourt un
trajet d'environ 2 cent ¹⁄₂, et conduit dans une cavité anfractueuse
composée de plusieurs loges séparées par des cloisons et de colonnes,
placée entre le vagin et le rectum, et occupant un espace d'environ
2 centimètres de long sur autant de large, cavité remplie d'une matière
sébacée. Ces appareils peuvent être comparés aux glandes vulvo-vagi-
nales de la femme." (cfr. diesbez. unten.)

Die Form der Urethralmündung selbst, die „Längsspalte" theilt
die Mehrzahl der Frauen mit den Thieren überhaupt, so auch mit dem
Orang. Bei ca. ²⁄₃ aller Individuen fand BERGH „sehr ausgeprägt
unten am Eingang in die Urinröhre zwei kleine, mitunter ungleich-
grosse, fast immer von einander geschiedene, mehr oder weniger vorspringende Zipfel oder Läppchen". ¹) Dass beim Orang ein unpaares
„Läppchen" deren Stelle einnimmt, kann nicht befremden, wenn man
einerseits die Einkerbung am Rande als Rest einer Verwachsung ansieht, andrerseits die nach Zahl, Grösse und Form all' dieser Details
so überaus häufigen Variationen beim Menschen in Betracht zieht.

Ausser diesen mehr oder weniger dem Auge ohne Weiteres zugänglichen Theilen, zählen zu den „äusseren Genitalien" gewöhnlich
noch einige etwas versteckter liegende Gebilde in der Tiefe, Drüsen
und der Schwellapparat.

Eine Glandula vestibularis maior (glandula BARTHOLINI)
traf ich nicht an; auch BISCHOFF vermisste sie überall und vermuthet, sie könnte bei den menschenähnlichen Affen durch die Sinus
mucosi ersetzt sein. Sicherheit liesse sich wohl nur durch Serienschnitte erbringen. Von einer Bildung, wie sie GRATIOLET (25) mit
den vorhin ausführlich mitgetheilten Worten beschreibt, konnte ich
ebensowenig wie BISCHOFF irgend welche Spur nachweisen.

Als einen die Masse des M. sphincter cloacae externus vorbauchen-
den, rundlichen Körper fand EGGELING (16) den Bulbus vestibuli

---

¹) Diese doch immerhin auffallend oft vorhandene Bildung findet bei HENLE,
GEGENBAUR u. A. keine Erwähnung, sie wurde von HALLER, KIWISCH und einigen
Anderen beschrieben (BERGH).

beim Gorilla und in gleicher Art, nur etwas schwächer beim Orang-Utan. Bei meinem Exemplar sind, wie schon erwähnt, diese Organe sehr klein und unscheinbar. Es handelt sich an der betr. Stelle um längliche, ziemlich weiche Knoten. Bischoff konstatirt ihr Vorkommen beim Orang, Chimpanze und Gorilla.

Die Clitoris sitzt, wie sich nach Entfernung der Fettmassen zeigt, im Schambogen wie eingelassen; ihre Crura liegen, von ihr divergirend, auf der Kante der Schambeinäste.

Nach genaueren Angaben über den Bau der Corpora cavernosa bei Affen suchte ich in der Literatur vergeblich. Bischoff stellt nur das Vorhandensein der Körper bei den verschiedenen Species der untersuchten Anthropoiden fest; er führt z. B. bei Chimpanze „stark entwickelte crura" an. Kobelt (43) beschreibt die Schwellkörper des Weibes sehr ausführlich nach genauester Präparation; bei den in den Kreis seiner Beobachtung gezogenen Thieren (Hund, Schwein, Pferd) kommt er zu keinem wesentlich abweichenden Resultat. Ebenso enthalten die Lehr- und Handbücher der Anatomie über etwaige Abweichungen der Organe bei Affen keine Angaben. Umsomehr war ich überrascht, bei der Freilegung dieser Theile auf einen ganz eigenartigen und abweichenden Befund zu stossen.

Wie beim Menschen entspringen vorn am Tuber ischii mit einer abgestumpften Spitze die „Crura" des Kitzlers oder der Corpora cavernosa clitoridis. Sie ziehen, der Kante des Sitzbeins angeheftet, empor zum Schambogen und sind dabei vom M. ischio-cavernosus umhüllt. (cfr. bezügl. dieses Muskels II. Abschn.) Statt aber nun spitzwinklig umzubiegen und vereinigt als „Corpus" clitoridis abwärts zu ziehen, endigen sie hier scheinbar, indem sie sich an den gleich zu beschreibenden Körper von der Seite her festsetzen! (Fig. 16). Von der Vorderfläche der Symphysis ossis pubis entspringt nämlich, etwa 1—1½ cm vom Arcus entfernt, ein Kamm, der nach abwärts in die seitlich stark comprimirte Clitoris übergeht (Fig. 2 u. 16). Die ganze Bildung (Kamm und Clitoris) erheben sich vor der Symphyse etwa wie die Crista eines Vogelsternums auf dessen Fläche; dabei sitzt aber nur 1—1½ cm der Basis auf dem Symphysenknorpel selbst, der andere Theil auf dem Ligamentum arcuatum pubis und frei darunter, vom Beckenraum nur durch die Weichtheile getrennt. (Das letzte Stück ist schon die freie Clitoris.) (Fig. 16.) Der oberste Theil des herabkommenden Kammes erscheint unpaar, glattrandig und verliert sich nach oben, sehr allmählich niedriger werdend, in das derbe Gewebe, das vor der Symphyse zwischen die beiderseitigen Adductorenursprünge eingelagert ist. Weiter oben zieht ihm dann, aber ohne ihn zu erreichen, die sehnige Ausstrahlung der medialen Rectuszacken entgegen (es bleibt etwa eine Lücke von 1 cm zwischen beiden). Ungefähr da,

wo der Kamm seine höchste Höhe erlangt, tritt auf seiner freien Kante
eine Rinne oder seichte Spalte auf, an der tiefsten Stelle 3 mm tief,
die sich auf die Clitoris bis zu deren Eichel verfolgen lässt. Es macht
den Eindruck, als handle es sich um die Verwachsung einer paarigen
Anlage (cfr. mikrosk. Befund). Die Clitoriseichel ist dorsal ungespalten.
Diese Furche oder Rinne auf der Oberseite der Clitoris
ist aber, im Gegensatz zu der echten, ventralen „Spaltung", der Hypospadie, ohne Ablösung des visceralen
Präputialblattes absolut unsichtbar; sie wurde bei der
äusserlichen Untersuchung der Clitoris in keiner Weise bemerkt.

Das eigenthümliche Gebilde geht also continuirlich
in das Corpus clitoridis über, dessen Grenze nur dadurch angedeutet wird, dass die Crura sich von der
Seite her ansetzen, ebenfalls continuirlich, d. h. durch
gemeinschaftliche Tunica mit dem Kamm und dem Cli-
toriskörper verbunden. (Fig. 2 *aufst. C. cav., M. isch. cav.* Fig. 16,
C. cav. etc.)

Das ganze Organ zeigt folgende Grössenverhältnisse: Von der
Spitze der Glans bis zum oberen Ende des Kammes sind es 27 mm;
die Höhe desselben von seiner Basis auf der Symphysenfläche aus beträgt 7—8 mm, die Dicke 2—3 mm.

Rings um die Einmündungsstelle der Crura clitoridis setzen sich
die Faserbündel des M. ischio-cavernosus an die Clitoris bezw. deren
aufsteigenden Abschnitt an, während ein Bündel davon abwärts zieht
und aponeurotisch auf der Innen-(Hinter-)seite der Clitoris mit dem
anderseitigen sich vereinigt. Weiter gegen die Eichel zu trennt das
Corpus clitoridis die beiderseitigen Endausstrahlungen des M. sphincter
cloacae externus. Ein Ligamentum suspensorium clitoridis war trotz
sorgsamer Nachforschung nicht nachzuweisen.

Der innere Bau (Fig. 17) zeigt schon makroskopisch ein von zahlreichen Hohlräumen und Gefässen durchsetztes, von Bindegewebe (?)
umkleidetes Gebilde, dessen Grundlage ein festeres, im Querschnitt
ovales Rohr zu bilden scheint. Oben auf demselben sitzt der gespaltene
„freie Rand" (des „Kammes"), in jedem der durch die Spalte bedingten
Schenkel Gefässlumina zeigend. Von einer paarigen Anlage kann also
auf Grund der inneren Structur nur zum kleinen Theil die Rede sein.
Sowohl vorn gegen den Bauch zu, also am oberen Ende, als auch
unten (am hinteren Rand der Symphyse) durchbrechen starke Gefässe [1])
seine Umhüllung.

Das mikroskopische Bild eines Querschnittes lässt folgende Details

---

[1]) Woher jene Gefässe stammen, konnte nicht mehr festgestellt werden, ich
hatte sie leider vorher bei der Präparation der anderen Theile abgeschnitten, indem
ich sie für die gewöhnlichen die Clitoris versorgenden Stämmchen hielt.

erkennen: (Fig. 17). Das ganze Organ besteht aus Blutgefässen, cavernösem Gewebe und glatten Muskeln mit spärlichem Bindegewebe untermischt. Die Muskelanordnung bedingt im Wesentlichen die Form, sie stellt die erwähnte Röhre dar. Diese ist an der Seite, wo sie der Symphyse aufsitzt, von ausserordentlich dicken Lagen glatter Muskelfasern gebildet, die dieses Stück Wand etwa 10 mal so dick erscheinen lassen als die übrigen Abschnitte. Im Schnitt zeigt sich eine regelmässige Ellipsenform, wobei die grosse Axe, ungefähr gut doppelt so lang wie die kleine, sagittal verläuft. Die dicken Muskelzüge des proximalen Theiles der Ellipse ziehen z. Th. seitlich und strahlen in das Bindegewebe und Fett der Umgebung aus.

Der distale Pol setzt sich in eine Art sagittal stehendes Septum fort, das aus Bindegewebe, elastischen Fasern und längs- und sagittalziehenden, glatten Muskeln besteht. Dadurch werden zwei ovale Packete von längs verlaufenden Gefäss- und Muskelbündeln von einander getrennt, welche der distalen Partie der Ellipse aufsitzen. Die distalen Hälften dieser Packete bilden zwischen sich die auch makroskopisch sichtbare, oben beschriebene Rinne auf der Kante des Kammes (Fig. 17 R.).

Während innerhalb der muskulösen Röhre neben wenigen, hauptsächlich venösen Gefässen ein aus dichten Balken und Maschen bestehendes cavernöses Gewebe existirt, sind in den ihr aufsitzenden „Schenkeln" (Packete nannte ich sie, im Querschnitt betrachtet) wohl ausgebildete, isolirte Gefässe zu sehen. Venen grösseren Kalibers sind es nur wenige, meist handelt es sich um Arterien mit sehr engem Lumen und ausserordentlich stark entwickelter Elastica. Die Dicke derselben beträgt oft das 5—6 fache des Lumens. Meist sind mehrere solcher Gefässe, bald 2, bald 4—5, durch Bindegewebszüge zu einem rundlichen Bündel vereinigt (Fig. 17 Gf. Bd.). Dicht daneben bemerkt man gleiche Bündel, die aber statt der Gefässquerschnitte solche von runden Strängen glatter Muskeln erkennen lassen (Fig. 17 M. Bd.). Ueberall sind auch Züge dieser Muskeln in das Bindegewebe eingesprengt, und überall herrscht starke Blutversorgung mittelst kleiner und kleinster Gefässe.

Man sieht, das Organ besitzt einen exquisit cavernösen Bau, wobei Gefässe und Bluträume die Hauptconstituentien bilden: es besteht — darüber kann kein Zweifel sein — eine ganz bedeutende Errektionsfähigkeit. Die Längsmuskeln werden das Organ steifen und ein Offenbleiben der Blut zuführenden Gefässe garantiren, während die Ringmuskeln den venösen Abfluss unterbrechen können.

Auch mikroskopisch lässt sich die Einheitlichkeit dieser Bildung mit dem eigentlichen Corpus cavernosum erweisen. Verfolgt man auf Schnitten die Crura clitoridis, so sieht man, dass diese wie beim Menschen aus der fibrösen Hülle bestehen, welche das bekannte, aus glatten Muskeln und Gefässen bestehende, cavernöse Gewebe umschliesst. An der Umbiegungsstelle der Crura geht ihre Hülle in jene des Corpus clitoridis über, d. h. also in die Hülle, welche von oben, von dem Kamm her bis zur Glans clitoridis reicht. Die cavernösen Räume biegen und münden in die längsziehenden Bluträume des Clitorisschaftes ein, während die an der Aussenzone der Crura liegenden lockeren Bindegewebs- und Muskelbündel in die entsprechenden Gebilde des Corpus clitoridis übergehen. Gefässe mit den oben geschilderten excessiv dicken elastischen Wandungen sind in den Crura nicht vorhanden.

Wie ist nun diese Bildung zu erklären? — Ich habe in der ganzen Reihe der mir zu Gebote stehenden Literatur nichts Entsprechendes gefunden. (Cfr. im Lit.-Verz. die Lehr- und Handbücher der Normal., Top. und Vergl. Anat. und Hist. dann 6. 17. 21. 24. 34. 39. 43. 48. 80a.) Eine einzige, mir zuerst zweifelhafte Stelle bei FUGGER (24) über eine Verlängerung der Clitoris vom Mons pubis herab, ist sicher nicht als eine ähnliche Bildung zu deuten. FUGGER wäre der eigenthümliche Bau nicht entgangen; es handelt sich in dem betr. Falle um eine rein äusserliche Bildung (Hottentottenschürze).[1]

Ueberall, bei allen Thieren, ziehen von der Vereinigungsstelle der beiden Crura clitoridis nach oben die Faserbündel des Ligamentum suspensorium, oder es gehen fibröse Ausstrahlungen der Rectussehne von oben her in die Albuginea des Schwellkörpers über. HENLE (30) z. B. beschreibt die Verhältnisse sehr genau, er lässt das „vor und aufwärts durch das Fett der Labia und des Mons Veneris" ziehende sehnige Lig. suspensorium medium „gegen den unteren Rand" sich spalten und „sich mit zwei Blättern" ansetzen. Aber nach allen Autoren besteht die Bildung nur aus lockerem, zuweilen fetthaltigem und elastischem Bindegewebe, das sich an diese Stelle der Clitoris ansetzt. Diese selbst zieht immer von hier an abwärts, wie z. B. in LANGER-TOLDT's Lehrbuch (49) ausdrücklich vom Corpus clitoridis gesagt wird, dass es sich (nach Vereinigung der beiden Crura) „nicht vor die Schamfuge erhebt, sondern alsbald gegen das Vestibulum vaginae abbiegt". Bei CUNNINGHAM (12) finde ich einen Sagittalschnitt durch einen männlichen Chimpanze abgebildet, wo das Corpus cavernosum über die Mitte der Symphyse vor ihr nach oben reicht. Eine Beschreibung der Theile giebt der Autor leider nicht, immerhin mag es sich dabei um dieselbe Bildung handeln (?).

---

[1] Die Stelle lautet: „Differt Ateles Beelzebuth ab Atele pentadactylo tota ventralis confirmatione, solaque ejusdem magnitudine cum eo convenit. In bocce ventrali non solum ex prolongata clitoride cute obtecta formabatur, sed complanatam appendicem ante vulvam a monte Veneris labiis maioribus et commissura superiori propendentem, prolongationem cutis et mucosae sulcum obtegentis simul obtulit. cuius medium clitoris prolongata obtinebat."

Ich suchte mich nun durch Vergleichung meines Befundes mit der Lage und Ausbildung der Corpora cavernosa bei menschlichen Föten zu orientiren und sah eine Reihe derartiger Präparate durch.[1]) Leider kam ich zu keinem brauchbaren Resultat. In gewissen Fällen schien, wie in CUNNINGHAM's Abbildung, bei menschlichen Föten cavernöses Gewebe auffallend hoch, weit über der Mitte der Symphyse vorzukommen (was ja beim Erwachsenen nie der Fall), doch nicht in der Art eines unpaaren aufsteigenden Abschnittes der Clitoris, wie bei unserem Orang! Ob glatte Muskulatur an dieser Stelle ebenfalls vorhanden ist, scheint mindestens sehr zweifelhaft.

Einstweilen steht also der Befund an dem von mir untersuchten Thiere noch isolirt da und harrt noch weiterer Erklärung.

Wenn ich als Anhang zur Besprechung der Genitalien noch einen Blick auf die Brustdrüsen werfe, so erscheinen mir folgende Punkte bemerkenswerth. Ihre schon oben erwähnte Lage ist auffallend weit lateral und sehr hoch; sie liegen, vom vorderen Rand der Achselhöhle in der Richtung auf die Symphyse gemessen, 4 cm von jenem entfernt, in der Höhe des 2. Intercostalraumes und der 3. Rippe. Eine Mamma ist nicht vorhanden, was bei der Jugend des Thieres erklärlich ist. EILERS (17) fand, dass „weder ein Warzenhof durch besondere Pigmententwicklung angedeutet, noch eine Entwicklung von MONTGOMERY'schen Drüsen vorhanden ist". Letzteres kann ich bestätigen. Dagegen ist eine Bildung zu bemerken, die man in gewissem Sinne als Warzenhof ansehen kann.

Ein Feld von etwa 14 mm im Durchmesser, rund, mit nicht ganz glattem Rand, zeichnet sich vor der übrigen, grau pigmentirten Haut durch Pigmentmangel aus, oder wenigstens durch sehr starke Pigmentverminderung. Jener Bezirk, in dessen Mitte die Warze liegt, ist blass gelblich, Haare sind nur auf seinen peripheren Theilen zu finden. Gegen die Warze zu vertieft er sich, so dass diese von einer Art Ringgraben umgeben ist. Aus dessen Grund erhebt sich etwa 4 mm hoch die halbkugelförmige Warze. Sie sitzt mit 6 mm breiter Basis auf und zeichnet sich auffällig durch sehr dunkle Pigmentirung aus, welch letztere dunkler ist als jede andere Hautpartie des Körpers. Ihre Oberfläche zeigt 4—5 kleine radiäre Furchen. Von Drüsengewebe sind (makroskopisch) nur Spuren zu finden. Ueberzählige Brustwarzen sind nicht vorhanden.

---

[1]) Ich möchte nicht versäumen, an dieser Stelle H. Dr. SELLHEIM für die liebenswürdige Ueberlassung seiner Präparate und ebenso H. Prof. KEIBEL für seine freundlichst mitgetheilten Erfahrungen und Rathschläge meinen herzlichen Dank auszusprechen.

Dabei erwähne ich auch noch, dass mir die berühmten KOHLRAUSCH'schen Präparate des Freiburger anat. Institutes zur Verfügung standen.

Schlussergebnisse.

Fasse ich nun die Hauptpunkte aus den angeführten Arbeiten und meinen eigenen Untersuchungen nochmals zusammen, so ergeben sich folgende Resultate:

1. Das Becken des Orang zeigt den Hochstand des Promontorium und den geraden Sacralverlauf des kindlichen Beckens, dabei aber starkes Ueberwiegen des Sagittaldurchmessers, eine steilere Aufrichtung und Verlängerung der Symphyse als beim Menschen. Das Steissbein, individuell variirend, ist im Allgemeinen stärker reducirt als beim Menschen.

2. Die Beckenmuskeln stimmen ziemlich genau mit den menschlichen überein, der Levator ani ist bisweilen zum Theil sehnig umgewandelt, die eigentlichen Schwanzmuskeln sind noch mehr in Rückbildung begriffen als beim Menschen.

3. Der Situs viscerum pelvis zeigt hinsichtlich des Uterus den geraden Verlauf, bezüglich der Ovarien und Tuben aber die für den Menschen als charakteristisch geltende Lage.

4. Das Ovarium hat kein Keimepithel, keine sich einsenkenden Zellschläuche, sein übriger Bau, wie der der Follikel, ist dem menschlichen gleich; Uteruskörper und -hals sind gar nicht oder kaum zu scheiden. Portio und Uterusschleimhaut bieten nichts Auffallendes. Die Vagina zeigt von einer Columna rugarum nur schwache Anfänge.

5. Mons pubis und grosse Labien sind vorhanden, jedoch schwach entwickelt, die kleinen Labien, besonders im Präputialtheil, sind stark ausgebildet, eine Querfalte von diesen zu jenen scheint konstant. Die Clitoris ist hypospadisch gespalten, gross, mit wohlentwickelter Glans. Ein Hymen fehlt.

6. Die Crura clitoridis zeigen die gewöhnliche Form; an ihrer Vereinigungsstelle zum Corpus geht nach oben, vor die Symphyse ziehend, eine sagittalgestellte, kammartige, aus typisch cavernösem Gewebe bestehende Verlängerung ab, deren Vorkommen bis jetzt, meines Wissens, bei keinem anderen Säuger beschrieben ist.

Im Einzelnen bestehen zwar mancherlei Abweichungen und Verschiedenheiten zwischen den betreffenden Verhältnissen des Orang einer- und des Menschen andrerseits, allein sie werden reichlich aufgewogen durch die Uebereinstimmung in anderer Richtung. Dies geschieht z. B. durch den Vergleich mit embryonalen und Jugendzuständen des Menschen, mit niederen Menschenrassen und im System niederer stehenden Affen. Ferner helfen auch die da und dort vorkommenden

Variationen, bezw. Rückschlagserscheinungen beim Menschen die Kluft überbrücken.

Ich hoffe mit diesen meinen Untersuchungen einen, wenn auch kleinen, so doch nicht unwillkommenen Beitrag zur Anatomie der Anthropoiden geliefert und dadurch eine Lücke in unserem Wissen über diese interessante Thiergruppe ausgefüllt zu haben.

Literaturverzeichniss.

1. Arnold, Fr., Handbuch der Anatomie des Menschen. Freiburg 1847.
2. Barkow [1]). Comparative Anatomie des Menschen und der menschen-ähnlichen Thiere. 1862 (cit. nach Bischoff).
3. Bergh, R.. Symbolae ad cognitionem genitalium externorum foemineorum. I. Monatsh. f. prakt. Dermatolog. 1894.
4. — Symbolae etc. II ebenda 1897.
5. —   „   .. III .. 1897.
6. v. Bischoff, Th. L. W., Vergleichend anatomische Untersuchungen über die äusseren weiblichen Geschlechts- und Begattungsorgane des Menschen und der Affen, insbesondere der Anthropoiden. Abhandl. d. k. bayr. Akad. d. Wissensch. math.-phys. Cl. 13. Bd. II. Abth.
7. — Ueber die äusseren weiblichen Geschlechtstheile des Menschen und der Affen. Nachtrag. Ebenda 13. Bd. III. Abth.
8. Blanchard, R.. Études sur la stéatopygie et le tablier des femmes Boschimanes. Bull. Soc. Zool. de France VIII. p. 1883.
9. Blum, F.. Die Schwanzmuskulatur des Menschen. Ber. d. Naturf. Gesellsch. zu Freiburg 1894.
10. Bronn, H. G.. Klassen und Ordnungen des Thierreiches. Fortges. v. W. Leche. VI. Bd. V. Abth. Mammalia 35. 36. Liefg. Leipzig u. Heidelberg 1890.
11. Buffon *. Allgemeine Historie der Natur. Leipzig 1770 (cit. nach Bischoff).
12. Cunningham, D. J., The lumbar curve in the man and the apes with an account of the topographical anatomy of the Schimpanze and Orang-Utan. With 11 plates. Royal Irish. Acad. „Cunningham Memoirs" Nr. II. Dublin 1886.
13. Cuvier, G. et Duvernoy. G. L., Leçons d'anatomie comparée VIII. Paris 1846.
14. Debierre, Ch., Traité élémentaire d'anatomie de l'homme. Th. II. Paris 1890.

---

[1]) Die mit * bezeichneten Werke waren mir im Original nicht zugänglich, ich citirte sie nach anderen Autoren.

15. ECKER, A., Der Steisshaarwirbel (vertex coccygeus), die Steissbein-glatze (glabella coccygea) und das Steissbeingrübchen (foveola coccygea) etc. Arch. f. Anthropol. Bd. XII.

16. EGGELING, H., Zur Morphologie der Dammmuskulatur (mit Nach-trag). Morph. Jahrb. XXIV Bd. 3. und 4. Heft (1896).

17. EHLERS, E., Beiträge zur Kenntniss des Gorilla und Schimpanze. Abhdl. der k. Gesellsch. d. Wissensch. zu Göttingen. Bd. XXIX.

18. ELLENBERGER, W. und BAUM, H., Systemat. und topogr. Anatomie des Hundes. Berlin 1891.

19. ESCHRICHT, Ueber die Richtung der Haare am menschlichen Körper. MÜLLER's Arch. f. Anat. und Phys. Anat. Abt. 1837.

20. EXNER, S., Die Funktion der menschlichen Haare. Biolog. Central-blatt 1896. XVI. Bd. Nr. 12.

21. FICK, R., Vergleichend anat. Studien an einem erwachsenen Orang Utan. Arch. f. Anat. u. Phys. Anat. Abth. 1895.

22. — Beobachtungen an einem zweiten erwachsenen Orang Utan und an einem Schimpanzen. Ebenda 1895.

23. FRANK, L., Handbuch der Anatomie der Hausthiere. I. Bd. III. Aufl. Stuttgart 1892.

24. FUGGER, A. G. F., De singulari clitoridis in simiis generis Atelis magnitudine et conformatione. Inaug.-Diss. Berlin 1835.

25. GRATIOLET, L. P., Recherches sur l'anatomie du Troglodytes Aubry (Chimpanzé d'une espèce nouvelle). Arch. d. Mus. d'hist. nat. de Paris. Tome II. 1866.

26. GEGENBAUR, C., Lehrbuch der Anatomie des Menschen. VI. Aufl. Leipzig 1895.

27. v. GERLACH, J., Handbuch der spec. Anatomie des Menschen. München u. Leipzig 1891.

28. GURLT, Text zu den anatomischen Abbildungen der Haussäuge-thiere. Berlin 1844.

29. HARTMANN, R., Die menschenähnlichen Affen und ihre Organisation im Vergleich zur menschlichen. Leipzig 1883.

30. HEXLE, J., Handbuch der systematischen Anatomie des Menschen. II. und III. Bd. Braunschweig 1866 – 68.

31. HIS, W., Ueber Präparate zum situs viscerum mit besonderen Be-merkungen über die Form etc. etc. sowie der weiblichen Becken-organe. Arch. f. Anat. u. Phys. Anat. Abth. 1878.

32. — Die Lage der Eierstöcke in der weiblichen Leiche. Arch. für Anat. u. Entwicklungsgesch. Anat. Abth. 1881.

33. — Die anatomische Nomenclatur, Nomina anatomica. Verzeichniss der von der Kommission der anat. Gesellschaft festgestellten Namen. Arch. f. Anat. u. Phys. Anat. Abth. 1895. Suppl.

34. HOFFMANN, G., Die weibl. Genitalien eines Schimpanze. Zeitschr. f. Geburtshilfe u. Gynaek. Bd. II. 1877.

35. Holl, M., Ueber den Verschluss des männlichen Beckens. Arch. f. Anat. u. Phys. Anat. Abth. 1881.

36. — Zur Homologie der Muskeln des Diaphragma pelvis. Anat. Anzeiger. X. Bd. Nr. 12. 1894.

37. — Zur Homologie und Phylogenese der Muskeln des Beckenausganges des Menschen. Ebenda XII. Bd. Nr. 3. 1896.

38. Hollstein, L., Lehrbuch der Anatomie des Menschen. V. Aufl. Berlin 1873.

39. Horiuchi. K., Beobachtungen über den Genitalapparat eines zweijährigen Weibchens vom Schimpanze. Berichte der naturf. Gesellsch. zu Freiburg i. Br. Bd. VII. Heft 1. 1893.

40. Hyrtl, J., Lehrbuch der Anatomie des Menschen. Wien 1889.

41. Katz, O., Beiträge zur Kenntniss der Bauchdecken etc. der Beutelthiere. Zeitschr. f. wissensch. Zool. Bd. 36. 1882.

42. Klaatsch, H., Ueber embryonale Anlage des Scrotums und der Labia majora bei Arctopitheken. Morph. Jahrb. 18. Bd. 1892.

43. Kobelt, G. L., Die männlichen und weiblichen Wollustorgane des Menschen. Freiburg i. Br. 1844.

44. Kohlbrugge, J. H. F., Versuch einer Anatomie des Genus Hylobates. Zool. Ergebnisse einer Reise n. niederl. Ostind. Hergg. v. M. Weber. Leiden 1891.

45. Kölliker, A., Handbuch der Gewebelehre des Menschen. Leipzig 1867.

46. Kollmann, J., Der Levator ani und der Coccygeus bei den geschwänzten Affen und den Anthropoiden. Verhandl. d. anat. Gesellsch. auf der VIII. Vers. zu Strassburg 1894.

47. Krause. W., Specielle und makroskopische Anatomie. Hannover 1879.

48. Langer, C., Ueber das Gefässsystem der männlichen Schwellorgane. Sitzungsber. d. k. Akad. d. Wissensch. Wien. Math.-naturw. Cl. 46. Bd. 1. Abth.

49. Langer's Lehrbuch der systematischen und topogr. Anatomie, bearb. von Toldt. II. Aufl. Wien u. Leipzig 1897.

50. Lartschneider. J., Die Steissbeinmuskeln des Menschen und ihre Beziehungen zum M. levator ani und zur Beckenfascie. Denkschrift d. k. Akad. d. Wissensch. Wien. Math.-naturw. Cl. 62. Bd. 1895.

51. — Zur vergleichenden Anatomie des Diaphragma pelvis. Sitzungsber. d. k. Akad. d. Wissensch. Wien. Math.-naturw. Cl. 104. Bd. 3. Abth. 1895.

52. Lesshaft, P., Ueber die Muskeln und Fascien der Dammgegend beim Weibe. Morph. Jahrb. 1884. Bd. IX.

53. Leydig. F., Lehrbuch der Histologie des Menschen und der Thiere. Frankfurt a. M. 1857.

54. LUSCHKA, H., Anatomie des Menschen. Tübingen 1863.
55. MAC LEOD, J., Contribution à l'étude de la structure de l'ovaire des mammifères. Seconde partie: ovaire des primates. Arch. de Biolog. (E. VAN BENEDEN et CH. VON BAMBECKE). Tom II. 1881.
56. MAIER *, Zur Anatomie des Orang-Utan und des Schimpanze. Bonn 1856 (cit. nach MAC LEOD).
57. MORRIS, H., A treatise on human anatomy. London 1893.
58. MÜLLER, J., Ueber die äusseren Geschlechtsorgane der Buschmänninnen. MÜLLER's Arch. f. Anat. u. Physiol. 1834.
59. NAGEL, W., Ueber die Lage des Uterus im menschlichen Embryo. Arch. f. Gynaecol. 1891. Bd. 41.
60. — Die weiblichen Geschlechtsorgane. In: Handb. der Anat. des Menschen, herausg. v. K. v. BARDELEBEN. VII. Bd. II. Theil. Jena 1896.
61. NASSE, O., Die Schleimhaut der inneren weiblichen Geschlechtstheile im Wirbelthierreich. Inaug.-Diss. Marburg 1862.
62. NUHN, A., Lehrbuch der praktischen Anatomie. Stuttgart 1882.
63. OTTO*, A. W., Beobachtungen zur Anatomie, Physiologie und Pathologie (?). Berlin 1824. (Hottentottenschürze. Cit. nach J. MÜLLER).
63a. — Noch ein Wort über die sog. Hottentottenschürze. MÜLLER's Arch. f. Anat. u. Phys. 1835.
64. OWEN, R., Comparative anatomy and physiology of vertebrates. London 1868.
65. PALADINO, G., Ulteriori ricerche sulla distruzione e rinnovamento continuo del parenchima ovarico nei mammiferi. Napoli 1887.
66. PARMENTIER, De genitalium muliebrium externorum formae varietate. Inaug.-Diss. Bonn 1834.
67. PLOSS, H., Das Weib in der Natur- und Völkerkunde. Herausgeg. von M. BARTELS. V. Aufl. Leipzig 1897.
68. QUAIN's Elements of anatomy. ed by E. A. SCHÄFER und G. D. THANETENTH. Ed. London, New-York, Bombay 1896.
69. RANNEY *, The topographical relations of the female pelvic organs. The americ. journ. of obstetrics New-York vol. XVI 1883 (cit. nach WALDEYER).
70. RAUBER, A., Lehrbuch der Anatomie des Menschen. V. Aufl. Leipzig 1897.
71. REICHEL, P., Die Entwicklung des Dammes etc. Zeitschr. für Geburtshilfe und Gynaekol. XIV. 1888.
72. ROBINSON, A., On the position and peritoneal relations of the mammalian ovary. Journ. of anat. and phys. Vol. 21. 1887.
73. ROBINSON *, L., Darwinism in the nursery. Nineteenth Century. Nov. 1891 (cit. nach BERGH).

214   Eugen Fischer.

74. — Infantile Atavism. Brit. med. journ. Dez. 1891.
75. — On a possible obsolete function of the axillary and pubic hair
     tufts in man. Journ. of anat. and phys. Vol. 26. 1892.
76. ROSENBERG, E., Ueber die Entwicklung der Wirbelsäule und das
     Centrale carpi des Menschen. Morph. Jahrb. 1876. I. Bd.
77. ROUX, C., Beitrag zur Kenntniss der Aftermuskulatur des Menschen.
     Arch. f. mikrosk. Anat. Bd. 19. 1889.
78. SEDGWICK, MINOT CH., Human Embryologie. New-York 1892.
79. SELENKA, E., Die Rassen und der Zahnwechsel des Orang Utan.
     Sitzungsber. d. k. preuss. Akad. d. Wissensch. Berlin. Phys.-
     math. Cl. XVI. 1896.
80. SYMINGTON, J., A. The topographical anatomy of the child. Edin-
     burgh 1887.
80a. — On the Viscera of a Female Chimpanze. R. Physic. Soc.
     Edinburgh. Proc. Vol. X 1889—90.
81. VOGT, C. und Yung. E., Lehrbuch der praktischen vergleichenden
     Anatomie. I. Bd. Braunschweig 1888.
82. VOGT, C. A., Ueber die Richtung der Haare am menschlichen
     Körper. Denkschr. der Wien. Akad. d. Wissensch. XIII. 1857.
83. WALDEYER, W., Eierstock und Nebeneierstock. In S. STRICKER'S
     Handbuch der Lehre von den Geweben des Menschen und der
     Thiere. Leipzig 1871.
84. — Die Lage der inneren weiblichen Beckenorgane bei Nulliparen.
     Anat. Anz. 1886.
85. — Beiträge zur Kenntniss der Lage der weiblichen Beckenorgane.
     Bonn 1892.
86. WIEDERSHEIM, R., Lehrbuch der vergleichenden Anatomie der
     Wirbelthiere. Jena 1886.
87. — Grundriss der vergleichenden Anatomie der Wirbelthiere. 3. Aufl.
     Jena 1893.
88. — Der Bau des Menschen als Zeugniss für seine Vergangenheit.
     2. Aufl. Freiburg und Leipzig 1893.

Erklärung der Abbildungen auf Tafel XV—XVII.

Allgemein geltende Bezeichnungen.

Au.	Anus.	*r. Ov.*	rechtes	}
Vc.	Vulva.	*l. Ov.*	linkes	} Ovarium.
M.D.	Mastdarm.	*r. Tb.*	rechte	}
Bl.	Blase.	*l. Tb.*	linke	} Tube.
Ut.	Uterus.	*r. Fbr.*	rechte	}
Gl. cl.	Glans clitoridis.	*l. Fbr.*	linke	} Fimbrie.

Lig. lat.	Ligamentum	latum.
Lig. rot.	„	rotundum.
Lig. inf. pelc.	„	infundibulo-pelvicum.
Lig. ov. ppr.	„	ovarii proprium.
Lig. susp. ov.	„	suspensorium ovarii.

Tafel XV.

Figur 1. Schema des Faserverlaufs des M. sphincter cloacae externus.
(Im Anschluss an EGGELING's (16) gleichnamige Textfigur.)

Figur 2. Becken von rechts und hinten her gesehen bei flektirten und
abducirten Oberschenkeln. Fett und Bindegewebe abpräparirt. Nat. Gr.

M. sph. cl. subc. = M. sphincter cloacae subcutaneus.

M. sph. cl. ext. = M. sphincter cloacae externus.

M. isch. cav. = M. ischio-cavernosus.

M. lev. an. = M. levator ani.

Tb. isch. = Tuber ischii.

Obsch. Mk. = Oberschenkelmuskulatur.

aufst. C. cav. = Aufsteigender Abschnitt des Corpus cavernosum clitoridis.

Figur 3. Ansicht der Beckenorgane in Situ, vom Beckeneingang her
betrachtet. Nat. Gr.

Lin. term. = Linea terminalis — + = Fimbria ovarica —
+ + = Umschlagsstelle der r. Tube. — * = „Dreieckiger

Körper" d. h. durch Fetteinlagerung bedingter Vorsprung im Lig. latum. — ✕ = Einspringende Falte, dessen Grenze gegen das glatte Lig. latum.

Figur 4. Herausgenommene Geschlechtsorgane vom Douglas aus gesehen nach Entfernung des Mastdarms. Nat. Gr.

Kl. Tasche = kleine Bauchfellfalte am Grund des Douglas.

Perit. Schn. = Schnittrand der recto-uterinen Bauchfellplatte.

F. W. L. = FARRE-WALDEYER'sche Linie (Bauchfellgrenze).

Figur 5. Stellt dieselben Verhältnisse dar, das linke Ovar ist jedoch um seine mesovariale Befestigungslinie um fast 180° nach aussen gedreht.

Ventr. S. d. Lig. lat. = Ventrale Seite des Lig. latum.

∗ = „Dreieckiger Körper" (cf. Figur 3).

+ = Stelle, wo die Tube als Falte verstreicht.

Figur 6. Schnitt aus dem Ovarium; ein reifer Follikel ist getroffen, seitlich ein jüngerer.

Str. Z. = Stromazellen; *Fol. ooph. pr.* = Folliculi oophori primarii;

Fol. ooph. ves = Folliculi oophori vesiculosi (GRAAF); *The. fol.* = Theca folliculi;

Str. gr. = Stratum granulosum; *Liqu. fol.* = Liquor folliculi;

Cum. ooph. = Cumulus oophorus.

Figur 6a. Jüngerer Follikel (GRAAF).

Figur 6b. Primärfollikel mit Degenerationserscheinungen; bei ∗ kernloser, degenerirter Follikel.

Tafel XVI.

Figur 7. Fimbrienende der l. Tube, die Fimbrien sind ausgebreitet und z. Th. in die Höhe geschlagen, so dass man das Ostium abdominale tubae sieht. Starke Lupenvergr.

Schnrd. d. Fbr. ov. = Schnittrand der Fimbria ovarica.

Figur 8. Querschnitt durch den mittleren Theil der Tube.

Figur 9. Horizontalschnitt durch das Mesovarium mit dem darin liegenden Epoophoron.

Schl. d. Epooph. = Schläuche des Epoophoron.

Figur 10. Ein einzelnes solches Kanälchen, stärker vergrössert. Zu dieser Tafel cf. Figur 16 und 17.

Tafel XVII.

Figur 11. Ansicht des Uterus von hinten nach Entfernung des Bauchfells und Präparation der Gefässe. Etwas vergrössert.

Schnr. d. Perit. = Schnittrand des hinteren Peritonealüber-

zuges des Uterus. *Schnr. d. h. Bl. d. Lg. lat.* = Schnitt-
rand des hinteren Blattes des Lig. latum. *Ur.* = Ureter.
Ob. Gef. str. = im lig. lat. verlaufender oberer Gefässstrang;
Unt. Gef. str. = entsprechender unterer Strang.

Figur 12. Uterus durch einen Sagittalschnitt nahe seiner linken Kante
eröffnet, Wände auseinandergezogen. Ansicht des Innen-
raumes bei Lupenvergrösserung.

Fd. = Fundus uteri; * = Faltenerhebung in der rechten Uteruskante.
v. Ut.-Wd. = vordere ⎱
h. Ut.-Wd. = hintere ⎰ Uteruswand.
v. Mm. lp. = vordere ⎱
h. Mm. lp. = hintere ⎰ Muttermundslippe.
v. Schgew. = vorderes ⎱
h. Schgew. = hinteres ⎰ Scheidengewölbe.

Figur 13. Ansicht der „kaudalen Fläche" des Rumpfes, die Schenkel
stark abducirt. Nat. Gr. *Ms. pb.* = Mons pubis. *Prput.* =
Praeputium clitoridis. *Lb. mai.* = Labia maiora.

Figur 14. Aeussere Genitalien (in toto), fünffach vergrössert.
Qu F. = Querfalte zwischen grossen und kleinen Labien.
Com. Lb. = Commissura labiorum; *Sag. Raph.* = Sagittal-
ziehende Raphe.

Figur 15. Ansicht der Unterseite der Clitoris, der Scheiden- und
Urethralmündung (um das 3fache vergrössert). Hintere
Scheidenwand eingeschnitten und z. Th. zurückgeschlagen.
Ht. Vgw. = Hintere Vaginalwand; *Int. Vag.* = Introitus vaginae.
Int. Ur. = Introitus Urethrae; *Schnr. d. Vag.* = Schnittrand der vagina.
Ur. Lp. = Urethraler Lappen (= Ende der vorderen Vaginalwand).
+ = Mündung einer Crypte oder eines parurethralen Ganges; + + =
dto. aber viel seichter; * = Verhornte Plättchen auf der
Unterseite der Clitoris.

Figur 16. (Auf Tafel XVI.) Ansicht des vorderen Beckenhalbringes,
vom Beckenboden und etwas von links her gesehen. Mastdarm
und Beckenmuskeln entfernt. Die Lage von Anus und
Sphincter ist nur skizzirt.

R. tb. isch. = rechtes ⎱
L. tb. isch. = linkes ⎰ tuber ischi.

M. d. r. Sch. ⎱   r.
M. d. l. Sch. ⎰ = Muskulatur des l. Schenkels.

M. sph. cl. subc. = M. sphincter cloacae subcutaneus.
M. sph. cl. ext. = M. sphincter cloacae externus.
M. isch. cav. dext. = M. ischio-cavernosus dexter.
aufst. cp. cav. = Aufsteigender Abschnitt des corpus cavernosum.
L. cr. cp. cav. = Linkes Crus corporis cavernosi.

Figur 17. (Auf Tafel XVI.) Querschnitt durch den vor der Symphyse
        aufsteigenden Abschnitt des Corpus cavernosum clitoridis.
    R. d. fr. Rd. == Rinne auf dem freien Rand dieses „Kammes".
M. B. == Muskelbündel, *Gef. B.* == Gefässbündel, *Art.* == Arterie, *Ven.* ==
Vene, *Cav. Gew.* == Cavernöses Gewebe, *M. ring.* == die aus Muskeln
bestehende röhrenförmige Grundlage des Organs.

Fig. 2.

Fig. 3.

Fig. 4.

Fig. 1.

Fig. 5.

Fig. 6.

Fig. 6b.

Fig. 7

Fig. 10.

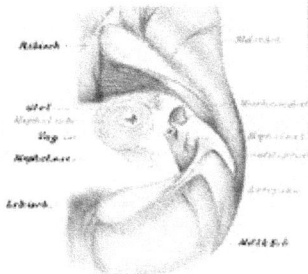

Fig. 16.

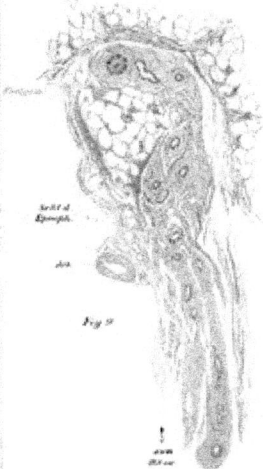

Fig. 9

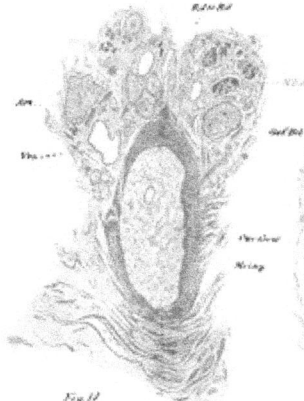

Fig. 13

Fig. 8

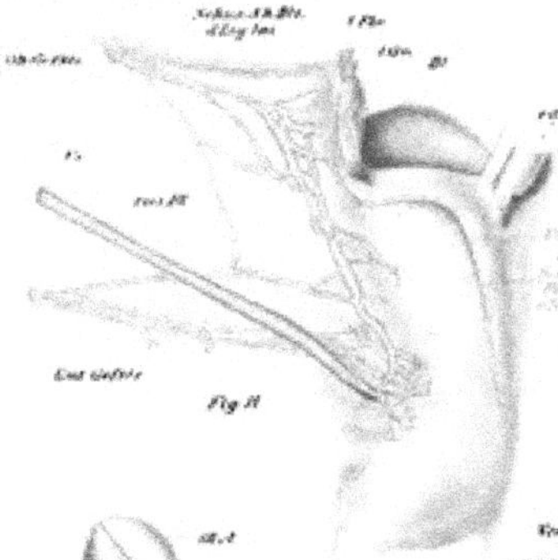

Fig. 11.

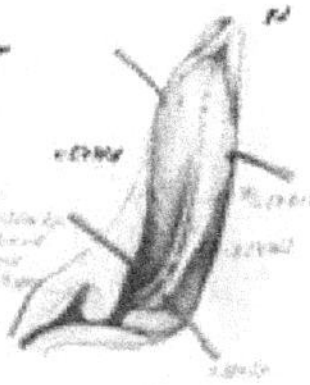

Fig. 12.

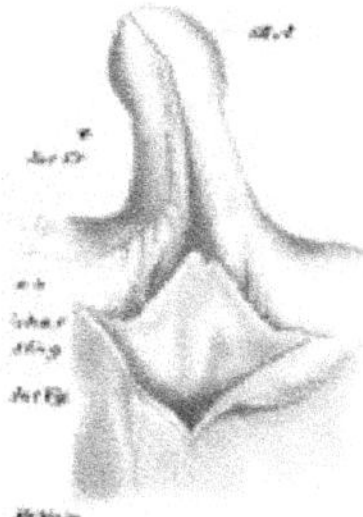

Fig. 13.

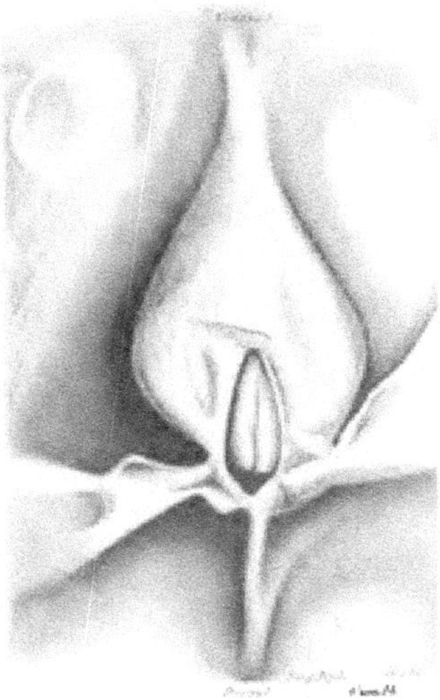

Fig. 14.

Fig. 15.

Beiträge zur Kenntniss der Missbildungen des menschlichen Extremitätenskelets.

Von

Dr. W. Pfitzner,

Professor in Strassburg.

III.[1]) Doppelbildung und Syndaktylie an der fünften Zehe.

Nebst Bemerkungen über die Ausnutzung der Röntgen-Bilder.

Hierzu Tafel XVIII.

Mein unermüdlicher Freund, Herr Dr. med. CARL SICK, Oberarzt am Neuen allgemeinen Krankenhause in Hamburg, hat sein reges Interesse an meinen Arbeiten über das Extremitätenskelet des Menschen wiederum in der liebenswürdigsten Weise bethätigt, indem er die ihm in seiner Praxis aufstossenden Fälle von Missbildungen des Extremitätenskelets mittelst des Röntgenverfahrens aufnehmen lässt und mir die Platten zusendet. Auf diese Weise gelange ich in den Besitz eines sich stetig mehrenden werthvollen Materials, wie es mir sonst nie hätte zugänglich werden können. Meinem bewährten Freunde dafür meinen aufrichtigsten Dank!

Durch die Einführung des Röntgenverfahrens in die Untersuchungstechnik ist eine neue Aera für die Erforschung und Erkenntniss der Missbildungen des Skeletsystems herbeigeführt worden. Früher war man auf die höchst seltenen Ausnahmefälle angewiesen, in denen ein mit derartigen Missbildungen behaftetes Individuum der Anatomie verfiel. Beobachtete man sie, wie es ja häufiger der Fall war, am

---

[1]) Frühere Beiträge:

I. Ein Fall von beiderseitiger Doppelbildung der fünften Zehe. Morphol. Arbeiten, Bd. V. 1895.

II. Ein Fall von Verdopplung des Zeigefingers. Ibid. Bd. VII. 1897.

Lebenden, so war man auf die recht unsicheren Aufschlüsse beschränkt,
die die Untersuchung mittelst blossen Betastens ergiebt. Die so
wünschenswerthe genauere Feststellung der Einzelheiten war nur
möglich, wenn es gelang, des Präparats nach dem Tode seines Trägers
habhaft zu werden, und wie gering waren die Aussichten darauf! Es
erfüllt mich geradezu mit Rührung, wenn ich mir die Erzählung des
verstorbenen Nikolaus Rüdinger ins Gedächtniss zurückrufe, wie er
sich in den Besitz eines derartigen Präparats zu setzen gewusst hatte.
Rüdinger hatte die Missbildungen bei dem Betreffenden während des
Lebens untersucht: Sechsfingerigkeit beider Hände mit sechs dreigliedrigen Fingern, von denen keiner den Daumencharakter aufwies;
und die gleiche Bildung bei der Tochter desselben. Er brachte es
fertig, den Träger dieser Monstrosität, einen gutsituirten Glasermeister,
nicht aus den Augen zu verlieren, obgleich derselbe von München
nach Augsburg verzog, und von seinem Ableben rechtzeitig benach-
richtigt zu werden. Aber sein Begehr, die Hände ablösen zu dürfen,
wird von der trauernden Wittwe abgewiesen. Noch nicht entmuthigt,
lässt Rüdinger nun die Wittwe observiren; und als ihm drei Jahre
später die freudige Nachricht mitgetheilt wird, dass dieselbe im Begriff
stehe, einen neuen Ehebund einzugehen, hält er den Zeitpunkt für
günstig, einen neuen Sturm auf ihr hartes Herz zu riskiren. Als ge-
wiegter Menschenkenner hatte er nicht unrichtig spekulirt: das Interesse
an dem früheren Ehegatten war erkaltet und Rüdinger erhielt die
Zusage passiver Billigung. Nun galt es noch, die Genehmigung resp.
Konnivenz der weltlichen und geistlichen Behörden zu erlangen und
dann erst konnte er dazu schreiten, in finsterer Nacht bei Laternen-
schein durch den gutentschädigten Todtengräber die Gruft aufgraben
und den Sarg öffnen zu lassen, um die ersehnten Hände daraus zu
entnehmen.

Ein solcher Aufwand von Mühe und Geduld, von Arbeit und Geld
war damals nöthig — wer hätte es Rüdinger nachgemacht! — und
jetzt? Man würde mit Vater und Tochter zum Photographen gehen,
um die Hände „röntgen" zu lassen, könnte noch denselben Abend die
„vorläufige Mittheilung" an den „Anatomischen Anzeiger" abgeben
lassen, und das nächste Heft des Archivs würde die ausführliche von
Abbildungen begleitete Mittheilung bringen. Und dann hätte man
auch noch die Hände der Tochter zum Vergleichen. Rüdinger hat
mir zwar nichts davon gesagt, aber ich bin fest davon überzeugt, dass
er auch den Verbleib und die Gesundheitsverhältnisse der Tochter
im Geheimen hat sorgfältig überwachen lassen, um gegebenen Falls
auch die Erwerbung ihrer Hände zu versuchen. Es ist ihm nicht geglückt, er wurde schon vorher der Wissenschaft entrissen; aber welche
Aussichten auf Verständniss würde gerade die Vergleichung beider
Händepaare eröffnet haben!

Freilich, RÜDINGER hatte wenigstens das eine Händepaar in Substanz erworben; während wir, ohne den Aufwand auch nur eines Bruchtheiles seiner eisernen Konsequenz und unermüdlichen Thatkraft, nur mittelst der Anwendung des inzwischen entdeckten Verfahrens, eben auch nur den „Schatten" der Hand erlangen. Indessen, das „Schattenbild"-„Skiagramm" ist ja der Ausdruck, den man wählt, wenn man den Autorennamen als „Fremdwort" vermeiden will — zeigt doch mehr, als man auf den ersten Anblick vermuthen sollte; und dies zu erläutern und an einem Beispiel nachzuweisen, soll der Hauptzweck des vorliegenden Aufsatzes sein.

Mein Freund hatte mir im Juli vorigen Jahres die Aufnahmen einer weiterhin zu erörternden Missbildung der fünften Zehe zugesandt — glücklicherweise nicht Kopien, sondern die Originalplatten. Da ich nun der Beschreibung des Falls Abbildungen beizugeben wünschte, so liess ich die Platten kopiren, was Herr Dr. ERNST SCHWALBE so liebenswürdig war auszuführen. Auf diesen Kopien war indessen folgender Uebelstand sehr störend: Um günstige und charakteristische Ansichten zu erzielen, hatte man bei den Aufnahmen die Zehen durch Fingerdruck in gestreckter Lage erhalten; darüber waren natürlich auch die Phalangen der haltenden Finger auf das Bild gekommen. Um diese wieder auszuschliessen, liess ich das Bild durch unsern bewährten Zeichner, Herrn E. KURTZ, in Bleistiftzeichnung reproduciren. Obgleich nun Herr Dr. SCHWALBE hellere und dunklere Abzüge angefertigt hatte, um sowohl in den dickeren wie in den dünneren Partien des Präparats die Einzelheiten möglichst scharf hervortreten zu lassen, so fand doch der Künstler rasch heraus, dass man weit genauere Einzelheiten der Originalplatte direct entnehmen kann, indem man sie unter wechselnder Beleuchtung bei durchfallendem Lichte studirt. Wir gingen nun daran, Partie für Partie zu studiren und das Erkannte durch Zeichnung zu fixiren; und so entstand die auf der angefügten Tafel wiedergegebene Zeichnung, die somit als Rekonstruktion zu bezeichnen ist.

Um die Anschaulichkeit des so gewonnenen Bildes zu erhöhen, ist die feinere Skulptur der Oberfläche (matte resp. glatte Flächen, Gefässlöcher u. dgl.) nach einem möglichst ähnlichen osteologischen Präparat nachgetragen. Alle gröberen Skulpturen: jeder noch so kleine Vorsprung oder Fortsatz, die Grenzen der Gelenkflächen etc. etc., sind direkt dem Original entnommen. Das einzige, was die Naturtreue beeinträchtigen könnte, ist der Umstand, dass man auf der Röntgenplatte durch den Gegenstand hindurchsieht, während in der Zeichnung nur das wiedergegeben werden darf, was dem Beschauer zugekehrt ist, und das fortgelassen werden muss, was auf der vom Beschauer abgewendeten Fläche des Präparats gelegen ist. Aus der Aufnahme selbst ist nicht zu entnehmen, was oben und was unten ist; und so ist es auch Meister Kretz, trotzdem er selbst längst ein tüchtiger Kenner des Hand- und Fussskelets geworden ist, einmal passirt, dass er bei der Rekonstruktion eines weiteren Falles, die er in meiner Abwesenheit ausführte, dorsale und plantare Bildungen in brüderlicher Vereinigung mit einander abwechseln liess — was natürlich ein ziemlich scherzhaftes Bild gab. In den meisten Fällen nun ist es dem Fachmann ohne weiteres klar, was aufzunehmen oder wegzulassen ist; in einzelnen Fällen aber vermochte ich schlechterdings keine Entscheidung zu treffen. Ich habe mir alsdann damit geholfen, dass ich die Gebilde als durchscheinend darstellen liess, um die Entscheidung dem Leser anheimzugeben resp. den Punkt in suspenso zu belassen.

Ich habe mir überhaupt die Frage vorgelegt, ob es nicht richtiger wäre, die Gebilde auch auf der Zeichnung als durchscheinend auftreten zu lassen. Aber dahin gerichtete Versuche haben mir ein solches Verfahren als unthunlich erscheinen lassen: gerade die in erster Linie zu erstrebende Anschaulichkeit des Bildes leidet allzusehr darunter. Wir sind doch noch nicht gewohnt, die Knochen in Gestalt von glasartig durchsichtigen Gebilden zu sehen. Nur gelegentlich bin ich von der Regel, die Knochen als undurchsichtige Gegenstände wiederzugeben, abgegangen: nämlich wenn die Wiedergabe von Gebilden, die auf der abgekehrten Fläche lagen, wünschenswerth und gleichzeitig ohne Störung des Gesammteindrucks möglich war; oder wenn, wie in oben erwähnten Fällen, die Auswahl nicht mit Sicherheit zu treffen war. Nur die äusseren Konturen habe ich noch mit ins Bild aufnehmen lassen, da es in jedem Fall von Wichtigkeit ist, ob und wie weit Doppelbildungen etc. auch in der äusseren Form als getrennte Bildungen hervortreten.

Ich habe es mir versagen zu müssen geglaubt, meinem Rekonstruktionsbild eine Reproduktion einer einfachen photographischen Kopie gegenüberzustellen, um den Vorzug des Rekonstruktionsverfahrens noch mehr herzorzuheben; ich denke indessen, dass die blosse Betrachtung der beigegebenen Tafel hinreichen wird, um die Vortheile genügend hervortreten zu lassen. Noch vor Kurzem hatte ich Gelegenheit, mich wieder von der Ueberlegenheit des Rekonstruktionsverfahrens zu überzeugen. Im Anat. Anzeiger (Bd. XIV, No. 5) erschien ein Aufsatz von Herrn Dr. Salzer über Fälle von dreigliedrigen Daumen, dem vorzüglich ausgeführte Kopien von den aufgenommenen Röntgenbildern beigegeben waren. Da mich der Gegenstand aufs Höchste interessirte, mir aber andrerseits die beigegebenen Abbildungen noch nicht genügend Details zu erkennen erlaubten, wagte ich die Bitte um Zusendung der kostbaren Originalplatten; welche Bitte beim Autor das liebenswürdigste Entgegenkommen fand. Meine Voraussetzung wurde nicht getäuscht; ich entdeckte beim Studium der Platten weit mehr Details, als die Kopien zu geben vermochten, und bekam dadurch einen weit eingehenderen Einblick in den ganzen Aufbau. Aber es ist sehr mühsam, Partie für Partie bei wechselnder Beleuchtung zu studiren und die daraus gewonnenen Bilder im Geiste zu einem Ganzen zusammenzufassen; ich sah mich daher gezwungen, die Platten zeichnen zu lassen und bekam erst aus der Zeichnung den richtigen Ueberblick und ein plastisches Gesammtbild.

Ich möchte dieses Rekonstruktionsverfahren allen Herren, die sich mit ähnlichen Gegenständen und Untersuchungen beschäftigen, dringend empfehlen. Es erleichtert es nicht nur dem Autor, sein Objekt dem Leser verständlich und leichtfasslich vorzuführen, sondern es ermöglicht ihm selbst auch ein rascheres, tieferes und erschöpfenderes Eindringen in die zu untersuchenden Verhältnisse.

Was das Verfahren der Rekonstruktion selbst anlangt, so verlangt es natürlich in erster Linie einen verständnissvollen und womöglich schon auf das betr. Objekt eingeübten Zeichner. Namentlich wenn der Autor nicht selbst zeichnet, erleichtert ein möglichst entsprechendes konkretes Objekt das Verständniss zwischen Autor und Zeichner betr. vorzunehmender Korrekturen etc. Die Anlage der Zeichnung in ihren Grundzügen und Umrissen geschieht am bequemsten nach einer photographischen Kopie. Herr Kurtz allerdings hat sich von dieser Umständlichkeit schon längst losgemacht. Er zeichnet die Umrisse an der Fensterscheibe mittelst Pauspapier durch, überträgt die Umrisse (wenn Verkleinerung gewünscht wird, geschieht dies jetzt) und führt dann, Partie für Partie, die Einzelheiten aus.

Der Fall, an dem ich das oben geschilderte Rekonstruktionsverfahren herausbildete, betrifft einen erwachsenen Mann, dessen Körper sonst keine einzige weitere Missbildung aufwies und ebensowenig irgend welche Spuren einer früher vorgenommenen Entfernung von überzähligen Bildungen. Ebenso sind bei keinem der lebenden und, soweit verfolgbar, auch der bereits verstorbenen Mitglieder seiner Familie jemals überzählige Organe aufgetreten. Da nun in gutsituirten Familien sich das Vorhandensein so auffälliger Gebilde, wie überzähliger Finger oder Zehen, durch die mündliche Ueberlieferung noch lange im Gedächtniss der Angehörigen fortzupflanzen pflegt, so können wir mit ziemlicher Gewissheit darauf rechnen, dass in diesem Falle entweder überhaupt keine Vererbung vorlag oder dass es sich höchstens um eine solche mit gänzlicher Ueberspringung mehrerer Generationen handelte. Es ist dies durchaus bemerkenswerth, da ja derartige Missbildungen sich mit einer auffallenden Hartnäckigkeit zu vererben pflegen; wofür ich in den folgenden Mittheilungen sehr eklatante Belege anführen werde.

Der Fuss ist, wie die Abbildung zeigt, im Uebrigen durchaus wohl-
gebildet; die Fusswurzel, die vier ersten Metatarsalia und Zehen sind
durchaus normal, mit der unbedeutenden Ausnahme, dass das vierte
Metatarsale an seiner fibularen Fläche einen schwachen Knochenauswuchs trägt, mit dem ein überzähliges Skeletstück in Verbindung
steht. Auch das fünfte Metatarsale ist vollkommen normal bis auf geringe Beeinflussungen seines Capitulum.

Zwischen dem vierten und fünften Metatarsale liegt ein Skeletstück,
das ausgesprochen die Form der distalen Hälfte eines Metatarsale darbietet. Sein proximales Ende verbindet sich mit dem erwähnten
Knochenauswuchs des vierten Metatarsale, während sein Capitulum die
fünfte Zehe trägt. Die letztere beginnt mit einer stark verbreiterten
Grundphalanx, die wiederum zwei Endphalangen, eine tibiale und eine
fibulare, trägt.

Das accessorische (rudimentäre) Metatarsale war mit dem Auswuchs
des vierten Metatarsale unverschiebbar verbunden; ich schliesse mich
der Annahme meines Freundes Dr. Sick an, der hier eine ligamentöse
Verbindung, eine Syndesmosis annimmt. Dagegen war das Gelenk an
der Basis der fünften Zehe frei und erlaubte nicht unbedeutende Ex-
cursionen, ebenso wie die Gelenke der beiden Endphalangen mit ihrer
gemeinsamen Grundphalanx. Es geht dies aus der verschiedenen
Stellung hervor, die diese Gebilde auf den verschiedenen Bildern zu
einander einnahmen — Dr. Sick hatte von dieser Partie mehrere Aufnahmen machen lassen.

Die Grundphalanx bewegte sich hauptsächlich auf dem Capitulum
des accessorischen Metatarsale. Erst bei genauerem Studium entdeckten
wir, dass der ulnare Rand der Basis der Grundphalanx mit einer verdeckten und verschwommenen Partie am Capitulum des fünften Metatarsale articulirt. Dem entspricht auch, dass die Gelenkfläche des
Capitulum am accessorischen Metatarsale schön ausgebildet ist — die
dorsale Begrenzung dieser Gelenkfläche war scharf ausgeprägt und
leicht festzulegen — während sie am fünften Metatarsale unbestimmt
und verwischt erscheint. Das Capitulum des accessorischen Metatarsale
ist voll ausgebildet, seine Konturen prägten sich gegen seinen Nachbar
scharf ab. Dagegen war die tibiale Begrenzung am Capitulum des
fünften Metacarpale nicht mit hinreichender Genauigkeit zu verfolgen.
Das accessorische Capitulum lag nicht etwa in einem reinen Ausschnitt;
unter ihm (oder über ihm — das lässt sich ja auf Röntgenbildern nicht
unterscheiden) schob sich noch eine Partie tibialwärts, die ja am distalen
Rande noch etwas hervortritt, deren tibiale Umrandung wir aber nicht
abzugrenzen vermochten. Aus letzterem Umstande schliesse ich, das
sie hier mit stark zugeschärftem Rande endigt.

Die Grundphalanx ist bedeutend verbreitert, aber anscheinend
nicht verdickt. Sie scheint in die Partie auszulaufen, welche die

fibulare Endphalanx trägt; denn nur hier finden wir die Formen, wie sie für das distale Ende einer normalen Grundphalanx typisch sind. Die tibiale Endphalanx ist auf einer anscheinend improvisirten Gelenkfläche — ich möchte sagen: Verlegenheitsfacette — eingelenkt. Ich muss betonen, dass die Grundphalanx durchaus nicht den Eindruck macht, als sei sie aus der Verschmelzung zweier nebeneinander liegenden Phalangen hervorgegangen oder als repräsentire sie das Ergebniss einer nicht durchgeführten Verdopplung. Wie ihre basale Gelenkfläche auf dem Capitulum des accessorischen Metatarsale articulirt, so trägt ihre terminale Trochlea[1]) die fibulare Endphalanx, während die tibiale Endphalanx seitenständig an die Grundphalanx angegliedert ist.

Auch die beiden Endphalangen selbst sind durchaus nicht gleichwerthig. Die tibiale ist eine reine Endphalanx, und weiter nichts; bei der fibularen dagegen lässt sich an der verdickten und verstärkten Basis noch deutlich die verschmolzene und intensiv assimilirte Mittelphalanx abgrenzen. Solche Formen, wie sie die fibulare Endphalanx aufweist, finden wir bei normalen menschlichen Füssen bisweilen an zweigliedrigen kleinen (i. e. fünfte bis zweite) Zehen, die der tibialen Endphalanx dagegen nur an dreigliedrigen.

Die Prüfung des thatsächlichen Baues hat also folgendes wunderliche Ergebniss: ein rudimentäres Metatarsale, zwischen viertes und fünftes eingeschaltet, trägt Grund-, Mittel- und Endphalanx (letztere beiden mit einander verschmolzen); das fünfte Metatarsale endet frei, an der Grundphalanx sitzt seitlich (nicht endständig!) eine accessorische einfache Endphalanx!

Die Erklärung und Ableitung dieses verzwickten Verhaltens ist ausserordentlich schwierig, ja fast aussichtslos. Die Formen sind viel zu klar ausgeprägt, als dass wir eine andere Deutung zulassen könnten: die tibiale endständige Phalanx ist eben eine einfache Endphalanx und nicht ein Verschmelzungsprodukt von Mittel- und Endphalanx, und sitzt auch nicht endständig auf einer Trochlea, sondern seitenständig am Mittelschaft der Grundphalanx. Sässe wenigstens die Grundphalanx auf

[1]) Ich sehe mich hier genöthigt, energisch gegen die von der Nomenclatur-Kommission oktroyirte Bezeichnung: „Capitulum phalangis" Einspruch zu erheben; Trochlea und Capitulum sind zwei ganz verschiedene Dinge. Aber ich habe schon vor Jahren vergeblich gegen die Bezeichnung: „Tuberositas unguicularis" geeifert; die Tuberositas terminalis, die zum Tastballen der Fingerkuppe in Beziehung steht, liegt auf der volaren Fläche der Endphalanx, während der Nagel sich ausnahmslos auf der dorsalen Fläche des Fingers findet. — Glücklicher war ich mit der von mir beantragten Erhöhung der Zahl der menschlichen Carpalia auf acht; denn während sämmtliche Redactionen der „Nomina anatomica" nur sieben Carpalia beim Menschen aufzählten, wurde auf mein energisches Betreiben kurz vor Thoresschluss das unglückliche Triquetrum noch recipirt. — Als warnendes Beispiel, wohin Reglementiren führt, hätte man die Wirkungen der Putkammer'schen Orthographiereform beachten sollen!

dem fünften Metatarsale! Nehmen wir einmal an, es wäre dies der
Fall. Wir hätten dann: 1, einen vollständigen Strahl, bestehend aus
Metatarsale V, Grundphalanx, Mittelphalanx, Endphalanx; 2, einen
zwischen den vierten und fünften eingeschalteten accessorischen Strahl,
von dem nur zur Ausbildung gekommen sind die distale Hälfte des
Metatarsale und die Endphalanx. Nun können wir ganz wohl annehmen,
dass ein solches Verhalten ursprünglich bestanden hätte und dass die
fünfte Zehe resp. ihre Grundphalanx durch irgend welche Einwirkung
— sagen wir z. B. durch den Schuhdruck — von dem einen Capitulum
auf das andere hinaufgeschoben wäre. Dass einmal von einem rudimentären Strahl nur discontinuirliche Stücke, wie hier Metatarsale und
Endphalanx, zur vollen Entwicklung gelangen, einer solchen Annahme
steht kein wesentliches Bedenken entgegen; aber woher stammt dieser
rudimentäre Strahl? Ist er einfach „eingeschaltet“, als vollständige
Neubildung? ist er ein binnenständig elimirt werdender Strahl, analog
jenem beim KÜKENTHAL'schen Wallfischembryo? ist er eine unvollständige Doppelbildung, eine Abspaltung? und im letzteren Falle, ist
er ein Abortivzwilling zum fünften oder zum vierten Strahl?

Besprechen wir diese Punkte der Reihe nach, und eröffnen wir
unsere Betrachtungen mit der Erörterung der Frage, ob es wahrscheinlich oder überhaupt möglich ist, dass die Grundphalanx ursprünglich
dem fünften Metatarsale aufgesessen habe.

Die mechanischen Bedingungen für die Annahme einer dement-
sprechenden Verlagerung infolge Verdrängung sind entschieden gegeben. Sass die Zehe dem fünften Metatarsale auf, so war der Fuss
vorne zu breit; zu breit für das ästhetische Gefühl des Schusters und
für seinen Leistenvorrath, zu breit für fertig gekauftes Schuhwerk.
Dass auch jetzt noch die Missbildung als störend empfunden wird, wohl
als Verkehrshinderniss beim Stiefelanziehen, geht schon daraus hervor,
dass Dr. SICK seinem Klienten den Vorschlag machen konnte, die betr.
Partie zu amputiren — ein Vorschlag, bei dem allerdings eingestandener-
maassen mehr das Interesse für die Wissenschaft als das für den
Patienten maassgebend war. Leider vereitelte die Messerscheu des
Patienten die wohlwollende Absicht. — Konnte nun der constante Druck
des Stiefels die Zehe abgedrängt haben?

Bei den ca. 600 menschlichen Fussskeletten, die ich eigenhändig
macerirt habe, habe ich die eingehendsten Studien über Verlagerungen,
die unter der Wirkung des Schuhdrucks stattgefunden haben, zu machen
Gelegenheit gehabt. Es handelt sich dabei hauptsächlich um Verlagerungen, und zwar z. Th. recht weitgehende, der Grundphalanx der
ersten Zehe fibularwärts, sowie der übrigen Grundphalangen dorsalwärts. Solche Verlagerungen führen, wenn sie nicht mit arthritischen
Processen komplicirt sind, zu ganz charakteristischen Bildern. Die
ausser Benutzung tretenden Partien von Gelenkflächen veröden, und an

den neu in Anspruch genommenen Partien treten neue Gelenkflächen, oder, richtiger ausgedrückt, G l e i t f l ä c h e n auf.

Verödete Gelenkflächen behalten noch den ungefähren Typus bei, aber ihre Aussenform wird verwischt, Krümmungen und Begrenzungen werden undeutlich, wie verschleiert. Auch nach der Maceration lassen sich solche Partien scharf unterscheiden von gesunden, normal in Anspruch genommenen Gelenkflächen. Dieselbe Beobachtung habe ich verschiedenfach Gelegenheit gehabt zu machen an Fingern, an denen lange vor dem Tode eine Exartikulation vorgenommen war.

Die neugebildeten Gelenkflächen sind keine eigentlichen G e l e n k -, sondern ausgesprochene G l e i t f l ä c h e n. Ich habe früher einmal [1]) auseinandergesetzt, dass man diese Kategorien scharf auseinanderhalten muss, da sie sich ganz bestimmt von einander unterscheiden. Eine G e l e n k f l ä c h e hat einen Ueberzug von freiliegendem hyalinen Knorpel; am macerirten Knochen hebt sie sich als scharfumschriebene Fläche mit ausgesprochener Oberflächenbeschaffenheit (glatt, fest, dicht) ab. Eine G l e i t f l ä c h e dagegen hat einen mehr oder minder dicken Ueberzug von Bindegewebe. Unter diesem findet sich nicht selten noch verhältnissmässig lange eine Schicht echten Knorpels. Im letzteren Falle zeigt die Partie nach der Maceration das typische Bild einer sog. C o a l e s c e n z fläche; war aber die Ossifikation bereits abgeschlossen, so erscheint nach der Maceration eine Fläche, die sich zwar gegenüber den indifferenten Partien der Knochenoberfläche ausgesprochen abhebt, aber doch durch ihre minder scharfe Umgrenzung und durch die minder festgefügte Beschaffenheit der oberflächlichsten Knochenschicht so deutlich von einer macerirten Gelenkfläche unterscheidet, dass eine Verwechslung oder ein Zweifel ausgeschlossen ist.

Gleitflächen sind häufig Rückbildungserscheinungen, Ueberbleibsel von ehemaligen Gelenken, die bei den betr. Individuen (resp. Species) nicht mehr zur Ausbildung gelangt sind. Fällt nun eine Gelenkfläche ganz oder theilweise der Verödung anheim, infolge Exartikulation, Luxation, allmählicher Verschiebung oder dergl., so nimmt sie allmählich den Charakter einer Gleitfläche an, sowohl frisch wie macerirt. Aber im Ganzen bleibt doch noch lange der Gelenkcharakter deutlich ausgesprochen; die durch Eingriffe am Individuum hervorgerufene Umwandlung ist weit minder intensiv als die auf dem Vererbungswege aufgetretene Entartung.

Umgekehrt sind die in Folge von Verlagerung (Luxation, allmähliche Verschiebung u. dgl.) neu aufgetretenen Berührungsflächen in der Regel weit weniger sorgsam ausgearbeitet als selbst die die letzte Spur

---

[1]) Beiträge zur Kenntniss des menschlichen Extremitätenskelets. VII.: Die Variationen im Aufbau des Fussskelets. Morphol. Arbeiten, Bd. 7. 1896. S. 414 bis 415.

eines früheren Gelenks repräsentirenden ererbten Gleitflächen. Echte
Gelenkflächen sind es nie, d. h. hyalinen Knorpelüberzug besitzen sie
nicht — ja sie bewahren ihn nicht einmal, wenn das Skeletstück zur
Zeit der Verlagerung noch knorplig war. Ich habe weitgehende Verlagerungen der grossen Zehe fibularwärts, resp. der anderen Zehen
dorsalwärts, bei sehr jugendlichen Individuen (selbstverständlich weiblichen Geschlechts) beobachtet, bei denen die Epiphysen noch nicht
ganz verschmolzen waren. Da die Verlagerungen ja nicht erst unmittelbar vor dem Tode begonnen hatten, so müssen sie also bereits
bestanden resp. begonnen haben, als das distale Ende resp. die Epiphysen noch knorplig waren. Aber trotzdem wurde nicht eine echte
Gelenkfläche ausgebildet, sondern die Ossifikation nahm ihren ruhigen
Fortgang und es kam nur zur Ausbildung einer Gleitfläche mit binde-
gewebigem Ueberzug auf Knochengrundlage. Ja, eigentlich können
die so entstandenen Flächen nicht einmal den Anspruch auf die Bezeichnung Gleitfläche erheben, sie verdienten, den echten (durch Vererbung erworbenen) Gleitflächen gegenüber als blosse Schleifflächen
bezeichnet zu werden; denn sie erinnern weit mehr an die Knochen-
schliffflächen, wie sie nach pathologischer Zerstörung der Weichtheile
zwischen den entblössten Knochen sich auszubilden pflegen. Die
Textur ihrer Oberfläche, deren Krümmungen und Begrenzungen, alles
sieht so ungesetzlich, so roh aus, dass der pathologische Charakter
der Neuform garnicht zu übersehen ist. Die Natur hat eben so ent-
setzlich wenig Fähigkeit, sich veränderten Bedingungen anzupassen;
sie vermag in solchen Fällen nichts Neues zu schaffen, sondern begnügt sich mit elendem Flickwerk. Ihr berühmtes Anpassungsvermögen
scheint sie beim Säugethier und beim Menschen bereits gänzlich ein-
gebüsst zu haben. Das aus einem so bildsamen Material wie dem
Knochengewebe bestehende Skelet zeigt wenigstens diese Eigenschaft
garnicht; es vermag neuen, ungewohnten Anforderungen nicht im
mindesten gerecht zu werden. Volle, schöne, harmonische Formen
zeigt das Skelet nur, soweit es frisch aus den Händen der schaffenden
Natur hervorgegangen ist, also soweit es ausschliesslich unter dem
Einfluss der Vererbungsmomente gestanden hat; darüber hinaus vermag
es seine Ausbildung nicht zu vervollkommnen. Nichtgebrauch lässt
verkümmern; Gebrauch nützt höchstens ab. Seine reichste, harmo-
nischste Gliederung, seine vollste Formenentfaltung hat das Skelet mit
der Beendigung der Ossifikationsperiode, also etwa mit dem 20.—25.
Lebensjahre, erreicht. Von diesem Zeitpunkt an wird nicht weiter
entwickelt, sondern günstigsten Falls erhalten, meistens aber verdorben.
Bei besonders gesunden und wohlkonditionirten Individuen konservirt
sich diese Abschlussform bis ins höhere Alter; es sind dies die besonders widerstandsfähigen und zugleich die muskelkräftigsten. Bei
den meisten Individuen dagegen tritt jetzt, früher oder später, ja nicht

selten sogar schon vor dieser Periode, eine Umformung des Skelets
ein, die man bei oberflächlicher Betrachtung als eine Fortführung der
normalen, regulären Formentwicklung ansehen könnte, ja bisher wohl
ausnahmsweise als solche angesehen hat; die stärkere Betonung aller
Vorsprünge, Leisten und dergleichen, die stärkere Einsenkung aller
Gruben, Rinnen u. s. w., die stärkere Durchbiegung der gebogenen
oder geschwungenen Hauptaxen etc. Im Gegensatz zu den herrschen-
den Anschauungen muss ich auch hier wieder, wie schon öfters, entschieden betonen, dass es sich bei dieser Erscheinung nicht um eine
Vervollkommnung, sondern um eine Verschlechterung, um einen direkt
als pathologisch zu bezeichnenden Vorgang handelt. Je gesunder, je
kräftiger und leistungsfähiger ein Individuum — Mensch oder Thier —
ist, desto länger und desto reiner bewahrt sein Skelet den juvenilen
Habitus; und umgekehrt sind die Vorsprünge und Rauhigkeiten, die
Muskeln, Sehnen und Bändern zum Ansatz dienen, die Knochen-
ränder, die Gefässfurchen und sonstigen Vertiefungen um so stärker
betont, die hauptsächlich in Anspruch genommenen Partien gegenüber
den weniger beanspruchten an Massigkeit um so mehr überlegen (z. B.
die Gelenkenden gegenüber dem Mittelschaft), je schwächlicher, elender,
kränklicher das Individuum war. Auch die innere Festigkeit des
Skelets gehorcht diesem Gesetz: am stärksten und härtesten ist, wie
man beim Durchsägen, Durchbohren etc. nur zu gut merkt, die Knochen-
masse, am dicksten die Compacta, am resistentesten die Spongiosa unmittelbar nach Abschluss der Epiphysenverschmelzungen, und wird von
da an günstigsten Falls erhalten, niemals vermehrt, fast ausnahmslos
aber mit wachsender Intensität vermindert — und zwar genau in demselben Grade, wie die fälschlich als Maassstab der Muskelkraft ange-
sprochene Ausbildung der Muskelrauhigkeiten etc. zunimmt. —

Kehren wir jetzt zu unserem Ausgangspunkt zurück. Das Capitulum des fünften Metatarsale zeigt deutlich die Formen einer ver-
ödeten oder nie in Gebrauch genommenen echten Gelenkfläche; es
könnte ebensogut (was hier nach der Anamnese auszuschliessen ist) eine
späterhin amputirte Zehe getragen haben, wie die jetzt auf dem eingeschalteten Metatarsale artikulirende, oder es könnte schliesslich niemals eine Zehe getragen haben, indem die ihm zukommende in der
Entwicklung gänzlich ausgefallen wäre. Aber das Capitulum des eingeschalteten Metatarsale zeigt eine so vollkommen entwickelte Gelenkfläche, dass die Annahme, von der wir ausgegangen sind, gänzlich auszuschliessen ist. Selbst wenn die Zehe schon in den ersten Lebens-
jahren von dem einen Capitulum auf das andere hinübergedrängt
worden wäre, so wäre inzwischen das letztere schon seines eigentlichen
Gelenkcharakters entkleidet gewesen: es hätte sich höchstens noch eine
Gleitfläche ausbilden können, das Capitulum hätte nicht anders aussehen können wie jetzt das des fünften Metatarsale. Wenn also ein

solches Ereigniss stattgefunden hat, so konnte es nur vor der Geburt, intrauterin vor sich gehen. Welches mechanische oder sonstige Moment wäre nun aber wohl denkbar, das beim Fötus innerhalb des Uterus die unglückliche Zehe veranlassen konnte, von dem einen Capitulum auf das andere hinüberzuhopsen? Ich glaube, es bleibt keine andere Möglichkeit als die, dass das fünfte Metatarsale von Anbeginn an frei geendigt hat und dass ebenso die Grundphalanx der kleinen Zehe von Anfang an auf dem accessorischen Metatarsale artikulirt und erst sekundär unbedeutende Berührungsflächen mit dem fünften Metatarsale ausgebildet hat.

Nun aber weiter. Woher stammt das „eingeschaltete“ Metatarsale? Eine reine Einschaltung kann es nicht sein, denn die Natur schafft nichts Neues mehr, schafft nie etwas aus Nichts. Die Palingenese eines verloren gegangenen Strahls kann es auch nicht sein, denn es hat nie Quadrupeden mit mehr als fünf Strahlen gegeben. Selbst wenn wir die hypothetischen Randstrahlen heranziehen, kommen wir nicht weiter, denn dann müsste das fünfte Metatarsale ein Postminimus sein; und das ist es nicht, sondern ein ganz reguläres fünftes Metatarsale mit all' den Formen und Eigenthümlichkeiten, die dieses Skeletstück erst beim Homo erectus erlangt hat, und die der spukhafte Postminimus niemals erwerben kann — denn dies arme Gespenst konnte wie alle atavistischen Gebilde nur in den Formen wiederauftreten, die es einst besessen hat, nicht in denen, die seine glücklicheren Genossen lange nach seinem Verschwinden erst erworben haben. Das wäre gerade so unmöglich wie das Gespenst eines mittelalterlichen Burgherrn im Frack oder Radfahrerkostüm.

Also ein Product der Spaltung einer Anlage müsste es sein, ein Abortivzwilling, und zwar eines seiner Nachbarn: entweder des vierten oder des fünften Strahls.

Ich muss mich hier ohne weiteres für den fünften Strahl entscheiden. Die Verbindung mit dem vierten Metatarsale trägt so ausgesprochen den Charakter des Sekundären, und ausserdem habe ich bei unvollständigen Spaltungen, die zu Gabelbildung führten, niemals auch nur den Versuch zu einer Abgliederung angedeutet gesehen. Auch entspricht er in seinen Maassen und Formen so sehr dem fünften und so wenig dem vierten Metatarsale.

Auch die tibiale Endphalanx entspricht ebenso sehr der fibularen (abzüglich der assimilirten Mittelphalanx), wie sie von der Endphalanx der vierten Zehe abweicht.

Also soweit entspricht alles einer Verdopplung der fünften Zehe durch Spaltung der Anlage. Dass die beiden Zwillinge die normalen Maasse und Volumina eines ungetheilten normalen Strahls erreicht haben, kann kein Bedenken erregen; vielmehr findet sich dies Verhalten viel häufiger als das entgegengesetzte, dass sie nämlich, wie bei

dem von mir im zweiten Beitrag (l. c.) geschilderten Falle, entsprechend
der Zweitheilung auch nur das halbe Volumen besitzen. Aber es fehlt
uns noch eine Grundphalanx und eine Mittelphalanx, und zwar die
fibulare Grundphalanx und die tibiale Mittelphalanx.

Die vorhandene Grundphalanx ist ausgesprochen eine einheitliche,
und weder eine unvollständig längsgespaltene noch eine sehr weit-
gehend wieder verschmolzene. Verschmelzungen und Assimilationen
verziehen sich niemals ganz spurlos; zum mindesten resultirt eine
bleibende Formveränderung. So ist die tibiale Endphalanx eine ausgesprochene Endphalanx einer dreigliedrigen fünften Zehe und zeigt
nicht die Form, die eine solche nach der vollkommenen Assimilation
der Mittelphalanx unweigerlich annimmt. Die Grundphalanx ist verbreitert, gerade wie bei der Verdopplung des Zeigefingers (s. II. Beitrag, l. c.) die Mittelphalanx des radialen Zwillings sich in Folge der
sekundären Verkoppelung mit dem Daumen verbreitert hatte. Wenn
man annehmen wollte, dass die vorhandene Grundphalanx aus der Verschmelzung von zweien hervorgegangen sei, so müsste zum mindesten
die ganze proximale Hälfte der fibularen Grundphalanx ausgefallen
sein — denn die ist einfach nicht vorhanden. Es müssten dann ferner
die Partie, die die fibulare Endphalanx trägt, die mit der tibialen
Grundphalanx verschmolzene distale Hälfte der fibularen Grundphalanx
sein, und die Partie, welche die tibiale Endphalanx trägt, müsste das
distale Ende der vollentwickelten (tibialen) Grundphalanx darstellen.
Nun sprechen aber die Formen klar und deutlich aus, dass die Grundphalanx, die auf dem accessorischen Metatarsale artikulirt, in die Partie
ausläuft, die die fibulare Endphalanx trägt. Die Sprache der Formen
ist hier so klar und deutlich, dass ein Missverstehen nicht möglich ist.

Die Prüfung der äusseren Formen führt also zu folgendem Ergebniss: Der fünfte Strahl ist in Folge der Spaltung seiner Anlage verdoppelt. Von den so entstandenen Zwillings-Skeletstücken ist:

das tibiale Metatarsale rudimentär.

die fibulare Grundphalanx und die tibiale Mittelphalanx ausgefallen.

Das würde folgendes Schema ergeben:

Tibialer Zwilling:	Fibularer Zwilling:
Metatarsale (rudimentär).	Metatarsale.
Grundphalanx.	[Grundphalanx] (ausgefallen).
[Mittelphalanx] (ausgefallen).	Mittelphalanx (von Endphalanx assimilirt).
Endphalanx.	Endphalanx.

Soweit gut und schön. Nun kommt aber die Crux: Die Mittel-
und Endphalanx der fibularen Zehe sitzt, als wenn sie von Rechts-
wegen dahin gehöre, auf der Grundphalanx der tibialen Zehe! Ich
versuche es in folgendem Schema bildlich darzustellen:

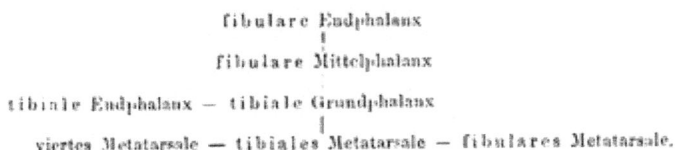

fibulare Endphalanx
|
fibulare Mittelphalanx

tibiale Endphalanx — tibiale Grundphalanx
|
viertes Metatarsale — tibiales Metatarsale — fibulares Metatarsale.

Die in diesem Schema durch die horizontalen Striche angedeuteten
Verbindungen sind ausgesprochen sekundär. Von der Verbindung
zwischen dem tibialen Metatarsalerudiment und dem vierten Metatarsale habe ich oben nachgewiesen, dass es wahrscheinlich kein Gelenk,
sondern eine Syndesmose ist, und ebenso möchte ich aus den Formen
schliessen, dass die Verbindung zwischen tibialer Endphalanx und
Grundphalanx ebenfalls kein echtes Gelenk darstellt. Das Schema
würde dann so aussehen:

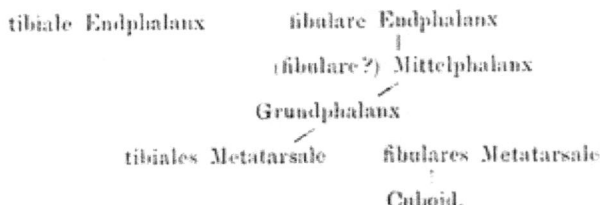

tibiale Endphalanx   fibulare Endphalanx
|
(fibulare?) Mittelphalanx

Grundphalanx

tibiales Metatarsale   fibulares Metatarsale

Cuboid.

Der einzige Ausweg ist wie mir scheint, nur in folgender Annahme
möglich:

Nicht die Anlage des ganzen Strahls, sondern erst die bereits ge-
sonderten Anlagen der einzelnen Skeletstücke, und zwar nur die des
Metatarsale und der Endphalanx haben sich durch Spaltung verdoppelt,
und dann erst haben sich die so geschaffenen Komponenten gruppirt.
Ob eine solche Deutung möglich, wahrscheinlich oder überhaupt zu-
lässig ist, das lässt sich zur Zeit noch nicht diskutiren; dazu müssen
erst weitere Fälle abgewartet werden, die geeignet sind durch einfachere
Verhältnisse und Uebergangsformen die Lösung des hier vorliegenden
Räthsels zu ermöglichen.

Es ist überdies meinerseits nur eine Koncession gegen die allgemein herrschende Neigung, alle Räthsel für durch blosses Nachdenken
auflösbar zu halten, wenn ich überhaupt eine Lösung versucht habe.
Ich für meine Person hätte mich weit lieber begnügt, das Problem zu
zergliedern und seine Auflösung der Zukunft zu überlassen. Ich halte

es durchaus nicht für beschämend, einmal auch die gänzliche Ohnmacht des menschlichen Geistes einzugestehen, einmal offen ein „Ignoramus" auszusprechen. Das involvirt noch lange kein „Ignorabimus"; und eine Erklärung für jedes Ding gleich zur Hand haben, von jedem Ding gleich Ursache und Zweck durchschauen zu können vermeinen, das ist ein bezeichnender Charakterzug im Geistesleben des — Kindes! Der ehrliche Naturforscher wird lieber sein offenes „Ignoramus" bekennen, als dass er zu Sophistereien und Rabulistereien greift, nur um Anderen und — sich selbst gegenüber das Dogma der Allweisheit des menschlichen Geistes aufrecht zu erhalten. Und so schliesse auch ich die Erörterungen über die Bedeutung und die Genese des vorliegenden Falles mit einem einfachen: Non liquet!

Der Leser wird sich voraussichtlich gewundert haben, dass ich die vorhandene, schon so überreiche Literatur über überzählige Finger und Zehen nicht benutzt und nicht zur Erklärung herangezogen habe. Der Grund ist einfach der, dass die vorhandenen Mittheilungen an Text und Abbildungen allzu unzureichend sind — mangels genügender anatomischer Kenntnisse der betr. Autoren. Man scheint bis jetzt nicht einmal geahnt zu haben, dass nicht nur die Carpalia und Tarsalia, und allenfalls die Metacarpalia und Metatarsalia, sondern auch die Phalangen jede einzelne ihre ausgesprochene Eigenform haben. Und so wird z. B. ein Strahl Daumen genannt, weil er radial vom Zeigefinger liegt, und ein Carpale Multangulum majus, weil es radial neben dem Trapezoid liegt — während es sich in Wirklichkeit um einen typischen (verdoppelten) Zeigefinger und ein typisches (verdoppeltes) Trapezoid handelte. Ist das Präparat als Bänderpräparat aufbewahrt und abgebildet, so sind die zur Erkennung unentbehrlichen Formen durch die Bandmassen verschleiert; ist aber das Präparat macerirt und dann wieder zusammengefügt, so hat man keine Gewähr dafür, dass jedes Stück wieder an seinen richtigen Platz gekommen ist, nein im Gegentheil, man hat unbedingte Garantie dafür, dass das Meiste verwechselt ist. Ich habe schon vor Jahren[1]) darauf aufmerksam gemacht, wie z. B. LUCAE s. Z. Proportionsberechnungen über das Handskelet der Primaten angestellt hat an Handskeleten von Anthropoiden, die, wie die beigegebenen vortrefflichen Abbildungen mit Sicherheit zu erkennen erlaubten, total falsch wiederzusammengefügt waren. Welchen Werth können Publikationen beanspruchen, die sich auf solchen Grundlagen aufbauen? — Vor zwei Jahren hat S. P. LAZARUS eine unter der Leitung von Geh. Rath GEGENBAUR in Heidelberg ausgeführte sehr

[1]) Beiträge zur Kenntniss des menschlichen Extremitätenskelets. II. Maassverhältnisse des Handskelets. Morphol. Arbeiten Bd. I. 1891. S. 68.
[2]) Zur Morphologie des Fussskeletes. Morph. Jahrbuch Bd. 24. 1896.

16*

234

W. Pfitzner.

umfangreiche Arbeit veröffentlicht, in der er „die Dimensionen des Fussskeletes und seiner einzelnen Theile bei Primaten und beim Menschen während der intrauterinen und extrauterinen Entwicklung bis zum Wachsthumsende" behandelt. Für den erwachsenen Menschen hat der Autor zu seinen Maassbestimmungen ein Skelet benutzt, das als „Mensch, erwachsen" angeführt wird — ohne Angabe von Geschlecht, Alter, Körperlänge etc. etc., also als Mensch κατ' ἐξοχήν. Im Heidelberger anatomischen Institut existirt also „das" Normalskelet, gerade wie in Paris der im Regierungsarchiv aufbewahrte Normalmeter. Hier sind wir nicht so glücklich; ich sah z. B. bei der Messung von 300 Füssen das Verhältniss des zweiten Strahls (Strahl = Metatarsale plus Phalangen) zum ersten schwanken von 100 : 85 bis 100 : 103, und konnte absolut nicht ergründen, ob nur 299, oder ob alle 300 Füsse anomal proportionirt waren — denn nicht einmal zwei Füsse zeigten absolut übereinstimmende Maasse und Proportionen. Ich habe z. Z. etwa 750 Fussskelette gemessen unter Ausschluss der in möglichen Verwechslungen gegebenen Fehlerquellen. Bei diesen 750 Messungen variiren nun die absoluten und die relativen Maasse individuell ganz ausserordentlich — die absoluten z. B. bei gleicher Körperlänge bisweilen bis um 50 % und mehr! — aber solche Proportionen wie bei dem von Lazarus benutzten Heidelberger Normalskelet fanden sich bei ihnen nie! Da bleiben nur drei Möglichkeiten: Entweder sind alle Leichen der Strassburger Anatomie anomal — nicht gut denkbar. Oder der Autor hat allergröbste Messfehler begangen — auch nicht denkbar. Oder schliesslich, und so wird es auch wohl sein: das „Heidelberger Normalskelet" ist falsch zusammengesetzt, entweder weil die einzelnen Skeletstücke falsch geordnet sind, oder weil sie statt von einem von mehreren Individuen stammen, oder unter Zusammenwirken beider Fehlerquellen! In Folge dessen könnte ich natürlich, wenn ich ähnliche Untersuchungen anstellen wollte, die Lazarus'schen Ergebnisse nicht als Vorarbeiten benutzen, sondern müsste von Grund auf neu anfangen, als ob sie garnicht existirten; und in derselben Lage bin ich hier.

Ich werde nun damit fortfahren, alle Fälle, soweit sie mir in natura oder in absolut zuverlässigen Abbildungen — und das sind ausschliesslich die Röntgenbilder! — zugänglich werden, vom rein descriptiv-anatomischen Standpunkt aus kritisch zu zergliedern, um so eine feste und zuverlässige Grundlage zu schaffen für die Erkenntniss ihres genetischen und kausalen Zusammenhanges, für ihre Zusammenfassung unter allgemeinen Gesichtspunkten, für ihre Einreihung unter die übrigen Erscheinungsformen der organischen Welt — welches letztere ich gegebenen Falls mit Vergnügen auch anderen Forschern und Denkern überlassen werde. Das Princip der Arbeitstheilung erweist sich ja gerade auf dem Gebiete der Wissenschaft als besonders fruchtbringend; und so möge es auch mir nachgesehen werden, wenn ich

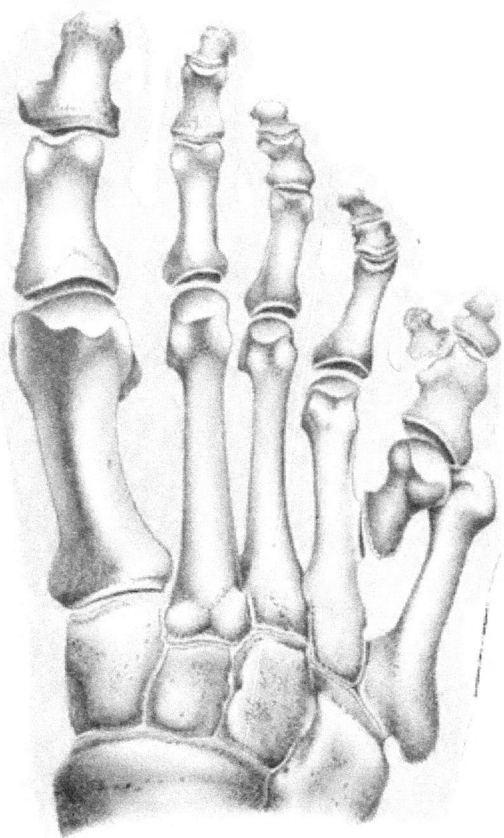

mehr Befriedigung darin finde, auf dem Felde des „Grob-Mechanischen" thätig zu sein. Aber andernseits beanspruche ich es als mein Recht, der „rein geistigen" Arbeit, d. h. der theoretischen Spekulation, wenn sie gar zu hoch in die Wolken hineinbaut, als Sachverständiger auf das Fundament fühlen und ihr etwaige morsche Stützen unter dem Leibe wegziehen zu dürfen, auf die Gefahr hin, dass damit das ganze mühsam aufgerichtete Gebäude zusammenstürzt!

Strassburg i. Els., 15. März 1898.

Erklärung der Abbildung auf Tafel XVIII.

Rechter Fuss eines erwachsenen Mannes, mit Doppelbildungen an der fünften Zehe. $\frac{2}{3}$ natürlicher Grösse.

Rekonstruktionsbild nach Röntgenbildern.

Ueber die Entwicklung der Milchdrüse und die Hyperthelie menschlicher Embryonen.

Von

Heinrich Schmitt,

appros. Arzt.

(Aus dem anatomischen Institut zu Freiburg i. Br.)

Hierzu Tafel XIX—XXI.

A. Einleitung.

Unsere Kenntniss über die erste Anlage der menschlichen Milchdrüse und über ihre Entwicklung in den ersten Embryonalmonaten hat durch die im letzten Jahre erschienenen Arbeiten von HUGO SCHMIDT[1]) und E. KALLIUS[2]) eine wesentliche Förderung erfahren.

Beide Autoren konnten einmal die Milchdrüsenanlage beim Menschen zu einer Zeit des embryonalen Lebens nachweisen und genau beschreiben, in der sie vorher noch nicht festgestellt war.

Zweitens brachten HUGO SCHMIDT und KALLIUS ausserordentlich werthvolle Beiträge zur Beantwortung der Frage, welche, seitdem O. SCHULTZE (1892 a und b; 1893) beim Schwein und einigen anderen Säugern als erste Anlage des Milchdrüsenapparats die „Milchlinie" (auch als „Milchleiste" bezeichnet) entdeckt hatte, eine ganz naheliegende geworden war, ob nämlich auch beim Menschen eine Milchleiste oder wenigstens ein ihr entsprechendes Gebilde vorkommt (vergl. SCHULTZE 1892 b und BONNET 1892).

Ein drittes wichtiges Ergebniss verdanken wir HUGO SCHMIDT allein; er fand nämlich, dass zu einer gewissen Zeit der Milchdrüsenentwick-

---

[1]) „Ueber normale Hyperthelie menschlicher Embryonen und über die erste Anlage der menschlichen Milchdrüsen überhaupt." Morphol. Arbeiten VII. Band; eine kurze vorläufige Mittheilung war schon 1896 unter dem Titel: „Ueber normale Hyperthelie menschlicher Embryonen" im Anatom. Anzeiger erschienen.

[2]) „Ein Fall von Milchleiste bei einem menschlichen Embryo." Anat. Hefte v. MERKEL und BONNET. 1897.

lung epitheliale Gebilde in der Umgebung der Milchdrüse und in der Inguinalgegend beim Menschen vorkommen, die er für überzählige, aber nur zeitweise bestehende Milchdrüsenanlagen hält und in Beziehung setzt zu den in letzter Zeit so eifrig beobachteten und bearbeiteten überzähligen Milchdrüsen und Zitzen bei Erwachsenen.

Was den ersten Punkt betrifft, so haben bekanntlich vor allen MECKEL (1820). LANGER (1850), KÖLLIKER (1850, 1879), HUSS (1873) und REIN (1882) sich eingehender mit dem Studium der Milchdrüsenentwicklung beim menschlichen Embryo befasst.

Ihre Angaben über das erste Auftreten dieses Organs lauten sehr verschieden. Das früheste Vorkommen beschreibt REIN, der bei einem Embryo von 16 mm Kopf-Steisslänge die Anlage der Milchdrüse äusserlich als „eine punktförmige in dem Centrum eines kreisförmigen Hautabschnitts gelegene Erhebung" gesehen haben will. Auch der früheste mikroskopische Nachweis rührt von ihm her. Bekanntlich hat REIN die von ihm auf's genauste untersuchte[1]) Entwicklung der Milchdrüse beim Kaninchen als Prototyp aufgestellt und dabei 6 Stadien der Milchdrüsenentwicklung unterschieden: die Stadien der hügel-, linsen-, zapfen- und kolbenförmigen Anlage, an die sich als fünftes das Stadium der sekundären Sprossbildung und als sechstes das der Rückbildung der „primären" Anlage anschliesst. Die gleichen Stadien der epithelialen Milchdrüsenanlage fand REIN auch bei anderen Säugern, und auch bei einem menschlichen Embryo von 26 mm Kopf-Steisslänge konnte er die Drüse als epithelialen Kolben nachweisen, ein Stadium, das KÖLLIKER und HUSS schon früher, aber bei älteren Embryonen gesehen hatten. HUSS hat sogar bei einem Embryo von 40 mm Kopf-Steisslänge die Milchdrüsenanlage noch als eine (mikroskopisch sichtbare) hügel- bis linsenförmige Wucherung des Epithels beschrieben und abgebildet.

Auf eine Besprechung der Angaben dieser Autoren kann ich hier nicht eingehen und verweise auf die kritischen Bemerkungen HUGO SCHMIDT's (S. 190 ff.), in denen er namentlich die Huss'schen Befunde mit Recht als sehr unglaubwürdig darstellt.

Jedenfalls gebührt HUGO SCHMIDT und KALLIUS das Verdienst, die Milchdrüsenanlage bei jüngeren menschlichen Embryonen, nämlich solchen von 15 mm Kopf-Steisslänge ihrem äusseren Aussehen und dem mikroskopischen Bau nach beschrieben zu haben. Möglicherweise war der von KALLIUS beschriebene Embryo noch jünger, als der Autor angiebt, da dem Embryo Kopf und Extremitäten abgebrochen waren, und die Vergleichung mit den Embryonen der His'schen Normentafeln demnach nur eine ungefähre sein konnte.

Die Querschnittsbilder, welche HUGO SCHMIDT von der Milchdrüsen-

---

[1]) Wenn man von der Milchleiste absieht die er nicht bemerkt hat.

anlage des von ihm beschriebenen Embryo erhielt, zeigten dieselben
Formen, wie sie Rein für den ersten Beginn des zapfenförmigen Stadiums
angiebt. Kallius erhielt Querschnittsbilder, welche denen des Uebergangs vom hügel- zum zapfenförmigen Stadium in mehr oder minder
nach dieser oder jener Seite stärker ausgeprägter Form entsprachen.

Was nun den Befunden beider Autoren die grösste Wichtigkeit
verleiht, das sind die von ihnen zuerst bemerkten Beziehungen zur
Milchleiste.

Kallius[1]) sah bei dem Embryo von ungefähr 15 mm K.-Stl.[2]) beider-
seits makroskopisch eine Leiste, die unter dem Ansatz der oberen
Extremität beginnend, in der „mittleren Axillarlinie, soweit man diese
Bezeichnung überhaupt gebrauchen kann" in fast gerader Richtung
nach abwärts verläuft und sich „allmählich in das Niveau der übrigen
Körperoberfläche verliert".

Rechts ist die etwa $\frac{1}{3}$ mm breite, $\frac{1}{5}$ mm hohe Leiste, die $\frac{1}{4}$ mm
unter dem Abgang der oberen Extremität beginnt, 1,5 mm lang. Links
beginnt sie erst $\frac{1}{2}$ mm unter dem Extremitätenansatz sichtbar zu werden
und ist 2 mm lang.

Mikroskopisch lässt sich, nach den Worten von Kallius, nachweisen, dass dieser Leiste auf der rechten Seite eine Epithelverdickung
entspricht, welche „bald nach dem Aufhören der Anlage der oberen
Extremität auftritt". Diese anfangs mehr diffuse Epithelwucherung wird
bald umschriebener, so dass ihr Querschnitt das Bild eines Hügels darbietet; in weiter kaudalwärts gelegenen Schnitten wird der Querschnitt
linsenförmig, indem sich die Basis der epithelialen Anlage in die Cutis
einsenkt; schliesslich erhält man wieder das Schnittbild eines Hügels
und im weiteren Verlauf wird die Anlage diffus wie in ihrem kranialen
Beginn. Eine diffuse Epithelverdickung setzt sich über das Gebiet der
makroskopisch sichtbaren Leiste hinaus kaudalwärts fort, um dann „in
der Unterbauchgegend" nach und nach zu verschwinden.

Auf der linken Seite ergiebt die mikroskopische Untersuchung ungefähr das gleiche Bild, doch ist die Epithelverdickung weniger hoch,
die linsenförmige Einsenkung nicht so weit zu verfolgen, und die
„diffuse" Epithelverdickung geht nicht so weit über die Leiste kaudalwärts hinaus wie auf der rechten Seite.

Kallius sagt nun — bei der Wichtigkeit, welche seine Auffassung
für die Frage nach der Milchleiste beim Menschen hat, führe ich seine
eigenen Worte an — auf die entsprechenden Abbildungen von Schultze
und Rein hinweisend: „Dass diese Leiste, die wir beschrieben haben,

---

[1]) Wenn ich im Folgenden zuerst die Arbeit von Kallius bespreche, so geschieht dies aus praktischen Gründen.

[2]) = Kopf-Steisslänge.

die erste oder doch eine sehr frühe Anlage der Milchdrüse sein muss, kann nicht zweifelhaft sein. . . . Abweichend von den früheren Beobachtern ist allerdings die Ausbreitung über eine so beträchtliche Strecke der embryonalen Leibeswand und ihr frühes Auftreten zu einer Zeit, wo bisher noch bei keinem menschlichen Embryo die Anlage der Drüse gesehen wurde. Wir haben somit auf jeder Seite des Embryo die Anlage der Milchdrüse in einer makroskopisch sichtbaren Leiste, die das erste Stadium nach REIN . . . und sein zweites . . . zeigt. Nur aus einem verhältnissmässig kleinem Abschnitt dieser Leiste kann die Milchdrüse werden, nämlich aus der Stelle, wo die Einsenkung der Epidermis in der Delle des Mesenchymgewebes liegt, der übrige Theil der Leiste hat mit der definitiven Drüse garnichts zu thun, er wird sich also mit dem Fortschreiten der weiteren Entwicklung vollkommen zurückbilden müssen, wie dies auch bei den Schweineembryonen mit den zwischen den Milchhügeln liegenden epithelialen Verdickungen der Fall ist. Aus dem Grunde hat man zweifellos das Recht zu sagen, die vorliegende Leiste entspricht der Milchlinie, wie sie bei Thieren . . . beschrieben ist. . . . Sie ist bei diesem menschlichen Embryo nur im kranialen Theile erhalten: wir haben es hier nur mit dem Rudimente einer Milchleiste zu thun, wie es BONNET in der oben erwähnten Arbeit vermuthet hat."

Indem KALLIUS darauf hinweist, dass die Frage, ob eine derartige oder eine noch ausgedehntere Leiste bei jedem menschlichen Embryo vorkomme, nur durch weitere Untersuchungen gelöst werden könne, macht er darauf aufmerksam, von welcher Wichtigkeit der Nachweis einer rudimentären Milchleiste bei Thieren mit bloss pektoralen oder bloss inguinalen Milchdrüsen sei.

Der Umstand, dass bei seinem Embryo die Anlage der definitiven Milchdrüse im kranialen Theil der Milchleiste liegt, macht es KALLIUS wahrscheinlich, dass dem grösseren kaudalen Theil, der nicht zur Bildung der eigentlichen Milchdrüse verwendet werde, vielleicht das ungleich häufigere Vorkommen kaudalwärts von der Hauptmilchdrüse gelegener Nebenmilchdrüsen zuzuschreiben sei.

HUGO SCHMIDT hingegen konnte bei seinem ungefähr gleich grossen Embryo feststellen, dass die die von ihm makroskopisch in der „vorderen Axillarlinie" gesehene, etwa 1—2 mm lange, hellgefärbte „kurze, verhältnissmässig dicke" Erhebung, die er mit einem Milchhügel[1]) vergleicht, wie ihn die von SCHULTZE beschriebenen Schweineembryonen haben, nur ein „Kunst- und Schrumpfungsprodukt" sei, auf dem allerdings die „zapfenförmige Milchdrüsenanlage" gelegen sei. Die mikro-

---

[1]) KALLIUS bemerkt dazu, dass dieser Ausdruck erst von BONNET eingeführt sei für den SCHULTZE'schen Ausdruck „primitive Zitzen". „Milchhügel" bezeichne auch nur die im Verlauf der noch bestehenden Milchlinie auftretenden Verdickungen.

skopische Untersuchung des Embryo ergab überhaupt ein anderes Bild,
als es KALLIUS von seinem Embryo erhalten hat: „Bei einem Embryo
von 15 mm K.-Stl. lässt sich eine Zone erhöhten Epithels verfolgen,
welche auf der Schulterhöhe, an der Grenze zwischen Nacken und
Extremitätenstummel in einer Breite von 1—1¹⁄₂ mm beginnt, vorn und
hinten um die Schulter bis zur Achselhöhle herum läuft, von dort sich
mehr ventralwärts wendet zur seitlichen Thoraxwand und über die
Stelle der normalen Milchdrüsenanlage, die hier erst als zapfenförmige
Epithelialwucherung angelegt ist, hinweg an der Seite des embryonalen
Körpers hinabzieht bis zur Wurzel des unteren Extremitätenstummels,
welche sie in der gleichen Weise umkreist, wie oben den Schultergürtel."

Die 1—1¹⁄₂ mm breite Zone erhöhten Epithels nennt HUGO SCHMIDT
„Milchstreifen".

Ein Vergleich des „Milchstreifens" beim Menschen, sagt er dann,
mit der von O. SCHULTZE bei Schweine- und anderen Embryonen gefundenen „Milchleiste" mache die schon früher von O. SCHULTZE und
BONNET ausgesprochene Vermuthung, dass nämlich auch beim Menschen die erste Milchdrüsenanlage in einer linearen Erhebung des Epithels, einer zur Seite des Körpers hin verlaufenden Milchlinie, bestehe,
nur noch wahrscheinlicher.

Vergleichen wir die Befunde und Angaben der beiden Autoren,
so scheinen diese in einem gewissen Gegensatz zu stehen. KALLIUS
findet eine makroskopisch sichtbare, nach seinen Angaben nur
durch Epithelverdickung gebildete „rudimentäre Milchleiste",
an die sich kaudalwärts auf eine gewisse Strecke hin erhöhtes Epithel
anschliesst. HUGO SCHMIDT dagegen findet keine makroskopisch wahrnehmbare Leiste, sondern bei seinem Embryo liegt die Milchdrüsenanlage als eine zapfenförmige, 2—3 mal so lange als breite Epitheleinsenkung im kranialen Theil eines relativ breiten, mässig hohen Epithelstreifens, des Milchstreifens, der die oben beschriebene Ausdehnung hat. Allerdings kommt HUGO SCHMIDT durch theoretische
Betrachtung zu dem Schluss, dass beim Menschen auch eine Milchleiste vorhanden sein muss, die, dem von ihm beschriebenen Stadium
vorausgehend, von der Achselhöhle bis zur Schenkelbeuge zieht.

Die KALLIUS'sche Milchleiste, so scheint es auf den ersten Blick
aus den Angaben der zwei Autoren hervorzugehen, kann die von HUGO
SCHMIDT vorausgesetzte Milchleiste nicht sein; denn selbst wenn sie
nur der Rest einer ursprünglich von der oberen Extremität bis zur
unteren reichenden Milchleiste wäre, so müsste doch der zurückgebildete
kaudale Theil als Milchstreifen vorhanden sein, da dieser selbst bei
dem weiter fortgeschrittenen Stadium der Milchdrüsenanlage, das HUGO
SCHMIDT beschreibt, noch erhalten ist.

Ob dieser Gegensatz wirklich besteht, darüber kann ich mich erst
später aussprechen.

Hugo Schmidt hat nun auch eine Reihe von menschlichen Embryonen von über 25 mm K.-Stl untersucht; das Ergebniss seiner Untersuchungen an diesen Embryonen bildet den dritten wichtigen Punkt der Fortschritte, die wir in unserer Kenntniss der Milchdrüsenentwicklung gemacht haben.

Hugo Schmidt fand nämlich als erster bei Embryonen von 25 bis 65 mm K.-Stl., deren definitive Milchdrüsenanlagen sich in Stadien befanden, welche dem Ende des zapfenförmigen Stadiums Rein's, meistens aber dem kolbenförmigen (theilweise schon mit beginnender secundärer Sprossung) entsprachen, in der Umgebung der eigentlichen Milchdrüsenanlage epitheliale Wucherungen von wechselnder Grösse, Form und Zahl. Auch in der Inguinalgegend wurden vereinzelte derartige Bildungen von ihm gesehen. Die pektoralen lagen ober- und unterhalb der definitiven Milchdrüse; auch in der Achselhöhle fanden sich solche Epithelwucherungen.

Da diese Gebilde nun im Gebiete des Milchstreifens liegen, da sie in ihren verschiedenen Formen grosse Aehnlichkeit mit den Rein'schen Stadien der Milchdrüsenentwicklung und den Befunden der übrigen sich mit dieser Drüse befassenden Autoren haben, da sie drittens nur zu einer bestimmten Zeit der Milchdrüsenentwicklung vorkommen, die durch die vorher erwähnte zapfen- bis kolbenförmige Epithelformation charakterisirt ist, da viertens andere epitheliale Wucherungen zu dieser Zeit wenigstens in dem Gebiet, wo diese Gebilde sich finden, nicht vorhanden sind, kommt Hugo Schmidt zu dem Schluss, dass die Epithelbildungen überzählige Milchdrüsenanlagen seien. Hugo Schmidt fand sie bei allen 9 von ihm untersuchten Embryonen von der angegebenen K.-Stl., aber nicht bei älteren Embryonen. Demnach stellte er den Satz auf, dass beim menschlichen Embryo eine temporäre normale Hyperthelie besteht, die wieder vollständig verschwindet, so dass „beim Neugeborenen und Erwachsenen auf jeder Seite nur eine Monothelie zu konstatiren ist" — für gewöhnlich; denn ausnahmsweise können nach Hugo Schmidt diese temporären hyperthelialen Gebilde bestehen bleiben und sich weiter entwickeln, wodurch dann die überzähligen Milchdrüsenbildungen der Erwachsenen entstehen, die ja in den weitaus meisten Fällen einen Sitz haben, der dem Verlauf des „Milchstreifens" entspricht.

In richtiger Erkenntniss der Verhältnisse bemerkt der Autor, dass man auch in dem dem mittleren Theil des Milchstreifens entsprechenden Gebiet hyptheliale Bildungen bei den 25—65 mm langen Embryonen finden müsse, wenn es ihm auch nicht gelungen sei, hier solche nachzuweisen.

Ich habe in dieser Zusammenfassung nur die wichtigsten Ergebnisse der Arbeiten von Hugo Schmidt und Kallius erwähnt; genauer darauf einzugehen, werde ich später Gelegenheit haben.

Aber schon aus dem bis jetzt Gesagten ersieht man, dass durchaus noch nicht alles so klargestellt ist, wie es wünschenswert wäre; die Untersuchungen über die von Hugo Schmidt als „hypertheliale Gebilde" bezeichneten Epithelwucherungen sind noch nicht nachgeprüft und vor allem noch nicht an g a n z e n Embryonen nachgeprüft; denn dieser Autor hat stets bei den Embryonen von 26—65 mm und mehr Länge nur Hautstückchen ausgeschnitten und untersucht.

Aus diesen Gründen und bei dem grossen Interesse, das die Studien über die Milchdrüsenentwicklung und über die überzähligen Brustwarzen und Milchdrüsen finden, wird eine Untersuchung der Milchdrüsenanlage bei möglichst vielen und jungen Embryonen, die ja Hugo Schmidt und Kallius selbst wünschen, vielleicht nicht ohne Nutzen für die Wissenschaft sein.

Die Anregung, mich dieser Arbeit zu unterziehen, verdanke ich meinem hochverehrten Lehrer, Herrn Prof. Dr. Keibel, der mir für meine Untersuchungen seine Schnittserien menschlicher junger Embryonen und auch noch nicht geschnittene Föten gütigst überliess.

Das von mir bearbeitete Material umfasst hauptsächlich Embryonen aus dem zweiten Embryonalmonat, daneben einige aus dem ersten und dem dritten Monat des Embryonallebens. Nach Möglichkeit wurde stets der ganze Embryo, soweit er vorhanden war, untersucht, mit wenigen Ausnahmen. Die Extremitäten wurden bei den älteren Embryonen abgeschnitten. Bei den mikroskopisch untersuchten Embryonen wird das makroskopische Aussehen der Milchdrüsenanlage, soweit Notizen darüber vorhanden sind, angegeben.

Ausserdem habe ich bei einer Reihe von Embryonen, die aus irgend einem Grunde mikroskopisch nicht untersucht wurden, das äussere Aussehen der Milchdrüsenanlage festgestellt, wobei mir das neue Zeiss'sche „binoculare Präparier- und Horinzontalmikroskop" gute Dienste geleistet hat.

Ich werde zunächst die Ergebnisse der mikroskopischen Untersuchung der einzelnen Embryonen bringen; darnach werde ich meine Befunde mit denen der beiden Autoren vergleichen und deren Angaben selbst prüfen, um dann zum Schlusse meine Auffassung von den uns interessirenden Fragen darzulegen.

Die mikroskopisch untersuchten Embryonen theile ich der besseren Uebersicht wegen in drei Gruppen:

I.   Embryonen ohne Milchdrüsenanlage;
II. Embryonen mit Milchdrüsenanlage aber ohne Schmidt'sche hypertheliale Gebilde und ohne Haar- und Hautdrüsenanlagen;
III. Embryonen mit Milchdrüsenanlage und Schmidt'schen hyperthelialen Gebilden, mit oder ohne Haar- und Hautdrüsen anlagen.

Tabelle der mikroskopisch untersuchten Embryonen.

Ordn.-Ziffer	Bezeich-nung.	Maasse.	Geschlecht.	Alter.	Bestimmt nach?	Grössere Defekte.
1.	H. s. J.	4.2 mm St.-Nl.		ca. 23 Tage.	Grösse des Eies zwischen 12—13 mm.	
2.	H. s. for.	8 mm St.-Nl.		25—27 Tage.	Zwischen Fig. 8 u. 9 der His'schen Normentafeln.	1 obere Extremität abgebrochen.
3.	H. s. W.-P.	9,5 mm St.-Nl. u. K.-Stl.		30—31 Tage.	Aehnlich im Allgemeinen Fig. 12, im Gesicht aber mehr Fig. 14—15 nach His.	Bauchwunde.
4.	H. s. J₂.	Fast 12 mm St.-Nl. u. K.-Stl.		32 Tage.	His Fig. 14.	
5.	H. s. Bul. 1.	11.5 mm St.-Nl. u. K.-Stl.		32—33 Tage.	Zwischen Fig. 15 u. Fig. 16 nach His.	
6.	H. s. Harm. 1.	11 mm St.-Nl.		34—35 Tage.	Zwischen Fig. 17 u. 18 nach His, aber stärker gekrümmt.	
7.	H. s. R.-Hg.	10 mm St.-Nl.		30—34 Tage.	Zwischen Fig. 12 u. 13 nach His (wohl pathologisch).	3 Extremitäten fehlen.
8. (Nachtrag).	H. s. St.-W.	Sehr stark gekrümmt.		33—35 Tage.	Zwischen Fig. 16 u. 17 nach His.	
9.	H. s. Born I.	17 mm St.-Nl., 20 mm K.-Stl.	♀	45—47 Tage.	Zwischen Fig. 22 u. 23 nach His.	Extremitäten abgeschnitten.
10.	H. s. Schott. II.	19 mm K.-Stl.	♂	42—45 Tage.	Fig. 22 nach His.	Extremitäten abgeschnitten.
11.	H. s. Born II.	Ungefähr 22 mm K.-Stl.	♂	52—54 Tage.	Nahe Fig. 24 nach His.	Kopf fehlt.
12.	H. s. J₂₅.	29 mm K.-Stl.	♀	61 Tage.	Nach Sedgwick-Minot.	Obere Extremitäten abgeschnitten.
13.	H. s. W.-K.	29—30 mm K.-Stl.	♂	62—63 Tage.	Nach Sedgwick-Minot bestimmt durch Messung des Extremitätenabstandes.	Kopf abgebrochen.
14.	H. s. A.-Kl.	30—35 mm K.-Stl.	♂	Ungefähr 65 Tage.	Nach Sedgwick-Minot.	Nur der Rumpf geschnitten.
15.	H. s. K₄₅.	45 mm K.-Stl.	♀	70 Tage.	Nach Sedgwick-Minot.	Nur der Thorax geschnitten.
16.	H. s. K. 52.	52 mm K.-Stl.	♂	Etwa 75 Tage.	Nach Sedgwick-Minot.	Nur die vordere Thoraxhälfte geschnitten.
17.	H. s. 115.	115 mm K.-Stl.	♀	Ueber 3 Monate.	Nach Sedgwick-Minot.	Ein Stück aus der Augenbrauengegend u. eines aus der r. Mammargegend geschnitten.

Zur Altersbestimmung der Embryonen wurden die His'schen Normentafeln benützt; wo diese nicht ausreichten — also für Embryonen von über 23 mm St.-Nl. [1]) und älter als $8^1/_2$ Wochen — die Tabelle von SEDGWICK-MINOT (1894). Bei diesem Vergleichen der Embryonen mit den Abbildungen von HIS und SEDGWICK-MINOT wurden neben den grössten Maassen (St.-Nl. und K.-Stl.) auch stets die übrigen äusseren Verhältnisse der Embryonen berücksichtigt, um die Bestimmung des Alters möglichst genau zu machen.

Von den Embryonen sind schon beschrieben:

1. H. s. J.: a) KEIBEL, Zur Entwicklungsgeschichte der menschlichen Placenta. Anat. Anz. 1889.

   b) KEIBEL, Ueber den Schwanz des menschlichen Embryo. Arch. f. Anat. u. Physiol. 1891.

   c) KEIBEL, Zur Entwicklungsgeschichte des menschlichen Urogenitalapparats. Arch. f. Anat. u. Phys. 1896.

   d) KEIBEL, Ueber die Entwicklung von Harnblase, Harnröhre und Damm beim Menschen. Verhandl. der Anat. Gesellschaft. 1895.

2. H. s. for.: b), c), d).

3. H. s. Bul. I.: b), c). d) und WEBER, Zur Entwicklungsgeschichte des uropoetischen Apparats bei Säugern. Freib. Dissert. Jena 1898.

4. H. s. R.-Hg.: WALLENSTEIN, Beiträge zur pathologischen Embryologie Diss. Freib. (Berlin). 1897.

5. H. s. Born I.: c). d).

B. Beschreibender Theil.

I. Gruppe.

Embryonen ohne Milchdrüsenanlage.

Homo s. J.   H. s. for.

H. s. J.

Bei diesem kleinen Embryo, der schon von Prof. KEIBEL beschrieben worden ist, zeigt das gut erhaltene einschichtige Oberflächenepithel in der Kiemenspaltengegend eine Verdickung, die sich auch vor dem Stummel der Extremität in einigen Schnitten erkennen lässt, aber nicht weiter kaudalwärts geht.

---

[1]) = Steiss-Nackenlänge.

Vor dem Ansatz der unteren Extremität erscheint in vereinzelten Schnitten das Epithel verdickt.

H. s. for.

Der ebenfalls schon publicirte gut, erhaltene Embryo war in seinem oberen Theil in Querschnitte, im unteren in Frontalschnitte zu 20 *u* zerlegt.

Färbung mit Hämatoxylin und Eosin.

Rechte Seite:

Oberhalb, dann vor und hinter (aber nur auf eine ganz kleine Strecke) der oberen Extremität ist das sonst einfache Epithel des Körpers scheinbar verdickt; diese Verdickung geht auch auf die Extremität selbst über. Nach abwärts von der Extremität lässt sich dieses verdickte, bisweilen 2—3 Lagen von Zellen zeigende Epithel nur in wenigen Schnitten verfolgen.

Auf und vor der unteren Extremität erscheint das Epithel gleichfalls erhöht; doch geht die Epithelerhöhung nur wenig über die Beuge nach vorn. — Eine Verbindung zwischen diesen beiden Gebieten, wo das Epithel verdickt ist, lässt sich nicht nachweisen, ich muss aber bemerken, dass das Epithel öfters ganz fehlt.

Linke Seite:

Die Verhältnisse sind die gleichen, nur ist ein Uebergang des um die obere Extremität gelegenen hohen Epithels in die Kiemenspaltgegend nachzuweisen. Die l. obere Extremität ist abgebrochen.

II. Gruppe.

Embryonen mit deutlicher Milchdrüsenanlage, aber ohne Schmidt'sche hypertheliale Anlagen.

A. Im allgemeinen normale Embryonen:

H. s. W.-P.
H. s. J.,.
H. s. Bul. I.
H. s. Hild. I.

B. Pathologische:

H. s. R.-Bg.

H. s. W.-P.

Der Embryo wurde Herrn Prof. Kraus von einer Hebamme aus Westpreussen zugesandt, in Pikrinsublimat; er hatte, in dieser Flüssigkeit gehärtet, eine K.-Stl. und St.-Nl. von 9,5 mm. Er wurde in 495 Querschnitte zu 15 *u* zerlegt. Färbung mit Boraxcarmin.

An dem äusserlich bis auf eine Wunde in der Bauchgegend gut erhaltenen Embryo war makroskopisch keine Spur einer Milchdrüsenanlage, einer Milchleiste, wahrzunehmen.

Mikroskopischer Befund:

Der Embryo ist gut erhalten: das Epithel fehlt aber manchmal an den dorsalen seitlichen Partien des Körpers. Es besteht aus einer Schicht kubischer oder auch platter Zellen (letzteres in den dorsalsten Partien); darüber, oder auch zwischen die Zellen der ersten Schicht hineinragend, findet man öfters eine zweite Lage platter Zellen. Die Cutis besteht aus dicht gelagerten Zellen mit grossem, rundlichen Kern,

Rechte Seite:

Hier können wir die Milchdrüsenanlage durch 50 Schnitte als eine circum-scripte Epithelverdickung verfolgen. Ich will gleich bemerken, dass ich es vor-derhand unentschieden lasse, ob es sich dabei um die Anlage einer einzigen Milch-drüse, also „der" Milchdrüse überhaupt oder um die Anlage mehrerer handelt; im Folgenden werde ich den Ausdruck „Milchdrüsenanlage" auch in diesem unbe-stimmten Sinn gebrauchen.

Diese 50 $\times$ 15, also 750 μ lange Epithelverdickung wird zuerst als eine etwas stärkere Epithelwucherung in einem Gebiet sichtbar, das selbst erhöhtes Epithel zeigt. Sie beginnt 15 Schnitte, also 225 μ unterhalb des Extremitätenansatzes. In ihren verschiedenen Querschnittsbildern zeigt die Epithelwucherung im Grossen und Ganzen dieselben Formen, wie sie Kallius für die „Milchleiste" des von ihm be-schriebenen Embryo abbildet.

Die anfangs von dem erhöhten Epithel ihrer unmittelbaren Umgebung nur schwer unterscheidbare Bildung wird sehr rasch deutlicher als isolirte Epithel-verdickung erkennbar, dadurch dass sie an Höhe zunimmt und ihre Basis sich gegen die Cutis etwas vorwölbt. Schon im siebenten Schnitt erhält man einen linsenförmigen[1]) Querschnitt (Fig. 1). Die hier etwa 130—135—160 μ breite[2]) Epithelwucherung wird vom 20. Schnitt an mehr hügel-förmig, indem die Basis sich abflacht. In Folge der Abflachung der Basis erscheint die Anlage breiter, da sich der Uebergang in das dorsal und ventral davon ge-legene erhöhte Epithel noch weniger scharf markiert als vorher (Fig. 3).

Solche Schwankungen in der Form der Basis finden sich noch einige Male; ich werde später Gelegenheit haben, über ihre Bedeutung zu sprechen. Die Anlage behält im Allgemeinen die Höhen- und Breitenausdehnung, die sie nach dem 7.—10. Schnitt gewonnen hatte, bis etwa zum 30. Schnitt bei; dann nimmt sie allmählich mit geringen Schwankungen an Höhe, weniger an Breite ab; die Basis wird flacher (Fig. 4). Wir haben also gegenüber dem raschen Anstieg im kranialen Beginn ein langsames Abnehmen im kaudalen Theil.

Der histologische Bau des Gebildes ist folgender:

In vielen Schnitten kann man eine deutliche Basalschicht unterscheiden, die durch hohe Cylinderzellen mit distal stehendem Kern, der oft sich durch intensivere Färbung auszeichnet, charakterisirt ist; diese Basalschicht ist eine Fortsetzung der tiefsten Schicht des benachbarten hohen Epithels, wo sie, besonders nahe bei der isolirten Epithelverdickung, häufig dasselbe Bild giebt (Fig. 2, Fig. 3). Bisweilen zeigt auch noch eine zweite Zellschicht stärker gefärbte Kerne. Im Ganzen kann man in maximo bis 6—7 Zellen über einander erkennen, die aber keine regelmässige Lagerung haben. Ueber die ganze Epithelwucherung zieht eine Schicht ganz niederer Zellen, die einen langgestreckten Kern besitzen. In der Cutis, welche aus ziemlich dicht gelagerten Zellen mit rundem Kern und ohne Zwischensubstanz besteht, ist im Bereich der Epithelerhebung keine Zellwucherung wahrnehmbar.

Wie ich schon erwähnt habe, ist die Form des Querschnitts meist die einer Linse, aber nicht immer. Die Linsenform ist überhaupt selten sehr ausgesprochen; besonders die vordere (= ventrale) Begrenzung der Cutisdelle, welche der Vor-wölbung der Basis der Epithelwucherung entspricht, ist oft sehr wenig ausgeprägt.

Im Verhältniss zu ihrer Breite erscheint die Anlage auch in ihrer höchsten Entwicklung nie so hoch, wie es Kallius in seinen Abbildungen zeigt.

Die Messung der Breitenausdehnung stösst in Folge des meist allmählichen

---

[1]) Ich gebrauche hier und im Folgenden den Ausdruck: hügel-, linsenförmig etc. stets in dem Sinn, dass ich darunter das Querschnittsbild eines Hügels, einer Linse etc. verstehe.

[2]) Breite = dorso-ventrale Ausdehnung.

Uebergangs in das benachbarte hohe Epithel oft auf Schwierigkeiten. Herr Schmidt hat zur Breitenmessung den Durchmesser der Cutiseinsenkung benützt; indessen ist das vielleicht nicht für alle Fälle zweckmässig; einmal ist öfters die Cutisdelle sehr mangelhaft ausgeprägt und zweitens setzt sich die stärkere Epithelwucherung noch etwas über das Gebiet der Cutiseinsenkung hinaus fort (vergl. Fig. 3), so dass also diese Art der Messung zu kleine Maasse giebt.

Ich habe die grösste Breite der Anlage zu den Messungen benutzt — allerdings sind meine Maassangaben nur ungefähr auf einige μ genau, aus den vorher angeführten Gründen.

Im Folgenden gebe ich eine kleine Tabelle für die Grössenverhältnisse der Epithelwucherung.

	Form	Breite	Höhe
6. Schnitt	flacher Hügel, leichte Einsenkung der Basis	160 μ	
11. „	linsenförmig	145 μ	50 μ
21. „	linsenförmig (flache Basis)	155 μ (Cutisdelle 135 μ)	43 μ
31. „	linsenförmig	135 μ (Cutisdelle 117 μ)	etwas über 30 μ
41. „	flach, leichte Einsenkung der Basis	über 100 μ (Cutisdelle 85 μ)	30 μ
48. „	Breitenausdehnung kaum bestimmbar		17 μ

Die Epithelwucherung beginnt, wie bereits erwähnt, $\frac{1}{1}$ mm unter dem Ansatz der oberen Extremität und zwar senkrecht darunter. Eine makroskopisch sichtbare Prominenz kann die Epithelverdickung nicht bilden, es kann also die 750 μ lange Milchdrüsenanlage auch makroskopisch keine Milchleiste darstellen. Denn die nur bis zu $\frac{1}{50}$ mm hohe Epithelerhebung liegt derart — und zwar gerade in dem Theil, wo sie am stärksten ausgebildet ist — an einer kleinen Cutisecke, dass sie diese und theilweise auch ihre vordere Begrenzung einnimmt. Da sie nun einmal nach aussen nur wenig gewölbt und zweitens auch etwas in die Cutis eingesenkt ist, erhebt sie sich kaum über das Niveau der dorsal von ihr gelegenen Körperoberfläche, während sie sich allerdings von vorne gesehen von der vor ihr gelegenen Körperoberfläche abhebt, was aber bloss eine Folge ihrer Lage an der Umbiegungsstelle ist.

Ich habe schon darauf aufmerksam gemacht, dass die Milchdrüsenanlage, wie ich die isolirte Epithelwucherung einmal nennen will, in einem Gebiet erhöhten Epithels liegt. In dieses geht sie sowohl kranialwärts und kaudalwärts, als ventral- und dorsalwärts über. Dieser Epithelsaum, dessen Breite (die Milchdrüsenanlage mit inbegriffen) 600—700 μ beträgt, zeigt meistens zwei, bisweilen auch drei Zellschichten und geht ganz allmählich in das einfache ventral und dorsal von ihm gelegene Körperepithel über. Das 2—3 schichtige Epithel dieses Saums zeichnet sich bisweilen durch eine hohe Basalschicht aus. Es ist gut zu unterscheiden von dem einfachen Körperepithel, das allerdings ventralwärts schräg getroffen ist oder fehlt. Das hohe Epithel hat etwa eine Höhe von 18 mm, ist also ungefähr doppelt so hoch als die Epidermis (Fig. 5 u. 6).

Verfolgen wir diesen Epithelsaum zunächst kaudalwärts, so finden wir, dass er seine Breite ungefähr beibehält. Etwa 600 μ nachdem die isolirte Epithelwucherung verschwunden ist, wird im dorsalen Theil des Epithelsaums eine leichte Einsenkung in die Cutis und eine fast konstante Vermehrung der Zellschichten auf drei bemerkt (Fig. 7). Eine ähnliche Differenzirung sieht man im ventralen Theile des Saums. Diese ventrale verschwindet aber bald wieder, die dorsale differenzirte Partie dagegen nimmt rasch an Breite zu und verschmilzt zunächst in ihrer Mitte mit der sich anlegenden unteren Extremität (vergl. Fig. 16 von H. s. Bal. I). Es besteht dann vor und hinter der Extremität eine Zone hohen 2—3 schichtigen Epithels, das sich auf die Extremität fortsetzt; der dorsale Abschnitt liegt zu gut ² seiner Breite auf der Extremität selbst. Ob dieses hohe Epithel mit dem erhöhten Epithel der Extremitätenkante, welches dort den bekannten Epithelwulst bildet, durch gleich hohes Epithel zusammenhängt, kann ich nicht mit Sicherheit sagen, da die Epidermis auf der Rückseite der Extremität oft fehlt. In den Schnitten, wo sie erhalten war, konnte ich allerdings ausserhalb des erhöhten Saums nur kräftiges einfaches, kubisch-cylindrisches epidermales Gewebe wahrnehmen. Die ventrale Partie des Epithelsaums geht dagegen kontinuirlich in das hohe Extremitätenepithel über; ausserdem steht das Epithel des Streifens noch mit dem gleichfalls erhöhten Epithel des Geschlechtshöckers in Verbindung, wodurch er mit dem Epithelsaum der anderen Seite in Zusammenhang tritt.

Ueber die Ausdehnung des hohen Epithels weiter kaudalwärts möchte ich mich nur mit grosser Vorsicht aussprechen, da sich dasselbe nur schwer verfolgen lässt. Sicher ist es, dass der dorsale Theil des Saums, der anfangs über 600 μ breit war, rasch schmäler wird und schliesslich ganz verschwindet.

Kranialwärts lässt sich der Epithelsaum, der 2, seltener 2—3 Zellschichten besitzt, bis zur Ansatzstelle der oberen Extremität verfolgen. Durch die Extremität wird er in einen dorsalen und ventralen Ast getheilt, die beide mit dem hohen Extremitätenepithel in Verbindung stehen. Die dorsale Partie setzt sich nicht weit aufwärts fort. Die ventrale hingegen ist noch sichtbar, nachdem die Extremität bereits nicht mehr in den Schnitt kommt und geht allmählich in das hohe Epithel des Sinus praecervicalis über.

Linke Seite:

Die isolirte Epithelwucherung beginnt, ebenfalls in einem Saum erhöhten Epithels gelegen, ¹ μ unterhalb des Extremitätenansatzes. Ihr Verhalten ist ganz ähnlich wie auf der rechten Seite, nur ist sie etwas breiter als die rechtsseitige, wie die folgende kleine Tabelle zeigt.

	Form	Breite	Höhe
5. Schnitt (Fig. 8)	linsenförmig	170 μ	40 μ
10. Schnitt	„	180 μ (Cutisdelle 120)	47 μ
15. „	„	170 μ	44 μ

Ihre Längsausdehnung ist dagegen geringer, da sie nur durch 45 Schnitte zu verfolgen ist (675 μ). Der Epithelsaum verhält sich gerade so wie rechts. Nach dem Aufhören der isolirten Verdickung ist er in einigen Schnitten nur schlecht zu erkennen, wird aber darauf wieder sehr deutlich. Theilweise ist nur seine dorsale Hälfte sichtbar, da er vorn bereits in den Bereich der Bauchwunde fällt. Die kraniale und kaudale Fortsetzung zeigen dieselben Verhältnisse wie auf der anderen Seite; insbesondere lässt sich auch hier feststellen, dass das dorsal von der oberen Extremität gelegene erhöhte Epithel nicht soweit kranialwärts reicht wie der ventrale Ast.

Um die uns interessirenden Verhältnisse recht klar zu machen, wurde ein Plattenmodell des ganzen Embryo in 15 facher Vergrösserung hergestellt, zu dem jeder vierte Schnitt gezeichnet wurde. An dem gut gelungenen Modell kann man sehen, dass der Saum erhöhten Epithels vom Schultergürtel zum Beckengürtel zieht, unmittelbar — in seinen oberen Partien — hinter der Herz-Leberwölbung des Embryo gelegen.

Der Epithelsaum umfasst nur die rechte untere Extremität vollständig, während bei beiden oberen Extremitäten die dorsale obere und dem entsprechend bei der linken unteren Extremität die dorsale untere Spangenpartie fehlt, die auch an der rechten unteren Extremität nur eine schmale Verbindung bildet. Uebrigens ist de Ausdruck „Umfassung" nicht so zu verstehen, dass ein förmlicher Ring um die Extremitäten gebildet wird; das erhöhte Epithel geht ja kontinuirlich in das Extremitätenepithel über. Der Uebergang des hohen Epithels auf den Geschlechtshöcker und den Sinus praecervicalis kommt sehr gut zur Geltung. Auch die eigenthümliche Lage der Milchdrüsenanlage an der Oberflächenecke ist sehr gut am Modell zu sehen. Sie erstreckt sich, mit ihrem kaudalen Ende etwas dorsalwärts rückend, in der mittleren Axillarlinie d. h. unterhalb der Mitte des Extremitätenansatzes nach abwärts.

Das Modell zeigt, dass der Embryo durch die Paraffinbehandlung erheblich geschrumpft ist.

II. s. J₂.

Der in Alkohol konservirte Embryo, dessen Nl. und K.-Stl. 11³₄ mm betrug, wurde in eine Serie von 642 Querschnitten zu 15 μ zerlegt. Färbung mit Boraxcarmin.

Aeusserlich liess sich keine Spur einer Milchdrüsenanlage oder einer Leiste in der entsprechenden Gegend wahrnehmen.

Mikroskopischer Befund:

Der Embryo ist, namentlich was seine Epithelverhältnisse anbelangt, viel schlechter erhalten als H. s. W.-P. Das Epithel ist meistens vom Rumpf abgehoben; der abgelöste Saum lässt oft die Zellstruktur garnicht mehr oder nur sehr mangelhaft erkennen. Das Körperepithel besteht aus einer einfachen Schicht kubischer Zellen, darüber liegen gewöhnlich noch vereinzelte platte Zellen. Da die linke Seite des Embryo besser erhalten ist, beginne ich mit ihr.

Linke Seite:

Die Milchdrüsenanlage erscheint zuerst in einem Saum erhöhten Epithels, das von der Cutis abgehoben ist, im 27. Schnitt, also ungefähr 400 μ unterhalb des Ansatzes der oberen Extremität.

Schon im zweiten Schnitte ist die Linsenform ausgesprochen — allerdings der Durchschnitt einer plankonvexen Linse, denn die Oberfläche zeigt so gut wie keine Wölbung (Fig. 9, 4. Schnitt). Der konvexen Basis der Epithelwucherung entspricht eine flache, etwas kleinere Delle der gegenüberliegenden Cutis. Die Anlage nimmt rasch an Tiefe zu, erscheint daher gedrungener. Gleichzeitig scheint die Epithelwucherung immer näher einer dorsalwärts von ihr gelegenen Cutisecke zu rücken, bis sie schliesslich, im 15. Schnitt, die Spitze und einen Theil der vorderen Begrenzung des nach aussen vorspringenden Winkels einnimmt. Der Querschnitt bietet in diesen Schnitten das Bild eines mässig hohen, breiten, beetartigen, nach vorn ganz allmählich abfallenden Hügels (Fig. 10). Diese Formation wird nur in fünf Schnitten gesehen. Darnach ist die Anlage ganz auf die Spitze des Cutisvorsprungs

17*

gerückt und zeigt die Form einer ziemlich gewölbten bikonvexen Linse, die relativ
hoch zu sein scheint. Die Cutisdelle ist nur gering (Fig. 11). Die bikonvexe Form
verschwindet bald (nach 7—10 Schnitten) wieder, worauf dann die Anlage als eine
ziemlich hohe, auf der Höhe der Cutis gelegene hügelförmige Bildung erscheint
(Fig. 12), die rasch an Höhe abnimmt, sich aber immerhin noch durch 20 Schnitte
verfolgen lässt.

Histologischer Bau:

Die Epithelwucherung setzt sich aus dichtgedrängten Zellen mit grossem
runden Kern zusammen. Eine besondere Basalschicht kann man nicht unterscheiden,
wohl aber eine oberflächliche Schicht platter Zellen. Die Zellen zeigen keine Spur
einer regelmässigen Anordnung; es können ihrer 7—8 übereinander liegen. Manchmal sind die Zellkerne recht mangelhaft gefärbt: möglicherweise rührt das davon
her, dass das Epithel schon längere Zeit abgestorben war.

Die Cutiszellen, welche ohne dass eine Zwischensubstanz deutlich wahrzunehmen
ist, ziemlich dicht aneinanderliegen, zeigen in der Nachbarschaft der Epithelwucherung
keine Proliferationserscheinungen. Uebrigens erscheinen sie in dieser Gegend des
Körpers beiderseits auf eine grosse Tiefe hin intensiver gefärbt.

Aus der folgenden Tabelle ersieht man, dass im kranialen Theil die Epithelwucherung auch rascher an Höhe zunimmt, während sie im kaudalen ganz allmählich niedriger wird. Ihre Länge beträgt, da sie durch 50 Schnitte zu verfolgen
ist, 750 μ.

		Form	Breite	Höhe
3. Schnitt		ganz flach plankonvex	295 μ	30 μ
5.	„	plankonvex	250 μ	40 μ
10.	„	„	220 μ	51 μ
20.	„	hügelf., breite Erhebung	fast 300 μ	50 μ
25.	„	bikonvex	150 μ	54 μ
30.	„	„	145 μ	51 μ
35.	„	flacher	130 μ	44 μ
40.	„	⎱ hügelförmig	⎰ ca. 105—115 μ	41 μ
45.	„	⎰	⎱ schwer zu be- stimmen	30 μ

Es scheint mir bei den Lage- und Höheverhältnissen der Epithelwucherung
nicht unmöglich, dass diese äusserlich bei sehr guter Beleuchtung mit einer guten
Lupe als eine lineäre Erhebung hätte wahrgenommen werden können, wenigstens
theilweise. Allerdings würde die etwa sichtbare Leiste nicht nur durch die Epithelerhebung sondern auch durch die Cutis (Ecke?) bedingt gewesen sein.

Der Epithelsaum hat im Ganzen eine Breite von ungefähr 800 μ. Nahe der
Anlage zeigt er 3—4 Zellschichten, sonst nur 2—3. Seine dorsalen und ventralen
Grenzen sind nicht bestimmbar genau, da das Epithel zu einer undeutlichen Masse
geworden ist, die keine Zellkerne erkennen lässt.

Verfolgt man ihn weiter kaudalwärts, so ist auch hier die ventrale Ausbreitung
nicht mit Sicherheit anzugeben, da ventral von ihm das Epithel öfters fehlt. In

einigen Schnitten kann man eine deutliche hohe Basalschicht unterscheiden. Gegen die untere Extremität hin fehlt das Epithel sehr häufig und ist, wenn es vorhanden ist, sehr schlecht erhalten. Ventralwärts von der unteren Extremität ist die Epidermis gänzlich verloren gegangen.

In der Umgebung der unteren Extremität ist das Epithel überhaupt so mangelhaft erhalten und zeigt so viele Knickungen und Falten, dass man oft ganz merkwürdige Epithelschnitte von Linsen- und Hügelform erhält; solche Schnittbilder sind aber mit grosser Sicherheit als Produkte der angeschnittenen Falten zu erklären, wofür ihre ganze Lage, das Verhalten der Cutis und die Beobachtung der vorausgehenden und nachfolgenden Schnitte spricht.

Kranialwärts lässt sich das erhöhte Epithel gut bis zur Achselhöhle verfolgen, aber nicht gut weiter kranialwärts, da die Epidermis in den Schnitten, welche die obere Extremität mit dem Körper in Zusammenhang zeigen, oft fehlt. Noch weiter kranialwärts trifft man auf und vor der Extremität wieder gut erhaltenes Epithel, das eine basale Cylinderzellenschicht und darüber eine Lage platter Zellen besitzt und mit dem hohen Epithel des Sinus praecervicalis zusammenhängt.

Rechte Seite:

Hier ist der kraniale Beginn der Milchdrüsenanlage schwer oder vielmehr nicht festzustellen, da sich das abgelöste, schlecht erhaltene Epithel aufgerollt und mit Farbstoffniederschlägen imprägnirt hat. In dem so entstandenen Haufen undeutlicher Zellen liegt die beginnende Milchdrüsenanlage. Wenn man diese von weiter kaudalwärts gelegenen Schnitten an, wo sie deutlich erkennbar ist, kranialwärts zurückverfolgt, so kann man mit einiger Mühe ihre ersten Spuren im 32. Schnitt unterhalb des Ansatzes der oberen Extremität wahrnehmen; ob diese erste Spur thatsächlich den Beginn der Anlage darstellt, lässt sich natürlich nicht sicher sagen.

Die Epithelwucherung, welche von der Cutis abgelöst ist, zeigt gleich eine beträchtliche Grösse und hat einen bikonvexen bis plankonvexen Durchschnitt, und zwar ist die Basis oft plan. Es sind in maximo 7—9 Zellen übereinander ohne regelmässige Anordnung gelagert. Die grösste Breite der Anlage beträgt 200 μ, die grösste Höhe 50 μ. Die Einsenkung der Cutis ist unbedeutend. Eine Wucherung der Cutiszellen ist nicht vorhanden. Die Cutis bildet auch an der Stelle, wo die Milchdrüsenanlage liegt, keine Prominenz. Es ist daher wohl ausgeschlossen, dass man äusserlich selbst mit der Lupe eine Leiste wahrnehmen konnte.

Die Epithelwucherung ist durch 27 Schnitte zu verfolgen, also 405 μ lang.

Der Epithelsaum, welcher dorsal und ventral von der Milchdrüsenanlage sich auslehnt, bildet auch ihre Fortsetzung kaudalwärts; er zeigt im allgemeinen sich aus zwei Zellschichten zusammengesetzt und ist bedeutend höher als das übrige Körperepithel. Ob er sich bis zur unteren Extremität erstreckt, kann ich wegen des schlechten Erhaltungszustandes der Epidermis nicht sagen.

Da die gleichen Uebelstände wie auf der linken Seite die Beurtheilung und Verfolgung der Epithelverhältnisse sehr erschweren, verzichte ich auf eine weitere Schilderung und bemerke nur, dass man auch hier wieder linsen- und hügelförmige Schnittbilder erhält, die aber als Faltenschnitte zu betrachten sind.

Kranialwärts von der Milchdrüsenanlage setzt sich der Epithelsaum bis zur Achselhöhle fort. Dann stellen sich der weiteren Verfolgung die gleichen Hindernisse in den Weg wie links.

Ich hätte gerne die so schwierig beurtheilbaren Verhältnisse des Epithelsaums in der Inguinalgegend mir durch ein Plattenmodell klarer gemacht, indessen wäre es kaum möglich, ein brauchbares Modell zu erhalten, weil die Epidermis zu sehr abgelöst und gegen die Cutis verschoben ist.

II. s. Bul. I.

Der von Herrn Prof. Keibel schon mehrmals beschriebene Embryo hatte nach der Fixierung durch Salpetersäure eine St.-Nl. von 11,5 mm.

Er wurde in 474 Querschnitte zu 20 μ zerlegt.

Färbung: Hämatoxylin, Eosin.

An dem äusserlich gut erhaltenen Embryo war keine Milchdrüsenanlage bemerkt worden.

Mikroskopischer Befund:

Das Epithel ist im Allgemeinen recht gut erhalten. Es ist am Rumpf des Embryo 1—2schichtig; auf einer kubischen Basalschicht liegt meistens eine zweite platte Zellreihe, deren Zellen bisweilen auch etwas zwischen die der ersten treten.

Rechte Seite:

Die Milchdrüsenanlage beginnt 300 μ unterhalb des Ansatzes der oberen Extremität als eine ausgesprochene Epithelwucherung in einem Saum selbst schon erhöhten Epithels. Sie ist ebenso wie dieser Saum auf einem anfangs niedrigen, später höherem Cutishügel gelegen, dessen breite Kuppe sie einnimmt. Schon nach 6 Schnitten ist sie linsenförmig; aber wenige Schnitte darauf flacht sich die Basis wieder ab (Fig. 15) und es kommt ein Querschnittsbild zu Stande, etwa wie Fig. 12 der Kallius'schen Abbildungen (überhaupt zeigen die Schnittbilder grosse Aehnlichkeit mit den von Kallius gezeichneten, so dass ich öfters auf diese verweisen werde). Auch weiter kaudalwärts ist die Einsenkung der Basis nicht sehr ausgesprochen, aber immerhin deutlich. Im Verhältniss zu ihrer Breite erscheint die Epithelwucherung recht hoch, z. B. beträgt im 15. Schnitt die Höhe 80—85 μ bei einer Breite von 160 μ (Fig. 16) und giebt schliesslich etwa das Bild wie Fig. 5 von Kallius (Fig. 17). Inzwischen hat auch die Erhebung der Cutis zugenommen.

Vom 23. Schnitt an wird die Basis wieder flacher, dafür bildet sich aber in ihrer Mitte eine kleine zapfenförmige Hervorragung (vergl. Fig. 18), die schon nach fünf Schnitten wieder verschwindet. Weiterhin wird die Epithelwucherung immer unbedeutender und flacher und den Fig. 9 und 14 von Kallius ähnlich (und meiner Fig. 12). Der Cutishügel ist ebenfalls niedriger geworden. Die Form der Basis ist in den Schnitten, in welchen die Milchdrüsenanlage zuletzt noch als isolierte Wucherung des Epithels erkennbar ist, eine wechselnde. Bald ist sie plan, bald konvex, zuweilen sogar etwas konkav, bisweilen zeigt sie eine ganz winzige zapfenartige Hervorragung (Fig. 19) in ihrer Mitte.

Histologischer Bau:

Von Anfang an kann man sowohl in der Milchdrüsenanlage als auch in dem sie begleitenden Epithelsaum, in den sie dorsal und ventral, aber auch kranial- und kaudalwärts ganz allmählich übergeht, eine deutliche Basalschicht hoher Cylinderzellen, die einen distal stehenden Kern haben, erkennen. Bisweilen bemerkt man noch eine zweite, sich ebenso wie die Kerne der Basalschicht stärker färbende Kernreihe. Im Ganzen können 7—8 Zellen über einander liegen. Die obersten scheinen eine über die ganze Epithelwucherung hinreichende flache Zellschicht darzustellen, die sich auf die Umgebung fortsetzt. In einigen Schnitten sind die oberflächlichsten Zellen theilweise ausgefallen und zwar gerade in den Schnitten, wo die Anlage besonders hoch ist. Die Cutiszellen der Umgebung stehen etwas dichter.

Ueber die wechselnden durch die Veränderungen der Basis bedingten Querschnittsbilder habe ich schon gesprochen.

Die folgende Maasstabelle wird die Breiten- und Höhenausdehnung der insgesammt 1 mm langen Milchdrüsenanlage gut übersehen lassen; ich mache ganz besonders auf die hier sehr auffallenden Unterschiede zwischen grösster Breite der ganzen Epithelwucherung in den einzelnen Schnitten und der Breite der zugehörigen Cutiseinsenkung aufmerksam, einen Unterschied, den auch die Kölliker'schen Abbildungen deutlich zeigen.

	Form	Breite	Höhe
6. Schnitt	flach-linsenförmig	fast 200 μ Cutisdelle 120 μ	70 μ
11. „	Hügel mit fast flacher Basis	fast 200 μ, flache Kuppe des Hügels 120 μ	70 μ
16. „	linsenförmig	über 170 μ Cutisdelle 110 μ	85 μ
21. „	Cutisdelle in der Mitte der Basis	170 μ Cutisdelle 90 μ	80 μ (Mitte)
26. „	desgl.	170 μ, Basis 130 μ, Cutis- delle in der Mitte 55 μ	70 μ
31. „	linsenförmig, ganz flach	170 μ Cutisdelle 130 μ	40 μ
41. „	breit, ganz flach, kleine Ein- senkung in der Mitte	Cutisdelle 20 μ	40 μ

Die Anlage liegt, wie schon erwähnt, auf einem Cutishügel, der mit der Höhe der Anlage selbst zu- und abnimmt. Seine Form wird am besten aus den Abbildungen erkannt (Fig. 15, 16, 17, 18), die auch seine Bedeutung für die makroskopische Sichtbarkeit der Milchdrüsenanlage sofort klarmachen. Durch die Cutiserhebung, deren Grundfläche etwa ¹⁄₂ mm breit ist, wird die Basis der epithelialen Milchdrüsenanlage 40—50 μ über das Niveau der Umgebung erhoben. Diese Erhebung, zusammen mit der bis zu 85 μ betragenden Höhe der Anlage selbst, von der allerdings ein kleiner Theil in Folge der Cutiseinsenkung in Abzug zu bringen ist, giebt immerhin eine Gesammthöhe von über 100 μ, die man wohl bei sehr guter Beleuchtung äusserlich sehen kann; natürlich gilt dies bloss für den Theil der Milchdrüsenlage, in dem diese und der Cutishügel am ausgesprochensten sind.

Der Epithelsaum, in den dorsal und ventral die Milchdrüsenanlage übergeht, unterscheidet sich in seinen mittleren Partien scharf von dem übrigen Körperepithel, in das er selbst ganz allmählich verläuft. Seine charakteristische Eigenthümlichkeit ist die hohe Basalzellenschicht. Nahe der isolirten Epithelwucherung hat er 3—4 Zellschichten, in einiger Entfernung davon 2—3. Eine Abbildung wird den Unterschied zwischen ihm und der Epidermis der übrigen Körperoberfläche am besten zeigen (Fig. 17, 19, 20). Nach vorn (ventral) ist er schwer zu begrenzen, da hier das Epithel schräg getroffen ist; doch reicht er über den vorderen Abhang des gleich hinter der Herz-Leberwölbung gelegenen Cutishügels hinaus und geht etwas auf diese über. Seine Breite beträgt im allgemeinen 600 μ.

Die kaudale Fortsetzung des Epithelsaums zeichnet sich gleichfalls durch die hohe Basalschicht aus. Darüber liegen noch 1—2 Zelllagen. Die Höhe beträgt etwa das Doppelte von der der einfachen Epidermis. Manchmal sind in dem Epithelstreifen die Zellen an einer Stelle dichter gestellt und prominiren etwas gegen die

Cutis zu, die dann öfters eine kleine Delle aufweist (vergleiche Fig. 16 von Kallius, ähnlich meine Fig. 19).

Bevor die untere Extremität in Schnitt kommt, vertieft sich der Saum erhöhten Epithels in seiner Mitte etwas, so dass eine flache Einsenkung entsteht, die mit einer geringen Erhöhung des Epithels in Verbindung tritt. Im Gebiet dieser speciellen Bildung wird die untere Extremität zuerst getroffen (Fig. 20). Durch die Extremität wird der Epithelstreifen in einen ventralen und dorsalen Ast getheilt. Der dorsale liegt zum grössten Theil auf der Extremität selbst, steht aber mit dem Epithelwulst auf der Kante der Extremität nicht durch gleich hohes Epithel in Verbindung. Seine kaudale Begrenzung ist nicht sicher zu bestimmen. Der ventrale Theil steht in ununterbrochenem Zusammenhang mit dem sehr hohen Epithel des Geschlechtshöckers und dem hohen Epithel der Beugeseite der Extremität.

Kranialwärts geht der erhöhte Epithelsaum bis zur oberen Extremität, durch die er ebenfalls gespalten wird. Er ist deutlich gekennzeichnet durch die hohe Basalschicht; darüber finden sich noch zwei Zellreihen, später nur noch 1—2; im dorsalen Ast des durch die Extremität zwiegetheilten Epithelsaums sind überhaupt meist um zwei Zellschichten vorhanden. Der ventrale Ast fällt in den meisten Schnitten in den Bereich des durch die leider abgebrochene Extremität entstandenen Defektes. Der dorsale lässt sich noch ein Stück kranialwärts verfolgen, wird aber schliesslich auch in den Defekt mit einbezogen. In weiter kranialwärts gelegenen Schnitten bemerkt man eine bedeutende Verdickung des vor der Extremität gelegenen Epithels, das direkt in das Epithel des Sinus praecervicalis übergeht.

Linke Seite:

Eine circumscripte Epithelwucherung lässt sich in einem Saum erhöhten Epithels 320 μ unterhalb des Ansatzes der auf dieser Seite nicht abgebrochenen Extremität zuerst erkennen. Sie liegt auf einem anfangs niedrigen Cutishügel. Bereits im sechsten Schnitt ist ihr Querschnitt linsenförmig. Die Basis wechselt ihre Form öfters. Etwa vom zwölften Schnitt ab ist die Anlage durch stark gewölbte Begrenzungsflächen ausgezeichnet und erscheint sehr hoch. Im 21. Schnitt stellt sie eine sehr stark prominirende, schmale, mit gleichfalls recht schmaler Einsenkung in die Cutis versehene Bildung dar, die eine eigenthümliche Form hat (Fig. 21). Diese verliert sich rasch, und die Epithelwucherung gleicht dann etwa der Fig. 5 von Kallius. Allmählich wird sie flacher, beetartig und ähnlich der Fig. 15 von K. Unter langsamem Abnehmen der Cutiserhebung geht sie in das erhöhte Epithel der Nachbarschaft über, nachdem sie in 51 Schnitten sichtbar gewesen war. Ihre Länge betrug also gut 1 mm. Der histologische Bau ist genau derselbe wie auf der rechten Seite. — Eine Andeutung von Vermehrung der Cutiszellen in der Umgebung der Anlage ist vorhanden.

	Form	Breite	Höhe
6. Schnitt	flach-linsenförmig	200 μ Cutisdelle 150—170 μ	72 μ
13. "	"	175 μ Cutisdelle 145 μ	85 μ
21. "	sehr hoch, bikonvex	145 μ Einsenkung der Basis 104 μ. Breite d. prominirenden Theils 115 μ	90 μ
26. "	linsenförmig	145 μ	90 μ
36. "	flach	160 μ	40 μ

Der Epithelsaum zeigt neben der Anlage dieselben Verhältnisse wie auf der rechten Seite, ebenso auch seine kaudale Fortsetzung.

Kranialwärts von der isolierten Epithelverdickung besitzt er zunächst 2—3 Zellschichten, später nur noch zwei; typisch ist wiederum die hohe Basalschicht. An der Stelle, wo die Extremität mit dem Körper in Verbindung tritt, ist ebenso wie auf der rechten Seite das Epithel noch mehr erhöht. Man sieht den Uebergang des Epithelsaums auf die Extremität sehr deutlich: dort geht er allmählich in das gleichfalls erhöhte, aber doch nicht ganz so hohe Extremitätenepithel über. Der dorsale Ast des Saums lässt sich nur eine beschränkte Anzahl von Schnitten kranialwärts weiter verfolgen; dagegen ist der ventrale, der mit dem hohen Epithel des Sinus praecervicalis weiter kranialwärts zusammenhängt, hoch herauf sichtbar.

Ein gut gelungenes Plattenmodell in 15facher Vergrösserung, zu dem jeder dritte Schnitt benützt wurde, giebt die Verhältnisse der Milchdrüsenanlage und des Epithelsaums sehr deutlich wieder.

Die isolirte Epithelverdickung, die „Milchdrüsenanlage", beginnt wenig unter dem Extremitätenansatz, etwas nach hinten von der „mittleren Axillarlinie". Sie geht fast gerade, etwas dorsalwärts abweichend, nach abwärts. Die Prominenz, bedingt durch Cutis- und Epithelerhebung kommt sehr gut zur Geltung, und zwar tritt die Hervorragung im kranialen Theil viel stärker hervor, entsprechend den Verhältnissen der Cutis und des Epithels. Die Milchdrüsenanlage präsentirt sich also als eine deutliche, wenn auch kurze Leiste, die etwa Keulenform hat. Der Streifen erhöhten Epithels, in dessen kranialstem Theil sich die Milchdrüsenanlage erhebt, zieht parallel der Rückenkrümmung des Embryo, dorsal von der Herz-Leberwölbung gelegen und ein wenig auf diese übergreifend in etwas schwankender Breite vom Schulter- zum Beckengürtel. Die Extremitäten werden von dem erhöhten Epithel mit Ausnahme der linken unteren nicht vollständig umfasst; auch bei der linken unteren ist aber das ihr allein zukommende Umfassungsstück sehr schmal.

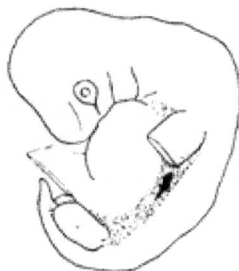

Figur 1.
Linke Seite des Plattenmodells von H. s. Bul. I.
Die Milchdrüsenanlage ist schwarz gehalten, das Gebiet des erhöhten Epithels durch die Punktierung gekennzeichnet. Die obere Extremität ist theilweise abgeschnitten, damit die Milchdrüsenanlage deutlich sichtbar wird.

Der Uebergang auf den Geschlechtshöcker, wo das erhöhte Epithel des rechten und des linken Streifens zusammentrifft, kommt gut zum Ausdruck. Nach dem Modell scheint es, als ob das erhöhte Epithel auch auf die Seitenflächen des Schwanzes überginge. Dazu muss ich aber bemerken, dass das Epithel in den kaudalsten Schnitten häufig so schräg getroffen war, dass es nicht leicht war, erhöhtes und schräg getroffenes, scheinbar erhöhtes Epithel zu unterscheiden; bei einer wiederholten Untersuchung der Schnitte sind mir doch Zweifel aufgestiegen, ob es richtig war, in den betreffenden Platten des Modells erhöhtes Epithel zu markiren.

H. s. Hild. 1.

Der in Alkohol gehärtete Embryo maass 11 mm St.-Nl. und K.-Stl. In seinem äusseren Aussehen entspricht er ziemlich genau dem von HUGO SCHMIDT

beschriebenen. Seine geringere Länge ist durch die starke Längs- und Seitenkrümmung bedingt. Diese und eine beträchtliche Torsion in der Längsachse machen
es auch, dass man keine reinen Querschnittsbilder erhält. In Folge dessen die
Orientirung an den Schnitten oft schwierig ist. Das Epithel ist häufig sehr schräg
getroffen.

Der Embryo ist in 698 Querschnitte zu 15 μ zerlegt. Färbung: Hämatoxylin,
Eosin.

Angaben über eine äusserlich sichtbare Milchdrüsenanlage habe ich nicht. Eine
sehr sorgfältig ausgeführte, mir zur Verfügung stehende Zeichnung des Embryo
zeigt keine Andeutung einer solchen oder einer Leiste.

Mikroskopischer Befund:

Das Epithel ist nicht immer erhalten: 1—2 schichtig.

Rechte Seite:

Die ersten Spuren der Milchdrüsenanlage findet man ganz schräg getroffen auf
einem etwa ¹₂ mm vor dem Ansatz der Extremität, in der Höhe der oberen Begrenzung der Achselhöhle gelegenen Cutisbuckel, der eine plateauartige Oberfläche
besitzt. Die unmittelbar davor gelegenen Schnitte sind an der entsprechenden Stelle
defekt. Erst im fünften Schnitt ist die Form der Anlage deutlich erkennbar. Die
Querschnitte zeigen die Anlage in einem frühen Zapfenstadium. Der Zapfen ist
etwas schräg in die Cutis eingesenkt. Im Grossen und Ganzen gleicht sie der von
Herrn Schuster für seinen Embryo von 15 mm abgebildeten Milchdrüsenanlage, noch
mehr seiner Fig. 31, die ein zapfenförmiges „hypertheliales" Gebilde darstellt. Der
Epithelhaufen ist von der Cutis etwas abgelöst. Die Basis liegt in Folge der Cutiserhebung trotz der beträchtlichen Einsenkung immer noch 130 μ über der Umgebung. Die Anlage (Fig. 23, 24), welche beiderseits von einem Saum recht hohen
Epithels umgeben ist, nimmt rasch an Tiefe zu und geht dann mit wieder ab-
nehmender Tiefe auf den Schnitten mehr in eine Art Linsenform über; an der
Basis der stark gewölbten Linse befindet sich ein zapfenförmiger Vorsprung. Nachdem die Milchdrüsenanlage in einigen Schnitten in Folge der ungünstigen Schnittrichtung kaum zu erkennen war, wird sie im 19. Schnitt als eine kleine linsenförmige Epithelanhäufung auf dem Gipfel des jetzt nicht mehr plateauförmigen
Cutishügels sichtbar; ventralwärts greift die Epithelwucherung noch etwas auf die
Vorderfläche des Hügels über. Diese verschiedenen Querschnittsbilder lassen sich
alle auf die eigenthümliche Form der Anlage zurückführen, die in Fig. 24 so deutlich sichtbar wird. Sie stellen demnach die Querschnitte einer einheitlich ausgebildeten Anlage dar. Die Anlage hat eine Länge von 24×15 = 360 μ. Die sie zusammensetzenden Zellen sind dicht gedrängt und zeigen keine Differenzirung.

Die Cutis weist eine schmale koncentrische, durch die Anordnung der Zellkerne und streifige Zwischensubstanz charakterisirte Wucherung auf, die Areolarzone nach Klaatsch. Maasse:

	Form	Breite	Höhe
6. Schnitt	Linsen-Zapfenform	160 μ Cutisdelle 100 μ	95 μ
10. „	Zapfenform	160 μ Cutisdelle 120 μ	160 μ
15. „	Linsenform	170—180 μ Cutisdelle 140 μ	93 μ

Es ist wohl sicher anzunehmen, dass die Milchdrüsenanlage als eine geringe Erhebung (Cutis- und Epithelerhebung) äusserlich sichtbar war.

Ventral und dorsal von der Milchdrüsenanlage war in den Schnitten eine die Seitenflächen des Hügels einnehmende beträchtliche Epithelverdickung zu sehen, die 2—4 Zellschichten zeigte. In den letzten Schnitten, in denen die Milchdrüsenanlage noch sichtbar war, wurde der Epithelsaum viel unbedeutender. Kaudalwärts der Drüsenanlage ist er noch in einigen Schnitten deutlich, dann nicht mehr.

Kranialwärts setzt er sich, wie es scheint, aber in Folge der häufigen Schrägschnitte nicht sicher angegeben werden kann, in wechselnder Breite bis zur Extremität, und vor ihr noch etwas weiter nach oben zu fort.

Linke Seite:

Erste Spur der Milchdrüsenanlage im vierten Schnitt unterhalb des Extremitätenansatzes. Die Anlage gewinnt sehr rasch eine Zapfenform, oder besser gesagt eine Art Glockenform (Fig. 22), wobei man sich die Oeffnung der Glocke durch eine konvexe Begrenzung geschlossen denken kann. Die Abbildung giebt die eigenthümliche Form gut wieder. Man sieht daraus, dass zur Maassangabe es durchaus nicht genügt, den Abstand des Cutiswalls, d. i. den Durchmesser der Cutisdelle anzugeben. Durch die Abbildung wird es auch erklärlich, dass die kaudalsten Schnitte, in denen die Anlage noch getroffen wird, diese als eine flache Linse erscheinen lassen. Die Zellen der Anlage stehen sehr dicht und sind nicht differenzirt. Länge der Anlage 375 μ.

Maasse:

	Breite	Höhe
5. Schnitt	170 μ Cutisdelle 130 μ	75 μ
11. „	150 μ	120 μ
15. „	150 μ	75 μ

Die Cutis zeigt eine deutliche „Areolarzone", kenntlich durch die Stellung der Kerne und Anordnung der Zwischensubstanz. Diese Areolarzone steht durch eine Cutiszellenwucherung mit einer tiefer gelegenen, der Oberfläche parallelen Cutiszellenanhäufung, der „Stromazone" in Verbindung.

Die Milchdrüsenanlage liegt auf dieser Seite auf keiner Cutiserhöhung.

Seitlich von ihr ist das Epithel etwas erhöht. Das erhöhte Epithel lässt sich kranialwärts, nicht aber kaudalwärts auf eine Strecke verfolgen.

II. s. R.-Hg.

Der von WALLENSTEIN in seiner Dissertation genau beschriebene pathologische Embryo maass 10 mm St.-Nl. Diesem Maass entsprach auch seine äussere Entwicklung. Seine rechte Körperhälfte erwies sich bei der äusseren Betrachtung stärker entwickelt als die linke. An der Bauchfläche hatte er einen grossen Defekt. Die Extremitäten fehlen bis auf die linke untere.

Der Embryo wurde im Stück mit Hämateïn gefärbt, die Serienschnitte zu 15 μ mit Eosin nachgefärbt.

WALLENSTEIN fand bei der mikroskopischen Untersuchung eine mangelhafte Entwicklung der stark mit Rundzellen durchsetzten linken Körperhälfte. Er nimmt an, dass die rechte Körperhälfte erst kurz vor oder während des Aborts abgestorben sei, die linke „nicht lange vorher".

Aeusserlich war eine Milchdrüsenanlage nicht bemerkt worden. — Das Epithel
ist nicht immer erhalten. Es ist in den dorsalen Partien 1—2 schichtig, nicht
hoch. An den Seiten ist es oft durch eine hohe Basalschicht ausgezeichnet, darüber
liegt eine zweite, flache Schicht.

Rechte Seite:
Die Milchdrüsenanlage wird zuerst im 20. Schnitt unterhalb des Extremitätenansatzes sichtbar. Sie war schon einige Schnitte vorher durch Stromawucherung
angekündigt und liegt auf einem kuppelförmigen Cutishügel, der seit einigen
Schnitten aufgetreten war. Die anfangs nicht sehr deutliche, linsenförmige Anlage
nimmt rasch an Breite und Tiefe zu und zeigt im 6. Schnitt eine Andeutung von
Zapfenform, die aber nur äusserst wenig ausgesprochen ist (Fig. 25). Sie wird rasch
wieder typisch linsenförmig. Auf ihrer Oberfläche kann man bisweilen eine centrale Delle bemerken, die vielleicht durch Zellenausfall zu Stande gekommen
ist. Vom 11. Schnitt an wird die Anlage wieder kleiner und ist im 31. verschwunden. Die Zellen der Epidermiswucherung sind deutlich in 2 Gruppen
differenzirt, in eine periphere, hauptsächlich basale, welche eine Fortsetzung der
Basalzellen der Nachbarschaft darstellt und deren Kerne stärker gefärbt sind, und
eine centrale mit weniger intensiv gefärbten Kernen. Die oberflächlichste Zellschicht — im Ganzen finden sich bis zu 10—12 Zellen in unregelmässiger Schichtung
über einander — zeichnet sich durch plattere Zellen mit länglichen Kernen aus.

Maasse:

	Breite	Höhe
6. Schnitt	147 μ	90 μ
	Cutisdelle 133 μ	
11. "	190 μ	100 μ
	Cutisdelle 160 μ	
16. "	160 μ	80 μ
21. "	120 μ	55 μ

Die Cutis, deren unter der Milchdrüsenanlage gelegenen Zellen eine geringe
Proliferation zeigen, bildet einen etwa $\frac{1}{2}$ mm breiten Hügel, der unmittelbar hinter
der Herzleberwölbung sich erhebend, gegen diese sanft abfällt. Die Basis der auf
seiner Kuppe gelegenen epithelialen Milchdrüsenanlage liegt 60—100 μ über dem
Niveau der Umgebung. Da nun die Oberfläche der Epithelwucherung ihre aller-
nächste Umgebung um gut $\frac{2}{3}$ ihrer Höhe überragt, ist es sehr wahrscheinlich, dass
man bei genauerem Zusehen doch eine Spur der Milchdrüsenanlage gesehen hätte.
Das ventral und dorsal von der Anlage gelegene Epithel zeigt eine hohe Basalschicht und darüber eine Lage platter Zellen. Die Breite dieses Saums ist schwan-
kend. Ob sich dieser Saum kaudalwärts fortsetzt, kann ich nicht entscheiden, da
das Epithel häufig fehlt oder seine oberflächlichsten Zellen verloren hat.
Kranialwärts kann man das differenzirte Epithel bis zur Extremität und noch
weiter aufwärts vor der Extremität verfolgen, doch ist es nicht so gut begrenzt
wie bei H. s. Bul. I. und H. s. W.-P.
Linke Seite:
Die ersten Spuren der Milchdrüsenanlage zeigen sich etwas vor und unterhalb
des Extremitätenansatzes als eine sehr schräg getroffene Epithelwucherung auf

einem seit einigen Schnitten bestehenden, steil abfallenden Cutiskegel; in den nächsten Schnitten ist sie deutlich von dem auf dieser Seite sehr zellreichen Cutisgewebe, das in ihrer Umgebung eine geringe Proliferation der Zellen aufweist, zu unterscheiden als ein stark bikonvexes Epithelgebilde. Die obersten Zellen sind theilweise ausgefallen. Die Basis der 120 μ breiten Anlage liegt 80 μ über dem Niveau der Umgebung des Hügels. In den kaudal davon gelegenen Schnitten wird der Cutishügel und die Epitheleinsenkung flacher; die Zellen der Anlage sind zum grössten Theil ausgefallen. Schliesslich sind nur noch die basal liegenden Zellen erhalten, deren Form und Stellung erkennen lässt, dass die Anlage noch in den Schnitt kommt. Sie nimmt die Spitze des jetzt sehr niedrigen Hügels ein. Ihre Basis war schon vom 16. Schnitt an plan. Die Länge der Anlage beträgt etwa 360 μ. Kranialwärts und kaudalwärts von der Milchdrüsenanlage findet man in wechselnder Breite das schon mehrfach erwähnte, durch eine hohe Basalschicht mit darüberliegender flacher Zellreihe ausgezeichnete Epithel, das besonders direkt unterhalb der Milchdrüsenanlage von ziemlicher Höhe ist. Seine dorsoventrale Ausdehnung ist recht beträchtlich, viel grösser als bei den 3 zuerst beschriebenen Embryonen.

Das dorsal von ihm gelegene Oberflächenepithel ist flacher. 1—2 schichtig.

1 mm kaudalwärts von der Milchdrüsenanlage trifft man im dorsalen Körpergebiet, etwa seitlich aussen von der ventralen Wand des Centralkanals eine linsenförmige Epithelbildung, gerade an der dorsalen Grenze des eben besprochenen Epithels. Dies 105 μ breite, 30 μ hohe und 60 μ lange Gebilde zeigt eine bis zwei Reihen basaler Zellen, die eine Fortsetzung der Basalzellen der Nachbarschaft sind. Darüber liegen vereinzelte Zellen in unregelmässiger Anordnung. Eine Abbildung (Fig. 26, 26 a) wird den Bau am besten klar machen. Seine regelmässige Form, der Umstand, dass es deutlich durch 4 Schnitte in Linsenform zu verfolgen ist, scheint mir dafür zu sprechen, dass es sich nicht um das Schnittbild einer Epithelfalte handelt.

Ich habe ausser diesem Gebilde und der Milchdrüsenanlage keine Epithelwucherung am ganzen Embryo finden können. Ich hielt mich in Hinblick auf den Entwicklungszustand der Milchdrüsenanlage und auf das vereinzelte Vorkommen dieses Gebildes an einem Ort der Körperoberfläche, der zu dem durch den Schmidt'schen „Milchstreifen" bezeichneten Gebiet nicht gehört, für berechtigt, den Embryo der Gruppe von Embryonen zuzutheilen, welche die Schmidt'schen hyperthelialen Epithelwucherungen noch nicht besitzen.

Einen eigentlichen „Saum" erhöhten Epithels, einen Streifen, kann man an diesem Embryo nicht konstatiren, wohl aber eine mehr diffuse Epithelverdickung oder besser gesagt Epitheldifferenzirung an der Seite des Körpers.

Fassen wir nun einmal vorläufig in Kürze die Resultate unserer Untersuchung bei diesen 5 aus den ersten Tagen des zweiten Embryonalmonats stammenden Embryonen zusammen, so finden wir:

1. Die Milchdrüsenanlage stellt bei den Embryonen, bei welchen ihre Anlage noch sehr jung ist, eine Epithelwucherung dar, welche auf ihren verschiedenen Querschnitten das Bild eines Hügels oder einer mehr oder minder deutlichen Linse giebt (H. s. W.-P., H. s. J.$_2$); bei etwas älteren (H. s. Bul. I) Stadien kann neben dem hügel- und linsenförmigen auch ein zapfenförmiger Querschnitt angedeutet sein; bei noch weiter ausgebildeter Milchdrüsenanlage ist das Querschnittsbild linsen- oder zapfenförmig (H. s. Hild. I. H. s. R.-Hg.).

2. Die Längsausdehnung der Milchdrüsenanlage übertrifft die Breitenausdehnung stets erheblich (bis zu 5 mal bei H. s. Bul. I).

3. Die Milchdrüsenanlage kann eine Art rudimentärer, nur kranialwärts ausgebildeter Milchleiste, d. i. eine lineäre Epithelwucherung, darstellen, die meistens ihre grösste Erhebung in ihrem kranialen Theil hat
und bis 1 mm (H. s. Bul. 1) lang werden kann. Diese Erhebung wird
bisweilen noch durch eine Cutiserhebung, auf der die Anlage liegt,
verstärkt.

4. Es besteht keine vollständige Uebereinstimmung in der Entwicklung der Milchdrüsenanlage bei gleichaltrigen Embryonen (vergl.
Hugo Schmidt's Untersuchungen), sogar nicht einmal bei einem Embryo
auf der rechten und linken Seite.

5. Eine Wucherung der Cutiszellen in der Umgebung der Milchdrüsenanlage fehlt bei den allerjüngsten Embryonen.

6. Die Milchdrüsenanlage liegt in einem Gebiet erhöhten Epithels.
Bei Embryonen mit noch nicht weit fortgeschrittener Milchdrüsenentwicklung (H. s. W.-P., H. s. J₂, H. s. Bul. I bildet das erhöhte
Epithel einen ungefähr gleichbreiten, vom Schulter- zum Beckengürtel
ziehenden Streifen. Sein hohes Epithel steht in Zusammenhang mit
dem gleichfalls erhöhten Epithel der Extremitäten, des Geschlechtshöckers und des Sinus praecervicalis. Die Milchdrüsenanlage liegt etwa
in der Mittellinie des Epithelstreifens in seinem kranialsten Bezirk, doch
so, dass kranial von ihr noch ein Stückchen des Streifens frei bleibt.

7. Die Milchdrüsenanlage stellt die einzige zu dieser Zeit vorhandene circumscripte Epithelwucherung dar (abgesehen von dem kleinen
linsenförmigen Gebilde bei H. s. R.-Hg.); es finden sich also weder
Haar- noch Hautdrüsenanlagen anderer Art.

III. Gruppe.

Embryonen, welche neben der Milchdrüsenanlage Schmidt'sche hypertheliale Gebilde aufweisen.

1. H. s. Born I.	6. H. s. A.-Kl.
2. H. s. Schott. II.	7. H. s. K₁₅.
3. H. s. Born II.	8. H. s. K₃₂.
4. H. s. J₂.	9. H. s. 115.
5. H. s. W.-K.	

H. s. Born I.

Der von Herrn Prof. Keibel schon mehrfach citirte ♀ Embryo war in Sublimat fixirt und hatte eine St.-Nl. von 17 mm, eine K.-Stl. von 20 mm. Der gut
erhaltene Embryo, dessen Extremitäten abgeschnitten worden waren, wurde in eine
Serie von Querschnitten zu 20 μ zerlegt.

Färbung: Hämatoxylin, Eosin.

Auf das äussere Aussehen der Milchdrüsenanlage war nicht geachtet worden.
Ich will gleich hier bemerken, dass von der für uns wichtigen Gegend, d. i.
dem Thorax, ein Plattenmodell in 25facher Vergrösserung hergestellt wurde, das

auch das Gesicht des Embryo umfasst. Da jeder 2. Schnitt für das Modell benützt wurde, erhielt ich eine sehr gute Nachbildung des Embryo. Die Maasse für die Entfernungen der im Folgenden beschriebenen Epithelwucherungen von einander und von der Mammillarlinie sind am Modell genommen.

Mikroskopischer Befund:

Die Epidermis ist meistens gut erhalten, aber oft nicht quer von der Schnittebene getroffen. Sie hat am Körper gewöhnlich 2 Schichten, in den dorsalsten Partien oft nur eine einzige. Die Cutis ist von dem darunter liegenden Gewebe sehr gut zu unterscheiden.

Die Schnitte werden in kranio-kaudaler Richtung durchgesehen.

Rechte Seite:

R₁[1]) Auf der Brust bemerkt man eine Epithelwucherung, welche ebenso wie das benachbarte Epithel schräg getroffen ist; sie ist flach-linsenförmig, etwa wie Fig. 16 von Herrn Schmidt. 105 μ breit, 120 μ lang. Sie liegt gut 0,5 mm einwärts von der Mammillarlinie[2]). 1 mm oberhalb der Milchdrüsenanlage.

R₂ 100 μ unterhalb des Randes von R₁; schräg getroffen; flach-hügelförmig (etwa wie Fig. 49 von Herrn Schmidt) 80 μ lang; 0,2 mm innerhalb der Mml. (= Mammillarlinie).

R₃ 40 μ unterhalb des Randes von R₂; in den ersten drei Schnitten hügelförmig (wie Fig. 49 von Herrn Schmidt); im weiteren Verlauf linsenförmig, ziemlich prominirend; stärkere Färbung der basalen Zellen. Die Cutiszellen stehen in der Nähe etwas dichter. 120—125 μ breit, 120 μ lang; fast senkrecht unter R₁, ein wenig auswärts davon gelegen.

Das Epithel vor der Extremität ist in dieser Gegend 3schichtig.

R₁ erscheint im nächsten Schnitt unterhalb R₃; anfangs flach, dann hügelförmig, hierauf linsenförmig und wieder umgekehrt; an den Schnitten, in denen das Querschnittsbild linsenförmig ist, erscheint die Wucherung auf einer Cutiserhebung gelegen. 120 μ breit, 160 μ lang; wenig vor der Extremität. (Zwischen dieser und R₁ hohes 3faches Epithel). 0,52 mm ausserhalb der Mml.

R₅ erscheint im letzten Schnitt von R₁: zuerst hügel-, dann linsenförmig, hierauf wieder hügelförmig. Oberfläche prominirend; etwa wie Fig. 19 von Herrn Schmidt. 140 μ lang. 115—80 μ breit (80 μ als linsenförmiger Querschnitt), 40—45 μ hoch; fast dicht unter R₂ und R₃, also etwa 0,5 mm einwärts von der Mml. gelegen.

R₄ beginnt im dritten Schnitt von R₅; hügel- und linsenförmig, prominent; 115 μ breit, 140 μ lang, ½ mm auswärts von der Mml.; 120 μ oberhalb der oberen Wand der Achselhöhle.

R₂ (H.D.A.[3]).

Die Milchdrüsenanlage beginnt zuerst durch eine tiefer gelegene Wucherung der Cutis, die Stromazone nach Rein, hierauf durch die koncentrisch angeordnete Areolarzone angekündigt, unterhalb des Randes von R₄. Die kolbenförmige, weithalsige Epithelwucherung, die eine beginnende sekundäre Sprossung vermuthen lässt und deren oberflächlichste Zellschichten fehlen, lässt eine peripher liegende Zellgruppe mit stärker gefärbten Kernen und eine centrale mit blassen Kernen erkennen; die centralen Zellen stehen weniger dicht. 200 μ breit und

---

[1]) Ich bezeichne durchweg jede Epithelwucherung am Körper mit dem Anfangsbuchstaben der Seite (R, L) und numerire sie in kraniokaudaler Richtung.

[2]) Diese liegt 2,3 mm ausserhalb der Medianlinie, 0,5—1,0 mm vor der Extremität.

[3]) = Haupt-Drüsen-Anlage.

tief. (Die Tiefenangabe ist thatsächlich zu klein, da ja die oberflächlichsten Zellen fehlen.) 180 μ lang. Etwa 1 mm vor und etwas unterhalb der oberen Achselhöhlenbegrenzung.

R_8 (Fig. 30) erscheint schon einen Schnitt unterhalb R_7; eine flache Wucherung, die in einem Schnitt in der Mitte eine kleine Einsenkung zeigt. 120 μ lang, 1 mm auswärts von der Mml.

R_9 einen Schnitt unterhalb des Randes von R_8; flach-linsenförmig, 110 μ lang; 0,7 mm auswärts von der Mml.

Das Epithel ist unterhalb der H.D.A. meist nur in einer Schicht erhalten und diese ist oft in Folge der ungünstigen Schnittebene kaum von den oberflächlichen Cutiszellen zu unterscheiden.

In der Inguinalgegend ist keine isolirte Epithelwucherung zu sehen.

Linke Seite:

Der durch die Entfernung der Extremität entstandene Defekt geht weiter ventralwärts als rechts.

L_1 (Fig. 27) flach-linsenförmig; ebenso wie das benachbarte Epithel schräg getroffen. 115 μ breit und lang; etwa 0,8 mm oberhalb des Niveaus der H.D.A., etwa 1 mm von dieser entfernt. 0,7 mm einwärts von der Mml. [1])

L_2 erscheint im vorletzten Schnitt von L_1; eine unbedeutende, von den Cutiszellen schwer abzugrenzende Epithelwucherung: es ist überhaupt nicht ganz sicher, ob es sich um eine wirkliche Epithelwucherung handelt. 60 μ lang; 0,4 mm einwärts von der Mml.

L_3 80 μ unterhalb des Randes von L_2. Unmittelbar vor dem durch die Entfernung der Extremität entstandenen Defekt befindet sich eine etwa ½ mm lange Leiste erhöhten Epithels, deren vorderes Ende sich in Folge einer geringen Cutiserhebung von der Umgebung abhebt und von L_3 eingenommen wird, dessen Durchschnitt zuerst hügel-, dann linsenförmig, hierauf wieder flach-hügelförmig erscheint. Ueber die Wucherung hinweg zieht eine Schicht platter Zellen. 90 μ breit, 120 μ lang, 0,4 mm ausserhalb der Mml.

In den gleichen Schnitten wie L_3 liegen auch die Wucherungen L_4, L_5, L_6 so dass also gleichzeitig 4 Epithelialgebilde zu sehen sind (Fig. 28).

L_4 beginnt gleichzeitig mit L_3; linsenförmig; etwas flacher als Fig. 27 von Hugo Schmidt; am Rande hügelförmig. Es scheinen Zellen der Anlage und des benachbarten Epithels ausgefallen zu sein. 80 μ breit, 120—140 μ lang. ½ mm ventral von L_3, etwas auswärts von der Mml.

L_5 beginnt gleichzeitig; schräg getroffen; flach-linsenförmig; 140 μ lang; über ½ mm vor L_4. ½ mm einwärts von der Mml.

L_6 wird im vierten Schnitt von L_3 als eine hügelförmige Wucherung in der Mitte des hinter L_3 gelegenen hohen Epithels gesehen, etwa wie Fig. 9 von Hugo Schmidt. 65 μ breit, 60 μ lang.

In den folgenden Schnitten wird das erhöhte Epithel wieder flacher. Uebrigens hatte es sich schon vorher nicht mehr so scharf gegen das vor ihm gelegene gleichfalls etwas erhöhte Epithel abgehoben, wie anfangs, als es auftrat.

L_7 120 μ unter L_6; eine kleine nur theilweise sichtbare Epithelwucherung am Rande eines Defekts. 0,3 mm einwärts von der Mml.

L_8 (H.D.A.) (Fig. 29) erscheint, schon vorher durch Stroma- und Areolarwucherung angekündigt. 200 μ unterhalb von L_7. Kolbenförmig; Andeutung sekundärer Sprossbildung. Die oberflächlichen Zellen fehlen bisweilen. 200 μ breit, 180 μ lang.

---

[1]) Die Mml. liegt 2,3 mm ausserhalb der Medianlinie.

L_9 20 μ unter L_8 (H.D.A.); die niedrige, mit einer centralen Einsenkung in die Cutis versehene Wucherung ist schliesslich nur noch als eine flache Epithelverdickung zu verfolgen. 80 μ lang. Fast 1 mm a. d. Mml.

L_{10} eine flache, linsenförmige, direkt auf L_9 folgende, aber nur $\frac{1}{2}$ mm a. d. Mml. gelegene, 120 μ lange Epithelwucherung.

Weiter abwärts, auch in der Inguinalgegend, keine Spur einer Epithelwucherung. — Haaranlagen oder Hautdrüsenanlagen finden sich, abgesehen von den bis jetzt beschriebenen Gebilden, nicht. Es ist leicht möglich, dass in den kleinen Epitheldefekten, die hie und da am Thorax vorkommen, eine Epithelwucherung enthalten war. Im allgemeinen aber wird die von uns gefundene Zahl ungefähr die den wirklichen Verhältnissen entsprechende sein.

Wir fanden rechts, abgesehen von der H.D.A., 8 Epithelwucherungen; davon liegen

oberhalb der H.D.A. 6, und zwar $\begin{cases} \text{a.[1] d. Mml. 2} \\ \text{i.[1] d. Mml. 4} \end{cases}$

unterhalb der H.D.A. 2 und zwar $\begin{cases} \text{a. d. Mml. 2} \end{cases}$

Links sind es 9; davon liegen

oberhalb der H.D.A. 7 und zwar $\begin{cases} \text{a. d. Mml. 4} \\ \text{i. d. Mml. 3} \end{cases}$

unterhalb der H.D.A. 2 und zwar $\begin{cases} \text{a. d. Mml. 2} \end{cases}$

Ueber ihre genauere Lage zu einander werde ich später zu sprechen Gelegenheit haben. Die Abbildungen des Modells geben eine gute Vorstellung von den Lageverhältnissen.

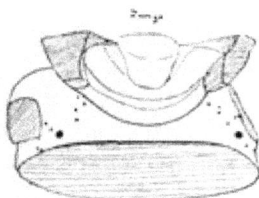

Figur 2.

Plattenmodell von H. s. Born I, von vorn gesehen. Der Gesichtstheil des zerlegbaren Modells ist abgenommen. Die definitive Milchdrüse ist kräftiger markirt als die „hyperthelialen Gebilde".

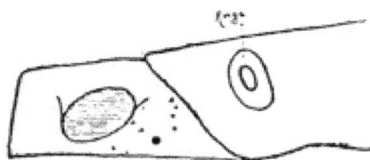

Figur 3.

Dasselbe von der rechten Seite gesehen mit dem Gesichtstheil

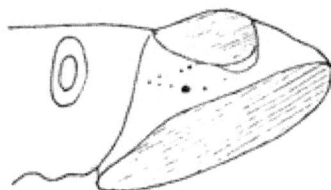

Figur 4.

Dasselbe von der linken Seite gesehen.

[1]) d. i. ausserhalb bezw. innerhalb.

H. s. Schott. II.

Der äusserlich bis auf einen Defekt am Rücken gut erhaltene ♂ Embryo war in Alkohol gehärtet und maass 15.5 mm St.-Nl. und etwas über 19 mm K.-Stl. Er wurde nach Amputation der Extremitäten in 712 Serien-Querschnitte zu 20 μ zerlegt.

Färbung: Hämatein.

Aeusserlich war die Milchdrüsenanlage als eine kleine, etwas vertiefte, runde, weisse Stelle zu bemerken.

Um die Entfernungen der im Folgenden beschriebenen Epithelwucherungen von der Mml. feststellen zu können, wird ein sehr primitives Modell dadurch hergestellt, dass die diese Gebilde enthaltenden Schnitte auf Pappdeckel projicirt, ausgeschnitten und aufeinandergelegt werden. Diese Methode habe ich auch bei den weiterhin beschriebenen Embryonen angewandt.

Mikroskopischer Befund:

Das Epithel ist 1- bis 2-, meist 2schichtig, gewöhnlich gut erhalten.

Die Schnitte werden in kranio-kaudaler Richtung durchgesehen.

Rechte Seite:

R_1 flach linsenförmig. Oberfläche fast plan; ebenso wie das benachbarte Epithel schräg getroffen. 70 μ breit, 80 μ lang; unmittelbar vor der Extremität; 0.4 mm a. d. Mml.; [1] mm oberhalb der H.D.A.[1])

R_2 (Fig. 31) drei Schnitte kaudalwärts davon. Kleine konvexe Einsenkung des Epithels in die Cutis; wie Fig. 17 von Hugo Schmidt. Die starke Einsenkung, wie sie die citirte Abbildung zeigt, ist bloss in einem Schnitt sichtbar. 60 μ lang und breit. In der Mml.

R_3 im vierten Schnitt unterhalb R_2. Linsenförmig mit fast planer Oberfläche; etwa wie Fig. 18 von Hugo Schmidt. Die oberste Epidermisschicht zieht über die Epithelwucherung hinweg. Andeutung einer Areolarwucherung. 100 μ lang und breit. [1] mm vor der Extremität.

R_4 (H.D.A.) erscheint im 12. Schnitt darunter. Schon vorher Areolar- und Stromazone. Zwischen R_3 und der H.D.A. ist das Epithel so schräg getroffen, dass man es kaum von den Cutiszellen unterscheiden kann. Zuerst wird der oberflächliche Theil der H.D.A., dann die ganze H.D.A. und schliesslich nur noch ein von der Oberfläche abgeschnittenes Stück vom Schnitt getroffen. Das Epithel in der Umgebung und die oberflächlichen Schichten der H.D.A. fehlen. Man kann daher nicht unterscheiden, ob die Anlage einen weithalsigen Kolben oder einen Zapfen darstellt, der schräg in die Cutis eindringt. 150—200 μ breit, 160 tief, 140 lang, 3½ mm a. d. Medianlinie, [1] mm vor der Extremität.

R_5 (Fig. 32, 33) linsen- bis zapfenförmig, einen Cutisvorsprung einnehmend, im 10. Schnitt darunter. Mittelding zwischen Fig. 6 und 11 von Hugo Schmidt. Spur einer Areolarwucherung. 135 μ breit, 95 hoch (tief), 100 lang; ¼ mm i. d. Mml.

Weiter kaudalwärts findet sich keine Epithelwucherung. Das Epithel fehlt allerdings bisweilen. In der Inguinalgegend, wo das Epithel gut erhalten ist, keine Spur einer Epithelwucherung.

Linke Seite:

L_1 undeutliches, hügel- bis linsenförmiges Gebilde; 95 μ breit, 100 lang; ungefähr in der Mml. gelegen. [1] mm oberhalb der H.D.A.

L_2 (Fig. 34) im Schnitt darunter; ähnliche Form; 80 μ lang. Etwas i. d. Mml. Fig. 9 von Hugo Schmidt.

L_3 im zweiten Schnitt darunter; hügelförmig; vielleicht Schnittbild einer Epithelfalte; 120 μ lang; ⅔ mm i. d. Mml.

---

¹) d. i. oberhalb der Mitte der H.D.A.

L_4 (Fig. 35) im zweiten Schnitt darunter; hügel- bis linsenförmig, fast wie Fig. 16 von Hugo Schmidt; etwas stärker gewölbt. Deutliche Basalschicht. 120 μ lang und breit. 0,5 mm a. d. Mml.

L_5 (H.D.A.) im 10. Schnitt darunter. Schnittbilder wie rechts. Das Epithel der zapfen- bis kolbenförmigen Anlage ist theilweise ausgefallen, besonders das oberflächliche. Schmale, aber sehr deutliche Areolarzone. Stromazone. 200 μ breit, etwas über 200 μ tief: 240 μ lang. 3,6 mm a. d. Medianlinie.

L_6 30 Schnitte unter L_5. Linsenförmig, wie Fig. 2 von Hugo Schmidt. 100—120 μ breit, 140 μ lang, 1², mm i. d. Mml.

Weiter kaudalwärts findet sich keine epitheliale Wucherung mehr.

Die bis jetzt beschriebenen Epithelgebilde sind die einzigen, welche sich am ganzen Embryo finden lassen. Am Kopfe, dessen Epithel sehr gut erhalten ist, sieht man auch an den Stellen, wo Haare zuerst auftreten, also in der Augenbrauen-, Kinn- und Oberlippengegend, keine Spur von Haaranlagen.

Es ist bei diesem Embryo natürlich nicht ausgeschlossen, dass ein kleiner Epitheldefekt vielleicht einmal gerade eine Epithelwucherung enthielt, indessen kann man wenigstens von der Brust- und auch von der Inguinalgegend mit grosser Wahrscheinlichkeit annehmen, dass alle derartigen Gebilde bemerkt worden sind.

Es fanden sich „hyperthelinle" Gebilde

R. im ganzen 4. davon	oberhalb d. H.D.A. 3	a. d. Mml. 2
		in d. Mml. 1
	unterhalb d. H.D.A. 1	
		i. d. Mml. 1
L. im ganzen 5. davon	oberhalb d. H.D.A. 4	a. d. Mml. 1
		in d. Mml. 1
		i. d. Mml. 2
	unterhalb d. H.D.A. 1	
		i. d. Mml. 1

II. s. Born II.

Der ♂ Embryo, dessen Kopf mit vorn ziemlich weit heruntergehender Schnittfläche abgeschnitten ist, hat grosse Aehnlichkeit mit Fig. 24 der His'schen Normentafeln; sein Alter ist demnach auf 52—54 Tage zu schätzen.

Angaben über eine äusserlich sichtbare Milchdrüsenanlage habe ich nicht.

Der Embryo wurde in Querschnittsserien zu 20 und 40 μ zerlegt. Die für uns in Betracht kommenden Schnitte sind 20 μ dick.

Färbung: Hämatoxylin; Eosin.

Es wurde ein primitives Pappdeckelmodell hergestellt.

Mikroskopischer Befund:

Das Epithel hat 1—2, meist 2 Zellschichten; an einzelnen Stellen finden sich kleinere Defekte; ein besonders grosser etwas vor der r. Extremität, von dieser durch ein kurze Strecke erhaltenen Epithels getrennt.

Rechte Seite:

R_1 (Fig. 36). In einem Saum erhöhten Epithels findet sich eine linsenförmige Epithelwucherung, die gerade so wie die ähnliche in Fig. 24 von Hugo Schmidt von der Unterlage abgehoben ist sammt dem erhöhten Epithel.

85 μ breit, 100 μ lang; etwa 2,6 mm ausserhalb der Medianlinie.[1]

---

[1] Die H.D.A. fehlt auf dieser Seite, daher kann keine Mml. angegeben werden.

R_2 im 22. Schnitt darunter; konvexe Basis, Oberfläche mässig gewölbt. Die platte oberste Zellschicht der Umgebung zieht über die Epithelwucherung hinweg. 100 μ breit, 80 lang; fast $1/2$ mm vor R_1.

R_4 im 11. Schnitt darunter. Klein, linsenförmig mit planer Oberfläche; schräg getroffen; 80 μ lang; fast unter R_3, etwas weiter medianwärts gelegen.

Die H.D.A. fällt in das Gebiet des grösseren, tief in die Cutis reichenden Defektes.

Linke Seite:

L_1 (Fig. 37) linsenförmig, Oberfläche plan; deutliche Basalschicht; 120 μ breit, 100 lang; $1^1/_2$ mm a. d. Mml. in der Achselhöhle, 200 μ über der H.D.A. (Mitte-Mitte).

L_2 im 3. Schnitt unter L_1; linsenförmig; die obersten Zellschichten fehlen. Spur einer Areolarwucherung. 100 μ breit und lang; 1,5 mm vor L_1, also $^1/_4$ mm i. d. Mml.

L_3 (H.D.A): Im letzten Schnitt von L_2 wird die schon vorher durch Stroma- und Areolarwucherung angekündigte H.D.A. getroffen; kolbenförmig; Epithelzellen der Anlage ausgefallen; das Epithel der Umgebung fast bis zum Rande der H.D.A. erhalten. 260 μ breit und hoch, 200—220 μ lang. $2^1/_2$ mm a. d. Medianlinie.

Kaudalwärts von L_3 besteht in der Achselhöhle ein kleiner Defekt.

L_4 im 24. Schnitt unter L_3 (H.D.A.). Basis konvex, Oberfläche plan; die platte oberflächliche Epidermisschicht zieht darüber hinweg. 100 μ breit, 80 μ lang. 1 mm a. d. Mml.

L_5 (Fig. 38) im 4. Schnitt von L_4 auftretend; linsenförmig, etwa wie Fig. 40 von Hugo Schmidt, nur ist die Oberfläche planer; 130 μ breit, 140 lang, 0,5 mm i. d. Mml.

Weiter kaudalwärts, wie überhaupt am ganzen Körper, findet sich keine Epithelwucherung mehr.

Es waren sichtbar (abgesehen von der H.D.A.):

Rechts (Epithel sehr mangelhaft): 3 Epithelwucherungen, die, wenn man die nicht erhaltene H.D.A. gerade so weit von der Medianlinie entfernt annimmt wie links, ausserhalb der Mml. liegen.

$$\text{Links: 4; davon} \begin{cases} \text{oberhalb der H.D.A. 2} & \begin{cases} \text{a. d. Mml. 1} \\ \text{i. d. Mml. 1} \end{cases} \\ \text{unterhalb der H.D.A. 2} & \begin{cases} \text{a. d. Mml. 1} \\ \text{i. d. Mml. 1} \end{cases} \end{cases}$$

H. s. J$_{29}$.

Der 29 mm lange (K.-Stl.), in Alkohol konservirte ♀ Embryo war äusserlich gut erhalten. Die Milchdrüsenanlage war als eine ganz niedrige, kreisrunde Erhebung sichtbar.

Serienquerschnitte zu 20 μ. Färbung: Hämatoxylin. Es wurde ein Pappdeckelmodell hergestellt.

Mikroskopischer Befund:

Das 2—3schichtige Epithel ist meist gut erhalten, wenigstens in seinen tieferen Lagen. Die den Hals und die alleroberste Thoraxgegend enthaltenden Schnitte sind mangelhaft. Ein Objektträger mit 12 Schnitten, aus der oberen Thoraxgegend stammend, ist verunglückt.

Die Cutis ist sehr zellarm. In der Gegend der Augenbrauen und der Oberlippe zahlreiche Haaranlagen.

Rechte Seite:

R_1 Die nächsten 12 Schnitte oberhalb R_1 fehlen. R_1 liegt etwas vor der Extremität; linsen- bis zapfenförmig; ein Theil der Zellen ausgefallen. Form etwa wie Fig. 11 d von Hugo Schmidt. Keine Areolarwucherung. Fast 200 μ breit; 120 μ lang; $1^1\!/_2$ mm a. d. Mml.

R_2 (Fig. 39) im 2. Schnitt von R_1 auftretend. Hügel- bis linsenförmige, sehr stark prominirende Wucherung, ähnlich dem 21. Schnitt der Milchdrüsenanlage der l. Seite von H. s. Bul. I und R_2 bei H. s. Schott. II. Das dreischichtige Epithel der Umgebung zieht scheinbar über die Epithelwucherung hinweg. Keine Areolarwucherung. 160 μ breit, bis 125 μ hoch, 160 μ lang. Fast in der Mml. gelegen, etwas ausserhalb.

R_3 3 Schnitte darunter, eine kleine zapfenförmige Epithelwucherung, etwa wie Fig. 8 von Hugo Schmidt. Keine Areolarwucherung. 40—60 μ lang und breit, fast $^2\!/_3$ mm a. d. Mml.

R_4 2 Schnitte unter R_3 erscheinen fast gleichzeitig R_4 und R_5. R_4 liegt unmittelbar vor der Extremität, R_5 2 mm davor.

R_4 ist eine flache, breite, linsenförmige Wucherung, etwa wie Fig. 4 von Hugo Schmidt. 150 μ breit. 120 μ lang; kaum $1^2\!/_3$ mm a. d. Mml.

R_5 kleine zapfenförmige Wucherung, wie Fig. 13 von Hugo Schmidt. 80 μ lang, $^2\!/_3$ mm i. d. Mml.

R_6 Im 11. Schnitt unter R_5, 1—2 Schnitte unterhalb des Extremitätenansatzes erscheint eine zapfenförmige, losgelöste Epithelwucherung, wie Fig. 24 a von Hugo Schmidt; 55 μ breit, 40 μ lang; $^3\!/_4$ mm a. d. Mml.

R_7 (H.D.A.). Im 1. Schnitt darunter erscheint die H.D.A. Typische Kolbenform, ohne Spur einer sekundären Sprossung. Sehr deutliche, aber schmale Areolarzone, Stromazone. Die Epithelzellen der Anlage sind schlecht erhalten. Die Cutis scheint in der Umgebung der Anlage etwas eingefallen zu sein. Die Epidermis über der H.D.A. ist abgehoben. Breite 250 μ, Länge (des Kolbens) 260 μ. $2^1\!/_2$ mm a. d. Medianlinie, etwa 2 mm vor der Achselhöhle.

R_8 (Fig. 40)[1]). Im 4. Schnitt der H.D.A. erscheint eine zapfenförmige, kleine Wucherung, etwas schräg in die Cutis eindringend; deutliche Basalschicht; ganz wie Fig. 21 von Hugo Schmidt. 50 μ breit, 60 μ lang; $^3\!/_4$ mm a. d. Mml.

R_9 im 2. Schnitt von R_8; nicht so ausgesprochen zapfenförmig. 55 μ breit, 40—50 μ lang. Ueber $1^1\!/_2$ mm a. d. Mml., fast direkt unter R_4.

R_{10} (Fig. 41) im 13. Schnitt darunter, in der Achselhöhle; eine flache, in der Epidermis gelegene eigenthümliche Wucherung der Basalzellen, eine Art Epithelperle. 50 μ breit, 40 μ lang, fast $2^1\!/_2$ mm a. d. Mml.

Weiter kaudalwärts nirgends eine Epithelwucherung. Das Epithel war auf dieser Seite so gut erhalten, dass kaum eine uns angehende Bildung — abgesehen von den fehlenden 12 Schnitten oberhalb R_1 — verloren gegangen sein kann.

Linke Seite:

L_1 (Fig. 42). Es sind hier einige Schnitte unmittelbar vor der Extremität etwas defekt, so dass der obere Rand von L_1 nicht sicher festgestellt werden kann.

Breite, linsenförmige Epithelwucherung, wie Fig. 22 a von Hugo Schmidt. Keine Areolarwucherung. Die oberste Lage der 2—3 schichtigen Epidermiszellen zieht darüber hinweg. 145 μ breit. 120 μ [?]) lang; gut 1 mm oberhalb der H.D.A.; $1^1\!/_2$ mm a. d. Mml.

---

[1]) Etwas zu klein gezeichnet; Figur 41 etwas zu gross (zu breit).

[2]) Es ist angenommen, dass L_1 auch in zwei der beschädigten Schnitte enthalten war.

L_2 (Fig. 43) im 2. Schnitt darunter beginnend: zapfenförmig, wie R_3, 60 μ lang; fast 2 mm vor der vorigen Wucherung, also nicht ganz 1 mm i. d. Mml.

L_3 erscheint gleichzeitig mit L_1, 14 Schnitte kaudalwärts von L_2. Von den 14 Schnitten fehlen 12, die dem verunglückten Objektträger angehören. Der obere Rand von L_2 und L_1 ist mindestens zwei Schnitte weiter kranialwärts anzunehmen in einem der fehlenden Schnitte, da beide Epithelwucherungen bei ihrem ersten Auftreten in den Schnitten sehr breit getroffen sind. L_3 ist linsenförmig, etwa wie Fig. 4 von Hugo Schmidt; deutliche Basalschicht, Areolarzone. 170 μ breit, ca. 120 μ lang; $^1/_3$ mm a. d. Mml.

L_4 450 μ vor L_3, also etwas i. d. Mml.; sonst die gleichen Verhältnisse.

L_5 (Fig. 45). Im 9. Schnitt darunter beginnt eine schräg kranialwärts in die Cutis eindringende (im ersten Schnitt ist nur ihr tiefster Theil angeschnitten) zapfenförmige Wucherung; wie Fig. 20 von Hugo Schmidt entstanden durch Einsenkung der Basalzellen in die Cutis. 40—45 μ breit, 40—60 μ lang; $^2/_3$ mm a. d. Mml., etwas unterhalb der oberen Achselhöhlenbegrenzung.

L_6 im vorletzten Schnitt von L_5 beginnend. Linsenförmig; Oberfläche nur wenig gewölbt; ähnlich L_3, aber etwas konvexer. Die Basalschicht der Wucherung ist eine Fortsetzung der Basalzellen der Umgebung. Andeutung von Areolarwucherung. 160 μ breit, 80 μ tief, 120—140 μ lang; etwas über $1^2/_3$ mm a. d. Mml.

L_7 (Fig. 44) im letzten Schnitt von L_6 angedeutet; fast plane Oberfläche, linsenförmige Einsenkung in die Cutis. Deutliche Basalschicht, eine Fortsetzung der Basalzellen der Umgebung. Spur einer Areolarwucherung. 100—120 μ breit und lang; in der Achselhöhle $2^1/_3$ mm a. d. Mml.

In den folgenden 12 Schnitten sind rechts und links die vorderen Partien schlecht erhalten.

L_8 (H.D.A.). Im 3. Schnitt darunter die H.D.A. Verhältnisse wie rechts. 300 μ lang. $2^1/_2$ mm a. d. Medianlinie.

L_9 im 6. Schnitt der H.D.A., $1^1/_2$ mm hinter dieser; wie R_3 und L_2. 100 μ lang, also länger als R_3 und L_2.

L_{10} Im 62. Schnitt, also über 1200 μ darunter eine linsenförmige Wucherung, die aber nicht ganz erhalten und nur in 2 Schnitten zu sehen ist.

Weiter kaudalwärts wird keine Epithelwucherung mehr bemerkt.

Abgesehen von den am Kopf wahrgenommenen Haaranlagen[1]) sind die beschriebenen Gebilde die einzigen isolierten Epithelwucherungen des ganzen Embryo; es ist wohl möglich, dass in den fehlenden 12 Schnitten und in den vereinzelt auftretenden Epitheldefekten noch die eine oder andere enthalten war. Ich mache vorläufig ganz besonders auf die kleinen zapfenförmigen Wucherungen aufmerksam. Es fanden sich, abgesehen von der H.D.A., an Epithelwucherungen

	oberhalb der H.D.A. 6	a. d. Mml. 5
		i. d. Mml. 1
Rechts 9; davon	in der Höhe der H.D.A. 2	a. d. Mml. 2
	unterhalb der H.D.A. 1	a. d. Mml. 1

[1]) Ich bilde von diesen Haaranlagen keine ab, weil sie fast alle ganz schräg getroffen sind und undeutliche Bilder geben.

$$
\text{Links 9; davon}
\begin{cases}
\text{oberhalb der H.D.A. 7} & \begin{cases} \text{a. d. Mml. 5} \\ \text{i. d. Mml. 2} \end{cases} \\
\text{in der Höhe der H.D.A. 1} & \begin{cases} \text{a. d. Mml. 1} \end{cases} \\
\text{unterhalb der H.D.A. 1} & \begin{cases} \text{i. d. Mml. 1} \end{cases}
\end{cases}
$$

II. s. W.-K.

Von dem σ' Embryo existierte nur noch der Rumpf, ohne Kopf und Extremitäten. Ich schätze seine K.-Stl. auf 30—32 mm.

Aeusserlich präsentirte sich die Milchdrüsenanlage als eine kleine, niedrige, runde Erhebung, die in ihrer Mitte eine winzige Vertiefung zu besitzen schien. In ihrer Umgebung fanden sich, besonders kaudalwärts und nach aussen von ihr, zahlreiche (rechts etwa 13) warzige Erhabenheiten der Körperoberfläche.

Pappdeckelmodell.

Serienquerschnitte zu 20 μ. Färbung mit Hämatoxylin.

Mikroskopischer Befund:

Das Epithel ist nur in Spuren erhalten; relativ gut in der Achselhöhle und etwas vor dieser.

Rechte Seite:

R_1 (Fig. 46) eine ganz plötzlich in Schnitt gekommene, kolben- bis zapfenförmige Epithelwucherung, die genau so aussieht wie Fig. 42 von Hugo Schmidt, das einzige von ihm gefundene „kolbenförmige" hyperth>eliale Gebilde, nur fehlt die Einsenkung des darüber hinwegziehenden Epithels. Die Epidermiswucherung dringt ebenso wie die von Hugo Schmidt beschriebene etwas schräg in die Cutis ein. Die basalen, überhaupt die peripheren Zellen sind stärker gefärbt. Areolarwucherung. Die Anlage ist auf einer geringen Cutiserhebung gelegen. 100 μ breit, tief und lang. Ueber 1 mm a. d. Mml., fast $\frac{1}{2}$ mm vor der Extremität, fast $\frac{3}{4}$ mm über der H.D.A.

Die in der unmittelbaren Umgebung erhaltene, ziemlich hohe, 2—3schichtige Epidermis zieht mit 2 Schichten über die Epithelwucherung hinweg.

R_2 (Fig. 47). Im 5. Schnitt darunter kommt etwas dorsal davon eine zapfen- bis kolbenförmige Epithelanlage in Sicht; es kann sich dabei um einen schräg zur Schnittebene gestellten Zapfen handeln oder um ein kolbenförmiges Gebilde; jedenfalls hat man dasselbe Recht, R_1 und R_2 als „kolbenförmig" zu bezeichnen, mit dem es Hugo Schmidt (für Fig. 42) thut. Das Epithel an der Oberfläche der Wucherung fehlt theilweise. Etwa 140 μ breit und tief, 120 μ lang. Etwas vor und etwa in der Höhe der oberen Achselhöhlenwand gelegen. Die Cutis bildet eine sehr deutliche concentrische Areolarwucherung.

R_3 Im 6. Schnitt darunter eine linsenförmige Wucherung des Epithels; Zellen theilweise ausgefallen; etwa wie Fig. 6 von Hugo Schmidt. 120—130 μ breit, 80 μ lang; etwas ausserhalb von R_2 gelegen, fast 2 mm a. d. Mml.

R_4 im nächsten Schnitt unter R_3; zapfenförmig, wie R_1 und L_2 von H. s. J$_{29}$. 80—90 μ breit und lang; etwas auswärts von R_3, also gut 2 mm a. d. Mml. In den gleichen Schnitten R_3 und R_4. Die Zapfenform ist nur in 2 Schnitten ausgesprochen; in den übrigen breite, flache Wucherung.

R_5 eine winzige, 40 μ lange zapfenförmige Wucherung; etwa 1 mm vor R_4.

R_6 im 2. Schnitt von R_5; zapfenförmig, 60 μ lang, fast $\frac{1}{2}$ mm hinter R_5.

R_7 (H.D.A.) (Fig. 48.) Im übernächsten Schnitt unterhalb R_6 kommt die epitheliale Anlage der H.D.A. zum Vorschein, als eine mit wenig erhaltenen Zellen ausgefüllte Höhlung in einem stark infiltrirten Cutisvorsprung. Die Cutis bildet einen förmlichen Wall um die Epithelwucherung. Die Abbildung wird die Form dieser eigenthümlichen Cutisbildung am besten klar machen. Die basalen Zellen der Epithelwucherung sind sehr hoch, wenigstens theilweise. Andeutung einer sekundären Sprossung der kolbenförmigen Milchdrüsenanlage. Areolar- und Stromazone mächtig entwickelt. Die Cutis zeigt, nachdem die epitheliale Anlage schon abgeschnürt erscheint, eine Art Delle. $2^1/_2$ mm a. d. Medianlinie. Etwa 180 μ breit. Länge etwa 250 μ.

Weiter kaudalwärts keine Epithelwucherung sichtbar.

Linke Seite:

L_1 Kleine, linsenförmige Epithelwucherung mit fast planer Oberfläche, keine Areolarwucherung; etwa $^1/_2$ mm von der Extremität. $1^3/_4$ mm a. d. Mml.

L_2 (Fig. 49) 15 Schnitte darunter, gleichzeitig mit L_4.

L_2 zuerst als eine breitere flache Epithelwucherung, dann in 2 Schnitten als eine zapfenförmige Einsenkung in die Cutis. Die Cutiszellen stehen um L_2 gehäuft. Die Epidermis zieht darüber weg. Etwa 45 μ breit; etwas vor L_1 gelegen.

L_3 (Fig. 49) zapfenförmig; deutliche Einsenkung der hohen Basalzellen; 60 μ lang und breit; etwa 600 μ hinter L_2.

L_4 (H.D.A.) wird gleichzeitig mit L_2 und L_3 sichtbar. Die Milchdrüsenanlage ist ebenso wie die der rechten Seite von einem stark infiltrirten Cutiswall umgeben. Der Cutishohlraum, dessen Epithelzellen fast gänzlich ausgefallen sind, geht schief in die Cutis ein; seine oberflächliche Oeffnung schaut nach hinten. 200 μ lang. $2^1/_2$ mm a. d. Medianlinie. Die infiltrirte Cutisstelle ist noch lange sichtbar.

L_5 im 4. Schnitt von L_4; flach-linsenförmig. 150 μ breit, 80 μ lang. Noch ausserhalb L_3, $2^3/_4$ mm a. d. Mml.

L_6 Im 2. Schnitt von L_4 (H.D.A.) erscheint eine eigenthümliche, plan-halbkuglige epidermoidale Einsenkung in die Cutis, genau wie L_3. 80 μ breit, 40—60 μ lang; 1 mm a. d. Mml.

Am ganzen Körper des Embryo (abgesehen vom Kopf, der nicht untersucht werden konnte) waren nur die angeführten epidermoidalen Gebilden zu finden. Es fanden sich (abgesehen von der H.D.A.):

Rechts 6, alle oberhalb und ausserhalb der H.D.A. bzw. der Mml.

Links 5, davon { oberhalb der H.D.A. 1 { alle a. d.
              { in gleicher Höhe mit der H.D.A. 3 { Mml.
              { unterhalb der H.D.A. 1 {

Dazu ist indessen zu bemerken, dass eben nur zwischen der Mml. und der Achselhöhle das Epithel in Spuren erhalten war, woher es vielleicht kommt, dass nur in dieser Gegend Epithelwucherungen gefunden wurden; übrigens war durchaus nicht immer neben den Epidermiswucherungen die benachbarte Epidermis erhalten.

H. s. A-Kl.

Der Embryo, von dem mir der Kopf zur Verfügung stand, stammt von einer luetischen Mutter.

Seine K.-Stl. mag ungefähr 30—35 mm betragen haben.

Zunächst war ein der r. Brustgegend entnommenes Hautstückchen in 20 μ dicke Serienschnitte, senkrecht zur Längsachse des Embryo, geschnitten worden. Färbung mit Hämatein. Später wurde auch der übrige Theil des Rumpfes in Querschnitte zu 20 μ zerlegt. Färbung mit Alaunkarmin.

Aeusserlich war die Milchdrüsenanlage als eine weissliche, flache Erhebung sichtbar gewesen.

Die Epidermis war 1—2 schichtig und namentlich an dem ausgeschnittenen Stückchen gut erhalten, weniger am übrigen Thorax und am unteren Leibesende.

Die Milchdrüsenanlage zeigte beiderseits typische Kolbenform mit Andeutung von Ausbuchtungen. Die Basalzellen des Kolbens sind sehr hoch. Areolar- und Stromawucherung sehr deutlich. Rechts ist das Epithel in nächster Umgebung der (definitiven) Milchdrüsenanlage erhöht. Grösse: rechts 255 μ lang, 205 μ breit und hoch, links 200 μ lang, 215 μ breit und hoch.

Beiderseits finden sich oberhalb und zwar meist ausserhalb der eigentlichen Milchdrüsenanlage etwa 8 linsen- bis zapfenförmige, 50—60—80 μ breite und etwa ebenso lange Epithelwucherungen (Fig. 50), welche grosse Aehnlichkeit mit den bei H. s. J$_{28}$ und K$_4$, beschriebenen und auch bei den weiterhin noch zu besprechenden Embryonen vorkommenden zapfen- bis linsenförmigen, etwa gerade so grossen epithelialen Bildungen haben. Diese Epithelanlagen kommen auch in 1—2 Exemplaren unterhalb der eigentlichen Milchdrüsenanlage vor. Sie können so nahe an diese herantreten, dass sie von ihrem Rand nur 60 μ entfernt sind.

Rechts ist unterhalb (480 μ) der H.D.A. eine grössere, 145 μ breite und 105 μ lange, etwas prominirende linsenförmige, etwa wie Fig. 32 aussehende Epithelwucherung sichtbar, die sich ebenso wie eine ähnliche, oberhalb der linken Milchdrüsenanlage gelegene durch Form und Grösse von den vorhin erwähnten Gebilden unterscheidet.

Ausserdem findet sich beiderseits je eine eigenthümliche nach der Achselhöhle zu gelegene Epithelbildung, die etwa 90 μ breit und 80—100 μ lang ist und theilweise so stark über die normale Epidermis hervorragt, dass sie mit dieser nur durch eine schmale Brücke zusammenhängt. Die Abbildung zeigt die eigenartige Form sehr deutlich (Fig. 51).

Die mikroskopische Untersuchung der übrigen Körpergegenden liess keine Epithelwucherung erkennen. Nur in einigen Schnitten sah man in der Unterbauchgegend, nahe dem Nabelschnuransatz, eine Epithelformation, die wahrscheinlich, aber nicht sicher eine Epithelwucherung darstellt. Die Färbung ist an dieser Stelle so schlecht, dass die Struktur und Begrenzung des Gebildes nicht deutlich wahrzunehmen sind. Fig. 52 sucht das verschwommene Bild wiederzugeben.

H. s. K. 45.

Der gut erhaltene ♀ Embryo war in 3 Stücke zerlegt, welche je den Kopf, die oberen ²⁄₃ des Rumpfes und den untersten Theil des Rumpfes enthielten. Das mittlere Stück wurde in Serienquerschnitte zu 20 μ geschnitten.

Färbung mit Hämatoxylin.

Aeusserlich war die Milchdrüsenanlage beiderseits als eine kleine ganz flache Grube zu erkennen; die der rechten Seite zeigte eine geringe Erhebung der Bodenmitte der Grube.

Auf der linken Thoraxhälfte waren in der nächsten Nähe der Milchdrüsenanlage zwei warzenförmige Erhebungen zu sehen, die aber, wie sich später herausstellte, nicht durch Epithelwucherung entstanden sind.

Rechte Seite:

R$_1$ Zuerst hügel- bis linsenförmiges Querschnittsbild, stark prominirend, ähnlich wie H. s. Bul. I Fig. 21, H. s. Schott. II R$_3$ (Fig. 32. 33), H. s. J$_{22}$ K$_2$ (Fig. 39), in den folgenden Schnitten linsenförmig. 135 μ breit, 100—120 μ lang. 1¹⁄₂ mm vor der Extr.; wenig a. d. Mml.

R$_2$ im 8. Schnitt unter R$_1$; linsenförmig; auf einer Cutiserhebung, die aber nur unbedeutend ist; Areolarwucherung. 150 μ breit, 160 μ lang; über ²⁄₃ mm a. d. Mml.

Das Epithel ist in dieser Gegend meist 2schichtig.

R$_3$ im 19. Schnitt unter R$_2$; planconvex, etwa wie die Wucherungen bei H. s. Born I. 100 μ breit, 60 μ lang; fast 2 mm a. d. Mml.

R$_4$ Im 12. Schnitt darunter eine sehr weit vorn gelegene, zuerst hügel-, dann
linsenförmig erscheinende Epithelwucherung: Oberfläche stark gewölbt, etwa
wie Fig. 48 von Hugo Schmidt und wie R$_2$ von H. s. Schott. II (Fig. 32); in den
folgenden Schnitten niedrig und mehr zapfenförmig. (Geringe Stromawucherung.
Sehr deutliche Basalschicht und oberflächliche Lage platter Zellen. 160 μ breit
und lang. $^3_4$ mm i. d. Mml.

R$_5$ (Fig. 53) im vorletzten Schnitt von R$_4$. 1 mm dahinter; kleine, sehr stark prominirende zapfenförmige (der Zapfen ragt aber nach aussen) Wucherung, geradezu eine Umkehrung der schon mehrfach, z. B. bei H. s. J$_{23}$ R$_5$, beschriebenen
zapfenförmigen Epithelgebilde. Die basale und die oberflächliche Schicht der
(2schichtigen) Epidermis umfassen eine im Zapfen concentrisch angeordnete,
eine Art Epithelperle darstellende Zellgruppe, gerade so wie bei R$_5$ und bei
R$_{10}$ von H. s. J$_{29}$; die letztere Bildung stellt ein Mittelding zwischen R$_5$ bei
H. s. K$_{16}$ und R$_5$ bei H. s. J$_{20}$ dar. 58 μ breit und hoch. 100 μ lang (aber
die letzten Spuren des Randes mit inbegriffen, etwas a. d. Mml.

R$_6$; R$_7$; R$_8$. Im 27. Schnitt darunter finden sich drei ganz nahe bei einander-
liegende, 60 μ lange, flache, plankonvexe Epithelwucherungen, etwa wie R$_5$;
ca. 3 mm a. d. Mml.

R$_9$ Im 7. Schnitt darunter eine sehr weit vorn gelegene stark prominirende, hügel-
bis linsenförmige Epithelwucherung, ähnlich der Fig. 21 von H. s. Bul. I. 115 μ
breit, 100 μ lang; 1$^1_2$ mm i. d. Mml.

R$_{10}$ Im 6. Schnitt darunter eine Epithelperle, wie bei H. s. J$_{29}$ R$_{10}$. Länge nicht
anzugeben, da 2 Schnitte vorher defekt sind; etwas a. d. Mml.

R$_{11}$ Weitere 6 Schnitte darunter eine prominirende Epithelperle wie R$_5$; 2 mm
a. d. Mml.

R$_{12}$ (H.D.A.) 7 Schnitte darunter.
Die Körperoberfläche bildet eine kleine Grube, in der die H.D.A. liegt;
dorsalwärts ist ein deutlicher Cutiswall angedeutet. Ueber der kolbenförmigen
Anlage (mit beginnender sekundärer Knospung) ist das Epithel in einigen Schnitten
an einer Stelle etwas eingesunken. In einem Schnitte, in dem nur noch der
untere, tiefste Theil des Kolbens angeschnitten ist, bemerkt man, wie das oberflächliche Epithel mit seinen Basalzellen eine winklige Einsenkung gegen die
Cutis bildet. Kräftige Areolar- und Stromazone. Breite des Kolbens 260 μ;
Länge 160 μ.

R$_{13}$ Im 10. Schnitt unter R$_{12}$ eine ganz vorn gelegene, hügel- bis linsenförmige, flache
Epithelbildung, die später eine Epithelperle erkennen lässt. 100 μ lang und
breit, 1$^1_2$ mm i. d. Mml.

R$_{14}$ (Fig. 54 u. 55). Im 17. Schnitt darunter eine kleine, zapfen- bis kolbenförmige,
schräg in die Cutis eindringende Wucherung des Epithels; im 2. Schnitt erscheint
der tiefere Theil abgeschnürt und seine Zellen zeigen eine concentrische Anordnung. 1 mm a. d. Mml.

Linke Seite:

Epithel 2—3schichtig.

L$_1$ Eine zuerst hügel-, dann linsenförmig erscheinende, stark prominirende Epithelwucherung. Deutliche Basalschicht. In ihren verschiedenen Querschnitten
gleicht die Bildung Fig. 40 und 6 von Hugo Schmidt; in den verschiedenen
Formen ähnlich L$_3$ und L$_7$. Areolarwucherung. 170 μ breit; 140 μ lang. 1 mm
a. d. Mml.

L$_2$ Im 19. Schnitt darunter ein linsenförmiger Epithelquerschnitt, etwa wie Fig. 18
von Hugo Schmidt.
Dies Gebilde ist möglicherweise nur der Querschnitt einer Epidermisumbiegungs-

stelle, da es bei 130 μ Breite nur in 2 Schnitten zu sehen ist, also bloss 40 μ lang wäre. 2½ mm a. d. Mml.

L₃ (Fig. 56) Im 9. Schnitt unterhalb L₂, 2 Schnitte unterhalb des Extremitätenansatzes eine linsenförmige, etwa wie Fig. 40 von Hugo Schmidt und wie der kraniale Querschnitt von L, aussehende Epithelwucherung. 150 μ breit, 100 μ lang; in d. Mml.

L₄ (Fig. 57). Im 3. Schnitt von L₃, etwa 2 mm weiter dorsal, eine in der Epidermis gelegene „Epithelperle", wie R₁₈. u. H. s. J₂; R₁₉. 60 μ lang und breit. 2 mm a. d. Mml.

L₅ (Fig. 58). Im 6. Schnitt darunter; flach-linsenförmig, sehr ähnlich dem linsenförmigen Epithelgebilde bei H. s. K.-Hg. 120 μ breit, 80 lang; 2½ mm a. d. Mml.

L₆ Epithelperle wie L₄, 40 μ lang, gleichfalls 5 Schnitte unter L₅; in d. Mml.

L₇ Fig. 59). Im 21. Schnitt unter L₆ eine linsenförmige Epithelwucherung, wie der linsenförmige Querschnitt von R₁. Areolarwucherung angedeutet. 140 μ breit, 120 μ lang, 1½ mm. i. d. Mml.

L₈ (H.D.A.) im 29. Schnitt darunter, kolbenförmig mit beginnender sekundärer Sprossbildung. Sehr deutliche (periphere) Basalschicht. Die darüber hinwegziehende Epidermis bildet eine leichte Wölbung. Gut entwickelte Areolar- und Stromazone; die letztere zeichnet sich durch stärkere diffuse (Plasma- und Zwischensubstanz-) Färbung aus. Gut 200 μ breit, 260 tief, 240 lang, 4 mm a. d. Medianlinie.

L₉ Im 17. Schnitt eine kleine linsenförmige Epithelwucherung, etwa wie L₆, 85 bis 90 μ breit, 60 μ lang, 2½ mm i. d. Mml.

Vertheilung der Epithelwucherungen:

Rechts 13, davon	oberhalb der H.D.A. 11; davon		a. d. Mml. 9	
			i. d. Mml. 2	
	unterhalb der H.D.A. 2; davon		a. d. Mml. 1	
			i. d. Mml. 1	
Links 8, davon	oberhalb der H.D.A. 7		a. d. Mml. 4	
			in d. Mml. 2	
			i. d. Mml. 1	
	unterhalb der H.D.A. 1			
			i. d. Mml. 1	

Die zwei übrigen noch untersuchten Embryonen gehören eigentlich nicht in diese Gruppe, da sich keine Schmidt'schen hyperthelialen Wucherungen vorfanden; ich schliesse sie doch aus praktischen Gründen hier an und weise darauf hin, dass wahrscheinlich bei dem H. s. K. 52 nur in Folge des schlechten Erhaltungszustandes des nahe der M.D.A. gelegenen Epithels keine derartigen Gebilde sich zeigten.

H. s. K. 52.

Vor dem äusserlich gut erhaltenen ♂ Embryo wurde die vordere Thoraxhälfte geschnitten und mit Hämatoxylin gefärbt. Leider verunglückten sehr viele Schnitte, und die übrigen nahmen die Farbe so schlecht an, dass man keine Kerne erkennen kann.

Es fanden sich vorn am Thorax, in und dorsal von der Achselhöhle eine Unmenge linsen- bis zapfenförmiger kleiner Epithelwucherungen, die zweifellos als Haaranlagen aufzufassen sind. Die Milchdrüse befindet sich nicht in den erhalten gebliebenen Schnitten.

H. s. 115.

Von dem ♀ Embryo wurde ein Stückchen Haut aus der Mammargegend entnommen und ein zweites aus der Augenbrauengegend. Färbung mit Hämatein. In
beiden fand ich zahllose Haaranlagen, die in dem zweiten Hautstückchen meist schon
entwickelter waren als in dem ersten. Die kolbenförmige, bereits sekundäre Sprossen
zeigende Milchdrüsenanlage (Fig. 59) war 345 α lang und 350 breit. Die Oberfläche
war trichterförmig eingezogen, das Epithel gut erhalten. Die Haaranlagen (Fig. 60
bis 63) treten erst in einer Entfernung von ¹⁄₂ mm vom Rande auf.

Auf die nähere Besprechung der Befunde, welche wir bei den
Embryonen dieser Gruppe gemacht haben, werde ich im II. Theil des
folgenden Abschnitts der Arbeit eingehen.

C. Verwerthung der Befunde.

1.

Die von mir untersuchten Embryonen geben mit denen zusammen-
gestellt, welche von anderen Autoren im Hinblick auf die Entwicklung der Milchdrüse beschrieben worden sind, eine ziemlich vollständige
Reihe, die mit H. s. J. bezw. dem 8 mm langen H. s. for. beginnend,
eine stattliche Anzahl von Föten aus der uns interessirenden Embryonalzeit umfasst.

Die menschlichen Embryonen, bei welchen ich die Milchdrüsenanlage in einem sehr frühen Stadium, wenn nicht in dem frühsten, gefunden
habe, sind zweifellos jünger als der von Hugo Schmidt beschriebene
15 mm lange Fötus; es sind dies H. s. W.-P., J₂ u. Bul. 1.

H. s. Hild. I ist wohl ungefähr gleichaltrig mit dem Schmidt'schen
Embryo, wofür seine ganze äussere Entwicklung spricht.

Ueber den hochgradig pathologischen H. s. R.-Hg. sind genauere
Altersangaben nicht zu machen. Den von Kallius bearbeiteten Embryo
halte ich für ungefähr gleichaltrig mit H. s. Bul. I; Kallius hätte
demnach die Länge des Embryo etwas zu gross angenommen. H. s.
W.-P. und J₂ sind dagegen sicher jünger als der Kallius'sche Embryo.

Wenn ich nun auf die Besprechung der Befunde bei den 5 Embryonen der II. Gruppe eingehe, so kann ich mich auf die kurze Uebersicht berufen, in welcher ich die bei diesen Föten gemachten Beobachtungen zusammengefasst habe.

Ein gemeinschaftliches Merkmal der in diesem Alter vorhandenen
Milchdrüsenanlage ist die grosse Längsausdehnung derselben, welche
die Breite bis um das 5fache übertrifft.

Die folgende kleine Tabelle wird dieses auffallende Verhältniss gut
darlegen; ich bemerke noch ausdrücklich, dass die Breitenangabe das
grösste dafür gefundene Maass (in μ) enthält, so dass also die Breite
sicher nicht zu klein angenommen ist.

	Rechts			Links		
	Länge	Breite	Verhält-niss	Länge	Breite	Verhält-niss
1. H. s. W. P.	750	160	4,7 : 1	675	180	3,75 : 1
2. H. s. J₂	405[1]	200	2 : 1	750	fast 300	2,5 : 1
3. H. s. Bul. I	1020	200	5,1 : 1	1020	200	5,1 : 1
4. Kallius'scher Embryo	mindestens das Verhältniss wie bei H. s. Bul. I					
5. H. s. R.-Hg.	450	190	2,38 : 1	360	120	3 : 1
6. H. s. Hild. I	360	180	2 : 1	375	170	2,2 : 1
7. Ho. Schm.'s Embryo	500	160	3,1 : 1	465	220	2,11 : 1

Ich fand die Milchdrüsenanlage bei den 3 jüngsten Embryonen in
einem Stadium, das dem von Kallius beschriebenen entspricht. H. s.
Bul. I stimmt sehr genau mit dem Kallius'schen Embryo überein —
ich rede hier nur von der isolirten Epithelerhebung —, während H. s. W.-P.
und wohl auch H. s. J₂ eine frühere Stufe dieses Stadiums darzustellen scheinen. Man vergleiche nur einmal die Abbildungen der
Milchdrüsenanlagen von H. s. W.-P. mit denen von H. s. Bul. I, so
fällt sofort die im Verhältniss zu der noch relativ unbedeutenden Anlage bei H. s. W.-P. mächtige Entwicklung der Anlage bei H. s. Bul. I
auf, die sich besonders durch die grosse Höhe der Epithelwucherung
charakterisirt.

Bei H. s. R.-Hg. ist die Milchdrüsenanlage schon weiter entwickelt.
Ihre Querschnitte sind nicht mehr so mannigfaltig, wie bei den jüngeren
Stadien, sondern zeigen das einheitliche Querschnittsbild einer stark
gewölbten Linse. Hild. I, der in der Entwicklung der Milchdrüsenanlage gerade so wie in einem äusseren Aussehen sehr gut mit dem von
Hugo Schmidt beschriebenen Embryo übereinstimmt, bietet bereits
zapfenförmige Querschnittsbilder der Anlage.

Diese Besprechung giebt mir nun Gelegenheit, eine Frage zu
erörtern, die ich schon früher mehrmals angedeutet habe.

Hat man eigentlich das Recht, die von Rein für die Entwicklungs-
stadien der Milchdrüse des Kaninchens und anderer Säuger eingeführten

---

[1] Diese Zahl ist wohl zu klein; vergl. S. 251.

Bezeichnungen auf die menschliche Milchdrüse in den Entwicklungs-
graden zu übertragen, die von REIN selbst beim Menschen gar nicht
gesehen worden sind? REIN hat allerdings darauf hingewiesen, dass die
Basis der hügel-, linsenförmigen u. s. w. epithelialen Zellwucherung
eine grössere Längs- als Breitenausdehnung besitzt, also ein Oval
darstellt. Für die Stadien der menschlichen Milchdrüsenentwicklung,
welche durch ein einheitliches Querschnittsbild gekennzeichnet sind
(H. s. R.-Hg., HILD. I, HG. SCH.'s Embryo), mag man REIN's recht be-
zeichnende Benennungen immerhin anwenden, wenn auch die Länge
der Anlage die Breite bis um das 3 fache übertreffen kann, also eigentlich streng genommen von einem hügel-, linsen-, zapfenförmigen Körper
nicht mehr geredet werden kann. Uebrigens ist der REIN'sche Ausdruck zapfenförmig, selbst wenn man ihn bloss auf das Querschnittsbild
beschränkt, in manchen Fällen vielleicht besser durch glocken- oder
hutförmig zu ersetzen, wie es die Abbildungen der Milchdrüsenanlage
von H. s. HILD. I sehr gut veranschaulichen.

Unzulässig erscheint es mir aber, auf das zuerst von KALLIUS be-
schriebene Stadium die REIN'schen Bezeichnungen zu übertragen.
KALLIUS sagt bekanntlich, die Milchdrüsenanlage stelle eine „Leiste dar,
welche in ihren verschiedenen Abschnitten das erste Stadium nach
REIN und sein zweites zeigt." Man kann aber doch nirgends in der
Leiste ein einigermaassen isolirtes linsen- oder hügelförmiges Gebilde
erkennen, das den hügel- und linsenförmigen körperlichen Bildungen
REIN's entspräche.

Die Fassung müsste also lauten: „Leiste, welche Querschnitte giebt,
die denen des 1. und 2. Stadiums nach REIN gleichen."

Aus der KALLIUS'schen Fassung kann man die Deutung heraus-
lesen, dass die von ihm beschriebene Leiste die Anlagen mehrerer
Milchdrüsen enthält. Ich werde über diesen Punkt später zu sprechen
haben und will jetzt nur darauf hinweisen, dass man für den Fall, dass
die ganze isolirte Epithelverdickung als Anlage einer einzigen, also
kurzweg „der" Milchdrüse aufzufassen ist, REIN's Ausdrücke in der von
KALLIUS gebrauchten Form erst recht nicht anwenden darf.

Bezüglich der Querschnittsbilder, welche die Milchdrüsenanlage
beim Menschen in dem besprochenen Stadium giebt, glaube ich in
Hinweis auf meine Angaben und Abbildungen behaupten zu dürfen,
dass eine scharfe Unterscheidung zwischen hügelförmigen und linsenförmigen Querschnitten überhaupt nicht gemacht werden kann. Betrachten wir zum Beispiel Fig. 16 der Abbildungen nach O. SCHULTZE,
die einen Querschnitt der noch keine differenzirten Abschnitte enthaltenden Milchlinie des Schweins darstellt, oder Fig. 18, den Querschnitt der Milchlinie des Kaninchens, oder auch die Fig. 2 der
REIN'schen Abbildungen, die ein sehr frühes Stadium der I. Periode
veranschaulichen soll, so ist doch unverkennbar ein flach-linsenförmiges

Schnittbild vorhanden, das grosse Aehnlichkeit mit den Querschnitten der Milchdrüsenanlage von H. s. W.-P. zeigt.

Durch stärkere Hervorwölbung der äusseren Oberfläche kommt dann eine Hügelform zu Stande, wie wir sie z. B. bei H. s. Bul. I sehen; durch stärkere Einsenkung der Basis eine viel ausgeprägtere Linsenform. Die ganz unzweifelhaft ältere Milchdrüsenanlage des H. s. Bul. I, die hügel- und linsenförmige (letztere allerdings noch nicht sehr ausgesprochen) Querschnittsbilder giebt, ist also aus der flach-linsenförmigen Anlage, wie sie bei H. s. W.-P. sich zeigt, hervorgegangen.

Es scheint mir, dass beim Menschen eine mehr oder minder ausgeprägte Einsenkung der Basis sich mit verschieden stark ausgebildeter Hervorwölbung der Oberfläche (und umgekehrt) kombiniren kann, dass aber ursprünglich eine ganz flache Linsenform das Querschnittsbild der Anlage darstellt, ähnlich wie bei der Milchleiste, aus der sich noch keine durch umschriebene Epithelwucherung mit starkem Emporwachsen der Oberfläche entstandene hügelförmige Milchdrüsenanlagen (Milchhügel bezw. primitive Zitzen) herausdifferenzirt haben.

Ueber die Betheiligung der Cutis an den ersten Anlagen der Milchdrüse habe ich schon S. 260 gesprochen. Ich kann auch hier noch darauf hinweisen, dass KALLIUS, wie es aus seinen Abbildungen hervorgeht, gleichfalls eine dichtere Stellung der Cutiszellen in der nächsten Umgebung der Anlage bemerkt hat, wenn er auch dies nicht ausdrücklich erwähnt. Eine deutliche Areolarwucherung, die sich durch eine Anhäufung ungefähr concentrisch zum Querschnitt der Epithelwucherung gestellter Cutiszellen äussert, kann erst bei den älteren Embryonen HILD. I, R.-Hg. und bei dem von HUGO SCHMIDT beschriebenen Embryo wahrgenommen werden.

Wenn ich nun in meinen Befunden bei den Embryonen aus dieser Entwicklungsstufe, was die Ausbildung der Milchdrüsenanlage anbelangt, mit HUGO SCHMIDT und KALLIUS übereinstimme (abgesehen von dem makroskopischen Aussehen der Leiste, über das ich später sprechen werde), so ist es wenigstens auf den ersten Blick nicht der Fall bezüglich des von HUGO SCHMIDT als Milchstreifen bezeichneten Gebildes, ein Punkt, in dem ja auch KALLIUS von den Angaben HUGO SCHMIDT's abweicht.

Ich habe diesen Saum erhöhten Epithels, wenn auch in etwas anderer Ausdehnung, ebenfalls gefunden, aber bei Embryonen, deren Milchdrüsenanlage ein bedeutend jüngeres Stadium der Entwicklung zeigt als die des von diesem Autor beschriebenen Embryo. Bei den Föten, deren Milchdrüsenanlage der des HUGO SCHMIDT'schen Embryo mehr gleicht, also bei H. s. R.-Hg. und HILD. I. konnte ich den Epithelstreifen nicht mit Sicherheit nachweisen, dagegen fand ich eine mehr diffusse, die Seitenflächen des Körpers einnehmende Epitheldifferenzirung.

Ich kann erst später auf die genauere Besprechung dieses Streifens eingehen, den auch KALLIUS offenbar bei denselben Stadien der Milchdrüsenentwicklung wahrgenommen hat, wenn auch vielleicht nicht in der Ausdehnung, wie ihn HUGO SCHMIDT und ich gesehen haben, obgleich KALLIUS den Ausdruck Streifen nicht gebraucht. Es zeigen seine Abbildungen ganz deutlich, dass dorsal und ventral von der Milchdrüsenanlage das Epithel auf eine kleine Strecke erhöht ist, und dann erwähnt er ja ausdrücklich, dass sich eine diffuse Epithelverdickung kaudalwärts von der „Leiste" bis in die Unterbauchgegend fortsetzt. Nun ist die Bezeichnung „Unterbauchgegend" etwas unbestimmt. Nach KALLIUS soll die Leiste z. B. auf der rechten Seite etwa $\frac{1}{2}$ mm unterhalb der oberen Extremität beginnen, 2 mm lang sein; darüber hinaus ist das Epithel „noch auf eine beträchtliche Strecke hin" erhöht. Die Entfernung zwischen der oberen und der unteren Extremität beträgt bei seinem in 4 facher Vergrösserung abgebildeten Embryo 14 mm, also in Wirklichkeit 3,5 mm. Daraus geht hervor, dass die diffuse Epithelverdickung der unteren Extremität sehr nahe kommen muss.

Indessen selbst wenn das erhöhte Epithel nicht weit herabreichte, wird der Befund von KALLIUS sich ohne Schwierigkeit mit den von HUGO SCHMIDT und mir gemachten vereinigen lassen, wenn man sich erinnert, welche individuellen Schwankungen in der Ausbildung dieses Streifens (vergl. meine und HUGO SCHMIDT's Befunde bei verschiedenen Stadien der Milchdrüsenentwicklung) vorkommen, gerade so wie in der Entwicklung und Ausdehnung der Milchdrüsenanlage selbst, worauf schon REIN und neuerdings wieder HUGO SCHMIDT und KALLIUS aufmerksam gemacht haben.

Wenn wir nun diese Befunde bei den jungen Embryonen verwerthen wollen, so müssen wir uns folgende Fragen vorlegen:

1. Ist die das früheste Stadium der menschlichen Milchdrüse darstellende Epithelwucherung, deren Längsausdehnung die Breite stets um ein Bedeutendes übertrifft, als eine Milchleiste bezw. Milchlinie zu betrachten; stellt diese Anlage die gemeinschaftliche Anlage mehrerer Milchdrüsen dar; ist sie das Rudiment einer ursprünglich von der oberen bis zur unteren Extremität reichenden Milchlinie?

2. Hat der von HUGO SCHMIDT als Milchstreifen bezeichnete Saum erhöhten Epithels wirklich auch zur Milchdrüse Beziehungen?

ad 1. Der Begriff Milchleiste, oder vielleicht gebrauchen wir besser hier den ursprünglich von SCHULTZE angenommenen Ausdruck Milchlinie, der die makroskopische Sichtbarkeit weniger zu erfordern scheint, schliesst durchaus nicht diese makroskopische Sichtbarkeit nothwendigerweise in sich. SCHULTZE sagt von der Milchleiste, die ja beim Schwein allerdings äusserlich gut wahrnehmbar ist: „Diese Erhabenheit ... erweist sich als eine lineare Proliferationszone der Epidermis". Eine lineare Proliferationszone haben wir zweifellos in der isolirten Epithelverdickung, die wir als Milchdrüsenanlage beschrieben haben, und die sogar theilweise in ihren Querschnitten grosse Aehnlichkeit mit den SCHULTZE'schen Abbildungen aufweist (vergl. S. 276, 277).

Ueber die eventuelle makroskopische Wahrnehmbarkeit der linearen Epithelverdickung habe ich mich bei der Beschreibung der einzelnen Embryonen stets ausgesprochen. Ich habe darauf hingewiesen, dass es z. B. bei H. s. W.-P. gar nicht möglich sei, die Epithelverdickung allein mit blossem oder mit der Lupe bewaffnetem Auge am Körper des nicht geschnittenen Embryo zu erkennen; bei H. s. Bul. I und bei den noch weiter fortgeschrittenen H. s. R.-Hg. und Hild. I kann man wohl die am stärksten entwickelten Partien der Epithelerhebung äusserlich bei genauer Besichtigung bemerken. In einigen Fällen war die Milchdrüsenanlage auf einer kleinen Cutiserhebung gelegen, deren Längsausdehnung ungefähr mit der Längsausdehnung der Milchdrüsenanlage übereinstimmte, während die Breite grösser war als die der Anlage selbst. Diese Cutiserhebung, welche auch bei dem von HUGO SCHMIDT beschriebenen Embryo vorkommt, habe ich bei H. s. Hild. I nur auf der rechten Seite bemerkt, bei H. s. Bul. I und R.-Hg. beiderseits. Bei H. s. Bul. I. ist die Cutiserhebung besonders im kranialen Theil der Milchdrüsenanlage sehr deutlich. Ob dieser Bildung der Cutis eine Beziehung zur Milchdrüsenanlage zuzuschreiben ist, möchte ich nicht mit Sicherheit entscheiden, aber für unmöglich halte ich es nicht.

Ich habe diesen Cutishügeln eine grosse Bedeutung für die makroskopische Sichtbarkeit der Anlage oder wenigstens des Orts der Anlage zugeschrieben, muss aber zugeben, dass ich für die allerdings schon vor Jahren geschnittenen Embryonen H. s. Bul. I, Hild. I und R.-Hg. keine Notizen über eine sichtbar gewesene Leiste fand, obgleich damals auch schon auf eine etwaige Milchleiste geachtet wurde. Man wird dieses begreiflich finden, wenn man daran denkt, dass diese Leiste unter der oberen Extremität verborgen ist, wie man das sehr schön an den Plattenmodellen sehen kann. Nur bei einem nicht ganz normalen Embryo fand sich eine ausgesprochene leistenförmige Erhebung der Körperoberfläche an der für uns wichtigen Stelle auf die sehr gute Abbildung eingezeichnet. Ich hatte leider nur Gelegenheit, diesen Embryo ganz flüchtig zu untersuchen[1]) und dabei zeigte sich, dass die linsenförmige Anlage ebenfalls auf einer Cutiserhebung gelegen war, von der offenbar die äusserlich sichtbare Leiste herrührte.

Die KALLIUS'sche makroskopisch so deutlich sichtbare „Milchleiste“ verdankt ihre scheinbar so mächtige Ausbildung ebenfalls bloss der Erhebung der Cutis, ein Umstand, den KALLIUS nicht betont. Das erkennt man aus seinen Abbildungen, welche in 125 facher Vergrösserung ausgeführt sind, auf den ersten Blick. KALLIUS schätzt die makro-

---

[1]) H. s. St.-W.; vergl. den Nachtrag.

Morpholog. Arbeiten hrsg. v. G. Schwalbe. VIII. 19

skopische Leiste auf ½ mm Höhe; nehmen wir selbst nun an, diese Schätzung sei um das Doppelte zu hoch gegriffen, die Leiste sei also bloss 100 μ hoch, so ergiebt die Messung der Abbildungen, dass die grösste Höhe, welche die Epithelwucherung allein erreicht, 14500 : 125 = 116 μ beträgt; nun geht von dieser Höhe noch ein kleiner Theil durch die Einsenkung der Basis in die Cutis verloren, so dass also nur eine Erhebung von ungefähr 100 μ über die unmittelbare Umgebung stattfindet. Diese am stärksten erhöhte Partie beträgt aber nur einen kleinen Abschnitt der im ganzen 2 mm langen äusserlich sichtbaren Leiste, deren Ausdehnung auch nach KALLIUS durch die circumskripte stärkere Epithelerhebung gekennzeichnet ist. Leider hat KALLIUS vergessen, die Dicke seiner Serienschnitte anzugeben, so dass man die Ausdehnung der am stärksten erhöhten Partie nicht ganz genau feststellen kann. In seiner Fig. 3, welche einen Schnitt durch den kranialen Theil der „Leiste" darstellt, ist die Epithelerhebung 40 μ hoch. Auf der linken Seite beträgt die grösste Höhe der Epithelwucherung sogar nur 72 μ, im kranialen Beginn der Leiste nur 16 μ. — Ich glaube diese wenigen Zahlen zeigen, dass die Cutiserhebung einen nicht unwesentlichen Antheil an der von KALLIUS gesehenen Leiste haben muss.

Indessen ist es für den Begriff Milchleiste oder Milchlinie gleichgültig, wie ich schon einmal gesagt habe, ob die lineare Epithelerhebung makroskopisch sichtbar ist oder nicht.

Des Weiteren scheint mir dieser Begriff auch nicht davon abhängig zu sein, dass die lineare Epithelproliferation die gemeinsame Anlage mehrerer Milchdrüsen, die in einer Reihe liegen, darstellt. Nach meiner Auffassung kann man jede lang gestreckte, schmale Wucherung der Epidermis, in der sich weiter ein Theil zur eigentlichen Milchdrüsenanlage herausdifferenzirt, als Milchlinie bezeichnen. Nach KLAATSCH (1893 S. 287) ist ja allerdings die Milchlinie der Säuger [1]) eine Marsupialleiste, d. h. eine durch Verschmelzung des zu „Beutelfalten ausgewachsenen seitlichen Randes der Mammartasche" entstandene Bildung, die demnach die Beutelfalte eines mehrere hintereinanderliegende Mammartaschen d. i. Milchdrüsenanlagen enthaltenden Mammargebiets darstellt. Ich kann hier nicht näher auf die KLAATSCH'sche Theorie eingehen, weise aber nur darauf hin, dass gerade das Thier, von dessen Mammartaschen- und Beutelbefund er seine Theorie herleitet, dass Phalangista vulpina beiderseits nur eine einzige Milchdrüse besitzt. Das beweist, dass auch KLAATSCH für den Begriff der Milchlinie nicht das Zusammenliegen mehrerer Milchdrüsenanlagen in einer Reihe als Voraussetzung annimmt.

---

[1]) Ich weise bei dieser Gelegenheit darauf hin, dass KLAATSCH seine Theorie dadurch bestätigt findet, dass bei Bos, wo die Ränder der Mammartasche zur Bildung der Zitze verwendet werden, sich eine Milchleiste noch nicht hat nachweisen lassen.

Ist aber die von KALLIUS und mir beschriebene ‘Form der Milchdrüsenanlage überhaupt als Anlage einer einzigen Drüse aufzufassen? KALLIUS geht auf diese Frage nicht weiter ein. Er zeigt bloss, dass nur aus einem Theil der „Leiste“ die definitive Milchdrüse werden könne, und zwar aus der im kranialen Bezirk derselben gelegenen, eingebuchteten Partie. Freilich lässt der Satz: „Leiste, welche in ihren verschiedenen Abschnitten das erste Stadium nach REIN und sein zweites zeigt“ darauf schliessen, dass er vielleicht doch an die Möglichkeit einer zusammengesetzten Leiste gedacht hat. Weiterhin giebt KALLIUS, wie ich schon in der Einleitung berichtet habe, indirekt zu, dass vielleicht doch eine Anzahl von Milchdrüsenanlagen in der Leiste enthalten sein können, indem er das überwiegende Vorkommen kaudalwärts von der Hauptdrüsenanlage gelegener hypethelialer Organe bei Erwachsenen mit dem Umstand in Verbindung bringt, dass die definitive Anlage im kranialen Theil der Leiste entsteht.

Bei H. s. W.-P. und H. s. Bul. I nimmt die isolirte Epithelverdickung gut $^1/_3$ der Entfernung zwischen der oberen und der unteren Extremität ein, also einen sehr ansehnlichen Theil der Strecke. Dieser grosse Längs- (kranio-kaudale) Durchmesser, der den Breitendurchmesser um das $3^3/_4$ bis $4^3/_4$ fache (H. s. W.-P.) und das 5 fache (H. s. Bul. I) übertrifft, kann schon den Gedanken nahe legen, dass in einer derartig ausgedehnten Epithelwucherung mehr als eine Milchdrüsenanlage enthalten sei. Ein weiteres Moment für diese Annahme ist der Umstand, dass die Form der Basis so häufig wechselt und bald konvex, bald eben ist, bald einen kleinen zapfenförmigen Vorsprung zeigt (H. s. Bul. I); einige solche kleine zapfenförmige Einsenkungen in die Cutis finden sich sogar bei H. s. Bul. I noch in dem unmittelbar kaudalwärts von der isolirten Epithelverdickung gelegenen erhöhten Epithel des Streifens.

Ein anderer Grund dafür, die Milchlinie als ein Produkt mehrerer Drüsenanlagen zu betrachten, wäre die Zurückführung der hypethelialen Gebilde HUGO SCHMIDT's und der überzähligen Brustwarzen und Milchdrüsen Erwachsener auf dieses Stadium.

Auf den letzteren Punkt werde ich bei der Besprechung der Ableitung jener Organe einzugehen haben und kann jetzt nur darauf hinweisen, dass gerade diese Ableitung mancherlei Schwierigkeiten bietet.

Dagegen will ich mich schon hier mit dem ersten und zweiten Punkt etwas näher befassen.

Es ist durchaus nicht gesagt, dass die grosse Längsausdehnung der Anlage nicht von einer einzigen Drüsenanlage herrühren kann. Vergleichen wir nur einmal die Abbildungen, welche SCHULTZE von der Milchleiste u. s. w. des Schweins, des Kaninchens etc. giebt, oder die Abbildungen in der KEIBEL'schen Normentafel des Schweins, so finden wir, dass gerade die Partie der Milchlinie, welche die kranialste primitive Zitze (bzw. den kranialsten Milchpunkt) enthält (und zwar beim

Schwein im kaudalen Abschnitt dieser Partie), einen sehr ansehnlichen Theil der gesammten Leiste einnimmt, ebenfalls etwa $\frac{1}{3}$ und sogar mehr.

Der zweite Punkt scheint mir schon stichhaltiger zu sein. Indessen muss man auch da bedenken, dass die Veränderungen der Basis, welche sich im kaudalen Theil in besonders grosser Häufigkeit finden, so nahe beieinander liegen, dass eine etwas auffallende Anhäufung von Drüsenanlagen in diesem Gebiet zu Stande käme, wenn man annehmen würde, dass sie die Spuren bzw. die Anlagen weiterer Milchdrüsen wären.

Einen, wie es mir scheint, recht gewichtigen Einwand gegen die Annahme einer aus mehrfachen Milchdrüsenanlagen entstandenen Milchlinie beim Menschen ist der, dass man ja bei älteren Embryonen (H. s. R.-Hg., Hild. I, Hugo Schmidt's Embryo) neben der doch schon beträchtlich kleineren und mehr einheitlichen Milchdrüsenanlage keine umschriebene Epitelwucherungen mehr findet. Will man sich gegen diesen Einwurf vertheidigen, so kann man höchstens sagen, dass eben die verschiedenen Anlagen sich sehr rasch wieder zurückbilden.

Wenn man die Milchdrüsenanlage in dem Stadium, in welcher sie bei den 3 erwähnten Embryonen steht, noch als Milchlinie betrachten will, eine Auffassung, über die sich vielleicht streiten lässt, die aber insofern ihre Berechtigung hat, als man eine weitere Rückbildung der Längsausdehnung der Anlage bis zum kolbenförmigen Stadium als Regel annehmen muss, dann ist die Auffassung von einer einzigen Milchdrüsenanlage in der Milchlinie des Menschen die naheliegendste.

Die weitere Frage, ob wir es beim Menschen nur mit dem Rudiment einer Milchlinie zu thun haben, d. h. ob sich beim Menschen nur eine pectorale Milchlinie findet, oder ob ursprünglich eine viel weiter ausgedehnte lineäre Epithelerhebung besteht, glaube ich dahin beantworten zu dürfen, dass die Leiste wohl nur eine wesentlich im oberen Theil der Seitenfläche ausgebildete Milchlinie darstellt. Ich muss allerdings zugeben, dass recht beträchtliche Schwankungen in der Längsausdehnung bestehen können. Indessen kann ich immerhin aus dem vorhandenen Material schliessen, dass sich keine Anhaltspunkte für die Annahme einer ursprünglichen bedeutend ausgedehnteren Milchlinie bieten. Bei dem etwa 30 Tage alten H. s. W.-P. findet sich die noch sehr mässig entwickelte Milchdrüsenanlage in dem oberen Drittel der Seitenfläche, dagegen ist sie bei dem etwa 3—4 Tage jüngeren H. s. for. noch gar nicht angedeutet; ebenso wenig ist bei diesem Embryo eine von der oberen bis zur unteren Extremität reichende breitere, ununterbrochene Epithelverdickung, ein Milchstreifen, vorhanden.

Es wäre nun allerdings möglich, dass die „totale" Milchlinie des Menschen eine sehr rasch vorübergehende Bildung wäre, wie es ja Kallius annimmt. Ich halte aber dies für unwahrscheinlich; warum,

wird sich aus der gleich folgenden Besprechung des „Milchstreifens"
ergeben.

ad 2). Der von Hugo Schmidt als Milchstreifen bezeichnete Saum
erhöhten Epithels mag in der That eine Beziehung zur Milchlinie haben.
Während Hugo Schmidt aber annimmt, dass der Streifen aus einer
Milchlinie hervorgeht, dass also eine Milchlinie das Primäre sei, möchte
ich, wenn man an der erwähnten Beziehung festhalten will, gerade das
Umgekehrte für wahrscheinlicher halten. Es besteht nämlich auch bei
Thieren, welche eine Milchlinie besitzen, zunächst eine dem „Milchstreifen" ähnliche breite Epithelverdickung, welche die Seitenfläche des
Körpers einnimmt. Ich verweise auf die Angaben von O. Schultze
beim Schwein. Man kann sich nun vorstellen, dass auch beim Menschen
sich diese breite Epithelverdickung noch anlegt, dass aber nur in
ihrem kranialen Theil die weitere Entwicklung zur Milchlinie zu Stande
kommt. Wir hätten dann den Streifen verdickten Epithels als letzte
Andeutung einer bei den Vorfahren des Genus humanum vorhanden
gewesenen totalen Milchlinie aufzufassen.

Man kann mir nun dagegen einwenden, dass Hugo Schmidt ja diesen
Streifen noch in einem späteren Stadium der Milchdrüsenentwicklung
gefunden hat, in dem die Anlage der Milchdrüse eine bedeutend geringere
Längsausdehnung besitzt. Darauf habe ich zu bemerken, dass der
„Milchstreifen", den Hugo Schmidt bei dem 15 mm langen Embryo
beschreibt, gut doppelt so breit ist, als ich ihn (bei den jüngeren
Embryonen) fand. Da nun, wie sich bei der Besprechung der Gebilde
ergeben wird, welche möglicherweise zum Theil aus dem nicht zur
Bildung der eigentlichen Milchdrüse verwendeten Abschnitt der Milchlinie hervorgegangen sind, man annehmen kann, dass die Milchlinie
sich wieder in eine mehr diffuse Epithelerhöhung zurückverwandelt,
so wäre es möglich, dass gerade der schon wieder zurückgebildete Theil
der Milchlinie in den hier sehr lange bestehenden und schon etwas
diffus gewordenen Epithelstreifen aufgegangen ist.

Für einen Zusammenhang der Milchdrüsenanlage mit dem Epithelsaum scheint auch das ganz allmähliche Uebergehen der die Milchlinie darstellenden stärkeren Epithelverdickung in den „Milchstreifen"
zu sprechen.

Des Weiteren würde auch die Annahme dieses Saumes als Milchstreifen noch besser als eine einfache Milchlinie die Ausbreitung der
überzähligen Milchdrüsen und Zitzen bei Erwachsenen erklären; die
von mir gefundenen Beziehungen des Milchstreifens zum Geschlechtshöcker geben z. B. einer ungezwungene Deutung des bis jetzt zweimal
beobachteten Vorkommens einer accessorischen Milchdrüse auf den
grossen Schamlippen.

Auch die Ausbreitung der „normalen hyperthelialen Gebilde"
Hugo Schmidt's wäre gut mit dem Milchstreifen in Einklang zu bringen;

allerdings darf ich nicht verschweigen, dass es mir nicht gelungen ist, in der Inguinalgegend oder in der Unterbauchgegend unzweifelhafte Epithelwucherungen (vergl. H. s. A.-Kl.) zu finden, welche man als den HUGO SCHMIDT'schen hyperthelialen Gebilden entsprechend hätte auffassen können, während ja HUGO SCHMIDT solche in den erwähnten Körpergegenden gesehen hat.

Wenn nun auch, wie aus dem bis jezt Gesagten hervorgeht, Vieles für die Deutung des Epithelsaums als „Milchstreifen" spricht, so macht sie doch ein Umstand wieder fraglich.

Es findet sich nämlich auch bei ausserhalb der Säugethierreihe stehenden Wirbelthieren, bei Selachiern (BALFOUR), bei Reptilien (MEHNERT) und bei Vögeln (WOLFF) in der Embryonalzeit ein erhöhter Saum zwischen dem vorderen und hinteren Extremitätenpaar, ja dieser Saum tritt sogar noch vor den Extremitäten auf und wird als gemeinsame Anlage derselben betrachtet. Nun wird gewiss niemand die eben genannten Thiere im Verdacht haben, dass sie eine Milchdrüsenanlage besitzen. Allerdings geht aus den Angaben der Autoren oft nicht mit absoluter Deutlichkeit hervor, ob es sich um eine wirkliche Epithelerhöhung oder bloss um eine Epithelfalte handelt. Nach MEHNERT scheint das Letztere zu gelten.

Durch diese Angaben veranlasst, habe ich Hühnerembryonen auf den Saum hin untersucht und auch thatsächlich eine epitheliale Verdickung zwischen vorderer und hinterer Extremität gesehen, die grosse Aehnlichkeit mit dem „Milchstreifen" menschlicher Embryonen aufweist.

Auch die unbestimmte Begrenzung des seitlichen erhöhten Epithels gegen das Epithel der Extremitäten und der Kiemenbögen, das Vorkommen von Epithelerhöhungen in der Extremitätengegend bei sehr jungen Embryonen (H. s. J., H. s. for.), die noch gar keine Milchdrüsenanlage besitzen, und bei älteren, bei denen der Milchstreifen bereits nicht mehr in seiner ganzen Ausdehnung besteht (H. s. Hild. I, H. s. R.-Hg.), sind Thatsachen, die immerhin zur Vorsicht in der Deutung der fraglichen Bildung mahnen.

II.

Das weitere Schicksal der Milchdrüsenanlage können wir bei dem verhältnissmässig reichlichen Material gut verfolgen.

Der Uebergang von der Zapfen- zur Kolbenform findet ganz allmälich statt, und zwar ist die Oberfläche der Anlage gewölbt, um erst im Verlauf der weiteren Entwicklung eine Einsenkung zu zeigen. Man kann auch hier eine grosse Verschiedenheit der Ausbildung der Milchdrüsenanlage feststellen, sowohl was Grösse, als was Form anbelangt. Namentlich ist das oft frühzeitige Auftreten der beginnenden Ausbuchtungen in der kolbenförmigen Anlage zu vermerken, das sich schon bei H. s. Born I zeigt, während es bei viel älteren Embryonen noch gar nicht angedeutet ist. Die Grösse der gesammten Anlage (Breite und Länge des Kolbens gemessen) schwankt auch bei demselben Embryo für beide Seiten. Oefters ist die Breitenausdehnung grösser als die Längsausdehnung. Die Milchdrüsenanlagen der unter 50—60 mm langen Embryonen dieser Gruppe waren aber stets kleiner als die Anlagen bei den Embryonen H. s. R.-Hg., Hild. I und bei Hugo Schmidt's Embryo, wenigstens was die grösste Ausdehnung betraf. Ueber die Betheiligung der Cutis habe ich nur zu sagen, dass manchmal (H. s. J$_{29}$) die Areolarzone recht schmal ist, während sie in anderen Fällen sehr breit ist. Auch die „Stromazone" scheint eine sehr verschieden mächtige Ausbildung zu besitzen; in einigen Fällen war sie sogar nur sehr unbedeutend entwickelt. Einmal fand ich eine offenbar pathologische kolbenförmige Anlage, die sich durch einen mächtig entwickelten Cutiswall auszeichnet (H. s. W.-K.).

Makroskopisch [1]) war die Milchdrüsenanlage meistens als eine rundliche, flache Erhebung sichtbar, einige Male auch als eine kleine flache Grube; in wenigen Fällen schien eine centrale Vertiefung zu bestehen; bisweilen fand ich auch die Erhebung in einem kreisförmigen, öfters etwas vertieften Hof gelegen.

Die Uebersicht über das von mir benutzte Material ergiebt, dass ich in 4 Fällen den ganzen Körper, in 2 Fällen, in denen mir der Kopf nicht zur Verfügung stand, wenigstens den ganzen Rumpf mikroskopisch untersucht habe; ausserdem habe ich zweimal den Thorax verwendet und nur einmal (bei Embryonen unter 65 mm) ein Stück aus der Milchdrüsengegend ausgeschnitten.

Diese Art der Untersuchung gab mir Hugo Schmidt gegenüber den grossen Vortheil, dass ich auf das Vorkommen epithelialer Wucherungen am ganzen Körper achten konnte.

Auf diese Weise fand ich am Kopfe des nur etwa 61 Tage alten H. s. J$_{29}$ unzweifelhafte Haaranlagen in der Augenbrauen- und Stirngegend und seitlich von der Oberlippe, während bisher in den Lehrbüchern als die Zeit des ersten Auftretens der Haaranlagen das Ende des dritten Monats angegeben war; bloss Sedgwick-Minot (1894, p. 570) schreibt ganz allgemein, dass die Haare im dritten Monat auftreten. Als Ort der ersten Haaranlagen waren nur Stirn- und Augenbrauengegend bekannt; bei dem von mir untersuchten Embryo waren die Haaranlagen auch in der Wangengegend gerade so weit entwickelt wie die an der Stirn und den Augenbrauen.

Bei einem Embryo von 52 mm K.-Stl. konnte ich auch auf der Brust Haaranlagen in sehr frühen Stadien in grosser Menge nachweisen.

---

[1]) Ich habe eine ganze Anzahl von Embryonen nur makroskopisch untersucht.

Die von Hugo Schmidt als hypertheliale Gebilde bezeichneten
Epithelwucherungen habe ich schon bei jüngeren Embryonen gefunden,
deren kleinster eine K.-Stl. von 19 mm hat gegenüber dem von Hugo
Schmidt beschriebenen 28 mm langen Embryo.

Ich sah diese Epithelanlagen allerdings nur in der Umgebung der
Brustdrüse, mehr oder minder weit von ihr entfernt, nie aber mit Sicherheit
in der Inguinalgegend oder an den Seitenflächen des Bauches. Einige Male
glaubte ich auch in diesen Gegenden hügel- bis linsenförmige Wucherungen der Epidermis zu sehen, ich habe mich aber überzeugt, dass
es sich um Schnitte von Epithelfalten handelte. Bei H. s. A.-Kl. ist
es wahrscheinlicher, dass das fragliche Gebilde wirklich eine Epithelwucherung darstellt. Ich möchte bei dieser Gelegenheit darauf hinweisen, dass auch Hugo Schmidt sie nur in spärlicher Anzahl und als
unbedeutende Gebilde in der betreffenden Gegend vorfand. Ich habe
leider nicht die Gelegenheit gehabt, von Embryonen, die ich aus irgend
einem Grunde nicht in toto oder in grösseren Stücken zu Serienschnitten
verwenden konnte, Hautstücke aus der Inguinalgegend zum Zwecke
mikroskopischer Untersuchung auszuschneiden. Ich bin in Folge dessen
gezwungen, mich gegebenen Falles auf die Angaben Hugo Schmidt's
zu berufen.

Im Gegensatz zu einem Theil seiner Befunde (ich beziehe mich
dabei auf seine definitive Arbeit, mit der die Angaben der vorläufigen
Mittheilung nicht immer übereinstimmen) fand ich immer, dass weitaus
die grösste Zahl der Epithelwucherungen oberhalb der eigentlichen
Milchdrüsenanlage gelegen war. Die kranial von dieser gelegenen Anlagen sassen wiederum meistens ausserhalb der Mammillarlinie (eine
Ausnahme machen die drei jüngsten von mir untersuchten Embryonen).

Die Entfernung der Epithelwucherungen von der Hauptmilchdrüse
ist sehr verschieden und schwankt zwischen 60 μ (H. s. A.-Kl.) bis
fast 3 mm (H. s. K. 45).

Im allgemeinen kann man nicht sagen, dass die Epithelanlagen
eine typische Anordnung zeigen; keinesfalls lassen sie sich, wie das
ja schon aus Hugo Schmidt's Mittheilungen hervorgeht, in eine Reihe
ordnen. Man kann allerdings öfters mehrere in einer Linie sehen, die
aber bald vor, bald schräg zur Mammillarlinie, bald in dieser liegt,
so dass diesen Lageverhältnissen kaum eine Bedeutung zuzuschreiben
ist. Symmetrie zwischen rechts und links besteht nicht. Die Breite
des Gebiets, in dem die Epithelwucherungen vorkommen, ist stets
grösser als seine Länge, d. i. als sein kranio-kaudaler Durchmesser.

Form und Grösse der Anlagen ergiebt sich aus der Beschreibung
und den Abbildungen. Aus den Figuren ersieht man, dass die
Epithelwucherungen der jungen Embryonen (H. s. Born I. Schott. II,
Born II) weniger entwickelt sind (mit Ausnahme von R_3 bei H. s.
Schott. II) als viele bei den älteren Embryonen.

Im grossen und ganzen habe ich dieselben Formen gefunden wie Hugo Schmidt. Einige zeichnen sich aber doch durch ihre Gestalt von den von ihm beschriebenen aus; ich erwähne da besonders die stark prominirenden Bildungen von dem Typus, der durch R. bei H. s. J$_{19}$ so deutlich wiedergegeben wird, und die eigenthümlichen Epithelperlen gleichenden Epidermiswucherungen[1]. die entweder im Niveau der Epidermis selbst liegen (L$_4$ bei H. s. K$_{45}$) oder über dieselbe hinausragen (R$_4$ bei demselben Embryo).

Hugo Schmidt hat den Umstand, dass viele der Epithelwucherungen eine grössere Längs- als Breitenausdehnung besitzen, als Stütze für die Ableitung dieser Gebilde von der Milchlinie bzw. dem Milchstreifen benutzt. Ich kann mich dieser Auffassung nicht anschliessen, da die Längsausdehnung fast gerade so häufig die Breite nicht übertrifft oder sogar kleiner ist als diese. Bei den kleineren von mir untersuchten Embryonen überwiegt sogar die Breitenausdehnung meistens.

Die Zahl der Epithelwucherungen war bei den Serien, welche ich durchgesehen habe, nicht so gross, wie sie Hugo Schmidt gefunden hat; in seiner späteren Arbeit beschreibt er z. B. bei dem 35 mm langen Embryo No. IV links 24 pectorale Anlagen. Möglicherweise waren seine Schnitte besser erhalten.

Wenn wir uns im Folgenden mit der Deutung dieser Bildungen beschäftigen wollen. so können wir sie zweckmässigerweise in 3 Abtheilungen unterbringen:

I. Abtheilung: Sie enthält die grossen, mehr oder minder ausgebildeten. hügel- bis kolbenförmigen Epithelwucherungen.

II. Abtheilung: Sie umfasst die kleinen, meistens ungemein charakteristischen zapfenförmigen oder auch linsen- bis zapfenförmigen Epithelgebilde (z. B. L$_2$ bei H. s. J$_{25}$. die zahlreichen Wucherungen bei H. s. A.-Kl.), welche zwischen die übrigen eingestreut sind.

III. Abtheilung: In dieser kann man die epithelperlenähnlichen Bildungen und einige Formen, die zwar keine Epithelperlen darstellen, sich aber unter I und II nicht unterbringen lassen, zusammenfassen (wie Fig. 58 bei H. s. A.-Kl.).

Natürlich giebt es hie und da zwischen diesen Gruppen Uebergangsformen. aber im allgemeinen lassen sie sich gut auseinanderhalten.

In der Deutung der Epithelwucherungen stimme ich im grossen und ganzen mit Hugo Schmidt überein. Es kommen hierbei in Betracht:

---

[1] Hugo Schmidt hat allerdings auch einige Formen wiedergegeben, die an Epithelperlen erinnern, aber keine sehr typischen Bildungen.

1) Ueberzählige Milchdrüsenanlagen.

2) MONTGOMERY'sche Drüsen.

3) Haaranlagen.

4) Schweiss- und Talgdrüsenanlagen.

5) Epithelwucherungen von anderer, uns unbekannter Bedeutung.

Wie HUGO SCHMIDT bereits betont hat, spricht die Lokalisation der Gebilde, ihr Auftreten während einer bestimmten Stufe der Entwicklung der eigentlichen Milchdrüse sehr für einen Zusammenhang mit der der Mammaranlage. Allerdings ist eine derartige Häufung von Milchdrüsenanlagen immerhin eine recht auffallende und schwer erklärbare Thatsache.

Daneben aber, und das gilt für die in der I. Abtheilung zusammengefassten Formen, die ich jetzt zunächst besprechen will, fällt die grosse Aehnlichkeit des histologischen Baus mit dem der definitiven Brustdrüsenanlage auf. HUGO SCHMIDT hat schon auf die oft vollständige Uebereinstimmung mit den Abbildungen hingewiesen, welche KÖLLIKER, HESS, GEGENBAUR, REIN, KLAATSCH, SCHULTZE und andere von den Milchdrüsen des Menschen und vieler Säuger gegeben haben. Aber auch die Aehnlichkeit mit den Schnittbildern der frühesten Entwicklungsstufen der menschlichen Milchdrüsen, die ihm ja noch unbekannt waren, ist unverkennbar. Man vergleiche nur z. B. L₂ bei H. s. K₁₅ mit Fig. 15 bei H. s. Bal. I. Diese Deutung hat also durch die von KALLIUS und von mir angestellten Untersuchungen eine wesentliche Stütze gewonnen.

Freilich sind die Epithelwucherungen der älteren Embryonen insofern nicht ganz gleichwerthig den Bildern, welche uns die verschiedenen Abschnitte der Milchlinie geben, als sie eben umschriebene, nach allen Richtungen abgegrenzte Gebilde darstellen. Gemeinsam mit dem durch die Milchlinie mit ihren wechselnden Querschnittsformen gekennzeichneten Stadium der Milchdrüsenentwicklung ist ihnen aber doch: die bisweilen vorkommende wechselnde Querschnittsgestaltung, auf die ich bei den einzelnen Embryonen hie und da hinweisen konnte (z. B. R₄ bei H. s. K₁₅).

Die Grösse der hierher gehörigen Epithelwucherungen kann in seltenen Fällen der der Hauptdrüsenanlage nahe kommen, immerhin aber ist die Breitenausdehnung häufig so gross wie die der Milchdrüsenanlage im frühen Stadium.

Eine Areolarwucherung findet sich freilich nicht immer, bisweilen ist sie aber auch recht deutlich. Ich verweise übrigens dabei auf meine S. 285 gemachte Bemerkung, dass auch bei der eigentlichen Milchdrüsenanlage die Areolarwucherung grossen Schwankungen in ihrer Entwicklung unterliegt.

Was nun die Frage anbelangt, ob man diese Bildungen nicht anders deuten könne, so ergiebt sich, dass zunächst einmal an MONT-

GOMERY'sche Drüsen nicht gedacht werden darf. Schon HUGO SCHMIDT konstatirte, dass bei älteren Embryonen die Areola von epithelialen Wucherungen freibleibt. Ich kann diese Angabe bestätigen, da ich bei einem Embryo von 115 mm K.-Stl. in der unmittelbaren Umgebung der Milchdrüsenanlage keine einzige Epithelbildung wahrnahm, sondern solche erst in einer Entfernung von über ^{1}, mm von der Milchdrüse sah, dann allerdings eine Unmenge, die zweifellos Haaranlagen darstellten (Fig. 60—64).

Es müssen demnach offenbar die MONTGOMERY'schen Drüsen erst später entstehen. Uebrigens spricht auch die grosse Entfernung einzelner z. B. in der Achselhöhle gelegener Epithelwucherungen von der Hauptmilchdrüse gegen einen Zusammenhang mit den genannten Drüsen.

Talg- und Schweissdrüsen können die uns interessirenden Epithelgebilde auch nicht gut sein, da diese Hautdrüsen erst später (im 4. und 5. Monat) auftreten.

Nun kämen noch Haaranlagen in Betracht. Ich hatte ja Gelegenheit, schon bei sehr jungen Embryonen gleichzeitig Haaranlagen und die HUGO SCHMIDT'schen hyperthelialen Gebilde zu sehen. Die Grösse der ersteren fand ich in den frühesten Stadien bis zum kolbenförmigen (Augenbrauengegend des 115 mm langen Embryo) 30—40—50—60—70 μ (Länge und Breite), bisweilen überwiegt die Ausdehnung in einer Richtung. Diese Grössenverhältnisse sind doch bedeutend geringer als die der in der I. Abtheilung untergebrachten Epithelwucherungen. Aber auch die Formverhältnisse sind anders. Ich habe z. B. nie sehr ausgesprochen prominirende Haaranlagen gesehen, ebensowenig wie eine völlige Uebereinstimmung zwischen den grösseren kolben- bzw. kolben- bis zapfenförmigen Epithelgebilden aus der für uns wichtigen Gegend mit den zapfen- bis kolbenförmigen bezw. kolbenförmigen Haaranlagen besteht. Schliesslich spricht auch noch das relativ weite Auseinanderliegen der fraglichen Epithelwucherungen gegen Haaranlagen. Denn bei Embryonen, welche unzweifelhafte Haaranlagen besitzen, findet man diese stets in sehr grosser Menge an den Stellen, wo sie überhaupt vorhanden sind.

Wenn man nach dieser Betrachtung, die im Wesentlichen den Darlegungen HUGO SCHMIDT's entspricht, mit grosser Wahrscheinlichkeit annehmen kann, dass ein Theil der „hyperthelialen" Epithelwucherungen wirkliche überzählige Milchdrüsenanlagen darstellen, so kann ich mich für die Formen, welche ich unter Abtheilung II und III zusammengefasst habe, nicht entschliessen, sie mit der gleichen Sicherheit als Milchdrüsenanlagen zu deuten, wie es HUGO SCHMIDT gethan hat.

Wenden wir uns zunächst den kleinen linsen- bis zapfenförmigen oder auch rein zapfenförmigen Epithelgebilden zu.

Es gelten für sie die gleichen Gründe wie für die bis jetzt besprochene Gruppe, welche die Beziehungen zu den MONTGOMERY'schen Drüsen u. dergl. ausschliessen. Wenn nun auch das auf die Umgebung der Milchdrüse (bzw. das Gebiet des Milchstreifens) beschränkte Vorkommen, das scheinbar regellose Eingestreutsein zwischen die übrigen Formen, das namentlich von HUGO SCHMIDT konstatirte Fehlen von Epithelwucherungen, die eine Fortbildung der bei den jüngeren Föten gefundenen darstellen, bei älteren Embryonen die Auffassung dieser Gebilde als Haaranlagen sehr unwahrscheinlich macht, so muss man doch zugeben, dass eine auffällige Aehnlichkeit zwischen ihnen und frühen Stadien der Haarentwicklung vorhanden ist. Diese kleinen, 40—80 μ breiten, öfters in einer Richtung etwas ausgedehnteren, bisweilen schief in die Cutis eindringenden Epithelbildungen sind oft von den linsen- und zapfenförmigen Haaranlagen in Form und Grösse nicht zu unterscheiden. HUGO SCHMIDT hat schon in seiner ersten Veröffentlichung über die von ihm gefundenen Gebilde gerade diesen Formen eine besondere Besprechung gewidmet und sich nicht entschliessen können, sie gleichfalls als überzählige Milchdrüsenanlagen aufzufassen; er glaubt, es seien möglicher Weise „unselbstständige Formen oder Primäranlagen von Talgdrüsen oder MONTGOMERY'schen Drüsen". Die letztere Ansicht begründete er damit, dass sie „so ziemlich alle" in der Nähe der normalen Brustdrüsenanlage (abwechselnd mit den anderen Formen) liegen. In seiner zweiten Arbeit erklärt er sie dagegen ebenfalls für Milchdrüsenanlagen, für „kleine, verkümmerte Milchdrüsenanlagen", aus Gründen, die ich oben gleichfalls schon angeführt habe. Dass sie „so ziemlich alle" in der nächsten Umgebung der normalen Brustdrüse liegen, trifft nach meinen Untersuchungen nicht zu, und das ist ja ein weiterer Einwand gegen die Deutung als MONTGOMERY'sche Drüsen.

Die Grössen- und Formunterschiede zwischen ihnen und den Epithelwucherungen, welche ich ohne Bedenken als überzählige Milchdrüsenanlagen (Abtheilung I) bezeichne, sind so bedeutend, dass ich mich HUGO SCHMIDT's definitiver Auffassung nicht anschliessen kann. Ich muss eingestehen, dass ich mich über ihre Deutung nicht auszusprechen vermag; den Ausdruck „hypertheliale Anlagen" für diese Formen kann ich nur in dem Sinne gelten lassen, dass damit der wohl unzweifelhaft bestehende Zusammenhang mit dem Mammargebiet hervorgehoben werden soll.

Wenn man trotz der mehrfach erwähnten Bedenken diese zapfen- oder linsen- bis zapfenförmigen Bildungen als Haaranlagen auffassen wollte, so könnte man höchstens an eine rudimentäre, wieder verschwindende Behaarung denken. Enge Beziehungen zwischen den Mammarorganen und den Haaren (bezw. Schweiss- und Talgdrüsen) bestehen ja in der Säugethierreihe; ich erinnere nur an die Verhältnisse bei Ornithorhynchus und Echidna und die von Klaatsch beschriebenen Mammartaschen bei Perameles und verschiedenen Hufthieren.

Nun erübrigt es noch, den in der dritten Abtheilung zusammengefassten Epithelwucherungen einige Worte zu widmen.

Epithelbildungen, die den von mir als Epithelperlen bezeichneten Formen entfernt gleichen, habe ich zwar bei unzweifelhaften Haaranlagen älterer Embryonen gesehen, aber niemals so typische wie z. B. R_5 und L_2 bei H. s. K_{45}. Diese haben nun gar keine Aehnlichkeit mit Milchdrüsenanlagen, auch sonst findet man keine analogen Formationen. Ich stehe nicht an, diese Gebilde, die bald im Niveau der Epidermis liegen können, bald unter oder über dieselbe ragen, als Epithelwucherungen sui generis zu bezeichnen, deren Bedeutung uns ganz unbekannt ist.

Unter diese Epithelformationen unbekannten Charakters ist vielleicht die in Fig. 51 wiedergegebene eigenthümliche Bildung bei H. s. A.-Kl. zu rechnen, die sich auf jeder Thoraxseite einmal vorfindet und sonst nirgends am Körper. In der gleichen Gruppe möchte ich auch R_{14} bei H. s. K_{45} (Fig. 51 und 52) unterbringen.

Wenn wir nun auch nicht mit voller Sicherheit alle die von Hugo Schmidt als hypertheliale Anlagen bezeichneten Epithelprodukte als wirkliche überzählige Milchdrüsenanlagen aufzufassen vermögen, so ist es doch, und das möchte ich hier, um nicht missverstanden zu werden, nochmals betonen, im höchsten Grade wahrscheinlich, dass sie alle in irgendwelcher Beziehung zu den Mammarorganen stehen, und in diesem weiteren Sinne nehme ich auch den Ausdruck „hypertheliale" Gebilde an, den man aber vielleicht zweckmässiger durch die Bezeichnung „hypertheloide" Gebilde ersetzt, um anzudeuten, dass diese Epithelformationen wohl nicht alle einer Milchdrüsenanlage gleichwerthig sind.

Es fragt sich jetzt, von welchen Stadien bezw. Theilen der menschlichen Milchdrüsenanlage haben wir sie abzuleiten?

Am einfachsten ist es, die hypertheliale bezw. hypertheloiden Anlagen (im weitesten Sinne) auf den Milchstreifen zurückzuführen, namentlich wenn man an das von Hugo Schmidt beobachtete Vorkommen hypertheliale Epithelwucherungen in der Inguinalgegend denkt.

Man muss dann dem Epithel des Streifens die Fähigkeit zuschreiben, isolirte Wucherungen zu bilden, die bald den Typus von Milchdrüsenanlagen in mehr oder minder ausgeprägter Form zeigen, bald andere Gestaltung darbieten.

Indessen ist es doch auffallend, dass die Epithelanlagen gerade in den oberen Abschnitten des Milchstreifens entstehen. Man kann ja allerdings sagen, dass eben der Milchstreifen gerade in seinen oberen Partien die Neigung bezw. Fähigkeit hat, sich weiter zu entwickeln.

ein Umstand, der ja auch für die Ableitung der Milchlinie in Betracht
kommt. Ich glaube, dass man auf diese Weise das zahlreiche Auftreten hyperthelialer Gebilde in der Brustgegend gut erklären kann,
ohne dabei die Möglichkeit wegzunehmen, dass unter Umständen auch
andere Theile des Milchstreifens derartige Epithelformationen entstehen
lassen. Diese Annahme ist von grosser Bedeutung für die Erklärung
der Anordnung, welche die überzähligen Mammarorgane Erwachsener
besitzen.

Ein sehr wichtiges Moment für die Ableitung der fraglichen embryonalen Gebilde wird durch die Verschiebungen der Epidermis u. s. w.
gegeben, welche durch die Wachsthumsvorgänge, besonders der oberen
Extremität, bedingt sind. Schon für die Milchlinie des Schweins ist
es durch O. Schultze festgestellt, dass sie ursprünglich weiter dorsal liegt
als später. Diese Annäherung des Mammargebiets an die vordere
Medianlinie ist auch beim Menschen sehr deutlich. Während bei den
jüngsten Embryonen (H. s. W.-P. u. s. w.) die Milchdrüsenanlage ebenso
wie der Milchstreifen etwa in der mittleren Axillarlinie gelegen ist,
findet sie sich bei den älteren Embryonen (von H. s. Born I und
Schott II an) nebst dem grössten Theil der „hyperthelialen" Gebilde
vor der oberen Extremität.

Man kann beim Menschen sogar ausserdem annehmen, dass der
obere Theil des Milchstreifens noch eine besondere Ablenkung nach
vorn zu erführt, dass er gewissermaassen nach vorn abgebogen wird.
Dadurch würde die im Verhältniss zur Länge stets auffallend grosse
Breite des Gebietes der Epithelwucherungen sich vielleicht erklären
lassen.

Man kann aber auch versuchen, die uns interessirenden Epithelwucherungen auf die Milchlinie zurückzuführen, wie sie sich bei H. s.
W.-P., J_2 und Bul. I findet.

Wenn man dabei die vorhin gemachte Annahme, dass sich der
oberste Theil des Milchstreifens, also auch die in diesem enthaltene Milchlinie nach vorn abgebogen hat, beibehält, kann man auch den Widerspruch
einigermaassen erklären, welcher darin liegt, dass die meisten hyperthelialen Bildungen oberhalb der eigentlichen Milchdrüsenanlage sitzen,
während doch diese unzweifelhaft selbst in dem kranialen Theil der
Milchlinie entsteht. Man würde dann weiterhin die median von der
Milchdrüse sich findenden Anlagen als Abkömmlinge des kranial von
ihr gelegenen Theils der Milchlinie, die lateral von ihr als Abkömmlinge des kaudal davon gelegenen Theils zu betrachten haben. In der
That sind die lateral von der Milchdrüse gelegenen Anlagen im allgemeinen zahlreicher.

Ich glaube aber, dass man auch hier wieder die zur Seite der
Milchlinie gelegenen Partien des Milchstreifens zu Hülfe nehmen muss,
um die ganze Ausdehnung des fraglichen Gebiets zu erklären.

Man muss auf alle Fälle, wenn man, was sich wohl kaum vermeiden lässt, eine Mitbetheiligung der ursprünglichen pectoralen Milchlinie an dem die späteren „hyperthelialen Anlagen" (im weiteren Sinne) liefernden Epithel annimmt, zu der Erklärung seine Zuflucht nehmen, dass das wieder flacher gewordene Epithel der Milchlinie die Fähigkeit besitzt, derartige Gebilde entstehen zu lassen. Die Annahme ist deshalb nothwendig, weil man — soweit es aus meinen Befunden bei H. s. R.-Hg. und Hild. I hervorgeht — neben der hier schon kleiner gewordenen Milchdrüsenanlage keine umschriebenen Epithelwucherungen findet.

Man könnte ja allerdings die Epithelgebilde auch aus dem Stadium der Milchdrüsenentwicklung herleiten, das durch die beiden eben erwähnten Embryonen charakterisirt ist. Denn es nimmt ja auch weiterhin die eigentliche Milchdrüsenanlage bei dem Uebergang zur Kolbenform noch an Grösse ab, so dass also ein Theil ihres Gebietes anderweitig verwendet werden kann. Gegen diese Art der Ableitung der Epithelwucherungen sprechen zwei Gründe. Einmal ist nicht recht klar, warum nur der erst später sich zurückbildende Theil der Milchdrüsenanlage die Fähigkeit haben soll, sich zu den fraglichen Gebilden zu entwickeln. Zweitens, und das ist ein viel bedeutungsvollerer Punkt, ist die Milchdrüsenanlage in dieser Periode so klein, dass man damit die grosse Ausdehnung des Bezirks schwer in Einklang bringen kann, welchen die Epithelwucherungen, um die es sich handelt, einnehmen.

Mir scheint es, dass man diese Gebilde am ungezwungensten auf den obersten Theil des Milchstreifens zurückführt, welcher um das Gebiet der definitiven Milchdrüse herumliegt; eine Mitbetheiligung der Milchlinie ist natürlich sicher anzunehmen.

Ich möchte nicht unterlassen, auch auf die Beziehungen zwischen den überzähligen Milchdrüsenanlagen menschlicher Embryonen und den überzähligen Zitzen und Milchdrüsen Erwachsener hinzuweisen.

Es ist doch eine auffallende Erscheinung, dass überzählige Mammarorgane bei Erwachsenen meist unterhalb der eigentlichen Milchdrüse liegen, während die hyperthelialen Gebilde der Embryonen sich in der Umgebung der Hauptdrüse und zwar ganz besonders oberhalb derselben vorfinden, und jedenfalls in den weiter kaudal gelegenen Körperabschnitten nur ganz vereinzelt auftreten (Hg. Sch.'s Befunde). Bei Erwachsenen liegen von den unterhalb der normalen Brustdrüse vorkommenden überzähligen Zitzen und Milchdrüsen die meisten wieder am Thorax. Wenn man nun wie Hugo Schmidt die accessorischen Mammarorgane der Erwachsenen auf die embryonale Hyperthelie in allen Fällen zurückführen will, so wird man nach einer Erklärung dieses auffälligen Verhältnisses suchen müssen.

Es ist wohl anzunehmen, dass durch die mächtige Entwicklung der definitiven Milchdrüse, besonders durch ihre Ausbreitung gegen die

Axilla zu (axillarer Lappen), etwa bestehende, in dieser Gegend gelegene Drüsenanlagen verdrängt und zum Schwinden gebracht werden.

Uebrigens ist es gar nicht nöthig, die Nebenmilchdrüsen und Zitzen im ausserembryonalen Leben als Abkömmlinge der normalen hyperthelialen Anlagen der Embryonen aufzufassen. Man kann auch ohne Weiteres annehmen, dass das Epithel der durch den Milchstreifen beim Menschen bestimmten Gegend die Fähigkeit hat, sich auch später noch zu derartigen Organen bzw. zu Spuren derselben zu entwickeln.

Auf den Umstand, dass auch die überzähligen Mammarorgane der Erwachsenen durchaus nicht immer in einer Linie liegen, dass auch hier wie bei der embryonalen Hyperthelie zwei und mehr neben einander in gleicher Höhe oder neben der Hauptmilchdrüse gelegen sind, hat Hugo Schmidt schon aufmerksam gemacht. Ich verweise in Beziehung auf diesen Gegenstand auf seine Arbeit und will nur auch meinerseits betonen, dass die Lokalisation der fraglichen Organe im späteren Leben sich gut auf den Milchstreifen zurückführen lässt, mit Ausnahme einiger median zwischen den beiden Mammae gelegenen, die man durch ein Vorrücken des erhöhten Epithels gegen die Medianlinie nach Hugo Schmidt's Vorgang erklären könnte, wenn man es nicht vorzieht, für diese Fälle eine Absprengung von Epitheltheilen des Milchstreifens anzunehmen.

Zum Schlusse möge es mir noch gestattet sein, die Vermuthung auszusprechen, dass die häufigen epithelialen Geschwülste der Mamma mit den in deren Umgebung auftretenden Epithelwucherungen in Zusammenhang stehen könnten, besonders wenn man annimmt, dass sich Epithelwucherungen von der Oberfläche abschnüren und in die Tiefe verlagert werden. Diese Auffassung wäre für die Cohnheim'sche Geschwulsttheorie wohl von einigem Werth.

Fassen wir nun in Kürze die Ergebnisse meiner Untersuchungen zusammen, so erhalten wir folgende Punkte:

1) Ich konnte die erste Anlage der menschlichen Milchdrüse bereits bei einem Embryo von $9^1/_2$ mm St.-XI. nachweisen, während sie bisher erst bei Embryonen von ca. 15 mm St.-XI. festgestellt war.

2) Bei den jüngsten Embryonen fand ich die Milchdrüsenanlage ungefähr in dem Stadium, welches durch den Kallius'schen Befund charakterisirt ist, theilweise (H. s. W.-P.) noch in einem früheren. In der allerfrühesten von mir gefundenen Entwicklungsstufe giebt die Milchdrüsenanlage hügel- und flach-linsenförmige Querschnittsbilder. Eine Areolarwucherung ist nicht angedeutet. In dem typisch Kallius'schem Stadium ist eine unbedeutende Areolarwucherung vorhanden, und die Milchdrüsenanlage liegt (immer?) auf einer Cutiserhebung. Bei noch weiter

fortgeschrittener Entwicklung ist diese Cutiserhebung nicht konstant.

3) Aus meinen Befunden geht mit sehr grosser Wahrscheinlichkeit hervor, dass beim Menschen nur eine pectorale Milchlinie besteht.

4) Den Hugo Schmidt'schen Milchstreifen fand ich theilweise schon bei jüngeren Embryonen, welche das Kallius'sche Stadium der Milchdrüsenentwicklung zeigen. Ich halte es für sehr wahrscheinlich, dass der Streifen Beziehungen zur Milchdrüsenanlage und den überzähligen Mammarorganen Erwachsener sowie zu den hyperthelialen Gebilden besitzt, welche von Hugo Schmidt zuerst beschrieben sind. Im Gegensatz zu diesem Autor muss ich aber betonen, dass diese Deutung bis jetzt nicht ganz einwandfrei ist (vergl. S. 284).

5) Durch meine Untersuchungen wurden auch bei den jüngsten Embryonen die grossen individuellen Schwankungen in der Ausbildung der Milchdrüsenanlagen bestätigt.

6) Die „hyperthelialen" Gebilde Hugo Schmidt's fand ich schon bei jüngeren Embryonen. In der Inguinal- oder seitlichen Bauchgegend konnte ich sie nicht mit Sicherheit nachweisen.

7) Als wirkliche überzählige Milchdrüsenanlagen kann ich ohne Bedenken nur einen Theil dieser Epithelwucherungen auffassen. Ich halte es aber für sicher, dass auch die übrigen in irgend einem Zusammenhang mit den Mammarorganen stehen.

8) Ich glaube nicht, dass man die Hypermastie und Hyperthelie Erwachsener in allen Fällen auf die „normale embryonale Hyperthelie" zurückführen muss.

9) Ich konnte schon bei einem sehr jungen Embryo von ca. 60 Tagen Haaranlagen in der Wangen- und Augenbrauengegend feststellen.

Nachtrag.

Nachdem ich die vorliegende Arbeit schon abgeschlossen hatte, wurde es mir noch ermöglicht, den S. 279 erwähnten Embryo H. s. St.-W. genauer zu untersuchen. Da bis jetzt das frühe Stadium der menschlichen Milchdrüsenanlage nur bei 7 Embryonen beschrieben war (die Befunde von Hugo Schmidt und von Kallius einbegriffen), so dürfte die nachträgliche eingehendere Schilderung der Milchdrüsenanlage eines 8. Embryo aus der entsprechenden Entwicklungszeit nicht unangebracht sein. Dies um so mehr, als bei dem Embryo schon vor Jahren, wo die Arbeiten von Hugo Schmidt und Kallius noch nicht erschienen waren, bereits ein milchleistenartiges Gebilde gesehen worden war.

Auf der damals in 10 facher Vergrösserung ausgeführten, in Fig. 65 wiedergegebenen Zeichnung bemerkt man auf der linken Brustseite eine längliche, wulstartige Erhabenheit, deren Länge ungefähr 350 μ und deren Breite 200 μ betragen haben mag. Ob auch auf der rechten Seite eine ähnliche Bildung vorhanden war, kann ich nicht angeben, da keine Zeichnung davon gemacht ist.

Der ganz abnorm stark gekrümmte Embryo glich ungefähr den Fig. 16 und 17 der His'schen Normentafeln. Wegen der starken Längs- und Seitenkrümmung ist die Angabe der St.-Nl. nicht von Werth. Sein Alter mag 30—35 Tage betragen.

Der Embryo wurde in Serienschnitte von 15 μ Dicke, quer zur Längsachse zerlegt. Leider erhält man in Folge der Krümmungsverhältnisse keine reinen Querschnittsbilder. Färbung mit Boraxcarmin.

Die Milchdrüsenanlage liegt in ihrer Entwicklung zwischen den Stadien, welche durch H. s. Bul. I und H. s. R.-Hg. gegeben sind. Sie ist linsenförmig, links ausgeprägter wie rechts, und läuft kranial- und kaudalwärts hügelförmig aus. Die Fig. 66—72 zeigen verschiedene Schnittbilder der Anlage. Die näheren Angaben darüber finden sich in der Figurenerklärung.

Der Bau der Epithelwucherung ist ähnlich wie bei den schon beschriebenen Embryonen. Auf die durch Anhäufung der Cutiszellen gebildete Areolarzone werde ich nachher zu sprechen kommen.

Die epitheliale Milchdrüsenanlage ist auf einem Cutishügel gelegen, der kranial- und kaudalwärts etwas über die Anlage hinausgeht. Mit dieser zusammen erreicht der ungefähr $^1\!/_2$ mm breite Hügel eine Höhe von fast 200 μ. Die Epithelwucherung selbst wird links bis 90 μ hoch, rechts nicht ganz so viel.

Es ist auch in diesem Falle mit Sicherheit anzunehmen, dass die makroskopische Sichtbarkeit einer Leiste nur durch die Cutiserhebung ermöglicht ist. Es ist aber immer auffallend, dass so häufig mit der epithelialen Milchdrüsenanlage eine Cutiserhebung verbunden ist. Ich verweise darüber auf meine Bemerkung S. 279.

Abgesehen von der bei ihm mit Sicherheit makroskopisch wahrgenommenen leistenartigen Erhebung, welche die Milchdrüsenanlage trägt, bietet der Embryo H. s. St.-W. auch noch einige andere Besonderheiten vor den Milchdrüsenanlagen der bis jetzt beschriebenen etwa gleichaltrigen Embryonen.

Zunächst ist die epitheliale Wucherung im Verhältniss zu ihrer Breite auffallend kurz. Rechts ist sie bei einer Breite von 180 μ nur

240 μ lang, links beträgt die Breite 190 μ, die Länge 255 μ — während doch bei den übrigen Embryonen die Längsausdehnung stets viel mehr die Breite übertroffen hatte.

Wenn auch die hier gefundene relative Kürze der Epithelanlage vielleicht zum Theil auf die ungünstige Schnittrichtung, die nicht senkrecht zur Längsachse der Wucherung geht, zurückzuführen ist, so bleibt doch noch ein gewisser Gegensatz zu den früher gewonnenen Resultaten bestehen. Man könnte ja diesen von den bei 7 anderen Embryonen bestehenden Verhältnissen abweichenden Befund als eine abnorme, pathologische Erscheinung auffassen, wofür auch eine weitere Abweichung von dem gewöhnlichen Typus spricht, auf die ich gleich zu sprechen kommen werde. Indessen muss man sich aber auch daran erinnern, welch' bedeutende Variationsbreite die Milchdrüsenentwicklung aufweist, eine Thatsache, die ich schon mehrmals (z. B. S. 278) erörtert habe. Man kann demnach auch die relativ (im Verhältniss zur Breite) geringe Längsausdehnung der Milchdrüsenanlage, wie wir sie bei diesem Embryo finden, als noch innerhalb der normalen Variationsbreite fallend betrachten, indem man annimmt, dass hier schon eine frühzeitige Verminderung der ursprünglich grösseren Längsausdehnung eingetreten ist.

Ich habe oben angedeutet, dass der Embryo noch eine weitere Besonderheit seiner Milchdrüsenanlage aufweist. Es tritt nämlich die ziemlich stark ausgebildete Areolarzone besonders im kranialen Theil der epithelialen Milchdrüsenanlage hervor, ja sie ist sogar auf der linken Seite schon in einigen (etwa 4) Schnitten zu sehen, die noch keine deutliche Epithelverdickung aufweisen (z. B. Fig. 66). Am kaudalen Ende der Milchdrüsenanlage ist eine Anhäufung von Cutiszellen kaum mehr wahrzunehmen (Fig. 70).

Es ist schwer zu entscheiden, ob es sich um eine pathologische Erscheinung oder um eine durch die Variationsfähigkeit der Milchdrüsenentwicklung bedingte Bildung handelt.

Auffallend ist bei diesem Embryo auch der grosse Gefässreichthum in der unmittelbaren Nähe der Anlage, der bei den übrigen untersuchten Embryonen dieses Stadiums nicht vorhanden war, während wir bei älteren Embryonen (H. s. Born I) diese Erscheinung sehr ausgesprochen finden. Vielleicht deutet dieser Umstand gleichfalls darauf hin, dass gewisse Entwicklungsprocesse bei der Milchdrüsenanlage des H. s. St.-W. sehr frühzeitig eingetreten sind.

Ein deutlicher Milchstreifen lässt sich bei H. s. St.-W. nicht nachweisen. Seitlich der Milchdrüsenanlage ist das Epithel auf eine kleine Strecke erhöht; kaudalwärts kann man diese Epithelerhöhung auf eine ziemliche Strecke hin verfolgen, nicht aber kranialwärts. Auch die kaudale Fortsetzung wird schliesslich undeutlich. Vor dem Auftreten der unteren Extremität in den Schnitten bemerkt man wieder,

wie dies auch bei den übrigen Embryonen der Fall war, eine stärkere
Epithelerhöhung. Ob dieses verdickte Epithel weit auf die Extremität
übergeht, wie es sich weiter kaudalwärts verhält, lässt sich bei den abnormen Krümmungsverhältnissen des Embryo nicht ohne Modell beurtheilen. Zur Herstellung eines Modells aber fehlte mir leider die Zeit.

Wenn auch die bei H. s. St.-W. gemachten Befunde nicht in allem
mit den bei 7 anderen etwa gleichaltrigen Embryonen gewonnenen
Ergebnissen übereinstimmen, so widersprechen sie diesen doch nicht
in dem Grade, dass dadurch die Resultate unserer Untersuchung in
Frage gestellt würden.

Auf einen Punkt aber weisen sie uns ganz besonders hin, und den
will ich hier nochmals betonen, das ist auf die grosse Variationsbreite,
welche der Entwicklung der embryonalen menschlichen Milchdrüse zukommt.

Am Schlusse meiner Arbeit habe ich noch die angenehme Pflicht
zu erfüllen, meinen verehrten Lehrern, Herrn Hofrath Prof. Dr. WIEDERS-
HEIM und Herrn Prof. Dr. KEIBEL meinen herzlichsten Dank für ihre
Unterstützung und Antheilnahme auszusprechen, insbesondere Herrn
Prof. KEIBEL, der mir die Anregung zu dieser Arbeit gegeben und sie
geleitet hat. Herrn Prof. KEIBEL verdanke ich auch das Material, das
der Arbeit zu Grunde liegt. Herr Hofrath Prof. Dr. WIEDERSHEIM
gab mir die Erlaubniss, im Anatomischen Institut und mit dessen Hülfs-
mitteln zu arbeiten.

Literatur.

Ich führe nur die in meiner Abhandlung erwähnten Arbeiten auf. Im Uebrigen verweise ich auf das umfassende Literaturverzeichniss der Bonnet'schen Arbeit.

Balfour, A monograph on the development of Elasmobranch fishes. London 1878.

Bonnet, Die Mammarorgane im Lichte der Ontogenie und Phylogenie. Ergebn. f. Anat. u. Entwicklungsgesch. v. Merkel u. Bonnet. Bd. II. 1892.

Gegenbaur, a) Bemerkungen über die Milchdrüsenpapillen der Säugethiere. Jenaische Zeitschr. f. Medic. u. Naturwiss. Bd. VII. 1873.

— b) Zur genaueren Kenntniss der Zitzen der Säugethiere. Morphol. Jahrb. Bd. I. 1876.

His, Anatomie menschl. Embryonen. Leipz. 1880.

Huss, Beiträge zur Entwicklungsgeschichte der Milchdrüsen beim Menschen und bei Wiederkäuern. Jenaische Zeitschr. f. Med. u. Naturwiss. Bd. VII. 1873.

Kallius, Ein Fall von Milchleiste bei einem menschlichen Embryo. Anatom. Hefte von Merkel u. Bonnet. 1897.

Keibel, Normentafel zur Entwicklungsgeschichte des Schweins. Jena 1897.

Klaatsch, a) Zur Morphologie der Säugethierzitzen. Morphol. Jahrb. Bd. IX. 1884.

— b) Ueber Mammartaschen bei erwachsenen Hufthieren. Morphol. Jahrb. Bd. XVIII. 1892.

— c) Ueber Beziehungen zwischen Mammartaschen und Marsupium. Morphol. Jahrb. Bd. XVII. 1891.

— d) Ueber Masurpialrudimente bei Placentaliern. Morphol. Jahrb. Bd. XX. 1893.

Kölliker, a) Mittheilungen der naturwiss. Gesellschaft in Zürich, Nr. 41. 1850.

— b) Beiträge zur Kenntniss der Brustdrüse. Verhandl. der med.-physik. Gesellschaft zu Würzburg. N. F. Bd. XIV. 1879.

LANGER. Ueber den Bau und die Entwicklung der Milchdrüse bei beiden
     Geschlechtern. Denkschr. der kais. Akad. d. Wissensch. Wien
     1850.

MERKEL. Handbuch der menschl. Anatomie. 1820.

MEHNERT. Kainogenese. Morphol. Arbeiten von SCHWALBE 1897.

REIN, Untersuchungen über die embryonale Entwicklungsgesch. der
     Milchdrüse. Arch. f. mikrosk. Anat. I. Theil. Bd. XX. 1882.
     II. Theil. Bd. XXI.

SCHMIDT, HUGO, a) Ueber normale Hyperthelie menschlicher Embryonen.
     Anat. Anzeig. Bd. XI. 1896.

     —   b) Ueber normale Hyperthelie menschl. Embryonen u. über die
     erste Anlage der menschlichen Milchdrüsen überhaupt. Morphol.
     Arbeiten v. SCHWALBE. Bd. VII. 1897.

SCHULTZE, O., a) Ueber die erste Anlage des Milchdrüsenapparats. Anat.
     Anzeig. Bd. VIII. 1892.

     —   b) Milchdrüsenentwicklung u. Polymastie. Sitzungsber. d. Würz-
     burger physikal.-medic. Gesellschaft. Würzburg 1892.

     —   c) Beitrag zur Entwicklungsgeschichte der Milchdrüsen. Ver-
     handl. der physikal.-medic. Gesellschaft zu Würzburg. 1893.

SEDGWICK-MINOT, Lehrbuch d. Entwicklungsgesch. d. Menschen.
     Deutsche Ausgabe v. KÄSTNER. Leipz. 1894.

WOLFF, Theoria generationis. Halae 1759.

Erklärung der Abbildungen auf Tafel XIX—XXI.

Die Figuren sind mittelst des Ans⸀'schen Zeichenapparates mit wenigen Ausnahmen
(Fig. 26, 57 u. 65) bei 100facher Vergrösserung gezeichnet.

Fig. 1—8. H. s. W.-P.

Fig. 1. 7. Schnitt der rechtsseitigen Milchlinie; flach-linsenförmig.

Fig. 2. 12. Schnitt rechts; linsenförmig; deutliche Basalschicht.

Fig. 3. 20. Schnitt rechts; Basis nur wenig eingesenkt.

Fig. 4. 42. Schnitt; die Anlage hat sehr an Ausdehnung, besonders
an Höhe abgenommen.

Fig. 5. Epithel des „Milchstreifens".

Fig. 6. Epithel aus dorsal davon gelegenen Partien.

Fig. 7. Querschnitt des Milchstreifens oberhalb der unteren Extremität. Erhöhung des Epithels in seinem dorsalen Theil. Vordere
Grenze wegen Schrägschnitts nicht deutlich.

Fig. 8. 5. Schnitt durch die Milchlinie der linken Seite.

Fig. 9—13. H. s. J₂.

Fig. 9. 4. Schnitt durch die Milchdrüsenanlage links; plankonvex.

Fig. 10. 19. Schnitt; breiter, beetartiger Querschnitt.

Fig. 11. 23. Schnitt; bikonvexer Querschnitt.

Fig. 12. 29. Schnitt; hügelförmiger Querschnitt.

Fig. 13. Schnitt der Milchdrüsenanlage rechts.

Fig. 14—21. H. s. Bul. I.

Fig. 14. Querschnitt des Milchstreifens kranial von der Milchlinie, rechts.

Fig. 15. 11. Schnitt durch die Milchlinie rechts; hügelförmig.

Fig. 16. 16. Schnitt. Geringe Einsenkung der Basis; Anlage sehr hoch.

Fig. 17. 19. Schnitt; bikonvex, die Einsenkung der Basis ist bedeutend
schmäler als die ganze Epithelanlage.

Fig. 18. 28. Schnitt; zapfenförmiges Vorspringen der tiefsten Zellschicht.

Fig. 19. 45. Schnitt; kleiner Vorsprung der Basalzellen gegen die Cutis.

Fig. 20. Schnitt durch den Milchstreifen an der Ansatzstelle der unteren
       Extremität.

Fig. 21. 21. Schnitt der Milchdrüsenanlage der linken Seite. Eigen-
       thümliche Form, sehr hoch.

Fig. 22—24. H. s. Hild. I.

Fig. 22. Zapfen- (glocken-) förmige Milchdrüsenanlage links.

Fig. 23. Schnitt durch den kranialen Theil der Milchdrüsenanlage rechts.

Fig. 24. Die Milchdrüsenanlage rechts, etwas kaudal von Fig. 23 ge-
       troffen.

Fig. 25 u. 26. H. s. R.-Hg.

Fig. 25. Querschnitt der linsenförmigen Milchdrüsenanlage rechts.

Fig. 26. Querschnitt der kleinen ganz dorsal gelegenen Epithelwuche-
       rung (225 ×).

    26 a. desgl. (100 ×).

    Die Erklärung der folgenden Abbildungen ergiebt sich aus den
beistehenden Angaben, welche den Embryo und die Ziffer der Epithelwucherung enthalten; zum Zwecke der näheren Information braucht
man dann nur bei dem betreffenden Embryo nach den tabellenartig
geordneten Anlagen zu sehen.

Fig. 27—30. H. s. Born I.

Fig. 31—35. H. s. Schott. II.

Fig. 36—38. H. s. Born II.

Fig. 39—45. H. s. J$_{23}$.

Fig. 46—49. H. s. W.-K.

Fig. 50—52. H. s. A.-Kl.

Fig. 50. Zapfenförmige Epithelwucherung rechts.

Fig. 51. Eigenthümliche, mit dem übrigen Epithel nur durch eine
       schmale Brücke verbundene Epithelwucherung rechts.

Fig. 52. Epithelwucherung (?) aus der linken Unterbauchgegend.

Fig. 53—59. H. s. K. 45.

Fig. 57. 225 × vergrössert.

Fig. 60—64. H. s. 115.

Fig. 60. Kolbenförmige Milchdrüsenanlage mit trichterförmiger Ein-
       ziehung des Epithels an der Oberfläche. In der Nähe Haar-
       anlagen.

Fig. 61—64. Haaranlagen.

Fig. 65—72. H. s. St.-W.

Fig. 65. Linke Körperseite in 10facher Vergrösserung. Unter der
       oberen Extremität ein länglicher Wulst, auf der die Milch-
       drüsenanlage gelegen ist.

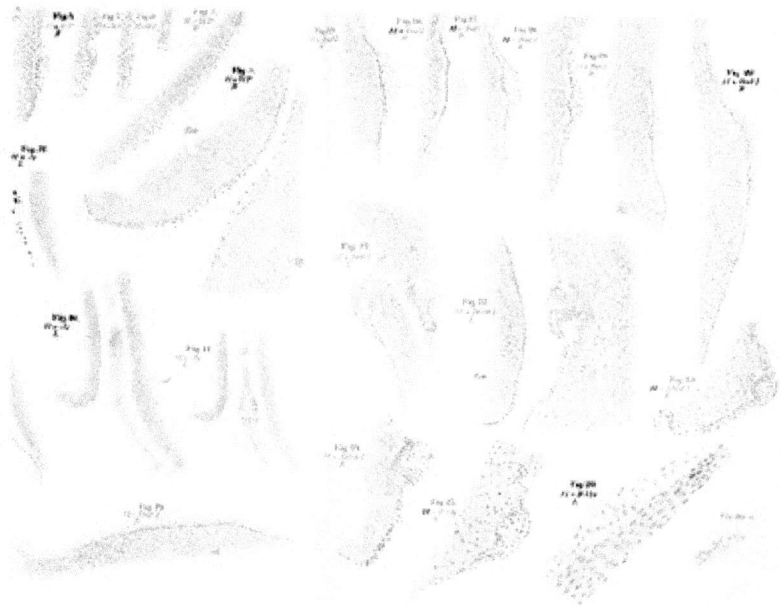

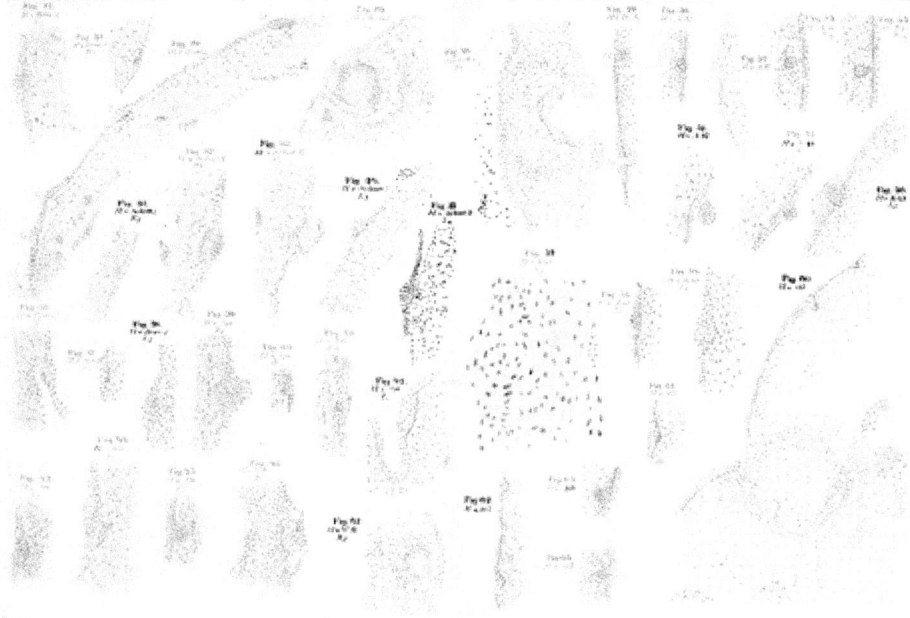

Fig. 65
II × 80 IV

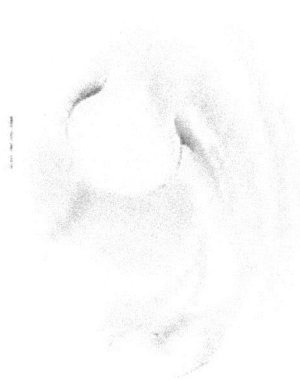

Fig. 66.
II × 80 IV

Fig. 67.
II × 80 IV

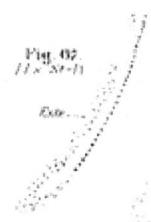

Exte.

Fig. 70.
II × 80 IV

Fig. 68.
II × 80 IV

Fig. 69.
II × 80 IV

Fig. 72.
II × 80 IV

Fig. 71.
II × 80 IV

Fig. 66. 1. Schnitt oberhalb der epithelialen Milchdrüsenanlage links. Starke Cutiswucherung (Areolarzone).

Fig. 67. 2. Schnitt im kranialen Theil der Epithelwucherung links.

Fig. 68. 6. Schnitt; deutliche Linsenform.

Fig. 69. 13. Schnitt. hügelförmig.

Fig. 70. 17. Schnitt; keine Cutiswucherung mehr.

Fig. 71. 3. Schnitt der epithelialen Milchdrüsenanlage rechts. hügelförmig.

Fig. 72. 7. Schnitt, linsenförmig, aber nicht so ausgesprochen wie links.

Beiträge zur Kenntniss der Missbildungen des menschlichen Extremitätenskelets.

(4.—8. Beitrag.)[1]

Von

Dr. W. Pfitzner.

Professor in Strassburg.

Hierzu Tafel XXII—XXIV.

IV. Eine Familie mit erblichen Missbildungen an den Extremitäten.

Mein bewährter Freund. Herr Dr. Sick in Hamburg, wurde im Herbste vorigen Jahres von einer Frau konsultirt wegen einer Missbildung, die ihr 10 jähriger Sohn an seinen Füssen besass und die nicht in herkömmlicher Weise gleich nach der Geburt von der Hebamme hatte beseitigt werden können. Bei der Aufnahme der Anamnese stellt sich eine erhebliche „erbliche Belastung" heraus, und so sah sich Dr. Sick in meinem Interesse veranlasst, nicht nur soweit das Material noch erreichbar war, die betr. Extremitäten mittels des Röntgenverfahrens aufnehmen zu lassen, sondern auch mit Hülfe der Mutter des Patienten, Frau S. (in den folgenden Tabellen als Nr. 5 aufgeführt) einen Stammbaum dieser seltsamen Familie aufzustellen.

Ich gebe im Folgenden (s. Tabelle I) diesen Stammbaum wieder, möglichst in der Form, wie er mir überliefert ist, wobei ich jedoch bemerken muss, dass die Angabe: „nichts bekannt" (scil. von Miss-

---

[1] Frühere Beiträge:

I. Ein Fall von beiderseitiger Doppelbildung der fünften Zehe. Morphol. Arb. Bd. V. 1895.

II. Ein Fall von Verdopplung des Zeigefingers. Ibid. Bd. VII. 1997.

III. Doppelbildung und Syndaktylie an der fünften Zehe. Morph. Arb. Bd. VIII. 1898.

bildungen) verschiedenen Werth hat. Von ihrem Grossvater (Nr. 1) und ihrem Vaterbruder hatte Frau S. angegeben, dass dieselben, soweit ihr bekannt, keine Missbildungen aufgewiesen hätten; von dreien ihrer Geschwister dagegen, der Missgeburt (Nr. 10) und den beiden unreifen Frühgeburten (Nr. 11 und 12) musste sie diesen Punkt einfach unentschieden lassen; und schliesslich von ihren eigenen Kindern und von dem todtgeborenen Kinde ihrer jüngsten Schwester konnte sie mit voller Sicherheit angeben, dass sie an Händen und Füssen durchaus normal gebaut seien. — Wenn bei einigen Kindern (Nr. 21—23 und 27) das Geschlecht nicht angegeben ist, so hat das weiter nichts zu bedeuten, als dass mein Freund in der Eile vergessen hat es zu notiren — keineswegs, dass etwa dasselbe zweifelhaft war, wie es bei Nr. 10 in Wirklichkeit der Fall war.

Nähere Ausführungen zum Stammbaum.

1. Ueber Missbildungen nichts bekannt.

2. Syndaktylie der Grundphalanx der ersten und zweiten Zehe, und totale Syndaktylie der zweiten und dritten Zehe; an beiden Füssen.

Syndaktylie des Daumens und des Zeigefingers; an beiden Händen. (Nach Angabe der Frau S. soll zwischen Daumen und Zeigefinger eine grosse dehnbare Schwimmhaut bestanden haben.)

3. Ueber Missbildungen nichts bekannt.

4. Syndaktylie der ersten und zweiten, sowie der zweiten und dritten Zehe wie bei Nr. 2; an beiden Füssen.

Syndaktylie des Daumens und des Zeigefingers wie bei Nr. 2; Syndaktylie des vierten und fünften Fingers. An beiden Händen.

5. Syndaktylie der ersten und zweiten, sowie der zweiten und dritten Zehe, wie bei Nr. 2; an beiden Füssen. — An jedem Fusse eine überzählige Grosszehe (im achten Lebensjahre amputirt).

An jeder Hand ein überzähliger fünfter Finger (bald nach der Geburt von der Hebamme abgebunden; der Stumpf ist nachträglich wieder etwas nachgewachsen).

6. Im Alter von 7 Jahren gestorben.

Syndaktylie der ersten und zweiten, sowie der zweiten und dritten Zehe wie bei Nr. 2; an beiden Füssen.

An einer Hand ein überzähliger Daumen.

7. Syndaktylie der ersten und zweiten, sowie der zweiten und dritten Zehe wie bei Nr. 2; an beiden Füssen.

An jeder Hand ein überzähliger fünfter Finger.

8. Im Alter von 12 Jahren gestorben.

Syndaktylie der ersten und zweiten, sowie der zweiten und dritten

Tabelle I. Stammbaum.

Männl. [1]
nicht bekannt

| Männl. [5] | | Männl. [8] |
| Syndaktylie | | nicht bekannt |

Weibl. [1] Weibl. [2] Männl. [6] Männl. [5] Männl. [7] Weibl. [9] ? [10] ? [11] ? [12] ? [13] Weibl. [14] Männl. [15]

Syndaktylie Syndaktylie, Syndaktylie, Syndaktylie, Syndaktylie Monstrum nicht bekannt nicht bekannt Syndaktylie Syndaktylie
Hyperdaktylie Hyperdaktylie Hyperdaktylie

Männl. [15] Männl. [16] Männl. [17]
Syndaktylie, Hyperdaktylie Syndaktylie

? [18]
normal

Männl. [19] Weibl. [19] Männl. [20] ? [21] ? [22] Weibl. [23] Weibl. [24] Männl. [25]
normal Syndaktylie, Syndaktylie, normal normal normal Syndaktylie.
Hyperdaktylie Hyperdaktylie Hyperdaktylie.

Zehe wie bei Nr. 2; an beiden Füssen. — An einem Fusse eine überzählige Grosszehe.

An beiden Händen ein überzähliger fünfter Finger.

9. Im Alter von 3 Monaten gestorben.

Syndaktylie der ersten und zweiten, sowie der zweiten und dritten Zehe wie bei Nr. 2; an beiden Füssen.

Syndaktylie sämmtlicher Finger; an beiden Händen.

10. Geschlecht unbekannt. Im Alter von 2 Monaten gestorben.

Angeblich ohne Ohrmuscheln und ohne Ohrlöcher (??). Ob sonst noch Anomalien bestanden, ist unbekannt.

11. Frühgeburt. Ueber das Vorhandensein von Anomalien nichts bekannt.

12. Frühgeburt. Ueber das Vorhandensein von Anomalien nichts bekannt.

13. Z. Z. 22 Jahr alt.

Syndaktylie der ersten und zweiten, sowie der zweiten und dritten Zehe wie bei Nr. 2; an beiden Füssen.

14. Z. Z. 20 Jahr alt.

Syndaktylie der ersten und zweiten, sowie der zweiten und dritten Zehe wie bei Nr. 2; an beiden Füssen.

15. Im Alter von 5 Wochen gestorben.

Syndaktylie sämmtlicher Zehen; an beiden Füssen. — An jedem Fusse eine überzählige Grosszehe.

16. An beiden Händen ein überzähliger fünfter Finger.

17. Syndaktylie der ersten und zweiten sowie der zweiten und dritte Zehe, wie bei Nr. 2; an beiden Füssen.

18. Hände und Füsse normal.

19. Z. Z. 12 Jahr alt.

Syndaktylie der ersten und zweiten sowie der zweiten und dritten Zehe, wie bei Nr. 2; an beiden Füssen. — An jedem Fusse eine überzählige Grosszehe.

Syndaktylie des vierten und fünften Fingers; an beiden Händen. — An der linken Hand ein rudimentärer überzähliger Daumen (rechts keine Andeutung). — An beiden Händen ein überzähliger fünfter Finger.

20. Z. Z. 10 Jahr alt.

Syndaktylie der ersten und zweiten sowie der zweiten und dritten Zehe; an beiden Füssen. — An beiden Füssen eine überzählige Grosszehe.

An beiden Händen ein überzähliger fünfter Finger.

21. Geschlecht nicht angegeben.
Hände und Füsse normal.

22. Geschlecht nicht angegeben.
Hände und Füsse normal.

23. Geschlecht nicht angegeben.
Hände und Füsse normal.

24 und 25. Zwillingspaar, Mädchen.
Hände und Füsse normal.

26. Z. Z. 7½ Monat alt.
Syndaktylie der ersten und zweiten sowie der zweiten und dritten Zehe. wie bei Nr. 2; an beiden Füssen. — An beiden Füssen eine überzählige Grosszehe (bereits amputirt).
An beiden Händen ein überzähliger Daumen (bereits amputirt).

27. Todtgeborenes Kind (Geschlecht nicht angegeben).
Hände und Füsse normal.

Es sind zwei Arten von Missbildungen, die in dieser Familie grassiren, nämlich Syndaktylie und Hyperdaktylie.

Unter Syndaktylie ist hier einfache Schwimmhautbildung zu verstehen. wie aus der ausdrücklichen Angabe der Frau S. über die Hände ihres Vaters (Nr. 2) hervorgeht und wie aus den Röntgenbildern der Hände und Füsse der Frau S., ihrer Tochter und ihres Sohnes, die mir vorlagen, zu ersehen war. Eine weitergehende Form der Syndaktylie besteht in einem Aneinanderlagern der Skelettheile selbst, unter Ausbildung von Syndesmosen und Gelenken: diesen zweiten Grad fand ich z. B. bei dem Präparate, das ich im zweiten dieser Beiträge beschrieben habe. Den dritten, weitestgehenden Grad der Syndaktylie repräsentiren die Fälle mit wirklicher (knöcherner) Verschmelzung der Skeletstücke; einen solchen bin ich in der Lage im nächsten Beitrage beschreiben zu können.

Nehmen wir also an. dass auch bei den übrigen Fällen, über die weder direkte Angaben noch Abbildungen vorlagen. nur eine Syndaktylie ersten Grades. also Schwimmhautbildung. vorgelegen hätte. Wir können dies um so unbedenklicher, als bei Syndaktylien höheren Grades sicher von einem Fehlen von Fingern bezw. Zehen gesprochen wäre.

Diese Schwimmhäute reichten. wie aus den Angaben und aus den Bildern zu entnehmen ist. verschieden weit — nur bis zum Ende der Grundphalanx oder bis über die Basis der Endphalanx hinaus. Ich halte es bei der Unzulänglichkeit der vorliegenden Angaben für unnöthig, hier noch einzelne Grade der Schwimmhautbildung unterscheiden

Tabelle II: Schwimmhautbildung.

Männl.[1]
nichts bekannt

Männl.[2]
nichts bekannt

Männl.[3]
nichts bekannt

Männl.[4]
1.+2. Finger,
4.+5. Finger,
1.+2.+3.
Zehe

Weibl.[5]
1.+2.+3.
Zehe

Männl.[6]
1.+2.+3.
Zehe

Männl.[7]
1.+2.+3.
Zehe

Männl.[8]
1.+2.+3.
Zehe

Weibl.[9]
1.+2.+3.+4.+5.
Finger,
1.+2.+3. Zehe

?[10]
nichts
bekannt

?[11]
nichts
bekannt

?[12]
nichts
bekannt

Weibl.[13]
1.+2.+3.
Zehe

Männl.[14]
1.+2.+3
Zehe

Männl.[2]
1.+2. Finger,
1.+2.+3. Zehe

Männl.[15]
1.+2.+3.+4.+5.
Zehe

Männl.[16]
normal

Männl.[17]
1.+2.+3.
Zehe

Männl.[3]
1.+2. Finger,
1.+2.+3. Zehe

Männl.[18]
normal

Weibl.[19]
4.+5 Finger,
1.+2.+3. Zehe

Männl.[20]
?[21]

?[22]

?[23]

Weibl.[24]
normal

Weibl.[25]
normal

Männl.[26]
1.+2.+3. Zehe

?[27]
normal

zu wollen, und möchte nur darauf aufmerksam machen, dass, wie ausdrücklich angegeben wird, bei der Grosszehe immer das Endglied frei war.

Für die bessere Uebersicht dürfte es sich empfehlen, erst einmal die Fälle mit Schwimmhautbildung zusammenzustellen, wie es auf nebenstehender Tabelle geschehen ist (s. Tabelle II).

Als Hyperdaktylie ist hier natürlich nur eine Doppelbildung zu verstehen. Obgleich es sich hier nur um Verdopplungen von ersten oder fünften Fingern resp. Zehen handelt, können wir wohl — mindestens vorläufig, denn weiterhin, bei der Besprechung der Vererbungsfrage, werde ich diesen Punkt kurz berühren — die Hypothese vom Präpollex (Prähallux) und Postminimus ganz bei Seite lassen.

Ueber den Grad der Doppelbildung sind wir leider wenig unterrichtet, denn wie mir mein Freund schreibt, waren bereits in allen Fällen, soweit die Besitzer noch am Leben sind (also auch da, wo es in der Uebersicht nicht besonders angeführt ist), die überzähligen Finger und Zehen bereits entfernt, mit alleiniger Ausnahme der beiden Grosszehen bei Nr. 20 und des rudimentären Daumens bei Nr. 19. Zu bemerken ist dabei, dass die überzähligen fünften Finger von den Hebammen gleich nach der Geburt durch Abbinden entfernt werden konnten, während die überzähligen Daumen und Grosszehen eine Amputation erforderten.

Die Verdopplungen betrafen an der Hand den Daumen und den kleinen Finger, am Fusse nur die Grosszehe. Letzteres muss ich als geradezu auffallend bezeichnen, denn die Doppelbildungen der kleinen Zehe sind ja verhältnissmässig sehr häufig, jedenfalls viel häufiger als die der Grosszehe; und es ist wirklich wunderbar, dass sie hier bei dieser so sehr dafür prädisponirten Familie nicht ein einziges Mal auftreten.

Um die Uebersicht zu erleichtern und namentlich um den Gang der Vererbung klarer hervortreten zu lassen, gebe ich auch hier eine besondere Tabelle, auf der nur die Verdopplungen angeführt sind, und zwar mit Angabe der Finger resp. Zehen, welche verdoppelt waren (s. Tabelle III).

Indem ich mir vorbehalte, weiterhin die Besprechung der direkt vorliegenden Fälle (Nr. 5, 19, 20) vom rein deskriptiven Standpunkt aus folgen zu lassen, trete ich nun in die Erörterung des Gesammtbildes ein.

Wir haben es hier zu thun mit dem wiederholten Auftreten zweier Missbildungen innerhalb einer Familie. Die eine Missbildung, Syndaktylie ersten Grades als Schwimmhautbildung, dürfen wir wohl als unvollständige Trennung von embryonalen Anlagen, die zweite als Ergebniss der Spaltung von embryonalen Anlagen ansehen.

Was die erstere, die Syndaktylie, anlangt, so haben wir uns den

Tabelle III: Doppelbildungen.

Männl. 1)
nichts bekannt

Männl. 2)
nichts bekannt

Männl. 3)
nichts bekannt

Männl. 4)
normal

5. Finger,
1. Zehe

Weibl. 5)
5. Finger,
1. Finger

Männl. 6)
5. Finger
3. Finger,
1. Zehe

Männl. 7)
normal

Männl. 8)
normal

Weibl. 9)
normal
nichts bekannt

?10)
nichts bekannt

?11)
nichts bekannt

?12)
nichts bekannt

Männl. 18)
normal
1. Finger,
5. Finger,
1. Zehe

Weibl. 19)
5. Finger,
1. Zehe

Männl. 20)
normal

Männl. 19)
Männl. 16)
1. Zehe
5. Finger

Männl. 17)
normal

?21)
normal

?22)
normal

?23)
normal

Weibl. 24)
normal

Weibl. 25)
normal

Männl. 26)
1. Finger,
1. Zehe

?27)
normal

Weibl. 13)
normal

Männl. 14)
normal

Entstehungsvorgang wohl so zu denken, dass die Ausbildung einer scharfen Sonderung, eines trennenden Zwischenraums, ausgeblieben ist. Die Finger- resp. Zehenanlagen sprossten nicht getrennt, sondern als gemeinsame Bildung aus dem vorher glatten Rande der Extremitäten- platte hervor, was nicht verhinderte, dass sie sich im Innern noch so- weit wie möglich nach gewohnter oder richtiger gesagt vererbter Weise zu differenziren bedacht waren. Es wäre blosse Silbenstecherei, wollte man streiten, ob der Vorgang auch in diesem Falle richtiger als (sekun- däre) Verschmelzung zu bezeichnen sei; denn selbst der strikteste An- hänger des Radiendogmas wird zugeben müssen, dass die räumliche Abgrenzung der Strahlen sich beim Embryo als sekundärer Vorgang vollzieht. Eine Verschmelzung als Entstehungsmodus läge nur vor, wenn ihr ein getrenntes Hervorsprossen der Finger- und Zehen- anlagen vorhergegangen wäre. Die Wiedervereinigung der bereits ge- trennten Anlagen könnte dann nur in folgenden zwei Weisen zu Stande kommen. Entweder indem der Wall, der die beiden Hervorragungen an ihrer Basis verbindet, sozusagen auf eigene Hand anfinge distal weiter zu wachsen resp. dem Längenwachsthum der Finger um ein Be- trächtliches vorauszueilen — eine doch recht unwahrscheinliche An- nahme. Oder es fände ein Wundwerden, eine Art Aufrischen der Be- rührungsfläche statt, die zu deren Verklebung und Verwachsung führte. Dieser Modus ist nicht allein gut denkbar, sondern sicher in vielen Fällen der Anlass zu Verwachsungen. Aber er würde eine rein pathologische Erscheinung darstellen, also mehr oder minder auf Einwirkung von aussen her, auf Fremdwirkung beruhen. Hier aber finden wir die Er- scheinung strenge lokalisirt, auf bestimmte Stellen beschränkt, die in keiner Weise dafür besonders disponirt erscheinen können; es sind fast ausnahmslos immer wieder dieselben Finger, dieselben Zehen, zwischen denen die abnorme Verbindung sich findet, sowohl innerhalb der einzelnen Generation wie bei den auf einander folgenden Genera- tionen. Das weist doch unverkennbar auf Causae internae hin, nicht auf Einwirkung von aussen her; nicht auf eine mechanische oder dgl. Beeinflussung der Entwicklung, sondern auf eine dauernde Verände- rung des Entwicklungsganges. Die Verschmelzung ist nicht ein nicht abzuwendendes Ereigniss, sondern ein Besitz — und als solcher ver- erbbar!

Es können wohl bei Mitgliedern einer Generation oder aufeinander folgender Generationen dieselben Veränderungen auftreten, ohne dass dies auf Vererbung beruht — Verstümmelungen und dergl., die z. B. aus der Art der Beschäftigung hervorgehen, durch sie besonders leicht her- beigeführt werden. Ja nicht bloss äussere, sondern auch innere; es können sogenannte innere oder Allgemeinerkrankungen (nach dem heutigen Stande unserer Kenntnisse beruhen ja allerdings auch diese auf Ein- wirkung von aussen her, auf Invasion von Fremdorganismen) bei Bluts-

verwandten und Descendenten auftreten sammt den durch sie herbei-
geführten Veränderungen und Umgestaltungen im Organismus, ohne
dass die Krankheit selbst oder auch nur die Disposition dazu „vererbt" zu sein braucht — einfach nur, weil die Individuen in demselben
— sanitären, moralischen, socialen — „Milieu" verharren und so denselben Schädlichkeiten, derselben erhöhten Invasionsgefahr ausgesetzt
bleiben. So können z. B. Sattelnase oder Säbelbeine beim Vater und
seinen sämmtlichen Kindern existiren, ohne dass diese Nasen- resp.
Beinform als vererbt bezeichnet werden kann, ja ohne dass wir von
hereditärer Syphilis, von hereditärer Rhachitis reden dürfen. Es war
einfach dasselbe, wie ich es kurz bezeichnet habe, „Milieu", das in der
frühesten Kindheit die Erkrankung an Rhachitis oder in späterer Zeit
die luetische Infektion begünstigte.

An Vererbung ist ja überhaupt erst zu denken (vergl. LAQUEUR,
Ueber hereditäre Augenerkrankungen. Zeitschr. f. prakt. Aerzte 1897).
wenn anomale Erscheinungen bei Verwandten in absteigender Linie
in unverhältnissmässiger Häufigkeit auftreten. Wenn Vater und
Sohn jeder einmal einen Beinbruch erleiden, so braucht absolut kein
Zusammenhang zwischen beiden Ereignissen zu bestehen. Wenn aber
Vater und Sohn mehrfach Knochenbrüche erleiden oder der Vater und
mehrere Söhne, so kann Gleichbleiben des Milieu, also gewissermaassen
„Vererbung" des Milieu als Ursache vorliegen: gleiche Beschäftigung,
wie Reiten, Waldarbeit etc. Dasselbe liegt vor, wenn Vater und Söhne
besonders leicht Knochenbrüche erleiden: gleichmässig verminderte
Widerstandsfähigkeit im Knochensystem, auf die Gleichheit der schwä-
chenden Einflüsse zurückzuführen, nicht auf direkt vererbte Minder-
werthigkeit des Organismus. Erst wenn solche Einflüsse überhaupt
nicht nachzuweisen sind, wenn bei gleichem Milieu mit anderen bei
einer Familie eine besondere Häufigkeit von anomalen Ereignissen
festgestellt werden kann, können wir von Vererbung der Disposition (also z. B. Schwäche des Knochenbaues) reden. Aber auch
wenn wir z. B. eine erbliche Rhachitis konstatiren könnten, so dürften
wir immer noch nicht von vererbbaren Säbelbeinen reden; nicht die
Beinform selbst, sondern nur die Gelegenheitsursache ist vererbt. Diese
ist aber wiederum in ihren Folgen nicht auf eine bestimmte Oertlich-
keit beschränkt; sie würde in unserem Beispiel etwa beim Vater und
bei einigen Kindern zum Auftreten von Säbelbeinen, bei anderen Kindern statt dessen zum Auftreten von Hühnerbrust, Buckel etc. führen.
Erst wenn bei mehreren Generationen einer Familie nur Säbelbeine als
einzige Formabweichung des Knochengerüstes, und zwar in einer im
Verhältniss zu anderen unter gleichen Bedingungen lebenden Familien
auffallenden Häufigkeit vorkämen: erst dann wäre diese Beinform als
erbliche Missbildung konstatirt.

Wenden wir dies nun auf unsere Missbildung an. Ein Blick auf

Tabelle II genügt, um uns zu zeigen, dass die Häufigkeit eine viel zu
grosse ist, als dass sie auf zufälliges Zusammentreffen zurückzuführen
wäre. Es fragt sich also, ob die Form selbst vererbt ist oder nur die
Gelegenheit zur Entstehung der Form. In letzterem Falle ist es für
uns hier gleichgültig, ob die Entstehungsursache selbst vererbt ist oder
nur die Gelegenheit zu ihrem Wirksamwerden. Denn wenn eine von
aussen herantretende Ursache denkbar wäre, welche intrauterin Verschmelzung von Fingern oder mangelhafte Ausbildung ihrer Selbst-
ständigkeit herbeizuführen geeignet wäre (man mag annehmen was man
will: konstitutionelle Krankheiten; ungenügende oder ungeeignete Er-
nährung; mechanische Einwirkungen z. B. durch Druck von aussen oder
durch die berühmten Amnionstränge etc. etc.), in keinem Falle wäre
die strenge Lokalisirung, die enge Beschränkung auf keineswegs irgend-
wie prädisponirte Stellen zu motiviren. Betrachten wir die Tabelle II;
es kam Schwimmhautbildung vor:

a) an der Hand

zwischen Daumen und Zeigefinger . . . in 2 Fällen (= 4 Hände)
    „   Ringfinger und kleinem Finger . „ 2 „ (= 4 „)
    „   allen Fingern . . . . „ 1 „ (= 2 „)

b) am Fuss

zwischen erster, zweiter und dritter Zehe in 13 Fällen (= 26 Füsse)
    „   allen Zehen . . . . „ 1 „ (= 2 „)

Es sind dies keineswegs prädisponirte Stellen; denn in anderen
Fällen treffen wir sie durchaus nicht immer hier, sondern, wie mir
scheint (über genauere Angaben verfüge ich z. Z. leider nicht), gerade
häufiger zwischen den mittleren Fingern und Zehen. Wir müssen
also die Schwimmhautbildung in dieser Familie als direkt vererbt
erklären.

Und nun zu der zweiten Missbildungserscheinung, zu den Doppelbildungen. Auch hier haben wir eine strenge Lokalisation:

überzähliger Daumen . . . . in 3 Fällen (= 4 Hände)
    „   kleiner Finger . „ 6 „ (= 12 „)
    „   Grosszehe .   „ 6 „ (= 11 Füsse)

also Doppelbildung des Daumens bei 4 Händen, des kleinen Fingers
bei 12 Händen, der Grosszehe bei 11 Füssen — und niemals an den
anderen Fingern und Zehen, wo sie sonst doch auch gelegentlich —
niemals an der fünften Zehe, wo sie doch gerade so besonders häufig
vorkommt!

Fehlte die Doppelbildung innerhalb dieser Familie nicht gerade
an der fünften Zehe gänzlich, so läge es nahe, einen Erklärungsmodus

heranzuziehen, der so oft aushelfen muss: die Beschwörung des Atavismus. Bei der Schwimmhautbildung liegt diese Gefahr nicht so nahe, denn, soviel mir wenigstens bekannt, ist noch nie der Versuch gemacht sie als pithekoide Bildung zu deuten. Freilich, dem Dogma unserer Abstammung von baumbewohnenden Vierhändern widerspräche ein solcher Versuch nicht, wie der Hylobates beweist, und gerade zu diesem scheint ja der z. Z. im Vordergrunde der Diskussion stehende Pithekanthropus besonders nahe verwandtschaftliche Beziehungen zu haben. Aber Schwimmhautbildung tritt in so vielen Thiergruppen plötzlich bei einer Art auf, während sie bei den nächstverwandten Arten fehlt; sie kann deshalb nicht als Verwandtschaftscharakter verwendet werden, kann nicht gut als nur auf palingenetischem Wege zu Stande kommend gedeutet werden. Dagegen die Heptadaktylie, die Theorie vom Präpollex, Prähallux und Postminimus, wenn sie auch zur Zeit wohl so ziemlich als abgethan anzusehen ist, könnte garzuleicht „palingenetisch" wieder auftreten. Dieser Deutung gegenüber ist immer wieder zu wiederholen, dass wir keine Quadrupedenform mit mehr als fünfstrahligen Extremitäten kennen und dass es doch mehr als wunderbar zugegangen sein müsste, wenn alle direkten Vorfahren des Menschen bis zu den Fischen hin unseren Augen hätten entgehen können. Ferner ist das Vorkommen von überzähligen Strahlen durchaus nicht auf den Menschen beschränkt, und ebensowenig auf die beiden randständigen Strahlen. Es handelt sich einfach bei den „überzähligen" Strahlen um Verdopplungen, wie wir es, wenn die Objekte einer genauen Untersuchung unterzogen werden, an den specifischen Formen bestimmt nachweisen können. Wenn also z. B. sechs Finger vorhanden sind, so ist nicht ausser den fünf kanonischen Fingern noch ein sechster Finger da, sondern einer der kanonischen Finger ist zweimal vorhanden, der angeblich überzählige Finger ist ein zweiter Daumen, Zeigefinger, Mittelfinger, Ringfinger oder kleiner Finger — wie wir so häufig direkt aus seinen specifischen Formeneigenthümlichkeiten diagnosticiren können. Daran ändert nichts, dass nicht selten einer der beiden Zwillinge nicht zur vollen Entwicklung kommt — das Gesetz gilt ja für alle Zwillingsbildungen. Man hat ja den palingenetischen Charakter der Doppelbildung von Fingern und Zehen retten wollen, indem man auf die Rochen verwies; aber abgesehen davon, dass der Weg dahin doch ein bischen garzuweit ist — es wäre ja eine reine Erbsünde-Theorie, wenn die ganze Quadrupedenwelt, von den Amphibien bis zum Menschen, die Neigung zur Verdopplung der Extremitätenstrahlen als Erbstück aus der Selachierperiode mitschleppen müsste — wie steht es alsdann mit der Verdopplung ganzer Extremitäten? mit der Doppelbildung des hinteren oder des vorderen Körperendes? Es sind eben einfach Verdopplungen; und wenn sie vererbt werden, so geht daraus nicht etwa hervor, dass sie eben deshalb Atavismen sind, sondern einfach nur das, dass eben Missbildungen vererbbar sind.

Es treten ja nicht nur Doppelbildungen von einzelnen Fingern als erbliche Missbildungen auf, sondern auch Doppelbildungen von ganzen Extremitäten, wie der von N. Rüdinger beim Menschen und der von mir beim Huhn beobachtete Fall beweist.[1]

Also um erbliche Missbildungen handelt es sich bei unserer Familie. Die Missbildungen beginnen bei einem Manne, dessen Vater und dessen Bruder frei davon sind. Seine Kinder weisen sämmtlich Missbildungen auf, und zwar ist zu der zuerst aufgetretenen Art (Syndaktylie) noch eine zweite (Hyperdaktylie) getreten: 8 Kinder mit Syndaktylie, 4 davon ausserdem mit Hyperdaktylie behaftet. In der dritten Generation nimmt die Epidemie bereits ab: von 13 Enkeln sind 7 ganz normal gebaut. 6 Enkel abnorm; von letzteren 4 mit beiden Arten Missbildung, 1 mit Syndaktylie, 1 mit Hyperdaktylie.

Unsere Notizen geben uns zwar keine direkte Auskunft, aber bei dem guten Gedächtniss, das Frau S. in der Aufzählung ihrer Familiengeschichte beweist, können wir es wohl als ausgemacht ansehen, dass sowohl ihre Grossmutter und ihre Mutter, als auch ihre Schwägerin (Frau von Nr. 7) und ihr Schwager (Mann von Nr. 13) frei von Missbildungen und von nachweisbarer erblicher Belastung waren: Frau S. würde sonst sicher nicht ermangelt haben dies anzuführen.

Also von dem Vater der Frau S. ist die Missbildung ausgegangen. Hat er sie erworben oder ererbt? Wenn sein Vater und sein Bruder frei waren, seine Kinder sie dagegen sämmtlich erbten, ja noch eine weitere hinzuerwarben,[2] so deutet das mehr darauf hin, dass bei ihm Anfangs- und Ausgangspunkt war. Die Zuführung frischen Blutes, die in der Mutter der Frau S. gegeben war, hat nicht die Vererbung auf sämmtliche Kinder, ja nicht einmal das Eintreten von Komplikationen verhindern können; also können wir auf sie wohl auch nicht ohne weiteres die Abnahme, die die dritte Generation aufweist, zurückführen.

Woher kam die erste Missbildung? Hatte der Vater der Frau S. als Embryo eine mechanische Beschädigung erlitten, etwa sich die Fingeranlagen in einer der beliebten Amnionfalten geklemmt? Es ist diese Frage von Bedeutung, weil wir es dann mit einer „Vererbung von Verstümmelungen" zu thun hätten. Aber wenn eine solche Ursache zu einer ausbleibenden Trennung der Finger- und Zehenanlagen führte, wie konnte in der nächsten Generation eine zur Ver-

---

[1] Ein Fall von beiderseitiger Doppelbildung der fünften Zehe. Morphol. Arb. Bd. V, 1895. S. 282.

[2] und eigentlich nicht „erwarben". Denn da die neue Missbildung von acht Geschwistern bei vier auftrat, so konnte sie von diesen nicht individuell „erworben" sein, sondern musste von einem gemeinsamen Vorfahren ererbt sein.

dopplung führende Spaltung der Anlage hinzutreten? Es müsste dann nicht die Verstümmelung selbst sich vererbt haben, sondern die Ursache derselben, die bösartigen Amnionfalten, an denen sich die armen Embryonen die Fingeranlagen abwechselnd aufspalteten und einschnürten.

Wir können nur soviel sagen, dass hier eine Störung der Ordnung, eine Verschlechterung eines Theils des Organismus eingetreten ist. Wie wir bei Hausthieren und Kulturpflanzen bisweilen eine allgemeine Verschlechterung eintreten sehen, daneben aber auch häufig eine auf ganz bestimmte Theile oder Organe beschränkte, so haben wir hier eine Entartung an einem ganz bestimmten Punkte, an einem im Verhältniss zum Gesammtorganismus sehr kleinen und unwesentlichen Abschnitte. Aber der Vorgang verläuft nicht nach dem Beispiele einer mechanischen Verletzung, sondern unter dem Bilde einer Erkrankung, mit allmählichem Beginn, Exacerbation und allmählichem Erlöschen. Da wir nun keine Erkrankung kennen, deren Ablauf sich über mehrere Generationen hinzieht, so können wir wohl nur an eine Degeneration denken, die — und hierin können wir uns auf die Erfahrungen berufen, die wir mit unseren Hausthieren machen — trotz einer einmaligen Blutauffrischung weiterschritt, infolge wiederholter Auffrischungen aber an Intensität und Extensität abzunehmen beginnt.

Partielle Degenerationen kennen wir, wir sehen solche zunehmen und nach geeigneter Kreuzung wieder abnehmen und schwinden; und es steht dem nichts im Wege, eine partielle Degeneration für kleinste Organismustheile, für untergeordnetste Organe anzunehmen. Wenn wir diese Fälle von erblichen Missbildungen unter die Rubrik der partiellen Degenerationen, und damit der Degeneration überhaupt, einordnen, so haben wir damit die Einzelerscheinung aus ihrer Isolirtheit erlöst und sie dadurch unserem Verständniss näher gebracht. Eine Erklärung haben wir damit aber nicht gewonnen, weder für ihr Wesen noch für ihr Auftreten; diese Aufgabe bleibt noch zu lösen. Sie ist keineswegs damit erledigt, dass wir ein beliebtes Schlagwort anwenden und davon sprechen, dass „das Gefüge des Keimplasmas gelockert sei". Hier bei unserem Falle ist ja nicht eine blosse Lockerung, sondern eine totale Zerrüttung des Familienplasmas zu konstatiren, die sich unter der Feder eines Hendrik Ibsen zu einer erschütternden Tragödie gestalten würde. Aber was soll ich mir dabei denken, wenn ich höre, dass das Gefüge des Keimplasmas gelockert sei? Ist das Archoplasma schaumiger geworden, sind im Centrosoma Vacuolen aufgetreten, haben die Lininfäden an Zugfestigkeit verloren? Die „Lockerung des Gefüges im Keimplasma" ist eine Umschreibung, die uns, weil wir uns nichts dabei denken können, abhält zu bemerken, dass die in erster Linie zu fordernde Erklärung immer noch aussteht.

Begnügen wir uns also damit festzustellen, dass die hier bespro-

chenen Erscheinungen unter den allgemeinen Begriff der Entartung
fallen, und dass sie somit eine Theilerscheinung eines im organischen
Leben weitverbreiteten Entwicklungsvorganges darstellen.

Es bleibt jetzt noch übrig eine specielle Besprechung der direkt
beobachteten Fälle, d. h. derjenigen, von denen Röntgenbilder vorliegen,
vorzunehmen. Es sind dies der linke Fuss von Frau S. (Nr. 5 der
Liste), die linke Hand ihrer 12 jährigen Tochter (Nr. 19) und beide
Füsse ihres 10 jährigen Sohns (Nr. 20).

Frau S. besass zwei überzählige Grosszehen, die in ihrem 8. Lebensjahre amputirt sind. Nach der Abbildung (s. Fig. 3) scheint nur die
Zehe und nicht auch das Metatarsale verdoppelt gewesen zu sein.
Letzteres erscheint unverhältnissmässig dick, seine Verbindung mit dem
zweiten Metatarsale, die auch bei sonst normalen Füssen nicht selten
ist, ungewöhnlich entwickelt; die vorhandene Grundphalanx dagegen
ausgesprochen zu schmächtig. Wir müssen annehmen, dass das ungewöhnlich verdickte Metatarsale auf seinem Capitulum zwei Zehen trug,
von denen die eine durch Amputation entfernt wurde, worauf die übrig
gebliebene in eine ihr bequemere Lage rückte. (Vgl. übrigens weiter
unten.) —

Die 12 jährige Tochter der Frau S. besitzt an der linken Hand
das Rudiment eines überzähligen Daumens. Nach der Abbildung
(s. Fig. 4) liegt dieses Gebilde ganz verborgen in den Weichtheilen und
besteht aus zwei Stücken. Das proximale Stück artikulirt offenbar auf
dem Capitulum des Metatarsale I. Vom distalen Stück möchte ich
annehmen, dass es mit dem proximalen ebenfalls durch ein Gelenk verbunden ist; nach dem Röntgenbild erscheint mir diese Annahme wahrscheinlicher als die andere ebenfalls naheliegende, dass zwischen beiden
Stücken sich eine Knorpelschicht, also eine Epiphysenfuge befinde.

Letztere Möglichkeit giebt mir Anlass, eine andere Frage zu erörtern, die in einem kürzlich erschienenen Aufsatz [1] behandelt ist, nämlich die, ob amputirte überzählige Gebilde wieder nachwachsen können.
Der betr. Verfasser bringt eine Anzahl von Angaben bei, wonach diese
Gebilde einen, ich möchte mich so ausdrücken, unbezähmbaren Drang
haben, sich nach ihrer Ausrottung zu regeneriren; und stellt dann
diesen Angaben die positiven Aussagen erfahrener und berühmter
Chirurgen gegenüber, die niemals die von ihnen amputirten Gebilde
wieder nachwachsen sahen. Ich glaube, der Widerspruch zwischen
beiden Angaben ist leicht zu lösen. Wenn die amputirten Glieder
wieder nachwachsen, so handelt es sich dabei nicht um ein Ereigniss

---

[1] Leider hat mich mein Gedächtniss im Stich gelassen und es war mir bisher
unmöglich, Namen des Verfassers und Titel des Aufsatzes wieder aufzufinden.

wie die hartnäckige Wiederkehr eines nicht zu bannenden Gespenstes — denn eine derartige Rolle spielen sie ja in der Mystik des Volksaberglaubens wie in der Mystik des Darwinismus, auf welchen beiden Gebieten sie ja mit dem Ahnenkultus stets auf's innigste verknüpft erscheinen — sondern um die naturgemässen Folgen der Unzulänglichkeit der versuchten Ausrottung. Jene Meister der Chirurgie konnten allerdings in den zahllosen von ihnen operirten Fällen kein Nachwachsen auftreten sehen, eben weil sie gründliche Arbeit gemacht hatten; das war eben etwas anderes, als wenn der Hausarzt das überflüssige Anhängsel mit der Scheere abknipst oder die Hebamme es mit einem Zwirnsfaden abschnürt. War das überzählige Gebilde rudimentär und hing nur mittelst der Haut mit der Extremität zusammen — solche Fälle sah ich bei Neugeborenen — so ist auch das eine Radikaloperation; nicht aber, wenn der Fall so liegt wie z. B. in dem ersten, dritten oder dem nachfolgenden sechsten dieser Beiträge. d. h. wenn das Skelet des überzähligen Gebildes mit dem Extremitätenskelet in kontinuirlicher Verbindung steht. Alsdann wird beim Abbinden voraussichtlich die Basis der Grundphalanx erhalten bleiben und die hier vorhandene Knorpelmasse resp. (später) Epiphysenfuge gewährt die Möglichkeit eines Weiterwachsens nach der angeblichen Ausrottung. Wenn wir beim Kinde einen normalen Finger in der Mitte der Grundphalanx amputiren würden, so würde der Stumpf nachher noch in die Länge wachsen — es liegt also kein Grund vor, weshalb dies bei einem anomalen nicht auch der Fall sein könnte. Frau S. giebt an, dass ihr beiderseits unmittelbar nach der Geburt durch die Hebamme ein überzähliger fünfter Finger abgebunden sei und dass der Stumpf nachträglich etwas nachgewachsen sei. Diese Angabe ist gewiss glaubwürdig; denn wenn ein S t u m p f nachgeblieben war, so war dies eben die Basis mit der Wachsthumszone, und dieser Stumpf m u s s t e nachwachsen. Leider ist von ihren Händen kein Röntgenbild aufgenommen worden; aber die Angabe über das Vorhandensein eines Stumpfes lässt doch keine andere Deutung zu. —

Die beiderseitige Syndaktylie, die dasselbe junge Mädchen zwischen viertem und fünftem Finger aufwies, erstreckte sich nach dem Röntgenbild der linken Hand (s. Fig. 5) bis nahe zum proximalen Interphalangealgelenk des fünften Fingers. Von dem (wohl gleich nach der Geburt) durch Abbinden entfernten überzähligen fünften Finger ist keine Spur mehr vorhanden. Dagegen muss auffallen, dass an dem vorhandenen fünften Finger die Endphalanx missgebildet ist: sie ist nicht nur missgestaltet, sondern es fehlt auch die (an den anderen Finger sehr breite) Epiphysenfuge. —

Von dem 10jährigen Sohn der Frau S. sind die beiden Füsse mittelst des Röntgenverfahrens aufgenommen worden. Die Rekonstruktion war hier besonders schwierig, ja in einigen Punkten unmöglich. Es ist, wie Fig. 1 u. 2 zeigen, nicht nur die erste Zehe und das erste Metatarsale, sondern auch das erste Keilbein verdoppelt. Möglicherweise handelt es sich indess nicht um eine Doppelbildung, sondern um das subnormale „Cuneiforme I bipartitum", das als osteologische Varietät (wahrscheinlich atavistischer Natur) und nicht als teratologische Erscheinung aufzufassen ist.[1]) In dem unten folgenden 7. Beitrage werde ich einen Fall mittheilen, bei dem das Vorkommen des Cuneiforme I bipartitum mit einer Doppelbildung der Endphalanx der Grosszehe vergesellschaftet war. Ferner ist das Metatarsale I verdoppelt; hingegen hat es unbedingt den Anschein, als sei am rechten Fusse in der tibialen Halbzehe die ganze Grundphalanx ausgefallen. Namentlich in Folge der eigenthümlichen Abknickung in den verdoppelten Metatarsalia hält es schwer zu errathen, was dorsal und was plantar liegt; aber nach den Beziehungen zur Basis des zweiten Metatarsale möchte ich vermuthen, dass die fibulare Grosszehe dem dorsalen, die tibiale dem plantaren Theilstücke des ersten Keilbeins aufgesessen habe.

Vergleichen wir nun die Füsse des Sohns mit denen der Mutter (Fig. 3). Bei Frau S. ist anscheinend das Metatarsale I nicht verdoppelt gewesen, sondern nur an seiner Basis beträchtlich verbreitert. Letzteres kommt aber auch bei normalen Füssen vor, als Folge der Assimilation des Intermetatarseum.[2]) Es ist allerdings immer noch möglich, dass auch hier ein Cuneiforme I bipartitum bestanden hätte; das vorhandene erste Keilbein sieht mehr aus wie ein Cuneiforme I dorsale. Amputirt ist s. Z. ja sicher der tibiale Zwilling. Sass dieser nun, wie wir es für den Sohn vermuthen, dem Cuneiforme I plantare auf, so wäre ja denkbar, dass letzteres mit der „überzähligen" Grosszehe zugleich exartikulirt worden wäre. Betrachten wir nun aber die verbliebene Grosszehe der Mutter, so sehen wir, dass ihre Grundphalanx entschieden schwächer ist als normal, während die Endphalanx eine angemessene Breite aufweist. Genau dasselbe ist beim Sohn der Fall. Am linken Fuss ist die Grundphalanx der fibularen Grosszehe ausgesprochen zu schwach, während ihre Endphalanx die normale Breite besitzt und ebenso Grund- und Endphalanx der tibialen Grosszehe. Am rechten Fuss ist die Grundphalanx der tibialen Grosszehe nicht zu konstatiren, sie scheint ausgefallen zu sein; ihre Endphalanx hat normale Stärke. Die Grundphalanx der fibularen Grosszehe ist wieder ausgesprochen zu schwach, die Endphalanx dagegen von normaler Breite.

Fassen wir dies zusammen, so ergiebt sich: bei Mutter und Sohn

---

[1]) Ueber das Cuneiforme I bipartitum vgl. PFITZNER. Die Variationen im Aufbau des Fussskelets. Morph. Arb. VI. 1896. S. 444—450.

[2]) Vgl. Die Variationen im Aufbau des Fussskelets, l. c., Fig. 55 u. 56.

hat die fibulare (binnenständige) Grosszehe in ihrer Grundphalanx mehr den Charakter einer zweiten Zehe, in ihrer Endphalanx den Charakter einer Grosszehe. Soweit die betr. Verhältnisse dagegen ausgebildet und erhalten sind (beim linken Fusse des Sohns), hat die tibiale (randständige) Zehe auch in ihrer Grundphalanx vollentwickelten Grosszehen-Charakter. Ebenso ist bei beiden Füssen des Sohns die Endphalanx der tibialen Grosszehe bedeutend stärker als die der fibularen Grosszehe.

Weitere Schlüsse hieraus zu ziehen, etwa auf die Beziehungen zwischen Randständigkeit und Ausbildung des specifischen Typus der menschlichen Grosszehe, muss ich vorläufig mindestens noch als verfrüht erachten. Im Auge behalten werden wir diesen Punkt indessen müssen; dazu fordern uns auf schon die Erscheinungen von (beginnender) Verstärkung des fibularen Randstrahls, des fünften, die ebenfalls eine specifische, erst beim Menschen auftretende. Eigenthümlichkeit des menschlichen Fussskelets sind und die von so charakteristischen Nebenerscheinungen, in specie Uebergang zur Zweigliedrigkeit. begleitet werden.[1]) Bis jetzt scheint sich folgendes zu ergeben: Die randständigen Strahlen des menschlichen Fusses nehmen Grosszehencharakter an. An dem ersten Strahl ist diese Umwandlung bereits durchgeführt, am fünften ist sie noch im Beginnen. Verdoppelt sich der erste Strahl, so nimmt nur (oder wenigstens hauptsächlich) der tibiale Zwilling die neue Form an, der fibulare zeigt den indifferenteren Typus; und umgekehrt neigt bei einer Verdopplung der fünften Zehe der fibulare Zwilling mehr zur neuen, erst vom Menschen erworbenen Form, der tibiale konservirt die frühere, indifferentere. Indessen haben wir als Stütze für diese Aufstellung erst zwei Fälle: betr. Verdopplung der ersten Zehe den hier behandelten, betr. Verdopplung der fünften Zehe den im ersten Beitrage (l. c.) mitgetheilten. Ehe wir unsere Vermuthung als Gesetz aufstellen können, bedarf es vor Allem noch weiteren Materials als Grundlage.

Erklärung der Abbildungen.
(Tafel XXII u. XXIII z. Th.)

Fig. 1. Linker Fuss des 10 jährigen Sohnes der Frau S. Verdopplung des ersten Strahls.

Fig. 2. Rechter Fuss desselben. Dieselbe Anomalie.

Fig. 3. Linker Fuss der Frau S. Die früher hier vorhandene überzählige Grosszehe ist im 8. Lebensjahre amputirt. Zweidrittelgrösse.

---

[1]) Vgl. den ersten Beitrag, Morph. Arb. Bd. V, 1895.

Fig. 4. Linke Hand der 12jährigen Tochter der Frau S., von der
Volarfläche. Rudimentärer überzähliger Daumen.

Fig. 5. Dieselbe Hand. Fünfter Finger, durch Syndaktylie
(Schwimmhautbildung) mit dem vierten verbunden. Missbildung der
Endphalanx. Fehlen der Epiphysenfuge. Ein überzähliger fünfter
Finger ist gleich nach der Geburt durch Abbinden entfernt.

V. Ein Fall von Synostose dreier Endphalangen des Fusses.

Linker Fuss eines Mannes, mit Syndaktylie der zweiten, dritten
und vierten Zehe. Der Betreffende, aus anderweitiger Veranlassung
von Herrn Dr. Sick ärztlich behandelt, hatte keine sonstigen Anomalien aufzuweisen. Von einem Vorkommen ähnlicher Missbildungen
in seiner Familie war ihm nichts bekannt.

Die erste und die fünfte Zehe sind in normaler Ausdehnung frei;
im Rekonstruktionsbild (Fig. 6) mussten die Konturen fortgelassen
werden, da sie das übrige Bild störten. Die zweite, dritte und vierte
Zehe bilden eine einheitliche Masse mit leichten Einkerbungen am
distalen Rande. Das Röntgenbild zeigt nun folgendes:

Die Grund- und Mittelphalangen sind normal entwickelt. Die
Mittelphalangen zeigen extreme Brachyphalangie, ohne dass es auch
nur bei der fünften Zehe zu einer Konkrescenz mit der Endphalanx
gekommen wäre. Ein solches Verhalten ist sehr selten; ich fand es indessen kürzlich auch bei einem ganz normalen Fuss. Die Endphalangen
der 2.—4. Zehe sind mit einander knöchern verschmolzen. Es handelt
sich also nach meiner Eintheilung (s. oben S. 308) um eine Syndaktylie dritten Grades.

Es steht ja unumstösslich fest, dass diese Missbildung angeboren
sein muss. Das Fehlen aller pathologischer Erscheinungen irgend
welcher Art[1], die tadellose Ausbildung aller Eigenformen lässt keine
andere Deutung zu als die, dass diese drei Zehen bei ihrem Hervor-
spriessen aus dem distalen Rand der Extremitätenplatte in Vereinigung
geblieben sind, dass also das Zellmaterial, aus dem sich die Knorpel-
anlagen der drei Endphalangen herausdifferenzirten, einheitlich blieb.
Bei der Substitution des Knorpelgewebes durch Knochengewebe, bei

---

[1] Namentlich auch der mir von Herrn Dr. Sick mündlich mitgetheilte Umstand, dass die drei vereinigten Zehen einen gemeinsamen Nagel trugen.

Fig 1.

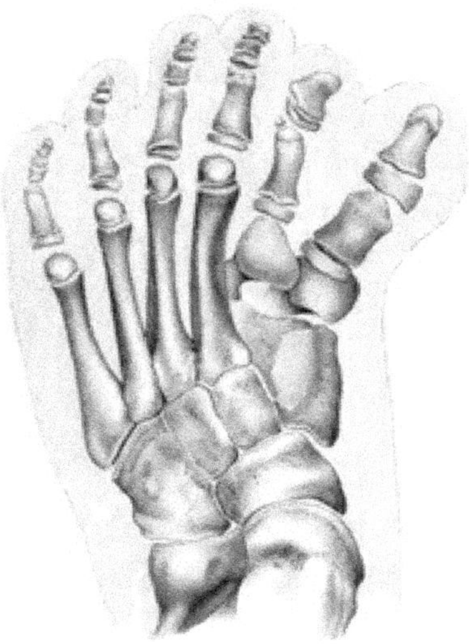

Fig 2.

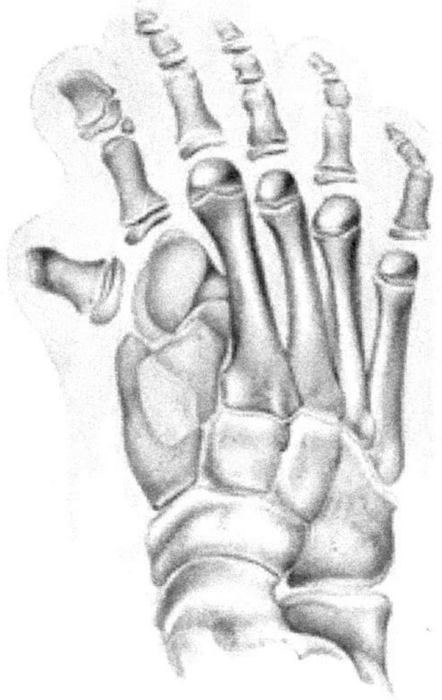

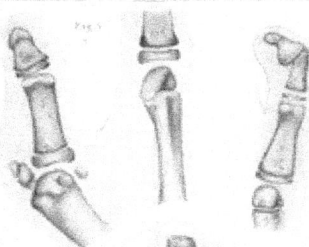

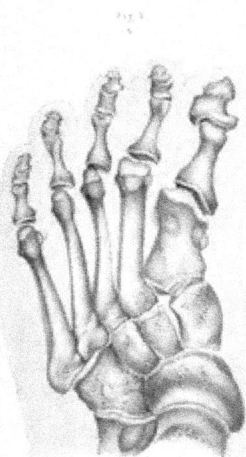

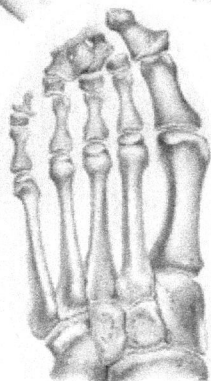

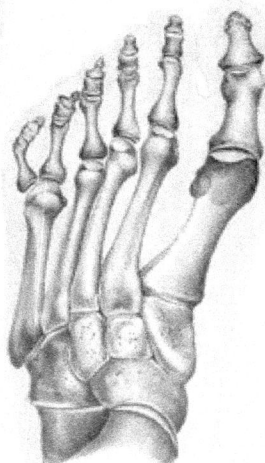

der sogenannten Ossifikation [1]), haben die Endphalangen die dem Knochenstadium eigenthümlichen Formen angenommen, soweit es die bestehende Verschmelzung zuliess. Es ist dies theoretisch von grossem Interesse. Ich habe s. Z. [2]) gezeigt, dass bei der kleinen Zehe des Menschen, wenn Mittel- und Endphalanx durch Verschmelzung im Knorpelstadium zu einem einheitlichen Skeletstück geworden sind, nachträglich doch die ererbten für das Knochenstadium specifischen Formen wieder auftreten, obgleich sie angesichts der Verschmelzung funktionell nicht mehr motivirt sind, ja vom funktionellen Gesichtspunkte aus geradezu widersinnig erscheinen. Auch hier ist das Auftreten von Formen, wie sie die Endphalangen selbständiger Zehen aufweisen, einfach unverständlich, wenn wir alle Formen stets als Ergebniss der Funktion auffassen. Wenn die funktionelle Anpassung maassgebend wäre, so müssten die drei Mittelphalangen eine einheitliche Endphalanx tragen. Aber die funktionelle Anpassung hat sich hier nicht nur als relativ, sondern als absolut ohnmächtig erwiesen gegenüber der Tendenz, die ererbten Formen trotz aller entgegenstehenden Hindernisse in sklavischer Treue zu reproduciren. Die Vorstellung von dem ausschlaggebenden Einflusse der funktionellen Anpassung auf die Gestaltung der äusseren Formen — die durchaus keine „Errungenschaft der Neuzeit" ist, sondern uralt, so alt wie die anatomische Wissenschaft, ja so alt wie das Bestreben selbst, den inneren Zusammenhang zwischen Form und Funktion zu ergründen [3]) — würde uns hier zwingen, anzunehmen, dass erst vollentwickelte selbständige Zehen vorhanden gewesen seien, die dann nachträglich, lange nachdem sie ihre volle Entfaltung und Ausbildung erreicht hätten, in Folge einer interkurrenten Einwirkung verlöthet wären. Das wäre dann derselbe Trugschluss, der Jahrhunderte lang die richtige Auffassung der Verschmelzung zwischen Mittel- und Endglied der kleinen Zehe verhindert hat. Auch dabei schien es auf der Hand zu liegen, dass erst die beiden Komponenten einzeln und selbständig ihre Formen entwickelt haben müssten und dass deshalb die Verschmelzung erst lange nach Beendigung der Ausbildung eingetreten sein könnte — SAPPEY bestimmt geradezu ein bestimmtes Lebensalter, nämlich die Zeit zwischen dem 40. und 50. Lebens-

---

[1]) Ich muss bei dieser Gelegenheit meine Verwunderung aussprechen, dass O. SCHULTZE in seinem Grundriss der Entwicklungsgeschichte die eigenthümlichste Erscheinung bei der Ossification der Endphalangen, die endständige Knochenkappe, wie eine eigene Entdeckung behandelt, während diese Ehre doch E. RETTERER zukommt (Contribution au développement du squelette des extrémités chez les mammifères. Journ. de l'anat. et de la physiol. 1884). Ich selbst habe auf diese fundamentale Entdeckung RETTERER's wie auf die ganze geradezu klassische Monographie in einer ganzen Reihe von Aufsätzen oft genug hingewiesen.

[2]) Die kleine Zehe. Arch. f. Anat. u. Physiol., anat. Abth. 1890. S. 24—25.

[3]) Vgl. PFITZNER. Die Variationen im Aufbau des Fussskelets. Morph. Arb. Bd. VI. 1896. S. 266—270.

jahre. als die Periode ihres häufigsten Eintretens. So zwingend war
diese Voreingenommenheit. dass kein einziger Autor sich je die Frage
vorgelegt hat. ob eine solche Annahme auch mit den Thatsachen selbst
in Einklang stände: man suchte vielmehr ausschliesslich nach der Ursache dieses ungeprüft als feststehend hingenommenen Vorgangs. Und
so haben alle Autoren, die sich überhaupt je mit diesem Punkte beschäftigt haben, apodiktisch erklärt, die Verschmelzung sei eine Folge
des Schuhdrucks — ohne sich jemals die Frage vorzulegen, ob sie
nicht auch ohne diese Ursache vorkäme. also bei Individuen, die überhaupt keine Fussbekleidung tragen, bei Naturvölkern und bei Neugeborenen resp. Embryonen. Bis zum Jahre 1890, als ich nachwies,
dass diese Verschmelzung auch bei Völkern vorkommt. die keine Fussbekleidung tragen, und dass sie sich beim Embryo in derselben pro-
centischen Häufigkeit findet wie beim Erwachsenen. hatte kein Anatom
über diesen Punkt Beobachtungen angestellt, sondern jeder hatte über
ihn „nachgedacht". Man hatte logisch richtige Schlüsse gezogen aus
Prämissen, die grundfalsch waren. die falsch sein mussten, weil sie
nicht der direkten Beobachtung entnommen, sondern „aus der Tiefe
des Gemüths geschöpft" waren. nach jenem Denkverfahren, das in
dem bekannten: „ich kann es mir nicht anders denken als dass . . ."
oder in dem Nesbitt'schen „ex supposita necessitate" seinen Ausdruck
findet. Diese Voreingenommenheiten. die mit unwiderstehlichem Zwange
das Denken beherrschen und in bestimmte Bahnen einzwängen, und die
dadurch den Fortschritt der Wissenschaft, das Fortschreiten in der
Erkenntniss der uns umgebenden Aussenwelt so gewaltig hemmen und
aufhalten. diese „Dogmen des wissenschaftlichen Aberglaubens", wie
ich sie nennen möchte: sie entspringen einem von Urzeit her überlieferten Kreise von Vorstellungen ; aber diese letzteren sind nicht allmählich erwachsen aus unbefangener Beobachtung der Vorgänge und
Thatsachen, sondern vom ersten Entstehen an getrübt. gefärbt und ge-
fälscht durch das Hineinspielen eines der Menschheit angeborenen
fundamentalen Denkfehlers: der anthropomorphistischen Auffassung vom Wesen und Wirken der Natura creatrix. Wie der Mensch
sich nicht davon freimachen kann. seine Vorstellungen von der Gott-
heit nach seinem eigenen Ebenbilde zu formen, so zwingt es ihn auch
mit unwiderstehlicher Gewalt, das Wesen und Wirken der schaffenden
Natur sich verständlich zu machen unter dem Bilde eines Menschen,
der sich ein Werkzeug oder einen Gebrauchsgegenstand anfertigt. Wie
er beim letzteren von der Bestimmung. von der präexistenten Funktion
ausgeht und darnach die Form gestaltet, so. glaubt er. verführe auch
die Natur. Er versetzt sich unwillkührlich in die Rolle der schaffenden Natur. identificirt sich mit ihr, zieht die Aufgabe. die Bestimmung,
die Funktion als gegeben an und konstruirt nun darauf los. Da er
mit der schaffenden Natur identisch ist, so weiss er Alles, wie es ist

und wie es geworden ist — er hat es ja selbst geschaffen. Aber diese Voraussetzung, dass die schaffende Natur unsersgleichen sei, ist nicht bewiesen; sie verführt zu Analogien, die absolut falsch sind, zu Annahmen, die eine nüchterne und unbefangene Beobachtung sofort widerlegt. „Du gleichst dem Geist, den du begreifst, nicht mir" ruft die schaffende Natur dem Menschen zu. Sie geht andere Wege als er. Auf Grund von spekulativem Nachdenken kann der Mensch allenfalls feststellen, wie die Dinge sein müssten, wenn — der Mensch die Welt erschaffen hätte; da dies nun aber leider nicht stattgefunden hat, so bleibt nur die Beobachtung von Fall zu Fall als einziges Mittel übrig, wenn man ergründen will, wie die Dinge sind.

Diese anthropomorphistische Auffassung vom Walten der schaffenden Natur ist nun die Quelle unendlicher Irrthümer, die in der Wissenschaft als Wahrheiten kursiren, weil niemand es für erforderlich hält, sie überhaupt einer Prüfung zu unterziehen. Und wagt es einmal Jemand und zieht dann den Irrthum an's Tageslicht, so kann er sicher sein, allgemeinem Unglauben, allgemeinem Widerspruche zu begegnen. Denn der alte Irrthum entsprang ja dem alten und überlieferten Anschauungskreise; die neue Wahrheit aber passt in diesen nicht hinein — was Wunders, dass sie zum Mindesten mit allgemeinem Misstrauen aufgenommen wird. Und doch — gerade je besser eine (etwa neu aufgefundene) Thatsache „stimmt", je selbstverständlicher sie uns vorkommt, desto mehr sollten wir gegen sie und gegen uns misstrauisch sein. Denn das Stimmen, das als selbstverständlich Erscheinen besagt doch nur, dass die angebliche Thatsache in unseren ererbten und überlieferten Ideenkreis hineinpasst, und dieser ist streng anthropomorphistisch; die anscheinende Uebereinstimmung ist also garzuleicht das Ergebniss einer subjektiven Färbung der Beobachtung durch die anthropomorphistische Brille, durch die hindurch wir die Dinge um uns anschauen. Je grösser diese anscheinende Uebereinstimmung ist, desto mehr müssen wir uns vor dieser Fehlerquelle hüten, denn desto näher liegt die Gefahr, dass wir einer subjektiven Täuschung zum Opfer gefallen sind.

Wenn der Schatten einer Möglichkeit gegeben wäre, dass ausgebildete Zehen wieder mit einander zusammenfliessen könnten, so würde man bei einem solchen Fall wie dem vorliegenden es als unbestreitbar feststehend erachten, dass die Zehen erst jede für sich ihre volle Ausbildung als selbstständig funktionirende Gebilde erreicht hätten und dass die Verschmelzung erst nach diesem Zeitpunkt habe eintreten können. Man würde es daher für die allein übrig bleibende Aufgabe halten, zu ergründen, was diese Zehen hat mit einander vereinigen können, und würde auch sicher sehr rasch zu einer erschöpfenden Erklärung gelangen. Da nun aber eine solche Möglichkeit nicht existirt ausser in der Gestalt schwerer Eingriffe, die unverlöschliche Spuren hinterlassen, so bleiben wir vor diesem Irrthum bewahrt. Per exclusionem gelangen wir zu der allein zulässigen Annahme, dass die Missbildung angeboren ist, und zweitens, dass es sich nicht um eine eingetretene Verschmelzung, sondern um eine ausgebliebene Sonderung handelt. Was war die Ursache dieses Ausbleibens? Wer will, mag wieder an einklemmende Amnionstränge denken; ich beschränke mich auf ein: non liquet.

Also die drei mittleren Zehen sprossten ungesondert aus dem freien Rande der Extremitätenplatte hervor. Die Grund- und Mittelphalangen differenzirten sich als gesonderte Skeletstücke; die Endphalangen nicht. Aber innerhalb dieses einheitlichen dreiwerthigen Endstücks suchte jeder einzelne Komponent so gut es anging seine gewohnte Form noch zu erreichen: die Gliederung in Basis, Mittelschaft und Endschaufel ist noch mit grosser Vollkommenheit ausgearbeitet. Trotz ihrer Verschmelzung liegen sie nicht einmal in einer Ebene: die Endphalanx der zweiten Zehe ist um (schätzungsweise) etwa 60° um ihre Längsaxe gedreht, sodass ihre Plantarfläche fast ganz tibialwärts schaut. Und schliesslich sind sie nicht einmal in ihrer ganzen Ausdehnung verschmolzen, sondern nur an Basis und Endschaufel. Letztere aber, und das fällt sehr in's Gewicht, ist eine relativ späte Bildung! Eine Verbreiterung zur Endschaufel und die Ausbildung der charakteristischen Tuberositas terminalis beginnt erst etwa zwischen dem 12. und 14. Lebensjahre. Sollen wir also vielleicht annehmen, dass die ausbleibende Sonderung der Weichtheile das Ursprüngliche gewesen und dass die Verschmelzung der Skeletstücke erst sekundär eingetreten sei, indem unter dem Druck der Weichtheile die Skeletstücke bei ihrem Auswachsen sich einander nähern mussten bis zur Berührung und schliesslich zur Verschmelzung? vielleicht sogar erst im Knochenstadium?

Eine solche Annahme böte den grossen Vortheil, dass die Ehre der funktionellen Anpassung als Ausarbeiterin der Skeletformen gerettet wäre; denn eine gemeinsame Umhüllung der selbstständigen Zehenstrahlen würde ja ihre Funktion nicht wesentlich beeinträchtigen oder ändern. Aber leider haben wir nicht das geringste Beispiel, dass parallel nebeneinander liegende knöcherne Skeletstücke durch Druck zur Verschmelzung gebracht werden könnten — es sei denn ausnahmsweise einmal unter schweren Entzündungserscheinungen, die eingreifende Veränderungen in Gestalt von Zerstörungen und Hyperplasien als unvertilgbare Spuren hinterlassen. Ohne solche verlöthende Entzündung hätten sich, wenn die bis dahin getrennten Endphalangen erst im späteren Knorpelstadium zur direkten Berührung mit einander gelangt wären, zwischen ihnen allerhöchstens Gelenke ausbilden können; wenn erst im Knochenstadium, so wären Knochenschlifferscheinungen unvermeidlich gewesen; denn bei jeder funktionellen Inanspruchnahme mussten sie sich beständig an einander verschieben.

Wir sind also gezwungen, bei der ursprünglichen Annahme zu bleiben, dass eine ausbleibende Sonderung der Skeletanlagen eine gemeinsame Endphalanx für die drei mittleren Zehen hervorgehen liess, dass aber jede der drei verschmolzenen Einzelanlagen ihre Emanzipationsgelüste soweit wie irgend möglich zum Ausdruck zu bringen bestrebt war, indem sie trotz der Verschmelzung ihre specifische Eigenform zu verwirklichen bemüht war.

Es liegt hier im Grunde ein ganz regelrechtes Experiment vor. Es waren total veränderte Bedingungen geschaffen, denen die funktionelle Anpassung jedoch auch nicht im Mindesten gerecht zu werden verstand. Das Schlussergebniss ist das ausschliessliche Auftreten der ererbten Formen, ohne die mindeste Beeinflussung durch irgendwelche Anpassung an die veränderte Funktion.

Erklärung der Abbildungen.
(Auf Tafel XXIII.)

Fig. 6. Linker Fuss eines Mannes. Syndaktylie dritten Grades der Endphalangen (Syndaktylie ersten Grades der Zehen) der drei mittleren Zehen.

VI. Ein Fall von Doppelbildung der fünften Zehe.

Am linken Fusse eines Patienten des Herrn Dr. Sick. Der Mann zeigte weiter keine Anomalien, wusste auch nichts anzugeben über sonstiges Vorkommen von ähnlichen Missbildungen innerhalb seiner Familie.

Die sechs Zehen waren in normaler Ausdehnung frei, namentlich bestand zwischen fünfter und sechster Zehe keine abnorme Schwimmhautbildung. (Auf der Rekonstruktionszeichnung mussten die Konturen zwischen den Zehen als störend fortgelassen werden.)

Nicht nur ist der übrige Fuss normal gebaut, auch das fünfte Metatarsale zeigt keine Abweichungen von der gewöhnlichen Form. Es ist stärker als das vierte, dritte und zweite; aber dieses Verhalten fand ich[1]) unter 260 normalen Fussskeleten 81 mal = cca. 30°/0. Auf

---

[1]: Erster Beitrag (l. c.), S. 301.

seinem anscheinend ganz normalen Capitulum artikuliren friedlich neben
einander zwei vollentwickelte normale Zehen.

Betrachten wir zuerst die tibiale Zehe. Die Grundphalanx zeigt
indifferente Formen, nicht die specifischen einer fünften Zehe.[1])
Es fehlt die stärkere Betonung an der Aussenseite der Basis, die für
randständige Grundphalangen der Hand (zweiter und fünfter Finger)
und des Fusses (erste und fünfte Zehe) so charakteristisch ist. Es
fehlt ferner der schräg ovale Querschnitt des Mittelschafts und die Ab-
schrägung des distalen Endes; kurz die ganze Grundphalanx ist so
streng bilateral-symmetrisch geformt wie die einer zweiten, dritten oder
vierten Zehe. Dagegen Mittel- und Endphalanx zeigen die charakteristischen Formen einer fünften Zehe: proximale und distale Fläche der
Mittelphalanx konvergiren[2]) stark distalwärts, und an der Endphalanx
ist die fibulare Seite der Basis etwas stärker betont.

Die fibulare Zehe macht im Ganzen auf mich den Eindruck, als
sei sie bis zu einem gewissen Grade in ihrer Entwicklung zurückgeblieben, verkümmert. Der Umstand, dass sie am meisten dem Schuhdruck ausgesetzt war, reicht nicht hin, dies zu erklären; wenigstens
hatte letzterer in anderen Fällen (vergl. 1. Beitrag, l. c.; 8. Beitrag,
weiter unten) nicht diese Wirkung gehabt. Die Grundphalanx zeigt
keine richtige typische Form, weder die einer vierten, noch die einer
fünften Zehe; von der einer fünften findet sich nur eine spurweise angedeutete Betonung der Basis sowie eine ausgesprochene plantare Umbiegung des distalen Endes, welche letztere sich auch bei normalen Füssen,
aber nur andeutungsweise, bisweilen vorfindet. Mittel- und Endphalanx
zeigen geradezu embryonale Formenbildung. Solcher Mangel an plastischer Gliederung und Profilirung wäre kaum bei einem Kinde zu
erwarten, geschweige denn bei einem Erwachsenen. Charakteristisch
ist an der ganzen fibularen Zehe nur die Art der Verbindung der
Phalangen unter einander. Zwischen Grund- und Mittelphalanx besteht unbestreitbar ein echtes Gelenk, allerdings mit schlecht ausge-
arbeiteten Gelenkflächen. Dagegen sind Mittel- und Endphalanx mit
einander entweder durch eine straffe Koalescenz oder schon durch eine
Synostose verbunden. Bei der tibialen Zehe haben wir schön ausgebildete Interphalangealgelenke, bei der fibularen Verschmelzung von
Mittel- und Endphalanx. Letztere ist nun ein neuer, für den Menschen
specifischer Charakter. Wir haben also auch in dieser Beziehung beim
fibularen Zwilling den neuen, specifischen Typus der menschlichen

---

[1]) Vgl. I. Beitrag (l. c.), S. 285.

[2]) Dieses Konvergiren ist keineswegs eine Folge des Drucks der Fussbekleidung.
Es findet sich auch an den Mittelphalangen des zweiten (ulnarwärts) und fünften
(radialwärts) Fingers selbst sehr jugendlicher Personen; bisweilen ist es (namentlich
am fünften Finger) sehr stark, häufig nur schwach entwickelt, fehlt aber niemals
ganz. Ueber diese Erscheinung vgl. Morph. Arb. Bd. I, 1891, S. 70—71.

fünften Zehe stärker und ausgesprochener ausgebildet als beim tibialen Zwilling: der tibiale Zwilling repräsentirt mehr die alte Form, der fibulare die neue; der tibiale ist mehr undifferenzirt, der fibulare mehr specialisirt!

Es bestätigt sich also auch hier anscheinend wieder das im vierten Beitrag (s. oben S. 321) vermuthete Gesetz, dass bei Doppelbildungen von Randstrahlen stets der äussere Zwilling die specifische Form reproducirt, der innere Zwilling die indifferente.

Erklärung der Abbildung.
(Auf Tafel XXIII.)

Fig. 7. Linker Fuss eines erwachsenen Mannes. Doppelbildung der fünften Zehe. Zweidrittelgrösse.

VII. Ein Fall von Doppelbildung der Grosszehe.

Ein etwa 10jähriges Mädchen, in dessen Familie, soweit noch festzustellen war, keine ähnlichen Missbildungen aufgetreten waren, zeigte rechts eine verbreiterte Grosszehe, die sichtbar und fühlbar ein Verschmelzungsprodukt von zwei Zehen darstellte, während der linke Fuss anscheinend ganz normal war. Herr Dr. Sick liess beide Füsse von der Fläche her aufnehmen, den rechten ausserdem noch von der Kante. Von diesen Aufnahmen ist hier aus Gründen die Raumersparniss nur die Flächenansicht des rechten Fusses im Rekonstruktionsbild wiedergegeben (Fig. 8).

Das Skelet des linken Fusses zeigte im Röntgenbild nicht die mindeste Anomalie. Das des rechten wies dagegen zwei Anomalien von durchaus verschiedenem Werthe auf: eine osteologische Varietät und eine teratologische Missbildung. Erstere bestand in dem Auftreten eines „Cuneiforme I bipartitum", letztere im Vorkommen einer partiellen Verdopplung der grossen Zehe.

Die Zweitheilung des ersten Keilbeins ist hier eine ausgesprochene osteologische Varietät und hat nicht den mindesten Zusammenhang mit der Verdopplung der Zehe. Die (hier nicht wiedergegebene) Aufnahme des Fusses von der Seite her zeigte das typische Verhalten dieser Varietät. (Auf der beigegebenen Fig. 8 ist das mehr distal und

22*

fibular gelegene Stück das Cuneiforme I dorsale, das mehr proximal
und tibial gelegene das C. I plantare.) In der Literatur[1]) sind
34 Fälle von vollausgebildetem Cuneiforme I bipartitum (und unzählige
weitere, in denen die beiden Komponenten nur unvollständig mit einander vereinigt waren) angeführt, ohne dass bei einem derselben Spuren
von Verdopplung des ersten Strahls angedeutet waren. Auch zeigen
in diesen Fällen die beiden Komponenten jeder eine typische Eigenform, die jeden Gedanken an Zwillingsbildung ausschliesst. Bei dem
im vierten Beitrage (vgl. oben S. 319 sq., sowie Fig. 1 u. 2 auf Tafel XXII)
beschriebenen Falle dagegen mussten wir es dahingestellt sein lassen,
ob ein Cuneiforme I bipartitum als palingenetische Variation oder eine
Verdopplung des Cuneiforme I als teratologische Erscheinung vorläge.

Das Metatarsale I zeigt keine Spur einer Doppelbildung, überhaupt
keine Spur einer Abweichung von der normalen Form und der typischen
Gestalt.

Die Grundphalanx ist verbreitert und stark verkürzt. Sie ist nur
so lang wie die Grundphalanx der fünften Zehe, ein Verhältniss, das
ich unter 301 Füssen nur 4 mal fand.[2]) Diese vier waren nun Fälle
von ausgesprochener Brachyphalangie, d. h. sie lagen ausserhalb der
normalen Variationsbreite und repräsentirten einen selbständigen Typus.
Den vorliegenden Fall dagegen möchte ich entschieden nicht als Brachyphalangie auffassen. Die Grundphalanx ist übermässig verbreitert, und
das beruht auf der Doppelbildung. Die beiden Hälften sind unvollständig getrennt oder unvollständig verschmolzen; nach den eigenthümlichen Formen der basalen Epiphyse möchte ich das Letztere annehmen. Die ganze Grundphalanx entspricht an Volumen ungefähr
einer dem Uebrigen angemessenen normalen Grundphalanx. Denken
wir nun die angenommene sekundäre Verschmelzung der Hälften wieder
rückgängig gemacht, so haben wir eine Halbirung der Grundphalanx
und nicht eine Verdopplung.

Mit Hülfe der mir zur Verfügung stehenden Aufnahme des normalen linken Fusses lässt sich dies sogar noch genauer beweisen. Nach
den Längen der Metatarsalia würde eine normale, richtig proportionirte
Grundphalanx des rechten Fusses 20 mm lang sein; und in der That
misst die Grundphalanx des normalen linken Fusses gerade 20 mm,
während die des rechten Fusses nur 14 mm misst. Die Breite der
linken Grundphalanx beträgt 10 mm, die der rechten 16 mm. Die
dorso-plantare Dicke beider Grundphalangen scheint annähernd gleich
zu sein resp. die der anomalen etwas geringer, geschätzt nach der Intensität der Schatten. Die anomale Grundphalanx ist also etwa $1\frac{1}{2}$ mal
breiter als die normale, diese dagegen etwa $1\frac{1}{2}$ mal länger als jene,

---

[1]) Morph. Arb. Bd. VI, 1896. S. 509.
[2]) Morph. Arb. Bd. II, 1892. S. 156.

bei annähernd gleicher Dicke. Die unvollständig verdoppelte Grundphalanx hat also nicht mehr Material zum Aufbau erhalten als die
normale.

Anders verhält es sich mit der Endphalanx. Die beiden anomalen
sind genau so lang wie die normale des linken Fusses und anscheinend
auch genau so dick. Nur die Breite differirt etwas; an der Basis misst
die normale 10 mm, die beiden anomalen jede 8 mm. Zusammen
repräsentiren die beiden anomalen Endphalangen also etwa $1\frac{1}{2}$ mal so
viel Material wie die normale.

Es wird sich sicher empfehlen, diesen Gesichtspunkt bei der Untersuchung von Doppelbildungen nicht unbeachtet zu lassen. Wenn ich
kurz recapitulire, so hatte ich: im ersten Beitrag zwei fünfte Zehen
von normalem Volumen; im zweiten zwei Zeigefinger von halbem
Volumen; im dritten theilweise Verdopplung des fünften Strahls von
(soweit zur Ausbildung gekommen) normalen Volumen; im vierten Verdopplung des ersten Strahls im annähernd normalen Volumen; im
sechsten zwei fünfte Zehen von annähernd normalem Volumen. Also
im ersten, dritten, vierten und sechsten Fall hatte die Doppelbildung
das Gesammtmaterial auf etwa das $1\frac{1}{2}$—2fache der normalen Menge
anwachsen lassen; im zweiten Falle war die Materialmenge unverändert
geblieben; hier im siebenten Fall war sie unverändert geblieben bei
der unvollständig verdoppelten Grundphalanx, auf das $1\frac{1}{2}$ fache gewachsen bei der vollständig verdoppelten Endphalanx. Ziehen wir
schliesslich noch den im fünften Beitrag geschilderten Fall heran,
so ist bei ihm, wie Fig. 6 zeigt, die Gesammtmasse der drei verschmolzenen Endphalangen entschieden bedeutend vermehrt — schätzungsweise auf etwa das Anderthalbfache bis Doppelte der normalen. Bei
teratologischen Erscheinungen dieser Art scheint also zum Mindesten
ein Gleichbleiben, in weitaus den meisten Fällen aber eine Zunahme
des Materials stattzufinden.

Es fordert dies unwillkürlich heraus zu Vergleichen mit den Erscheinungen,
die wir beobachten, wenn auf palingenetischer Basis Theilungen oder Verschmelzungen
auftreten. Bei gleichwerthigen Komponenten bleibt das Gesammtvolumen das gleiche,
mögen sie getrennt oder vereinigt sein. Ein Cuneiforme I bipartitum hat das gleiche
Volumen wie ein entsprechendes Cuneiforme I normale, ebenso ein Naviculare manus
bipartitum; und ebenso ein Scapholunatum, ein Lunato-triquetrum, ein Capitato-
hamatum, ein Calcaneo-naviculare etc. Bei ungleichwerthigen Komponenten, also
bei der Assimilation eines minderwerthigen Skeletstücks durch ein vollwerthiges,
nimmt im Durchschnitt die Gesammtmasse ab, und zwar um so mehr, je intensiver
die Aufsaugung ist; Beispiele: Naviculare und Radiale externum, Talus und Trigonum,
Naviculare pedis und Tibiale externum; Mittel- und Endphalanx der kleinen Zehen.
In manchen Fällen gewinnt es allerdings den Anschein, als ob in letzteren Fällen
wenigstens die beginnende Assimilirung den Untergang des minderwerthigen
Skeletstücks etwas besser anhielte, als wenn es isolirt bleibt. So habe ich z. B. nie
so grosse Exemplare von selbstständigem Radiale externum beim Menschen gefunden
wie in den Fällen unvollständiger Synostose desselben mit dem Naviculare; das selbst-

ständige Os hamuli ist stets kleiner als ein gutentwickelter Hamulus ossis hamati;
u. s. w. Namentlich aber tritt dies hervor, wenn das betr. Stück an der einen Hand
bez. Fuss isoliert ist, an der anderen im Beginn der Assimilation steht: es ist dann
fast immer das erstere kleiner. —

Zum Schluss muss ich noch darauf aufmerksam machen, dass beide
Zwillinge, sowohl die unvollständig getrennte Grundphalanx, wie die
selbstständigen Endphalangen, vollständig gleich erscheinen, dass hier
also die Bevorzugung des randständigen Zwillings fehlt, die ich am
Schluss des sechsten Beitrages geschildert habe. Indessen finden wir
beim genaueren Betrachten der Fig. 8 doch wenigstens eine Andeutung: die basale Epiphyse der tibialen Endphalanx ist bedeutend
stärker als die der fibularen. Genau dasselbe Verhältniss bestand bei
dem im vierten Beitrage beschriebenen Falle von Verdopplung der Grosszehe (s. Fig. 1 u. 2 auf Taf. XXII), besonders am linken Fusse. —

Erklärung der Abbildung.
(Auf Tafel XXIV.)

Fig. 8. Rechter Fuss eines 10 jährigen Knaben. Doppelbildung
der Grosszehe. Natürliche Grösse.

VIII. Eine Familie mit erblichen Doppelbildungen des kleinen Fingers und der kleinen Zehe.

Herr Dr. Sick hatte gelegentlich von einem Manne (Namens Ph. . . .)
mit 6 Zehen gehört, in dessen Familie diese Missbildung erblich sein
sollte. In seiner unermüdlichen Liebenswürdigkeit gegen mich wusste
er zu veranlassen, dass dieser Mann sich im Neuen allgemeinen Krankenhause einfand, um seine Füsse „röntgen" zu lassen und über seine
Familie zu berichten. Herr Dr. Delacamp war so liebenswürdig, den
Stammbaum dieser Familie aufzunehmen; ihm sei gleichfalls mein ver-
bindlichster Dank ausgesprochen.

Die Anomalien bestehen ausschliesslich in einer Verdopplung der
kleinen Zehe und des kleinen Fingers. Daumen und Grosszehe
sind unbetheiligt (ebenso die übrigen Finger und Zehen), und eine
Syndaktylie besteht nicht einmal zwischen den Zwillingsgebilden: ganz
im Gegensatz zu der im 4. Beitrage geschilderten Familie.

Fig 7.

Fig 8

Fig 10

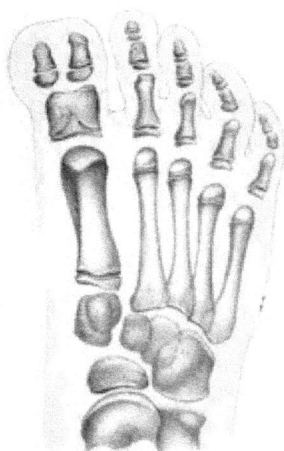
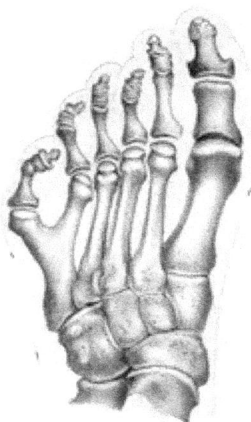
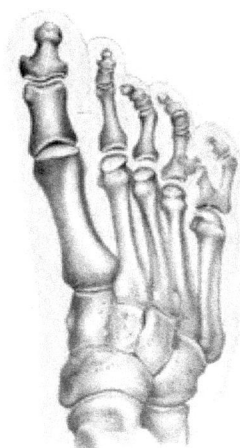

Tabelle I: Stammbaum.

Männl.¹)
Hände: normal.
Füsse: r. u. l. Hyperdakt.

(Erste Ehe.) — (Zweite Ehe.)

Männl.²)
Hände: normal.
Füsse: r. Hyperdakt.
(rudiment. Nebenzehe).

Männl.³)
Hände: normal.
Füsse: normal.

Weibl.⁴)
Hände: normal.
Füsse: normal.
(kinderlos).

Weibl.⁵)
Hände: normal.
Füsse: normal
(kinderlos).

Weibl.⁶)
Hände: normal.
Füsse: r. u. l. Hyperdakt.

Männl.⁷)
Hände: normal.
Füsse: r. u. l. Hyperdakt.
(s. Abbildungen.)

Weibl.⁸)
Hände: normal.
Füsse: normal.

Weibl.⁹)
Hände: normal.
Füsse: normal
(unverheirathet).

Weibl.¹⁰)
Hände: normal.
Füsse: normal
(unverheirathet).

Weibl.¹¹)
Hände: normal.
Füsse: r. u. l. Hyperdakt.
(kinderlos).

Männl.¹²) + juv.
Hände: normal.
Füsse: normal.

Männl.¹³) + juv.
Hände:
r. u. l. Hyperdakt.
Füsse:

Männl.¹³) juv.
Hände:
r. u. l. Hyperdakt.
Füsse:

Weibl.¹⁴) juv.
Hände: normal.
Füsse: normal.

Weibl.¹⁵) juv.
Hände: normal.
Füsse: normal.

Weibl.¹⁶) juv.
Hände: normal.
Füsse: normal.

Männl.¹³) + juv. Männl.¹³) juv. Männl.¹³) juv. Weibl.¹⁶) juv. Weibl.¹⁷) juv. Weibl.¹⁸) juv. Weibl.¹⁹) juv.
r. u. l. Hyperdakt. r. u. l. Hyperdakt. r. u. l. Hyperdakt. r. u. l. Hyperdakt. Hände: normal. Hände: normal. Hände: normal.
Füsse: Füsse: Füsse: Füsse: Füsse: normal. Füsse: normal. Füsse: normal.

Betrachten wir jetzt den Stammbaum dieser interessanten Familie (s. Tabelle I).

Durch vier Generationen hindurch hat sich bereits die Hyperdaktylie vererbt. Der Berichterstatter, in der Tabelle als „Männl. [5]" angeführt, wusste aufwärts nur bis zu seinem Grossvater hinauf Bescheid: ob die Missbildung bei diesem zuerst aufgetreten oder ob auch er sie bereits ererbt hatte, ist unter diesen Umständen natürlich nicht mehr festzustellen.

Betr. der Tabelle ist noch zu bemerken, dass 1. die nicht aufgeführten Gatten und Gattinnen als frei von derartigen Anomalien anzusehen sind, und 2. dass die Reihenfolge der Geschwister in der Aufzählung nicht auch zugleich der Altersfolge entspricht.

An dieser Tabelle müssen zwei Punkte besonders auffallen: 1. die strenge Lokalisation der Missbildung, und 2. die Vorliebe für das männliche Geschlecht.

Drei Generationen hindurch tritt nur Verdopplung der kleinen Zehe auf; in der vierten gesellt sich noch Verdopplung des kleinen Fingers hinzu, aber ohne allein aufzutreten. Ganz anders verhielt es sich bei der im vierten Beitrag geschilderten Familie (s. ebend. Tabelle I): in der ersten Generation nur Syndaktylie, in der zweiten Syndaktylie und Hyperdaktylie gesondert oder zusammen; und Hyperdaktylie an Daumen, kleinen Finger und Grosszehe, allein oder in allen denkbaren Kombinationen, was gleichfalls für die Lokalisation der Syndaktylie gilt.

Die vorliegende Familie wäre für die Amnionfalten-Theorie recht verwendbar; wir brauchten eben nur anzunehmen, dass die Amnionfalten vererbbar seien. Gerade mit dem symmetrischen Auftreten der Doppelbildungen haben sich ja die Anhänger jener Theorie besonders leicht abgefunden, indem sie es als selbstverständlich erklären, dass diese Amnionfalten, wenn sie überhaupt aufträten, besonders geneigt wären symmetrisch aufzutreten. Letzteres will ich meinetwegen zugeben; wie wollen wir es aber erklären, dass in der vierten Generation auch noch Verdopplungen am kleinen Finger auftreten? Das konnte doch nur ein rein zufälliges Zusammentreffen sein; denn zwischen einer Falte, an der sich der kleine Embryo eine Zehenanlage, und einer zweiten solchen, an der er sich eine Fingeranlage verletzt oder klemmt, weiss ich doch keine Möglichkeit einer Symmetrie zu konstruiren!

Der zweite Punkt, der unsere Aufmerksamkeit erregen muss, ist die vorzugsweise Vererbung auf die männlichen Nachkommen. Dieselbe tritt am deutlichsten auf folgender abgekürzten Zusammenstellung hervor:

Tabelle II.

Vererbung der Hyperdaktylie in der Familie Ph.

(M. = männl. W. = weibl. + = Hyperdaktylie an den Füssen. + + = Hyperdaktylie an Händen und Füssen. O = normal.)

M.
+

M.	W.	W.	W.	W.			
+	+	O	O	O			

M.	W.	W.	W.	W.			
+	O	O	O	O			
│							

M.	M.	M.	M.	W.	W.	W.	W.
+	++	++	++	O	O	O	O

Da die Kinder aus beiden Ehen Hyperdaktylie zeigen, so ist der
Stammvater der unbestreitbare Ausgangspunkt der Vererbung. Von
seinen 6 männlichen Nachkommen haben alle 6 die Hyperdaktylie ge-
erbt, von seinen 12 weiblichen nur 1 einziger! Aber merkwürdigerweise
hat die eine Enkelin, die selbst frei blieb, die Hyperdaktylie ihres
Vaters und ihres Grossvaters auf ihre Söhne übertragen, auf ihre
Töchter dagegen nicht! Und was noch merkwürdiger ist, während
ihre Töchter ganz frei bleiben, erben ihre Söhne eine Hyperdaktylie
höheren Grades! Der Grossvater hatte zwei sechste Zehen, der Vater
nur rechts ein überzähliges Zehenrudiment, die Frau selbst bleibt ganz
frei, ihre 4 Töchter ebenfalls, und von ihren drei Söhnen hat jeder an
jeder Hand und an jedem Fusse einen sechsten Finger resp. eine
sechste Zehe! Also sprungweise Vererbung, und überdies mit Ver-
schlimmerung.

Aus dieser fast ausschliesslichen Vererbung der Missbildung von
Urahn auf seine männlichen Nachkommen könnte man schliessen, dass
solche Bildungen hauptsächlich vom Vater auf den Sohn, von der
Mutter auf die Tochter (resp. Grossvater — Enkel, Grossmutter —
Enkelin) vererbt würden. Dem widersprechen aber die Verhältnisse
der im vierten Beitrage geschilderten Familie S., wie nachstehende
Uebersicht beweist:

Tabelle III.

Vererbung der Syndaktylie und Hyperdaktylie in der Familie S. (4. Beitr.)

(M. = männl. W. = weibl. + = Hyperdaktylie. × = Syndaktylie. O = normal.)

```
                              M.
                              O
                   ┌──────────────────────┐
                  M.                      M.
                  ×                        O
        ┌───────────────────┐   ┌──────────────────────────────┐
       M.    M.    M.       M.    W.    W.    W.    W.
       ×+    ×+    ×+        ×     ×+    ×     ×     ×
   ┌────────────────┐           ┌──────────────────────────────────┐
  M.    M.    M.            M.    M.    M.    W.    W.    W.
  ×+    ×     +             ×+    ×+    O     ×+    O     O
```

Von 10 männlichen Nachkommen des mit Syndaktylie behafteten Ahnherrn haben 6 Syndaktylie und Hyperdaktylie, 1 nur Hyperdaktylie, 2 nur Syndaktylie, 1 ist ganz frei; von 7 weiblichen haben 2 Syndaktylie und Hyperdaktylie, 3 nur Syndaktylie, 2 sind ganz frei. Ein kleiner Unterschied zu Gunsten der weiblichen Nachkommen scheint hier zu bestehen, indessen sind die Gesammtzahlen zu niedrig, als dass man darauf besonderes Gewicht legen könnte. Und wenn man die Tabellen II und III des 4. Beitrages (s. oben) betrachtet, so überzeugt man sich, dass das männliche Geschlecht das weibliche weder an Ausdehnung der Syndaktylien noch an Zahl der Verdopplungen überragt.

In einer Untersuchung über die sekundären Geschlechtsunterschiede (Morph. Arbeiten Bd. VII, 1897, S. 496—499) habe ich an einem Beispiele nachgewiesen, dass die Söhne mehr die helleren, die Töchter mehr die dunkleren Haar- und Augenfarben erben, ohne Unterschied ob der Vater blond und die Mutter brünett war oder umgekehrt. Auch ist es ja allbekannte Erscheinung, dass so häufig die Tochter an Gesichtsbildung, Statur und Geistesanlagen ihrem Vater ähnelt, der Sohn seiner Mutter.

Was die Erklärung anlangt, so kann ich die in dieser Familie auftretenden Erscheinungen auch hier nur wie im vierten Beitrag als partielle Degenerationen auffassen. Um es zu wiederholen: nicht nur allgemeine Degeneration ist erblich, sondern auch partielle Degenerationen, das steht fest nach unseren Erfahrungen an Hausthieren und Kulturpflanzen. Und zwar finden sich solche erblichen und vererbbaren Degenerationen auch an Organen, die etwaiger Einwirkung von Amnioussträngen nicht zugänglich sind. Diese Degenerationen haben die Tendenz um sich zu greifen, auf benachbarte und auf verwandte Bildungen, und so darf es in dieser Beziehung nicht auffallen, wenn zur Entartung der kleinsten und letzten Zehe plötzlich auch noch eine Entartung des kleinsten und letzten Fingers hinzutritt. Durch wiederholte Kreuzung und Blutauffrischung vermögen wir bei unseren Hausthieren die Degeneration, speciell auch partielle Degenerationen, zu bekämpfen, aufzuhalten und schliesslich auszuschalten; aber im Einzelfall mit verschieden raschem und verschieden nachhaltigem Erfolg. Bei der Familie S. hatte die Blutauffrischung bereits in der dritten Generation einen Stillstand in der Ausbreitung der Entartung und eine anscheinende Abnahme der Häufigkeit ihres Auftretens bewirkt. Hier, bei der Familie **Ph.**, scheint der Process der Entartung in der vierten Generation noch entschieden im Zunehmen zu sein, sowohl an Ausbreitung wie an Häufigkeit. —

Es erübrigt jetzt noch, uns mit den beiden im Röntgenbild vorliegenden Füssen (Fig. 9 u. 10) zu beschäftigen.

Beide Füsse sind durchaus normal gebaut mit Ausnahme des fünften Strahls. Nur nebenher sei bemerkt, dass die Tuberositas metatarsalis V auffallend schwach ist und dass sämmtliche Mittelphalangen den ausgesprochensten brachyphalangealen Typus aufweisen.

Rechter Fuss. Das Metatarsale V ist durchaus normal gebaut. Auf seinem normalen Capitulum sitzen zwei fünfte Zehen. Durch den Druck der Fussbekleidung ist der fibulare Zwilling ganz plantarwärts unter den tibialen hinunter gedrängt, so dass er im Röntgenbilde sogar umgekehrt weiter tibialwärts liegt. Die Basis seiner Grundphalanx zeigt dorsal eine Auskehlung, die für die Basis der tibialen Grundphalanx Raum schafft. Die fibulare Grundphalanx ist kürzer, gedrungener und stärker als die tibiale, ihre Basis zeigt eine reichere Entfaltung; kurz sie weist ebenso ausgesprochen den specialisirten Typus auf, wie die tibiale den indifferenten. Die Mittelphalanx ist bei beiden Zwillingen von der Endphalanx assimilirt, aber ebenfalls am fibularen viel intensiver als beim tibialen.

Linker Fuss. Das fünfte Metatarsale, dessen Basis noch durchaus normal ist, gabelt sich etwa in der Mitte seiner Länge. Der tibiale Ast zeigt ziemlich getreu die Form eines normalen fünften Metatarsale ohne ausgesprochene Specialisirung, also jenen Typus, bei dem der fünfte Strahl noch der schwächste des menschlichen Fusses ist. Auch die ganze tibiale Zehe entspricht diesem Typus, mit der einzigen Ausnahme, dass der Mittelschaft der Grundphalanx bereits etwas verdickt ist und in Folge dessen stärker als der der vierten und dritten. Aber Mittel- und Endphalanx sind schwächer als die der vierten Zehe, und noch durch ein regelrechtes Gelenk verbunden. Zu beachten ist, dass die Basis der Grundphalanx neutrale Form hat: sie entbehrt durchaus der stärkeren Betonung ihrer fibularen Seite, die sonst ihre Randständigkeit kennzeichnet. Der fibulare Ast des Metatarsale V ist stark verdickt und verkürzt. Die Verdickung ist ein Ausfluss der Specialisirung: sie repräsentirt die specialisirte, neue Form im Gegensatz zum alten, indifferenten Typus. In der Verkürzung sehe ich dagegen den Ausdruck einer Verkümmerung, wie auch in der auffallenden Verschmächtigung der Grundphalanx. Letztere ist an ihrer Basis stärker als die tibiale Grundphalanx, aber in ihrem Mittelschaft und Capitulum kaum halb so stark wie jene. Mittel- und Endphalanx sind im Ganzen normal. Die Mittelphalanx ist etwa nur halb so lang wie die der tibialen Zehe. Ausserdem ist sie nicht durch ein freies Gelenk mit der Endphalanx verbunden. Aus dem Röntgenbild ist dies nicht ohne weiteres zu ersehen. Aber wir sehen, dass beide in gestreckter Stellung mit einander verbunden sind. Das kommt bei Gelenkverbindung nie vor. Nur die zweite Zehe zeigt unter normalen Verhältnissen geradlinige Streckung, die folgenden zeigen eine fibularwärts zunehmende Flexion als Ruhestellung, die auch unter der Muskelaktion niemals in wirkliche geradlinige Streckung übergeht (natürliche Krallenstellung [1]). Nur bei angeborner Immobilisation finden wir die verschmolzenen Phalangen in Streckstellung verbunden. Wir haben hierin ein untrügliches Unterscheidungsmittel zwischen angeborener und erworbener Phalangenvereinigung. Bei allen erworbenen Vereinigungen (einfache Immobilisation in Folge von Nichtgebrauch und Zwangstellung; pathologische Immobilisation in Folge von arthritischer Erkrankung und Exostosenbildung; vollkommene Synostose in Folge von pathologischen Processen) sind die etwa davon betroffenen Phalangen der dritten bis fünften, meistens auch der zweiten Zehe in Winkelstellung, und zwar meistens in übermässiger Flexionstellung fixirt. — Eine totale Synostose, eine vollständige Assimilirung scheint bei unserem Falle allerdings nicht vorzuliegen; nach dem Röntgenbilde möchte ich vielmehr eine mehr centrale Synostose oder auch nur eine einfache Koalescenz als bestehend annehmen. Solche unvollständige Verschmelzungen habe ich auch bei Erwachsenen in garnicht seltenen Fällen an normalen Füssen beobachtet. [2]

Fassen wir das Gesagte zusammen, so haben wir, bei beiden Füssen übereinstimmend, stets beim tibialen Zwilling mehr ursprüngliche Zustände, beim fibularen mehr differenzirte: stärkere Betonung der Aussenseite der Basis der Grundphalanx; rechts stärkere Assimilation der Mittelphalanx an die Endphalanx, links Konkrescenz (Koalescenz oder Synostose) statt Gelenk. Daneben haben wir links am fibularen Zwilling Anzeichen von Verkümmerung, die die soeben aufgezählten Verschiedenheiten zum Theil verschleiert. Aehnliche Erscheinungen von Verkümmerung hatten wir beim fibularen Zwilling in dem Falle des 6. Beitrages (s. d.). Noch weitergehende Verkümmerung haben wir ja in all' den Fällen von „rudimentären Nebendaumen, Nebenfingern, Nebenzehen". Alle diese rudimentären Gebilde sitzen stets auf der Aussenseite, d. h. bei Daumen und Grosszehe an der radialen bez.

---

[1] Vgl. Die kleine Zehe (l. c.), S. 17.
[2] Ueber Variationen im Aufbau des Fussskelets (l. c.), S. 502.

tibialen, bei kleinem Finger und kleiner Zehe an der ulnaren bez. fibularen Seite; sie stellen also jedesmal den äusseren Zwilling dar.

Wir können nach unseren bisherigen Untersuchungen demnach folgendes Gesetz aufstellen:

Die Randstrahlen der menschlichen Hand und des menschlichen Fusses sind mehr oder minder specialisirt, d. h. sie tragen Charaktere und Formen, die erst beim Menschen aufgetreten und für ihn specifisch sind. Treten nun Doppelbildungen an diesen Randstrahlen auf — und gerade an ihnen sind sie ja besonders häufig — so verhalten sich der äussere und der innere Zwilling fundamental verschieden in Bezug auf die Vererbung dieser erworbenen, noch neuen Charaktere: Der äussere Zwilling ist der Erbe der Neuerwerbungen, er reproducirt sie stets in ausgesprochener Ausbildung, ja garnicht selten in übertriebener, insofern sie bei ihm bisweilen in einer Ausbildung auftreten, die sie bei normalen Händen und Füssen niemals erreichen. Der innere Zwilling dagegen reproducirt die indifferenteren ursprünglichen Formen; er weist höchstens Spuren von den typischen Formenänderungen auf, und weit häufiger zeigt er ausgesprochene Rückschlagserscheinungen, indem er so primitive Formen aufweist, wie sie an diesen Fingern und Zehen bei normalen menschlichen Händen und Füssen sonst nie mehr auftreten. So wird also der differenzirte Randstrahl bei der Doppelbildung zerlegt in einen indifferenten inneren Zwilling und einen specialisirten äusseren. Diese ungleiche Theilung wird nun weiter komplicirt dadurch, dass gerade der äussere Zwilling, dieser hauptsächliche Erbe der specifischen Charaktere, eine hervorstechende Neigung zur Verkümmerung verräth.

Zum Schluss muss ich noch auf einige Erscheinungen auf den Röntgenbildern aufmerksam machen, die nicht mit den Missbildungen des fünften Strahls in Zusammenhang stehen, sondern ganz anders zu erklären sind.

Es hat nämlich den Anschein, als ob die dritte Zehe in allen ihren Abschnitten beiderseits stark verkürzt wäre. Nach der Pause des Originals gemessen beträgt die Länge der Grundphalangen in mm:

	I	II	III	IV	V tib.	V fib.
rechts	28	27	22	21	23	18
links	26	28	21	23	22	18

und die Länge der Mittelphalangen:

	II	III	IV	V tib.	V fib.
rechts	8	6	8	?	?
links	8	6	7	5	3

Es beruht dies aber darauf, dass, wie namentlich auch aus den Konturen hervorgeht, die dritte Zehe besonders stark flektirt war und deshalb in starker Verkürzung projicirt wurde. Die einzige wirkliche Verkürzung findet sich an der Grundphalanx der Grosszehe, die links kürzer ist als die der zweiten Zehe — ein Verhältniss indess, das ich bei 302 normalen Füssen 21 mal[1]) antraf und das also durchaus noch innerhalb der Grenzen der normalen Variationsbreite liegt. —

---

[1]) Morph. Arb. Bd. II. 1893. S. 156.

Erklärung der Abbildungen.

(Auf Tafel XXIV.)

Fig. 9. Linker Fuss eines erwachsenen Mannes mit Doppelbildung der kleinen Zehe. Zweidrittelgrösse.

Fig. 10. Rechter Fuss desselben Mannes. Doppelbildung der kleinen Zehe; der fibulare Zwilling ist ganz plantarwärts unter den tibialen hinuntergeschoben, sodass er auf dem Bilde weiter tibialwärts liegt als jener. Zweidrittelgrösse. —

Strassburg i. Els., Juli 1898.

Ueber die vermeintlichen offenen Mammartaschen bei Hufthieren.

Von

G. Schwalbe.

Hierzu 9 Textfiguren und Tafel XXV.

Als eine Stütze der GEGENBAUR'schen Mammartaschen-Theorie sind von KLAATSCH (3, 4) unter anderen die bei verschiedenen artiodactylen Hufthieren vorkommenden Inguinaltaschen gewürdigt und als offene persistirende Mammartaschen gedeutet worden. Seine Deutung ist bisher wohl im Allgemeinen unbestritten angenommen worden. Zur Orientirung sei auf das vortreffliche Referat von BONNET (1) verwiesen. Auch GEGENBAUR (2) ist dieser KLAATSCH'schen Auffassung günstig. Er sagt in seinem neuesten Werke: „Ist auch bei dem Mangel der glatten Muskelschicht der volle Beweis für die Entstehung dieser Organe aus Mammartaschen bis jetzt noch nicht erbracht, so wird doch durch die Gesammtheit der übrigen Struktur sowie aus der Lage jene Deutung wahrscheinlich gemacht."

Seit lange für die Frage der Phylogenie der Mammarorgane interessirt, benutzte ich bereits vor einigen Jahren die Gelegenheit der Untersuchung eines Exemplars von Antilope cervicapra, um KLAATSCH's Angaben über die Inguinaltaschen dieses Thieres zu prüfen. Dies führte mich selbstverständlich auch auf die Untersuchung der homologen Bildung beim Schaf. Hier war es ja leicht, Material zusammen zu bringen, welches die von KLAATSCH nicht berücksichtigte Entwicklung der Inguinaltasche zu untersuchen und dieselbe mit der Entwicklung der wirklichen Zitzen zu vergleichen gestattete. Ich beabsichtige aber nicht, in vorliegender Mittheilung specieller auf die Entwicklung der Zitzen bei den Ungulaten einzugehen, ebensowenig wie auf die GEGENBAUR'sche Mammartaschen-Theorie im Allgemeinen. Ich beschränke mich daher lediglich auf die Untersuchung der anatomischen

Verhältnisse und der Entwicklungsgeschichte der Inguinaltaschen bei den genannten Artiodactylen, um zu entscheiden, ob KLAATSCH's Deutung sicher begründet ist, ob also die Inguinaltaschen in der That Mammartaschen sind oder nicht.

Ich bin dabei in der günstigen Lage, nicht nur auf Erfahrungen am Schaf angewiesen zu sein, sondern, wie bereits erwähnt, über dasselbe Material zu verfügen, das KLAATSCH (3) zum Ausgangspunkt für seine Deduktionen gemacht hat. Aber nicht nur Antilope cervicapra stand mir zur Verfügung, sondern auch eine einer anderen Gruppe angehörige Antilopenart, Tragelaphus gratus [Antilope gratus[1])], die etwas verschiedene sehr instruktive Verhältnisse erkennen liess. KLAATSCH (4) hat ausser Antilope cervicapra noch zwei andere Antilopen-Arten untersuchen können, Antilope isabellina (= Cervicapra arundinum Trouessart) und die Nylgau-Antilope, Antilope picta (= Boselaphus picta Trouessart). Während Antilope cervicapra nur ein Zitzenpaar besitzt, gehören Tragelaphus gratus, sowie die von KLAATSCH untersuchten beiden anderen Formen (isabellina und picta) zu den mit zwei Paar Zitzen versehenen. KLAATSCH (3) erwähnt dies allerdings nur von Antilope picta, welche nach ihm keine Mammartasche besitzt, nicht aber von Antilope isabellina. Ich hebe diese Zahlen hervor, weil sie von KLAATSCH in seiner ersten Arbeit über die Inguinaltaschen für seine Deutung derselben als Mammartaschen verwerthet worden sind.

Ich gehe nun zunächst zu meinen eigenen Erfahrungen in den beiden untersuchten Antilopen-Arten über. Ich erhielt dieselben unversehrt aus dem Hamburger Zoologischen Garten durch die Güte des Herrn Direktors Dr. BOLAU, dem ich für die stets freundliche Berücksichtigung der Wünsche des Anatomischen Instituts in Strassburg an dieser Stelle meinen besten Dank ausspreche. Weil ich die Thiere vollständig und uneröffnet erhielt, verdient mein Material den Vorzug vor dem KLAATSCH'schen, das sich auf die herausgeschnittenen Hautstücke der betreffenden Gegend beschränkt. Wenigstens gilt dies seiner eigenen Aussage nach für die beiden Antilopen seiner ersten Mittheilung (3), während er in dem kurzen Nachtrag über Antilope isabellina (4) dies nicht ausdrücklich erwähnt.

1) Antilope cervicapra, ♀, erwachsen. In Figur 1 gebe ich eine Abbildung der mikroskopischen Verhältnisse der die Zitzen und Inguinaltaschen enthaltenden Region in $^2/_3$ natürlicher Grösse nach einer vom ganzen unversehrten Thiere aufgenommenen getreuen Abbildung. Dieselbe weicht in mehrfacher Hinsicht von dem in Figur 1 der KLAATSCH'schen Arbeit mitgetheilten Bilde ab. Nach KLAATSCH's

---

[1]) Ich folge hier der in Trouessart, Catalogus Mammalium. Nova editio. Fasc. IV Tillodontia et Ungulata. Berolini R. Friedländer & Sohn 1898 in Anwendung gebrachten Nomenclatur.

Abbildung und Beschreibung liegt die Tasche lateral und zugleich etwas kranial von der sehr grossen Zitze. Letztere „erhebt sich auf einer annähernd kreisrunden etwa 2 cm im Durchmesser haltenden Basis, zuerst flach ansteigend, dann steiler werdend, um auf der Höhe eine kuppelförmige Wölbung zu zeigen." Nach Klaatsch liegt die Zitze unweit des medialen Winkels, der durch dünnere Behaarung ausgezeichneten Leistengegend. Die Tasche findet er rings herum von einem Hautwall umzogen, der bei einem der beiden untersuchten Exemplare um 7 mm die umgebende Haut überragte. Der Durchmesser der Tasche betrug 2 cm, ihre Tiefe 1,2 cm.

An der mir vorliegenden uneröffneten Antilope, an welcher keine Verzerrungen der Hautpartien eintreten konnten, war ebenfalls jederseits nur eine Zitze vorhanden, aber von geringerer Höhe und geringerem Basis-Durchmesser, als die der Beschreibung von Klaatsch. Ihre Höhe betrug rechts 7,5, links 7 mm. Ihre Basis war rechts elliptisch mit transversalem längeren Durchmesser (8,75 mm) und kraniokaudalem kürzerem Durchmesser (5,5 mm). Links war die Zitzenbasis kreisrund mit einem Durchmesser von 6 mm. Der Abstand jeder Zitze von der Medianebene war rechts nur unbedeutend grösser, als links (rechts 15,5 mm; links 13 mm). — Die Tasche befindet sich ziemlich genau lateral von der Zitze innerhalb der eigentlichen Leistenbeuge, während die Zitze dem kaudalen Abschnitt der eigentlichen Bauchgegend angehört. Das schwächer behaarte Feld, in welchem Tasche und Zitze liegen, verlängert sich am medialen Ende zu einem dreiseitigen kaudal gerichteten Zipfel. Die Tasche selbst liegt rechts in 14 mm, links in 13 mm Entfernung von der Basis der gleichseitigen Zitze. Sie ist nicht von einem vollständigen Ringwall umgeben, sondern von einer wulstigen halbringförmigen Falte, welche den medialen Rand der Leistengrube markirt und von hier auf den oberen, besonders aber auf den unteren Rand sich fortsetzt, sodass die Tiefe der Grube lateralwärts (und etwas kranialwärts) allmählich in das Niveau der Haut der Leistengegend übergeht. Man hat also ein Bild vor sich, wie es etwa die Plica semilunaris fasciae transversae an der abdominalen (inneren) Oeffnung des Leistenkanals beim Menschen gewährt. Man kann bei der Inguinalgrube der Hirschziegenantilope von einem medialen Walle reden, der vorn (kranial) in ein kürzeres Cornu superius und hinten (kaudal) in ein längeres Cornu inferius sich fortsetzt, welche Cornua ihrerseits allmählich lateralwärts verstreichen. Der Durchmesser der Grube zwischen den Enden der beiden Hörner beträgt 15 mm. Die Tiefe der Tasche ist 4 mm und ebensoweit kann man in medialer Richtung mit der Sonde unter den medialen Theil der Falte vordringen. Die halbmondförmige Falte sowie der Boden der Inguinalgrube ist von runzlicher Beschaffenheit; diese Runzelung setzt sich bis zu einer Entfernung von 21 mm in lateraler Richtung fort, an welcher Stelle die stärker gerunzelte

schwach behaarte Haut in eine mehr glatte ebenfalls schwach behaarte
übergeht.

KLAATSCH's abweichende Angaben könnten nun, soweit Grösse der
Zitzen und der Taschen in Betracht kommt, auf individuelle Variation
zurückzuführen sein. Letztere erklärt aber nicht die anderen prin-
zipiellen Abweichungen der Beschreibung. Diese sind wohl in erster
Linie davon abzuleiten, dass von KLAATSCH nur ausgeschnittene Hautstücke untersucht werden konnten. Aus diesem Umstand erklärt sich
die Beschreibung und Abbildung eines vollständigen Ringwalles,
ferner die Angabe von der auffallend grossen Breite der Zitze. An
meinem Präparat ist die Zitzenbasis scharf abgesetzt gegen die Umgebung, an der KLAATSCH'schen Zeichnung nicht; KLAATSCH rechnet
zur Zitze eine leichte Erhebung rings um die Zitzenbasis („zuerst flach
ansteigend"), die nach ihm „etwa" 2 cm im Durchmesser hatte. Ich
halte nur den inneren Kreis in KLAATSCH's Figur 1, der medial durch
einen schärferen Schatten abgegrenzt erscheint, für die Begrenzung der
eigentlichen Zitzenbasis. Legt man diese Abgrenzung der Zitzenbasis
zu Grunde, so misst dieselbe an KLAATSCH's Figur höchstens 10 mm
(in meinem Fall in maximo 8.75 mm). Während also nach KLAATSCH's
Beschreibung Zitzenbasis und Tasche etwa einen gleich grossen Durchmesser haben sollten, übertrifft in Wirklichkeit, wie auch in meinem
Fall der Durchmesser der Tasche den der Zitzenbasis um das
Doppelte.

Endlich finde ich abweichend von KLAATSCH die Lage der Inguinaltasche nahezu rein lateralwärts von der Zitze. An herausgeschnittenen Hautstücken konnte KLAATSCH darüber allerdings keine
Sicherheit gewinnen. In Betreff der Drüsen habe ich nichts Ab-
weichendes zu bemerken.

Ehe ich nun auf eine Kritik der KLAATSCH'schen Deutung der
Inguinalgrube als Mammartasche eingehe, halte ich es für zweckmässig,
zunächst noch die Verhältnisse bei der anderen von mir untersuchten
Antilope zu beschreiben, da sie für die Beurtheilung des Befundes bei
Antilope cervicapra schwer ins Gewicht fallen.

2) Tragelaphus gratus, ♀, juv. (45 Tage alt). Länge von der
Schnauzenspitze zur Schwanzspitze 67 cm; Länge des Schwanzes 15 cm.
(Figur 2). Diese Antilopen-Art gehört zu den Formen mit zwei
Zitzen, ebenso wie die von KLAATSCH untersuchten A. picta und
isabellina. Das untersuchte Exemplar war am 26. Juni 1898 im
Hamburger zoologischen Garten geboren und starb bereits am 10. August
desselben Jahres. Der Befund ist ein höchst bemerkenswerther. Es
bestehen jederseits in der Unterbauchgegend zwei Zitzen in geringer
Entfernung (5 mm) vor der Basis des Scrotum. Die Grösse der
Zitzen ist in Anbetracht des jugendlichen Zustandes des Thieres eine
geringe. Alle 4 sind etwa von gleicher Höhe (3 mm), während die

kranialen eine etwas grössere Basis-Breite besitzen als die kaudalen·
Die Basis der ersteren ist etwa queroval mit 4 mm transversalem
und 3 mm kraniokaudalen Durchmesser, während die kreisförmige
Basis der distalen Zitzen 2.5 mm Durchmesser besitzt.

Der Abstand der beiden kranialen Zitzen von einander ist 19 mm;
die beiden kaudalen sind nur 12 mm von einander entfernt. Rechts
ist die Entfernung der kranialen von der kaudalen Zitze 9 mm, links
nur 7.5, sodass also keine vollkommen symmetrische Anordnung besteht.
Weit nach vorn (kranial), nämlich in 55 mm Entfernung von den kranialen
Zitzen, gleich hinter dem Nabel, befindet sich die Oeffnung der Penis-
tasche (in der Figur nicht mehr enthalten). Trotzdem dass z w e i
Zitzen jederseits vorhanden sind, findet sich jederseits eine prachtvolle
Inguinaltasche, aber in w e i t e m A b s t a n d e lateral und etwas kranial von
den Zitzen. Die linke Inguinaltasche zeigt ein einfacheres Verhalten als die
rechte. Ihre Mündung ist durch eine scharf geschnittene halbmondförmige
Falte begrenzt mit kürzerem Cornu superius und längerem Cornu inferius.
Lateralwärts und etwas kranialwärts geht der Boden der Tasche ohne
Faltenbildung in das Niveau der angrenzenden Haut über. Der medialste
Punkt der begrenzenden halbmondförmigen Falte befindet sich in 38 mm
Entfernung lateral von der Basis der vorderen (kranialen) Zitze. Der
Abstand der Enden beider Cornua, also der Durchmesser der Taschen-
mündung, beträgt 12 mm, übertrifft also v i e r m a l d e n D u r c h -
m e s s e r d e r Z i t z e n b a s i s. Die Einstülpung der Tasche ist etwas
schräg medianwärts (und kaudalwärts) gerichtet; sie stellt einen 20 mm
langen Sack dar, dessen Grenzen in der Figur 2 durch punktirte Linien
angedeutet sind. Ganz anders erscheint die r e c h t e I n g u i n a l t a s c h e.
Ihre Mündung ist nicht einheitlich. Man kann an ihr vielmehr eine
k a u d a l e und k r a n i a l e A b t h e i l u n g unterscheiden. Erstere
(Fig. 2. a), 10 mm breit, wird in ganz ähnlicher Weise, wie die ganze
linke Tasche von einer Plica semilunaris begrenzt, deren geringste
Entfernung von der kranialen Zitze 37 mm beträgt. In ähnlicher
Weise wie links gelangt man in der Richtung medianwärts und etwas
nach hinten unter der Plica semilunaris in einen Sack, der 19 mm
Tiefe besitzt. Die vordere (kraniale) Abtheilung wird k r a n i a l von
einer Plica semilunaris begrenzt, die also ihren scharfen Saum nach
hinten richtet, mittelst ihres medialen Schenkels aber sich mit der
Plica semilunaris der hinteren Abtheilung verbindet. Der Boden der
auf diese Weise unvollständig abgegrenzten vorderen (kranialen) Abtheilung zerfällt wieder durch eine ungefähr in der Längsrichtung des
Körpers verlaufende niedrigere Falte in ein laterales grösseres (Fig. 2 b)
und ein mediales kleineres Gebiet (Fig. 2, c). Letzteres führt in keine
taschenförmige Einsenkung. Dagegen gelangt man von dem lateralen (b)
Gebiet der vorderen Abtheilung unter dem betreffenden Abschnitt der

Plica semilunaris in eine ansehnliche 10 mm tiefe Tasche, welche sich in lateralkranialer Richtung erstreckt.

Für die Lage der Mammartaschen zu den Zitzen ist noch folgende Bestimmung von Wichtigkeit. Zieht man jederseits durch die höchste Erhebung der beiden Zitzen eine gerade Linie, so konvergiren dieselben nach hinten und schneiden sich in einem Winkel von 54°, sodass also jede dieser Linien mit der Mediane einen nach vorn offenen Winkel von 27° bildet. Die Inguinaltasche liegt jederseits weit ausserhalb dieser Mammarlinie; ihre grösste Axe bildet mit derselben einen Winkel von 36°, also mit der Medianlinie einen solchen von 63°.

Dies ist der interessante Befund an einer mit 4 Zitzen versehenen Antilope. Auch Klaatsch hat eine solche untersucht, wie oben schon erwähnt wurde, die Antilope picta. Er fand hier keine Inguinaltasche, vermuthlich weil das ihm übersandte Hautstück nicht gross genug war. Denn in meinem Falle des Tragelaphus gratus trennt ein weiter Abstand die Inguinaltasche von den Zitzen, während derselbe bei der nur mit einem Paar Zitzen versehenen Antilope cervicapra ein relativ geringer ist. Bei der später untersuchten Antilope isabellina erwähnt Klaatsch leider nicht die Zitzenzahl. Nach der Stellung aber, welche diese Antilope im System einnimmt, wird dieselbe 4 betragen haben. Hier fand nun Klaatsch nicht nur eine stark entwickelte Tasche von 4 cm Längendurchmesser und 3 cm Tiefe jederseits, sondern „lateral davon noch eine zweite derartige stark reducirte Bildung in Form ganz flacher, sehr ausgedehnter ovaler Gruben". Er fügt dann hinzu, dass er Spuren einer Duplicität der Taschen neuerdings auch bei Antilope cervicapra konstatiren konnte.

Ich habe nun das die Antilopen betreffende Material soweit mitgetheilt, dass eine Beurtheilung der Anschauungen, zu denen Klaatsch auf Grundlage seiner Untersuchungen gelangt ist, möglich ist. Klaatsch entscheidet sich für die Deutung der Leistengruben (-taschen) als Mammartaschen aus folgenden Gründen.

1) Antilope cervicapra hat jederseits nur eine Zitze, andere Antilopen ohne Inguinaltaschen deren zwei: Ant. cervicapra befindet sich aber mit letzteren „in vollkommener Uebereinstimmung, wenn wir in der Taschenbildung eine der Zitze homologe Bildung erblicken dürfen." Man kann wohl diese Worte von Klaatsch nicht anders deuten, als in der Art, dass bei Antilope cervicapra die zweite Zitze anderer Antilopen durch eine offen gebliebene Mammartasche ersetzt werde. Nach dieser Auffassung dürfte bei Antilopen mit jederseits 2 Zitzen eine solche Tasche nicht vorkommen. Der in Fig. 2 abgebildete Befund bei Tragelaphus gratus widerlegt diese Meinung direkt. Somit wird dieser Beweis von Klaatsch, der mir als der wichtigste erscheint, hinfällig. Ich will hier gleich anführen, dass die Zahl der Zitzen überhaupt ganz unabhängig vom Vorkommen

einer Inguinaltasche bei Hufthieren ist. So kommen beim
Schaf neben der Inguinaltasche jederseits bald 2 Zitzen, bald nur
eine vor. Eine der primitivsten uns erhaltenen Artiodactylen Formen,
die Gattung Tragulus besitzt jederseits 2 Zitzen ohne eine Spur einer
Inguinaltasche. Dieser Befund, von dem ich mich durch eigene Untersuchung überzeugt habe, ist besonders bemerkenswerth, da man bei
Annahme von KLAATSCH's Deutung doch eher bei den geologisch
älteren Formen die primitiven Zustände der Mammartaschen finden
sollte, als bei den am spätesten erschienenen Vertretern der Artiodactylen.

2) KLAATSCH führt ferner an, dass die Lage dazu berechtige, in
der Taschenbildung eine der Zitze homologe Bildung zu erblicken.
Es handelt sich also darum festzustellen, wie die Lage der Zitzen bei
den mehrzitzigen Artiodactylen sich verhält. Da ist zunächst hervorzuheben, dass die Zitzen nicht, wie die Inguinaltaschen, der Lage nach
der Leistenbeuge entsprechen, sondern in der Unterbauchgegend liegen,
etwa in der Mitte zwischen Schwanzwurzel und Nabel, beim männlichen
Thiere kranial vom Scrotum, nahe diesem, aber ziemlich weit entfernt
von der dicht hinter dem Nabel liegenden Penisspitze. Bei Tragulus
verläuft die Verbindungslinie der kranialen und kaudalen Zitze jeder
Seite annähernd unter einander und mit der Medianlinie parallel.
Bei Tragelaphus gratus divergiren diese Verbindungslinien kranialwärts um 27° von der Medianlinie; diese Divergenz ist bei Schaf-
embryonen noch viel bedeutender, nimmt mit zunehmender Grösse
ab. Aber selbst in diesem extremen Falle trifft eine Verlängerung
der Verbindungslinie nicht auf die Inguinaltasche, sondern hält sich
stets medial. Die Inguinaltasche liegt also stets ausserhalb, lateralwärts von dem Streifen, innerhalb dessen die bei den einzelnen
Formen an Zahl variablen Zitzen auftreten. Nur wenn andere
zwingende Gründe für die Deutung von KLAATSCH vorlägen, könnte
man also diese Nichtübereinstimmung in der Lage als un-
wesentlich vernachlässigen.

3) Nach KLAATSCH spricht auch die Grösse der Taschenbildung
für seine Deutung. Er findet bei Antilope cervicapra den Durchmesser
der Tasche gleich gross wie den der Zitzenbasis. Mein Befund an demselben Objekt ergab einen viel geringeren Durchmesser der Zitzenbasis.
Ich habe die abweichenden Angaben von KLAATSCH schon oben (S. 344)
zu deuten versucht und sie darauf zurückgeführt, dass KLAATSCH an herausgeschnittenen Hautstücken seine Untersuchungen angestellt hat. Wie
ausserordentlich bedeutend der Unterschied in der Grösse der Zitzen
und der Tasche ist, zeigt meine Abbildung von Tragelaphus gratus.
Aus den Grössenverhältnissen würde also vielmehr der Schluss gezogen
werden müssen, dass die Inguinalgruben gar nichts mit den Zitzen zu
thun haben können, dass ihre Deutung als Mammartaschen nicht halt-

bar ist. Aus der Tiefe der Taschen aber wird man ebenfalls kein für diese Deutung günstiges Material gewinnen können, da diese Tiefe eine ausserordentlich wechselnde ist.

4) Nach KLAATSCH spricht auch die Form der Tasche für seine Auffassung. Ich will hier zunächst nur seine Angaben über die Inguinaltaschen der Antilopen beurtheilen, da ich unten noch auf die Verhältnisse beim Schaf zurückkomme. KLAATSCH findet die Tasche bei Antilope cervicapra von einem kreisförmigen Wall umgeben, also rings umwallt, während in meinem Material eine Plica semilunaris die Grube nur medial, mit ihren Cornua auch vorn und hinten (kranial und kaudal) begrenzte, sie aber lateralwärts offen liess. Dass KLAATSCH gegentheiliger Befund auf Faltenbildung herausgeschnittener Stücke beruht, konnte ich an meinen Präparaten leicht bewahrheiten, da sich durch Zusammenschieben der Haut die mannigfachsten Wallbildungen herstellen liessen. Eine weitere Thatsache, welche nicht für eine Mammartaschenbildung spricht, ist, dass die Tasche nicht senkrecht zur Oberfläche der Haut in die Tiefe entwickelt ist, sondern schräg median-kaudalwärts, und zwar bei Tragelaphus gratus in ganz bedeutender Weise. Auch ganz unregelmässige Bildungen kommen vor, wie die merkwürdig komplicirte Tasche auf der rechten Seite von Tragelaphus gratus mit einer mediokaudalen und kraniolateralen Aussackung. Aehnliche Befunde scheint KLAATSCH bei Antilope isabellina vor sich gehabt zu haben.

Im Vorstehenden habe ich die Beweise, welche KLAATSCH für seine Deutung der Leistengruben als Mammartaschen anführt, im Einzelnen besprochen. Ich glaube gezeigt zu haben, dass keiner derselben stichhaltig ist. Mit diesem Nachweis fallen aber alle weiteren Ausführungen von KLAATSCH, welche die Mammartaschen-Natur der Leistengruben als bewiesen annehmen. Es sei hier noch auf einige derselben eingegangen.

Sind die fraglichen Bildungen wirklich persistirende offen gebliebene Mammartaschen, so repräsentiren sie natürlich den allerniedrigsten Zustand der Mammarorgane, wie er nach GEGENBAUR und KLAATSCH in der Mammartasche von Echidna und im Drüsenfeld von Ornithorhynchus gefunden wird. Dann aber sind die Drüsen der Inguinalgrube den Mammartaschen-Drüsen der Monotremen vergleichbare Bildungen. Diese Homologisirung der Drüsen fällt aber sofort, sobald die Mammartaschen-Natur der Leistengruben widerlegt ist, was, wie ich glaube, im Vorstehenden schon geschehen ist, weiter unten überdies in der sehr verschiedenen Entwicklungsgeschichte noch eine endgiltige Widerlegung finden wird. Wenn nun aber Inguinalgrube und Mammarorgan nichts mit einander zu thun haben, gänzlich verschiedene Bildungen sind, so kann das Vorkommen modificirter Knäueldrüsen („tiefe Taschendrüsen") neben Härchen mit Talgdrüsen („oberflächliche Taschendrüsen") im

Gebiet der Tasche nicht für die Deutung derselben als Mammartasche verwerthet werden; sonst könnte man mit demselben Rechte andere Stellen der Haut mit besonders modificirten Knäueldrüsen (Analgegend, Achselhöhle etc.) auf Mammarorgane beziehen: ja auch grubige Einsenkungen stünden eventuell zur Disposition, wie in den drüsenreichen sog. Thränengruben der Wiederkäuer! Uebrigens sind ja die Knäueldrüsen der Inguinalgruben, wie Klaatsch selbst anführt, durchaus nicht überall so stark modificirt, wie die bei Antilope cervicapra gefundenen und abgebildeten. Viel einfacher sind sie beim Schaf, und bei Antilope isabellina zeigen sie „noch vollständig die typische Form und die Muskulatur gewöhnlicher Schweissdrüsen".

Dasselbe wie für die Drüsen gilt aber auch für das Vorkommen glatter Muskelzellen, auf das Klaatsch einen hohen Werth zu legen scheint. Er fand allerdings eine reich entwickelte glatte Muskulatur nur bei Antilope isabellina, vermisste dieselbe bei der Hirschziegen-Antilope. Aber selbst wenn aus anderen Gründen die Mammartaschen-Natur der Inguinalgruben bewiesen wäre, was sie jedoch thatsächlich nicht ist, würde das Vorkommen glatter Muskulatur im Gebiet des Taschengrundes nicht als ein weiterer Beweis angeführt werden können, da ja auch andere Gebiete der Haut abgesehen von den Arrectores pilorum glatte Muskulatur besitzen können.

Endlich verlieren Klaatsch's phylogenetische Spekulationen ihre Basis mit dem Nachweise, dass die Leistengruben nicht als Mammartaschen angesehen werden können. Dasselbe gilt für den Beweis, welchen Klaatsch aus der Existenz vermeintlicher offener Mammartaschen bei Hufthieren für die Deutung des ganzen Strichkanals der Zitze als Mammartasche entnimmt. Es ist nicht meine Absicht hier auf diesen Punkt näher einzugehen; nur dass die Inguinalgruben der Wiederkäuer für diese Anschauung irgend etwas beweisen können, möchte ich nach meinen obigen Ausführungen zurückweisen.

Wenn man sich aber einmal mit Klaatsch auf das Gebiet der Phylogenie begiebt, so kommt man bald zu der Einsicht, dass die Inguinalgruben der Artiodactylen keine alten Erbstücke sein können. Es genügt darauf hinzuweisen, dass die ältesten in der Jetztwelt erhaltenen Formen der artiodactylen Hufthiere, wie das Schwein, wie andererseits die Gattung Tragulus keine Spur einer Inguinalgrube erkennen lassen. Daraus würde sich aber bei Annahme von Klaatsch's Ansicht ergeben, dass die betreffenden Mammarorgane im Laufe der Phylogenese zunächst wieder in einem langen Abschnitt des Stammbaumes geschwunden und dann erst wieder nach unendlich langer Zeit, nachdem der ganze in den Condylarthra wurzelnde Stamm der Hufthiere seine noch jetzt blühenden Zweige getrieben hat, von Neuem an diesen jüngsten Formen aufgetreten sei. Es würde also eine Neubildung bei diesen Thieren vorliegen. Sonst wäre es ja auch höchst

wunderbar, dass eine solche als ererbte Bildung sich bei erwachsenen
Thieren in einer Weise erhalten haben soll, welche an Dimensionen
Alles übertrifft, was man sich nur von Mammartaschen überhaupt
träumen lassen kann. Man könnte diesem Einwand damit zu begegnen
suchen, dass man einen Funktionswechsel annimmt. Allein eine
solche Deutung hat doch immer wieder als Grundlage, dass auch
wirklich bereits der Beweis geliefert sei, man habe es mit Mammartaschen zu thun; sonst bewegt man sich in einem Circulus vitiosus,
der Nichtbewiesenes alsThatsache hinstellt und aus dieser Annahme
beweist, was bewiesen werden soll. Auch würde die lange Unterbrechung in der phylogenetischen Rache ebenso gegen diese Auffassung
sprechen.

Soviel über die Verhältnisse bei den Antilopen. Nicht minder
schwer wiegende Einwände gegen KLAATSCH's Deutung ergeben sich
nun aber aus der Untersuchung des anderen von KLAATSCH verwertheten
Objekts, nämlich der Leistengruben des Schafes.

Ich finde bei einem nahezu ausgetragenen weiblichen Lamm die
Verhältnisse mit der Beschreibung und Abbildung von MALKMUS
(5. Tafel I) vollständig übereinstimmend, sodass ich auf eine besondere
Wiedergabe dieses Zustandes, der auch für das ausgewachsene Thier
seine Geltung besitzt, verzichte. Das Wesentliche ist, dass sich die
zwischen Bauch und Oberschenkel befindliche Furche medianwärts
und kaudalwärts allmählich mehr oder weniger vertieft. Die tiefste
Stelle des Grundes ist, wie MALKMUS gezeigt hat, durch sehniges
Gewebe mit der Aponeurose des M. obliquus externus fest verbunden,
während man die angrenzende Haut leicht abpräpariren kann. Medio-
kaudan wird die tiefste Stelle durch eine Hautfalte begrenzt, bezw.
umwallt, welche am kranialen Ende der Basis der kaudalen oder
Hauptzitze, also bei Vorhandensein von zwei Zitzen jederseits zwischen
beiden beginnt und nun schräg lateralkaudalwärts im Bogen in ein
unteres Horn übergeht, das allmählich lateral im Niveau der Haut verstreicht. Die Tasche ist also in diesem Falle nichts weiter als ein ver-
tiefter Theil der Leistenfurche, welcher nur median und kaudal von
einer halbmondförmigen Falte umgeben ist, lateralkranialwärts aber ganz
allmählich in das Niveau der Haut der Inguinalfurche übergeht.
An dieser Seite fehlt eine Umwallung also vollständig.
Nie habe ich die Inguinalgrube des Schafes als eine kreisförmig begrenzte Grube gesehen, auch nie als ein von einem Hautwall rings
umgebenes Areal, wie dies KLAATSCH beschreibt und abbildet, vielmehr
durchaus in der von MALKMUS beschriebenen und abgebildeten Weise,
aber von variabler Tiefe. Dass aber in herausgeschnittenen Stücken
abnorme Faltungen der Haut auftreten können, liegt auf der Hand.

Bevor ich nun meine Beobachtungen über die Entwicklungsgeschichte
der Inguinalgruben des Schafes mittheile, habe ich noch für dies Thier

in ähnlicher Weise, wie oben für die Antilopen, die Punkte zu erörtern, welche von KLAATSCH für die Deutung als Mammartaschen verwerthet worden sind:

1 u. 2) **Substitution einer Zitze durch eine Mammartasche und Lage.** KLAATSCH sagt (S. 362): „Die Hauptsache bleibt, dass die Stelle der Hauttasche des Schafes derjenigen entspricht, wo bei anderen eine Zitze vorkommt, und wo bei Antilope cervicapra die Mammartasche gefunden wird." Vorher S. 357 findet sich die Bemerkung: „Lateral davon, nahezu in Verlängerung einer durch die beiden Zitzen gezogenen Linie, findet sich eine Tasche" (nämlich die Inguinalgrube). Letzterer Satz wird nicht nur durch MALKMUS' vortreffliche Zeichnung, sondern durch KLAATSCH's eigene Abbildung Fig. 3 widerlegt. Zieht man an dieser eine Verbindungslinie zwischen den Spitzen der beiden Zitzen, so verläuft diese in ihrer Verlängerung in einer Entfernung von 12—15 mm medial von dem dort gezeichneten schrägen Schlitz der Inguinalgrube vorbei. Die wahre Lage der tiefsten Stelle der Grube ist aber ziemlich genau lateralwärts von der kandalen Zitze.

Der Lage nach entspricht also die Inguinalgrube des Schafes durchaus nicht einem Mammarorgan. Damit wird aber auch der Gedanke hinfällig, dass sie eine Zitze substituire, einen unentwickelten Zustand derselben vertrete. Bei dieser Gelegenheit sei hervorgehoben, dass die kraniale rudimentäre Zitze des Schafes sehr häufig fehlt. Unter 31 Schaf-Embryonen von 7,5 bis 40 cm Länge (Scheitel—Schwanzwurzel), besassen 13 zwei Zitzen, 16 nur eine und 2 Exemplare rechts eine, links zwei. Unter der genannten Zahl waren 16 männliche Individuen, von denen 6 zwei Zitzen, 9 eine Zitze und ein Exemplar die erwähnte ungleiche Zahl erkennen liess. Unter den 15 Weibchen besassen 7 zwei Zitzen, 7 nur eine, eines rechts eine, links zwei Zitzen. Ein grösseres Material wird darüber zu entscheiden haben, welches die beim Schaf vorherrschende Zahl ist und ob hier, wie beim Rind, Rassenverschiedenheiten bestehen. Mehr als zwei Zitzen jederseits habe ich in keinem Falle gefunden.

3 und 4) Dass auch Grösse und Form der Inguinalgrube des Schafes der Deutung als Mammartasche widersprechen, geht aus meiner oben gegebenen Beschreibung deutlich genug hervor. In Betreff der Grösse mag noch Folgendes nachgetragen werden. Eine genaue Messung der Grubenbreite ist wegen des allmählichen Uebergangs in die Umgebung natürlich nicht möglich. Hält man sich aber an die Plica semilunaris, so mass bei einem nahezu ausgetragenen Schaf der weiteste von ihr umspannte Raum 13 mm, während die Basis der in diesem Falle nur in der Einzahl vorhandenen Zitze nur 4 mm Durchmesser hatte.

Beim Schaf war ich nun in der Lage, die Entwicklung der

Inguinaltasche wenigstens soweit feststellen zu können, dass über den fundamentalen Unterschied dieses Entwicklungsganges gegenüber den der Zitzen kein Zweifel bestehen konnte. Für die makroskopische Untersuchung ist vor Allem zu empfehlen, dieselbe am unverletzten vollständig frischen Embryo vorzunehmen. Man wird dabei die Erfahrung machen, dass scheinbar ganz verschiedene Zustände in dem Relief der Zitzen- und benachbarten Inguinalregion sich geltend machen. Berücksichtigt man aber den Umstand, dass die hinteren Extremitäten des Schafes intrauterin eine sehr verschiedene Stellung besitzen können, dass sie bald im Hüftgelenk und Kniegelenk stark flektirt, bald mehr gestreckt gefunden werden (vgl. Fig. 5 mit Fig. 6) so begreift man bei der Verschiebbarkeit der Haut den Wechsel in der Faltenbildung. Man kann meist durch Ueberführung des Beines von der einen in die andere Stellung willkürlich den einen Zustand der Inguinaltasche in den anderen umwandeln. Selbstverständlich werden bei Zertheilung des Embryo in kleinere Stücke behufs Konservirung sofort Retraktionen der Haut und in Folge der Einwirkung der benutzten Reagentien Schrumpfungen und abnorme Faltenbildungen an den herausgeschnittenen Stücken eintreten. Man muss deshalb die ganzen Embryonen einlegen. Für Konservirung der Oberflächenverhältnisse kleinerer Embryonen ist Pikrinsäure sehr geeignet; grössere, von etwa 10 cm Länge an, werden entweder längere Zeit in Müller'sche Lösung gelegt oder in Formalin (3—4 %) aufbewahrt.

Bei Embryonen von 12—14 mm Scheitelsteisslänge ist meist von einer durch eine besondere Falte abgegrenzten Inguinalgrube noch nichts zu sehen. Vielmehr entspricht diese Inguinalgrube dem medialen Ende der zwischen Bauch und Schenkel einschneidenden Inguinalfurche, stellt gewissermassen das am meisten vertiefte mediale Ende der letzteren dar (in Fig. 3 von einem etwas grösseren Embryo auf der linken Seite desselben abgebildet). Die vordere Begrenzung der Inguinalfurche wird durch die Wölbung des Bauches, die hintere durch die Schenkelhaut gebildet, welche nicht selten einen der ganzen Länge der Inguinalfurche parallelen Wulst bildet, der bei Versuchen, das Bein zu strecken verstreicht. Die eine oder eventuell die beiden Zitzen stehen medianwärts von der Inguinalfurche im eigentlichen Bauchgebiet.

Es kommt aber neben diesem, ich möchte sagen, indifferenten Zustande auch schon bei Embryonen von der angegebenen Grösse ein anderer vor, der auf der rechten Seite des in Figur 3 dargestellten Embryo von 17,5 cm. Länge abgebildet ist, aber sich schon bei 12 cm langen Embryonen in seinen ersten Anfängen nachweisen liess. Innerhalb des Bauchgebietes der Inguinalfurche erscheint eine schräg von medial und etwas kaudal nach lateral und etwas kranial verlaufende streifenförmige grubige Vertiefung, die Anlage des vertieften Bodens der späteren Inguinaltasche, die ich als Fundus foveae inguinalis bezeichnen werde. In Fig. 3 rechts ist letzterer durch einen schrägen dunklen Streifen dargestellt; derselbe bildet in der Figur gewissermassen die lange Axe eines elliptischen Feldes, welches gegen den Schenkel hin durch eine deutliche Falte, die ich als Taschenfalte oder Plica inguinalis bezeichnen will, abgegrenzt wird. Diese Falte beginnt lateralwärts von der Basis der Hauptzitze und verläuft in einem nach vorn und ein wenig median sanft konkaven Bogen lateral, um im abgebildeten Falle im Gebiet der Inguinalfurche [1]) zu verstreichen, sodass sie sich hier zwischen Inguinalgrube und den lateralen Theil der Inguinalrinne einschiebt. In andern Fällen ist diese von der Basis der Hauptzitze ausgehende Plica inguinalis nur in ihrem medialen Theile vorhanden (Fig. 4, Embryo von 20 cm Scheitelsteiss-Länge), sodass die Inguinalgrube lateral sich in die Inguinalrinne unmittelbar fortsetzt. Diese Falte gleicht dann ganz der Plica semilunaris des entwickelten Schafes, wie sie aus der Beschreibung und Abbildung von Malkmus bekannt ist. Die tiefste Stelle der Inguinalgrube liegt in diesem Falle selbstverständlich etwas lateral und nach vorn von der Plica semilunaris.

Während nun in dem zuletzt beschriebenen Falle, der durch Fig. 3 rechts und Fig. 4 beiderseits illustrirt wird, die Plica inguinalis entweder nur gering entwickelt ist oder bei stärkerer Entwicklung dem Schenkel- und nicht dem Bauch-Gebiete zufällt, finden sich besonders, wenn man frische unberührte Embryonen mit starker Beugestellung im Hüft- und Kniegelenk untersucht, andere, bei welchen die Plica inguinalis ganz und gar in das Bauchgebiet hineinfällt (Fig. 5, Embryo von 28 cm auf beiden Seiten). Auch hier geht aber die Inguinaltaschenfalte von der Hauptzitze aus und verläuft in einem nach vorn sanft konkaven Bogen lateralwärts; die Inguinalrinne verliert sich nicht in die Leistengrube, sondern erstreckt sich noch lateralwärts von der Taschenfalte medianwärts.

Ueberblicken wir die verschiedenen Befunde des Oberflächenreliefs im zweiten und dritten Fall, so lässt sich ein gemeinsamer Zug nicht verkennen. Der Fundus foveae findet sich am Bauch-Abhange der Inguinalrinne. Ich ergänze diese Angabe dahin, dass auch bei den jüngsten untersuchten Embryonen, bei denen eine besonders abgegrenzte Leistengrube nicht gefunden werden konnte, bei denen vielmehr letztere dem vertieften medialen Ende der Inguinalrinne entsprach, nicht selten eine leicht strichförmige Delle am Bauchabhange der Inguinalfurche die Lage eines Fundus foveae andeutete. Doch steht in diesem Falle noch die mikroskopische Untersuchung aus. Im Allgemeinen kann man also sagen, dass der Fundus foveae inguinalis noch dem Bauchgebiete angehört, während die Leistengrube als Ganzes

---

[1]) Ich werde für diese Grenzfurche zwischen Bauch und Oberschenkel bald den Namen Inguinalfurche, bald Inguinalrinne gebrauchen.

in die Inguinalfurche übergreifen kann. Die Taschenfalte aber kann eine verschiedene Lage und Anordnung besitzen. Bald gehört sie ganz (Fig. 4) oder grösstentheils (Fig. 3) der Schenkelseite der Inguinalfurche an, bald fällt sie ganz in das Gebiet des Bauches, wie in Figur 5. Der frische Embryo von 28 cm Scheitelsteisslänge, nach welchem diese letztere Figur gezeichnet wurde, gab mir willkommenen Aufschluss über die Ursache eines Theiles dieser Verschiedenheiten. Man sieht in Figur 5 die hintere Extremität in exquisiter Beugestellung. Dies war ihre Haltung innerhalb des Uterus. Es gelang nun leicht durch Versuche, die Extremität zu strecken, den in Figur 5 abgebildeten Befund in der der Figur 6 überzuführen. [1]) In letzterer haben wir links eine von der Hauptzitze zur Schenkelhaut herüberziehende Taschenfalte; rechts ist eine doppelte Falte entstanden, welche aber ebenfalls zur Schenkelhaut herüberzieht. Der Fundus foveae inguinalis ist in die Inguinalrinne hineingezerrt. Beim Nachlassen des Zuges ging das Bild der Figur 6 wieder in das der Figur 5 über. Hier ist also deutlich demonstrirt, dass die fötale Haltung der hinteren Extremität von grösstem Einfluss auf das Relief der Inguinalgegend ist. Nun kann diese fötale Haltung aber in den verschiedenen Zeiten des intrauterinen Lebens verschieden sein; je nachdem werden wir verschiedene Zustände der Faltenbildung zu erwarten haben. Ich zweifle nicht daran, dass von diesem Gesichtspunkt aus sich allgemein eine befriedigende Erklärung der so variablen Befunde im Gebiet der Inguinaltaschen der Schafembryonen wird geben lassen.

Aus Vorstehendem geht wohl schon soviel hervor, dass die Entwicklung der Inguinaltasche in ganz anderer Weise verläuft, als die der Zitzen. Wenn wir die von MALKMUS genau erörterten Befunde beim entwickelten Schaf und seine Nomenclatur zu Grunde legen, so entspricht seine dorsale Taschenwand der Inguinalgrube mit ihrem Fundus, die sogenannte ventrale Taschenwand aber dem von mir als Taschenfalte, Plica inguinalis, bezeichneten variablen Wulste. Die Auskleidung der Grube selbst geht lateralwärts allmählich in die Haut der Inguinalrinne über, ihr Fundus entspricht einer rinnenförmigen, ebenfalls lateralwärts verstreichenden Einsenkung der Bauchoberfläche; die Taschenfalte entsteht als einfache je nach der Stellung der Hinterextremität verschieden verlaufende und mehr oder weniger stark ausgeprägte Hautfalte.

Die mikroskopische Untersuchung endlich ergiebt ebenfalls keinen Anhalt für die Auffassung der Inguinalgrube des Schafes als Mammar-

---

[1]) Um Missverständnissen vorzubeugen, bemerke ich, dass diese Versuche am unverletzten Embryo vorgenommen wurden, dass ferner auch die beiden Zeichnungen sich auf den unverletzten Embryo beziehen, wenn auch in beiden Figuren nur ein Theil des Beines abgebildet ist.

tasche. Sehr instruktive Ergebnisse lieferte eine von Herrn Dr. E̲g̲g̲e̲-
l̲i̲n̲g̲ hergestellte Schnittserie senkrecht zum Verlauf der Inguinalrinne
bei einem 20 cm langen (Scheitelsteisslänge) Schafembryo (M̲ü̲l̲l̲e̲r̲'sche
Lösung, Alkohol, Boraxcarmin). Die makroskopischen Verhältnisse entsprechen dem Bilde der Figur 4 Tafel XXV. Die Serie umfasste
1200 Schnitte von je 30 μ Dicke.

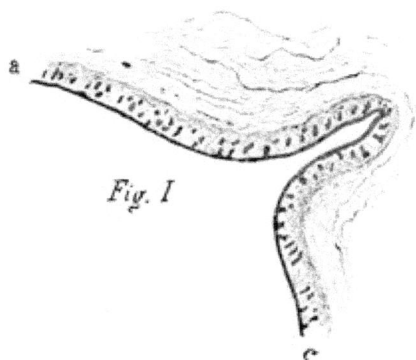

Fig. I

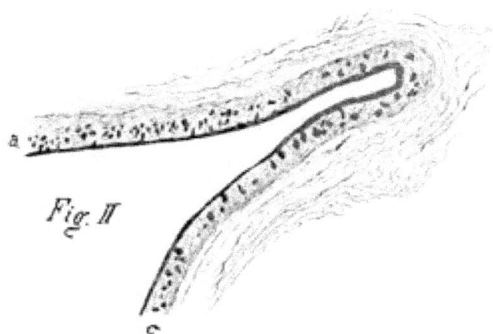

Fig. II

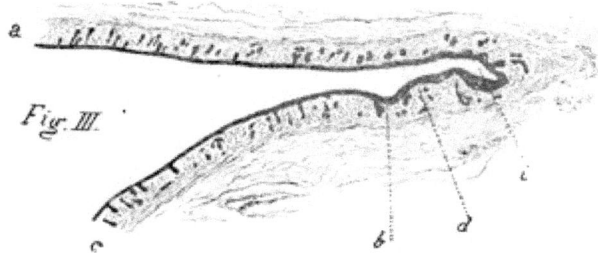

Fig. III

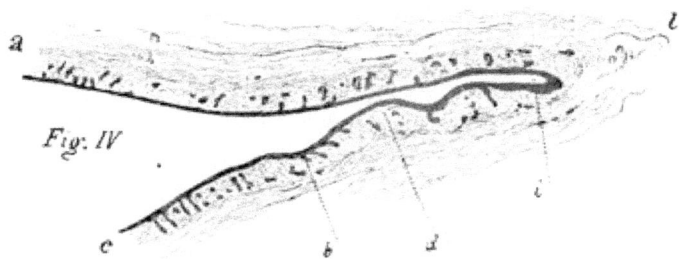

Fig. IV

Fig. V

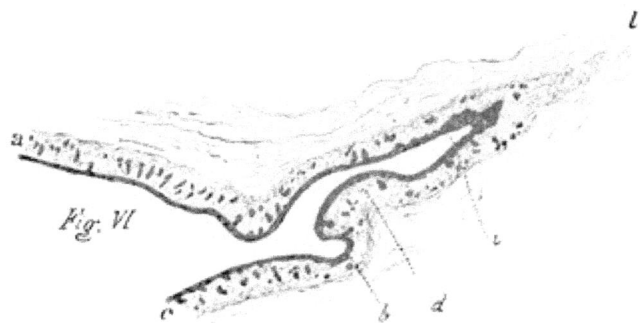

Fig. VI

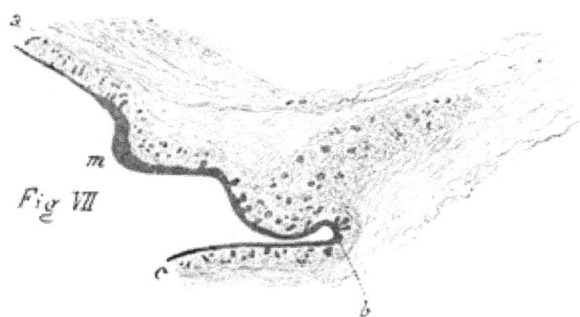

Fig VII

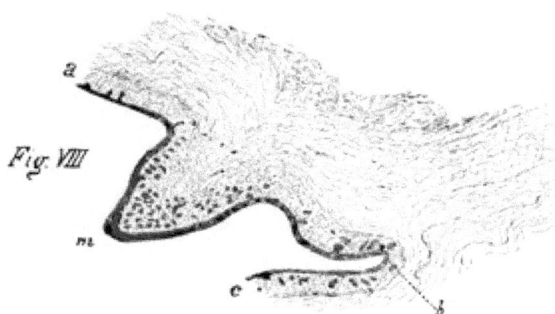

Figur 1—8.

Acht Schnitte aus einer Querschnittserie der Inguinalfurche eines Schafembryo von 20 cm Scheitelsteisslänge. a abdominale, c femorale Wand der Inguinalfurche; b Rinne, welche die Erhebung d begrenzt; letztere bildet die hintere Begrenzung der Eingangsspalte zur eigentlichen Inguinalgrube, die ihrerseits bei f ihren Boden besitzt, der von verdicktem Epithel ausgekleidet wird. m Zitzenwulst, in Fig. 8 schon als Seitentheil der Zitze erkennbar. Fig. 1 = Schnitt 244, Fig. 2 Schnitt 584, Fig. 3 Schnitt 710, Fig. 4 Schnitt 818, Fig. 5 Schnitt 878, Fig. 6 Schnitt 931, Fig. 7 Schnitt 967, Fig 8 Schnitt 999 einer aus 1206 Schnitten bestehenden Serie. — Vergrösserung 8/1.

Ich bringe einige ausgewählte Schnitte in der Reihenfolge von lateral nach medial in Textfigur 1—8 zur Abbildung und zwar der Art über einander angeordnet, dass die mit entsprechenden Buchstaben bezeichneten korrespondirenden Stellen der einzelnen Figuren in ihren successiven Veränderungen leicht verglichen werden können. In Textfigur 1 (Schnitt 244) und 2 (Schnitt 584) sind Schnitte durch den lateralen Theil der Inguinalfurche abgebildet. In allen Zeichnungen sind die vom Epithel und den Drüsen eingenommenen Flächen schwarz ausgefüllt. a ist die abdominale, b die femorale Begrenzung der Inguinalfurche. In Textfig. 3 (Schnitt 710) tritt bei b eine Rinne, bei d eine leicht wulstige Erhebung auf. Beide werden stärker in Textfigur 4 Schnitt 818) und 5 (Schnitt 878). In letzterer ist durch die bei d getroffene Falte der tiefste Abschnitt der Inguinalfurche als Fundus foveae von dem oberflächlicheren abgegrenzt. Die Rinne b grenzt den hinteren Wall d von der übrigen Schenkelhaut ab. In Textfigur 6 (Schnitt 931) bei d hat dieser begrenzende hintere Wall seine stärkste Ausbildung erhalten. Der äussere weite Theil der Inguinalrinne führt jetzt in gerader Richtung auf die tiefe Furche b, welche nunmehr die Inguinalrinne medianwärts fortsetzt, während die eigentliche Inguinalgrube, gegen die Inguinalfurche schräg abgeknickt erscheint, nunmehr dem Bauchgebiet angehört. Dennoch aber ist aus der Aufeinanderfolge der Schnitte leicht zu konstatiren, dass die Inguinalgrube die

unmittelbare Fortsetzung des lateralen Theiles der Inguinalrinne darstellt, welche sich in die Aeste i (mit dem Fundus foveae) und b getheilt
hat. In Textfigur 7 (Schnitt 967) ist der in i endigende Ast, also die
eigentliche Inguinalgrube verschwunden; nur b hat sich in dieser und
der Textfigur 8 (Schnitt 999) erhalten. Von Figur 7 an tritt allmählich an der abdominalen Seite der Einsenkung ein Wulst auf (m),
der sich immer mehr erhebt und in den späteren Schnitten sich zur
Hauptzitze erhebt; die in vorliegendem Falle allein vorhanden war.
Auf diesem Wulst findet eventuell die kraniale rudimentäre zweite Zitze
ihre Stellung. Man kann ihn demnach als Zitzenwulst bezeichnen.

Es ist zu dieser kurzen Uebersicht über die gezeichneten 8 Schnitte
noch hinzuzufügen, dass man in Textfig. 7 die Lage der eigentlichen
Leistengrube (von d bis i in Textfig. 6) noch an dem ihre Stelle ein-
nehmenden Streifen mit quergetroffenen Drüsenschläuchen erkennen
kann. Medianwärts findet also kein allmähliches Verstreichen der
Grube statt; letztere wird vielmehr hier ziemlich plötzlich abgedämmt,
sodass zur Leistenbeuge senkrecht gerichtete Querschnitte diese mediale
Wand des Fundus foveae tangential treffen, Flächenschnitte derselben
erzeugen, wie in Textfigur 7.

Von specielleren Verhältnissen, die für die Beurtheilung der Leistengrube wichtig sind, müssen noch drei besonders hervorgehoben werden.

1) Die Anlagen der Hautdrüsen und Haare sind in der ganzen
Ausdehnung der in den Schnitten enthaltenen Haut gleichmässig
ausgebildet, ohne Bevorzugung einer bestimmten Stelle. Der Fundus
foveae i zeigt keine anderen Drüsenanlagen als die übrigen Theile der
Haut. Dagegen ist in der Hauptzitze (Textfigur 9, Schnitt 1081)
bereits ein mit longitudinalen Falten versehener geräumiger Strich-
kanal (s) ausgebildet, von dem eine Anzahl von grösseren und weiteren
Drüsenschläuchen (t) sich tief in das unterliegende Gewebe erstrecken.
Der Gegensatz zwischen Inguinaltasche und Zitze tritt also in schärfster
Weise hervor.

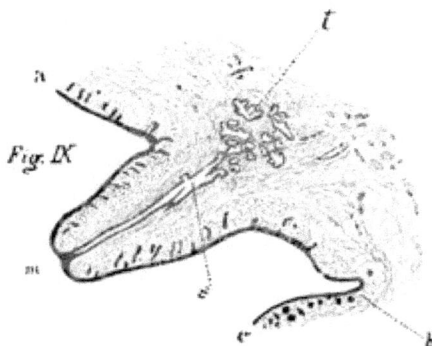

Figur 9.

a ist die abdominale; b die
femorale Begrenzung der Inguinalfurche.

2) Eine Eigenthümlichkeit des Taschengebietes im engeren Sinne ist eine ansehnliche Verdickung des Epithels des Taschenbodens (Fig. 3—6); diese Verdickung findet sich auf einer Erstreckung von über 200 Schnitten (710—935) deutlich ausgesprochen. Sie verliert sich allmählich lateral; aber selbst noch in Schnitt 584 (Textfigur 2) ist eine Verdickung des Epithels am Boden der Inguinalfurche wahrzunehmen. Wollte man diese Epithelverdickung etwa dennoch als primäre Anlage einer Mammartasche ansehen, so würde sich daraus die eigenthümliche Schlussfolgerung ergeben, dass diese Mammartasche 1) spaltförmig wäre, 2) dem Grunde der Inguinalfurche auf eine lange Strecke hin angehöre, 3) sich viel später entwickle, als die funktionirenden Mammarorgane und endlich 4) keine anderen sekundären Drüsenanlagen erzeuge, als die übrige Körperhaut. Das sind alles so gewichtige Einwände, dass eine trotz derselben aufrecht erhaltene Deutung als Mammartasche zum mindesten unnatürlich ist; sie würde sich höchstens auf die Epithelverdickung stützen können, die aber ihre natürliche Erklärung viel ungezwungener in der Lage an der tiefsten Stelle der Furche findet, an welcher eine Abschuppung des Epithels nicht in demselben Maasse stattfinden kann, als an den exponirteren Hautstellen.

3) Endlich zeigen die Schnitte Textfigur 4 bis 6 eine eigenartige Anordnung des Bindegewebes gegenüber dem Grunde der Inguinaltasche. Man sieht, dass stärkere Bindegewebsbündel (l) von der Bauchwand zum Grunde i der Inguinalgrube verlaufen. Sie entsprechen dem von MALKMUS beschriebenen sehnigen Bündel und bedingen eine gewisse Fixierung dieser tiefsten Stelle der Leistengrube. Es liegt die Annahme nahe, dass diese Fixirung an der Unterlage, die sich somit schon früh im embryonalen Leben nachweisen lässt, beim weiteren Wachsthum die Entstehung der Plica semilunaris zur Folge hat. Die Fixirung des Fundus foveae spricht sich häufig schon in dem Auftreten feiner Falten aus, welche zur tiefsten Stelle der Grube konvergiren. MALKMUS erwähnt dieselben und bezeichnet sie als Längsfältchen der dorsalen Taschenwand. Er bezeichnet nämlich, wie schon erwähnt, die Grube selbst als dorsale, die Plica semilunaris aber als ventrale Taschenwand.

Ich glaube im Vorstehenden gezeigt zu haben, dass der Entwicklungsgang der Inguinalgruben des Schafes total verschieden ist von dem eines Mammarorganes. Damit komme ich aber zu dem Ergebniss, dass die Leistengruben des Schafes ebensowenig, wie die der Antilopen als Mammartaschen gedeutet werden können.

Wenn nun aber die Leistengruben des Schafes und die wohl zweifellos ihnen homologen der Antilopen keine Mammartaschen sein können, welche Bedeutung hat man ihnen dann beizulegen. MALKMUS hat eine andere morphologische Deutung versucht. Er meint, die sie begrenzende von mir sogenannte Plica semilunaris sei als rudimentäre

Beutelfalte aufzufassen. Er sagt (S. 21): „Die Lage derselben" (namlich der Inguinaltasche) „ist ganz analog derjenigen der Beuteltasche bei den Marsupialia; sie befindet sich in der Leistengegend und ihre Oeffnung ist der Art gegen die Zitzen gerichtet, dass sie dieselben umschliessen würde, falls sie grösser wäre." Wie Klaatsch mit Recht hervorhebt, widerspricht diese Aeusserung von Malkmus direkt seiner vortrefflichen Abbildung. Bei der Annahme, dass die betr. Falte eine rudimentäre Beutelfalte sei, müsste ihr freier Rand medianwärts und nach vorn gerichtet sein, beim entwickelten Schaf ist er aber lateralwärts und nach vorn gerichtet und würde bei weiterer Ausbildung niemals die Zitzen umschliessen, sondern sich immer weiter lateralwärts abwenden. Die homologen Bildungen aber der Antilopen sind der Art beschaffen, dass hier wohl Niemand daran denken könnte, es handle sich um eine rudimentäre Beutelfalte. Dass aber die in Fig. 4, 5 und 6 von Embryonen des Schafes abgebildeten Falten ebenfalls nicht als rudimentäre Beutelfalten angesehen werden können, geht daraus hervor, dass die Hauptzitze nicht von ihnen umschlossen wird, dass vielmehr die betr. Falte von der lateralen Seite der Basis der Hauptzitze ausgeht. Nur bei Verzerrungen der Haut, wie in Fig. 6 rechts, kann die Zitze ausnahmsweise von einer Falte kaudalwärts umfasst werden.

So ist denn eine Deutung auf einem anderen Gebiete zu suchen. Dass die Grube beim Schaf im Bereich der äusseren Leistenöffnung sich befindet (Malkmus), ist wohl nur eine zufällige topographische Beziehung. Bei den Antilopen findet sich dies nicht. Bei dem Tragelaphus gratus befand sich die Taschenöffnung sogar 7½ cm kranialwärts und etwas lateralwärts von der äusseren Oeffnung des Leistenkanals, welche etwa dem seitlichen Theile des oberen Randes vom Scrotum entspsicht. Zu erklären bleibt noch die Fixation der Haut an Stelle der Inguinalgrube. Durch vergleichende Untersuchung wird sich wohl auch ermitteln lassen, weshalb beim Schaf und zum Theil bei den Antilopen (A. cervicapra) im Gebiet dieser Taschenbildung ein stärkerer Drüsenapparat sich ausgebildet hat. Wie die Ausbildung der sog. Thränengruben keine phylogenetische Bedeutung beansprucht, so dürfte dies auch bei den Leistengruben der Wiederkäuer der Fall sein. Lokale Verhältnisse werden hier zur Entstehung lokaler Einrichtungen geführt haben.

Nachtrag.

Während des Druckes dieser Arbeit erhielt ich durch die Güte des Herrn Direktor Dr. Bolau noch zwei Antilopen aus zwei ganz verschiedenen Gattungen, nämlich eine Gazella arabica und einen Cephalophus rutilatus.

1) Das Exemplar von Gazella arabica war männlich. Der Befund gleicht in der Hauptsache dem von Antilope cervicapra genauer beschriebenen. Die Art gehört in dieselbe engere Gruppe, wie die letztgenannte Antilope, besitzt wie diese nur eine Zitze jederseits und genau lateralwärts davon eine 12 mm tiefe Tasche, welche nur median und hinten von einer Plica semilunaris begrenzt wird und in dieser Richtung eingestülpt ist. Während die Zitzen-Basis nur 3 mm Durchmesser besitzt, beträgt der Durchmesser der Taschenöffnung 16 mm.

2) Gänzlich verschieden verhält sich die zweite Antilope: Cephalophus rufilatus (Weibchen, 70 cm lang). Sie gehört zu den Formen mit zwei Zitzen auf jeder Seite und bietet einen höchst interessanten Befund. In der Gegend, wo bei Antilope cervicapra und Gazella arabica die Tasche sich befindet, ist keine Spur davon zu sehen. Ganz weit lateralwärts unmittelbar median von der wulstigen Bauch-Schenkelfalte, sieht man die Inguinalrinne sich bedeutend vertiefen; am lateralen vorderen Ende der letzteren und in ihrer Fortsetzung befindet sich also eine ansehnliche grubige Vertiefung, welche nach vorn (kranial) und lateral durch eine schwache Falte abgegrenzt erscheint, die ihren freien Saum nach hinten richtet. Die Entfernung der stärksten grubenartigen Vertiefung von der kranialen Zitze beträgt jederseits 8 cm! Die eben beschriebene Bildung der Inguinalgrube ist bei äusserster Streckung der Extremität am ausgeprägtesten. Zieht man dagegen die Extremität stark an den Bauch heran, so lässt sich leicht durch Vorwärtsschieben der Bauchhaut eine ähnliche an der Bauchwand selbst gelegene Taschenbildung erzielen, wie ich sie oben (S. 353) bei Schafembryonen beschrieben und in Figur 5 abgebildet habe. Die

Tasche liegt nun nicht mehr am lateralen vorderen Ende der Leisten-
rinne, sondern bereits im Gebiet der Bauchhaut, aber in derselben
weiten Entfernung von den Zitzen. Ein wulstiger Saum umgiebt nun
die Tasche hinten und lateralwärts. Man begreift bei dieser weiten
Entfernung der Tasche von den Zitzen, wie man dieselben leicht übersehen kann, wenn man sie in der Nähe der Zitzen sucht. Meine Vermuthung (vergl. oben S. 346), dass das von KLAATSCH angegebene
Fehlen der Tasche bei Antilope picta darauf zurückzuführen sei, dass
das für ihn herausgeschnittene Stück nicht gross genug gewesen sei, um
die Tasche mit zu enthalten, wird durch Cephalophus rufilatus vollständig
gestützt und zur Gewissheit gemacht. Ich zweifle nicht daran, dass
eine neue Untersuchung der Bauch- und Inguinalgegend einer unverletzten Nylgau-Antilope einen ganz ähnlichen Befund liefern wird, wie
der von mir bei Cephalophus beschriebene. Im Uebrigen ist noch für
letzteren zu bemerken, dass die beiden kraniokaudalen Verbindungslinien der Zitzen nur wenig nach vorn divergiren; sie bilden mit der
Mediane einen Winkel von 14 Grad. Die beiden kranialen Zitzen
sind 26,5 mm von einander entfernt, die beiden kaudalen nur 16 mm.
Die Entfernung der kranialen von der kaudalen Zitze beträgt jederseits 25 mm. Der Durchmesser der Zitzenbasis ist für die kranialen
Zitzen in der Längsrichtung 5 mm, in der Querrichtung 2 mm, für die
kaudalen 3½ mm; die Höhe der kranialen Zitzen beträgt 6 mm, der
kaudalen 4 mm. Die grösste Breite der Taschenöffnung ist 14 mm.

www.ingramcontent.com/pod-product-compliance
Lightning Source LLC
Chambersburg PA
CBHW020908210326
41598CB00018B/1809